개정판

생활 속 화학

이범종 지음

자유아카데미

머리말

'생활 속 화학'은 2016년 8월에 열린사이버대학(OCU)의 교양과목 교재로 출판되었다. 이 책은 생활 속에서 접하는 다양한 주제를 담고 있어서 일반인들도 화학 교양서로서 관심을 가질만하다. 이 책이 2017년 학술부문 순수과학 분야의 세종도서로 선정된 것은 행운이었다. 세종도서 선정은 한편으로 필자에게는 부담으로 작용했는데, 이 책의 부족한 점을 잘 알고 있기 때문이다. 적당한 기회에 조금이나마 이를 보완할 수 있기를 바랐는데, 감사하게도 자유아카데미의 결단으로 이 책이 세상에 나온 지 5년이 채 안 되어 개정판을 출판하게 되었다.

본 개정판에서는 일부 내용을 추가하고, 시사성이 있는 주제는 최근의 정보로 수정하였으며, 문장을 매끄럽게 바꿔보려고 노력하였다. 이러한 당연한 시도 이외에도 그림과 사진을 상당 부분 교체하거나 새로 그렸으며, 흑백에서 컬러로 바뀌고, 판형도 독자의 편의성을 고려해 변화를 주었다. 각 장에 추가된 주요 새로운 내용은 다음과 같다.

1장 과학기술; 유도 만능 세포(iPS, 2012년 노벨생리의학상), 분자 기계(molecular machine, 2016년 노벨화학상)

2장 물질; 제올라이트의 기능 보완, 그래핀(2010년 노벨물리학상)의 제조법 보완

3장 에너지; 국내외 에너지 관련 최신 지표, KSTAR의 플라스마 유지 세계신기록(1억 °C 20초, 2020년)

4장 독성물질; 복어 독 테트로도톡신의 구조 규명 보완, 세계보건기구(WHO)의 국제암연구소(IARC)가 발표한 커피의 분류 단계

5장 물; 2018년 UN의 '세계 물 보고서' 내용, 물의 소비량에 대한 최신 지표

6장 대기; 환경부 대기 환경 기준(2020년, 초미세먼지(PM2.5) 포함), 장거리 이동 대기오염 대응사례와 시사점

7장 농업; 다이옥신 배출허용 기준(2018년 개정), 농약의 분류 기준과 종류(농약관리법 규정 2020), 유전자 변형 모기(GM 모기, 2020년 미국 승인)

8장 고분자; 영화 속의 고분자 소재, 영화관 내부의 고분자 종류

9장 식품; 국가별 건강기능식품 정의, 포도주의 종류와 숙성에 따른 색소 변화

10장 의약품; 우리나라의 FDA 승인 신약 종류, 헬리코박터 파일로리에 의한 위궤양(2005년 노벨생리의학상), 면역항암제(2018년 노벨생리의학상)

11장 세제와 화장품; 화장품의 원료규격 기준(식품의약품안전처), 기능성 화장품의 종류

12장 자동차; 자동차 재료의 변화 보완, 연료전지 전기자동차 보완

13장 영상; OLED-TV와 QLED-TV의 원리, 안토시아닌 색소에 의한 꽃의 색 보완

14장 산화와 환원; 리튬 배터리(2019년 노벨화학상), 난연제 보완

15장 예술품; 문화재 보존과학 관련 학과의 설치 대학 수정, 프레스코화 설명 보완

초판일 때나 개정판일 때나 필자의 바람은 같다. 이 책을 통해 공부하면서 화학이 기초 학문으로서 얼마나 중요한지 알게 되기를 바란다. 즉 우리의 생활 속에 항상 화학이 있으며, 첨단 산업의 든든한 기초가 화학이라는 것을 이해하길 바란다. 출간 후에라도 수정사항이 있을 경우에는 자유아카데미 홈페이지(www.freeaca.com) 자료실에 제공할 예정이다. 끝으로 출판업계가 어려운 상황임에도 불구하고 개정판의 발간을 결정해준 자유아카데미 여러분께 다시 한번 감사를 드린다.

2021년 2월

이범종

차례

차 례

1

과학기술

무엇이 세상을 바꾸는가?

영화 '매트릭스'

영화 '쥬라기 공원'

영화 "매트릭스"에서는 우리가 보는 세상이 인간의 뇌에 입력된 거대한 환영(幻影)임을 보여 준다. 가상 세계인 '매트릭스'에서 벗어나기 위해 네오와 그 일행은 그 소스 프로그램과의 대면을 시도한다. 우리는 이미 가상을 현실과 버무린 세상에 살고 있다. 또 영화 "쥬라기 월드"에 나오는 하이브리드 공룡처럼 복제동물이 지능과 공격성을 진화시켜 인간의 통제를 벗어난다면 인류에게 무슨 일이 닥칠 것인가?

1.1 최근의 놀라운 과학기술의 성과

무엇이 세상을 바꾸는가? 세상의 변화를 어떤 시각으로 보느냐에 따라 견해가 다르겠지만, 과학기술의 진보야말로 변화를 이끄는 근원적 동력이지 않을까. 현대 문명은 과학기술이 피워낸 꽃이다. 이제 누구도 과학기술을 우리의 삶과는 관련 없는 과학기술인만의 분야로 생각하지 않는다. 특히 최근의 정보통신 분야와 생명공학 분야 등의 놀라운 발전은 산업구조는 물론 우리의 생활까지 바꿔 놓았다. 하지만 이러한 과학기술의 영향이 인간에게 긍정적인 영향만 미치는 것은 아니다. 우리는 지난 역사를 통하여 지구 환경과 인류의 안전에 크나큰 위험을 가져온 과학기술의 악용을 이미 경험하였다. 따라서 과학기술의 시대를 살아가는 우리는 과학기술이 지구와 인류에게 유익하게 이용될 수 있도록 지혜를 모아야 하며, 이를 위해서는 과학기술에 대한 정확한 이해와 평가를 할 수 있는 안목을 길러야 한다.

최근 과학기술의 눈부신 발전 가운데 컴퓨터와 인터넷을 통한 정보통신기술(ICT)의 혁명적 발전과 생명체의 신비를 풀어내고 인간의 질병과 식량 문제 해결에 새로운 돌파구를 열게 한 유전 공학의 발전은 놀라울 정도이다. 또한 새로운 소재와 소자의 출현을 예고하는 나노기술의 발전도 전 세계인의 관심을 끌고 있다. 이들 기술이 하루가 다르게 발전하다 보니 앞으로 또 어떤 기술이 우리를 놀라게 할지 몇 년 앞을 예측하기가 어렵다.

사실 이들 분야의 발전을 이끈 새로운 반도체 소재의 개발, 유전체 연구, 나노 소재의 개발과 분자 공학 연구에는 화학자들의 노력이 숨어 있다. 미래의 유망 산업을 6T로 분류하기도 하는데, IT(Information Technology), BT(Bio Technology), NT(Nano Technology), ET(Environment & Energy Technology), ST(Space Technology), CT(Culture Technology)가 그것이다. 겉으로 드러나지는 않았으나 여기서도 화학(Chemistry)은 숨 쉬고 있으며, 모든 산업의 기초 과학기술로서 존재한다.

나노기술(NT)

21세기의 첫 해를 연 2001년 과학 잡지 '사이언스(Science)'는 2001년 마지막 호에서 한 해 동안 가장 두드러진 발전을 보여 준 과학 분야 상위 10위를 선정하면서 1위로 나노테크놀로지를 꼽았다. 분자 크기의 트랜지스터나 전선, 스위치 등을 연결한 나노 크기(10억분의 1 m) 연산회로의 실현이 가장 주목할 만한 성과로 인정받은 것이다. 당시 사이언스는 대화를 즉석에서 번역하거나 기후변화의 비밀을 풀 수 있는 초미세 컴퓨터를 개발하는 등 앞으로 수십 년에 걸쳐 비약적인 나노기술의 진보를 경험하게 될 것이라고 평가하였다. 실제로 현재 IT 분야는 물론 생명공학, 의약학, 재료학 등의 분야에서 많은 나노기술의 응용 연구가 수행되고 있다. 요즘에는 대다수의 대학에 나노기술 관련 학과가 설치되어 있고, 일반인들도 신문이나 방송을 통해서 나노기술에 대한 뉴스를 종종 접할 정도로 나노기술은 일상적인 용어가 되었다.

그림 1.1의 왼쪽 사진은 나노기술의 시대를 개척한 주사 탐침 현미경(SPM, scanning probe microscope)을 이용하여 원자 하나하나를 이동시켜 글자를 쓴 것이다. 오른쪽 사진은 몸속을 돌아다니는 나노기계의 상상도이다. SPM은 첨예한 바늘 끝으로 시료 표면을 스캐닝할 때 바늘 끝이 시료 표면의 원자나 분자와 상호 작용하는 원리를 이용하는 현미경이다. 즉 이들 사이에 상호 작용하는 방식에

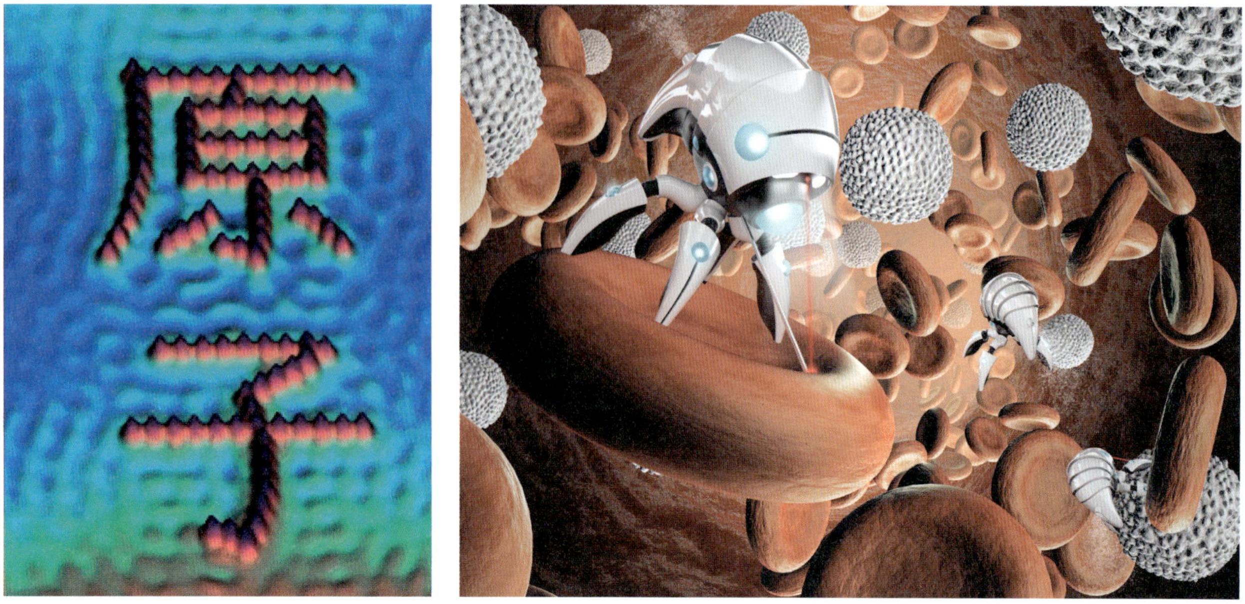

그림 1.1

STM 현미경을 사용하여 구리(Cu) 표면 위의 철(Fe) 원자를 하나씩 이동시켜 原子라는 한자를 쓴 모습(왼쪽). 나노기술의 응용 가능성을 보여 주는 그림으로, 몸속을 돌아다니는 미세 기기가 적혈구로부터 시료를 채취하거나 약물을 주입할 수 있는 의료 시대를 상상해 본 것이다(오른쪽). (출처: ©Vinne/Shutterstock)

따라 STM, AFM, CFM 등으로 나뉘는데, STM(scanning tunnelling microscope)은 전압이 걸린 바늘 끝에서 전자가 시료 표면을 투과하는 정도의 차이로 이미지를 만들며, AFM(atomic force microscope)은 바늘 끝과 시료 표면 사이의 끌리거나 밀어내는 힘에 의한 미세 진동의 차이로 이미지를 만들고, CFM(chemical force microscope)은 바늘 끝의 특정 분자와 시료 표면 분자와의 선택적 결합력 차이를 이용하여 이미지를 만든다. 그림 1.2에서는 바늘 끝으로 풀러렌 분자를 하나씩 이동하여 위치를 바꾸는 모습을 보여주는데, 이것은 마치 예전에 주판알을 손가락으로 움직여서 덧셈 뺄셈을 하던 행동을 연상하게 한다. IBM 연구소의 연구원이었던 게르트 비니히(Gerd Binnig) 박사와 하인리히 로러(Heinrich Rohrer) 박사는 STM 현미경을 설계한 공로로 1986년 노벨물리학상을 받았다.

또한 2016년 세 명의 과학자가 분자 기계(molecular machine)를 설계하고 합성한 공로로 노벨화학상을 수여하였는데, 프랑스 스트라스부르 대학의 장피에르 소바주(Jean-Pierre Sauvage) 교수와 미국 노스웨스턴 대학의 프레이저 스토더트(Fraser Stoddart) 교수, 마지막으로 네덜란드 그로닝겐 대학의 베르나르트 페링하(Bernard Feringa) 교수가 영광의 주인공들이다. 이들은 서로 다른 분자들이 화학적 결합이 아니라 기계적인 결합으로 맞물리고 얽히게 합성해서 분자 조합을 분자 리프트, 분

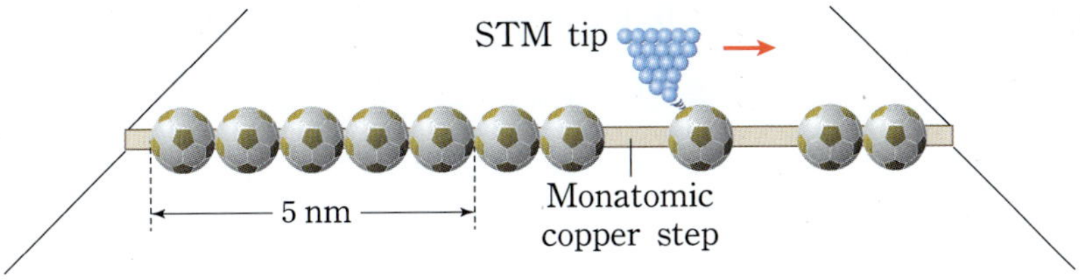

그림 1.2
나노 크기의 주판: STM의 텅스텐 팁으로 구리 표면의 원자 높이 계단을 따라 풀러렌(C_{60}) 분자를 앞뒤로 이동시키는 모습

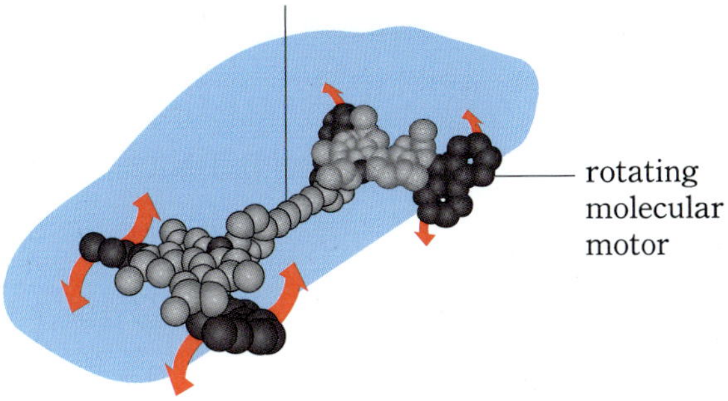

그림 1.3
베르나르트 페링하의 4륜구동 나노 자동차

자 근육, 나노 자동차 등으로 작동시키는 데 성공하였다. 앞으로는 분자 기계가 새로운 나노 소자로서 다양하게 응용될 것으로 기대된다.

정보통신기술(ICT)

컴퓨터는 크게 하드웨어와 소프트웨어로 구성된다. 하드웨어는 집적 회로가 들어있는 작은 칩으로 구성되는데, 칩은 작고 얇은 규소(Si) 조각에 에칭을 거쳐 만들어진 전자스위치, 즉 트랜지스터 역할을 하는 복잡한 회로 패턴을 갖고 있다. 에칭이란 화학적으로 미세한 흠집을 내고 금속을 피복하는 기술인데 이 기술이 얼마나 정교하느냐가 곧 집적도의 차이이다. 칩의 종류로는 정보를 저장하는 기억 칩과 논리 기능을 부여한 프로세서 칩이 있는데, 이들에 소프트웨어에 해당하는 다양한 프로그램을 부여함으로써 컴퓨터나 마이크로프로세서가 완성된다. 이들은 어떠한 소프트웨어를 제공하느냐에 따라 마치 인간의 두뇌와 같이 무한히 발전할 수 있다. 예를 들어, 판단과 조작의 기억 및 자체 조절 능력을 갖춘 인공지능(Artificial Intelligence, AI) 기계를 만드는 것도 가능하다.

컴퓨터와 마이크로프로세서를 접하는 일은 이제 일상생활이 되었다. 더욱이 여기에 통신기술이 접목되면서 스마트폰으로 대표되는 모바일 시대를 향유할 수 있게 되었다. 스마트폰 하나로 다양한 기능을 수행하며 사는 우리는 가히 정보통신기술

(Information & Communication Technology, ICT)의 놀라운 혁명 시대를 사는 신현대인이다. 앞으로 분자와 원자를 자유자재로 조작할 수 있는 나노기술이 ICT에 접목되면 다시 한 번 이 분야의 비약적인 발전이 이루어질 것이다.

생명공학기술(BT)

생명공학의 혁명은 1970년대 초에 성공적인 유전자 접목과 클로닝을 이용하여 재결합 DNA와 복제세포가 만들어지면서 시작되었다. 인류가 해결해야 할 3대 과제인 기아, 질병, 에너지 문제의 돌파구를 재결합 DNA가 열게 될지도 모른다. 재결합 DNA의 초기 성과 중 하나는 인체 인슐린의 생합성이다. 당뇨병 환자들은 외부로부터의 인슐린 공급에 의존하는데, 인체 인슐린의 생합성이 이루어지기 전까지는 인슐린의 유일한 공급원은 동물의 인슐린이었다. 이것은 체내에서 알레르기 반응을 일으키기도 하였는데, 이제는 제약회사에서 사람 대신 재결합 DNA를 가진 미생물이 만들어낸 인체 인슐린을 사용할 수 있게 된 것이다. 또한 어린이의 발육부진에 사용하는 성장호르몬과 강력한 항암제인 인터페론 등도 생명공학 기술을 통해 만들어지고 있다.

유전 공학은 보다 영양분이 풍부하고 질병과 잡초들에 강하며 심지어 자체 비료를 공급하는 곡물을 만들기도 한다. 이를 유전자 변형 생물(GMO)이라고 한다. 재결합 DNA 기술의 다른 이용 예는 가축의 질병을 예방하는 백신을 만드는 것이다. 또한 음식 쓰레기나 옥수숫대 같은 작물의 불필요한 부산물, 그리고 산업 폐기물 등을 유전자 변형 박테리아를 이용하여 유익한 화학 물질과 연료로 만드는 방법도 개발되고 있다. 이 방법은 인류의 에너지 문제를 해결할 뿐만 아니라 폐기물을 재활용하고 고체 폐기물의 누적을 방지하는 효과가 있다.

줄기세포에 대한 연구 또한 생명공학의 중요한 한 분야이다. 줄기세포는 말 그대로 나무의 줄기와 같은 세포여서 마치 다양한 나뭇가지가 줄기에서 뻗어 나가듯이 이 세포로부터 다양한 신체 기관이 만들어질 수 있다. 즉 같은 줄기세포라도 어떻게 분화를 유도하느냐에 따라 어떤 것은 간세포로, 어떤 것은 심장세포로, 어떤 것은 신경세포로 분화될 수 있다. 따라서 다음과 같은 물음을 계속하면서 새로운 연구들이 진행되고 있다. 줄기세포를 어떻게 얻을 것인가? 어떤 화학 물질이 특정 세포로의 분화를 유도하는가? 분화의 지속과 정지에 관여하는 요인은 무엇인가? 어떻게 해야 결함이 없는 세포가 얻어지는가? 물론 앞으로 해결해야 할 문제점들이 많이 남아 있지만 이미 몇 가지 성공적인 연구 결과를 도출하였다. 한 가지 예로써 앞서 '줄기세포를 어떻게 얻을 것인가?'라는 질문에 답을 제시한 과학자들이 2012년에 노벨생리의학상을 받게 된다. 영국 케임브리지대 존 거든(John Gurdon) 교수와 일본 교토대 야마나카 신야(Shinya Yamanaka) 교수는 성체세포를 이용하여 줄기세포를 만드는 방법을 찾아냈다. 거든 교수는 개구리 알에서 핵을 제거한 다음 여기에 올챙이 성체 세포의 핵을 넣어서 줄기세포로 변화시켰고, 야마나카 교수는 쥐의 섬유모세포에 4종류의 유전자를 넣어줌으로써, 이 세포를 줄기세포로 만드는 데 성공하였다. 이렇게 만들어진 줄기세포를 유도만능세포(iPS)라고 한다. 미래에 우리는 분명히 건강 유지와 질병 치료를 위해 이들 줄기세포의 도움을 받게 될 것이다.

그러나 이러한 생명공학의 발전 이면에는 보다 심오한 과학적 윤리가 요구되는데, 특히나 이제는 클로닝 기술이 발전하여 고등 동물의 복제가 가능하게 되었기 때문이다. 1997년 영국 로슬린 연구소에서 복제 양 돌리가 탄생한 데 이어 미국에서 생쥐(1998)와 소(1998)가 복제되었고, 우리나라에서도 1999년 서울대학교 황우석 교수팀에 의해 복제 젖소 영롱이가 탄생하였다. 최초의 복제 동물인 돌리는 일찍이 나타난 노화와 질환으로 2003년 2월 14일 안락사로 생을 마감하였다. 복제 젖소 영롱이의 이름도 젊고(young) 길게(long) 살아달라는 염원이 담긴 것이었다. 이후에 세계 각국에서 복제경쟁이 펼쳐진 것은 말할 필요도 없다. 그렇다면 이러한 기술을 바탕으로 가능할 수도 있는 다음과 같은 물음에 대해서 함께 고민하고 지혜를 모아야 하지 않을까? 인간의 지능지수(IQ)를 마음대로 120에서 160으로 올려도 될까? 유전자를 변형하여 인간을 보다 키도 크고 힘이 세게 만들어도 좋을까? 식물, 동물 또는 인간의 형태를 마음대로 바꾸는 것이 신에 대한 도전은 아닌가? 이미 영국은 제한적이나마 인간의 복제를 허용한 상태이다. 인류는 다가올 우리의 운명을 현명하게 고민해 보아야 한다.

1.2 위험의 평가와 과학기술인의 역할

과학기술의 위험 평가

과학기술은 인류 문명의 발전에 기여하여 왔다. 하지만 인류는 과학기술이 갖는 위험성도 함께 경험하였다. 지구상에 존재하는 핵무기는 여전히 해결되지 않은 채 우리 가까이에 존재하는 위험 요소이다. 유독가스의 누출에 관한 뉴스도 우리로 하

그림 1.4
2011년 3월 11일 일본에서 발생한 쓰나미에 의해 파괴된 후쿠시마 원전 3호기 모습(출처: 위키피디아)

여금 과학기술의 사회적 책임 문제를 다시 한 번 고민하게 한다. 여기서 다음과 같은 물음을 던져볼 만하다. 인류를 파국으로 몰고 갈 수도 있는 과학기술에도 투자해야 하는가? 이들 과학기술은 지식의 이름으로 혹은 진보의 이름으로 사회적 책임으로부터 자유로울 수 있는가?

위의 질문은 다음과 같은 질문으로도 종종 던져진다. 과학기술은 가치중립적인가? 이 물음에 대해 '그렇다'라고 대답하는 쪽은 과학은 자연환경에 대한 객관적인 연구결과이기 때문에 선과 악 어느 쪽도 아니며 가치중립적이라는 입장이다. 반면에 '아니다'라고 대답하는 쪽은 과학은 이미 형성된 패러다임에 의해 해석된 결과이기 때문에 가치중립적일 수 없다는 것이다. 그렇다 보니 과학기술인의 사회적 책임에 대해서도 양자는 다른 입장을 취한다. 전자는 과학이 악용되는 것은 과학 자체의 문제가 아니라 이를 악용하는 일부 과학자의 문제이며 이에 대해서만 책임을 물으면 된다는 것인데 반해, 후자는 과학 기술 자체가 선도 악도 될 수 있으므로 연구과정에서부터 과학자는 사회적 책임과 과학에 대한 선용의 자세를 가지고 참여해야 한다는 입장이다.

다시, 먼저 던졌던 구체적인 질문에 대한 응답으로 '과학지식을 획득하는 것 자체는 문제가 아니다. 설령 위험한 결과가 잠재해 있더라도 그로부터 얻을 수 있는 더 큰 이득이 잠재해 있는 연구 자체를 막아서는 안 된다.'라는 것이 가치중립적인 태도라면, '살상 무기와 같이 위험한 결과물은 결국 그에 앞선 과학연구가 있었기 때

그림 1.5
부산광역시 기장군에 있는 고리 원전. 좌측 사진의 맨 우측에 위치한 것이 1호기이고 그 왼쪽에 위치한 것이 2호기이다. 오른쪽은 원전의 폐쇄를 요구하는 시민운동 포스터이다. 고리 원전 1호기는 2015년 6월에 폐쇄 결정이 내려졌고, 이후 2017년 6월에 가동이 영구정지되었다.(출처: 위키피디아)

문에 존재하는 것이므로 해당 연구 자체를 제한해야 한다.'라는 것은 가치중립적일 수 없다는 견해이다. 즉 진보 쪽의 견해는 '문제가 되는 것은 오용과 남용이지 과학기술 자체는 가치중립적'이라는 것이고, 보수 쪽의 견해는 '위험한 결과가 예상되는 연구에 대해서는 좀 더 적극적이고 체계적인 관리가 필요'하다는 것이다. 그런데 어떠한 입장을 견지하느냐에 따라 여론을 형성하는 대중에게, 해당 연구를 지원하는 기업에게, 그리고 군사 연구나 신무기 개발에 직간접적으로 참여하는 과학기술자들에게 적지 않은 영향력을 가지게 된다.

위험 관리는 그것의 과학적 평가와 더불어 사회적, 경제적, 정치적인 문제를 통합하는 가치판단을 필요로 한다. 위험을 감수하는 정도는 과학적인 문제라기보다는 사회적인 문제라고 할 수 있다. 누구나 자신의 입장에서 이성적이고 합리적으로 위험을 고려한 이익을 따져보고 나름의 견해를 가질 것이다. 따라서 중요한 사실은 통제되지 않은 과학기술에 의해 야기될 수 있는 문제에 대한 논의와 의사결정이 경제적으로나 정치적으로 이익을 얻으려는 특정 단체에 의해서가 아니라 잘 교육 받은 다수의 대중에 의해서 이루어져야 한다는 것이다. 이런 점에서 부산광역시 기장군의 고리 원전의 폐쇄 결정이 이루어진 2015년 6월 12일은 의미 있는 좋은 선례를 보여 준 날이다. 노후 원전의 재가동을 추진한 정부 정책에 대해 시민과 과학기술인이 힘을 모아 반대 입장을 관철시킨 사례이다. 앞으로도 과학기술의 위험성이 내재된 문제의 경우 어느 한 쪽의 논리에 휩쓸리지 않고 다수의 중지를 모아 합의에 이르는 과정이 중요하다.

다음은 화학 물질과 관련한 몇 가지 참사이다. 1951년부터 일본의 미나마타만(灣)에 수 톤의 수은이 버려졌는데, 이 수은은 아세트알데하이드를 합성하는 데 촉매로 사용된 것이었다. 그로부터 수년 내에 미나마타 지역에 살고 있던 수천 명의 사람들이 마비 및 정신착란증으로 고통을 받았으며 200명 이상이 숨졌다. 그리고 수년 후에야 이것이 메틸수은 화합물의 독성에 의한 것임을 알게 되었다. 해저에 있던 혐기성 박테리아들이 수은을 메틸수은 화합물로 바꾸었으며 플랑크톤이 이것을 먹고, 결국 먹이 사슬을 통하여 인체에 메틸수은이 흡수되어 오늘날 미나마타병으로 알려진 질병을 유발하게 된 것이다. 미나마타병에 관해서는 뒤에서 다시 다루었다.

또 다른 예는 미국의 러브 운하 주변에 화학 폐기물 더미로 인해 발생한 문제이다. 1970년대 중반에 내린 많은 비와 눈이 쓰레기 더미 속으로 스며들면서 기름기 같은 검은 액체가 땅 위로 노출되었는데, 그 액체 중 최소한 82%가 화학 물질이었으며 이 화학 물질 중 약 12%가 발암 물질이었다. 1984년 12월 3일에는 인도의 보팔시에 있는 유니온 카바이드 살충제 공장에서 역사상 가장 참혹한 화학 사고가 발생하였다. 살충제 제조에 사용되는 독성가스인 메틸아이소시아네이트가 저장 탱크로부터 누출되면서 2,000명 이상이 죽고 수만 명이 부상을 입었다. 메틸아이소시아네이트를 냉각시키는 장치와 누출 기체를 중화시키는 물질이 들어 있는 탱크의 불량, 저장 탱크로부터 새어 나온 기체들을 태워버리기 위한 연소탑의 불완전한 동작 등 안전관리를 위반한 몇 가지 사항 때문에 참혹한 가스 누출 사건이 일어난 것이다. 중국에서는 2010년 난징 화학공장 폭발 사고, 2014년 가오슝 가스 폭발 사고에 이어 2015년 8월에는 톈진 폭발 사고가 일어났다. 톈진 폭발 사고에서 독극물인 사이안화 소듐을 비롯해 칼슘카바이드, 질산 암모늄, 질산 포타슘 등이 주변에서 발견되었다. 어이없게도 불을 끄기 위해 소방관들이 물을 뿌리는 바람에 격렬한 화학 반응을 부채질하였다고 한다. 이것은 화재 발생 시에 적절한 소화 방법을 선택하는 게 얼마나 중요한지를 보여 주는 사례이다.

과학기술과 사회의 관계

과학기술과 사회의 관계를 설명하는 이론은 크게 세 가지이다. 첫 번째는 기술 결정론인데, 이것은 기술의 발전과 변화가 사회 변화를 가져온다는 것이다. 곧 과학기술이 사회 변화를 추진하는 원동력이며, 사회는 과학기술에 대해서 수동적이라는 견해이다. 두 번째는 사회적 구성론(사회 문화 결정론)이다. 특정 기술이나 디자인이 선택되는 것은 그 자체의 효용성이나 유용성 때문이 아니라 사회 집단 사이의 절충된 이해관계에 의해 이루어진다는 것이다. 즉 과학 기술은 사회적 필요와 사회 구

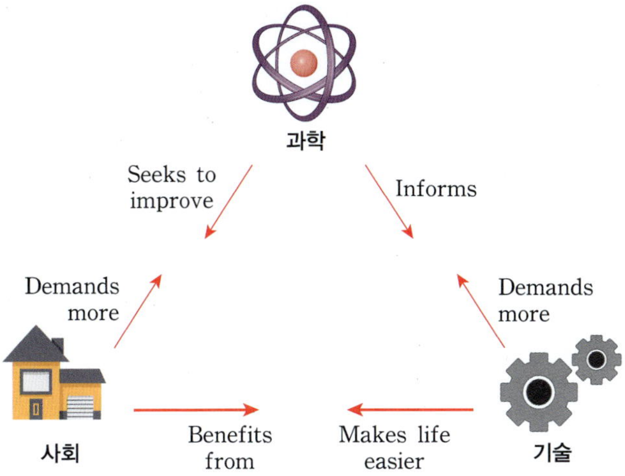

그림 1.6
과학, 기술, 사회의 상호 관계를 보여 주는 삼각형(STS Triangle): 사회의 요구에 부응하는 과학적 원리를 찾고 기술적으로 이를 응용하여 새로운 제품을 개발함으로써 문명이 발전한다. 오른쪽은 세계과학기술윤리위원회(COMEST)의 로고이다.

조에 의해 변화하고 진보한다는 견해이다. 세 번째는 공동 구성론인데, 과학, 기술, 사회는 상호 작용을 통해 서로 영향을 주고받으며 발전한다는 견해이다. 그림 1.6의 STS 삼각형이 여기에 해당한다.

세계과학기술윤리위원회(COMEST)

과학기술의 발달이 새로운 문명 시대를 열었지만 이 과정에서 오히려 인류의 평화를 위협하는 문제들도 야기되었다. 이에 따라 과학기술로 인해 수반되는 윤리적 문제들에 적극적으로 대처할 필요성이 제기되어 과학기술 윤리(Ethics of scientific knowledge and technology)라는 도덕적 관념이 정립되었다. 아울러 이를 발전적으로 규정하고 권장하기 위한 기구로 1998년 세계과학기술윤리위원회(World Commission on the Ethics of Scientific Knowledge and Technology, COMEST)가 유네스코에 의해 만들어졌다. COMEST의 활동 영역은 군사 무기나 환경오염 문제에 국한되지 않고 폭넓은 분야를 아우른다. 주요 관련 영역으로 기후 변화, 생물다양성, 재해 예방, 나노기술과 같은 융합기술 윤리, 정보화 사회의 기술 윤리, 과학기술 성별 윤리 등이 포함된다. 약자 COMEST는 세계과학기술윤리위원회의 프랑스어 이름인 'Commission mondiale d'éthique des connaissances scientifiques et des technologies'에서 비롯되었다.

미래의 안전한 번영을 위한 과학기술

21세기에 과학기술이 갖는 의미는 무엇이며 인류의 번영을 위해 어떠한 방향으로 발전해야 하는가? 1999년 여름 헝가리 부다페스트에 150여 개국으로부터 1,800여 명의 과학 관련 인사들이 모였다. 이들 중에는 과학자들뿐만 아니라 교사, 산업계 인사, 재단 대표, 비정부기구 관계자, 그리고 약 80개국의 과학 관련 부처의 장관들이 있었다.

물론 이 자리에서 채택한 권고안들이 과학의 발전 방향과 활용 방안에 어느 정도 영향을 끼치게 될지는 앞으로 두고 보아야 할 일이지만, 확실한 점은 회의의 규모나 내용이 야심차고 활기차며 다양하였다는 것이다. '21세기를 위한 과학: 새로운 임무'라는 부제 하에 과학 교육, 개발을 위한 과학, 평화와 민주를 위한 과학, 과학과 환경 등을 포함하는 다양한 문제들이 다루어졌다. 방대한 회의 결과 중에서 핵심적인 선언인 '21세기 과학을 위한 4원칙'은 다음과 같다.

① 지식을 위한 과학: 번영을 위한 지식(Science for knowledge; knowledge for progress)

- 민간 차원에서 지원하는 과학 연구가 사회경제적 개발에서 중요한 위치를 차지하게 되었다. 이들은 공익 재단이 지원하는 연구와 별개의 것일 수 없다. 두 영역은 과학 연구를 지원하는 데 있어서 장기적인 목표 달성을 위해 서로 보완적으로 긴밀히 협조하며 일을 해야 한다.

② 평화를 위한 과학(Science for peace)

- 국가 간, 종교 간, 인종 간의 문제를 초월하는 것이 과학 사회의 오랜 전통이므로 이를 발전시켜 유네스코 헌장에 언급되어 있는 것처럼 인류의 지적, 도덕적 결속을 증진시켜야 한다. 이것이야말로 평화를 배양하는 기본이다.
- 크게 보아 정부와 사회는 갈등의 원인과 충격을 없애기 위해서 자연 및 사회 과학기술을 도구로 사용할 필요가 있다는 점을 인식해야 한다. 이를 위한 과학 연구에 더욱 많은 투자가 있어야 한다.

③ 개발을 위한 과학(Science for development)

- 과학적 개발 성과를 식품 생산과 위생 건강에 적용하는 데 있어서 여성들이 기초적인 역할을 한다는 점을 충분히 인식하고, 이 분야에서의 과학적 발전을 여성들이 이해할 수 있도록 노력을 강화해야 한다.
- 이성적, 기술적, 그리고 윤리적 판단을 포함하는 과학적 교양이 모든 문화와 사회 영역에서 향상되고 확대되어 새로운 지식의 응용과 관련한 의사 결정에 적극적으로 참여할 수 있는 일반인들이 늘어나야 한다.
- 선진국들은 개도국 및 전환기의 국가들과 과학에서의 동반자적 활동을 증진시

킬 책임이 있다. 지역 간, 국가 간 협력을 통하여 과학 분야에서 국가적 연구에 참여할 핵심요원들을 기르는 데 도움을 주는 일이 후발 개도국에게는 특별히 중요하기 때문이다.

- 네트워킹을 통한 정보와 통신 기술의 이용이 지식의 자유로운 습득을 증진하는 수단으로 확대되어야 한다. 동시에 이들 기술의 이용이 다양한 문화와 표현 수단의 다양함을 부정하거나 제한하는 일이 없도록 주의를 기울여야 한다.
- 지적재산권은 범지구적으로 적절히 보호되어야 한다. 과학 연구를 수행하고 연구 결과를 사회에 유익한 방향으로 응용하기 위해서는 데이터와 정보에 대한 접속이 불가결하다. 지적재산권의 범위, 정도, 응용이 공정한 생산, 분배, 지식의 이용을 고려한 것이어야 한다.

④ 사회 속의 과학과 사회를 위한 과학(Science in society and science for society)

- 각 나라들은 과학 연구를 수행하고 과학 지식을 이용하고 응용하는 데 있어서 적절한 윤리적 제도를 확립해야 한다.
- 모든 과학자들은 스스로 높은 윤리적 기준을 세워야 하며, 과학 전문직을 위한 국제 인권기구의 규범에 기초한 윤리 강령이 확립되어야 한다. 과학 교육에 과학사, 과학 철학, 과학 문화혁명뿐만 아니라 과학 윤리 과목이 포함되어야 한다.
- 장애인들과 지구 인구의 반 이상을 구성하는 여성들이 과학 분야에서 활약하고 과학기술 관련 의사결정에 참여하는 데 어려움을 겪지 않도록 규정과 인식의 변화를 통해 문제점들을 조속히 시정해야 한다.
- 세계의 정부와 과학자들은 국가 간 그리고 국가 내의 계층 간 열악하고 불공평한 건강 혜택 문제들을 해결하여, 수준 높고 공평한 건강 수준을 달성하고 모두에게 양질의 건강 보호를 제공하는 규정을 갖도록 착수해야 한다.

1.3 정치 사회 속의 과학기술인

미나마타병과 한 시골 의사

"1956년 미나마타병 발병 보고(Hajime Hosokawa) → 1959년 수은이 원인으로 추정된다는 구마모토 대학병원의 발표 → 1968년 일본 정부의 공식 인정 → 1997년 법적 보상 완료와 그물 철수 → 2004년 일본대법원이 1960년 이후 미나마타병의 확산을 막지 못한 정부의 책임 인정"

벌써 오래전 일이다. 1997년 8월 30일, 국내 일간지의 한 기사를 읽고 필자는 많은 생각을 하였다. 기사 내용은 마침내 미나마타병과 관련한 법적 보상 문제가 해결되었고, 미나마타의 인근 바다도 예전 상태로 회복되어 그동안 바다에 드리워졌던 보호 그물을 걷었다는 것이었다. 1956년 발병 보고 이후 고통 속에서 신음하고 있음에도 공식 환자로 인정받지 못한 사람들이 이에 정당한 보상을 요구하였는데, 수십 년간을 고통 속에 버티어 온 이들이 나이 들어 죽을 날이 머지않게 되자 정부가 타협에 응한 것이다. 그리고 이 긴 시간 동안 자연도 아픈 상처를 스스로 치료해 오고 있었다.

환경오염에 의한 참상의 대표적 사례인 미나마타병을 모르는 사람은 없을 것이다. 아세틸렌으로부터 염화바이닐(PVC의 원료)이나 아세트알데하이드(각종 의약품 및 용매의 중간체)를 만들 때 수은이 함유된 촉매($HgCl_2$ 또는 $HgSO_4$)를 사용하는데 이 촉매가 바다에 유입되면 미생물에 의하여 메틸수은이 된다. 이 메틸수은이 미나마타병을 일으킨 장본인이다. 마을 사람들은 메틸수은에 직접 노출되거나 먹이 사슬을 통하여 수은에 중독되었다. 수은에 중독된 마을의 참상은 처참하였다. 바다는 검붉게 변하였으며, 조개들은 입을 열고 썩어 들어갔고, 해변으로 밀려온 물고기를 먹은 까마귀는 퍼덕대며 허공을 맴돌다 바닥에 떨어졌다. 또 고양이, 개, 돼지들이 미쳐 날뛰다가 불 속이나 바다로 뛰어드는 '괴사건'이 잇따랐다. 1년 뒤 연안에서 잡은 물고기와 조개를 먹은 주민들은 손발이 뒤틀리고, 혀가 마비되는 처참한 증상을 보이기 시작하였다.

여기서 미나마타병에 관해 자세히 설명할 생각은 없다. 여러분은 그동안 학교에서 미나마타병에 대해 배웠고, 인터넷을 통하여 검색해 보면 국내외 수많은 관련 자료와 기사들을 볼 수 있기 때문이다. 앞의 기사를 접하였을 때 필자의 머릿속에 떠오른 인물은 당시 그 마을의 한 훌륭한 시골 의사였다.

필자는 오래전에 미나마타에서 자동차로 2시간 정도 거리에 있는 큐슈의 한 도시에서 일본 국가프로젝트의 연구원으로 일한 적이 있다. 당시에 지방지인 '서일본신문(西日本新聞)'을 구독하였는데, 어느 날인가 미나마타병과 관련한 칼럼을 읽고 큰 감명을 받게 되었다. 미나마타병이 발병하였던 당시 한 개인 병원 의사에 관한 기사였다.

기억에 남아 있는 내용은 이렇다. 미나마타병이 발생하였을 당시 미나마타에서 개인 병원을 운영하던 한 의사는 1952년, 그러니까 신일본 질소 주식회사 칫소[窒素]라는 회사의 부속 병원 의사였던 하지메 호소카와(Hajime Hosokawa)가 공식적으로 발병 보고를 하기 4년 전에, 자신의 병원이 있는 미나마타 지역에 알 수 없는 병이 발생하자 어려운 여건에서도 그 원인이 무엇일까 추적한다. 그러던 중에 인근의 칫소라는 아세트알데하이드를 만드는 공장에서 버린 수은 화합물이 이 질병과 관련이 있을 것이라는 결론에 이른다. 그는 확신을 가지고 이 사실을 발표하였으나 돌아오는 것은 비난뿐이었다. 먼저 공장 관계자들이 펄쩍 뛰었다. 대학 병원의 의사들은 시골뜨기 의사가 무엇을 안다고 그러느냐는 투로 비웃었다. 정부 관계자도 미친 소리 하지 말라는 투였다. 심지어 마을에 사는 주민들조차도 이런 사실을 숨기려고 하였다. 소문이 퍼지면 자식들의 혼사가 막힌다는 것이 이유였다. 하지만 이 의사는 자신의 주장을 굽히지 않고, 자비를 들여가며 유럽에서 열린 국제학술대회에 참가해서 이 사실을 알렸다. 국제사회는 경악하였고, 마침내 미국은 이 시골 의사에게 연구비를 제공하였다. 뒤늦게 인근의 구마모토 대학 병원에서 수은이 이 병의 원인인 것 같다는 보고를 하게 된다. 이때가 발병 공식 발표 후 3년이 지난 1959년이었다. 그 의사는 보고가 나간 후 약간의 힘을 얻어 정부를 상대로 공식적인 인정을 받아내어 보상의 길을 열고, 체계적으로 치료와 연구를 하고자 하였다. 그러나 기업의 편이었던 정부는 쉽게 이 사실을 받아들이지 않았다. 일본 정부가 이를 인정한 것은 1968년으로, 발병 후 12년이 지난 시점이었다. 이 칼럼이 실렸던 당시도 여전히 보상 문제가 해결되지 않은 상태여서, 법원에서는 피해자 측에게 유리하게 합의 권고를 하기도 하였으나 정부는 여전히 미온적인 태도를 보였다. 그리고 마침내 1997년 미나마타 사건의 종결 선언이 있었던 것이다.

일본은 우리나라보다 먼저 고속 경제 성장 과정을 거쳤다. 따라서 고속 성장이 수반하는 후유증도 먼저 겪었다. 이와 같이 그간의 일본 사정을 잘 알고 있음에도 불구하고 우리는 이를 타산지석으로 삼지 못하고 여전히 환경과 안전 문제에 대해 불

그림 1.7
왼쪽은 미나마타병 자료관 전경이며, 오른쪽은 필자가 2009년 7월 미나마타병 자료관을 방문한 사진이다. 현재 이 일대는 공원으로 조성되어 있으며 환경 오염 관련 교육의 장으로 활용되고 있다.(출처: 미나마타병 자료관)

감증이 있는 듯하다. 우리의 강산이 병들어가는 데도 난개발이 이루어져 농어촌에까지 각종 공장들이 들어서 있는 것을 보게 된다. 아직도 환경과 안전에 주의를 기울이다가는 상품 가격이 높아져서 국제무대에서 경쟁할 수 없다는 논리이다. 기업가들만 나무랄 일은 아니다. 여름 휴가철에 우리의 산천은 각종 쓰레기와 오물로 몸살을 앓는다. 시민 의식의 변화가 필요한 시점인데, 최근의 활발한 NGO 활동에서 그 희망의 싹을 보게 된다. 이참에 젊은이들에게 권하고 싶은 것이 있다. 바로 자신의 선호에 따라 다양한 NGO 활동을 선택하여 참여해 보자는 것이다. 취업 준비로 여력이 없다고 생각할 수도 있겠으나 더 멀리 내다보면 오히려 이러한 활동이 자신의 경쟁력을 높여줄 것이다. 필자가 학생이던 시절에는 반독재 투쟁이 있었고, 이후 전대협의 통일 운동이 있었다면, 이제는 NGO 학생 운동의 시대가 되었으면 하는 바람이다.

글렌 시보그와 시보귬(^{106}Sg)

1999년 4월 16일자 '사이언스(Science)'는 글렌 시보그(Glenn Seaborg)의 부고에서 그를 다음과 같이 소개하고 있다.

'타계한 시보그의 생애는 어느 누구도 흉내 내기 힘든 것이었다. 그는 전쟁을 끝내게 한 원소인 플루토늄을 발견하였고, 아마도 이 원소로 인해 지난 50여 년 동안 전쟁이 억제될 수 있었다고 생각한다. 그는 많은 과학적 성과를 낸 것 외에도 10명의 미국 대통령에게 과학 자문을 하였고, 원자력에너지협회(AEC) 회장을 10년간 맡았으며, 캘리포니아 대학에서 교수로서 총장을 맡기도 하였다. 그는 여섯 명의 자녀를 두었고 교육개혁에도 적극적이었다. 그는 미국 서부 지역 10개 대학 체육협회의 교수 대표로 참여하여 종합대학의 운동부와 학사관리 문제를 해결하였다. 그는 버클리 대학 옆에 로렌스 과학관을 만들 때에도 조직력과 과학교육에 대한 열정을 보여 주었다. 그는 그곳의 관장이며 선생님으로서 여러 해 동안 일하였다. 그는 미국 과학재단에서 고등학교와 대학의 과학교육에 대해 연구할 때도 깊이 참여하였다. 1997년에 확정된 주기율표 106번째 원소는 그의 이름을 따서 시보귬(Sg, seaborgium)으로 명명되었다. 그는 주기율표 94, 95, 96, 98, 99, 100, 101, 102, 106, 110번 원소를 혼자 혹은 공동으로 발견하였다. 시보그는 자연계에 존재하는 가장 무거운 원소와 인공변환으로 만들어질 원소 11개를 예측하였다. 이런 개념을 이용하여 악티늄족 원소들의 화학이 밝혀졌고, 불안정한 원소들을 확인하는 데 중요한 정보를

그림 1.8
1999년 2월 25일 전설적인 화학자인 글렌 시보그가 생을 마감하였다.

제공하였다. 그는 1951년 에드윈 맥밀런(Edwin McMillian)과 함께 우라늄 변형 원소에 대한 연구 성과로 노벨 화학상을 수상하였다. 그는 500여 편의 논문과 16권의 책을 썼고, 50개의 명예 학위를 받았다.'

여기서 시보그에 관한 기사를 비교적 상세히 언급한 이유는 위대한 한 화학자를 기억하기 위해서만은 아니다. 그것보다 원소 기호가 결정되는 과정을 통하여 미국의 힘이 이곳 과학의 세계에서도 크게 작용하는 것을 보여 주었기 때문에 이 문제를 함께 생각해 보기 위해서이다.

순수 및 응용화학 국제연합(IUPAC)은 1994년에 그동안 원소 기호 없이 원소 번호로만 통용되던 104~109번까지의 원소에 대하여 원소 기호 안을 추천하였다. 이에 대해 미국화학회(ACS)의 입장은 매우 달라서 표 1-1에 나타낸 것과 같이 109번 하나만 의견이 같을 뿐이었다.

미국이 특히 애착을 가지고 주장하였던 원소 기호가 바로 106번 시보귬(Sg)이었다. IUPAC이 다른 입장을 보인 이유는 여러 가지가 있으나 생존하는 과학자의 이름을 원소 기호로 사용한 예가 없다는 점도 그중의 하나였다. 마침내 1997년 IUPAC이 미국의 주장을 대폭 받아들인 개정안을 내기까지 여러 국가의 화학회를 중심으로 다양한 중재안이 나오기도 하였다. 결국 시보그는 생전에 자신의 이름을 딴 원소 기호의 탄생을 확인한 최초의 과학자가 되었다. 시보그가 한 가지 아쉽게 생각한 이름이 105번 원소였다고 한다. 미국 측에서는 독일인 화학자인 오토 한(Otto Hahn)의 이름을 따서 불리기를 바랐으나 러시아 핵연구소가 위치한 두브나(Dubna) 지명의 이름으로 결정된 것이다. 어쨌든 미국과 IUPAC과의 싸움은 미국의 승리로 끝났다. 이것이 과학기술 사회에서도 통용되는 힘의 논리이다. 그 후에도 이름을 갖게 된 원소들이 여럿 있는데, 2006년에 다름슈타튬(darmstadtium, Ds, 110)과 뢴트게늄

표 1-1 미국화학회와 IUPAC이 제안한 원소명

Atomic No.	1994		1997
	ACS Slate	IUPAC Slate	Revised IUPAC Slate
104(Unq)	Rutherfordium	Dubnium	Rutherfordium(Rf)
105(Unp)	Hahnium	Joliotium	Dubnium(Db)
106(Unh)	Seaborgium	Rutherfordium	Seaborgium(Sg)
107(Uns)	Nielsborgium	Bohrium	Bohrium(Bh)
108(Uno)	Hassium	Hahnium	Hassium(Hs)
109(Une)	Meitnerium	Meitnerium	Meitnerium(Mt)

(roentgenium, Rg, 111)이 결정되었고, 코페르니쿠스의 생일날인 2010년 2월 19일에 코페르니슘(copernicium, Cn, 112)이 발표되었다. 이어서 2012년 6월 1일에 플레로븀(flerovium, Fl, 114)과 리버모륨(livermorium, Lv, 116)이 결정되었고, 2016년 6월 8일에 그동안 이름이 결정되지 않았던 원소 번호 113, 115, 117, 118에 대해 각각 니호늄(nihonium, Nh), 모스코븀(moscovium, Mc), 테네신(tennessine, Ts), 오가네손(oganesson, Og)으로 명명안을 발표하였다.

유대인 화학자 바이츠만과 하버

하임 바이츠만(Chaim Weizmann)과 프리츠 하버(Fritz Haber)는 둘 다 유대인이다. 이스라엘이라는 나라가 세워지기 전에 유대인들이 전 세계로 흩어져 살았던 것처럼 바이츠만과 하버도 각각 영국과 독일에서 살면서 훌륭한 화학자의 길을 걷고 있었다.

제일 차 세계 대전이 시작될 당시 바이츠만은 영국 맨체스터 대학의 교수로서 학생들을 가르치면서 아세톤으로부터 인조고무를 제조하는 연구에 몰두하고 있었다. 그런데 영국에서는 제일 차 세계 대전을 치르다보니 무연화약 제조에 필요한 아세톤이 부족하게 되었다. 아세톤은 무연화약의 원료인 나이트로셀룰로스를 잘 녹이기 때문에 용매로 사용된다. 당시에는 목재를 증류할 때 나오는 목초(木醋)를 석회석과 반응시켜 아세트산칼슘을 만든 다음 이를 건류하는 방식으로 아세톤을 얻었다. 하지만 잉글랜드 제도에는 이미 나무가 많이 남아 있지 않았고, 해외에서 목재를 들여오기도 어려웠기 때문에 아세톤 공급 사정은 점점 악화되었던 것이다.

영국 육군성은 과학자들에게 공문을 보내 전쟁에서 이기는 데 도움이 될 만한 것이라면 어떠한 발명이나 발견이라도 보고해 달라고 요청하였고, 바이츠만도 자기가 발견한 아세톤의 새로운 제조법을 보고하였다. 바이츠만이 제시한 아세톤의 제조 방

그림 1.9
왼쪽부터 하임 바이츠만, 텔아비브 근처에 있는 바이츠만 과학연구소, 프리츠 하버(출처: 위키피디아)

법은 설탕을 발효시켜 얻는 것이었는데, 사실 바이츠만은 설탕으로부터 이소아밀 알코올을 얻기 위한 연구 중에 의도와는 달리 아세톤이 만들어지는 것을 발견하였다. 그 후로 본 연구를 더 이상 수행하지는 않았으나 이때 이용하였던 박테리아를 기억하고 있었던 것이다. 그러나 당시에는 정부로부터 아무런 회답도 받지 못하였다.

그 후 바이츠만은 윈스턴 처칠을 만났을 때 아세톤의 대량생산 공정 개발을 부탁받고 설탕 대신 녹말을 발효시켜 아세톤을 제조하는 공정을 완성하였다. 그의 공로는 군수장관(데이비드 로이드 조지, 후에 영국 총리가 됨)과 외무장관(아서 제임스 밸푸어)에게는 물론 영국 왕실에까지 전해졌다. 극진한 민족주의자였던 바이츠만은 이를 최대한 이용하여 1917년에 '영국 정부는 팔레스티나에 유대인 조국 건설을 위해 최선의 노력을 하겠다.'라는 엄청난 내용의 그 유명한 밸푸어 선언(Balfour Declaration)을 이끌어 냈다. 이것이 초석이 되어 1948년 이스라엘이 탄생하였고, 바이츠만은 이듬해에 초대 대통령이 된다. 이스라엘에는 '바이츠만 연구소'라는 세계적으로 유명한 연구교육 기관이 있는데, 화학자 대통령인 바이츠만의 업적과 뜻을 기려 설립한 것이다. 여담이지만 이 연구소는 전 세계적으로 연구원을 모집하였는데, 필자가 대학원을 마칠 즈음에 이곳에서 연구원을 모집한다는 포스터가 학과사무실에 붙어 있는 것을 본 적이 있다. 필자는 정세가 불안정한 중동의 나라에 간다는 사실이 두렵기도 해서 지원할 용기가 나지 않았었다.

하버는 바이츠만과는 매우 대조적인 생을 보냈다. 제일 차 세계 대전 당시 그는 화학자로서 이미 세계적으로 명성을 떨치고 있었으며, 베를린 대학교 교수였던 네른스트와 전쟁용 독가스 개발에 참여하고 있었다. 독일은 세계 대전 초기에 재래식 전투법보다 더욱 강력하고 새로운 전투법으로 독가스의 사용을 검토하였다. 이에 따라 하버는 여러 가지 실험을 거쳐 염소 기체의 사용을 독일 육군성에 제안하였고, 이는 곧 받아들여졌다. 염소 기체의 사용으로 연합군의 희생이 있었으나 다행히 독일군이 이를 널리 사용하지는 않았다. 염소는 맹독성 기체여서 공기 중에 50 ppm만

표 1-2 바이츠만과 하버의 간단한 생애 비교

바이츠만(Chaim Azriel Wei zmann)	하버(Fritz Haber)
1874~1952	1868~1934
영국 맨체스터 대학 교수	독일과 스위스 대학 교수
1917년 벨푸어 선언 이끌어 냄.	1918년 노벨 화학상
연합군에 아세톤 제조 공헌	전쟁용 염소 독가스 개발 참여
1949년 이스라엘 초대 대통령	히틀러의 유대인 학대로 결국 스위스에서 심장병으로 사망

있어도 30분에서 1시간 이내에 동물의 생명을 위협하며, 1000 ppm에 이르면 짧은 시간 내에 생명을 앗아간다.

하버는 질소와 수소를 반응시켜 암모니아를 제조하는 공정을 완성함으로써 화학공학의 진보는 물론 인류 문명의 발전에 크게 기여하였다. 생명체의 생존에 꼭 필요한 것이 질소 원자를 포함한 아미노산인데, 대부분의 생명체는 질소 원자를 얻기 위해 공기 중에 흔한 질소 기체를 이용할 줄 모른다. 하버는 공기 중의 질소를 생명체가 이용하기 쉽게 암모니아로 바꾸었고, 그 공로로 1918년에 노벨 화학상을 받았다. 하버는 유대인이었지만 전쟁에 기여한 공로로 독일 정부로부터 많은 표창과 상훈을 받았고, 스스로도 자신이 독일인임을 자랑스럽게 생각하였다. 그러나 1930년대에 히틀러가 이끄는 나치 정권이 들어섰고, 유대인 학대가 시작되면서, 제일 차 세계대전의 영웅인 하버도 비운을 맞을 수밖에 없었다. 영국은 독일에서 나와 스위스에서 병으로 고생하던 그를 초청하여 케임브리지에서 살게 하였으나, 심장병으로 고통 받던 하버는 결국 스위스에서 66세의 나이로 쓸쓸히 생애를 마감하였다.

이들 두 과학자의 예는 과학자의 길을 걷는 데 있어서도 정치사회적 환경과 자신의 선택에 따라 얼마나 다른 삶을 살게 되며, 인류가 어떤 영향을 받게 되는지 분명히 보여 준다. 또한 과학기술과 사회의 상호 관계를 규정하는 데 있어서 인류애적 가치가 얼마나 중요한지 생각하게 한다.

남북한 과학계의 거목: 이태규와 리승기

20세기가 끝나고 21세기가 시작될 무렵의 2000년, 한반도에서는 역사에 기록될 만한 중요한 사건이 많이 일어났다. 남북 최고 통치자들이 만났고 이산가족의 상봉이 이루어졌다. 이에 따라 평화적 통일에 대한 기대감도 부풀었다. 이러한 가운데 북한에서 내려와 남한 가족을 만나는 사람 속에 필자의 관심을 끄는 사람이 있었는데, 바로 월북 과학자 리승기 박사의 부인인 황의분 씨였다. 북한의 리승기 박사는 남한의 이태규 박사와 함께 한반도의 근현대기를 대표하는 화학공학자이고 화학자이다. 이 뉴스는 자연스럽게 정치사회가 과학자에게 미치는 영향을 생각하게 하였다.

필자는 KAIST(당시는 서울 홍릉 소재) 학생 시절에 이태규 박사의 강의를 들을 수 있었다. 고령이다 보니 주로 의자에 앉아서 말씀하셨고, 의자 앞에는 4월까지도 조그만 전기난로가 놓여 있었다. 그리고 KAIST 면접시험 때, 충남 예산이 고향인 이태규 박사가 바로 이곳 인근이 고향인 필자에게 화학 문제 질문은 하지 않고 따뜻

표 1-3 이태규 박사와 리승기 박사의 간단한 생애 비교

이태규 박사	리승기 박사
1902~1992	1905~1996
일본 교토대학 화학과 교수	일본 교토대학 화공과 교수
리-아이링 이론 창안	합성 섬유 비날론 개발
해방 후 서울대학교 교수를 거쳐 1948년 미국행	해방 후 서울대학교 교수를 거쳐 1950년 북한행
1946년 대한화학회 창립, 미국 유타대학과 KAIST에서 후진 양성	1961년 비날론 대량 생산 성공, 북한 최고 과학자로 활동

하게 고향 이야기를 물으시던 기억이 있다. 반면에 리승기 박사는 필자가 직접 만날 기회는 물론 없었다. 다만, 어렸을 적 시골에서 자란 필자는 가끔 북에서 날려 보낸 소위 '삐라(전단지)'를 산이나 들에서 본 적이 있다. 당시에는 이것을 주워 학교나 경찰서에 갖다 주면 칭찬과 함께 학용품을 받았다. 어렴풋이 생각나는 삐라의 내용 중에 북한에서 훌륭한 대접을 받으면서 성공적인 연구를 수행하는 과학자를 자랑하는 것도 있었는데, 지금 생각해 보면 이때의 과학자가 바로 리승기 박사였던 것 같다.

앞에서 두 유대인 화학자의 엇갈린 운명을 보았다. 서로 상황은 다르지만 이태규 박사와 리승기 박사의 경우도 한국이 낳은 두 위대한 화학자의 서로 엇갈린 운명의 길에 해당되지 않을까? 표 1-3에 간단히 나타낸 것처럼 이들은 인생의 중반까지는 비슷한 시기에 태어나서 비슷한 길을 걸었다. 하지만 식민지 시대가 끝나고 냉전 시대를 거치면서 겪게 되는 한국적 사회 상황에서 두 과학자의 서로 다른 선택이 인생 후반의 삶을 극명하게 갈라놓았다. 이들의 삶을 들여다봄으로써 다시 한 번 과학기술과 사회의 문제를 생각해 본다.

이들은 식민지 시기에 선발되어 일본으로 건너가 고등교육을 받게 된다. 이태규 박사는 교사가 될 생각으로 히로시마 고등사범학교를 졸업하지만 식민지인에 대한 차별 대우로 발령을 받지 못해 대학에 들어가게 되었다. 이후 교토 제국대학 화학과를 마치고 1931년 이공계 분야에서는 한국인 최초로 일본에서 박사학위를 받았다. 물론 그 이전에 미국에서 이학박사 학위를 받은 두 명의 한국인이 있었으나 수업연한 및 연구경력으로 보아 그들보다 수준이 훨씬 높았다. 한편, 리승기는 처음부터 대학 진학을 목표로 일본의 마쓰야마고등학교에 들어갔고 이어서 교토 제국대학 공업화학과를 마친 후 1938년에 역시 공학 분야에서는 일본에서 최초로 박사학위를 취득하였다. 이뿐만 아니라 이들은 당시 식민지인으로서는 꿈도 꾸기 힘든 교토 제국대학 교수가 되었다. 당연히 일본인 과학자를 능가하는 뛰어난 연구업적을 냄으

그림 1.10
KAIST에 건립된 이태규 박사 동상과 2011년 국제 화학의 해를 맞아 북한이 발행한 우표 속의 리승기 박사와 퀴리 부인 (출처: Science Times)

로써 자신들이 지닌 능력을 널리 인정받았기 때문이다. 이들이 식민지 시대에 발표한 논문편수는 이태규가 37편, 리승기가 48편이었는데 이것은 일본의 유명한 과학자들에 비해서도 결코 손색이 없는 것이었다. 더구나 그 수준에서도 이태규는 물리화학 분야에서 리-아이링 이론을 창안하고, 리승기는 섬유화학 분야에서 나중에 비날론으로 명명한 합성 1호 섬유를 개발할 정도로 세계적인 수준이었다.

두 분이 왕성히 활동하던 시기의 우리나라는 과학기술의 면에서 볼 때 매우 열악하였다. 전 세계에서 가장 가난하고 낙후한 과학후진국에서 태어났을 뿐만 아니라 과학기술에 대한 사회적 인식이 낮아 과학기술인으로서 자신의 활동에 대해 자긍심을 갖기도 힘들었다. 또한 거듭되는 정치사회적 혼란은 이들의 과학 활동을 안정되게 추진해 나가는 것을 불가능하게 만들었다. 이와 같은 상황에도 불구하고 이들은 어떻게 뛰어난 과학적 재능을 발휘하여 그 어떤 한국인보다도 탁월한 과학적 성취를 이룰 수 있었던 것일까? 이들이 이처럼 일찍이 세계적인 연구 성과를 낼 수 있었던 이유는 아이러니컬하게도 우리나라가 일제의 식민지였기 때문이었다.

동일한 언어의 사용으로 외국어 습득에 어려움이 없었고 조기에 일본으로 유학을 떠나 수준 높은 교육과 연구의 기회를 가질 수 있었으며 국제수준의 일본인 연구자들과의 교류 및 경쟁을 통해 학문적 성취를 이룰 수 있었던 것이다. 이와 함께 다른 일본의 제국대학보다도 교토 제국대학이 한국인들에게 비교적 관대하고 개방적인 태도를 취하였던 점 또한 적지 않게 영향을 미쳤다. 비록 대다수 한국인들은 이와 같은 기회를 전혀 가질 수 없었지만 극소수의 사람들에게는 꿈과 같은 행운이 따를 수 있었다.

1945년 해방이 되자 이들은 서둘러 귀국하였다. 둘 다 서울대학교 교수로 임용을 받은 후 남한의 과학기술을 발전시키고자 바쁘게 움직였다. 그토록 고대하던 해방된 조국이었으니 이들의 포부와 기대는 남다를 수밖에 없었을 것이다. 그러나 이들이 품은 이상과 맞닥뜨린 현실의 괴리는 너무도 컸다. 당시 남한은 현대적 과학기술을 받아들일 만한 기반이 없었고 이를 갖추고자 하는 정부의 의지도 거의 보이지 않는 척박한 상황이었다. 게다가 세계 수준을 향한 이들의 연구의욕과 열정은 이들이 놓인 처지를 그대로 용인하게 놓아두지 않았다. 그동안 이들의 과학 활동은 지역적이기보다는 보편적이고, 지역적이라고 하더라도 그것은 한국적이 아닌 일본적인 것이었다. 그렇다 보니 남한에서의 적응 및 정착은 그만큼 힘들 수밖에 없었다. 이에 따라 이들은 자신의 뜻을 펼칠 수 있는 길을 찾기 위해 쉽지만은 않았을 중대 결단을 내리게 된다. 즉 이태규는 1948년에 자신이 방문한 적이 있던 미국행을, 리승기는 북한으로부터 네다섯 차례의 권유를 받고 마침내 1950년에 몇몇 연구진과 함께 북한행을 택하게 된다.

그러므로 이들이 해방 후에 귀국하여 활동한 기간은 매우 짧았고, 이 시기에 남한의 과학기술 발전에 남긴 발자국은 너무도 희미할 뿐이다. 그렇지만 이들의 과학 활동이 당장은 아니지만 시간이 흐르면서 남한과 북한의 과학기술 발전에 중요한 밑거름이 되어 나갔다. 리승기의 과학연구는 중소분쟁을 계기로 대두된 자립노선에 힘입어 더욱 중요성을 얻게 되었고 마침내 1961년에는 대공장이 세워져 비날론 섬유가 빛을 보기에 이르렀다. 어떻게 보면 태평양전쟁 시기에 부상한 일본적 과학기술이 리승기에 의해 북한적 과학기술로 전환되어 결실을 맺게 되었다고 할 수 있다. 이후 북한에서는 석회석, 무연탄, 전기로 생산되는 비날론처럼 자체의 부존자원과 인력, 설비 등에 기반한 주체 과학기술이 주류를 형성하며 다른 나라에서는 좀처럼 보기 힘든 독특한 모습을 지니게 되었다. 리승기는 북한의 초기 핵개발에도 관여한 것으로 알려졌는데 이 또한 분단된 우리나라의 아픈 역사가 아닐 수 없다.

이태규는 1946년 7월 조선화학회(현재의 대한화학회)를 창설하고 초대 회장을 맡기도 하였지만 당시에 남한의 과학기술 발전에 직접 도움을 준 점은 미미하였고, 미국에 있으면서 간접적으로 적지 않은 역할을 하였다. 그가 미국의 유타대학에서 본격적으로 연구 활동을 수행함에 따라 상당수의 한국인 과학도들이 그곳으로 몰려갔고 이내 유타학파의 형성을 낳았다. 이들의 활동에 힘입어 남한의 경우 화학분야가 다른 어느 분야보다 빠르게 성장하였고, 더불어 물리학 전공자들도 그 대학에서 제법 배출되게 되었다. 비록 그가 한국에 돌아왔을 때는 고령이어서 더 이상 활발하게 연구 활동을 하기에는 무리가 있었지만, 꾸준히 KAIST를 통하여 직접 또는 간접적으로 길러낸 많은 인물이 남한의 과학기술 발전에 지대한 기여를 하였다. 대한화학회는 그의 업적을 기려 이태규 학술상을 제정하였다. 또한 이태규 박사는 한국 과학 발전의 기틀을 닦은 공로를 인정받아 동작동 서울 국립 현충원에 안장되었다. 국립묘지에 잠든 첫 번째 과학자가 된 것이다.

2

물질

메이저리그(MLB)와 노인과 바다

영화 "토탈리콜"에서는 손바닥에서 빛이 나면서 전화벨이 울리고, 버튼을 누르고 귀에 갖다 대면 상대방의 목소리가 나오는 장면이 등장한다. 이를 위해서는 실제 피부처럼 탄력적이면서도 전기적 성질이 있는 신소재가 필요한데, 유기 반도체 및 유연한 전극에 필요한 소재가 이에 해당하며 소프트 일렉트로닉스 분야에서 이들을 연구한다.

영화 '토탈리콜'

"분자 하나가 세상을 바꿀 수 있다(One molecule can change the world)."

이 말은 1996년에 한남대학교에서 한국고분자학회의 추계 학술대회가 개최되었을 당시, 일본 고분자학회 회장이었던 미키하루 가마치(Mikiharu Kamachi) 오사카 대학 교수가 특별강연 서두에 한 말이다. 화학 물질의 다양한 기능성과 중요성을 함축적으로 나타내는 표현으로, 화학이 원래 물질의 상태와 변화를 연구하는 분야라는 점과 새로운 분자 하나가 인류를 질병에서 구할 수도 있고 문명을 바꿀 수도 있다는 점에서, 화학이 갖는 본질과 화학이 주는 사회적 여파가 운(韻)을 맞추어 기억에 오래 남아 있다.

2.1 혼합물과 순물질

크리스털은 순물질인가?

결정 상태의 물질은 순물질과 혼합물 모두 가능하다. 크리스털(crystal) 유리를 눈으로 볼 때는 순수한 물질로 보이지만, 실제는 주성분인 산화 규소에 산화 납과 산화 칼슘이 섞여 있는 혼합물이다. 이 때문에 빛의 굴절률이 크게 늘어나 빛이 강하게 산란하는 특징이 있다. 물과 수정으로 빚어진 오팔(opal, 단백석)도 혼합물인데,

그림 2.1
크리스털과 오팔
(출처: ©Sebastian Janicki, Leela Mei/Shutterstock)

산화 알루미늄이 주성분인 다른 보석들과는 달리 산화 규소와 물($SiO_2 . nH_2O$)이 주성분이다. 평행면 구조가 회절격자로 작용하여 무지개 색을 만들어 낸다. 붉은색의 오팔에는 미량의 철이 들어 있다. 자연에서 얻는 대부분의 물질이 이처럼 혼합물이지만, 금, 다이아몬드, 황 등은 순물질이다.

앞서 말한 대로 대부분 보석의 주성분은 매우 흔한 산화 알루미늄이다. 여기에 불순물이 섞여 보석으로 화려한 변신을 한 것이다. 예를 들면 강옥(鋼玉)이라는 광석은 거의 산화 알루미늄 결정 덩어리나 마찬가지이다. 이 광석을 분쇄하면 훌륭한 연마제가 되며 실제로 이렇게 만든 연마제가 현재 많이 사용되고 있다. 진홍색의 루비(홍옥)나 파란색 사파이어(청옥)도 이 연마제와 주성분이 같다. 루비에는 산화 알루미늄에 산화 크로뮴이 미량(0.2~0.3%) 불순물로 들어 있다. 사파이어에는 산화 타이타늄과 산화 철이 0.1~0.2% 정도 섞여 있다. 물론 이들 불순물 자체도 싸구려 금속산화물에 불과하다. 요즘은 산화 알루미늄을 녹인 뒤 여기에 불순물을 첨가하고 서서히 굳게 하여 인공적으로 루비나 사파이어를 만들기도 한다. 무색투명한 소위 백사파이어는 이렇게 해서 만든 순수한 산화 알루미늄이다. 에메랄드는 녹주석

표 2-1 몇 가지 유리의 제법 및 특성

종류	제법 및 특성
일반 유리	산화 규소에 탄산 소듐 및 탄산 칼슘을 섞어 만든 유리
파이렉스 유리	실리카 유리에 무수 붕산을 섞은 유리(화학 실험실용)
코닝 유리	산화 리튬과 산화 알루미늄을 실리카에 섞은 유리(주방용)
크리스털 유리	산화 납과 산화 칼슘을 섞어 빛의 산란과 굴절률을 높인 유리
석영 유리	고순도의 결정형 산화규소 유리. 색은 불순물 때문에 나타나는 것임.
광섬유 유리	투명한 석영 유리 섬유. 플루오르 유리 광섬유는 고성능을 나타냄.
의료용 유리	인 칼슘과 소듐 산화물에 산화구리를 조금 넣어 만든 인체에 녹는 유리. 주혈흡충병 치료에 쓰임.

이라는 광물 속에 들어 있다. 녹주석은 산화 규소(실리카, 모래의 주성분) 속에 알루미늄이 들어 있는 것으로, 자연계에 조금밖에 없는 베릴륨도 소량 들어 있다. 에메랄드는 불순물에 따라 청색, 핑크색, 금색, 녹색을 띤다. 이 중 녹색 에메랄드가 가장 인기 있는 보석인데, 아름다운 녹색은 크로뮴이 미량 섞여 있기 때문에 나오는 것이다. 이렇듯 모든 보석의 바탕은 다른 돌과 비교할 때 단단하고 광택을 낸다는 특징 외에는 별다른 점이 없지만 그 속에 들어 있는 소량 원소들이 아름다운 색깔을 보태어 그 값어치를 더해 주는 것이다.

우리가 흔히 사용하는 유리는 산화 규소(실리카)를 탄산 소듐(소다회) 및 탄산 칼슘(석회석)과 섞어 높은 온도로 가열해 만든다. 그런데 유리는 충격에 약할 뿐 아니라 열에도 약해 용기의 일부만 뜨겁게 가열하면 그곳만 팽창해 깨진다. 따라서 유리를 각 용도에 맞게 만들기 위해 다양한 물질을 첨가하는데, 표 2-1에 몇 가지 유리의 제법과 특징을 나타냈다. 즉 화학 실험실에서 사용하는 파이렉스 유리는 화학약품에 잘 견디게 만들고, 주방에서 사용하는 코닝 유리는 열에 강하게 만든 것이다.

순물질의 분리

자연에서 얻는 대부분의 시료는 혼합물이다. 어떤 혼합물들은 눈으로 보아도 쉽게 다른 종류의 여러 물질이 섞여 있음을 알 수 있다. 그러나 실제 여러 가지 물질이 섞여 있으나 한 가지 물질로 이루어진 것처럼 보이는 혼합물도 있다. 예를 들어 실내를 채우고 있는 공기를 생각해 보자. 공기는 햇빛에 의해 먼지 입자의 분산이 보일 때 외에는 혼합물로 보이지 않겠지만, 투명한 공기도 혼합물이다. 우유도 공기와 마찬가지로 혼합물이다. 육안으로 보면 같은 물질로 구성되어 있는 듯하지만 실제로는 다른 물질들이 섞여 있는 콜로이드 상태의 불균일 혼합물이다. 균일한 혼합물도 존재하는데 그 예로 용액을 들 수 있다. 용액은 주로 분자 혹은 원자 상태로 섞여 있으므로 실제로는 다른 종류의 물질들로 이루어져 있지만 용액 상태에서는 눈으로 물질들을 구분할 수 없다. 좋은 예로 앞서 말한 먼지가 없는 깨끗한 공기, 설탕물, 황동 등이 상태는 각각 다르지만 이에 해당된다.

화학은 근본적으로 순물질을 다루는 과학이다. 혼합물 상태에서는 성분 하나하나의 구조와 성질을 알 수 없기 때문이다. 그만큼 화학에서 순물질의 분리는 중요하다. 따라서 화학 실험실에서의 대부분의 시간은 합성 물질이든 천연 재료이든 순수한 단일 성분을 분리하는 데 소요된다. 마침내 혼합물이 그 성분 물질들로 분

그림 2.2
다양한 모양의 증류 장치. 왼쪽 것은 150 L짜리 주정 제조용이고, 가운데 것은 가정용으로 시판되는 것이며, 오른쪽 것은 화학 실험실에서 볼 수 있는 증류 장치이다. (출처: ©Valdis Skudre, khawfangenvi16/Shutterstock)

리가 되었을 때 그 성분 물질들이 정제되었다고 말할 수 있다. 혼합물의 분리는 성분들 사이에 물리적(녹는점, 끓는점, 비중, 용해도, 자기적 성질 등) 또는 화학적(산성, 염기성, 각종 화학 반응성 등) 성질이 충분히 다를 때 가능하다. 구성 성분이 다른 경우, 이들의 물리적 또는 화학적 성질이 조금이라도 다른데, 그 차이가 너무 미미한 경우에는 분리하는 데 많은 노력이 필요하거나 현재의 기술로는 한계가 있을 수 있다. 따라서 한 단계로는 분리가 불완전한 경우 반복되는 분리 과정을 통해서 좀 더 나은 순도를 얻을 수 있다. 결국 이와 같은 반복 과정을 통해서 더 이상 분리될 수 없는 시료 물질, 즉 순물질을 얻게 된다. 이때 순물질의 정의는 반드시 100%의 순도를 의미하는 것이 아니며 물질의 종류에 따라 99.9% 또는 99.99% 등으로 서로 다른 기준에 따른다. 실험적으로는 철과 황의 혼합물을 분리한다고 할 때 분리된 황이 순수하다는 것은 모든 가능한 정제 방법을 동원해도 더 이상 황의 성질이 변하지 않는 경우이다. 사람도 그 사람의 고유한 성격을 갖는 것처럼 순물질도 물질 고유의 특성(끓는점, 녹는점, 비중, 전도도 등)을 갖는다.

몇 가지 자연적으로 생성되는 순물질도 있다. 빗물은 미량의 작은 먼지, 용해된 공기, 여러 가지 미세한 오염물들을 제외하면 거의 순수한 물이다. 금, 다이아몬드, 황 등도 아주 순수한 형태로 발견된다. 그렇지만 이들 물질들은 특수한 경우이다. 우리는 혼합물의 세계에서 살고 있다. 우리가 먹고, 마시고, 입는 것 대부분이 혼합물이며, 우리가 살고 있는 집도, 사용하는 도구도 거의 대부분 혼합물로 만들어진 것이다. 자연적으로 생성되는 순물질은 그리 흔하지 않으며, 자연 혼합물로부터 많은 순물질을 분리하여 얻고 있다. 오늘날에는 분리, 정제 기술의 발달 덕택

표 2-2 혼합물로부터 순물질을 얻는 방법

방법	작용 원리
증류	끓는점 차이
재결정	온도, 용매에 따른 용해도
거름	고체와 액체 상태의 차이, 용해도 차이
원심분리	물질의 질량에 따른 원심력 차이
기체의 확산	물질의 질량에 따른 확산 속도 차이
자석	자기적 성질
선택적 화학 반응	화학 반응성의 차이
크로마토그래피	주로 물질의 흡착성 차이

에 상대적으로 순물질이 많이 흔해졌다. 예를 들면 정제된 설탕, 식염(소금), 구리, 탄산소다, 질소, 전분, 암모니아, 우라늄, 이산화 탄소 등 거의 600만 종류의 순물질들이 확인되었고 분류되어 있다.

일반적으로 혼합물로부터 순물질을 분리하는 과정은 그렇게 간단하지 않다. 화학을 처음 배우는 학생에게 한 줌의 화강암을 주면서 순물질 성분으로 분리하라고 한다면 아마도 거의 불가능한 일이라고 느낄 것이다. 물론 경험이 풍부한 화학자에게도 이 일은 어려울 수 있다. 화강암은 여러 가지 순물질들을 포함하고 있으며 각 순물질들은 각각의 특성을 지니고 있다. 철과 황의 혼합물을 분리할 때 철이 자석에 붙는 성질을 이용하여 분리하는 것처럼 화강암의 각 성분 물질이 가지는 특성을 이용하면 분리가 가능하다. 혼합물로부터 순물질을 효율적으로 분리하는 많은 방법들이 고안되었는데, 표 2-2에 나타낸 것과 같이 크로마토그래피(주로 물질의 흡착성 차이), 증류(끓는점 차이), 재결정(온도, 용매에 따른 용해도 차이), 거름(고체와 액체 상태의 차이, 용해도 차이), 원심분리(물질의 질량에 따른 원심력 차이), 기체의 확산(확산 속도 차이), 자기적 성질, 선택적 화학 반응(화학 반응성의 차이) 등이 이용된다.

불변끓음 혼합물

불변끓음 혼합물(azeotrope)이란 말이 낯설고 어렵게 느껴지겠지만 용어를 하나하나 풀어 보면 어렵지 않게 이해할 수 있다. 불변끓음이란 끓을 때 액체 속 혼합물 조성이나 증기가 된 상태의 혼합물 조성이 모두 같은 경우를 의미한다. 예를 들어 에탄올 농도가 8%인 막걸리를 증류 장치에서 끓이면 어떻게 될까? 처음에 끓는 막걸리 액체는 에탄올이 8%이지만 막걸리의 증기 속에는 에탄올 함량이 높아져서 10%라고 하자. 이때는 불변끓음 상태가 아니다. 이 증기가 긴 증류관 속에서 식어서 액체가 된 다음 다시 끓으면 액체 속 에탄올은 10%이지만 증기 속에는 12%로 될 수 있다. 이런 반복적인 상태도 아직도 불변끓음 상태는 아닌데, 액체와 증기의 조성이 다르기 때문이다. 이 과정이 계속되어 마침내 에탄올 비율이 몰비로 0.89, %무게비로 95.6이 되면 끓는 상태에서 액체 상태나 증기 상태나 조성이 같다. 바로 이 상태가 불변끓음 상태이다. 이 상태에서는 오래 끓인다고 에탄올 비율이 더 이상 높아지지 않는다. 끓는점이 물은 100°C이고 에탄올은 78.4°C인데, 불변끓음 혼합물일 때는 78.2°C로 약간 낮아진다. 이렇게 얻어진 에탄올이 주정이고 이것을 물로 희석시켜서 만든 것이 소주이다. 물과 에탄올이 섞인 경우처럼 불변끓음 혼합물 상태에서 끓는점이 각 성분의 끓는점보다 낮아지면 양성 불변끓음 혼합물(positive azeotrope), 물에 HCl 기체가 녹은 염산처럼 불변끓음 혼합물의 끓는점(110°C)이 각각의 끓는점(물 100°C, HCl 기체 −84°C)보다 높아지는 경우는 음성 불변끓음(negative azeotrope) 혼합물이라고 한다.

물과 에탄올이 섞여 있는 상태에서 증류를 통하여 얻을 수 있는 알코올의 최고 농도는 95.6%이다. 그렇다 보니 이른바 95% 에탄올은 저렴하다. 그렇다면 95.6% 이상의 에탄올은 어떻게 얻을 수 있을까? 여러 가지 방법이 알려져 있지만, 모든 방법이 무수 에탄올(absolute ethanol) 수준의 농도까지 가능한 것은 아니다. 무수 에탄올이라고 해서 물이 전혀 없는 것은 아니고 1% 이내에서 수 ppm 정도의 물이 존재하는

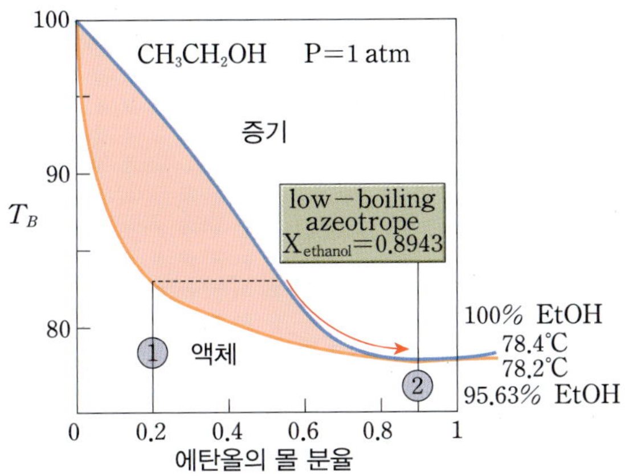

그림 2.3

물과 에탄올 혼합물의 끓는점 곡선. 에탄올 농도가 0.2몰 분율인 ① 상태에서 증류되어 마침내 ②의 불변끓음 상태가 되는 과정이다.

알코올을 말한다.

1) 애플잭(Applejack)이라는 술은 독특하게도 사과로 술을 담근 다음 알코올의 농도를 높이기 위해 부분 냉동시켜서 물만을 얼음으로 제거하는 방법을 사용한다. 이 방법으로 주정 정도의 농도를 얻는 것은 아니지만 10% 정도의 알코올 농도를 30~40% 정도로 높일 수 있다.

2) 압력 스윙 증류(pressure-swing distillation)라는 것이 있는데, 이것은 불변끓음 혼합물 비율이 압력에 따라 달라지기 때문에 증류할 때 압력을 좀 더 높여서 혼합물의 알코올 농도를 97% 정도로 약간 높이는 방법이다.

다음은 무수 에탄올을 얻는 방법인데 각각 적용한 원리를 들여다보면 고개가 끄덕여질 것이다.

3) 이른바 95% 에탄올에 벤젠이나 톨루엔 같은 분리용 매제(entrainer)를 추가로 넣어 준 다음, 가열하면 이들 매제가 역시 불변끓음 혼합물(azeotrope)을 형성하면서 에탄올 분자보다 물 분자를 더 많이 데리고 나오는 것이다. 그래서 이들을 용매라고 부르지 않고 동반해서 데리고 나온다는 의미에서 매제라고 부른다.

4) 분자체(molecular sieve)를 사용하기도 하는데, 여기서 체는 곡물에서 쭉정이를 걸러내는 도구인 바로 그 체를 말한다. 마찬가지로 분자체가 물 분자만을 잡아서 걸러내 주기 때문에 체라는 말을 붙였다. 제올라이트(zeolite)와 같이 물 분자를 잘 흡착하는 다공성 물질을 사용한다.

5) 고분자 분리막을 사용하기도 한다. 혼합물 속의 알코올 또는 물만 선택적으로 통과시킴으로써 알코올의 농도를 높이는 방법이다. 이 방법은 물과 에탄올이 기체 상태(vapor)로 고분자막을 투과(permeation)해 나가는 속도 차이를 이용하기 때문에 투과증발법(pervaporization)이라고 한다. 물론 막의 재질이 무엇이냐에 따라 알코올이나 물에 대한 선택성이 달라진다.

6) 무수 황산 마그네슘($MgSO_4$)과 같은 탈수제를 사용하기도 한다. 주로 화학 실험실에서 유기 용매 중에 녹아 있는 물 분자를 제거하는 데 많이 사용하는 방법인데, 무수 황산 마그네슘은 최대 7개의 물 분자를 잡아둘 수 있기 때문에 물이 붙은 황산 마그네슘 수화물($MgSO_4 \cdot nH_2O$) 상태에서 걸러내면 물이 제거되는 것이다. 공업적으로는 주로 생석회(CaO)를 물과 반응시켜 수산화 칼슘[$Ca(OH)_2$] 상태로 물을 제거한 다음 무수 황산구리($CuSO_4$)를 사용해서 미량의 남아 있는 물을 흡수시켜서 황산구리 오수화물($CuSO_4 \cdot 5H_2O$)로 제거한다.

7) 글리세린[glycerine, $HOCH_2CH(OH)CH_2OH$]을 사용해서 물을 제거하기도 한

다. 글리세린의 화학 구조는 물을 좋아하는 –OH 작용기를 세 개나 갖고 있다. 혼합물을 증기 상태로 만든 다음 글리세린을 넣어 주면 물 분자를 씻어내듯이 제거한다. 식품 공정처럼 유해 화합물을 사용할 수 없는 분야에서 유용한 방법인데 습식 흡습법(wet scrubber)이라고 한다.

핵반응 원료 우라늄 235(^{235}U)의 농축

천연 우라늄은 ^{234}U, ^{235}U, ^{238}U의 동위 원소가 존재하는데, 대부분이 ^{238}U이고 ^{234}U(0.0052%)와 ^{235}U(0.719%)는 소량 존재한다. 이 중에서 핵반응 원료로 사용되는 것은 우라늄 235인데, 이것의 비율을 인위적으로 높인 것이 농축 우라늄이다. 농축 우라늄은 우라늄 235의 비율에 따라 약농축(0.9~2%), 저농축(20% 이하), 고농축(20% 이상)으로 나눈다. 약농축 우라늄은 일부 중수로에, 저농축 우라늄은 경수로(3~5%)에 사용되며 핵잠수함(50% 이상)이나 핵폭탄(85% 이상)에는 고농축 우라늄이 사용된다.

우라늄 235의 비율을 어떻게 하면 높일 수 있을까? 그림 2.4에서 보여 주는 것처럼 기체 확산법과 원심 분리법이 주로 이용되며 이 외에도 열확산법, 전자법, 레이저 분리법 등이 있다. 먼저 우라늄 광석을 화학적으로 처리하여 각 분리법에 적합한 형태로 바꾸어 준다. 기체 확산법의 경우 불소화 반응으로 UF_6를 만드는 데 동위 원소에 따라 질량 차이가 생기게 된다. 즉 우라늄 234를 포함한 것이 가장 가볍고 우라늄 238을 포함한 것이 가장 무거울 것이다. 이때 같은 에너지를 갖는 기체 분자라면 가벼운 것이 확산 속도가 빠른 점을 이용하여 분리한다. 원심 분리법은 혼합물을 비스듬히 빠르게 회전시키면 가벼운 것은 위로 뜨고 무거운 것은 아래로 내려가는 점을 이용한 것이다. 여러분도 놀이 공원에서 회전 그네를 타면서 경험하였겠지만, 무거운 사람보다 가벼운 사람이 더 높은 위치에서 회전하는 것과 같은 이치이다. 열확산법은 용액을 서서히 가열할 때 용액 내에서 대류가 발생하는데 이때 좀 더 가

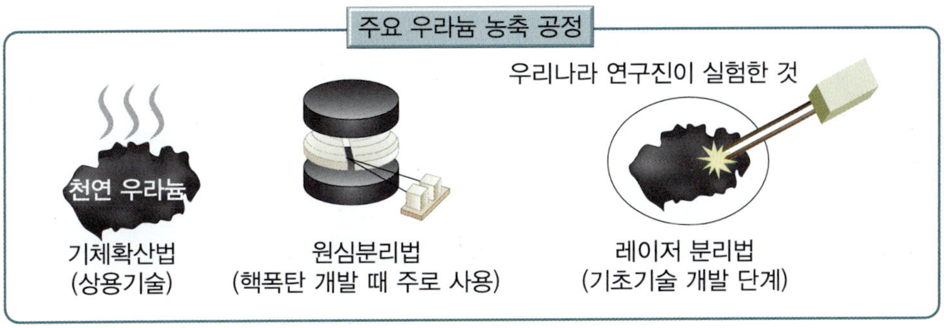

그림 2.4
몇 가지 우라늄 235 농축 방법. 우리나라의 한 연구소에서 레이저 분리법에 의한 우라늄 농축 실험을 한 것이 밝혀지면서 IAEA의 실사를 받은 적이 있다. 위 그림은 당시 상황에 대한 설명 자료이다.

벼운 분자는 뜨거운 쪽에, 무거운 분자는 차가운 쪽에 더 많이 위치하는 점을 이용하는 것이다. 전자법과 레이저 분리법은 각각 전자와 레이저를 이용하여 분자를 이온화시켜서 전하를 띠게 한 다음 전자기장에 집어넣어 달리게 하면 이동하면서 힘을 받아 방향이 휘어지게 된다. 이때 가벼운 것이 많이 휘어지고 무거운 것은 적게 휘어지는 성질을 이용하는 것이다. 이와 같이 혼합물 속의 성분을 분리할 때 물질의 상태를 기체, 이온 등으로 바꾸어 주면 보다 다양한 분리 방법의 적용이 가능하게 된다.

2.2 물질의 구조와 성질

탄소 동소체의 구조와 성질

우리는 용도에 따라 서로 다른 물질들을 선택한다. 물질의 종류가 다르면 그 성질도 각각 다른데 이것은 물질을 구성하는 원소와 화학 구조의 차이 때문이다. 물질을 구성하는 원소의 종류가 다르면 화학 구조도 당연히 다르겠지만, 구성 원소의 종류가 같더라도 이들이 어떻게 서로 결합하는지에 따라 화학 구조가 서로 달라질 수 있다. 그만큼 물질의 종류도 다양해진다. 예를 들어 똑같이 탄소(C)만으로 되어 있는

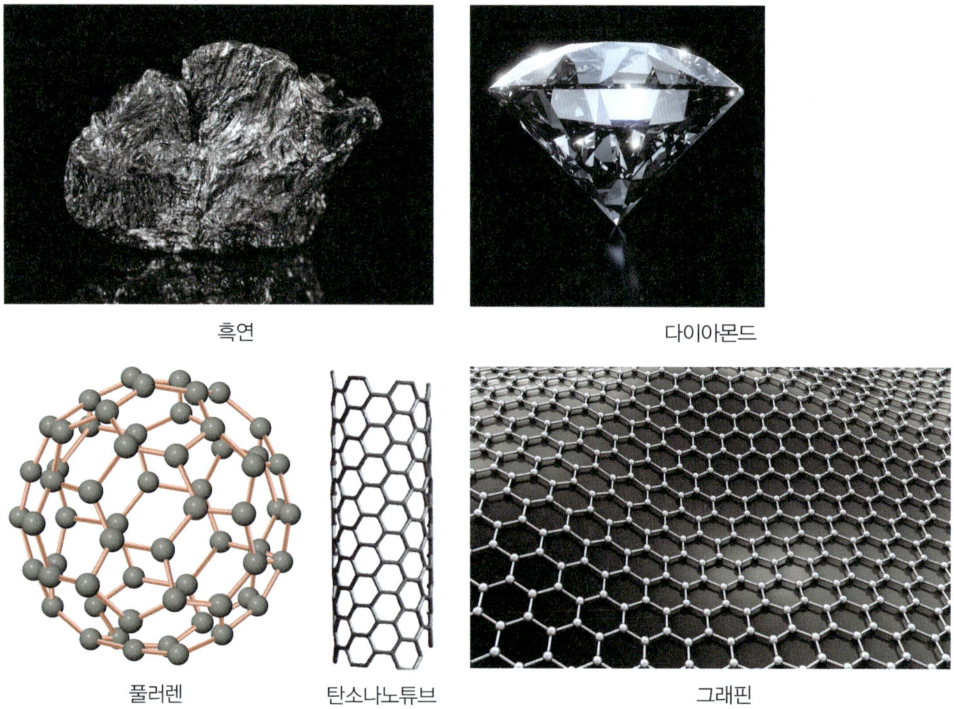

그림 2.5
계속 식구가 늘어나는 탄소 형제(출처: ©Miriam Doerr Martin Frommherz, 123dartist/Shutterstock)

그림 2.6
2010년 노벨 물리학상을 수상한 가임과 노보셀로프 교수(출처: 위키피디아)

물질인데도 이들 탄소가 어떤 모양으로 결합되어 있느냐에 따라 다이아몬드, 흑연, 활성탄소(숯), 풀러렌, 탄소 나노튜브, 그래핀 등과 같이 전혀 서로 다른 물성을 띨 수 있다. 그림 2.5는 다양한 탄소 동소체들로, 축구공 모양의 풀러렌 분자(C_{60}, C_{70}, C_{80} 등)는 1985년 처음 확인되었다. 이 물질의 발견자인 로버트 컬(Robert Curl), 해리 크로토(Harry Kroto), 리처드 스몰리(Richard Smalley)는 풀러렌의 다양한 응용 가능성을 인정받아 1996년에 노벨 화학상을 받았다. 탄소 나노튜브는 1991년 일본의 과학자들이 처음으로 확인하였으며, 이 역시 다가오는 나노테크놀로지 시대의 대표적인 소재로 주목받고 있다. 그래핀은 가장 늦게 2005년 미국의 과학자들이 분리해 냈고, 이들은 이 공로로 2010년에 노벨 물리학상을 받았다. 여기서는 이미 잘 알려진 다른 동소체 이야기는 줄이고 가장 최근에 얻어진 그래핀을 중심으로 간단히 소개한다.

그림 2.7
그래핀 분리의 모식도와 셀로판 테이프 위의 흑연 흔적
(출처: 그래핀스퀘어)

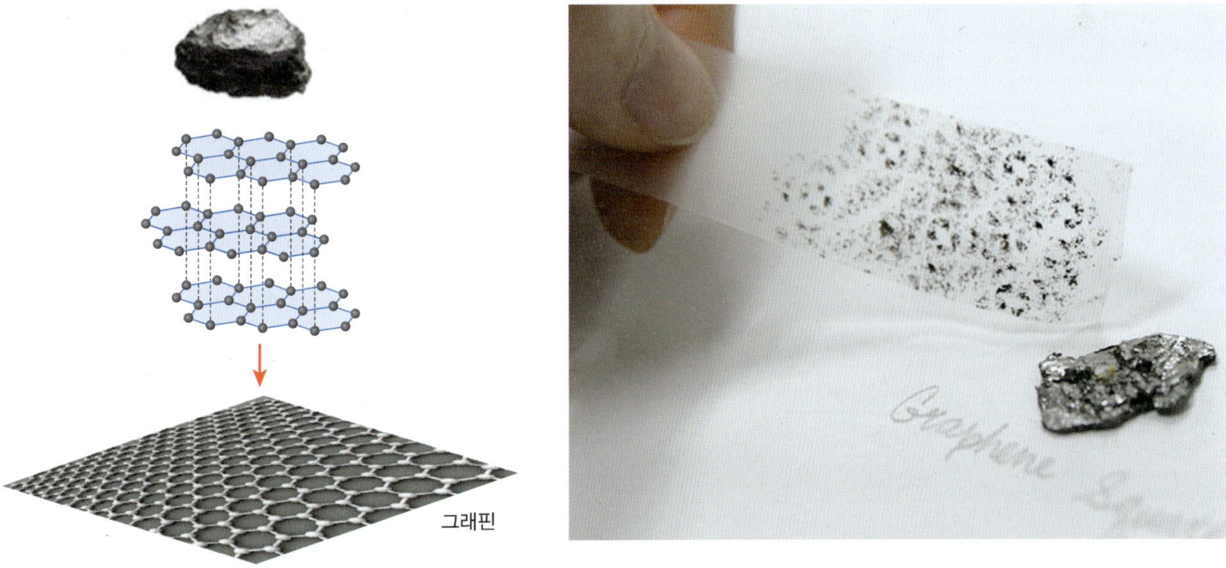

김필립 교수는 차세대 신소재인 그래핀의 물리적 특성을 규명한 공로로 2010년 노벨 물리학상 후보로 거론되었지만 수상하지는 못하였다. 당시 노벨위원회는 2004년 과학 저널 사이언스에 탄소의 단층 구조체인 그래핀의 물성에 관한 논문을 게재한 가임 교수와 노보셀로프 박사를 노벨 물리학상 수상자로 선정하였다. 이에 대해 월터 히어(Walter Here) 미국 조지아공대 교수는 2004년 해당 논문에 실린 물질은 그래핀이 아니었으며 그래파이트였다고 지적하였다. 그는 실제로 그래핀을 분리하고 그 특성을 실험한 결과는 안드레 가임(Andre Geim) 교수와 콘스탄틴 노보셀로프(Konstantin Novoselov) 박사가 1년 뒤인 2005년 네이처(438호)에 게재한 것이 처음이었고, 같은 호에는 김필립 교수가 연구한 그래핀 관련 논문도 함께 실렸으므로, 김 교수가 공동 수상자로 선정되었어야 마땅하다고 주장하였다. 당시 컬럼비아 대학 교수였던 김필립 교수는 후에 하버드 대학으로 자리를 옮겼다.

그런데 이 그래핀은 참으로 의외의 방법으로 얻어졌다. 그림 2.7에서처럼 흑연 덩어리에 스카치 테이프를 붙였다 떼기를 반복하는 중에 흑연의 층상 구조를 이루는 그래핀이 벗겨져서 단일 층의 그래핀을 얻게 된 것이다. 그야말로 스카치 테이프의 전설이 탄생한 것이다. 하지만 이 방법으로는 상업적 수요를 감당할 수 없기 때문에 대량 생산에는 탄화수소 기체를 사용하는 그래핀 합성법이 개발되어 활용된다.

표 2-3은 그래핀의 특징을 탄소 나노튜브와 비교한 것이다. 그래핀은 그동안 새로운 탄소 동소체로서 각광을 받아온 탄소 나노튜브보다도 기계적, 전기적 물성이 우수한 것을 알 수 있다. 표에서 나타낸 수치를 풀어서 살펴보면 전기 전도성은 실리콘의 100배 이상이며, 기계적 물성은 가장 얇으면서도 강철보다 200배나 강하다.

표 2-3 그래핀과 탄소 나노튜브의 물성 비교

방법	그래핀	탄소 나노튜브
상온 이동도	~200,000 cm^2/Vs	~100,000 cm^2/Vs
상온 평균 자유 경로	~1.0 μm	0.3~0.5 μm
비저항	1.0×10^{-6} Ωcm	1.6×10^{-6} Ωcm
밴드갭	0~0.3 eV	0.5~1.0 eV
열전도도	5,300 W/mK	3,000~3,500 W/mK
최대전류밀도	10^8 A/cm^2	10^6 A/cm^2
세로 탄성률(Young's modulus)	1 TPa	1~2 TPa
인장강도	10~20 GPa	30~180 GPa
표면적	2,630 m^2/g	1,500 m^2/g

(출처: http://www.amenews.kr/atc/messprint.asp?P_Index=10374)

이러한 강도를 가지면서도 휘거나 늘려도 물성이 유지될 뿐만 아니라 투명하다. 이러한 특성으로 인해 휘는 디스플레이, 초고속 반도체, 고효율 태양전지 등에 활용될 전망이다.

제올라이트(zeolite)의 구조와 성질

산업용으로는 물론 일상생활에서 탄소 동소체만큼 많이 사용되는 것이 제올라이트이다. 비석(沸石)이라고도 부르는 광물인데, 돌에서 뽀글뽀글 기포가 나오는 것이 끓는 것처럼 보인다고 하여 유래한 말이다. 제올라이트의 'zeo'도 끓는다는 어원을 가지므로 비석이나 제올라이트나 같은 말이다. 화학 조성은 알루미늄과 실리콘 산화물의 알칼리 금속과 알칼리 토금속염이며 다공성 구조를 갖는다. 그림 2.8은 여러 가지 비석 중 모르덴 비석(mordenite)이고, 오른쪽은 세공 구조를 나타낸 모식도이다.

모르덴 비석　　세공 구조

그림 2.8
모르덴 비석과 제올라이트의 세공 구조
(출처: ©losmandarinas/Shutterstock)

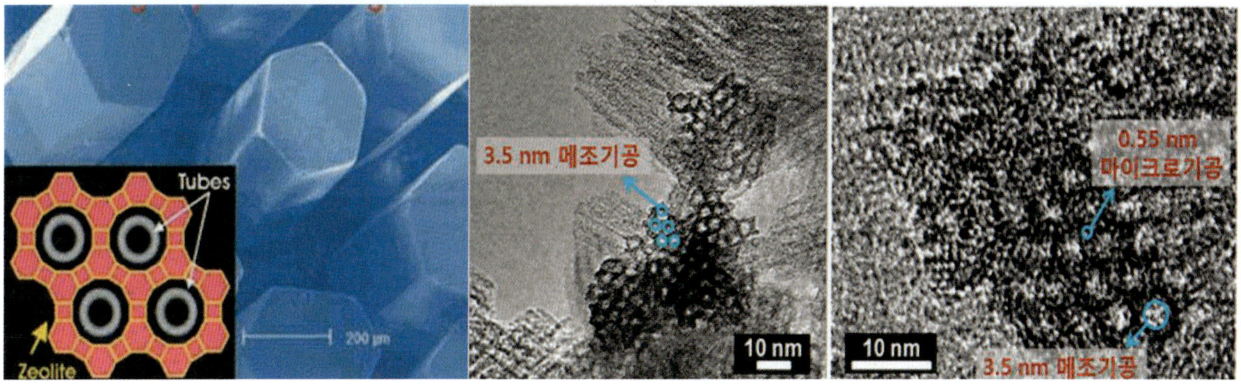

그림 2.9
왼쪽 사진: 제올라이트 구멍 안의 초전도 나노튜브(삽입도)와 제올라이트 결정. 홍콩 과학기술대학의 연구자들이 제조한 이 작은 직경의 탄소 나노튜브는 비교적 고온에서 초전도성을 나타냈다. 오른쪽 사진: KAIST 유룡 교수팀은 '육방정계 구조규칙적 위계나노다공성 제올라이트'를 합성하였다. 제올라이트의 물성도 그 구조에 따라 달라진다.(출처: © 2011 HelloDD. com)

제올라이트는 세공의 크기에 따라 공업 촉매, 분자체(molecular sieve), 항균제, 탈취 및 소취제, 흡습제, 건축자재, 토양 개량제, 물의 정화제, 사료 첨가제 등 다양하게 사용되고 있다. 주로 세공 구조가 갖는 흡착력과 포접(inclusion) 기능을 활용한 용도이다. 따라서 세공의 크기와 화학 구조를 바꾸어 줌으로써 새로운 제올라이트의 기능을 구현하려는 연구가 활발히 진행되고 있다. 예를 들어 그림 2.9의 왼쪽은 홍콩 과학기술대학의 연구자들이 세공에 나노튜브를 삽입하여 비교적 고온에서 초전도성을 나타내는 제올라이트를 제조한 것이고, 오른쪽은 KAIST 연구자들이 합성한 제올라이트로, 마이크로기공과 메조기공이 규칙적 위계 질서를 갖는 육방정계 구조를 실현한 것이다. 최근에는 마크로기공 제올라이트를 제조하여 메탄올을 올레핀으로 전환하는 촉매로 사용한 결과 그 활성이 크게 증가하였다는 보고도 있었다. 참고로 제올라이트는 다공성 물질의 세공 지름 크기에 따라 분류하기도 하는데, 2 nm 이하는 마이크로기공(microporous), 2~50 nm 사이는 메조기공(mesoporous), 50 nm 이상은 마크로기공(macroporous)으로 부른다.

야구공의 소재

우리의 삶에서 스포츠를 직접 즐기거나 관전하는 재미를 뺀다면 인생은 정말 맥없어질 것이다. 필자는 헤밍웨이의 『노인과 바다』에서 노인이 열렬한 양키스팀의 팬으로 묘사된 대목이 재미있었다. 소년이 타이거스나 인디언즈 팀들도 강팀이라 양키스로서도 안심할 수 없다는 듯이 말하자, 노인은 위대한 디마지오 선수가 있어서 문제없다는 듯이 대답한다. 이와 관련하여 원작과 영화가 조금 다른 부분이 있다. 너무나 힘든 바다에서의 싸움으로 지칠 대로 지친 몸을 끌고 집에 돌아온 노인은 깊고 깊은 잠을 잔다. 잠에서 깨어난 노인이 소년에게 그동안의 신문을 갖다달라고 부탁한다. 원작의 대화는 소년이 신문과 먹을 것을 가져오겠다는 대답이 전부인데, 영화에서는 노인이 그간의 야구 경기 결과를 물어보는 대목이 들어 있다. 그런 대사를 추가한 시나리오 작가가 맘에 든다.

야구의 풍속도 역시 예전과 달라졌다. 이제는 은퇴한 박찬호에 이어 요즘은 류현진을 비롯해 김광현 등이 메이저리그(MLB)에서 활약하면서 전체적으로는 야구에 대한 관심의 폭이 넓어졌다. 하지만 아마추어 경기의 꽃과 같았던 고교 야구가 사람들의 기억에서 멀어진 것은 아쉬운 일이다. 프로야구가 등장하기 전의 고교 야구는 전 국민의 관심과 사랑을 받았는데, 명문 실업고뿐만 아니라 인문고들도 야구를 통해 학교의 명예를 드높이고자 노력했었다. 필자는 오래전 일본에서 연구원으로 일하기 위해 가족과 함께 건너가서 아파트를 구하러 다니던 날을 기억한다. 8월 하순 매우 더운 여름날이었는데, 부동산 중개소에 들렀더니 직원들이 일은 안하고 한 쪽에서 소리를 지르며 야단을 떨고 있었다. 그날이 바로 고시엔[甲子園] 구장에서 고교 야구 결승전이 있는 날이었던 것이다. 그때도 그랬지만 일본은 여전히 고교 야구에 대한 애정이 남다르다.

이제부터는 야구공 제조에 관한 이야기인데, 물론 큰 차이는 없겠지만 MLB가 사용하는 공을 대상으로 한 것이어서 국내와는 조금 다를 수도 있다. 우선 1974년 MLB가 야구공의 바깥 덮개를 말가죽에서 쇠가죽으로 그 소재를 바꾼 이래 별로 달라진 것은 없다. 당시에 공의 바깥 덮개를 바꾼 이유는 말가죽의 공급이 원활하지 않았기 때문이다. 당시의 MLB 규정상 다른 제조법을 고안할 여지도 없었다. 당시 규정은 다음과 같았다. '공은 작은 구형의 코르크나 고무, 또는 유사한 물질을 실로 칭칭 감고 두 조각의 말가죽이나 쇠가죽으로 덮은 다음 단단히 꿰매야 한다. 무게는 5에서 5와 1/4 온스 사이, 원주는 9에서 9와 1/4인치 사이여야 한다.' 하지만 초기의 야구공은 다양한 재료를 사용해서 손으로 만들다 보니 크기와 무게가 제각각이었다. 오늘날 대표적인 야구공 제조법은 다음과 같다. 무게 0.5온스, 직경 2.86~2.94인치의 코르크 핵에다가 얇은 고무층을 두 겹 입혀 7/8온스의 무게를 만드는데, 고무색이 하나는 검고 다른 하나는 붉다. 이 작은 공(pill)에 기계를 이용해 실을 감는데 상당히 높고 일정한 장력을 유지한다. 네 가닥의 청회색 양털실을 121야드, 세 가닥의 흰색 양털실을 45야드, 다시 세 가닥의 청회색 양털 실로 53야드를 감고 마지막에 가는 흰색의 폴리에스터-면 혼방사로 150야드를 감는다. 이렇게 얻어진 공을 센터(center)라고 하는데, 이 센터에 덮개를 씌우기 전에 고무풀로 칠한다.

늘어진 8자 모양의 두 장의 흰색 쇠가죽을 맞추어 덮고 꿰매는데, 잡아 늘이며 손으로 바느질하기 좋게 약간 축축한 것을 쓴다. 이때 88인치의 붉은 면사를 써서 정확히 216개의 돋아난 바늘땀으로 꿰맨다. 마지막으로 여전히 약간 축축한 상태에서 공을 15초 정도 굴리는데 이렇게 하면 꿰맨 자국이 고르고 평평하게 된다. 이 공을 시합에 사용하기 위해서는 검열을 거쳐야 한다. 물리적인 기준(크기, 형태, 무게 등)뿐만 아니라 표면 상태와 소위 탄력 검사 등을 시행하여 이를 통과해야 한다. 예를 들어 탄력 검사는 임의로 공을 골라서 야구 방망이를 만드는 북미산 물푸레나무로 만든 벽에 대고 초속 85피트로 쏘았을 때 되튕겨 나오는 속도가 처음 속도의 0.514~0.578 사이여야 합격이다. 이어서 압력에 대한 변형 테스트에 들어가는데, 이 공에 6.5파운드의 힘을 가했을 때 0.08인치보다 크게 변형이 생기면 불합격이다.

제조 기준이 처음 도입된 것은 1860년대였는데, 상당히 다양성이 허용되는 상태였다. 즉 실을 약간 느슨하게 감았느냐 조밀하게 감았느냐 라든가, 만들 때 고무의 크기를 얼마짜리를 썼느냐에 따라 탄력에 차이가 나게 마련이었다. 따라서 어떤 공을 사용하느냐 자체가 전략이 될 수밖에 없었는데, 공의 선택권은 홈구장 팀이 갖고 있었으므로 상대 팀의 전력에 따라 탄력이 좋은 것을 택하기도 하고 그렇지 않은 것을 택하기도 하였던 것이다.

1910년대에 고무로 감싼 코르크를 공의 핵으로 사용하게 되면서 탄력이 크게 향상되었다. 초기 실험에서 코르크만 써 보았을 때는 양털실이 나중에 부풀어서 성공적이지 못하였다. 공의 탄력이 좋아져서 타자들에게 유리해지자 투수들도 꾀를 냈는데, 1920년대에 금지된 것들이지만 공에 침이나 땀을 발라서 커브를 유도하거나 발로 공을 문지른 다음 던지는 행위 등을 한 것이다. 1921년 시즌에서 투수들은 표면이 매끄러운 공은 잘 잡을 수 없다고 불평을 하였고, 이에 따라 심판들이 게임 전에 공을 문지르는 습관이 생겼다. MLB가 공식적으로 허용한 것이 리나 블랙번 진흙(Lena Blackburne's Rubbing Mud)인데, 델라웨어 강의 지류에서 나는 진흙으로 알려졌다.

물론 우리나라 업체들도 야구공을 생산한다. 그리고 MLB에 야구공을 납품하는 국내 업체가 있을 정도로 국내 제조기술이 우수한 것으로 알고 있다. 한편 배팅 연습실에서 사용하는 공은 곰보 공이다. 대학이나 고교 야구에서 사용하는 공은 MLB용과는 또 다르다. 물론 리틀 야구용이라든가 사인볼용도 약간씩 다르게 만든다.

해리 포터와 연금술

갑자기 "웬 해리 포터?"라고 생각할 것 같다. 한때 해리 포터 소설과 영화가 엄청난 관심을 불러일으켰었다. 여러분은 아마도 책을 통해서든, 영화를 통해서든, 아니면 소문으로든 해리 포터를 알 것이다. 한편 화학의 역사에서 물질의 변화를 가장 진지하게 추구하였던 시기가 연금술사들이 활약하였던 때라는 것도 잘 알 것이다. 그런데 실로 마법사와 같은 작가, 조앤 롤링(J. K. Rowling)이 해리 포터 시리즈를 통해 초기 연금술 이야기를 언급한 사실을 여러분은 알고있는가? 해리 포터 소설의 제1권 제목은 원래 '해리 포터와 현자의 돌(Harry Potter and the Philosopher's Stone)'이었다. 이 책이 미국에 건너와서 제목이 '해리 포터와 마법사의 돌(Harry Potter and the Sorcerer's Stone)'로 바뀐 것이다. 현자의 돌이란 보통의 금속을 금으로 만드는 힘이 있다고 믿어 옛날 연금술사들이 애써 찾던 것을 말한다.

해리 포터가 나온 지 오래되어서 잘은 기억하지 못하겠지만, 호그와트행 기차에서 초콜릿을 사면 그 안에 사진 속의 사람이 사라졌다 다시 나타나는 카드가 들어있는데, 해리 포터가 가장 먼저 집어든 카드는 호그와트의 교장인 알버스 덤블도어였다. 카드에 이런 글이 쓰여 있다. "수많은 사람들이 현대 최고의 마법사로 인정하는 덤블도어는 특히 1945년 어둠의 마법사 그린델왈드를 물리쳤고, 용의 피를 사용하는 12가지 방법을 발견하였으며, 그의 동료 니콜라스 플라멜(Nicolas Flamel)과 함께 연금술을 연구한 것으로 유명하다." 조앤 롤링은 이 책에서 마침내 니콜라스 플라멜이 현자의 돌을 만들었고 해리 포터는 덤블도어가 호그와트에 안전하게 숨긴 이 현자의 돌이 볼드모트의 손에 들어가지 못하도록 지키는 과정을 그려낸다.

그런데 앞서 언급한 니콜라스 플라멜은 중세에 실제로 존재하였던 연금술사였다. 그는 1330년경 프랑스 퐁투아에서 태어나 파리에서 살았으며, 파리에서 가장 오래된 집으로 알려진 그의 집은 1407년에 지어진 것으로, 몽모랑시 거리 51번지에 있는데 지금도 건재해서 식당으로 사용되고 있다. 프랑스에서는 플라멜에 대해 다음과 같은 이야기가 전해오고 있다. "니콜라스 플라멜과 그의 아내 페레넬 플라멜(Perenelle Flamel)은 책장사와 대서업으로 큰돈을 벌자 빈민구호소를 연다. 어느 날 천사의 계시에 따라 이상한 그림으로 가득 찬 '유대인 아브라함'이라는 책을 손에 넣게 된다. 이 부부는 무려 21년이라는 시간을 바쳐 이 책을 해독하였고, 이 책을 바탕으로 연금술에 몰두한 결과 1382년 드디어 수은(Hg)을 은(Ag)과 금(Au)으로 변화시키는 데 성공한다. 아이가 없던 부부는 이렇게 번 돈으로 미망인과 고아를 돕고, 14개의 병원과 7개의 교회를 세웠다."

화학사를 연구하는 존스 홉킨스 대학의 로렌스 프린시페(Lawrence Principe)에 의하면 이 부부는 실존 인물로, 크게 자선사업을 하였던 것은 사실이지만 연금술사는 아니었다고 한다. 이들 재산은 플라멜이 부동산업으로 번 것과 아내가 상속 받은 것이었다고 한다. 어쨌든 플라멜에 관한 전설은 여전히 살아있는데, 여기에는 롤링의 멋진 작품이 한몫한 것 같다.

소설 속의 모험도 현자의 돌로부터 금을 얻기 위해 이를 훔치려는 자가 있고, 한편에서는 지키려 하는 것일까? 그것만을 위해서라면 너무 위험한 모험이다. 헤르미온느가 도서관에서 빌려온 낡은 책으로부터 발견한 '작년에 665번째 생신을 보냈으며'라는 플라멜에 관한 기록이 그 이유를 설명해 준다. 사악한 영인 볼드모트가 노리는 것은 영생불사였던 것이다. 자, 이제부터는 과학적 시각을 가진 머글의 눈으로 이 세상은 물론 마법의 세계까지도 꿰뚫어 보는 습관을 가져보자.

2.3 물질의 상태

혼합물이든 순물질이든 물질을 3가지 상태, 즉 고체, 액체, 기체로 분별하기는 쉽다. 그리고 우리는 일상생활에서 필요에 따라 물질의 서로 다른 상태를 이용하며 생활한다. 물을 예로 들면 얼음, 냉수, 수증기 등의 상태를 각각 이용한다. 경계를 두고 양쪽의 물리적 상태가 다른 것을 상(相, phase)이 다르다고 한다. 엄밀하게는 고체상인 한 덩어리 얼음이라도 이 안에 서로 다른 얼음 결정이 섞여 있다면 이 얼음은 여러 가지 고체상을 갖는 것이 된다. 여기서는 우리가 이미 잘 아는 고체, 액체, 기체에 대한 이야기는 줄이고, 이들 외에 우리가 일상생활에서 이용하고 있는 물질의 다른 상태, 즉 플라스마, 액정, 초임계유체, 이온 액체 등에 대해 주로 살펴본다.

상도표

상도표(phase diagram)는 온도와 압력에 따라 물질의 상이 어떻게 달라지는지를 나타낸 도표이다. 따라서 상도표를 살펴보면 관심 있는 온도와 압력 조건에서 어떤 물질이 고체인지 액체인지 확인할 수 있다. 상도표에서 삼중점은 고체, 액체, 기체가 만나는 점이며, 초임계유체는 앞의 세 가지 상으로는 설명이 안 되는 유체를 나타낸다. 물과 이산화 탄소를 예로 들어 이들 상의 특성에 대해 살펴보자.

물의 상평형 그림을 보면 이산화 탄소의 상평형 그림과는 달리 고체와 액체의 경계를 이루는 선이 왼쪽으로 기울어진 것을 볼 수 있다. 이것은 물만의 특징인데, 이 영역에서 온도를 일정하게 유지한 채로 압력을 높이면 고체가 액체로 변할 수 있음을 알 수 있다. 이것은 얼음이 물보다 밀도가 낮아(즉 고체 상태가 액체 상태보다 가벼워서) 물에 가라앉지 않고 뜨는 것과도 관련이 있으며, 겨울철에 얼음 위에서 스케이트를 탈 수 있는 것과도 관련이 있다. 생각해 보자. 그림에서 0℃ 이하의 1기압인 상태의 얼음(고체) 위를 스케이트 칼날에 체중을 실어서 누르면 (온도 일정, 압력 증가) 칼날이 닿은 얼음은 물(액체)로 되고 미끄러지게 된다. 물론 실제로 스케이트 링크의 경우 얼음 표면이 이미 얇은 수막으로 덮여 있어서 스케이팅을 더욱 도와준다. 매끈한 유리 위에서는 왜 스케이팅이 되지 않는 것인지도 함께 이해되었을 것이다.

그림 2.10의 상평형 그림(phase diagram)을 보면 고체, 액체, 기체 중 어느 상으로도 분류가 되지 않는 영역이 존재한다. 이산화 탄소의 경우 압력과 온도가 72.8 atm과 31℃ 이상인 영역이며, 물의 경우는 218 atm과 374.1℃ 이상의 영역이다. 이 영역을 초임계 유체(supercritical fluid)라고 부르는데 표면 장력이 없고 기체와 액체의 구분이 안 되며 용질

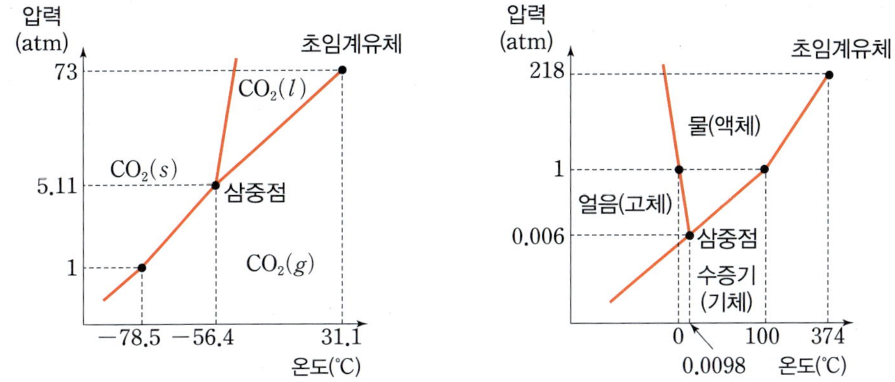

이산화 탄소의 상평형

물의 상평형

그림 2.10
이산화 탄소와 물의 상도표

에 대한 특징적인 용해도를 보이는 등 독특한 성질을 나타낸다. 따라서 초임계 물은 금, 셀룰로스, 다이옥신도 용해시키며, 초임계 이산화 탄소는 커피의 카페인을 녹여서 추출해 냄으로써 카페인이 없는 커피(decaffeinated coffee)를 만드는 데 사용되기도 한다. 이외에도 초임계 이산화 탄소는 키틴과 키토산을 팽윤시켜서 약물이 이것에 흡수되는 것을 도와줌으로써 몸속에서 약물이 서서히 방출되어 효과적으로 환부에 전달되도록 하며, 화학 반응 용매로 작용하여 생성물이 입체 선택적으로 만들어지도록 유도하기도 하고, 심지어는 세탁소 용제로도 활용된다.

표 2-4는 물의 물성이 임계점 부근의 온도와 압력에서 어떻게 달라지는지를 보여 준다. 밀도는 초임계 상태에서 상온 상압 때의 10분의 1로 감소하고, 유전 상수도 40분의 1로, 상대적 이온화 상수도 100분의 1로 줄어든다. 초임계 상태는 아니지만 임계점에 근접한 경우의 물성 변화도 두드러지는데, 275℃, 60bar에서는 밀도나 유전 상수는 상온 상압 때에 비해 감소하지만 상대적 이온화 상수는 오히려 1,000배 증가한다. 우리는 일반적으로 물질의 성질을 상온 상압의 상태로 인식한다. 하지만 앞서 살펴본 것처럼 온도와 압력의 조건이 달라지면 우리가 아는 물질의 물성이 전혀 다른 모습으로 변신할 수 있다.

표 2-4 세 가지 조건에서의 물의 성질 비교

	상온 상압	임계점 부근	초임계 상태
온도, ℃	25	275	400
압력, bar	1	60	230
비중, g per cc	1	0.7	0.1
유전 상수	80	20	2
상대적 이온화 상수	1	1,000	<0.01

이온 액체

근래 매우 활발한 연구가 진행 중인 분야 중 하나가 이온 액체(ionic liquid)이다. 이온 액체는 성분이 음이온과 양이온 상태의 유기물인데 상태가 고체가 아니고 액체인 물질을 말한다. 일반적으로 소금처럼 음이온과 양이온으로 구성된 화합물은 고체이다. 그것을 액체로 만들려면 수백 도의 온도가 필요할 정도로 강한 이온 결합을 하고 있다. 그런데 이온 액체는 유기물이어서 이온성 물질인데도 그다지 높지 않은 온도에서 액체로 존재한다. 그렇다 보니 유기물이 갖는 성질과 이온성 물질이 갖는 성질을 함께 갖는 물질로서 배터리 전해질, 친환경 반응 용매, 전도성 고분자 등으로의 활용이 기대된다. 그림 2.11은 이온 액체를 중합시켜서 전도성 플라스틱을 제조한 예와 이온 액체를 거치는 공정의 반응기이다. 즉 화학 반응 중에 생성되는 HCl이 N-메틸이미다졸 (N-methylimidazole)과의 반응으로 이온 액체인 N-메틸이미다졸리움 클로라이드(N-methylimidazolium chloride, mp 75℃)가 되면서 반응물의 아래쪽으로 분리되는 반응기이다. 이때 N-메틸이미다졸은 재생되어 거듭 사용된다.

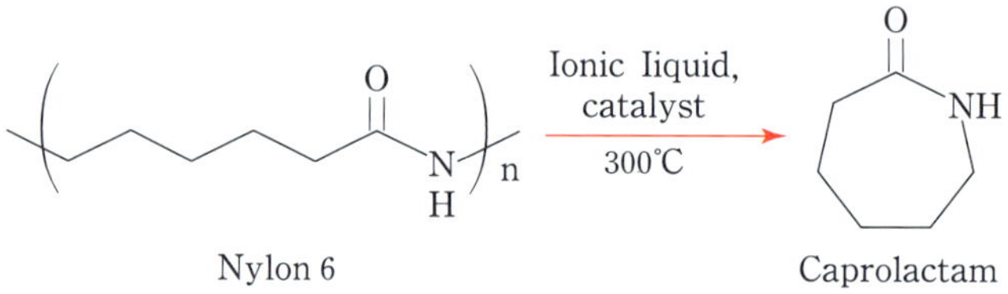

위의 반응식은 나일론 6 고분자가 원료 물질인 카프로락탐으로 분해되는 과정이다. 물론 나일론 6가 사용 중에 저절로 분해되어서는 안되지만 사용 후에 폐기하거나 재활용을 생각할 때 의미가 있다. 실제로 과학자들은 플라스틱의 다양한 재활용 방법을 연구하는데 그중의 하나가 다시 원료 물질(단량체)로 전환하는 일이다. 적절

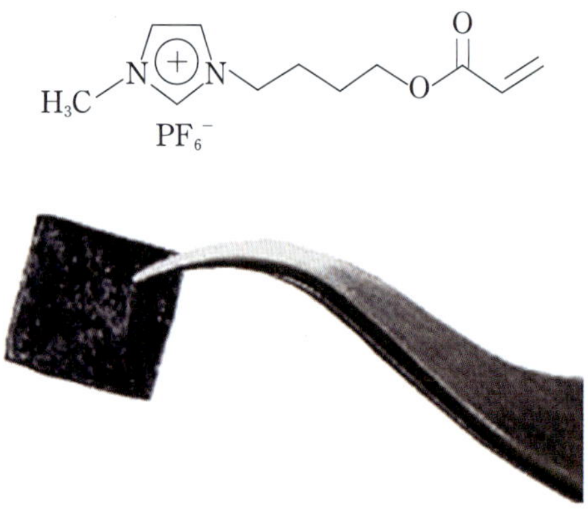

그림 2.11
이온 액체 화합물과 이를 중합시켜서 얻은 전도성 플라스틱, 오른쪽은 BASF 회사에서 사용 중인 이온 액체 반응기 (출처: BASF PHOTO)

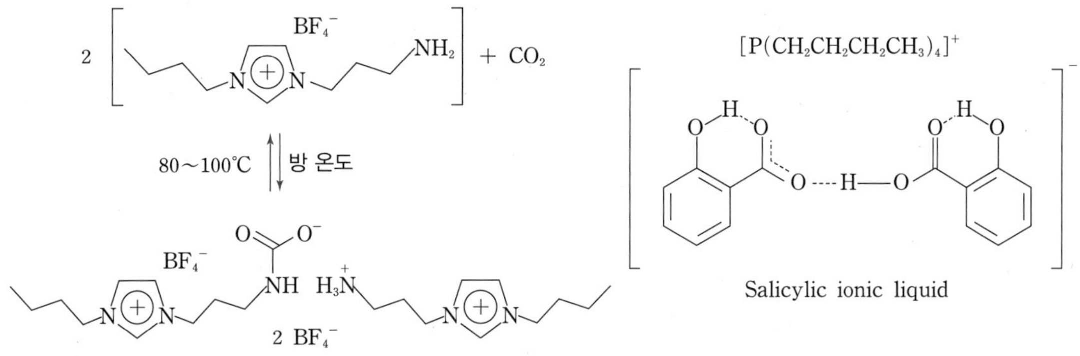

그림 2.12
왼쪽은 이온 액체가 상온에서 이산화 탄소와의 반응으로 이를 제거하였다가 온도를 높이면 다시 방출하는 반응을 보여 준다. 이것은 이산화 탄소 처리의 한 가능성을 보여 준다. 오른쪽은 해열진통 효과를 갖는 살리실산을 이용하여 이온 액체를 만든 것으로 새로운 의약품 디자인과 약물 전달 방법을 제시한다.

한 촉매와 함께 이온 액체를 용매로 사용하여 고온 처리를 한 결과 단량체로 전환이 가능한 예이다. 물론 이온 액체가 아니면 300℃까지 올려서 반응시킬 수 있는 용매는 거의 없다. 그림 2.12는 이온 액체를 이용한 이산화 탄소의 포집과 방출, 그리고 새로운 의약품 디자인과 이를 통한 약물 전달 방법(DDS)의 가능성을 보여 준다.

액정과 플라스마

액정(liquid crystal)도 기존의 물질의 상과는 다른 특성을 나타낸다. 액정은 외형적으로는 액체의 성질을 나타내면서도 액체 내의 분자들은 고체에서와 같은 결정성 구조를 갖는다. 이들 액정 분자 중에는 외부에서 전계(electric field)를 가하면 분자의 배향이 바뀌는 성질이 있는데 이 현상을 이용하여 디스플레이 소자로 이용한다. 그림 2.13에서처럼 전계를 가할 때와 그렇지 않을 때 빛을 선택적으로 통과시킴으로써 액정 화면을 만들 수 있다. 액정은 빛의 통과 유무만 담당할 뿐 자체 발광하지 않는다. 따라서 컬러의 실현은 백라이트의 빛이 RGB 컬러 필터를 거치게 함으로써 이루어진다. 근래에 QLED-TV라고 하는 디스플레이가 등장하였는데, 이것은 기본적으로 LCD-TV인데 백라이트로 LED 조명을 사용하고 컬러 필터로 양자점(quantum dot) 소재를 사용하는 것이며, LED가 RGB의 각 화소를 담당하는 것은 아니다.

한편 우리가 일반적으로 알고 있는 고체, 액체, 기체 이외에 플라스마라는 상태도 존재한다. 플라스마는 기체 상태의 이온 물질이다. 흔히 플라스마라고 하면 우주에 기체 상태로 널리 퍼져 있는 이온 입자를 생각하는데, 전하를 띠고 있으므로 놀랄 만큼 전기력과 자기력에 감응한다. 구체적으로 플라스마 상태로 존재하는 자연물로서 불꽃, 지구 대기권 외각 부분, 성운계에 속한 대부분의 물질, 혜성의 꼬리 등이 있다. 오로라(극광)는 자기장에 이끌린 지구 밖 플라스마 상태의 물질이 공기와 충돌하면서 빛을 내는 것이다. 근래에는 이 플라스마 상태를 일상생활에서도 이

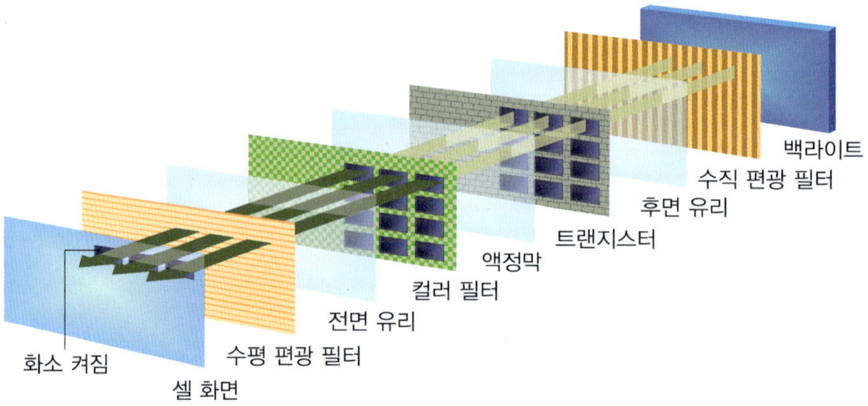

그림 2.13

LCD TV의 구동원리: 액정 분자들이 전계의 ON, OFF에 따라 집합 구조가 뒤틀리면서 빛을 통과시키거나 차단함으로써 RGB 컬러 필터를 통한 색의 조합을 만들어 낸다. QLED TV는 기본적으로 LCD TV인데, 백라이트로 LED를 사용하고 칼라 필터로 양자점(quantum dot) 소재를 사용한다.

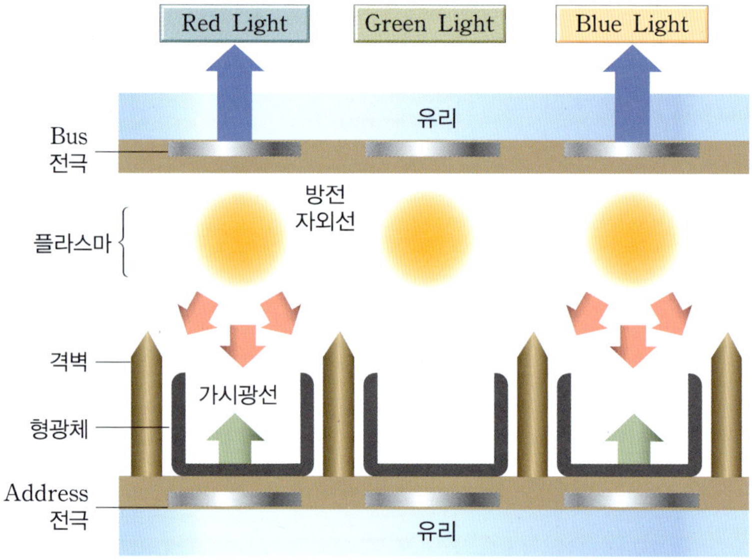

그림 2.14

PDP TV의 작동 원리: TV 화면 속에는 눈으로는 확인이 잘 안되지만 미세한 화소 방들이 있다. 위 그림처럼 세 개의 방이 세트(red, green, blue: RGB)를 이루고 있는데, 이 세 가지 빛의 조합으로 천연색을 만들어 낸다. 발광 단계: 1) Cell 내에 Xe 원자와 몇 개의 전자가 있으며 외부로부터 전압을 가하면 전자는 양극을 향하여 가속됨. 2) 가속된 전자는 Xe과 충돌하여 Xe를 여기시켜 Xe^{+}과 전자를 다수 생성하며 여기 입자 Xe^{*}도 생성. 3) 여기 상태의 Xe^{*}가 기저 상태로 되돌아오면서 발생한 자외선(147 nm)이 형광체를 여기시켜 가시광을 발생시킴. 4) 전자는 양극, 이온은 음극에 축적되어 외부 전압을 상쇄시켜 방전이 정지됨. 5) 외부 전압의 극성이 반전되면 전자와 이온은 각각 역의 전극으로 이동하여 다시 방전이 개시됨.

용하게 되었는데 PDP(plasma display panel) TV가 바로 그것이다. 비교적 쉽게 이온 기체상이 되는 Xe이 사용되지만 그래도 다른 방식보다는 열이 많이 발생한다. 그림 2.14에서 설명한 것처럼 PDP TV의 작동 원리는 전계에 의해 Xe이 플라스마 이온이 될 때 여기된 Xe*가 함께 생성되고, Xe*가 내놓는 자외선이 RGB 각 방에 발라놓은 형광체에 쪼여지면 이 형광체가 각각 RGB의 빛을 내는 것이다.

3

에너지

저온 핵융합의 꿈

만화 영화 '미래소년 코난'

에너지 문제를 언급할 때면 오래된 만화 영화의 한 장면이 생각난다. 폐허가 된 지구의 모습이다. 제삼 차 세계 대전이 있었는지 외계인의 침략이 있었는지 원인은 생각나지 않는다. 다만 폐허 속에서 사람들이 에너지원을 구하기 위해 옛날에 매립한 쓰레기 더미를 뒤적이고 있다. 무엇을 찾는 것일까? 플라스틱이었다. 어떤 학생이 이 만화 영화의 제목이 "미래소년 코난"이라고 알려주었다.

잘 알다시피 우리나라는 전적으로 석유를 수입에 의존한다. 나라 경제에서 석유가 차지하는 비중이 큰 만큼 우리나라는 석유 가격에 영향을 미칠 만한 국제 정세에 늘 긴장할 수밖에 없다. 따라서 석유에 대한 에너지 의존도를 낮추는 것은 끊임없이 추구해야 할 과제이다. 한편 석유, 석탄, 천연가스와 같은 화석 연료를 태워 없앤다는 것은 자원 고갈이라든가 대기오염에 대한 우려 이상의 또 다른 문제점이 있음을 지적하고 싶다. 그것은 이들 자원이 연료로 소모해버리기에는 너무나 소중한 각종 산업재의 중요한 공급원이기 때문이다. 각종 의약품, 농약, 염료, 용매와 같은 저분자량의 화합물에서부터 페인트, 플라스틱, 섬유, 고무 등 고분자량 화합물에 이르기까지 우리의 생활과 산업에 꼭 필요한 화합물들의 원료가 바로 석유자원에서 얻어진다. 따라서 에너지원으로서 화석연료를 대신할 대체 에너지의 개발이 절실히 요구되며 이에 부응하여 다양한 연구도 진행되고 있다.

3.1 우리나라와 세계의 에너지 관련 비교

에너지원별 공급량과 소비량 구성비의 변화

우리나라는 2018년 기준 세계 9위의 1차 에너지 소비 국가이다. 그렇다면 그 많은 에너지를 어떻게 얻어서 어디에 쓰는 것일까? 막연하게 수입 원유를 가장 많이 쓰

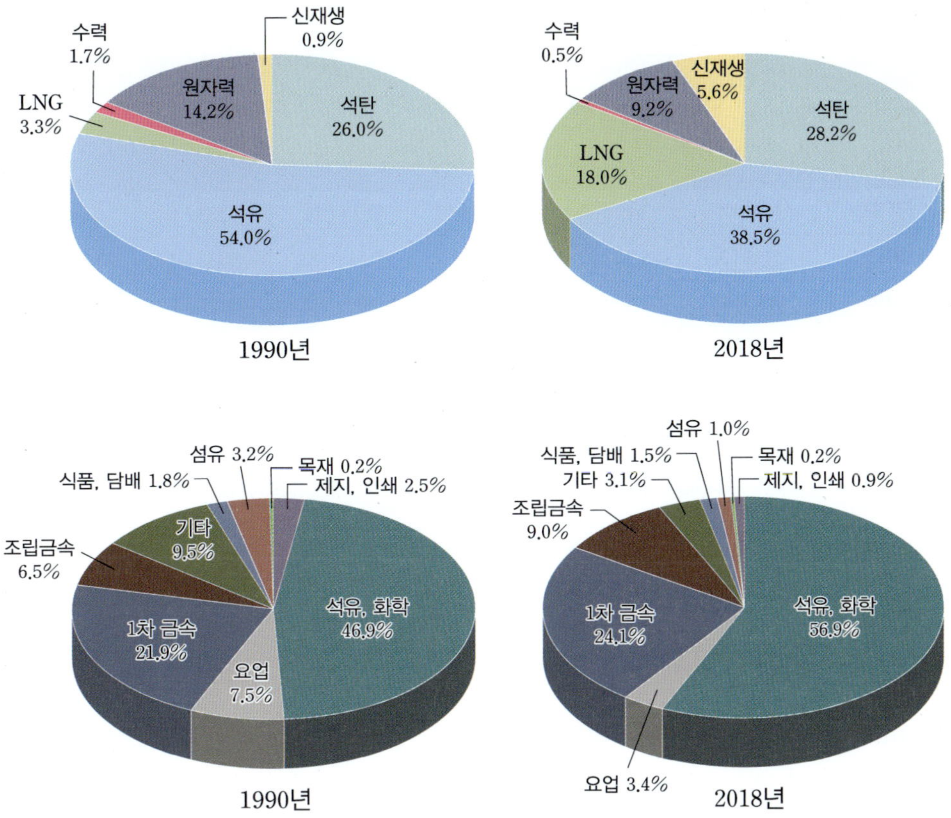

그림 3.1
1990년과 2018년의 우리나라 에너지원별 1차 에너지 공급량과 부문별 에너지 소비량의 구성비

는 것 같긴 한데 그 비중은 얼마나 될까? 1990년과 2018년의 우리나라 에너지 구성비를 공급과 소비로 나누어 나타낸 것이 그림 3.1의 통계도이다. 에너지원별 비교에서는 석유 비중은 54.0%에서 38.5%로 많이 줄었고 LNG 비중은 3.3%에서 18.0%로 대폭 늘었다. 여전히 석탄의 비중이 26.0%에서 28.2%로 높은데, 적게나마 증가하였다는 점은 가정에서의 소비는 줄었지만 산업용 수요는 여전히 크다는 점을 나타낸다. 원자력의 비중은 14.2%에서 9.2%로 줄었는데 고리 1호기의 가동이 정지되고 새로운 원자력 발전소의 건립이 그동안 더디게 진행되었기 때문이다. 그리고 신재생에너지의 비중은 비록 미미하지만 0.9%에서 5.6%로 증가율이 높은 것은 고무적이다.

소비량은 어떠한 변화가 있었을까? 총소비량은 경제 규모가 커지면서 약 2.8배 증가하였다. 그렇다면 부문별로는 어디에 에너지를 가장 많이 사용할까? 당연히 산업용이다. 특히 석유, 화학 부문에 가장 많이 사용되며 두 번째는 1차 금속 부문이다. 이 분야가 에너지를 많이 요구하는 산업이기 때문인데, 이것은 한 나라의 산업 구조가 고에너지 소비형인 경우 피할 수 없는 일이다. 전통적으로 큰 비중을 차지하던 섬유, 식품, 담배, 제지, 인쇄 등은 감소하고 기타에 해당하는 부문도 감소하였다. 목재는 변화가 없으며, 조립금속은 1차 금속과 더불어 증가하였다. 전체 소비의

표 3-1 주요 국가별 에너지 통계표(2018년 기준)

항목/순위 \ 국가	에너지소비 (TPES, Mtoe)	1인당 에너지 소비 (TPES/Pop, toe/capita)	GDP (billion 2018 USD)	GDP당 에너지 소비 (TPES/GDP, toe/천$, 2018기준)	CO_2 배출량 (Mt)	1인당 CO_2 배출량(CO_2 / pop, t CO_2 / capita)
중국	3077 / 1	2.19 / 63	13,368 / 2	0.23 / 29	9233 / 1	6.58 / 56
미국	2155 / 2	6.56 / 12	20,580 / 1	0.11 / 112	5088 / 2	15.43 / 9
일본	432 / 5	3.43 / 33	4971 / 3	0.09 / 127	1177 / 5	9.34 / 28
한국	282 / 9	5.49 / 18	1720 / 10	0.16 / 84	680 / 7	13.13 / 20

수치의 오른쪽은 국가 순위(출처: 에너지경제연구원, 2019 자주 찾는 에너지 통계, 인구수 2019 기준)

61.4%를 차지하는 산업용 다음이 수송용으로 18.5%가 사용되며, 가정용과 상업용은 17.8%를 차지한다.

주요 국가와의 에너지 관련 비교

2018년 전후를 기준으로 우리나라와 밀접한 관계에 있는 국가들의 통계를 모아 보았다. 에너지를 가장 많이 소비하는 나라는 중국이고 그다음 미국, 인도, 러시아, 일본 순이며 우리나라는 앞에서 말한 대로 9위이다. 전체 에너지 중 석유와 전력 소비량만큼은 그동안 항상 미국이 1위였으나 전력 소비량 면에서는 중국이 앞서기 시작하였다. 1인당 에너지 소비량을 보면 우리는 18위에 해당하는데 선진국일수록 에너지를 많이 사용한다. 다만 일본은 여전히 선진국이면서도 1인당 그리고 GDP당 에너지 소비량이 적다는 점은 우리가 배워야 할 점이다. 에너지 관련 국가 간 비교에서 우리나라가 다른 항목에 비해 가장 높은 순위에 있는 것은 석유정제능력과 원자력소비이다. 우리나라는 둘 다 5위에 해당하는데 석유정제능력은 미국, 중국, 러시아, 인도 다음이고 원자력소비는 미국, 프랑스, 중국, 러시아 다음이다. 이산화 탄소 배출량은 우리나라가 7위에 해당하는데 중국과 일본 둘 다 우리나라보다 순위가 앞서지만 1인당 배출량은 우리나라보다 적다. 이 항목에서 중국이 우리나라보다 적은 값을 보인다고 해서 우리가 저탄소 배출량을 중국에게 배워야 한다고 해석하기는 어려울 것 같다. 1인당 국민소득, 인구수, 산업구조 등에서 차이가 있기 때문이다. 한편 선진국인 미국과 일본을 비교해 보면 일본의 1인당 배출량이 월등히 적은 것을 알 수 있다.

단위 부가가치 생산에 필요한 에너지 투입량을 나타내는 것으로 '부가가치 에너지원단위(energy basic unit)' 개념이 있는데, 바로 에너지 이용의 효율성을 나타내는 지표로 이용된다. 부가가치 1단위(1천달러) 생산에 필요한 에너지 소요량이 많을수록 에너지 효율성이 그만큼 낮은 것을 의미한다. 원단위는 원래 제품 1개 또는 일정량(톤, m^3)을 만드는 데 필요한 원료 또는 소요시간 등을 나타내는 원가계산의 기초개념이다. 이 경우는 부가가치 에너지 원단위와 구분하여 '물량 에너지 원단위'라고 부른다. 따라서 어떤 경우이든 원단위가 내려가면 내려갈수록 생산이 합리적으로 행해짐을 의미한다.

그림 3.3을 보면 우리나라는 에너지 사용의 효율성에 있어서 주요 OECD 국가 평균에 훨씬 미치지 못함을 알 수 있다. 2017년 기준으로 우리나라의 에너지 원단위는 0.159인데, OECD 평균이 0.104이다. OECD 국가 중에서 영국은 에너지 효율성에서 단연 돋보이는 수치를 자랑한다. 무려 우리나라보다 2.5배나 효율성이 좋다. 일본 역시 우리나라보다 약 2배의 효율성을 나타낸다. 게다가 2001년 부터 2017년까지 에너지 원단위의 개선율도 0.6%로 주요국 대비 낮은 상황이다. 물론 우리나라의 경우 에너지 소비가 많이 발생하는 제조업종을 중심으로 산업 구조가 형성되어 있다. 2018년 명목부가가치 기준으로 나타낸 주요 국가별 제조업 비중은 미국이 11.3%, 일본이 20.4%, 영국이 9.9%로 낮은 반면, 우리나라는 29.2%로 주요

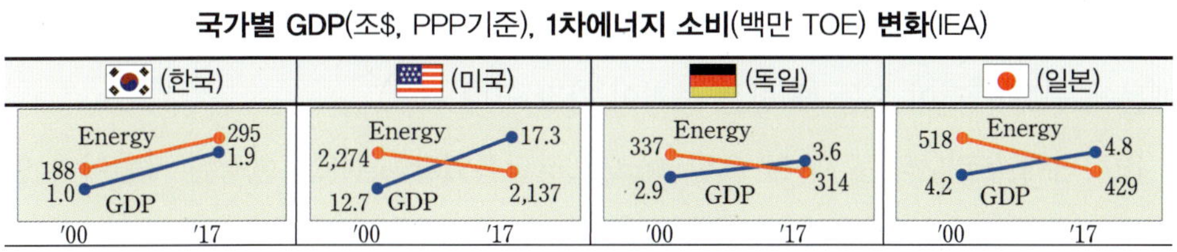

그림 3.2
2000년부터 2017년까지의 국가별 GDP와 1차 에너지 소비 변화(출처: IEA)

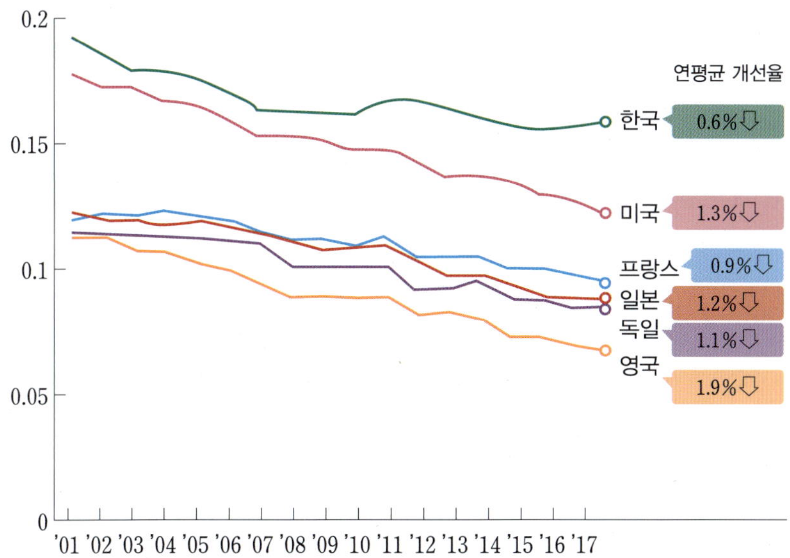

그림 3.3
주요국 에너지 원단위 추이 (단위: toe/천 달러).

국 대비 현저히 높은 수준이다. 특히, 그중에서도 우리나라는 부가가치 생산액 대비 에너지 소비량이 많은 에너지 다소비 업종을 중심으로 산업이 발달되어 있다. 따라서 에너지 소비량을 기준으로 삼으면 이보다 제조업 비율이 훨씬 높아진다. 유럽의 경우에는 에너지 다소비 업종의 비중은 낮고 고부가가치이면서 에너지 소비는 적은 서비스업의 비중은 높아, 국가 에너지 원단위가 대체로 낮은 편이다.

우리나라 제조업의 에너지원 단위 비교에서는 앞서 말한 대로 대부분이 국가 전체의 에너지원을 놓고 비교한 것보다 효율성이 더 떨어진다. 다만 최근에는 산업 부문별로 선진국을 능가하는 효율성이 나타나는 부문이 보이기 시작하였다. 결국 우리나라가 세계 제일의 경쟁력을 나타내는 분야에서 에너지 효율도 역시 높게 나타나는 것을 알 수 있는데, 디스플레이, 철강, 제지, 정유 산업 분야 등이 그렇다.

일본에게 배워야 할 에너지 절약

우리나라가 가장 많은 돈을 쓰는 수입 품목은 원유이다. 이 때문에 원유 가격의 상승은 곧 경제적 부담으로 작용한다. 2020년 현재 중국 경제의 침체와 세계적 불황, 미국과 중동의 수출 경쟁으로 원유 가격이 하락했지만 언제든 다시 오를 수 있는 것이 원유 가격이다. 우리나라는 아시아에서도 생산성 대비 에너지 효율이 낮기 때문에 원유 가격이 오를 때 받는 충격이 가장 크다.

1973년에 우리나라는 제1차 오일 쇼크를 경험하였다. 원유는 한정된 자원이며 언제든지 오일 쇼크는 재발할 수 있다는 자각으로부터 선진국들은 대체에너지 개발에 힘을 쏟았다. 특히 제1차 오일쇼크로 가장 큰 피해를 경험한 일본은 다른 어느 나라보다도 에너지 절약형 경제로의 전환과 대체 에너지 개발에 진력하였다. 우리나라는 어떠한가? 당시 경제 규모가 크지 않았던 우리나라는 경제 대국으로 비약적인 발전을 이루었던 일본에 비하여 충격이 크지는 않았다. 그렇더라도 앞으로 닥칠 고유가 시대에 대비했어야 하였다. 물론 선진국에 비하여 투자 재원 조달이 어려웠겠지만 미래에 대비한 에너지 관련 준비가 소홀하였음을 부인할 수 없다. 표 3-2는 1995년과 2018년 전후의 한국과 일본의 에너지 관련 비교 데이터를 병행하여 나타낸 것이다.

표 3-2를 보면 우리나라가 얼마나 에너지 소비형의 경제를 운용하고 있는지, 그리고 일본이 제1차 오일쇼크 이후에 얼마나 에너지 절약형 경제로의 전환을 위해 노력하였는지를 알 수 있다. 물론 1995년에 비해서 현재는 많이 호전되었다. 특히

표 3-2 한국과 일본의 에너지 관련 지표(1995년과 2018년 전후)

항목	식량 자급률 (%)	에너지 자급률 (%)	경제 규모 (배)	에너지 사용량 (배)	1인당 국민소득 ($)	1인당 석유사용량 (톤)	원유도입량 증가 (배럴) 1973-1995
한국	54 (49)	3 (18.9)	1 (1)	1 (1)	10,000 (31,900)	3.4 (2.5)	1억 → 6억 (11억)
일본	66 (59)	14 (9.6)	11 (3.2)	3.5 (2.1)	40,000 (41,000)	3.9 (1.4)	18억 → 16억 (12억)

주) 앞의 수치는 1995년 당시이며 괄호 안은 자료에 따라 2018년 전후 기준, 식량은 사료를 포함한 수치이며 2018년 기준, 원유도입량은 2017년 기준, 국민소득은 2019년 기준(현대경제연구원).

경제 규모는 1995년 당시 일본이 우리나라의 11배였으나 이제는 3.2배 정도로 격차가 상당히 줄었고, 1인당 국민 소득도 4배의 차이에서 1.3배 수준으로 좁혀졌다. 에너지 관련 수치들이 1995년에 비해 좋아졌다고는 하지만, 여전히 우리나라가 일본에 비하여 고에너지 소비형임을 보여 준다. 즉 경제 규모는 일본이 3.2배인데 에너지는 2.1배만 더 사용하며, 국민 소득이 우리의 1.3배인 나라가 1인당 석유 사용량은 1.4톤으로 2.5톤을 쓰는 우리나라보다 오히려 적다. 특히 원유도입량의 증가 비교는 시사하는 바가 크다. 1973년, 1995년, 2017년의 비교에서 우리나라는 1억 → 6억 → 11억 배럴의 증가를 나타냈는데, 일본은 18억 → 16억 → 12억 배럴의 변화를 보였다. 일본이 얼마나 석유 의존도를 줄이기 위해 노력하였는지를 단적으로 보여 주는 수치이다. 즉 제1차 오일쇼크 이후 20년 동안 우리나라가 6배의 원유 도입량의 증가를 보인 반면 일본은 놀랍게도 오히려 감소하였다. 경제 규모 차이가 3.2배에 이르는데도 현재 일본은 우리보다 1.1배 많은 원유 도입량을 보일 뿐이다. 앞에서도 언급한 것처럼 우리나라의 산업구조에 기인하는 근원적 문제가 있고, 1995년 당시보다는 우리나라의 사정이 많이 호전된 것이 사실이지만, 아직도 에너지의 효율적인 사용 면에선 일본에게 배워야 할 점이 많다. 아울러 4차 산업시대를 맞아 우리나라가 일본을 비롯한 다른 OECD 국가보다 효과적으로 대처한다면 국가경쟁력을 한 단계 더 높일 기회가 될 수 있다.

3.2 신재생 에너지

세계가 지구온난화와 환경오염을 걱정하면서 온실가스를 줄이고자 노력하였던 결과물이 1997년의 교토의정서였다. 하지만 38개국이 대상이었던 이 의정서는 2005년

표 3-3 신재생 에너지 관련 용어의 정의

구분	정의 및 종류
대체 에너지 (alternative energy)*	화석 연료를 대체하는 에너지 자원. 생물자원(바이오매스), 지열 에너지, 태양 에너지, 풍력, 수력 에너지, 폐기물 에너지, 해양 에너지, 조력 에너지, 수소 에너지
재생가능 에너지 (renewable energy)	자연 상태에서 만들어진 에너지. 환경에 해가 될 수도 있다는 점에서 대체 에너지와 구분. 태양 에너지, 풍력, 수력, 생물자원(바이오매스), 지열, 조력, 파도 에너지
신재생 에너지 (new & renewable energy)	석유, 석탄, 원자력, 천연가스가 아닌 11개 분야 에너지** – 재생가능 에너지(8개): 태양열, 태양광발전, 바이오매스, 풍력, 수력, 지열, 해양 에너지, 폐기물 에너지 – 신 에너지(3개): 연료전지, 석탄액화·가스화(중질잔사유 가스화), 수소 에너지

* 사전적 정의(옥스포드 사전, 프린스턴 WordNet): Energy fuelled in ways that do not use up natural resources or harm the environment.
** 신재생 에너지 개발 및 이용 보급 촉진법 제2조

발효되었지만 세계 최대의 온실가스 배출국인 미국이 의무를 지키지 않았고, 중국은 아예 대상 국가도 아니어서 실효성이 없었다. 다행히 2016년 1월에 기후변화협약 당사국인 196개국이 모두 참여하는 파리 협정이 채택됨으로써 보다 구체적인 실행이 추진될 것으로 보인다. 목표는 2100년까지 산업화 시대 이전 대비 지구 평균 기온 상승폭을 1.5°C까지 제한하는 것이다. 이를 실현하기 위한 다양한 방안 중 하나가 신재생 에너지의 확대이다. 이 절에서는 신재생 에너지와 관련한 몇 가지 용어들을 구분하고, 이를 각 종류별로 간단히 살펴본다.

대체 에너지는 말 그대로 화석 연료를 대체하는 에너지를 모두 아우르는 말이다. 다만 표 3-3의 출처에서 옥스퍼드 사전이나 프린스턴 워드넷의 사전적 정의를 인용한 것처럼 천연 자원을 고갈시키거나 환경을 해치지 않는 에너지로 한정하고 있다. 그런 의미에서 환경에 해가 될 수도 있는 에너지까지 포함하는 재생가능 에너지와 구별된다. 신재생 에너지는 신에너지와 재생가능 에너지의 합성어이다. 신에너지는 기술적으로나 물질적으로 새로운 에너지 형태를 말하는데, 우리나라는 연료전지, 석탄액화·가스화, 수소 에너지 등 3개를 법으로 정하였다. 석탄액화·가스화에는 근래 중질잔사유 가스화가 포함되었다. 즉 석탄뿐만 아니라 정유 과정의 최종 잔사유를 환경 친화적 연료로 전환하기 위해 이들의 가스화 사업이 포함된 것이다. 핵융합 에너지는 포함되지 않았는데 법으로 규정하기에는 시기상조라고 생각한 것 같다. 한편 재생가능 에너지는 태양열을 비롯한 8개가 법으로 규정되어 있다.

석탄 액화·가스화(중질잔사유 가스화) : 화석연료의 친환경적 이용

에너지 정책에서 많은 노력이 화석연료를 대체할 신재생 에너지를 찾는 일에 집중되지만, 여전히 에너지 정책의 큰 축은 화석연료의 효율적 이용과 청정 에너지화이다. 우리나라의 경우 2018년에 총에너지의 84.7%를 화석연료에 의존하였고, 이 중에서 연료의 질이 나쁜 석탄의 비중이 28.2%이다. 특히 전력 생산에서는 석탄을 많이 사용하기 때문에 전력 생산 때에 배출되는 오염 물질을 완전히 없애기 위한 연구가 한창이다. 그림 3.4에서 보여 주는 것은 그 한 예로써 석탄 등의 화석연료를 통하여 전기를 생산하는 과정에서 중점적으로 개발하고자 하는 공정들이다. 기체 분리막을 통한 산소의 생산, 화석연료의 합성가스(synthetic + gas = syngas)화, 연료전지를 통한 전력생산, 이산화 탄소의 분리제거, 화학약품 및 연료의 제조 공정 등이 연계되어 있음을 알 수 있다.

잘 알다시피 석유를 증류탑에서 가열하면 끓는점의 범위에 따라 천연가스, 휘발유, 등유, 중유, 윤활유, 잔류물을 얻을 수 있다. 특히 잔류물의 환경친화적 연료로의 전환을 위해 중질잔사유 가스화 사업이 신에너지 분야에 포함되었다. 또한 잔류물이 아니라도 분자량이 큰 탄화수소는 크래킹(cracking)에 의하여 작은 분자로 분해하기도 하는데 이것은 주로 수요가 많은 휘발유를 만들기 위해서이다. 크래킹이란 촉매를 넣고 공기가 없는 곳에서 열을 가하는 공정이다. 크래킹으로 휘발유만 얻어지는 것이 아니고 나프타(naphtha)를 분해하면 분자량이 적으면서 각종 플라스틱이나 의약품 원료가 되는 화합물도 얻을 수 있다. 나프타는 석유 성분 중에 중간 정도의 분자량을 가지며 방향족과 나프텐류를 포함하는 고리형 탄화수소를 일컫는다. 한편 이와는 반대로 천연가스가 남아도는 나라에서는 이를 화학 반응을 통하여

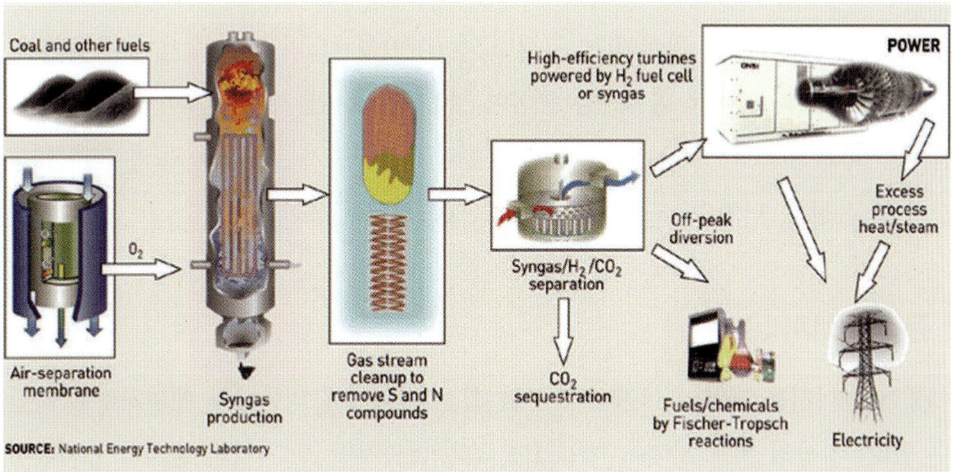

그림 3.4
미국 에너지국(DOE)의 Vision 21 전략 개념도. 배출가스 제로를 목표로 하고 있다.

그림 3.5
아이슬란드 네시야베틀리르 지열발전소와 지열 활용 흐름도. 해저 2,000m의 지열로 데운 바닷물로 터빈을 돌려 전기를 생산한다.(출처: ©javarman/Shutterstock)

분자량이 큰 액체 연료로 만들어 사용하기도 하는데, 이 과정을 GTL(gas-to-liquid fuels) 공정이라고 한다. 이와 같이 화석 연료의 화학적 변환에 의해 친환경적인 연료로 전환하려는 노력과 다양한 원료 화합물로 바꾸어 고부가가치화하려는 노력이 함께 이루어지고 있다.

지열 에너지

지열 또는 온천열은 지구 내부의 뜨겁고 용융 상태인 용암으로부터 나온다. 지각을 파 들어가면 매 킬로미터당 온도가 평균 25°C씩 증가한다. 온천이나 간헐천은 지열을 가장 명백하게 보여 주는 예이다. 미국의 캘리포니아에서는 온천수를 이용하여 전기를 생산하고 있는데, 인공적으로 바위에 구멍을 뚫어서 물을 순환시켜 용암으로부터 열을 얻는 방식이다. 그림 3.5는 아이슬란드의 지열 활용 흐름도인데, 1,000 m 이상의 지하에 파이프를 통하여 물을 주입하면 지하 마그마에 의해 물이 끓어서 200~300°C의 고온 수증기가 발생한다. 이 수증기는 터빈을 돌려 전기를 생산하고, 온천수, 난방수, 도로 제설용 온수 등으로도 활용한다.

풍력 에너지

풍력 에너지는 태양 에너지와 지구의 회전 에너지에 의한 2차 에너지라고 말할 수 있다. 지상의 어떤 지역이 태양열에 의해 데워지면 그 지역의 공기가 뜨거워져

그림 3.6
풍력을 이용한 에너지 발전(출처: ©majeczka/Shutterstock)

서 팽창되고 팽창된 공기는 위로 상승한다. 따라서 다른 지역의 찬 공기가 그 지역을 채우기 위해 불어온다. 또한 지구의 자전과 공전 때문에 생기는 해류를 따라서도 기류가 흐르게 된다. 일반적으로 바람의 방향은 지구 공기의 밀도 차, 지구 표면의 생김새 및 자전과 공전의 힘 등이 합해져서 결정된다. 풍차를 통해 얻어지는 에너지는 다양한 방식으로 저장되고 이용할 수 있다. 배터리에 저장해서 전기 에너지로 사용하거나, 플라이휠(flywheel)에 기계적 에너지로 저장하기도 하고, 물을 낮은 곳에서 높은 곳으로 퍼 올려서 위치 에너지로 저장해 두었다가 수력 발전에 사용한다거나, 공기를 압축시켜 압축 공기 에너지로 이용하는 등 여러 가지 응용이 가능하다. 이미 우리나라에서도 바람이 많은 제주도와 동해안 등에서 성공적으로 풍력 발전소가 운영되고 있다.

서구에서는 이미 19세기 말부터 상업용 풍력발전기가 가동되었지만, 우리나라는 1975년에 한국과학기술원에서 경기도 어도(엇섬)에 세운 2kW급 풍력발전기가 공식적인 국내 최초 풍력발전기로 기록되어있다. 이 풍력발전기는 어도 마을 내 37개 가구에 전기를 공급하였다. 국내 최초의 상업용 풍력발전단지는 제주도 지자체가 설치한 행원풍력발전단지이며 1997년 600kW급 풍력발전기 2기를 설치해서 1998년 8월부터 상업 운전을 시작하였다. 민간 업체가 최초로 세운 풍력발전단지는 영덕풍력발전단지이고 2005년 3월부터 본격적으로 전기를 생산하기 시작하였다.

현재 우리나라에서 가동 중인 중대형 풍력발전기는 강원도 북쪽에서부터 양양풍력(중부발전, 3,000 kW), 강원대관령(강원도청, 2,640 kW), 강원대관령(강원풍력발전,

98,000 kW), 강원태백(태백시, 6,800 kW), 경북영덕(영덕풍력발전, 39,600 kW), 경북포항(동국 S&C, 225 kW), 경북포항(경북도청, 660 kW), 경북울릉도(경북도청, 600 kW), 제주행원(제주특별자치도, 9,795 kW), 제주월정(제주특별자치도, 1,500 kW), 제주한경(제주특별자치도, 1,700 kW), 제주한경(남부발전, 6,000 kW) 등이다. 앞으로도 오미산풍력(60 MW), 삼척 육백산풍력(30 MW), 청사해상풍력(40 MW) 및 대정해상풍력(100 MW) 등 풍력발전단지가 건설될 계획이며, 제주 대정해상풍력(100 MW)과 부산 청사해상풍력(40 MW)은 대규모 해상풍력 사업으로 추진할 계획이다.

조력 에너지

조력은 본래 달과 해의 인력, 지구 자전 및 바닷가 입지조건 때문에 생기는 것으로 현재 조력 발전을 하고 있는 곳은 영국, 프랑스, 미국 등이다. 조력 발전이란 조수간만의 차가 큰 지역에 적당한 방조제를 쌓아서 간조와 만조를 이용해 낙차를 만들고 이 낙차에 의해 수차를 회전 발전시키는 방법을 말하는데, 방조제를 쌓는 방법과 발전기 수차 설치 방법에 따라 단류식과 복류식이 있다. 또한 바닷물이 출렁거리면서 위로 압축 공기를 밀어내어 발전하는 방법도 있다. 시화호가 채택한 방법은 단류식의 일종인 창조식(漲潮式)인데, 창조식이란 배수갑문을 열어 밀물 때 외해와 시화호의 수위차를 이용하여 발전을 하고 썰물 때 호수의 물을 방류하는 방식이다. 이와는 반대의 방식이 낙조식(落潮式)이며, 복류식은 밀물과 썰물 때 각각 양쪽으로

그림 3.7
시화호 조력 발전소의 모습. 시화호 조력 발전소는 하루 254,000 kW의 전기를 생산하여 연간 8,000억 원의 석유 수입 대체 효과가 있다.(출처: 시화호조력발전소)

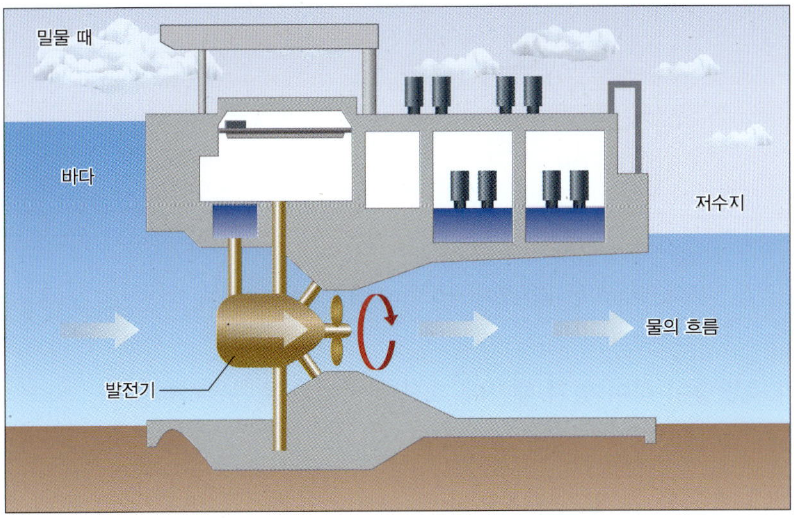

그림 3.8
밀물에 의한 조력 발전의 원리. 시화호에서는 썰물 때에 발전기를 돌리는 방식을 이용한다.

표 3-4 시화호와 외국 조력 발전소의 비교

	시화호	Rance(프랑스)	Annapolis(캐나다)	Jiangxia(중국)
시설용량(MW)	254	240	20	3.9
최대조차(m)	9.16	13.5	8.7	8.4
발전방식	단류식	복류식	단류식	복류식

발전하는 방식이다. 표 3-4에 나타낸 것처럼 시화호의 조력 발전 용량은 254 MW로 프랑스 랑스 조력 발전소의 240 MW보다도 크다.

바이오매스

생물 쓰레기(바이오매스)를 에너지 자원으로 이용하는 방법은 시간은 오래 걸리지만 박테리아를 이용하여 이들 쓰레기를 메테인, 에탄올, 바이오디젤 등의 유기물로 전환하는 유용한 방법이다. 이것이야말로 현대판 연금술이라고 부를만하다. 에탄올 생산의 경우 아직은 가솔린 연료에 비하여 경쟁력이 약하지만 환경친화적인 규제가 강화될수록 바이오매스 에탄올은 그 가치가 올라갈 것이다. 이미 일본과 브라질 등에서는 에탄올 자동차가 운행 중에 있다.

그렇다면 술을 담글 때 사용하는 효모(yeast)를 이용하는 것은 어떨까? 그림 3.9에서 보여 주는 바와 같이 효모가 효과적인 것은 글루코스와 같은 육탄당(hexose sugar)에 대해서이다. 식물 쓰레기라면 주로 여물로 쓰는 옥수수 찌꺼기나 사탕수수에서 설탕을 짜낸 찌꺼기 등이 주원료인데, 이것들은 녹말과는 달리 오탄당(pentose

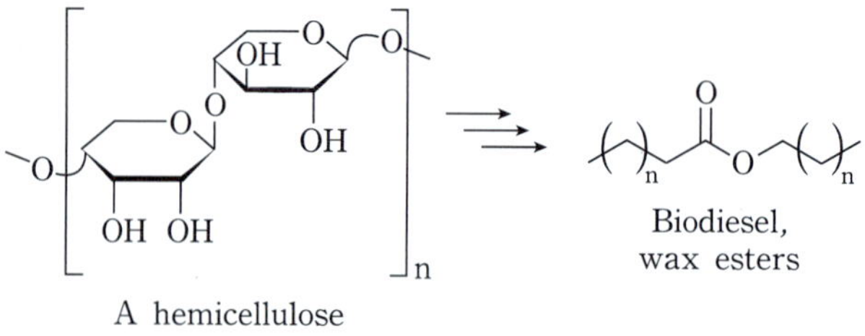

그림 3.9
바이오매스로 바이오디젤과 왁스 에스터를 제조하는 화학식

sugar)과 육탄당이 섞여 있기 때문에 효모만 가지고는 곤란하다.

최근에는 박테리아 *E. coli*에 주목하고 있는데 글루코스나 헤미셀룰로스로부터 바이오디젤을 생산할 수 있기 때문이다. *E. coli*의 유전자를 변형시킴으로써 바이오매스로부터 알코올, 알데하이드, 왁스 에스터 등을 직접 생산하고자 하는 연구가 활발히 진행 중이다. 한편 바이오매스 에너지 자원이 매력적이긴 하지만 장단점을 모두 갖고 있다. 장점으로는 재생 가능한 자원이고 지역적으로 편재되지 않으며 생태계와 조화를 이뤄서 지구 전체의 이산화 탄소 균형이 유지된다는 것이다. 단점은 에너지 밀도가 낮고 대규모 생산지가 필요하며 삼림 파괴가 우려되고 식량과 경합할 가능성이 있으며 공급에 계절성이 있다는 것이다. 특히 옥수수 가격에 영향을 주지 않을 바이오매스의 다각화가 필요한데, 해조류에 대해 관심이 크다. 우리나라에서도 볏집을 미생물로 분해시켜 액체 연료를 제조하는 방법에 큰 관심을 갖고 있다.

원자핵 에너지

인류가 처음으로 사용한 핵에너지는 제이 차 세계 대전 동안 맨해튼 계획에 의하여 개발된 원자탄이다. 그 후 원자력을 평화적으로 이용함으로써 세계 여러 나라가 원자력 발전을 통해 전기를 얻고 있는데, 이 기술은 일찍이 1940대 미국 원자력위원회의 연구프로그램으로 개발되었다. 2011년 일본에서 일어난 지진으로 후쿠시마 원전이 파괴된 이후 원전 건설이 한때 주춤하기도 하였으나 대부분의 선진국에서 여전히 원자력에 의한 전기 생산량이 높은 비중을 차지하고 있다. 우리나라의 경우 2018년에는 전력 생산의 23.4%가 원자력에 의한 것이었다. 원자핵 에너지를 이용하는 방법은 두 가지이다. 앞서 언급한 것은 핵분열 반응을 이용하는 것이고 다른 하나는 핵융합 반응을 이용하는 것이다. 현재는 핵분열 반응만을 이용하는데, 방사능 오염 물질을 내지 않는 깨끗한 핵에너지를 얻기 위하여 핵융합의 실용화 연구에 세계 각국이 박차를 가하고 있다.

핵분열은 큰 운동에너지를 갖는 열중성자(thermal neutron)를 쏘아서 우라늄 235와 같이 홀수의 중성자를 갖는 무거운 핵 속으로 밀어 넣을 때 일어난다. 무거운 핵이 쪼개지면 보다 작은 두 개의 핵과 두세 개의 중성자(우라늄 235의 경우 평균 2.5개), 그리고 엄청나게 많은 에너지를 만들어 낸다. 이때 에너지의 원천은 핵분열 과정에서 발생하는 극미량의 질량결손이다. 잘 알려진 아인슈타인의 식 $E = mc^2$가 에너지와 질량의 관계를 설명한다. 우라늄 235에 대한 핵분열 반응은 그림 3.10의 오른쪽과 같이 쓸 수 있다. 같은 핵이라고 하더라도 한 가지 이상의 방법으로 분열할 수 있다. Ba, Kr와 같은 핵분열 반응의 생성물은 안정한 동위 원소로 될 때까지 베타 입자(${}_{-1}e^0$)와 감마선을 방출한다.

안정한 동위 원소가 만들어질 때까지 몇 단계의 핵분열을 더 거치게 되는데, 이 과정에서 방출된 중성자는 연쇄적으로 다른 무거운 핵의 분열을 일으킨다. 예를 들면 첫 단계 반응에서 방출된 3개의 중성자는 3개의 우라늄 핵을 더 분열시킬 수 있고, 이들 핵에 의해서 방출된 9개의 중성자는 9개의 우라늄 핵을 분열시켜서 27개의 중성자를 방출하고, 다음으로 81개를 만드는 식이다. 이러한 과정을 연쇄 반응이라고 부르며, 이것은 방출된 중성자가 시료를 빠져나가기 전에 다른 핵을 만나야 하기 때문에 고농도의 우라늄을 필요로 한다. 이렇게 연쇄 반응을 유지하는 데 필요한 시료의 양을 임계질량이라고 한다. 원자력 발전소는 중성자 수를 적절히 조절하여 원자폭탄처럼 순간적으로 폭발하지 않고 지속적으로 에너지를 내도록 고안되어 있다. 중성자 속도를 느리게 하는 감속제로 탄소봉이 사용되고, 중성자의 농도를 조절하기 위하여 카드뮴과 붕소강철 같은 제어봉이 사용된다.

지각에 있는 우라늄 광석은 두 가지 이유에서 핵분열의 위험이 없다. 첫째, 자연

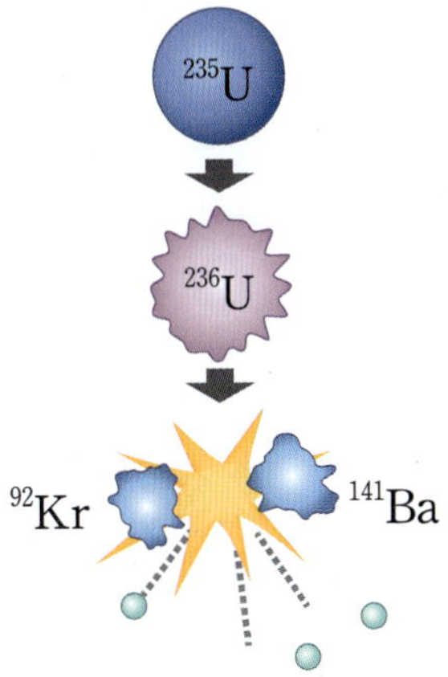

핵분열 반응의 예

$${}_{92}U^{235} + n^1 \rightarrow {}_{56}Ba^{141} + {}_{36}Kr^{92} + 3\,{}_{0}n^1 + \text{에너지}$$

$${}_{92}U^{235} + n^1 \rightarrow {}_{42}Mo^{103} + {}_{50}Sn^{131} + 2\,{}_{0}n^1 + \text{에너지}$$

$${}_{56}Ba^{141} \rightarrow {}_{-1}e^0 + \gamma^0 + {}_{57}La^{141}$$

$${}_{36}Kr^{92} \rightarrow {}_{-1}e^0 + \gamma^0 + {}_{37}Rb^{92}$$

그림 3.10
우라늄 235가 중성자에 맞아 분열하는 모습과 연속적인 핵분열 반응의 예

에서는 순수한 상태로 발견되지 않고 산화물로서 발견된다. 둘째, 자연에서 발견되는 우라늄 중 1%보다 적은 양이 분열 가능한 우라늄 235이다. 나머지 99% 이상은 우라늄 238인데, 이 원자는 열중성자에 의해서 분열되지 않는다. 핵폭탄이나 발전을 위한 핵연료를 만들기 위해서는 시료에 있는 우라늄 235 원자의 상대적인 비율을 증가시키는 우라늄 동위 원소 농축 정제 과정을 거쳐야 한다. 보통 우라늄 광석에서 발견되는 우라늄에서는 235가 단지 0.72% 들어 있다. 서아프리카 가봉 공화국에서 발견된 우라늄 광석은 약 150,000년 전에 생성되었으며 그 당시에는 지금보다 천연 우라늄 235의 함량이 높았음을 알 수 있는데, 이것은 우라늄 광석 속에 함께 존재하는 핵분열 생성물의 반감기를 조사함으로써 가능하다.

한편 핵융합 반응은 H, He 또는 Li과 같은 아주 가벼운 핵이 융합하여 보다 높은 원자 번호를 갖는 원소를 형성하는 것으로, 생성되는 원소의 안정도가 크게 증가하면서 에너지가 방출된다. 이 때에도 역시 질량결손이 생기는데, 이것이 바로 태양과 수소 폭탄의 에너지원이다.

$$5H^2 \rightarrow He^4 + He^3 + H^1 + 2n^1 + 24.8\ \text{MeV}$$

수소의 동위 원소로 H^1(수소), H^2(중수소, D), H^3(삼중수소, T)가 있는데, 앞의 둘은 자연에 존재하지만 삼중수소는 방사성 동위 원소로서 인공적으로 만들어진다. 핵융합을 위해 필요한 것은 H^2인데 자연에 존재하는 비율이 전체 수소의 0.015%에 지나지 않는다. 이 비율이 적은 것 같지만 그렇지 않다. 예를 들면 바닷물에 있는 수소 원자 6,500개 중의 한 개가 중수소라는 말이고, 바닷물 1리터 속에는 1.03×10^{22}개의 중수소 원자가 있다는 의미이다. 이들이 핵융합으로 온전히 에너지를 낸다고 하면 바닷물 1세제곱 킬로미터(km^3) 안에 존재하는 중수소만으로도 거의 지구에 있는 원유 총량에 해당하는 에너지를 낼 수 있다.

핵융합 반응은 온도가 1억 도나 그 이상일 때만 빠르게 일어난다. 그런 높은 온도에서는 원자 상태는 존재하지 않으며 전자와 핵이 분리된 채 고루 섞여 있는 플라스마 상태가 된다. 바로 이 상태에서 핵융합이 이루어진다. 수소 폭탄의 경우 핵융합 반응에 필요한 높은 온도를 얻기 위해서 먼저 원자탄이 장착된다. 수소 폭탄의 한 형태는 원자폭탄이 폭발하면서 생성되는 삼중수소를 이용한다. 즉 중수소화 리튬(LiH, 고체염)을 원자폭탄 둘레에 놓아두면 Li이 중성자 한 개를 흡수하여 삼중수소와 헬륨으로 쪼개진다.

$${}_3Li^6 + {}_0n^1 \rightarrow {}_1H^3 + {}_2He^4$$

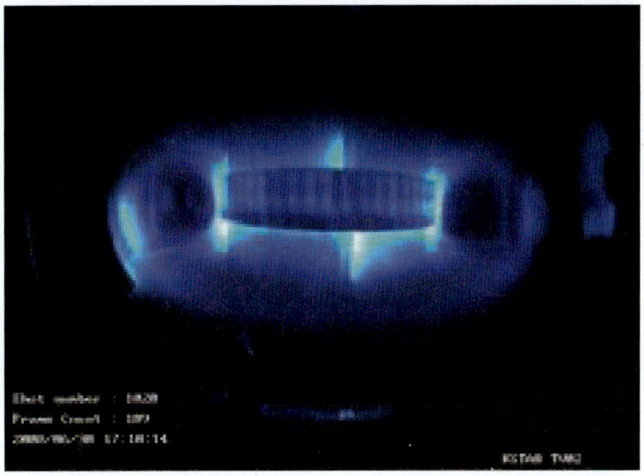

그림 3.11
KSTAR(Korea Superconducting Tokamak Advanced Research, 차세대 토카막 핵융합연구장치)와 2008년 7월 최초의 플라즈마 실현 모습 (출처: 위키피디아, 한국핵융합에너지연구원)

핵분열로 인하여 온도가 충분히 높아져서 삼중수소와 중수소의 핵융합이 일어난다.

$$ {}_{1}H^{3} + {}_{1}H^{2} \rightarrow {}_{2}He^{4} + {}_{0}n^{1} + 17.6\ \text{MeV} $$

예를 들어 계산해 보면 수소 핵의 원자량은 1.0079인데 이들 넷이 핵융합하여 헬륨 핵 원자량 4.0026이 되며, 질량 중 0.029가 에너지로 바뀌게 되므로 수소 1g당 1억 6,000만 kcal의 열이 발생한다. 이렇게 막대한 에너지를 내는 핵융합을 조절하기 위해서는 세 가지 조건이 필요하다. 첫째로 점화가 일어날 수 있는 높은 온도가 필요하며, 둘째로 플라스마를 알짜 에너지가 방출되기까지 충분한 시간 동안 가두어 둘 수 있어야 하고, 셋째로 에너지를 유용한 형태로 회수할 수 있어야 한다. 우리나라의 실험용 핵융합장치인 KSTAR는 플라스마의 물리적 안정성을 보장하는 300초 유지를 목표로 하고 있다. 이 목표 시간까지 도달하려면 시간이 더 걸리겠지만 고성능의 안정적인 운전 상태인 H-모드 운전시간 10초 벽을 돌파한 것은 고무적이라는 것이 전문가들의 평가이다. 즉, KSTAR 플라스마 유지 시간은 2009년에 고온 플라스마로 3.6초, 2011년부터 5천만 도의 플라스마로 5.2초 동안 유지한 데 이어 2017년까지 72초를 유지하였고, 2020년에는 1억 도의 플라스마로 20초간 유지하여 세계신기록을 수립하였다. H-모드에서 10초 이상 플라스마를 유지한 일본이나 미국 외에 중국도 2017년도에 2000만 도의 H-모드에서 101.2초까지 유지했다고 발표하였다. 아직 핵융합 반응은 대체 에너지원으로 이용할 수 있을 만큼 조절되지 않고 있다. 현재 핵융합을 위해서는 1억 도 이상의 고온이 필요한데 핵융합 온도를 상온까지 낮추기 위한 연구가 진행 중이며, 아직 확실히 증명된 예는 없지만 이러한 핵융합 방법을 저온 핵융합(cold fusion)이라고 한다.

태양 에너지

지구가 가지는 에너지의 무한한 자원은 태양이다. 태양 에너지는 핵융합 반응으로 생산된다. 지구는 태양으로부터 방출되는 총에너지의 3×10^{-7}밖에 받지 않지만 이 에너지의 양은 분당 2×10^{15} kcal로서 어마어마하다. 대기로 다시 복사되고 대기의 낮은 층에 있는 분자들에 의하여 흡수 및 산란되기 때문에 지구 표면에 실제로 닿는 복사 에너지의 양은 약 1cal/cm^2/분이다. 예를 들면 하루에 평균 크기 지붕에 약 108 cal를 받는데, 이 양은 하루에 석탄 15 kg을 태워서 얻는 열에너지와 같다. 또한 이 양은 겨울날 평균 한 가정을 데우는 데 충분하다. 이러한 태양 에너지를 이용하는 방법은 크게 세 가지이다.

- **광합성에 의한 수소 발생**: 최근에 *Anabaena cylindrica*라고 부르는 청초록색의 해조류가 햇빛과 물로부터 수소와 산소를 만든다는 것이 알려졌다. 이러한 해초 집단을 수소와 산소를 이용하는 연료전지와 연결하면 햇빛이 있는 낮시간 동안 전기의 자원이 될 것이다.
- **태양열 저장 및 전환**: 태양열을 이용하여 직접 난방에 이용할 수 있고, 물을 데워 증기로 만든 다음 전기를 생산할 수도 있으며, 이때 생산되는 전기를 이용하여 물을 전기분해하면 수소와 산소를 만들 수 있다. 수소는 에너지가 필요한 곳에 관을 통하여 공급되고 연료전지에 연결하면 전기로 전환된다.
- **태양전지에 의한 전기 발생**: 태양전지는 태양에너지를 직접 전자의 흐름으로 전환한다. 태양전지는 약 13~14%의 효율로 햇빛이 조사되는 제곱야드당 적어도 90와트의 전력을 생산할 수 있다. 태양전지는 우주비행물체나 통신위성 등에 사용되며, 우리나라를 비롯한 전 세계에서 전기를 얻는 데 사용되고 있다.

연료전지

휘발유 대신 물을 연료로 사용하는 자동차가 가능할까? 영화 제목으로도 등장하였던 '맹물로 가는 자동차'가 실제로 가능할 날이 올지 모른다. 물로부터 얻어지는 수소를 연료전지의 원료로 사용하는 전기자동차가 이미 실용화되었기 때문이다. 일

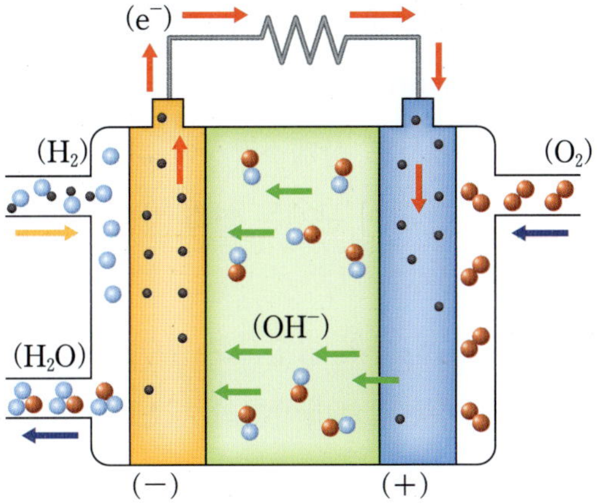

그림 3.12
연료전지의 물질 이동 도식. 연료전지에서 수소는 양극에서 양성자와 전자로 분해되는데, 전자는 일을 하러 가고 양성자는 전해질을 통과해 음극으로 향한다. 음극에서 양성자는 공기 중 산소와 일을 하고 돌아온 전자를 만나 물을 생성한다. 양극에서는 $H_2 \rightarrow 2H^+ + 2e^-$, 음극에서는 $O_2 + 4H^+ + 4e^- \rightarrow 2H_2O$.

찍이 1991년 LaserCel 1이라는 이름의 전기자동차가 만들어졌는데, 이 자동차는 수소 연료전지를 통하여 전기 에너지를 얻는 방식이다. 물을 분해하여 수소와 산소를 얻는 방법은 여러 가지가 있을 수 있다. 광합성을 통하여 수소를 발생하는 해초를 이용할 수도 있고, 전기분해를 이용할 수도 있으며, 스펀지 철을 촉매로 사용할 수도 있다. 문제는 경제성과 더불어 수소를 생산하기 위해 제공하는 에너지를 위해 또 다른 이산화 탄소를 만들어서는 곤란하다는 것이다. 아직은 초기 단계이지만 우리나라에서도 수소 연료전지 자동차가 실용화되었고, 수소 충전기가 확대되면서 더불어 수소 제조산업 또한 새롭게 부상하고 있다.

폐기물 에너지

일상생활을 통해 너무나 많은 폐기물이 배출된다. 이들 폐기물 중 일부는 재활용을 위해 분리수거 되기도 하지만, 대부분 매립되거나 소각장을 통해 처리되고 만다. 폐기물 에너지는 환경친화적 에너지 활용을 고려할 때 포함되어야 할 재생에너지이다. 따라서 폐기물 에너지화를 위한 연구개발에 힘을 쏟아야 할 것이다.

쓰레기를 태워서 에너지를 생산하는 공정은 쓰레기 처리 문제와 에너지 생산 문제를 동시에 해결한다. 현재 서구 선진국은 물론 우리나라에서도 완벽하지는 않지만 도시 쓰레기를 가연성 쓰레기와 비가연성 쓰레기로 분리수거하고, 그것들을 다시 분리해서 자성 및 비자성 금속, 유리, 합성수지 등으로 구별하여 수거한다. 가연성은 발전소의 보조 열원으로 사용하여 연료로 소각시키고 타고 남은 재는 비료나

무기물 합성 원료 또는 벽돌 원료로 사용한다. 현재 이 방법의 문제점은 쓰레기 소각 때에 발생하는 다이옥신의 처리이다. 일본에서는 확장일로에 있던 소각장 건설이 중단되기도 하였고, 국내에서도 상계소각장이 다이옥신의 기준치 이상 배출로 운영을 중지한 적도 있었다. 결국 이 문제는 연소 기술의 발전과 배기가스의 처리기술을 보완하여 해결되었다.

대개 폐기물의 에너지화는 세 가지 방향으로 추진된다. 하나는 자동차 폐윤활유의 액체연료화이고, 다음은 자동차 폐타이어의 가스화 사업이다. 세 번째는 폐기물 소각으로부터 얻어지는 열을 이용하는 사업이다. 대단위 아파트 단지나 산업공단에서 폐기물 연소열을 이용하여 전기나 열수를 생산하는 사례가 이에 해당한다.

3.3 저온 핵융합과 전자레인지

저온 핵융합의 꿈

1989년 3월 23일, 영국 사우스햄프턴 대학의 플라이쉬만 교수와 미국 유타 대학의 폰즈 교수는 전기분해 장치를 사용하여 중수소의 핵융합 실험에 성공하였다고 보고하였다. 즉 이것은 바닷물로부터 무한한 에너지를 얻을 수 있다는 것을 의미하며, 인류의 에너지 문제가 해결되었음을 선언하는 것이었다.

이들의 발표 내용은 중수(D_2O)를 전기분해할 때 발생하는 중수소(D_2)를 팔라듐(Pd) 전극에 흡착시킨 후 전계를 가하면 팔라듐 내부에서 중수소가 핵융합을 일으켜 He을 형성하면서 에너지가 발생한다는 것이다. 이와 같이 간단한 장치로 핵융합이 가능하다는 발표에 전 세계가 흥분하여 바로 확인 실험에 착수하였고, 일부에서는 핵융합으로 보이는 유사 실험 증거를 관찰하였다는 보고가 잇따랐다. 우리나라에서도 한국화학연구원에서 유사한 실험 결과를 얻었다는 보고가 있었다. 하지만 이후로 핵융합의 확실한 증거를 포착하는데 실패하였다는 보고가 속속 발표되면서 세인의 관심으로부터 멀어졌다. 그럼에도 패터슨 박사 같은 과학자들은 이들의 실험 결과에 대한 신념으로 클린 에너지 테크(Clean Energy Tech. Inc.)라는 회사를 통하여 핵융합 실험 장치(Patterson Power Cell)를 만들어 당시 3,750달러라는 저렴한 가격으로 시판하기도 하였다. 이 외에도 방전장치와 영구자석을 이용한 회전자장 시스템, 멀티아크 시스템, 응폭(implosion) 시스템, 초음파 발광 현상(sonoluminescence) 등에서도 핵융합이 나타난다는 보고가 있었으나 의미를 찾을 만한 결과는 아니었다.

그래도 아쉬움 속에 몇 가지만 살펴본다.

전기분해 장치를 이용한 저온 핵융합 논란이 있은 후 이에 대한 과학자들의 관심이 시들해질 즈음, '사이언스' 지에 실린 한 편의 논문이 다시 저온 핵융합에 대한 관심을 불러일으켰다(*Science*, 295, 1868, 2002). 이번에는 중수소 아세톤(CD_3COCD_3)에 강한 초음파를 가했더니 핵융합 결과 생성된 것으로 보이는 삼중수소(T, tritium)와 중성자가 발견되었다는 것이다. 액체에 강한 초음파를 가하면 작은 기포들이 생기는데, 이 기포들이 파열되면서 순간적으로 고온과 고압 상태를 만들기 때문에 중수소들의 핵융합이 일어날 수 있다는 것이다. 하지만 이번 논란은 그리 오래가지 못하였다. 몇 달 뒤에 네이처 지에 실린 한 논문에서 초음파에 의해 발생되는 액체 내의 다양한 에너지 형태를 분석한 결과, 초음파에 의해 발생하는 온도는 20,000 K를 넘을 수 없기 때문에 1백만 K가 요구되는 중수소 핵융합은 어렵다고 발표하였기 때문이다(*Nature*, 418, 394, 2002). 이 일로 이 연구를 주도하였던 루지 탈레야칸(Rusi Taleyarkhan) 박사는 오크리지(Oak Ridge) 국립연구소를 떠나게 되는데, 자리를 옮긴 곳은 공교롭게도 네이처 지 논문을 통하여 오류를 지적하였던 퍼듀 대학(Purdue University)이었다. 이 외에 2005년과 2011년에도 저온 핵융합에 성공하였다는 발표가 있었으나 크게 주목을 받지는 못하였다. 비록 핵융합의 가능성이 희박하지만 그래도 이들의 연구 결과로부터 쉽게 눈이 떨어지지 않는다.

현재도 저온 핵융합과 관련된 연구들이 진행되지만, 저온 핵융합이라는 용어에 대해 거부감이 많은 탓에 세부 연구 주제에 맞게 다르게 표현하기도 한다. 예를 들면 Low Energy Nuclear Reactions(LENR), Chemically Assisted Nuclear Reactions(-CANR), Lattice Assisted Nuclear Reactions(LANR), Condensed Matter Nuclear Science(CMNS), Lattice Enabled Nuclear Reactions 등이 그것이다. 2013년에는 미주리 대학에 백만장자 시드니 킴멜(Sidney Kimmel)의 도움으로 핵융합 연구소인 Sidney Kimmel Institute for Nuclear Renaissance(SKINR)가 설립되었다.

전자레인지와 마이크로파

우리는 전자기파의 홍수 속에 살고 있다. 눈에 보이는 것은 가시광선뿐이지만 눈에 보이지 않는 수많은 전자기파가 삶의 공간을 지나고 있다. 화합물이 전자기파와 만나면 어떤 반응을 보일까? 전자기파의 파장에 따라 화합물이 보이는 반응은 다르다. 파장이 짧은 X선은 에너지가 강해서 유기물의 화학 결합을 파괴시킬 수 있다.

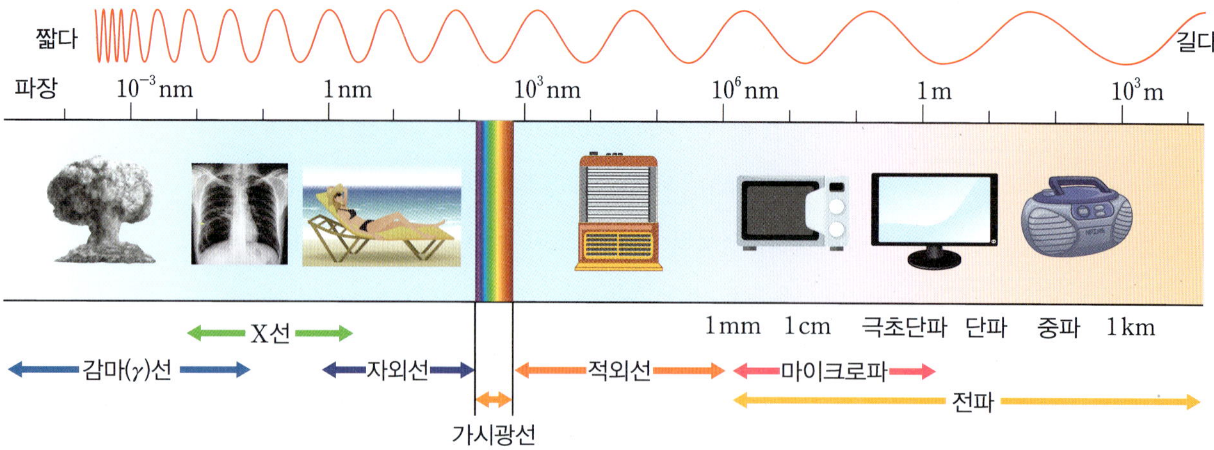

그림 3.13

파장에 따른 전자기파의 구분. 라디오파 영역은 파장 대신 주파수(Hz)로 표시하기도 하는데, 100 MHz이면 파장은 3 m이다. 즉 주파수는 빛의 속도인 30만 km를 파장으로 나눈 값이다.

자외선(UV)과 가시광선(Vis)은 전자의 들뜸을 유발하는데 다시 낮은 에너지 상태로 돌아올 때 빛을 내기도 한다. 적외선(IR)은 화합물의 진동 에너지에 해당되는데, 원자 간 결합의 신축과 굽힘에 작용한다. 마이크로파(microwave)는 화합물의 회전 운동 에너지와 잘 맞아서 격렬한 운동력을 갖게 한다. 라디오파는 화합물이 강한 자석에 놓였을 때 핵의 스핀 에너지 변화에 해당되어 NMR이나 MRI 장치에 이용된다. 이와 같이 파장에 따라 화합물이 나타내는 반응이 다른데, 화학자들은 이를 이용하여 화합물의 구조와 성질을 파악하기도 한다.

전자레인지에서 사용되는 전자기파의 종류는 무엇일까? 파장에 따라 전자기파가 화합물과 만났을 때 화합물이 나타내는 다양한 반응으로부터 눈치를 챘을 것이다. 사실 전자레인지를 영어로 microwave oven이라고 하지 않던가. 사용되는 전자기파의 이름이 그대로 기기의 이름이 되었다. 주로 산업용으로는 915 MHz 부근, 가정용으로는 2.45 GHz 부근의 마이크로파 파장대가 이용된다. 전자레인지의 스위치를 켜면 마그네트론이 바로 이 마이크로파를 만들어 내는데, 이 전자기파를 물 분자에 쪼여 주면 물 분자는 마이크로파의 에너지를 흡수하여 격렬하게 회전 운동을 하면서 온도가 올라간다. 즉 강한 운동 에너지가 서로 부딪히면서 열에너지로 바뀌는 것이다. 전자레인지에 식품을 넣었을 때도 식품 속의 물과 작은 분자들이 마찬가지 방법으로 열을 내게 된다. 많은 사람들이 전자레인지의 인체에 대한 위험성을 걱정하는데, 문이 잘 닫혀 있는 상태에서 마이크로파가 외부로 나와 인체에 닿을 확률은 희박하기 때문에 크게 걱정할 일은 아니다. 다만 전자레인지에 넣지 말아야 할 물건이 들어가서 화재가 나는 경우가 있다. 특히 은박지와 금속 식기류는 마이크로파를 반사하기 때문에 가열되지 않을 뿐더러 끝이 날카로운 금속에서는 마이크로파가 집중되어 스파크까지 일어날 수 있으므로 주의해야 한다.

4

독성 물질

화살 독 개구리와 독을 품은 새

움베르토 에코의 원작 소설 못지않게 영화로도 고전이 된 "장미의 이름"에서는 중세의 이탈리아 수도원에서 일어난 살인사건을 파헤치는 과정에서 다양한 인간의 모습을 조명하고 있다. 여기에서 사용된 살인 방법은? "장미의 이름"에서 살인 방법은 책장에 독극물을 묻히는 것이었다. 수도승들이 책장을 넘길 때 손에 침을 바르는 습관을 이용한 것이다.

영화 '장미의 이름'

자연계에서는 인간 세상에서 금지된 생화학전이 치열하게 벌어지고 있다. 동식물을 망라하고 자신의 생존과 종족 보존을 위하여 많은 경우 독성 물질을 사용하고 있다. 따라서 합성 물질은 무조건 유해하며 유기농 천연 식품은 독성 물질이 없을 것이라는 생각을 갖고 있다면 크게 잘못된 것이다. 우리는 어쩔 수 없이 일상생활 속에서 자연으로부터 소량의 독성 물질을 섭취하지 않을 수 없게 되어 있다. 단지 인간도 자신의 생존을 위하여 이러한 독성 물질을 해독하는 기능을 갖고 있기 때문에 적당한 범위 내에서 문제가 되지 않을 뿐이다. 우리 몸속의 간이 바로 이러한 외부로부터 들어오는 독성 물질의 해독을 담당하고 있다. 이 장에서는 독성 물질의 정체와 그 작용 메커니즘에 대해 살펴본다.

4.1 독성 물질의 분류

치사량 50%(Lethal Dosage 50%, LD_{50})

독성 물질은 인체 내에서 일어나는 복잡하고 유기적인 화학 반응계를 교란시킨다. 독성 증세는 맹독성의 경우 극히 적은 양의 독성 물질만으로도 나타날 수 있고, 독성이 약한 물질임에도 다량 섭취함으로써 나타날 수도 있다. 독성 물질은 보통 소량 섭취로도 인체를 위험하게 만드는 물질로 규정한다. 그러나 우리가 아는 바와 같이

그림 4.1
전갈 중에서도 맹독성인 *Leiurus quinquestriatus*. 아프리카의 사막에서 주로 발견되는데, LD_{50}는 0.16~0.50 mg/kg. 오른쪽은 전갈 *Parabuthus transvaalicus*의 침 끝에 독이 매달려 있는 모습인데, 왼쪽의 투명한 액체에는 포타슘염 독이 들어 있고 오른쪽의 우유 빛 액체에는 펩타이드 독이 들어 있다. 신경계 펩타이드 독은 한 번 사용하면 다시 몸속에 이를 축적하는데 길게는 수주일이 걸리기 때문에 첫 번째 공격에서는 포타슘염 독을 주로 사용한다. 포타슘염 독의 경우 치명적이지는 않지만 고통은 더 심해서 작은 먹이를 기절시키기에는 충분하다. (출처: 위키피디아)

해가 없는 물질이라도, 예를 들면 사탕을 과다 섭취하였을 때도 병이 날 수 있다. 다행히도 인체는 대부분의 경우 '낯선' 화학 물질을 인식하는 능력과 제거하는 능력을 적당히 가지고 있다.

독성 물질의 치사량은 쥐와 같은 실험동물을 통해서 측정한다. 치사량은 실험 통제 하에 있는 동물들 중 50%가 죽음에 이르는 양을 LD_{50}로 표시하고 몸무게 kg당 독성 물질을 mg으로 나타낸다. 그러므로 쥐의 큰 모집단에 의한 자료의 통계분석에서 kg당 1 mg를 처리하였을 때 실험집단의 50%가 죽었다면 이 독성 물질의 LD_{50}은 1이 된다. 예를 들면 사이안화 이온(CN^-)은 일반적으로 체중 1 kg당 1 mg를 섭취 생명에 치명적이다. 즉 60 kg의 몸무게를 가진 사람은 사이안화물 약 0.06 g이 치사량이다. 비교적 독성이 적은 물질에 대해 치사량 예를 들면 다음과 같다. 몰핀 1~50 mg/kg, 아스피린 50~500 mg/kg, 메탄올 500~5,000 mg/kg, 에탄올 500~15,000

표 4-1 LD_{50}과 성인에 대한 치사량의 대략적인 비교

동물에 대한 LD_{50}(mg/kg)	성인에 대한 복용 치사량
5 이하	몇 방울
5~50	1티스푼
50~500	1~2티스푼
500~5,000	28~450 g
5,000~15,000	450~900 g

mg/kg이다.

독성 물질의 종류는 신체 내의 생체 기능을 방해하는 방법에 따라 분류한다. 즉 신체 조직을 부식시키는 부식성 독성 물질, 대사 과정에 지장을 초래하는 대사성 독성 물질, 신경 전달 과정에 장애를 유발하는 신경계 독성 물질 등이다. 또한 독성 물질은 염색체나 뇌와 같은 특정 부위에 시간을 갖고 작용함으로써 기형, 돌연변이, 암을 유발하기도 하고 때로는 환각을 일으키기도 한다.

부식성 독성 물질

조직을 파괴하여 녹여내는 독성 물질을 부식성 독성 물질이라고 한다. 예를 들면 강산과 강염기는 부식성 독성 물질에 해당한다. 즉 자동차 배터리에 쓰이는 황산, 타일의 세척제로 쓰이는 염산은 대단히 위험한 부식성 독성 물질이며, 막힌 하수구를 뚫는데 사용하는 수산화 소듐 역시 부식성 독성 물질이다.

진한 황산과 같은 농축된 산은 일차적으로 세포 조직을 탈수시킨다. 탈수된 세포에서는 단백질의 펩타이드 결합이 산 촉매 가수 분해 반응으로 끊어지므로 세포가 죽게 된다. 제일 차 세계 대전 당시 독가스로 이용된 포스겐을 들이마시면 폐에서 가수 분해 반응이 일어나 염산을 생성하는데, 이 염산이 얇은 세포막에서 탈수 작용을 일으켜 폐에 물이 차는 폐수종을 일으킨다. 따라서 손상된 폐의 세포막은 산소를 혈액에 효과적으로 전달하지 못하므로 질식사하게 된다. 수산화 소듐(양잿물 성분)은 아주 강한 염기성 물질로서 강한 산과 마찬가지로 조직을 부식시킨다. 수산화 이온 또한 펩타이드 결합을 분해하는 촉매 역할을 한다. 어떤 독성 물질들

표 4-2 부식성 독성 물질

물질	독성 작용	용도 또는 발생원
염산	산촉매 가수 분해	타일과 콘크리트 바닥 세척제
황산	산촉매 가수 분해, 조직의 탈수 및 산화	자동차 배터리
포스겐	산촉매 가수 분해	염소를 포함하는 플라스틱(PVC)의 연소
수산화 소듐	염기촉매 가수 분해	하수구 세척제
인산 소듐	염기촉매 가수 분해	세제, 집안세척제
과붕산 소듐	염기촉매 가수 분해	세탁세제, 틀니 세척제
오존	산화제	대기, 전기모터
하이포아염소산 이온	산화제	표백제
옥살산	환원제, Ca^{2+} 침전	표백제, 잉크지우개, 시금치

은 산화 작용으로 조직을 파괴한다. 오존, 이산화 질소, 아이오딘 등은 산화제로 작용하여 효소의 작용기를 산화시킴으로써 효소를 파괴한다. 효소에 존재하는 싸이올(−SH) 등의 작용기는 쉽게 산화되어 비활성 작용기로 변하므로, 산화제는 이들 화학 결합을 변형시켜 효소를 비활성화시키는 것이다. 마찬가지로 환원제는 환원 작용으로 조직을 환원시켜 그 기능을 상실하게 한다.

대사성 독성 물질

대사성 독성 물질은 생체 내 화학 반응을 방해함으로써 생체 기능을 정지시키거나 효율을 떨어뜨림으로써 병이 나거나 죽게 만든다. 많은 경우 대사성 독성 물질의 작용은 서서히 진행되기 때문에 위험할 때까지 중독을 느끼지 못한다.

- **일산화 탄소**: 최연탄을 연료로 사용하던 시절에는 겨울철이 되면 많은 사람이 일산화 탄소에 의한 중독으로 목숨을 잃었다. 요즘은 예전보다 일산화 탄소에 의한 중독 사례가 줄어들었으나 배출원(자동차 등)은 오히려 다양해졌다. 따라서 일산화 탄소는 여전히 주의를 기울여야 할 첫 번째 독성 물질이다. 중독 과정은 이미 잘 알려진 바와 같이 산소보다도 일산화 탄소가 헤모글로빈과 더욱 강하게 결합하여 착물을 형성하는 것에 기인한다. 실험에 의하면 카르보헤모글로빈은 옥시헤모글로빈보다 140배 안정한 것으로 알려져 있다. 따라서 헤모글로빈은 일산화 탄소와 효과적으로 결합하므로 그 결과 운반된 산소의 양이 적어지고 결국 생명을 유지할 수 없게 된다. 따라서 밀폐된 공간에서의 연소는 위험하므로 환기를 자주 해야 한다.

$$O_2 + \text{헤모글로빈} \rightarrow \text{옥시헤모글로빈}$$
$$CO + \text{헤모글로빈} \rightarrow \text{카르보헤모글로빈}$$

- **사이안화물**: 청산가리(青酸加里, 사이안화 포타슘, KCN)로 알려진 독성 물질이다. 사이안화 포타슘이든 사이안화 소듐이든 물에 녹으면 사이안화 이온(CN^-)을 만드는데, 이 이온은 산과 쉽게 반응하여 휘발성인 사이안화 수소(HCN)를 형성한다. HCN은 비교적 낮은 온도(26 ℃)에서 끓기 때문에 상온보다 약간 높은 온도에서 기체로 변환된다. 사이안화 수소는 대부분의 생명체에 독성을 나타내므로 저장 용기 및 화물 창고의 살충용 증기로 이용되는데 곤충의 알 속까지 침투한다. 사이안화 수소는 버찌, 서양자두, 배, 사과, 살구 등의

씨에 포함되어 있는 아미그달린과 같은 화합물이 가수 분해되면서 생성될 수도 있다. 그러나 아직 사과 씨를 많이 섭취함으로써 인간에게 독성 작용을 일으켰다는 보고는 없다.

사이안화 이온은 아주 빠르게 작용하는 독성 물질의 하나이다. 치사량을 섭취하게 되면 수분 내에 목숨을 잃게 된다. 사이안화물은 사이토크롬과 같은 산화 효소의 작용을 방해한다. 산화 효소에는 보통 철 또는 구리와 같은 금속이 포함되어 있다. 사이토크롬 산화제의 철 원자는 Fe^{2+}가 Fe^{3+}로 산화될 때 전자를 O_2에 제공하여 O_2가 환원된다. 철은 그 과정에서 다른 단계로부터 전자를 다시 얻게 된다. 그런데 사이안화 이온이 산화 효소의 Fe^{2+} 이온과 안정한 사이안화 착물을 형성하면 Fe^{3+}로 산화되지 못하므로 효소로서 작용을 못하게 되는 것이다. 즉 사이안화 착물의 철 이온 속 전자들은 떨어져 나가지 못하고 고정되어 있으므로 산화되지 못하는 것이다. 따라서 세포가 충분한 산소를 공급받는다고 하더라도 생명을 유지하는 데 필요한 산소의 환원 과정이 중단되므로 세포는 죽게 된다.

• **중금속**: 중금속은 가장 흔한 대사성 독성 물질이다. 중금속 독성 물질에는 납(Pb), 수은(Hg)과 같이 아주 흔한 원소가 포함될 뿐만 아니라, 카드뮴(Cd), 크로뮴(Cr), 탈륨(Tl)과 같은 흔치 않은 원소도 해당된다. 비소(As)는 금속은 아니지만 살인적인 독성 물질로 간주되는데, 대부분의 음식물에 극소량으로 존재한다. 비소와 중금속은 생체 분자 중 싸이올(−SH) 기를 갖는 분자와 결합하여 이들 분자의 정상적인 생화학적 반응을 저해함으로써 일차적인 독성을 일으킨다. 예를 들어 글루탐산, 시스틴, 글라이신의 트라이펩타이드(tripeptide)인 글루타싸이온(glutathione, GSH)은 아래 식과 같이 자신은 디술피드(−S−S−)로 되면서 과산화 수소를 제거한다. 즉 과산화 수소가 헤모글로빈의 철을 산화시켜 비활성의 메트헤모글로빈으로 만들기 전에 과산화 수소를 없애는 역할을 하는 것

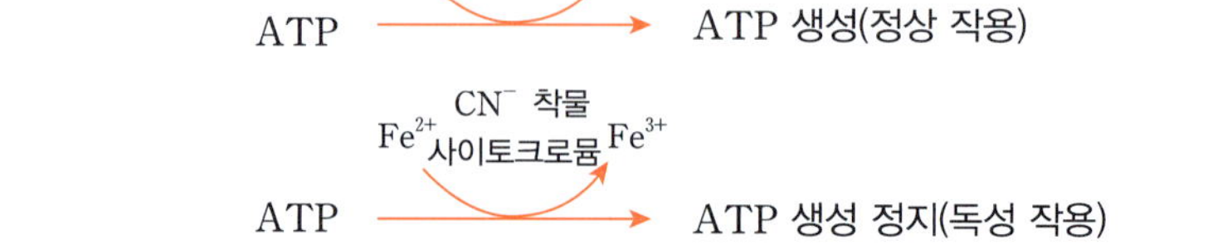

이다. 그런데 비소나 중금속이 존재하면 글루타싸이온의 싸이올기와 비소나 중금속이 반응하여 글루타싸이온–비소 또는 글루타싸이온–중금속 착물(GS-M-SG)을 형성하게 되고, 이것들은 과산화 수소를 제거하는 기능을 잃게 되므로 과산화 수소에 의한 독성에 그대로 노출되게 한다.

$$2GSH + H_2O_2 \rightarrow GS\text{-}SG + 2H_2O$$

$$2GSH + M(\text{비소 화합물 또는 중금속}) \rightarrow GS\text{-}M\text{-}SG(\text{비활성}) + 2H^+$$

비소 또는 중금속 중독의 해독제로서 일명 BAL(dimercaprol, $HOCH_2CH(SH)CH_2SH$)이 잘 알려져 있다. 제일 차 세계 대전 당시 비소를 함유하는 독가스 루이사이트(Lewisite)의 해독제로 이 물질이 사용되면서 '대영제국 루이사이트 해독제(British Anti-Lewisite, BAL)'라는 별명이 붙었다. BAL은 킬레이트제(그리스어로 Chela는 집게발의 뜻)로서 이 화합물의 이웃한 두 개의 싸이올기(–SH)가 금속을 강하게 잡아 가둘 수 있다. 즉 비소 또는 중금속 이온과 BAL의 결합력이 생체 효소와의 결합력보다 더 강해서 생체 효소로부터 비소나 중금속을 떼어 낼 수 있는 것이다. 이들을 떼어 내면 생체 효소는 정상적인 기능을 회복하게 된다. BAL은 현재도 중금속 독극물 중독 시 병원의 응급실에서 사용하는 표준 치료제이다.

수은은 어린이들이 이를 만지고 싶게 만드는 묘한 신비성을 가지고 있으므로 특별히 조심해야 한다. 수은은 염의 형태로 신체 내에 축적되므로 독성 효과가 점점 증가하게 되어 만성 독성을 나타내게 된다. 수은은 비록 다른 금속에 비해서 반응

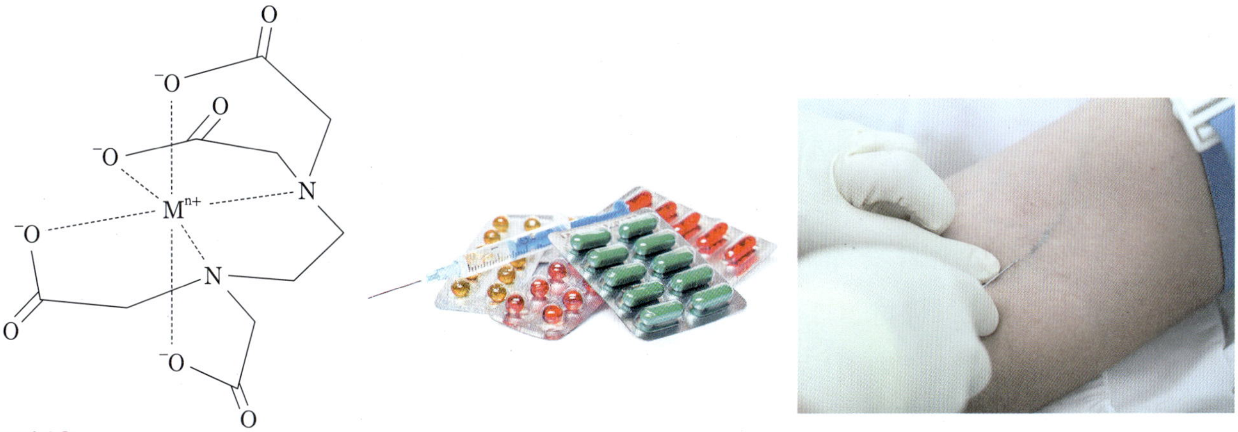

그림 4.2

킬레이션 요법(chelation therapy): EDTA를 정맥을 통해 주입하여 체내 축적된 중금속과 혈관에 붙어 있는 콜레스테롤 및 혈전덩어리를 소변을 통해 배출시키는 것이다.(출처: ©sfam_photo, funnyangel/Shutterstock)

그림 4.3
베토벤(Ludwig van Beethoven)의 머리카락 사진. 과학자들은 작곡가 베토벤의 머리카락으로부터 납 성분을 발견하고, 이를 근거로 베토벤이 만성적으로 앓았던 질병이 납 중독에 기인한 것이라고 판단하였다.(출처: atlasobscura)

성은 낮지만 휘발성이 크므로 피부를 통해서 쉽게 흡수된다. 신체 내에 있는 수은 원자들은 Hg_2^{2+}[수은(I) 이온] 또는 Hg^{2+} [수은(II) 이온]으로 산화된다. 이 두 수은 이온은 모두 독성이 있는 것으로 알려져 있다. 수은 중독은 수은을 가지고 작업하는 과정에서뿐만 아니라 미나마타병의 경우처럼 먹이 사슬에 의해 오염된 지역의 물고기 등을 통해서도 가능하다.

납은 음식물(100~300 μg/kg)에서도 흔히 발견되는데, 먹는 물(10 μg/L 이하)이나 공기(2.5 $\mu g/m^3$)에도 존재한다. 신체에 축적된 납은 세포 조직에 남아 있을 뿐만 아니라 뼈에도 축적된다. 뼈에 축적된 납은 뼈를 가늘어지게 하고, 세포 조직에 있는 납은 수은이나 비소와 마찬가지로 중금속 중독의 증세를 나타낸다. 수은이나 비소와 같이 납 또한 중추신경 계통에도 영향을 준다. 납염은 어느 것이나 독성이 있는데, 그 염의 용해도가 클수록 독성도 커진다. 그동안 가솔린의 첨가제로 사용된 사에틸 납($Pb(C_2H_5)_4$)은 다른 금속 화합물과는 다르게 피부를 통해서도 쉽게 흡수된다. 이전에는 납 성분이 들어 있는 페인트와 그림물감을 오랫동안 사용해 온 어린이들이 매년 납중독으로 인해 병을 얻는 경우도 수만 건에 이르렀었다. 또한 악성(樂聖) 베토벤은 만성적인 질병으로 고생하였다고 알려졌는데, 그의 머리카락으로부터 납 성분이 발견되었다는 발표가 있었다. 독성 물질 연구자들은 인간의 몸으로부터 효과적으로 납을 제거하는 EDTA(에틸렌디아민 테트라아세트산)라고 불리는 킬레이트제 화합물을 찾아냈다. EDTA의 칼슘염 또는 소듐염이 납중독의 치료에 이용된다. 킬레이션 요법으로 부르는 이 방법에서 EDTA 염은 납 이온을 만나면 6개의 집게발로 단단히 납 이온을 잡아서 오줌으로 배설시킨다.

신경계 독성 물질

어떤 독성 물질은 신경전달계에 작용하는데, 스트리크닌(신경흥분제)과 쿠라레(남아메리카 인디언의 화살촉 독극물)가 이에 해당한다. 대부분 신경계 독성 물질의 작용 메커니즘이 확실하게 밝혀지지는 않았지만 주로 알려진 작용 메커니즘은 다음과 같다. 즉 신경계의 독성 물질은 두 신경 세포의 연결, 즉 시냅스(synapse) 부위에 작용한다는 것이다. 신경 전달 물질의 하나로 아세틸콜린이 있는데, 신경 전달 신호가 어떤 신경세포(neuron)의 끝부분에 도달하면 이것이 방출된다. 인접 신경세포의 수용체가 아세틸콜린을 받아들이면 이 세포를 활성화시켜 다음 신경세포에 신호를 전달하게 된다. 이때 아래 식에 나타낸 것처럼 아세틸콜린은 콜린에스터 가수 분해 효소(Acetylcholinesterase, AchE)에 의하여 아세트산과 콜린으로 분해되고, 역으로 아세틸화 효소는 이들 분해 생성물을 결합하여 아세틸콜린을 합성한다.

$$CH_3CO_2CH_2CH_2N^+(CH_3)_3\,OH^-\ \text{(아세틸콜린)} + H_2O$$

$$\text{콜린에스터 가수 분해 효소} \downarrow \uparrow \text{ 아세틸화 효소}$$

$$CH_3CO_2H\ \text{(아세트산)} + HOCH_2CH_2N^+(CH_3)_3\,OH^-\ \text{(콜린)}$$

신경계 독성 물질은 위의 신경 전달 과정을 차단함으로써 독성 작용을 나타낸다. 그 중 하나가 항콜린에스터 가수 분해 효소(anticholinesterase) 독성 물질인데 콜린에스터 가수 분해 효소를 비활성화함으로써 아세틸콜린이 분해되는 과정을 차단한다. 다른 하나는 아세틸콜린 경쟁 독성 물질인데 아세틸콜린이 수용체와 결합하지 못하도록 수용체 자리를 사전에 막아 버린다. 전자의 예로서 살충제로 이용되는 유기인산 화합물들이 있으며, 독버섯도 항콜린에스터 가수 분해 효소 독성 물질을 함유하고 있다. 후자의 예로는 아트로핀과 쿠라레 등이 있는데 이들은 신경말단의 수용체 부분을 점유한다. 독성 물질에 따라 중독에 의한 증상이 조금씩 다르지만 불규칙한 심장박동이 야기되어 경련 및 죽음을 가져오거나, 혈압의 상승 혹은 저하와 과

표 4-3 항콜린에스터 가수 분해 효소 독성 물질

이름	LD_{50} (mg/kg)	용도
사린(Sarin)	0.55	제이 차 세계 대전 때에 사용된 신경가스, 1995년 동경 지하철 독가스 사건
타분(Tabun)	3.7	제이 차 세계 대전 때에 사용된 신경가스
파라티온	20	살충제
말라티온	885	살충제

표 4-4 아세틸콜린 경쟁 독성 물질

이름	치사량(70 kg의 체중)	용도
아트로핀	0.1 kg	눈의 동공 확장제
쿠라레	20 mg	근육 이완제
니코틴	75 mg	담배, 살충제
카페인	13.4 g	커피, 홍차, 콜라
몰핀	100 mg	진통제
코카인	1 g	각성제

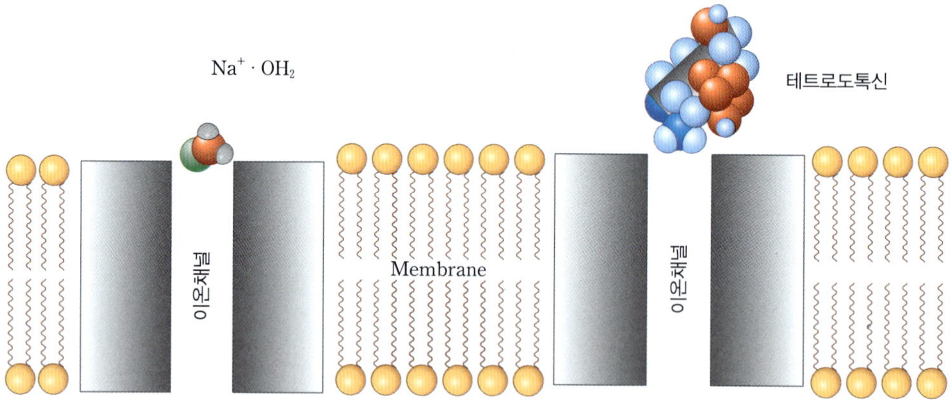

그림 4.4
이온 채널 차단 독성 물질: 세포막에는 단백질로 구성된 이온 채널이 존재하는데, 복어 독인 테트로도톡신은 Na^+ 이온 채널을 막아서 신경 전달을 차단한다.

다한 타액 분비의 원인이 될 수도 있다. 몇 가지 신경계 독성 물질을 표 4-3과 4-4에 나타냈는데 카페인이나 니코틴도 이에 해당된다. 한편 신경 전달 과정에서 신경세포에 이온들이 들락거리면서 농도 변화가 있게 되는데, 이를 위해서 세포막에는 단백질로 구성된 이온 채널이 존재한다. 따라서 신경 전달 과정을 차단하는 세 번째 방법은 세포의 이온 채널을 막아서 신경 전달을 차단하는 것인데 복어 독인 테트로도톡신이 그 예이다. 참고로 세포의 안과 밖으로 물 분자 및 이온이 드나드는 채널에 관한 연구로 로데릭 맥킨넌(Roderick MacKinnon)과 피터 아그리(Peter Agre)가 2003년 노벨 화학상을 받았다.

4.2 돌연변이, 기형, 암, 환각 유발 물질

돌연변이 원인 물질

돌연변이 원인 물질은 염색체에 작용하여 유전 인자를 변형시켜서 후손을 비정상적으로 되게 하는 화학 물질이다. 화학 물질이 부모의 인체 정보를 담고 있는 유전 인자인 DNA와 RNA를 변형시키면 돌연변이의 원인이 된다. 정상적인 인간의 세포에는 유전 인자의 집합체인 염색체가 23개 있다. 많은 화학 물질이 돌연변이 유발 가능성 때문에 규제 대상으로 분류되어 있지만, 어떤 화학 물질이 인간의 생식세포에 어떻게 작용하여 돌연변이의 원인이 되는가에 대해서는 대부분 밝혀져 있지 않다. 실험실에서 동물과 식물을 대상으로 연구한 결과 많은 돌연변이 원인 물질이 확인되었기 때문에, 비록 이들 물질이 인간에 대해 돌연변이를 유발한다는 증거가 없다고 하더라도 이들 물질에 대해서는 주의를 기울이지 않을 수 없다. 표 4-5에 돌연변이 원인 물질의 실험 결과를 나타냈다.

1953년 미국 컬럼비아 대학의 자멘호프 박사는 DNA에 아질산을 처리하는 실험을 수행하였다. 아질산을 DNA 염기인 아데닌, 구아닌, 사이토신 등과 반응시킨 결과 DNA 염기의 아미노기($-NH_2$)가 제거되고, 제거된 작용기는 수산기($-OH$)로 대치되었다. 이처럼 염기 구조가 변화되면 적절하지 않은 핵산 염기쌍을 형성할 가능성이 있다. 그런데 아질산 소듐은 과거 60여 년 동안 방부제, 색깔 증진제로 육류 및 어류 가공품 등에 널리 이용되어 왔다. 아질산 소듐은 인간의 위 속에 있는 염산에 의해 아질산으로 변화된다. 따라서 FDA는 하등 유기체에 나타난 아질산의 돌연변이 효과를 인정하여 식품에 아질산 소듐의 첨가를 엄격하게 줄일 것을 제시하였는데, 현재도 일부 식품에 대해서만 금지하고 있으며 대부분의 식품에 여전히 사용되고 있다. 또 다른 예로, 아데닌(A)의 전형적인 염기쌍은 타이민(T)이지만, 아데닌이

표 4-5 식물과 동물에 대한 실험 결과 밝혀진 돌연변이 원인 물질

물질	실험 결과
아플라톡신	박테리아, 바이러스, 균류, 인간의 세포 배양, 생쥐의 돌연변이
알파벤조피렌(담배와 석탄 연기)	생쥐의 돌연변이
카페인	박테리아, 균류, 양파뿌리끝, 과일파리, 인간의 조직배양에서 염색체 변화
LSD	집쥐, 생쥐, 햄스터, 인간과 원숭이의 흰피세포의 염색체 파괴
아질산(HNO_2)	박테리아, 바이러스, 균류의 돌연변이
오존(O_3)	넓은 잎을 가진 식물의 뿌리세포의 염색체 파괴

하이포크산틴에 의하여 변화되면 사이토신(C)과 염기쌍을 이룬다. 두 번째 복제에서 사이토신은 구아닌(G)과 염기쌍이 되므로 처음에 아데닌-타이민(A-T) 염기쌍이 존재하였던 것이 구아닌-사이토신(G-C) 염기쌍으로 바뀌어 버렸다. 그 결과 DNA의 유전 인자 정보가 변화하므로 애초에 예정되지 않은 다른 단백질이 만들어진다.

기형 유발 물질

사람들은 화학 물질이 기형을 유발할 수 있다는 사실에 대하여 두려워한다. 외부 요인에 의한 기형 발생은 기계적 압박, 방사능, 화학 물질 등이 원인인 것으로 알려졌다. 신생아의 장애 현상은 모든 신생아의 2~3% 정도에서 나타난다. 이러한 신생아 장애의 약 25%는 유전적 원인이고, 5~10%가 기형 발생 물질에 의한 결과이며, 나머지 60%는 그 원인이 알려져 있지 않다. 신생아의 성장에서 태아가 위험스럽게 되는 기간은 주로 임신하여 자궁벽에 착상하게 되는 약 17일 동안과 18~55일 사이의 유기체 발생 기간이다. 1961년도의 탈리도마이드 사건이 대표적인 기형 발생의 예이다(10장 의약품 참고). 표 4-6에 몇 가지 기형 발생 물질을 요약하였다.

표 4-6 기형 유발 물질

물질	대상	태아에 미치는 영향
비소	생쥐, 큰쥐	시각장애
카드뮴	생쥐, 집쥐, 인간	유산, 이타이이타이병(일본)
납	인간, 집쥐, 닭	체중 부족아 출산, 뇌손상, 사산
리튬	영장류	심장 장애
수은	인간, 생쥐, 집쥐	미나마타병(일본), 태아의 죽음, 언청이, 뇌 손상
아연	큰쥐	유산
DES(다이에틸스틸베스트랄)	인간	자궁 이상
카페인(하루에 15컵)	집쥐	골격 장애, 성장 장애
PCB(폴리염소화비페닐)	인간	성장 장애, 사산

발암 물질

발암 물질은 암의 원인이 되는 화학 물질이다. 암은 적어도 세 가지 점에서 정상적인 유기체의 성장 행태와 다르다. 암세포는 정상적인 세포보다 빨리 분열되거나 또는 느리게 분열된다. 암세포는 끝없이 다른 세포 조직에 번진다. 암세포는 자신이 속한 생체 기관이 아닌 엉뚱한 곳에서도 발견된다. 즉 간의 암세포가 폐에서도 발

표 4-7 인간에 대한 발암 물질 예

화합물	용도 또는 출처	작용 부위
비소 및 비소화합물	살충제, 합금	피부, 폐, 간
석면	브레이크 라이닝, 절연체	호흡 기관
카드뮴	금속도금	콩팥, 폐
아플라톡신 B_1	곰팡이, 땅콩	간
α-벤조피렌	담배 혹은 다른 연기	피부, 폐
그을음, 타르	굴뚝매연, 타르	피부, 폐, 방광
염화바이닐	PVC 원료	간, 뇌, 폐, 림프선계

견된다. 암세포가 기능장애를 나타내는 것은 말할 것도 없다. 영국에서는 1775년에 일반인에 비해 굴뚝 청소부들의 피부암 발병률이 높다는 보고가 있었다. 1933년에야 α-벤조피렌($C_{20}H_{12}$, 5개의 고리를 갖는 방향족 탄화 수소)이 석탄 가루에서 분리되었고, 이 물질이 신체에서 대사되면서 한 개 혹은 그 이상의 발암 물질을 만들어낸다는 사실이 알려졌다. 1895년 독일의 물리학자 렌(Rehn)은 염료 중간체를 제조하는 공장노동자에게서 방광암이 발병하자 이 암의 원인이 그 노동자들의 직업에서 기인한 것으로 생각하였다. 렌은 40년 동안 연구한 결과, 1937년에 염료의 중간체인 2-나프틸아민이 방광암을 유발한다는 사실을 발표하였다. 이와 같은 방대한 연구에 의해서 다양한 화학 물질에 대한 발암 작용이 규명된 것이다. 이러한 몇 가지 화합물을 표 4-7에 나타냈다.

화학 물질과 암과의 관계에서 일반화된 규칙성은 거의 없다. 생체 내에 들어온 화학 물질은 매우 많은 요인이 순차적으로 또는 동시에 관여하면서 대사 과정을 거치므로, 어느 단계의 어떤 대사 중간체가 어떻게 작용하여 암세포를 유발하는지 파악하기란 어려운 일이다. 따라서 섭취 단계에서의 화합물 구조를 보고 발암성을 예측하는 것은 어렵다. 앞에서 언급한 2-나프틸아민은 발암성 물질이지만, 1-나프틸아민은 음성의 결과를 나타낸다.

환각제

환각제는 지각, 사고, 감정을 일시적으로 변화시키는 물질이다. 환각제로서 잘 알려진 몇 가지 화합물들을 표 4-8에 제시하였다. 이런 물질은 정신 착란을 일으키고, 기행을 유발하며, 시각의 색깔 분별 능력을 교란시키고, 흥분 상태를 유발한다. 메스칼린은 가장 오래전부터 알려진 환각제 중의 하나로, 1896년 해프터에 의하여 선

표 4-8 일반적으로 알려진 환각제

화합물	활성 성분	특기 사항
LSD	D-리세트그산 다이에틸아미드	매우 강력한 환각제
메스칼린	3,4,5-트리메톡시페네틸아민	중남미산 선인장에서 추출
마리화나	3,4-트랜스-테트라하이드로카바비놀	마리화나 나무의 잎
펜시클리딘	펜시클리딘	수의과에서 쓰이는 강력한 진통제
메타콸론	메타콸론	최면제

인장 종류의 식물에서 분리되었다. 16세기에 이 환각 물질이 든 선인장을 먹거나 수액을 마신 멕시코 인디언들이 도취되어 2일 혹은 3일 동안 '무서운 혹은 우스꽝스러운 모습을 보이다가 그 증세가 없어지는 것을 보았다.'라고 하는 경험담이 스페인 탐험가들에 의해서 전해졌다. 마리화나는 거의 5,000년 동안이나 알려진 천연 의약품이다. 중국의 초기 역사를 보면 마리화나는 의약품으로 이용되어 왔고, 미국에서도 처음에는 진통제와 물집에 대한 찜질약으로 이용되어 왔다. 마리화나는 현재 미국에서 의약품으로 이용되는 것을 일부 허용하고 있으며, 녹내장 치료를 위해서 실험적으로 이용되고 있다. 마리화나는 입 마름 증세의 원인이 되는 물질로 알려져 있다. 환각 현상을 일으키는 물질로는 LSD가 가장 강력한 환각제로 알려져 있다.

- LSD: LSD에 의해 야기되는 독성 효과에 대해서는 과학자들 간에 논란의 여지가 있다. 그러나 LSD가 위험스럽다는 증거는 충분하다. 50~200 μg의 LSD를

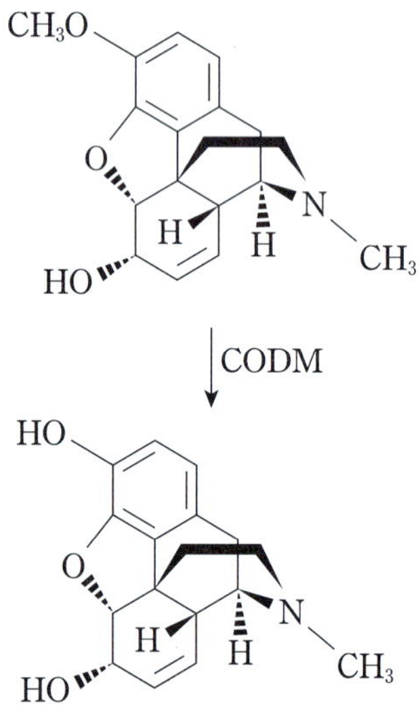

그림 4.5
코데인 생산 양귀비: 양귀비에서 CODM이라는 효소가 있어야 코데인을 모르핀으로 바꿔주는데, 바이러스를 이용하여 CODM 유전자의 발현을 억제함으로써 코데인을 65%까지 증가시킬 수 있었다.(출처: ©Nitr/Shutterstock)

복용하게 되면 약 8~16시간 동안 환각 상태에 놓이게 된다. LSD를 과다하게 복용하거나 장기간 복용하게 되면 마약 중독 현상과 영구적인 뇌손상의 원인이 될 수 있다. LSD가 어떻게 뇌에 작용하는가에 대해서는 일부 알려졌다. 세로토닌과 노르에피네피린은 앞에서 이미 설명한 바 있는 아세틸콜린처럼 신경 연결부를 통해서 신경의 한쪽 끝에서 다른쪽 끝으로 정보를 전달하는 작용을 한다. 울리(D. Wooley)는 LSD가 세로토닌의 작용을 방해한다는 사실을 발견하였다. 그리고 이것은 아래쪽 중간 뇌와 뇌 줄기에 감추어져 있거나 화학적으로 저장되어 있는 감정적 경험을 생각나게 하는 작용을 한다. 즉 세로토닌 또는 노르에피네피린은 저장된 경험이 의식 속으로 탈출하는 것을 억제하고 흥분 상태를 가라앉히는 역할을 하는데, LSD가 신경접합부에서 세로토닌 또는 노르에피네피린의 작용을 방해함으로써 환각 상태가 된다는 것이다. 이 발견으로 LSD가 상상 환각 상태가 일어나는 뇌의 의식 부위에 삽입된다고 하는 이전의 생각은 부정되었다.

4.3 독성 물질 관련 생활 속 이야기

복어독 테트로도톡신

2001년 초에 미국 하버드 대학의 요시토 기시(Yoshito Kishi) 교수가 미국화학회에서 수여하는 Ernest Guenther Award의 수상자로 선정되었다는 기사를 C&EN 잡지를 통해 보았을 때(*C&EN*, 79(5), 42, 2001), 필자의 머릿속에 복어독 테트로도톡신이 떠올랐다. 필자는 오래전에 일본 나고야 대학의 고토 토시오(Toshio Goto) 교수가 쓴 "천연물화학"이라는 책을 번역한 적이 있다. 이 책에서 복어독 테트로도톡신의 구조 결정과 전합성(간단한 출발 물질로 시작하여 천연물과 똑같은 구조의 화합물을 다양한 유기 반응을 통하여 만드는 것) 과정을 비교적 자세히 소개하고 있는데, 이 일을 지휘한 사람이 바로 고토 교수였고, 당시에 기시 박사는 고토 교수의 제자로서 이 일을 직접 수행한 장본인이었다.

고토 교수는 자신의 저서에서 테트로도톡신의 구조 결정에 대한 논문을 학술회의를 통하여 발표할 당시의 긴장된 상황을 이렇게 적었다. "1964년 4월, 동경에서 열린 제3회 IUPAC(국제 순수 및 응용화학 연합회) 천연물화학 회의에서 츠다 코지(Koji Tsuda), 고토 토시오(Toshio Goto), 로버트 우드워드(Robert Woodward)의 세 그룹

그림 4.6

복어독 테트로도톡신(tetrodotoxin)의 복잡하고 독특한 화학 구조와 복어의 모습(출처: ©Beautiful landscape/Shutterstock)

이 동시에 테트로도톡신의 구조 결정에 관한 발표를 하였다. 천연물의 구조 결정에서 정답은 하나밖에 없다. 이 점이 유기합성이나 물리화학과 크게 다른 점이다. 따라서 여러 사람이 동시에 같은 화합물의 구조를 발표하는 경우 승부는 명약관화하다. 3인의 결론은 다행히 거의 일치하였다." 테트로도톡신은 다른 어떠한 천연물보다도 구조가 복잡하고 특이하기 때문에 학자들이 학술적으로 흥미를 갖는 것 외에도, 우리가 즐겨 먹는 복어의 독이라는 점에서 시민들의 관심도 크다. 1909년에 복어독에 대하여 요시즈미 다하라(Yoshizumi Dahara)가 테트로도톡신이라는 이름을 붙인 이래 55년이 지나서야 비로소 그 실체가 밝혀진 것이다.

테트로도톡신의 구조가 밝혀지고 나서 8년 뒤인 1972년 고토 교수는 다시 한번 세상을 놀라게 하였다. 기시 부교수의 주도로 나고야 대학에서 테트로도톡신의 전합

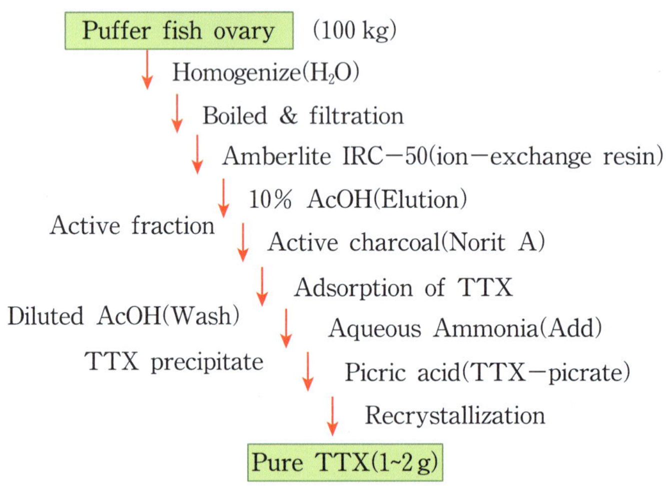

그림 4.7

순수한 복어 독의 분리 과정 예. 100 kg의 복어 알로부터 여러 단계의 분리 과정을 거쳐서 1~2 g의 순수한 복어 독 테트로도톡신을 얻었다. 특이하게도 끓여준다든지, 암모니아 수용액과 함께 결정화한다든지, 흡착을 많이 사용한다든지 하는 과정이 있다.

성에 성공한 것이다. 즉 복어독 테트로도톡신을 실험실에서 만들어 낸 것이다. 한편 기시 부교수는 일본의 피라미드 구조의 교수 직제상 정교수가 될 날이 언제일지 모를 때, 하버드 대학에서 그의 실력을 인정하여 교수로 모셔갔다.

미국에서 기시 교수는 눈부신 업적을 쌓았다. 다른 연구자들이 감히 엄두도 내지 못할 복잡한 구조의 화합물들을 척척 합성해 냈다. 대표적으로 신경계 독성 물질인 팔리톡신(palytoxin)과 삭시톡신(saxitoxin), 항생제 모넨신(monensin)과 칼시마이신(calcimycin), 소염제 할리콘드린(halichondrins)과 미토마이신(mitomycins) 등이 있다. 특히 팔리톡신은 탄소수가 129개나 되고 그 중에 비대칭 탄소수가 64개인 매우 복잡한 화합물로서 이론적으로 10^{21}개의 이성질체가 가능한 화합물이다. 이러한 공로로 그는 수많은 상을 받았는데 2001년 Ernest Guenther Award를 추가하게 된 것이다. 한편, 2001년 가을에 필자는 고토 교수가 돌아가신 뒤 이 연구실을 물려받아 그 명성을 계속 빛내고 있는 마사히코 이소베(Masahiko Isobe) 교수를 본교에 초청한 적이 있다. 당시는 같은 나고야 대학의 노요리(R. Noyori) 교수가 노벨 화학상을 받은 뒤여서 축하와 함께 노요리 교수를 격려했던 기억이 있다.

고토 교수는 천연물화학 내용에서 틈틈이 전합성을 등산에 비유하였다. 즉 정상에 오르는 루트는 다양하여 비록 돌아가지만 비교적 쉬운 길이 있는가 하면, 험난한 길을 택해 짧게 길을 단축할 수도 있다. 인생도 마찬가지이다.

화살 독 개구리와 독을 품은 새

똑똑한 개구리 녀석들이 밝혀졌다. 똑똑한 개구리? 개미를 잡아먹어 배를 채우고, 이들 개미가 만들어 낸 독성 물질로 자신의 피부를 치장한다고 하니 똑똑하다는 소리를 들을 만하다. 아메리카 원주민들은 이 개구리 피부로부터 얻은 독을 화살촉에 발라 화살 독으로 이용하였다. 따라서 이 개구리를 화살 독(poison-dart) 개구리

Oophaga pumilio
(Dendrobates pumilio)

Brachymyrmex aphidicola

그림 4.8
딸기 개구리 *O. pumilio*는 피부를 무시무시한 독 pumiliotoxins으로 치장하고 있는데, 사실 이 독은 이 개구리가 좋아하는 불개미 *Brachymyrmex aphidicola*가 만든 것이다.(출처: 위키피디아)

그림 4.9
위의 왼쪽이 두건피토휘(Pitohui dichrous)라는 새, 아래 왼쪽이 이프리타 코왈디(Ifrita kowaldi)라는 새이고, 위의 오른쪽 화합물이 바트라코톡신 알칼로이드(batrachotoxin alkaloids) 계열의 독성 물질이다. 이 물질은 화살독 개구리에서 알려진 물질이었다.(출처: ⓒfeathercollector, Dirk Ercken/Shutterstock, 위키피디아)

라고도 한다. 그림 4.8의 딸기 개구리와 불개미 외에도 *Dendrobates pumilio*라는 개구리의 경우도 처음 생포되었을 때는 피부에 많은 독을 품고 있다고 한다. 그런데 이 개구리를 실험실에서 기르는 동안 독성 물질이 사라지고, 2세의 경우에는 독성이 나타나지 않는 것을 발견하였다. 따라서 독성 물질과 섭생이 관계가 있을 것으로 추정하고 연구를 계속한 결과, *Solenopsis azteca*라는 개미가 만들어 내는 알칼로이드 독성 물질이 개구리 피부의 독성 물질과 거의 일치하는 것을 확인하였다. 이 연구는 미국, 일본, 푸에르토리코의 과학자들이 공동으로 수행하였는데, 비록 직접적인 증거를 찾은 것은 아니지만, 한 종족이 자신의 방어를 다른 종족에게 의존하는 흥미로운 사례로 평가되고 있다.

또 다른 흥미로운 이야기는 알칼로이드 독성 물질인 바트라코톡신 계열의 독성 물질이 뉴기니아의 명금(鳴禽)인 두건피토휘로부터 발견된 이래, 또 다른 새 이프리타 코왈디에서도 발견되었다는 것이다(그림 4.9). 이로써 우리가 생각하였던 것보다 새들도 널리 화학 무기를 사용하는 것은 아닌지, 그리고 이 물질이 먹이 사슬과 관련이 있는지 등에 대해서 다시 관심이 높아졌다. 바로 이 물질이 화살 독 개구리에서 발견된 물질이기 때문이다(*Science*, 258, 799, **1992**).

신선 식품에도 독이 있다

많은 사람들이 천연에서 나는 것은 몸에 좋고, 합성 물질은 몸에 해롭다고 믿는다. 물론 합성 물질 중에는 독성을 나타내는 것들이 많기 때문에 주의가 필요하다. 하지만 여러 가지 검증 절차를 거쳐서 안전하다고 인정한 것에 대해서도 불신하는 것이 문제이다. 그렇다면 농약을 사용하지 않은 신선한 과일과 채소는 과연 독성 물질이 없는 것일까? 사실은 그렇지 않다. 자연계의 동식물 중에는 생존과 번식을 위해 독성 물질들을 만들어 보호 수단으로 삼는 것들이 많다. 특히 식물을 괴롭히는 것이 벌레이다 보니 식물도 나름대로 천연 살충제 성분을 만들어 자신을 보호한다. 요즘은 사람들이 유전 공학의 기술로 살충성 물질을 스스로 만드는 유전자변형생물(GMO)을 만들기도 한다. 표 4-9는 우리가 흔히 접하는 몇 가지 식품 재료의 독성 물질과 그 작용을 나타낸 것이다.

그렇다 보니 우리가 식품으로부터 잔류 농약 1 g을 먹었다면 놀랍게도 천연식품 속에 들어 있는 천연살충제를 수 kg 정도나 먹은 셈이라는 연구보고도 있다. 하지만 우리 몸에 들어오는 독성 물질이 주로 천연식품 속의 천연 화학 물질임을 아는 사람은 많지 않다. 동물실험 결과 간암을 유발한다는 것이 밝혀져 식품첨가제로 사용이 금지된 사프롤은 사사프라스 나무에서뿐만 아니라 코코아, 후춧가루 등에도 조금씩 들어 있다. 한때는 루트비어라는 청량음료를 제조할 때 사프롤을 향미제로 사용한 때도 있었으니 지금 생각하면 끔찍한 일이 아닐 수 없다.

사프롤 이외에도 겨자, 마늘, 서양고추냉이에 들어 있는 자극성 물질 알릴 아이소싸이오사이아네이트는 동물실험에서 악성종양을 유발한다는 것이 밝혀졌다. 시금치에 들어 있는 옥살산은 콩팥에 해롭고 날 버섯에 들어 있는 하이드라진 유도체들은 발암성을 띠며 당근과 샐러리에서 발견되는 미리스티신은 환각제이기도 하다. 따지다 보면 한도 끝도 없다. 그러나 우리는 보통 과일, 채소, 콩, 곡물들을 전혀 무해한

표 4-9 식품 재료 속의 독성 물질과 작용

독성 물질	식품 재료	독성 작용
사프롤	코코아, 후춧가루	간암 유발
아이소싸이오사이아네이트	겨자, 마늘, 서양고추냉이	악성 종양 유발
옥살산	시금치	콩팥 기능 저해
히드라진 유도체	날 버섯	발암성
미리스티신	당근, 샐러리	환각제
카페인	커피	알칼로이드 독성 물질

식품으로 간주한다. 사실 절제된 식생활을 하는 한 이들은 모두 안전하다고 말할 수 있다. 한 예로 커피 70잔을 한꺼번에 마셔야 카페인의 섭취량이 치사량에 도달하는 것처럼 이 독소들의 함량이 얼마나 낮은지 짐작할 수 있다. 한편, 커피는 25년 동안 '사람에게 암을 유발할 가능성이 있는 물질'로 분류되어 있었는데, 2016년에 세계보건기구(WHO) 산하 국제암연구소(IARC)에서 커피를 이 분류에서 제외하고 보다 낮은 분류인 '인체 발암물질로 미분류된 물질'에 포함시켰다.

그러면 우리 인체는 이들 독성 물질이 몸속으로 들어오면 이들과 어떻게 싸울까? 이 싸움은 바로 간이 맡아서 한다. 간은 독성 물질의 화학 구조를 바꾸어 무해한 화합물로 만든다. 한 가지 독소를 대량으로 투입하지 않는 한 간은 우리 몸을 보호하기 위해 여러 가지 전략을 구사한다. 열 가지 다른 독소를 소량씩 섭취하였다면 간은 즉시 열 가지 다른 효소 반응을 통해 쉽게 물질을 분해한다. 그러나 한 독소를 대량으로 섭취하면 그 독소를 제거해 줄 간의 효소 생산 능력을 초과하게 되므로 위험하다. 바로 이 때문에도 우리는 한두 가지 음식을 많이 먹기보다는 여러 가지 음식을 골고루 먹어야 한다.

적게 쓰면 약, 많이 쓰면 독

우리는 의약품의 경우 적정 복용량을 지켜야 한다는 것을 잘 알고 있다. 과다 복용할 경우 약으로서의 기능보다 부작용을 유발하여 독으로 변할 수 있기 때문이다. 심지어 적정량을 복용하는 경우에도 종종 어쩔 수 없는 부작용을 경험할 수도 있다. 암에 걸려 약물 치료를 받는 사람들을 보면 안타깝게도 항암 치료제의 부작용으로 머리가 빠진 것을 볼 수 있다. 거꾸로 독성 물질도 의약품이 될 수 있다. 독성을 일으키는 복용량보다 소량을 투입함으로써 치료 효과를 보는 것이다.

예를 들어 아세틸콜린과 경쟁하는 신경계 독성 물질로서 아트로핀이 있다. 이 아트로핀은 눈의 내부를 손쉽게 조사하기 위해서 눈의 동공을 확대시키는 데 이용한다. 또한 아트로핀의 염(아트로핀은 염기로서 산을 만나면 염(salt)을 형성함)을 피부에 바르면 피부 신경 말단의 감각을 둔화시켜서 통증을 없애 준다. 쿠라레라는 신경계 독성 물질은 오랫동안 근육 이완제로 사용되어 왔다. 많은 사람들이 아직도 담배를 즐기는데 사실 니코틴도 아트로핀이나 쿠라레처럼 아세틸콜린과 경쟁하는 신경계 독성 물질이다. 몰핀은 가장 효과적인 진통제로 알려져 있다. 몰핀은 외과수술, 골절, 화상 등에서 오는 급성 통증을 짧은 기간 동안 진통시키는 데 널리 이용됨은 물론, 암과 같은 질병의 마지막 단계에서 고통을 덜어 주는 데에도 이용된다. 마취성 의약품의 제조와 공급은 국가마다 법으로 엄격하게 통제되고 있으며, 이러한 의약품이 의학계에서 합법적으로 이루어질 수 있도록 그 이용도 법으로 관리하고 있다. 마취성 화합물 중에는 몇몇 의약품에 소량 함유되어 처방전 없이 판매되기도 하는데 감기약에 포함되는 코데인이 그렇다. 복어의 독 성분인 테트로도톡신 또한 전립선암을 예방하는 효과가 있다는 것이 알려졌다. 그동안 숙취 해소에 좋다는 말에 애주가들이 복어 요리집을 많이 찾았는데, 이제 복국을 즐길 이유가 하나 더 늘어난 셈이다.

5

물

흔하지만 신비로운 분자

영화 "마농의 샘"은 클로드 베리 감독이 1986년에 제작한 작품으로, 프랑스 남부 프로방스의 한 농가 마을을 배경으로 하고 있다. 이 마을의 우물을 둘러싸고 벌어지는 인간의 탐욕과 암투, 복수를 그린 영화로서 인간 내면의 사악함을 너무나 적나라하게 드러내서 강한 충격으로 오래 기억에 남아 있는 고전 영화이다.

영화 '마농의 샘'

물의 중요성을 누가 모르겠는가? 물에서 생명이 시작되었고, 생명 유지의 근본도 물이다. 또한 인류 문명도 강 유역에서 태동되었다. 물은 인류 문화를 지배해 온 기반이다. 과학자들이 물을 분석하기 이전부터 동서양의 철학자들은 천지의 본질을 논하면서 물을 우선으로 꼽았다. 현대인에게 있어서 물은 생명수일 뿐만 아니라 문화적 생활과 풍요로운 삶을 뒷받침하는 산업용수이기도 하다. 하지만 여기서 문제가 발생하기 시작하였다. 대량생산과 소비를 유도하는 산업 사회가 되면서 물이 대량으로 소비되고 폐수가 배출되면서 물이 오염되기 시작한 것이다. 이 경우 마실 물은 물론 산업용수로서도 위협을 받게 된다. 이 장에서는 가장 흔하면서도 가장 신비로운 분자인 물에 대하여 생각한다.

5.1 물의 구조와 성질

물의 구조

물은 지구 상에서 가장 풍부하게 존재하는 물질이면서도 그 성질이 매우 특이하다. 물은 자연계에서 물질의 세 가지 형태인 기체, 액체, 고체를 모두 가질 수 있는 유일한 물질이다. 물은 지구의 북극과 남극에서는 얼음으로, 바다나 강에서는 액체 상태로, 대기 중에는 기체 상태인 수증기로 존재한다. 물의 어는점과 끓는점은 그

그림 5.1
다양한 눈꽃 결정의 현미경 사진. 구름 주위의 온도와 습도가 결정의 성장에 영향을 주면서 다양한 형태가 생성된다.
(출처: ©Matt Ivanov/Shutterstock)

와 유사한 크기의 다른 분자들보다 비정상적으로 높다. 분자 간에 인력이 강한 물질일수록 그것들을 떼어놓는 데 더 많은 에너지가 필요한데, 물 분자 간에는 수소 결합(hydrogen bond)이라는 독특한 강한 힘이 작용한다. 수소 결합은 물 분자들 사이에만 존재하는 것이 아니라 단백질이나 DNA 분자의 입체적인 구조를 결정하는 데에도 중요한 역할을 한다.

물 분자의 뭉치 구조와 관련하여 육각수에 대한 필자의 경험 한 가지를 소개한다. 필자가 육각수라는 용어를 처음 들은 것은 1980년대 초였다. KAIST가 서울에 있던 시절, 전무식 교수의 강의를 통해서 물의 구조에 대하여 배웠다. 당시에 우리는 전무식 교수의 연구실을 '물방'으로 불렀었다. 지금은 작고하신 전무식 교수는 물에 관한 연구의 세계적 권위자였고, 학술용어인 육각수라는 말을 처음으로 사용하셨다. 이제는 이 말이 너무나 대중화되었는데, 여기에는 가수 육각수의 힘도 보태졌다고 생각한다.

잘 알다시피 물의 분자식은 H_2O이지만 이것이 나 홀로 존재하는 것은 고온의 기체 상태에서뿐이고 액체(물)나 고체(얼음)에서는 다른 H_2O 분자들과 어울려 있다. 이때 분자들끼리 어울리게 하는 힘은 앞에서 언급한 수소 결합이라는 것이다. 물속에서 물 분자들이 어울려 있는 모습은 정말 각양각색이다. 어울린 분자의 숫자도 4개, 5개, 6개 등등이고, 이들이 어울려 있는 모습도 5각형, 6각형, 텐트모양, 망치모양 등등이다. 심지어는 수백 개의 물 분자가 고분자(polywater)처럼 연결되어 있다고 주장하는 학자도 있다.

그렇다면 우리 몸에 가장 좋은 물 분자 뭉치는 어떤 모양일까? 실제로 많은 과학자들이 연구한 바에 의하면 암세포 주위에는 5각형 모양의 물 분자 뭉치(오각수)가

그림 5.2
육각수 이론의 창시자 전무식 교수의 생전 사진과 육각수와 오각수 그림이 새겨진 묘비 (출처: 한국과학기술한림원)

많고 정상세포의 주변에는 6각형 모양의 물 분자 뭉치(육각수)가 많다는 것이다. 그리고 이러한 육각수가 세포의 안과 밖을 드나들면서 각종 영양의 공급 및 노폐물을 제거하는데 가장 효과적인 구조이고, 사람이 늙어가면서 육각수의 존재 비율이 줄어든다는 것이다. 실제로 긍정적인 실험 결과도 있었던 것 같다. 필자의 친구가 전무식 교수 연구실에서 학위 과정에 있었는데, 위 방송이 나간 후 한동안은 실험을 할 수 없었다고 한다. 전국 각지에서 걸려오는 문의 전화 때문이었는데, 암으로 고생하시는 분들의 심정이 헤아려진다. 필자의 생각은 몸속에서 벌어지는 생화학적 현상이란 워낙 복합적이고 유기적이어서 그렇게 간단한 논리만으로 질병치료와 물을 연관시키는 것은 곤란할 것 같다. 다만 이런 견해는 생명체에게 물이 얼마나 소중한 존재인가를 다시금 생각하게 한다.

물의 구조에 관한 연구는 여전히 관심을 끄는데, 시애틀 워싱턴 대학의 제럴드 폴락(Gerald Pollack) 교수 강연도 화제이다. 폴락 교수는 실험적 증거를 통해 물이 얼음, 물, 기체 외에도 젤 형태, 액정 상태 등을 가지며, 전기적 중성 상태를 뛰어넘어

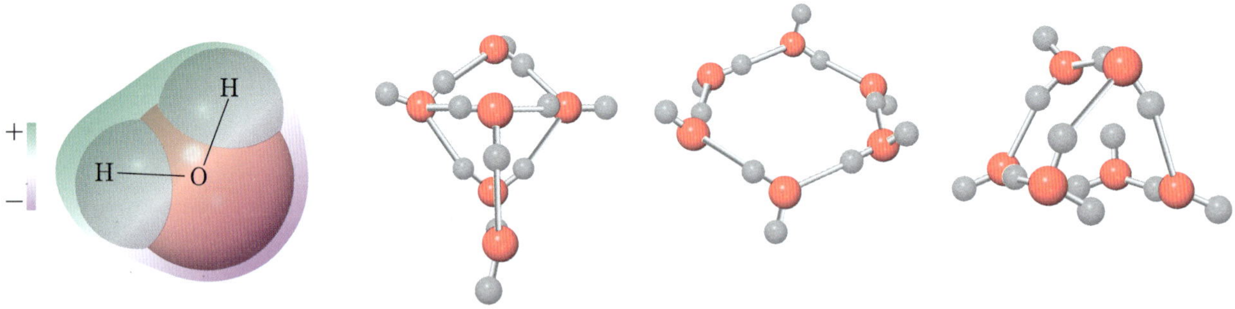

그림 5.3
물 분자의 극성(왼쪽): 산소가 음전하, 수소는 양전하를 띤다. 물 분자 뭉치 구조(오른쪽): 물은 액체 상태에서 다양한 물 분자 뭉치 형태를 취하는데, 고리형 5량체, 6량체, 8량체, 10량체 등 다양하다.

전하를 축적하기도 한다고 주장하였다.

물의 특이성

대부분의 물질은 온도를 높이면 부피가 증가하므로 밀도가 감소한다. 그런데 고체 상태의 얼음이 물에 뜨는 것은 물의 성질이 일반적인 다른 물질들과는 반대임을 암시한다. 즉 얼음의 밀도가 물보다 작다는 것을 뜻한다. 물도 100℃와 4℃ 사이에서는 다른 물질과 마찬가지로 온도가 낮아지면 그 밀도가 증가한다. 그러나 4℃와 0℃ 사이에서는 온도가 낮아지면 오히려 밀도가 감소한다. 만약 얼음이 호수나 강바닥에 가라앉으면 수중 생물들은 살 수 없게 될 것이다. 더구나 물 표면의 얼음은 마치 지붕의 덮개같이 작용하여 외부의 온도가 0℃보다 낮아지더라도 그 밑바닥 온도를 항상 영상으로 유지할 수 있게 해 준다.

물은 매우 큰 열용량(heat capacity)을 갖는다. 열용량이란 어떤 물질의 온도를 1℃ 높이는 데 필요한 열량이다. 따라서 어떤 물질이 큰 열용량을 갖는다는 것은 그 물질이 쉽게 데워지지도 않고 식지도 않는다는 것을 의미한다. 그만큼 많은 양의 열량을 담고 있기 때문에 아주 추운 겨울이나 더운 여름에도 물은 약간의 온도 변화로 많은 에너지를 공급하거나 저장하여 급격한 기온 변화를 막아 준다. 물이 존재하지 않는 다른 행성의 경우 낮과 밤의 기온 차이가 수백 도에 이르는 이유가 여기에 있다. 또한 물은 열 전달이 빠르다. 그래서 햇빛에 의하여 호수나 바다의 수면이 먼저 데워지기는 하지만 이 열이 전달되어 곧 수온이 전체적으로 크게 차이가 나지 않게 된다.

또한 물은 대부분의 액체 중에서 가장 큰 표면장력(surface tension)을 갖는다. 표면장력이란 액체의 표면을 단위 넓이만큼 증가시키는 데 필요한 일(에너지)로 정의되므로, 따라서 표면장력은 분자 간 인력의 척도가 된다. 모세관 내에서의 액체의 표면이 관을 따라 올라가거나 내려가는 것은 표면장력과 관련된 잘 알려진 현상이다. 물의 큰 표면장력으로 인하여 식물은 뿌리에서 흡수한 영양분을 식물의 줄기 속에 있는 길고 가는 모세관을 통하여 높은 가지의 줄기나 잎까지 쉽게 운반할 수 있다. 또한 고체 위에 넓은 물 분자 박막을 형성하거나 물방울도 만들어진다.

물은 다른 물질을 녹이는 성질, 즉 용매 작용에서도 특이하다. 물 분자 속에 있는 산소 원자는 전자를 끄는 힘이 강하다. 따라서 물 분자 내에서의 산소–수소 결합은 산소 쪽에 더 많은 전자가 분포되어, 산소는 음 극성을, 수소는 양 극성($H^{\delta+}$–

$O^{\delta-}$ − $H^{\delta+}$)을 띠게 된다(δ^+ 표시는 약간 + 전하를 띤다는 뜻이고, H−O−H는 앞의 육각수 그림이 보여 주듯이 굽어졌다). 막대자석이 서로 밀치거나 끌어당기는 원리와 마찬가지로 하나의 물 분자 내의 수소 원자는 다른 물 분자 내의 산소 원자와 강한 인력이 작용하게 된다. 이것이 이미 언급한 수소 결합이다. 고체를 액체에 녹이거나 액체와 액체를 서로 섞을 경우, 녹거나 섞이는 정도는 액체나 고체가 각각 극성인가 비극성인가가 중요하게 작용한다. '비슷한 것끼리 잘 녹이거나 섞인다(Like dissolves like.)'라는 일반적인 규칙이 있다. 즉 극성 물질은 극성인 것끼리, 비극성 물질은 비극성인 것끼리 잘 녹이거나 섞인다는 뜻이다. 따라서 극성인 금속염, 소금, 설탕, 알코올 등은 물과 잘 섞이거나 잘 녹지만 비극성인 기름, 벤젠, 톨루엔, 탄화수소와 플라스틱은 물에 녹지 않고 또 물과 섞이지도 않는다. 이 개념의 범위를 확장시키면 끼리끼리 좋아한다(Like likes like.)라는 재미있는 표현도 가능하다. 한편 물은 소리를 잘 전달한다. 이것은 수중에서 음파를 통한 탐지를 가능하게 하는데, 어부들이 물고기 떼의 위치를 파악하는 것도 음파 탐지기를 사용하기 때문이다. 이와 같이 물은 다양한 특성을 갖고 있어서 태초에 이 속에서 생명체를 잉태하고 길러내고 생활하게 하였다.

5.2 물의 종류와 성분

물의 성분

담수의 원천은 주로 바닷물로부터 증발된 구름이다. 모든 빗물에는 산소, 질소, 이산화 탄소 등이 용해된 상태로 포함되어 있다. 오염된 공기를 통해서 떨어진 비는 황산과 아황산, 일산화 탄소, 질소 산화물, 먼지, 꽃가루와 철, 납 같은 수많은 금속염 등을 불순물로 함유하고 있다. 비와 눈은 낮은 대기층에 있는 공해 물질을 제거한다. 빗물에는 이산화 탄소가 물에 녹아서 일부가 $H^+(aq)$와 $HCO_3^-(aq)$ 이온을 만들기 때문에 오염되지 않은 대기라고 해도 빗물은 약 5.6의 약산성 pH를 갖는다(괄호 안의 *aq*는 물속에 존재한다는 뜻이고, l은 액체, s는 고체, g는 기체 상태임을 나타낸다). 물속에서 이산화 탄소는 CO_2, H_2CO_3, HCO_3^-, CO_3^{2-}의 형태로 존재할 수 있는데, 실제로 물과 반응하거나 이온화된 형태는 많지 않고 대부분 CO_2의 형태로 녹아 있다.

$$CO_2(aq) + H_2O(l) \rightarrow H^+(aq) + HCO_3^-(aq)$$

표 5-1 해수, 담수 및 혈액에 있는 주요 이온의 상대적 농도 비교 (단위: mM/L)

이온	해수	담수(평균값)	혈액
$[Na^+]$	460	0.27	145
$[K^+]$	10	0.06	5.1
$[Ca^{2+}]$	10	0.38	2.5
$[Mg^{2+}]$	54	0.34	1.2
$[Cl^-]$	550	0.22	103
$[SO_4^{2-}]$	28	0.12	2.5
$[HCO_3^-]$	2.3	0.96	12
계	1114	2.35	271

담수는 대지와 접촉하여 여러 가지 음이온과 양이온을 함유하게 된다. 담수 속에 들어 있는 주요 이온의 상대적 평균 농도를 표 5-1에 나타냈다. 해수와 혈액의 상대적인 농도가 유사성을 보이는 것이 흥미롭다. 생명체의 시작이 바다에서 비롯된 것을 암시하는 것 같다.

센물과 단물

센물(hard water)은 주로 Ca^{2+}, Mg^{2+} 및 Fe^{2+}와 같은 2가 양이온과 탄산수소 이온(HCO_3^-)과 황산 이온(SO_4^{2-}) 등의 음이온을 함유하고 있다. 이들 이온들은 석회석($CaCO_3$)이나 백운석($MgCO_3$) 등이 산성 빗물과 만나면서 화학 반응에 의하여 빗물 속에 녹아 들어간다. 센물에는 비누가 잘 풀리지 않고 침전물이 생기는 것을 볼 수 있는데, 이것은 2가 이온이 비누 분자와 결합하여 물에 녹지 않는 찌꺼기를 만들기 때문이다.

$$Ca^{2+}(aq) \quad + \quad 2C_{17}H_{35}COO^-(aq) \quad \rightarrow \quad Ca(C_{17}H_{35}COO)_2(s)$$

2가 칼슘 이온	스테아르산 이온 (비누, 물에 녹음)	스테아르산 칼슘 (찌꺼기, 물에 불용)

센물은 포함하고 있는 음이온에 따라 일시적인 센물과 영구적인 센물로 분류된다. 일시적인 센물은 음이온으로서 HCO_3^-을 함유하고 있는 것이고, 영구적인 센물은 SO_4^{2-} 음이온을 함유하고 있는 것이다. 일시적인 센물은 가열하면 탄산 칼슘 또는 탄산 마그네슘이 다음의 반응에 의하여 침전되므로 2가 이온이 제거되어 단물(soft water)로 변한다.

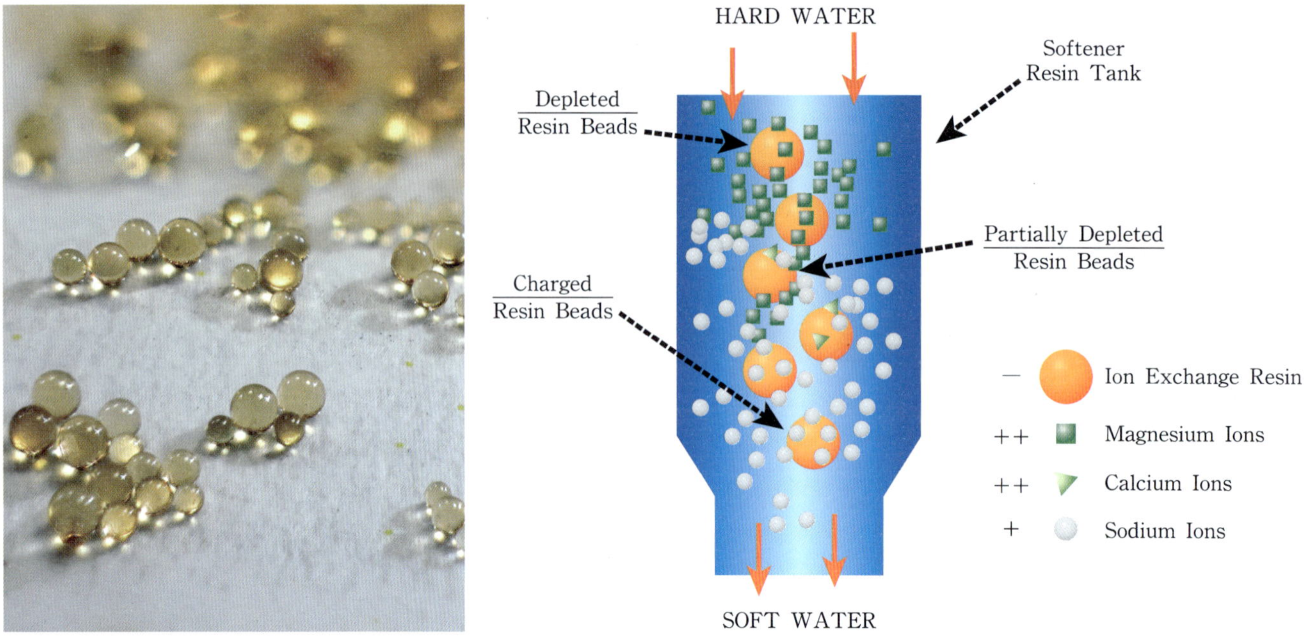

그림 5.4
이온교환수지 알갱이와 센물의 단물화 반응 모식도
(출처: ©Stig Helmer/Shutterstock)

$$M^{2+}(aq) + 2HCO3_3^{-}(aq) \rightarrow MCO_3(s) + H_2O(l) + CO_2(g)$$

여기서 M^{2+}는 2가 금속 이온을 나타낸다. 보일러, 온수관, 차 끓이는 주전자의 버캐라고 부르는 하얀 침전 부착물이 금속 탄산염이다. 이러한 침전물은 수도관을 막히게 할 수도 있고, 열부도체로 작용해서 물을 끓이는 비용을 증가시킨다. 버캐에 강한 산을 작용시키면 물에 녹는 금속염으로 바뀌므로 쉽게 제거된다.

영구 센물의 칼슘염 또는 마그네슘염인 황산 칼슘과 황산 마그네슘은 물에 잘 녹아서 가열해도 침전되지 않는다. 즉 이런 물은 가열에 의해서 단물화할 수 없다. 따라서 화학적인 방법으로 2가 양이온을 제거하는데, 이때 사용하는 것이 이온교환수지(ion exchange resin)이다. 이온교환수지는 가는 모래알 모양의 다공성 고분자 알갱이로, 이것의 작용은 물속의 이온과 이온교환수지의 이온을 바꿔치기하는 것이다. 교환되는 이온이 양이온이면 양이온 교환수지이고, 그 반대의 경우는 음이온 교환수지이다. 아래 화학식은 물속의 2가 양이온(M^{2+})을 수지에 미리 붙여 둔 Na^+ 이온으로 교환하여, 물속에는 Na^+ 이온이 들어가고 원래 물속에 있던 M^{2+} 이온은 수지에 달라붙는 과정이다. 이러한 양이온 교환 반응이 단물화 장치에서 일어나는 화학적 과정이다. 이와 같이 사용된 이온교환수지에 농축된 소금물을 가하면 역과정이 진행되어 Na^+가 결합된 형태로 다시 재생된다.

$$2R\text{-}COO^{-}Na^{+} \;+\; M^{2+}(aq) \;\rightarrow\; (2R\text{-}COO^{-})M^{2+} \;+\; 2Na^{+}(aq)$$

초기 양이온 교환수지 센물의 2가 이온 이온교환 후의 수지 2가 이온 대신 Na^+

물의 탈 이온화 즉, 이온이 없는 순수한 물을 만드는 과정은 다음의 연속적인 두 가지 이온교환반응에 의하여 일어난다.

양이온의 제거(양이온 교환 수지)는

$$R\text{-}COOH \;+\; Na^{+}(aq) \;\rightarrow\; R\text{-}COO^{-}Na^{+} \;+\; H^{+}(aq)$$

$$2R\text{-}COOH \;+\; Mg^{2+}(aq) \;\rightarrow\; (2R\text{-}COO^{-})Mg^{2+} \;+\; 2H^{+}(aq)$$

음이온의 제거(음이온 교환 수지)는

$$R\text{-}NR'_3{}^{+}OH^{-} \;+\; Cl^{-}(aq) \rightarrow R\text{-}NR'_3{}^{+}Cl^{-} \;+\; OH^{-}(aq)$$

$$2R\text{-}NR'_3{}^{+}OH^{-} \;+\; SO_4{}^{2-}(aq) \rightarrow (2R\text{-}NR'_3{}^{+})SO_4{}^{2-} \;+\; 2OH^{-}(aq)$$

위의 반응식에서 R은 고분자 이온 교환 수지이며

알짜 반응은 $H^{+}(aq) \;+\; OH^{-}(aq) \;\rightarrow\; H_2O(l)$,

즉 음이온 교환기에서 물속의 음이온 X^-와 교환되어 나온 OH^-는 양이온 교환기에서 떨어져 나온 H^+와 반응해서 물을 만든다.

정수기와 사이클로덱스트린

정수기는 사용하는 필터가 무엇이냐에 따라 물속의 어떤 성분까지 걸러지는지가 결정된다. 표 5-2에 정수기용 필터의 종류와 작용을 나타냈다.

물을 오염시키는 물질들이 다양한 만큼 물을 정제하는 방법도 다양하다. 즉 오염물이 병원균을 포함하는 미생물일 수도 있고, 중금속과 같은 금속이나 무기물일 수도 있고, 페놀 사건에서 보았듯이 독성 유기물일 수도 있다. 이에 따라 정제 방법도

표 5-2 정수기용 필터의 종류와 작용

종류	거름 물질 및 작용
전처리필터	미세 모래, 미생물(섬유나 세라믹 필터, 모래나 석회석 등의 다층여과)
역삼투막	중금속, 입자, 유기물, 이온의 약 98% 걸러짐(1 nm 정도의 작은 구멍이 뚫린 막, 다발형, 두루마리형)
한외(限外)여과막	약간 큰 입자(직경 10~100 nm 정도의 구멍이 뚫린 막, 이온 중금속과 유기물은 통과, 압력 모터 불필요)
흡착필터(활성탄)	잔류염소, 농약 등의 흡착(숯은 1g당 700~1,400 m^2의 표면적을 가짐)

다양해서 자외선, 오존, 촉매, 자석, 활성탄, 역삼투압법 등이 이용된다. 물의 정제법을 구분하자면, 미생물을 자외선을 포함하는 빛이나 약품으로 죽이고, 오염물을 흡착제에 들러붙게 하여 제거하거나, 미세한 구멍을 갖는 필터를 써서 물 분자보다 큰 오염물들을 걸러내는 방법 등이 있다. 가정에서 사용하는 정수기에도 표 5-2에 나타낸 것과 마찬가지의 원리가 적용된다.

물의 정제 방법 중에 흥미롭게도 사이클로덱스트린(CD, cyclodextrin)을 사용하려는 연구가 있어서 이를 소개한다. 사이클로덱스트린을 사용하여 나노다공성(nanoporous) 구조를 만든다는 것인데, 아마도 "사이클로덱스트린이 뭐지?"라고 생각하는 사람이 많을 것 같다. 하나씩 살펴보자. 고분자는 각종 플라스틱이나 고무, 섬유 등의 원료로서 분자량이 수만이 넘는 큰 분자이다. 다공성이란 이런 고분자로 된 재료에 구멍이 많이 뚫려 있다는 것인데 이 구멍 크기가 나노미터(nanometer, 10^{-9} m) 수준이란 말이 나노 다공성이다. 이렇게 미세한 구멍을 만들기 위해 사이클로덱스트린이란 분자를 사용하였다는 말이다. 그러면 사이클로덱스트린은 어떤 분자인지 그림 5.5를 보자.

사이클로덱스트린은 여러 개의 글루코스가 고리를 이루고 있는데, 글루코스의 개수에 따라 6개이면 α-사이클로덱스트린, 7개이면 β-사이클로덱스트린, 8개이면 γ-사이클로덱스트린이라고 한다. 구조의 특징은 도넛처럼 가운데 구멍이 뚫려 있는데, 이 분자는 바깥쪽 여러 개의 $-OH$기로 인하여 물에 녹는다. 하지만 구멍 부분은 물을 싫어하는 소수성(hydrophobic)이어서 비극성 물질(예: 물이 극성이라면 벤젠은 비극성이다)을 받아들일 수 있는 구조이다. 이런 구조적 특징과 더불어 먹어도 안전한 물질이다 보니 다양한 용도로 이용된다. 지용성 비타민이나 보조 효소 등을 가운데 구멍에 담아 식품이나 음료에 첨가하거나 물에 녹지 않는 물질을 포접(inclu-

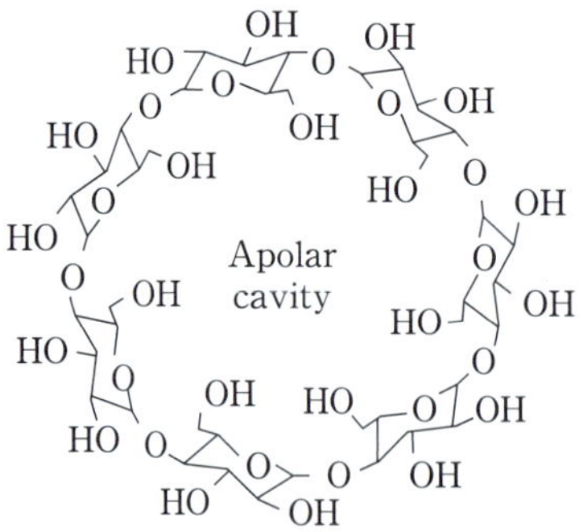

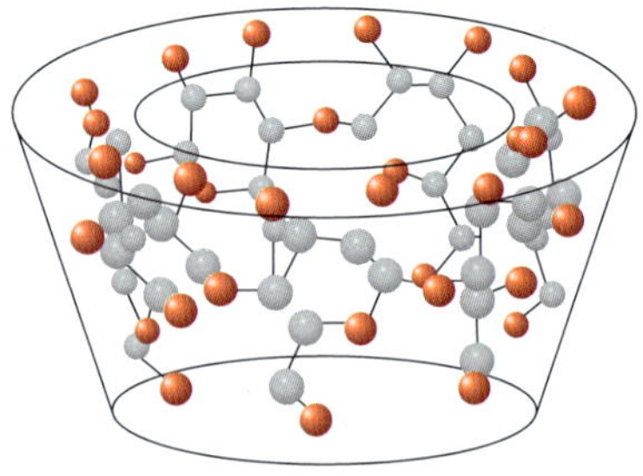

그림 5.5

β-사이클로덱스트린 구조. 7개의 글루코스가 고리를 이루고 있다. 흰색의 사이클로덱스트린 나노다공성 고분자에 4-나이트로페놀이 흡착되면 노란녹색이 되며, 4-나이트로싸이오페놀이 흡착되면 오렌지색이 된다.

sion)하여 분산시킬 수 있고, 이 외에도 고약한 냄새의 억제제, 의약품 전달 물질, 농업용 화학 물질의 열과 자외선으로부터 보호, 산화성 물질의 보호 등에 사용된다.

사이클로덱스트린 나노다공성 고분자를 정수에 이용할 때 장점은 유독성 유기물에 대한 흡착 능력이 뛰어나서 이들 유기물의 농도를 ppt(parts per trillion, ppm 단위의 $1/10^6$배에 해당하는 농도 단위) 단위까지도 낮출 수 있다는 것이다. 이 정도까지의 초순수는 특히 반도체 및 전자산업에서 필요하다.

특히나 트라이클로로에틸렌과 같은 유기 오염물 때문에 고심하는 기업에서는 관심을 가질 만하다. 사실 중금속이나 무기물의 경우에는 현재 사용되는 이온 교환 수지나 다공성 실리카, 제올라이트 등으로도 충분히 제거되지만 유기물의 제거에는 이 방법들이 효과적이지 않기 때문이다. 즉 비극성의 유기물 제거에는 비극성의 유기물을 써야 효과적이다. 현재 유기 오염물을 제거하는데 활성탄을 많이 사용한다. 알다시피 숯과 같은 활성탄은 매우 넓은 탄소 표면적을 제공하므로 이곳에 유기 오염물이 달라붙는 것인데, 이것은 공기 중의 수분을 빨아들이고 붙어 있던 유기물이 떨어져 나가는 탈착이 문제이다. 그래도 ppm 단위까지의 유기물 제거에는 문제가 없다. 또한 역삼투막을 사용하면 ppt 단위까지의 유기물 제거도 가능하다. 하지만 이 방법에서는 약간의 유기물 분자들이 구멍을 통하여 새어나간다는 단점이 있다. 물만 통과하는 반투막을 사이에 두고 한쪽은 오염된 물이 있고 다른 한쪽은 순수한 물이 있다면 물 분자는 어느 쪽으로 이동하겠는가? 순수한 물이 있는 쪽에서 오염된 물 쪽으로 이동하는데, 이것이 삼투압이다. 오염된 물을 정제하는 과정은 물의 흐름이 이와 반대이어야 한다. 따라서 자연적인 삼투법으로는 여과가 안 되므로 삼투압 이상의 압력을 외부로부터 오염된 물 쪽에 가해 주어서 자연적인 삼투압을 거슬러 물이 순수한 물 쪽으로 흐르도록 한 것이 역삼투법이다. 따라서 역삼투법을 사용하는 정수기는 압력을 가해 주기 위한 모터가 붙어 있게 되고 가격도 비싸다.

한편 사이클로덱스트린 폴리머를 에탄올로 씻으면 이 안에 흡착되어 있던 유기물들이 에탄올에 녹아나오기 때문에 재생하여 사용이 가능하다. 그런데 사이클로덱스트린 고분자의 가장 큰 단점은 가격이 비싸다는 점이다. 활성탄을 쓰는 것보다 적어도 두 배는 비싸다. 따라서 가정용 정수기에까지 적용하기 위해서는 사이클로덱스트린을 최대한 저렴하게 생산할 수 있느냐가 관건이다.

수질의 척도와 물의 부영양화

수질 오염의 정도를 측정하는 방법으로는 탁도, 부유물, 색도, pH, DO(용존 산소), COD(화학적 산소 요구량), BOD(생물화학적 산소 요구량), 질소 화합물, 대장균, 생물종의 변화 등이 사용된다. 이 중 몇 가지만 간단히 살펴본다. COD는 다이크로뮴산 포타슘($K_2Cr_2O_7$)이나 과망가니즈산 포타슘($KMnO_4$)을 사용하여 물속의 유기물과 무기물을 산화시킬 때 이들 산화제의 소비량을 측정하여 물속의 총 산화성 물질의 양을 측정하는 것이다. 따라서 COD가 크면 그만큼 산화되는 물질이 많이 녹아 있다는 뜻이므로 수질이 악화된 것을 의미한다. BOD는 수중의 유기물이 호기성 세균에 의해 분해되는 과정에서 요구되는 산소량을 말한다. 대부분의 수중 생물은 필요한 산소를 물속의 용존 산소(DO)로부터 얻는데, 용존 산소는 유기 물질의 분해가 일어날 때는 빠르게 감소한다. 이것은 유기 물질이 수중에 유입되면 호기성 세균의 증식이 촉진되고, 그 결과 산소 소비가 증가되기 때문이다. 그러므로 BOD가 높으면 유기물이 많은 것이며, BOD가 과도하게 높으면 용존 산소가 결핍되고 이어서 혐기성 세균이 활동하게 되면서 메테인, 암모니아 및 황화 수소 등이 발생되어 악취가 난다. 측정 방법은 일반적으로 20°C의 어두운 곳에서 5일간 물을 방치하였을 때 측정 전후에 DO가 얼마나 감소하였는지를 측정하여 ppm으로 나타낸다. 한편 셀룰로스의 경우 화학적으로는 쉽게 산화되어 COD가 높게 나오지만 생물학적으로는 분해가 느리므로 BOD는 낮게 나온다. 따라서 BOD와 COD는 보완적으로 사용된다.

요즘은 드물지만 도시의 우물물을 이용하는 경우 질소 화합물, 특히 질산염이 너무 많이 녹아 있는 것은 아닌지 주의해야 한다. 간혹 우물물에 분유를 타서 아이에게 먹인 경우, 아기의 몸이 푸른색으로 변하여 병원을 찾는 일이 발생한다. 이것은 질산염(nitrate, NO_3^-)이 체내에서 아질산염(nitrite, NO_2^-)으로 변하여 헤모글로빈의 철과 결합하기 때문에 발생한다. 이렇게 되면 헤모글로빈은 산

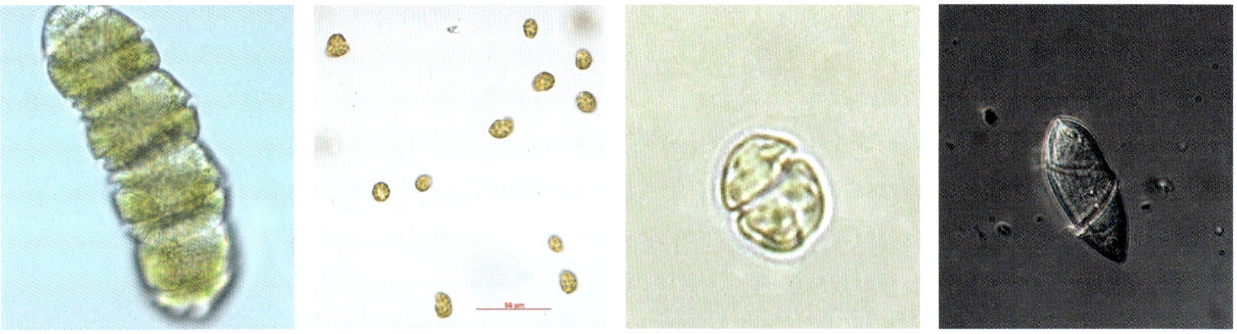

그림 5.6

우리나라에서 적조 피해를 일으키는 조류들. 왼쪽부터 *Coclodinium polykrikoides*, *Heterosigma akashiwo*, *Gymnodinium mikimotoi*, *Gyrodinium sp.*(출처: 위키피디아)

그림 5.7

낙동강 녹조 발생 사진과 녹조를 일으키는 대표적인 담수 남세균 속(*Genus*). 1. 마이크로시스티스(*Microsystis*), 2. 아파니조메논 플로스(*Aphanizomenon*), 3. 아나베나(*Anabaena*), 4. 오실라토리아(*Osillatoria*), 5. 포르미디움(*Phormidium*), 6. 노스톡(*Nostoc*) (출처: http://www.algalweb.net, ©SrjT, Choksawatdikorn, Elif Bayraktar/Shutterstock)

소를 원활히 운반하지 못하게 되어 무산소증을 일으키는데, 이런 증상을 청색증(blue-baby syndrome)이라고 한다.

동식물의 성장과 물질 대사에는 몇 가지 화학 영양분이 필요하다. 특히 중요한 영양분은 질소와 인으로서 질산염과 인산염으로 존재하는데, 자연수에 들어 있는 이들 염의 양은 생물이 균형 있게 성장하는데 충분하다. 호수에 유입되는 유기 물질이 분해되면서 영양분의 양이 증가하는데, 이것을 부영양화(eutrophication)라고 한다. 특히 인간 활동에 의해 부영양화의 속도가 빨라지는 것을 문화적 부영양화라고 하며 질소와 인이 함유된 유기 물질에 의한 수질 오염이 이에 해당된다. 농산물 증산을 위한 화학 비료, 특히 질소 비료와 인산 비료의 사용량 증가, 인산염이 함유된 합성 세제의 사용, 도시와 공장을 씻겨 내려가는 빗물, 하수구에 버려지는 음식 찌꺼기 등이 부영양화를 일으킨다. 부영양화는 담수의 녹조 현상과 해수의 적조 현상을 일으키는데, 이런 현상은 무산소 수역을 조성하고 독성 물질을 생성하여 어패류가 생존할 수 없게 되는 결과를 초래한다.

5.3 생활 속 물 관련 이야기

한국은 UN이 정한 물 부족 국가?

우리는 우리나라가 물 부족 국가일 것이라고는 생각하지 않는다. 수도 공급률이 높아서 집에서 물을 펑펑 쓰는데 지장이 없는 데다 여름철이면 장마와 태풍에 의한

표 5-3 UN이 정한 개인 물 사용량 국가별 분류

물 기근 국가군	지부티, 쿠웨이트, 몰타, 카타르, 바레인, 바베이도스, 싱가포르, 사우디아라비아, 아랍에미리트 연합, 요르단, 예멘, 이스라엘, 튀니지, 카포베르데, 케냐, 부룬디, 알제리, 르완다, 말라위, 소말리아
물 부족 국가군	리비아, 모로코, 이집트, 오만, 키프로스, 남아프리카, 한국, 폴란드
물 풍요 국가군	미국, 일본, 벨기에 외 120개국

물 기근(연간 1인당 이용 가능량 1,000 m^3 미만): 만성적인 물 부족을 경험하며 그 결과 경제 발전 및 국민 복지·보건이 저해. 물 부족(1,000~2,000 m^3): 주기적인 물 압박을 경험. 물 풍요(2,000 m^3 이상): 지역적 또는 특수한 물 문제만을 경험.

홍수 피해 뉴스도 종종 듣기 때문이다. 하지만 표 5-3에 나타낸 것처럼 우리나라는 물 기근 국가는 아니라고 해도 물 부족 국가군에 속한다. 한편 국제인구행동연구소(PAI, 2012)에서 발표하였다는 표 5-3의 분류에 대해서는 논란이 많았다. 일부에서는 우리 정부가 댐 건설이나 기타 개발 사업을 추진하려고 UN 기구도 아닌 사설 기관의 분석을 강조한다고 주장한다. 반면에 정부는 PAI의 발표를 UN이 인용하였기

그림 5.8

색이 바랜 1977년도 사진 한 장. 1925년에 비해 지표면이 9미터나 내려앉은 미국 캘리포니아 산 조아킨 밸리(San Joaquin Valley). 원인은 과다하게 지하수를 퍼냈기 때문인데, 현재는 지하수 고갈에 따른 재앙을 피하기 위해 많은 노력이 진행되고 있다. 사용한 물을 정수한 후 재사용하거나, 다시 지하로 돌려보내는 사업이 그것이다.

때문에 UN이 정한 것이나 마찬가지라는 입장이었다. 한편 UN은 '세계 물 보고서(2018)'에서도 한국의 물 스트레스 수준을 25~70%으로 보았으며 한국을 '물 스트레스 국가'로 분류하였다.

UN은 1992년 11월, 47차 UN 총회에서 유엔환경개발회의(UNCED)의 건의를 수용하여 매년 3월 22일을 '세계 물의 날'로 제정하였다. 또한 세계은행은 20세기가 석유 분쟁의 시대였다면 21세기는 물 전쟁의 시대가 될 것이라고 경고하였다. 유엔의 보고서에 의하면 현재 지구촌 인구의 절반 가량이 물 부족에 시달리고 있고, 물이 없거나 오염된 물 때문에 매일 5000명의 어린이가 숨져간다고 한다. 국가 간 물 분쟁이 곧 인류의 역사이기도 하지만 특히 중동 지역에서는 현재도 물 문제가 화약고나 다름없다. 이스라엘, 요르단, 레바논, 시리아는 모두 요르단 강에 목을 매고 있고 그만큼 물꼬 싸움이 심각하다. 근래 레바논이 요르단 강 지류인 하스바니 강의 물길 돌리기 공사를 시작한 것으로 알려지자 이스라엘은 곧장 침공 위협으로 맞섰다. 그야말로 생명수가 걸린 싸움이니 타협이나 양보를 기대하기 힘든 상황이다.

이번 장을 영화 "마농의 샘"의 소개로 시작한 것도, 이 영화가 물을 둘러싸고 인간의 삶이 얼마나 굴절될 수 있는지를 잘 보여 주고 있기 때문이다. 우리나라에서도 예전에 대부분의 국민이 농업에 종사하고 농업용수를 빗물에 의존하던 시절, 물꼬 싸움이 살인을 부르는 일이 가끔 뉴스를 타곤 하였다. 그뿐 아니라 물을 둘러싼 지역 간 갈등도 존재한다. 지난 일이지만 낙동강을 놓고 대구와 부산 지역 간 갈등이 심각한 적도 있었다. 대구에 건설되는 위천공단과 취수보의 설치 문제가 낙동강 수질에 미치는 영향을 놓고 두 지역이 대립한 것이다. 아마도 앞으로는 이런 종류의 갈등이 더욱 빈번해질 것으로 보인다. 우리나라의 물 사정이 점차 악화되고 있기 때문이다. 환경부의 '상수도통계 2019'에 의하면 우리의 1인당 하루 물 사용량은 395 L(2018년 기준)로 150 L(2017년 기준)를 쓰는 독일의 2.6배 수준이다. 반면에 톤당 수돗물값은 2019년 기준 서울의 경우 566원인데, 뉴욕은 3342원, 런던은 2319원이다. '물 쓰듯이 쓴다.'라는 표현이 마음을 편치 않게 한다.

바닷물의 담수화

물 부족 사태를 막기 위해 물 절약과 함께 대체 수자원 개발 사업이 진행 중이다. 대체 수자원 개발은 해수의 담수화, 인공강우(드라이아이스나 은 등의 구름 씨(cloud seed)를 사용), 중수도(허드렛물로 쓰기 위해 하수도 물을 정화한 중간 수질

증발법 : Low temperature multi-effect distillation(MED), Low temperature vapor compression(VC), Multii-stage flash distillation(MSF), Passive solar still,
분리법 : Reverse osmosis membrane(RO), Electrodialysis(ED),
동결법 : Freezing desalination

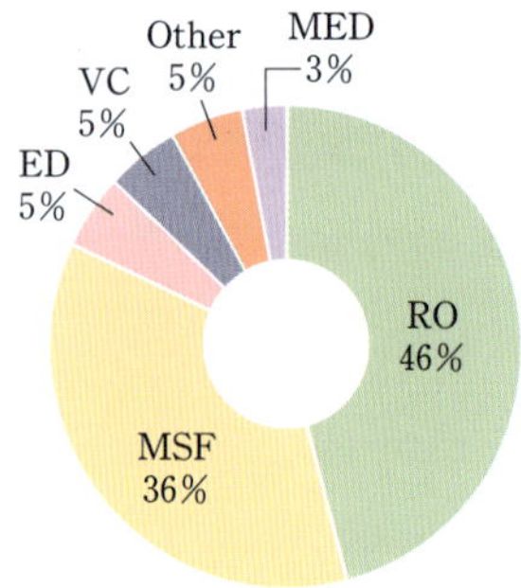

그림 5.9
담수화 방법과 세계의 담수화 방법에 따른 활용 비율

의 물) 등 3가지 방법으로 수행된다. 지표수의 30배가 넘는 지하수도 대안으로 거론되었으나 이용량이 급증하면서 수질 오염 · 지반 침하 등 부작용이 커지자 보전을 원칙으로 하면서 지표수에 대한 보조 수단으로만 활용하기로 방향을 선회하였다. 여기서는 담수화에 대해서 살펴본다.

누구나 가장 쉽게 생각할 수 있는 수자원의 확보 방안으로 지구 표면의 70%를 덮고 있는 바닷물을 떠올릴 것이다. 여러분도 잘 알다시피 중동 지역에서는 이미 오래 전부터 담수화 설비를 사용하고 있다. 세계적으로 100여 개국에 4,500개 담수화 공장이 가동 중이고, 매년 15% 이상씩 늘고 있다. 몇 년 전에는 창원의 한 회사에서 중동에 수출하는 세계 최대 규모의 담수화 설비를 배로 옮기는 작업이 토픽 뉴스에 보도되기도 하였다. 우리나라에도 전남 홍도, 경남 진해, 제주도 등 40여 곳에 담수화 시설이 있다. 바닷물의 담수화 방식으로는 물은 통과시키고 염분은 통과시키지

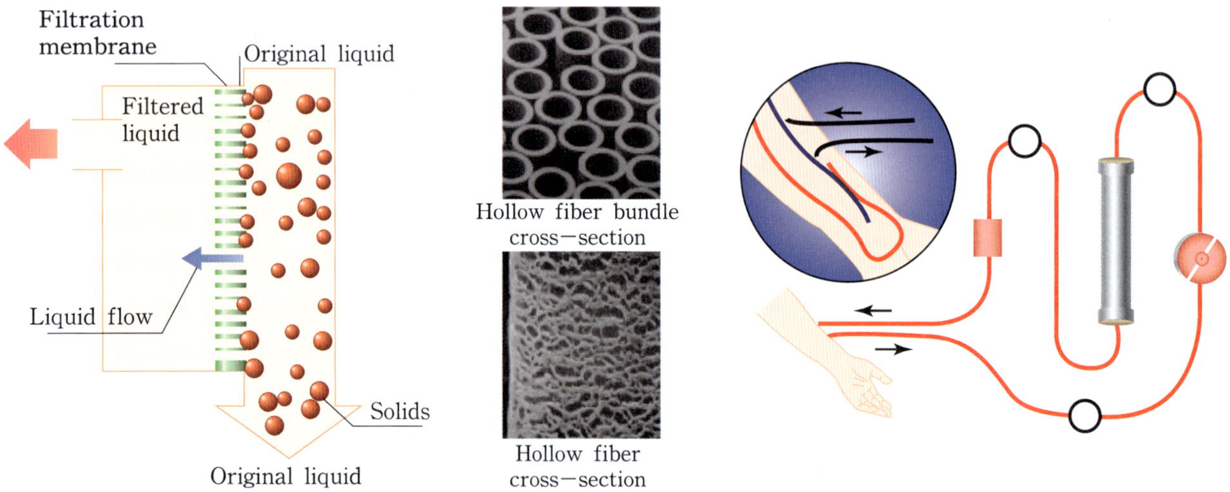

그림 5.10
왼쪽부터 중공사(Hollow fiber) 막에 의한 담수화법, 중공사 뭉치의 단면과 중공사 필터 막의 단면, 중공사를 이용한 혈액 투석법이다. 중공사의 직경은 용도에 따라 수십 μm에서 수백 μm까지 다양하다.(출처: 위키피디아)

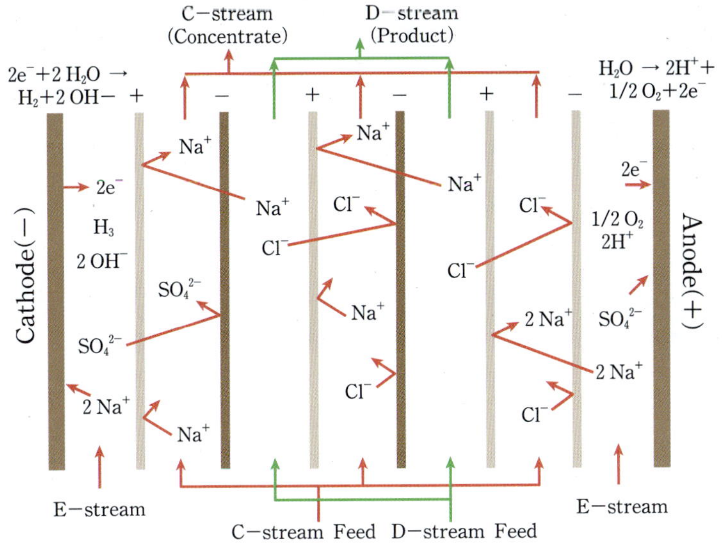

그림 5.11
분리막을 사용하는 방법 중 하나인 전기여막분리의 원리. 전기여막분리는 전기투석법(electrodialysis)을 사용하는 것으로, 양쪽의 전극(anode와 cathode) 사이에 양이온 교환막(cation exchange membrane)과 음이온 교환막(anion exchange membrane)을 서로 배열하고, 그 양쪽 끝에 전류를 흐르게 하면, 이온들이 이동하면서 각 실에서 양이온과 음이온의 농축 및 희석이 일어난다. 탈염을 목적으로 할 경우는 희석실의 액을 모으고, 농축이 목적일 경우는 농축액을 모으면 된다. 이 원리를 응용하면 해수의 담수화뿐만 아니라 폐수의 탈염, 농축이 가능하다.

않는 반투막을 사용하여 염분을 걸러내는 역삼투압법, 전극과 이온교환막을 함께 사용하는 전기여막분리법, 열을 이용하는 증류법, 바닷물이 얼 때 얼음에 담수가 모이는 성질을 이용한 동결법 등이 있다. 현재의 문제점은 일반 상수도 물보다 물 값이 비싸다는 것인데, 점차 일반 기업들이 이 사업에 진출하는 것을 보면 앞으로는 경제성 있는 사업이 될 것이라는 전망이다.

증발법인 다단계 플래시 증류법(MSF)인데, 이 둘이 80%를 차지한다. 그 외에 전기여막분리법(전기투석법, ED)과 저온 증기압축법(VC)이 각각 5%를 차지한다. 가장 많이 사용 중인 RO는 전체 비용의 44%가 전기료로 들어간다. 이에 따라 단포스 아쿠아즈(Danfoss AquaZ) 사는 생체세포의 물 분자 채널인 아쿠아포린을 역삼투압막에 도입하여 전기료를 절약하는 방안을 내놓기도 하였다. 바이오소스(Biosource)라는 회사는 흐름형 커패시터 바닷물 담수화 장치를 내놓았다. 이것의 원리는 양전하와 음전하를 띤 양쪽의 탄소 전극이 각각 반대 전하의 이온들을 끌어당겨 저장하면 그 사이로 이온의 농도가 줄어든 담수를 빼어내고, 적당한 간격을 두고 커패시터를 방전시켜서 흡착된 이온들을 떨쳐 내는 방법이다.

제습제의 정체

요즘엔 구운 김과 과자 봉지 등 이런저런 상품에서 흔하게 건조제를 발견할 수 있다. 또한 여름에는 옷장 속이 눅눅하지 않게 제습제를 넣어두기도 한다. 이들의 정체는 무엇일까?

$CoCl_2$ (blue) + $6H_2O$ → $CoCl_2 . 6H_2O$ (pink)

그림 5.12
색이 변하는 실리카젤. 소량의 염화 코발트를 첨가한 실리카젤은 수분을 흡수하면 파란색이 핑크색으로 바뀌어서 교체 시기를 알려준다. 이렇게 수화된 염화 코발트는 오븐에서 구우면 수분을 잃고 다시 파란색이 된다.

구운김과 과자 봉지 속의 흡습제는 주로 실리카젤이다. 이것은 이산화 규소인데 흔히 규산 소듐으로 만든다. 실리카젤은 미세한 구멍이 많아 표면적이 대단히 크다. 1 g에 3백~4백 m^2, 즉 1백 평 이상이나 되는 표면적을 지닌다. 이렇게 큰 표면적 때문에 실리카젤은 수분이나 기체를 잘 흡착하여 방습제로뿐만 아니라 악취 제거제로도 많이 사용된다. 운동화나 구두바닥의 탈취제, 화장실이나 냉장고의 악취 제거제로 자주 쓰이는 활성탄도 표면적이 매우 커 유사한 작용을 한다. 하지만 색깔이 검기 때문에 식품건조제로는 사용하지 않는다.

여름철 옷장 속에 넣어두는 제습제는 종류가 다르다. 이것은 사실 겨울철 눈길이나 빙판길을 녹이기 위해 뿌리는 무수(無水)염화 칼슘이다. 염화 칼슘은 앞에서 말한 실리카 젤이나 활성탄과는 다르다. 구멍이 많고 표면적이 넓은 것과는 관계가 없고 물을 좋아하여 공기 중 수분과 결합하는 것이다. 수분을 충분히 흡수하면 염화 칼슘이 녹아들어가서 물이 흥건히 고여 있는 것을 발견할 수 있다.

물 먹는 제품의 원리

종이 기저귀가 나오면서 아이를 키우는 엄마의 수고가 많이 줄어들었다. 이와 같이 물을 빨아들이는 제품은 생활용품뿐만 아니라 농업용 배지(培地)나 토목용 지수재(止水材)로도 활용한다. 그렇다면 이들은 무엇으로 만들고 어떤 원리로 물을 흡수하는 것일까?

우선 재료가 물을 좋아하는 작용기를 가지고 있어야 한다. 즉 물이 좋아하는 작용기는 극성 구조인데 전하를 띠거나 부분 전하를 띠고 있어야 한다. 물이 둘러싸기 좋아하는 $-COO^-$나 수소 결합을 하는 $-OH$기가 그것이다. 구체적으로 전분이나 셀룰로스에 아크릴로나이트릴이라는 분자를 가지가 뻗듯이 중합을 시킨 후 알칼

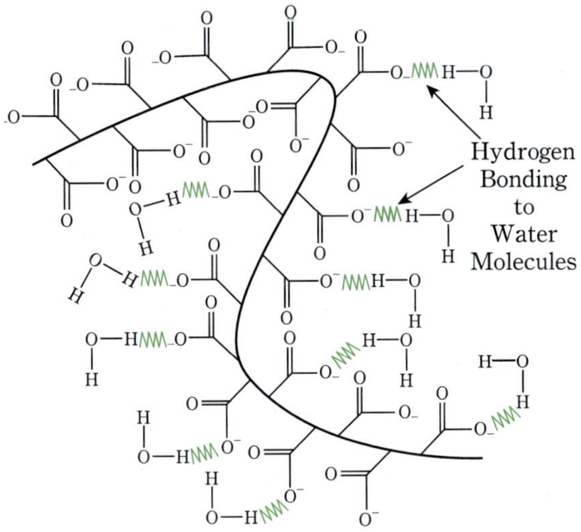

그림 5.13
흡수성 고분자 젤에서 $-COO^-$ 주위에 H_2O 분자가 수소 결합으로 붙어 있다.

리 가수 분해하면 $-OH$나 $-COO^-$ 작용기를 갖는 그물 구조(고분자 젤)가 만들어진다. 또한 아크릴산 소듐-바이닐알코올 공중합체도 $-COO^-$와 $-OH$를 갖는 비슷한 구조이다.

이들 고분자 젤이 물을 흡수하기 전에는 카복실산 소듐($-COO^-Na^+$) 이온성기가 가교화된 3차원 그물 구조 내에 조밀하게 존재한다. 이 이온성기가 물을 흡수하면 부피가 커지고 이온 해리가 일어난다. 그 결과 카복실레이트($-COO^-$)기는 고분자 사슬에 붙어 있는 채, 소듐 이온(Na^+)만 떨어져 나가므로 카복실레이트기끼리의 정전기적 반발력 때문에 고분자 사슬의 그물눈이 부풀어 커진다. 하지만 가교화되어 있어서 부풀어 오르는데 한계가 있으며 허용하는 부피만큼 그물눈 안에 물이 들어차 있는 상태로 유지된다. 또한 이때에 그물눈 안에는 많은 양전하와 음전하가 존재하므로 삼투압 작용에 의해서도 물이 바깥쪽에서 그물눈 안으로 들어오게 된다.

결국 흡수된 고분자 젤에서 고분자와 물과의 친화력 및 삼투압 등은 젤 내에 물을 잡아들이려는 흡수력으로 작용한다. 반면에 고분자의 3차원 그물눈에 기초한 고무 탄성 등은 흡수 작용을 멈추게 하려는 힘으로 작용하여 양자가 균형을 이룬 곳에서 물의 흡입과 분자 사슬의 팽창이 멈추게 되는 것이다.

다림질과 면도 때의 물 역할

남자들은 매일 면도하는 일이 여간 성가신 게 아니다. 다리미질 역시 힘들고 귀찮은 일이다. 그런데 이 두 가지 일은 서로 관련이 없어 보이지만 화학적으로는 유사성이 있다. 바로 얼굴에 비누거품을 칠하는 것과 옷감에 물을 뿜는 것이 그렇다.

면도할 때 얼굴에 바르는 비누거품의 역할이 단순히 면도날을 잘 움직이게 하는 것만은 아니다. 수염은 머리카락처럼 피지가 보호막을 이루고 있는 뻣뻣한 케라틴 단백질로 되어 있다. 그래서 수염에 비누를 바르지 않은 채 면도를 하면 아픔을 느끼게 된다. 그러나 뜨거운 물수건으로 턱 부분을 잠깐 덮었다가 면도를 하면 아픔이 훨씬 줄어든다. 뜨거운 물 분자가 케라틴을 뚫고 들어가 수염을 가소화(可塑化)하여 부드럽게 만들기 때문이다. 물 분자가 가소제 역할을 한 것인데, 가소제는 뻣뻣한 물질을 부드럽게 만들어 주는 화합물이다. 뻣뻣한 PVC 플라스틱에 DOP라는 가소제를 넣으면 부드러운 PVC 필름이 만들어지는 것과 같다.

그런데 물이 차가울 때는 물 분자가 피지 보호막을 뚫고 수염의 케라틴 분자에 접근하기 힘들다. 이 피지 보호막을 없애 주는 것이 비누거품이다. 따라서 비누거품이 피지 제거제와 가소제 역할을 동시에 해줘서 뜨거운 물을 사용하지 않더라도 아프지 않은 면도가 가능한 것이다.

다리미질을 할 때 뿜어주는 물도 옷감에 대해 가소제 역할을 한다. 바싹 마른 면직물은 다리미질을 해도 주름이 펴지지 않는다. 면은 셀룰로스 분자들인데 이 분자들이 서로 강하게 결합되어 있어서 섭씨 225도 이상에서나 조금 움직이기 시작한다. 그러나 물을 적셔 주면 작은 물 분자가 셀룰로스 분자 사이를 파고 들어가 강직한 셀룰로스 사슬을 부드럽게 만든다. 이렇게 부드럽게 된 면직물에 뜨거운 다리미를 누르면서 움직이면 주름 부분에 있던 셀룰로스 분자들이 다리미가 누르는 대로 움직이면서 다시 자리를 잡아 정돈한다. 그동안 물은 증발하며 면직물은 주름이 사라지며 다시 빳빳해지는 것이다.

6

대기

안개 속의 스파이더맨

영화 "스파이더맨(Spider-Man)"과 "미스트(The Mist)"에는 안개 낀 장면이 등장한다. 영화 속의 이들 장면은 물론 우연히 발생한 것이 아니다. 특히, 스파이더맨에서 사용된 사포그(SaFog)라는 인공 안개는 액체 산소와 액체 질소를 특정 비율로 섞은 혼합액을 스팀에 첨가하여 발생시킨 것으로 호흡이 가능하다.

영화 '미스트'

영화 속에서 안개가 흐르는 장면을 찍기 위해 실제로 안개가 낀 날을 촬영 날로 잡을 수는 없는 노릇이다. 설사 안개가 낀 날을 만난다고 해도 연출자가 원하는 안개일 가능성은 희박하다. 그렇다면 인공 안개는 어떻게 만들어질까?

영화 "스파이더맨"에서처럼 액체 질소와 액체 산소에 스팀을 쓰기도 하지만 보다 일반적인 인공 안개는 물과 액체 글리콜을 사용하여 만든다. 물이 가열되어 수증기로 변할 때 끓는점이 높고 흡습성이 강한 액체 글리콜(프로필렌글리콜 bp 187.6°C, 트라이에틸렌글리콜 bp 285°C)이 수증기에 달라붙으면 액체 방울이 만들어진다. 영화 속에서는 연기도 이렇게 만들어서 사용한다. 또한 안개가 낮게 깔리는 장면을 위해서는 드라이아이스나 액체 이산화 탄소를 사용해서 인공 안개의 온도를 낮춰 주면 된다.

6.1 대기권의 구조와 성분

앞 장에서는 물에 대하여 살펴보았다. 이번 장의 주제는 공기이다. 물과 공기는 흔한 것의 대명사이면서 동시에 우리의 생명을 유지시켜 주는 가장 소중한 것들이다. 인류가 산업화를 통하여 물질적 풍요는 누리게 되었지만 자연 생태계는 물과 공기의 오염으로 신음하고 있다.

대기권의 구조

대기권은 낮은 고도부터 대류권, 오존층, 성층권, 중간권, 열권으로 구성된다. 전리층부터는 바깥 우주이다. 잘 알다시피 대기권이 있어서 지구의 생명체들이 생존 가능하다. 지구로 돌진하는 소행성들을 태워서 없애 주고, 방사선과 자외선을 막아 주며, 지표면을 절연하여 따뜻하게 유지시켜 주는 역할을 한다. 바깥 우주에는 수많은 위성들이 돌고 있는데 그 중에는 고도 700 km에 우리나라의 아리랑 위성도 있다. 우리가 잘 아는 국제 우주정거장은 고도 400 km에 위치한다. 대기권의 온도는 고도에 따라 올라가기도 하고 내려가기도 하는데 지표면에 가까운 대류권에서는 고도가 높아지면 기온이 내려간다.

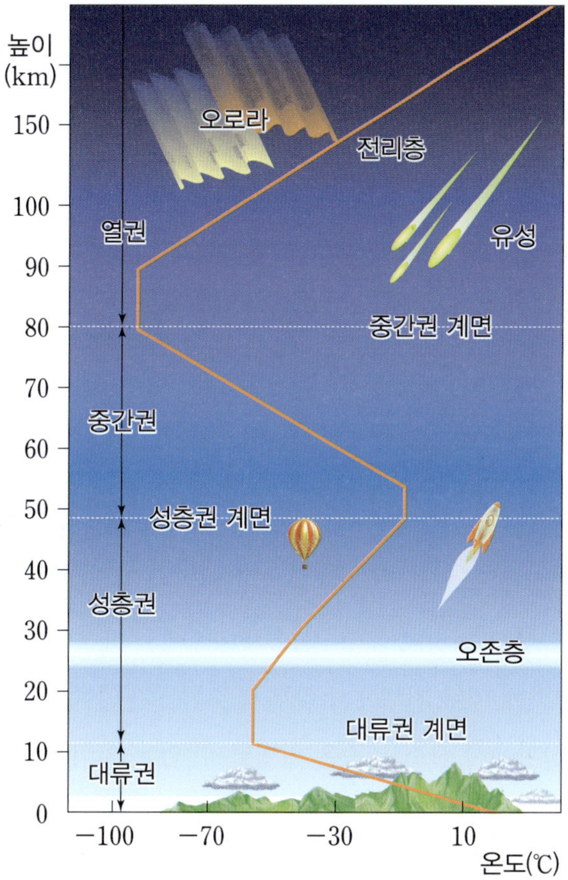

그림 6.1
대기권의 구분과 온도 변화. 고도 100 km의 칼만 라인(Karman line)을 경계로 열권 이하가 대기권이고 전리층은 바깥 우주로 구분한다.

대기의 성분

초기 지구의 대기는 수소, 헬륨, 메테인, 암모니아, 수증기 등으로 구성되어 있어서 지금의 대기와는 상당히 다르다. 이런 상태의 대기라면 현재 지구의 생명체들은 존재할 수 없었을 것이다. 초기 태양계에서는 지구뿐만 아니라 어느 행성이나 비슷한 대기 구성을 갖고 있었다. 이 중에 수소와 헬륨 같이 가벼운 기체는 대략 5억 년 동안 지구로부터 달아났다. 2차 대기의 발생으로 부르는 대기권으로의 질소 유입은 활발한 화산 활동으로 이루어졌다. 마침내 바다에서 생명체가 생겨나면서 산소가 생기는데, 이 산소가 처음에는 10억 년 간 바다를 채우고 마침내 더 이상 물속에 녹아들어갈 수 없게 되자 대기권으로 뿜어 올라오게 되었다. 이때가 지금으로부터 약 22억 년 전의 일이라고 한다. 이어서 대기권을 채우고 8억 년 전부터 오존층이 생기면서 육상에서도 생명체가 살 수 있게 되었다. 육상에서 식물이 번성하자 급격하게 산소의 양이 증가하게 되었다. 바로 광합성에 의해 육상에서도 산소가 생기기 시작한 것이다. 지금의 대기는 잘 알다시피 분자 수로 따지면 78%의 질소와 21%의 산소, 0.9%의 아르곤, 0.04%의 이산화 탄소, 그리고 네온, 헬륨, 크립톤, 크세논과 같은 희소 기체들로 구성되어 있다. 수증기는 보통 5% 이내에서 지역과 날씨에 따라 적어졌다 많아졌다 한다.

산소의 질량은 얼마나 될까? 현재 지구 표면의 대기 중에는 산소가 질량으로 23.3% 포함되어 있다. 무게로 치면 약 1018(10억의 10억 배)kg이니 실로 엄청난 양이다. 사람은 보통 하루에 약 200~550ℓ(약 300~800 g)의 산소가 필요하다. 사람이 마시는 데만 쓴다면 산소의 양은 실로 엄청난 양이어서 지구 상의 인구가 76억명이라고 하면 한 사람이 약 36만년 동안 사용할 양이다.

큰 나무 한 그루는 대략 두 사람이 하루에 숨 쉬는 데 필요한 양보다 조금 더 많은 산소를 공급한다. 식물이 매년 대기 속으로 방출하는 산소의 총량은 대략 2000억 t 정도이다. 그러나 산소는 우리의 호흡뿐만 아니라 연료를 태우는 등 여러 가지 화학 반응에 참여해 대기 중의 함량이 질량비로 23% 정도에서 일정하게 유지되고 있다. 이 산소의 함량이 변하면 지구 상의 생태계에는 예측하기 어려운 변화가 일어날 것이다. 그렇기에 지구 전체에서 나무가 줄어들지 않게 유지하는 노력이 필요하다. 사실 지금 상황에서 산소 부족은 일어날 수 없는 일이지만 개발로 인해 사라져가는 산림이 많아지고 사막화가 진행된다면 산소 문제 이전에 기후 문제로도 무서운 재앙이 닥칠 수 있다.

표 6-1에 나타낸 것은 대기의 성분 중 유해 물질에 대한 대기 환경 기준이다. 미세먼지(PM10)와 초미세먼지(PM2.5)의 PM은 particulate matter의 약자이고 숫자는 μm 단위의 입자 크기를 나타낸다. 평균치 기준은 연간 기준과 시간 기준으로 나누어 관리하며, 이에 대한 측정방법도 표준화되어 있다.

표 6-1 대기 환경 기준

항목	평균치 기준	측정방법
아황산가스(SO_2)	연간 0.02 ppm 이하, 24시간 0.05 ppm 이하, 1시간 0.15 ppm 이하	자외선 형광법
일산화탄소(CO)	8시간 9 ppm 이하, 1시간 25 ppm 이하	비분산 적외선 분석법
이산화질소(NO_2)	연간 0.03 ppm 이하, 24시간 0.06 ppm 이하, 1시간 0.10 ppm 이하	화학발광법
미세먼지(PM10)	연간 50 μg/m3 이하, 24시간 100 μg/m3 이하	베타선 흡수법
초미세먼지(PM2.5)	연간 15 μg/m3 이하, 24시간 35 μg/m3 이하	중량농도법(2015년부터)
오존(O_3)	8시간 0.06 ppm 이하, 1시간 0.1 ppm 이하	자외선광도법
납(Pb)	연간 0.5 μg/m3 이하	원자흡광광도법
벤젠	연간 5 μg/m3 이하	가스크로마토그래피

스모그

스모그(smog)란 연기(smoke)와 안개(fog)의 합성어로 대기오염에 의하여 나타나는 연무 현상을 말한다. 표 6-2에 스모그 원인 물질을 나타냈다. 아황산가스, 질소 산화물, 휘발성 유기물, 미세먼지, 안개 등이 주요 원인 물질이다.

스모그는 전통적으로 크게 두 종류로 나눌 수 있는데, 첫째가 황 산화물과 분진에 의한 런던형 스모그이고, 둘째는 질소 산화물을 비롯한 여러 오염 물질의 복합적인 화학 반응에 의한 로스앤젤레스형 스모그이다. 런던형 스모그가 산업화 과정 때 황이 많이 함유된 석탄을 주 연료로 사용한 데 기인한 것이라면, 로스앤젤레스형은 석유 연료로부터 비롯되었다고 볼 수 있다. 런던과 로스앤젤레스가 스모그의 대명사로 불리고 있으나 현재는 많이 개선되었고 오히려 개발도상국의 대도시 스모그가 훨씬 심각하다. 또한 스모그의 형태는 런던 및 로스앤젤레스형으로 뚜렷이 구분되는 것이 아니라 복합적으로 발생하는 경우가 많다. 표 6-3에 광화학적 스모그와 황

그림 6.2
중국 하얼빈의 극심한 스모그
(출처: ©Jisen Zhang/Shutterstock)

산화물 스모그의 원인, 증세 및 오염원 등을 나타냈다. 우리나라의 경우 그 양에 대해서는 논란이 많지만 총 아황산가스의 상당량이 중국에서 발생한 것이며, 북한의 경우는 지리적 관계로 우리나라보다도 그 영향이 크다. 또한 봄에는 극심한 황사 바람이 전국을 강타하기도 하는데, 이것은 중국 사막지대에서 발생해 동쪽으로 이동하기 때문이다. 우리의 생활을 불편하게 하는 황사이지만 자연 환경에는 이로운 점도 있다. 오염되지 않은 황사는 산성의 토양을 중화시키는 효과가 있기 때문이다.

앞서 언급한 중국으로부터 유입되는 아황산가스를 통해서 알 수 있듯이 대기 오염은 한 나라만의 문제가 아니다. 대외경제정책연구원에서 제시한 동북아 지역에서의 대기오염 저감을 위한 국제협력 방향을 요약하여 소개한다. 1) 이미 장거리 이동 대기오염 문제를 해결하고자 국가 간에 체결된 조약이 있다. 유럽의 장거리 월경성 대기오염 협약(CLRTAP, Convention on Long-Range Transboundary Air Pollution), 북미의 미국-캐나다 대기질 협정(AQA), 미국-멕시코 국경지역 환경 협정(La Paz Agreement), 동남아 지역의 월경성 연무오염 아세안 협정(AATHP) 등이 그것이다. 동북아 지역이야말로 대기오염 관련 외교를 강화하고 이를 바탕으로 한국, 중국, 일본이 주축이 되어 새로운 협약을 추진할 필요가 있다. 2) 중국의 천연가스 수요가 증가하면서, 전 세계 LNG 수입에서 한국, 중국, 일본 3국의 비중이 53.9%에 이르고 있다(2017년 기준). 따라서 한중일 3국은 장기적으로 미국과 러시아, 중동 등 주요 천연가스 수출국에 공동으로 대응하여 구매력을 높일 수 있다. 이미 중국은 LNG 이외에도 러시아 등을 통해 파이프라인으로 천연가스를 수입할 수 있어, 한국과 일본에 비하여 천연가스 수입국의 다변화가 가능하다는 장점도 있다. 최근 미국은 2000년대에

표 6-2 스모그의 주요 원인 물질

항목	주요 배출원	비고
아황산가스	황이 포함된 석탄 등 정제되지 않은 연료의 연소 가스	주로 SO_2
질소산화물	고온 연소 때에 공기 중의 질소와 산소가 반응하여 생성. 디젤 엔진의 운송 수단, 산업용 고온 보일러가 배출원	NO, NO_2, N_2O 등
휘발성 유기물	석유의 불완전 연소와 증발에 의해서 배출. 자동차 페인트 용매, 주유소, 세탁소, 아스팔트 외에 산림의 자연 배출	VOCs(volatile organic compounds)는 오존 생성의 주요 원인물질로도 보고됨
미세먼지, 초미세먼지	황산염, 질산염, 원소 탄소, 유기물 입자	미세먼지 PM10, 초미세먼지 PM2.5 PM10은 크기 10 μm 이하
안개	날씨 변화, 수증기 농도와 온도 변화	근래 잦은 안개는 미세먼지들의 존재가 기여하는 것으로 추정

표 6-3 광화학적 스모그와 황 산화물 스모그의 비교

비교 사항	광화학적 스모그	황 산화물 스모그
대표적인 지역	로스앤젤레스	런던
원인	자동차 배기가스 등	고정된 오염원, 즉 건물, 공장, 가정 등
가장 극심할 때	한낮, 온도(25~32℃), 여름, 맑은 하늘, 낮은 습도	새벽, 온도(1~5℃), 겨울, 안개, 높은 습도
증세	눈이 시리고 아픔	기관지가 아픔
오염원	O_3, NOx, VOCs(탄화수소), CO 등	미세먼지, 분진 및 SOx

들어서면서 셰일가스 생산을 본격화하고, 한중일 등 주요 교역국가의 대미 무역수지 개선을 요청하고 있다는 점에서 미국산 셰일가스 등의 수입 방안에 대해 3국이 공동 교섭할 수 있다. 3) 대기오염에 대한 동북아 차원의 공통된 과학기술 지식기반을 도출하기 위해 한중일이 참여하는 연구협력센터 등을 설립할 필요가 있다. CLRTAP 협약이 체결되기 이전부터 유럽감시평가프로그램(EMEP)이 과학적 인식에 기반한 협력을 위해 중추적인 역할을 담당하였고, 현재는 EMEP 내의 여러 센터들이 대기오염 모니터링 등을 위한 협약을 지원하고 있다. 동남아 지역의 AATHP 협정에 앞서 싱가포르도 아세안특별대기센터(ASMC)를 설립한 바 있다. 따라서 우리나라도 동북아 차원의 공통된 지식 기반(common knowledge base)을 마련하는 것이 필요하다. 4) 대기오염 감축을 위한 민간차원의 노력을 지원하는 것이 필요하다. 즉 정부 차원에서 추진하기에는 다소 민감한 환경 이슈라 하더라도 민간 차원의 대응은 가능하다는 점에 주목해야 한다. 월경성 대기오염을 유발하는 인근 국가를 대상으로 NGO 등 민간단체가 지속적으로 문제를 제기하고, 관련 정보를 공유해야 할 것이다.

산성비

황을 포함하는 연료로부터 유입된 아황산, 황산, 황산 암모늄 등은 빗물의 pH를 감소시킨다. 연료가 연소하면서 공기 중의 질소는 산소와 반응하여 산화 질소가 되는데, 이 또한 빗물과 섞이면서 질산이 되므로 산성비의 원인이 된다. 물론 대기 중의 CO_2가 녹아들어 H_2CO_3가 되기 때문에 깨끗한 자연 상태의 빗물도 7.0보다 낮은 pH 값을 가지며 평균 5.6 정도이다. 통상적으로 산성비는 5.0에서 낮게는 2.1까지의 pH 값을 나타낸다. 높은 굴뚝에서 배출되는 황 산화물들은 장거리 이동(1,000 km 정도까지)을 하게 되므로 산성비가 국경을 넘어 강하하여 국가 간의 분쟁을 일으키기도 한다.

그림 6.3
산성비로 인하여 훼손된 조각과 산성비의 영향으로 죽은 물고기(출처: ©The Gallery, Vandathai/Shutterstock)

앞서 말했듯이 우리나라의 대기 중 황산화물의 상당 부분이 중국에서 날아온 것이다. 산성비가 생태계에 미치는 영향은 아직까지 정량적으로 평가되어 있지 않지만 복합적인 것이라는 것은 의심할 여지가 없다. 그 영향으로는 낙엽으로부터의 영양분 침출, 토양으로부터 칼슘과 같은 필수원소의 소실(용탈 과정), 그리고 생명체 내에서 산 염기 촉매 반응이 지배하는 물질 대사 속도의 변화, 호숫물 또는 강물의 산성화 등(용출 과정)을 열거할 수 있다. 다음은 용탈 및 용출 과정의 예를 화학식으로 나타낸 것이다.

용탈 과정: $2H^{+}(aq) + Ca^{2+}(clay) \rightarrow 2H^{+}(clay) + Ca^{2+}(aq)$

용출 과정: $Al(OH)_3(s) + 3H^{+}(aq) \rightarrow Al^{3+}(aq) + 3H_2O(l)$

$CaCO_3$와 $MgCO_3$ 등의 성분을 가진 석회석 또는 대리석과 같은 염기성 물질의 부식도 가속화된다. 즉 탄산염 등이 황산염으로 변하여 녹아 나오므로 20세기 이후에 건축구조물과 문화재, 예술품 등이 큰 손상을 입었다. 아래 반응으로 생성되는 $CaSO_4$는 물에 약간 녹기 때문에 조각상이 서서히 녹게 되는 것이다.

$$CaCO_3 + H_2SO_4 \rightarrow CaSO_4 + H_2O + CO_2$$

$$2CaCO_3 + 2SO_2 + O_2 \rightarrow 2CaSO_4 + 2CO_2$$

오존층의 파괴

태양광선 중 단파장의 자외선이 지구 표면에 도달하는 것을 막아 주는 오존(O_3)은 지구 상에서 생명의 진화를 가능하게 하였다. 이와 같이 중요한 오존이 성층권에서 파괴될 경우 바로 아래의 대기권 생물들에게 엄청난 영향이 미치리라는 것은, 자외선 피폭이 증가하면 인간의 피부암 발생률이 함께 증가한다는 의학적 통계로부터 짐작할 수 있다.

그러면 이 오존층은 어떻게 생겨나며 또 어떻게 강한 자외선으로부터 우리를 보호할까? 오존은 성층권보다 더 먼 상층권에 있는 산소 분자들이 태양으로부터 오는 강한 자외선 에너지를 흡수해 산소 원자로 분해된 뒤 성층권으로 내려와 그곳에 있는 산소 분자와 결합해 만들어진다고 알려져 있다. 이렇게 만들어진 오존 분자는 자외선을 매우 잘 흡수하며, 다시 산소 분자와 산소 원자로 분해된다. 다행히 이 과정은 계속 되풀이되는 가역 반응이다. 매일 성층권에서는 3억 t의 오존이 생성되며 동시에 같은 양의 오존이 자외선으로 인해 파괴된다. 문제는 인류가 인위적으로 생성한 화학 물질들로 인하여 이 균형이 깨지는 데 있다.

성층권에서는 자외선이 강하므로 산소 분자 O_2가 광분해되어 원자 상태 O의 농도가 높아지면, 이들 산소 원자는 주위의 수증기와 작용하여 하이드록시기를 생성하고, 이 하이드록시기들이 오존과 반응하여 오존을 파괴한다.

$$O + H_2O \rightarrow 2OH$$
$$OH + O_3 \rightarrow HOO + O_2$$

또한 아래 반응식과 같이 질소 산화물의 촉매 작용에 의해 오존이 소멸되기도 한다.

$$NO + O_3 \rightarrow NO_2 + O_2$$
$$NO_2 + O \rightarrow NO + O_2$$
$$\overline{O_3 + O \rightarrow 2O_2}$$

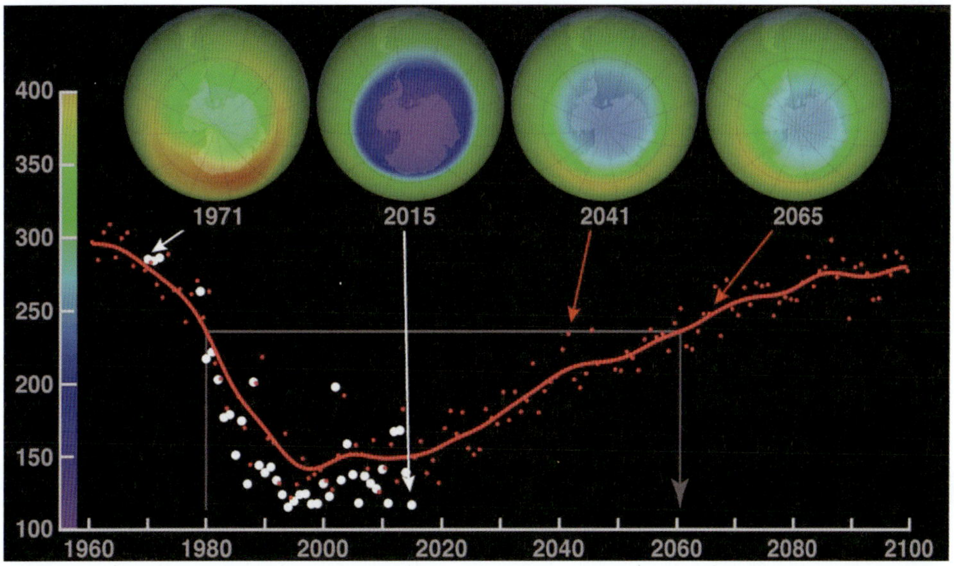

그림 6.4
남극의 오존층 변화. 프레온 가스에 의한 성층권의 염소 농도의 증가는 멈추었기 때문에 앞으로 남극의 오존 구멍이 더 이상 확대될 것 같지는 않다. 2020년 네이처에 실린 논문에서도 이러한 현상이 확인되었다.

NO는 촉매로 작용하기 때문에 소량으로도 충분하다. 탈질소 박테리아에 의하여 생성되거나 연소 과정에서 생성되어 대류권으로 방출된 NO가 서서히 성층권으로 확산되어 오존 파괴 반응에 참여한다. 성층권을 운항하는 초음속여객기도 성층권 내의 오존 평형을 파괴할 가능성이 있다. 탄화수소 연료의 연소는 물의 생성을 초래하여 산소 원자와의 반응 속도를 증가시키고 제트 엔진 내부의 고온은 질소와 산소의 결합을 촉진시켜 질소 산화물이 생성되기 때문이다.

리처드 스톨라스키(Richard Stolarski)와 랄프 시세론(Ralph Cicerone)에 의하여 처음으로 오존을 파괴하는 촉매 반응에 염소 원자들이 참여하는 반응 경로가 발표되었다.

$$\begin{array}{l} Cl + O_3 \rightarrow ClO + O_2 \\ ClO + O \rightarrow Cl + O_2 \\ \hline O + O_3 \rightarrow 2O_2 \end{array}$$

위의 반응식은 앞의 NO에 의한 오존 파괴 반응과 유사하다. 초기에는 HCl의 광분해에 의해서 염소 원자가 생성되리라고 생각되었으나, 마리오 몰리나(Mario Molina)와 셔우드 롤랜드(Sherwood Rowland)는 프레온-11($CFCl_3$)과 프레온-12(CF_2Cl_2)가 성층권 내에서의 염소 발생원으로 매우 중요한 위치를 차지한다고 주장하였다. 프레온 가스(CFC, chlorofluorocarbon)는 주로 에어로졸 분무제품과 냉동장치에 사용되어 왔다. 프레온 가스는 가압하면 쉽게 액화하고 또한 거의 비활성이므로 이상적인 에어로졸 분무제이다. 그러나 이 화합물들은 거의 비활성이므로 미생물에 의한 자연 분해가 어렵고, 따라서 대류권 내에서의 수명이 길어($CFCl_3$는 10년 이상, CF_2Cl_2는 30년 이상) 낮은 성층권으로 확산해 들어간다는 문제점이 있다. 프레온 가스가 자외선이 풍부한 고도에까지 상승하면 광분해 반응 결과로 염소 원자가 생성되고, 이렇게 생성된 염소 원자는 오존 파괴의 촉매 역할을 하게 된다. 1995년 노벨 화학상은 오존층 파괴의 원인 연구에 기여한 과학자들에게 주어졌

그림 6.5
1995년도 노벨 화학상 수상자. 왼쪽부터 폴 크루첸, 마리오 몰리나, 셔우드 롤랜드

다. 폴 크루첸(Paul Crutzen)은 질소 산화물이, 몰리나와 롤랜드는 프레온 가스가 오존층 파괴에 미치는 영향을 연구한 공로로 노벨상을 수상하였다.

CFC를 대체할 분무제와 냉매로 HCFC(hydrochlorofluorocarbon)를 사용하고 있는데 이 물질은 한시적으로 허용된 상태이다. 대류권에서의 수명은 짧지만 여전히 염소 원자를 함유하고 있기 때문이다. 2007년 몬트리올 의정서(Montreal protocol) 채택 20주년을 맞아 HCFC를 예정보다 10년 일찍 퇴출시키기로 결정하였다. 선진국은 2020년, 개도국은 2030년까지이다. 그렇다면 무엇이 진정한 CFC의 대체 물질로 그 자리를 차지할까? 현재 가장 유력한 후보 물질로 거론되고 있는 HFC(hydrofluorocarbon)는 HFO-1234yf(2,3,3,3-tetrafluoropropene)과 HFC-134a(1,1,1-trifluoroethane)이다. 아직 여러 이해 당사자들 사이에 합의에 이르지는 못한 상태인데, 다임러 크라이슬러 회사는 HFC-134a를 계속 사용하겠다는 뜻을 밝히기도 하였다. 아무래도 자동차 회사로서는 새로운 투자에 대한 부담을 가급적이면 늦춰 보려고 할 것이다. 참고로 가정용 분무제로는 프로페인 가스가 많이 사용되므로 화기에 특히 주의해야 한다.

사실 그동안 CFC의 사용 규제를 통해 대기권의 염소 농도는 안정적으로 감소하여 왔다. 이에 따라 남극의 오존 구멍도 더 이상 확산되지 않고 있다. 문제는 이산화 탄소의 농도가 꾸준히 증가하고 있다는 점인데, 이에 따라 몬트리올 의정서와 교토 의정서가 각각 따로 추진될 것이 아니라 서로 협력적인 관계를 갖고 실천되어야 한다는 목소리가 있었다. 다행히 2016년 1월에 온실 가스 감축을 위한 기후협약인 파리협정이 체결됨으로써 이산화 탄소의 배출에 대한 규제가 강화될 것으로 기대된다.

6.2 온실 효과와 지구 온난화

영화 "투모로우(The day after tomorrow)"는 역설적이게도 지구 온난화로 인해 북극에서 떠내려온 유빙에 의하여 북아메리카에 닥친 혹한과 폭설의 기후를 다루고 있으며, "열한 번째 시간(The 11th hour)"은 파괴된 지구 생태계의 회복을 위한 노력을 다루고 있다.

온실효과를 언급할 때 우리는 이산화 탄소(CO_2)를 먼저 떠올린다. 이는 인간의 활동 결과로써 대기 중의 CO_2 농도가 증가하고, 이로 인해 지표면 온도가 영향을 받음으로써 기후가 변화하는 원인이 될 수 있다는 개념으로 확장된다.

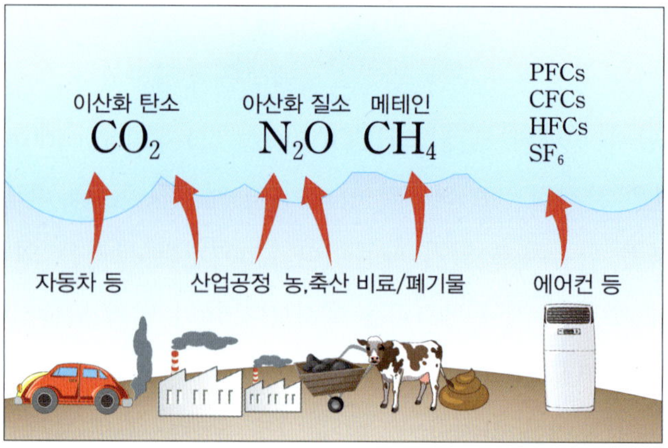

그림 6.6

제3차 당사국총회(COP)에서 결정된 6대 온실 가스(CO_2, CH_4, N_2O, HFCs, PFCs, SF_6)와 그 발생원을 보여 주는 그림. CFCs는 이미 HFCs로 교체되어 가고 있으므로 6대 온실 가스에서는 빠졌다.

식물은 빛에너지를 이용한 광합성 작용으로 CO_2와 물로부터 탄수화물과 산소를 생성한다. 탄수화물은 식물에 저장되고 산소는 대기 중으로 방출된다. 반면에 식물이 자연 분해되거나 연소 및 동물에 의해 소비될(산화될) 때는 공기로부터 산소가 흡수되고 CO_2는 대기 중으로 방출된다. 이러한 과정은 추가적인 인간의 활동이 개재되지만 않는다면 대기 중의 CO_2의 양을 일정하게 유지할 수 있는 탄소의 순환 과정이다. 인위적인 벌채로 식물이 감소함과 동시에 화석연료의 연소와 석회석의 시멘트화 등으로 인하여 대기 중의 CO_2 농도가 점차 증가해 왔던 것이다.

대체적으로 지표면에 도달되는 빛의 1/3은 우주 공간으로 되돌려 반사되며, 나머지 2/3는 바위 및 콘크리트, 그 밖의 빛 흡수체에 흡수된다. 흡수된 빛은 긴 파장의 적외선 형태로 재복사되거나, 지표면이 냉각될 때 열로 방출된다. 온실효과는 적외선 또는 열의 형태로 대기권을 빠져나가야 될 에너지를 대기 중의 CO_2 등이 흡수하여 빠져나가지 못하고 에너지가 대기권에 그대로 남아 있어 온도 상승이 일어나는 것을 말한다. 대기 중의 수증기도 CO_2와 같은 방법으로 여과 작용(가시광선은 통과시키고 적외선은 흡수하는 작용)을 한다. 그러나 수분의 농도는 인간 활동의 영향을 받지 않으므로 대기의 온도에 대한 기여도는 일정하다.

특히 대도시에서는 여름밤에 열섬(heat island) 현상으로 열대야가 종종 나타난다. 도심의 열섬 현상은 많은 열기 배출원(아스팔트와 콘크리트의 복사열, 에어컨 열기, 자동차 열기 등), 대기 중 오염 물질과 야간 구름 형성에 의한 온실 효과(자동차 배기가스, 수증기 증발 등), 고층 건물에 의한 바람막이 역할로 도심의 열기가 빠져나가지 못하고 갇히게 되는 상황이다.

지구의 표면 온도가 증가하여 극지방의 얼음이나 빙하를 모두 녹여 버린다면 바다의 평균 수위는 60~75미터 정도 증가할 것이다. 그러나 지구의 표면 온도를 관찰한 바에 의하면 산업혁명 이후 꾸준히 증가하기만 한 것은 아니다. 1885년과 1940년 사이에 세계 전역의 평균 기온은 0.6℃ 정도 증가하였으나, 1940년 이래 0.2℃ 정도 떨어졌다. 즉 지구 평균 온도의 변화와 대기 중 CO_2의 농도 변화는 반드시 일치하지는 않는 것으로 생각된다. 이것은 다음과 같이 해석된다. 1) 대기가 구름으로 덮이면 지구를 냉각시킨다. 구름의 밀도가 증가하면 CO_2의 농도 증가에 따른 온도 증가에 대하여 상쇄작용을 일으킨다. 2) 대기 중의 분진은 농도가 증가하면 지구를 냉각시킨다. 분진은 복사 에너지를 공간으로 산란시킨다. 따라서 분진 농도가 50% 증가하면 표면 온도는 0.5~1.0℃ 감소하는 것으로 추산된다.

CO_2의 농도가 대기 중의 기후 변화를 확정적으로 좌우한다는 직접적인 증거는 없다. 그렇다고 인간의 활동이 대기 조성의 변화를 일으켜 기온 변화로 이어질 가능성을 경시할 수는 없다. 그것은 온실가스로 이산화 탄소를 지목하지만 사실은 이산화 탄소보다 더 큰 온실 효과를 내는 기체들이 많기 때문이다. 예를 들면 메테인(CH_4)은 유기물이 산소 부족의 혐기 상태에서 부패하면서 배출되는 가스인데 이 또한 태양열이 우주 밖으로 날아가는 것을 막는 온실 기체이다. 같은 중량일 경우 이산화 탄소보다 20~60배의 열 축적 능력을 갖는다. 지구 전체로 볼 때 연간 5억 t의 메테인 가스가 방출되는데 그 중 3억 5천만 t 정도가 석유-석탄 채굴, 쓰레기 매립장, 벼농사 등 인위적 요인으로 배출되고 있으며, 그중에서도 가축사육(가축이 트림할 때 내는 메테인 가스 등)이 1억 t 정도로 가장 높은 비중을 차지한다. 실제로 지구 온난화 지수(GWP)로 온실 가스들을 비교해 보면 CO_2가 1일 때 CH_4 21, N_2O 310, HFCs, PFCs, SF_6들이 1,300~23,900에 이른다.

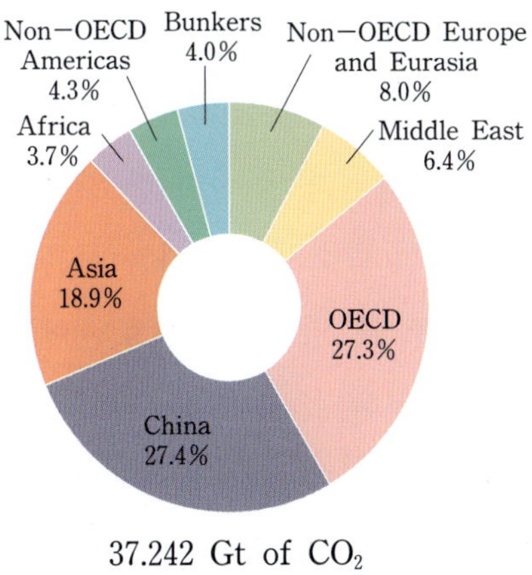

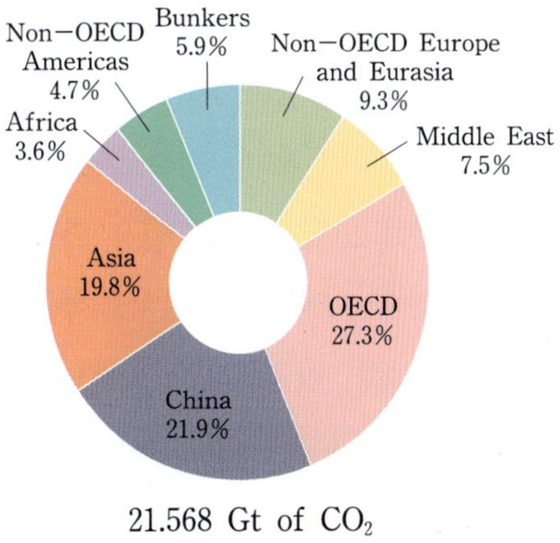

그림 6.7
2035년 권역별 이산화 탄소 배출 예상 시나리오. 왼쪽의 신정책 시나리오보다 강화된 오른쪽의 450 시나리오는 온실가스의 농도를 이산화 탄소의 농도로 환산하였을 때 450 ppm 정도로 안정화시킨다는 것이 전제이다.

콜롬비아 대학에 설치된 NASA의 고다드 우주연구소(Goddard Institute for Space Studies)의 신델(Drew Shindell) 박사 팀은 이산화 탄소의 배출을 줄이는 것과 함께 메테인과 매연(블랙 카본)을 함께 줄이는 정책을 실시하는 것이 필요하며 그렇게 할 때 2050년까지 평균 기온을 0.5℃ 낮출 수 있으며 2070년까지 2℃ 낮출 수 있다고 주장하였다. 과학자들은 2℃ 이상의 기온 상승이 일어나면 지구 기온은 파괴적인 변화를 가져올 것으로 내다보고 있다.

6.3 이산화 탄소의 이용과 폐기

이산화 탄소의 용도

한때 미술 시간이면 산업화의 상징으로 공장 굴뚝에서 내뿜는 연기를 자랑스럽게 그려 넣은 포스터를 그리곤 하였다. 그런데 그동안 너무나 많은 연기를 우리의 하늘에 내뿜었다. 이제는 지구 온난화를 걱정해야 하는 시대가 되었고 이산화 탄소는 인류 공공의 적이 되었다. 그렇다면 이산화 탄소는 없어져야 하는 존재인가? 실은 전혀 그렇지 않다. 인간의 그칠 줄 모르는 탐욕으로 더 많은 생산과 더 많은 소비를 추구하다 보니 자연의 균형에 필요 이상으로 이산화 탄소가 많아진 것이다. 단 한 가지만 생각해도 이산화 탄소의 소중함을 알 수 있다. 우리가 자연으로부터 얻어서 먹고 입고 누리는 모든 것의 시작이 이산화 탄소로부터이다. 식물은 이산화 탄소와 빛과 물로 탄수화물을 만들기 때문이다. 식물은 오히려 이산화 탄소의 농도가 일정 수준 높아지면 좋아한다. 미시간 대학의 제임스 티어리(James Teeri) 교수는 대기 중의 CO_2 농도가 2배인 경우 나무의 성장이 20% 증가하는 점을 관찰하였다.

이산화 탄소가 산업용으로 이용되는 예로써 커피에서 카페인을 추출하여 카페인이 없는 커피(decaffeinated coffee)를 만드는 공정에 이산화 탄소 초임계 유체가 용매로 사용된다는 사실을 2장에서 언급한 바 있다. 이산화 탄소 초임계 유체는 세탁기의 드라이클리닝 용제, 화학 반응기의 용매로도 사용된다. 이산화 탄소는 그 사용 규모가 상위 20위 내의 공업용 화학 물질로, 이산화 탄소가 발생하는 곳은 흔하다 보니 아주 쉽게 얻을 수 있는데, 주로 암모니아 제조 시, 알코올의 발효 시에 부산물로써 포집한다. 미국의 경우 연간 100만 톤 이상 사용된다. 표 6-4에 이산화 탄소의 분야별 용도를 나타냈다.

앞서 말한 카페인 추출의 경우처럼 이산화 탄소의 초임계 유체는 각종 유기물, 특

그림 6.8
듀크 대학 연구팀이 이산화 탄소의 농도 변화가 식물 성장 및 생태에 미치는 영향을 연구하기 위해 인위적으로 이산화 탄소 농도를 조절할 수 있는 장치를 특정 지역에 설치하고 둥글게 구분해 놓은 모습(출처: BNL)

히 지방과 기름(fats and oils)을 녹여내는 데 사용된다. 다른 용매보다 장점이 있기 때문인데, 이산화 탄소는 드라이아이스(고체 이산화 탄소) 또는 액화하여 운반할 수 있고, 맛, 냄새가 없으며, 잔류물을 남기지 않는다. 또한 비가연성이고, 값이 싸며, 점성이 낮고, 반응성이 거의 없다. 각종 향료 추출, 스낵 과자류의 지방 제거에 사용되며, 맥주용 홉(hops)의 추출 때에도 사용한다. 특히 이산화 탄소를 수질 오염의 대명

표 6-4 이산화 탄소의 분야별 용도

분야	용도
화합물 전구체	요소, 메탄올, 카보네이트, 살리실산 소듐
식품	청량음료, 탄산수, 발포주, 맥주, 포도의 급속 냉장
비활성 기체	용접용 기체, 부풀림용 압축 기체
화재 소화기	물을 쓰기 곤란한 화재 진압
초임계 유체	커피의 카페인 제거, 세탁용 유체
농업/의료	광합성, 해충 제거, 혈액 내 O_2/CO_2 균형 유지
오일/메테인 회수	지하 오일, 석탄층 메테인의 회수 및 CO_2 저장
미생물 연료	시아노박테리아에 의한 CO_2의 아이소뷰탄올로 전환
냉매	식품용 드라이아이스
기타	훈증약(저장, 퇴충), 고강도 금속제련, CO_2 레이저

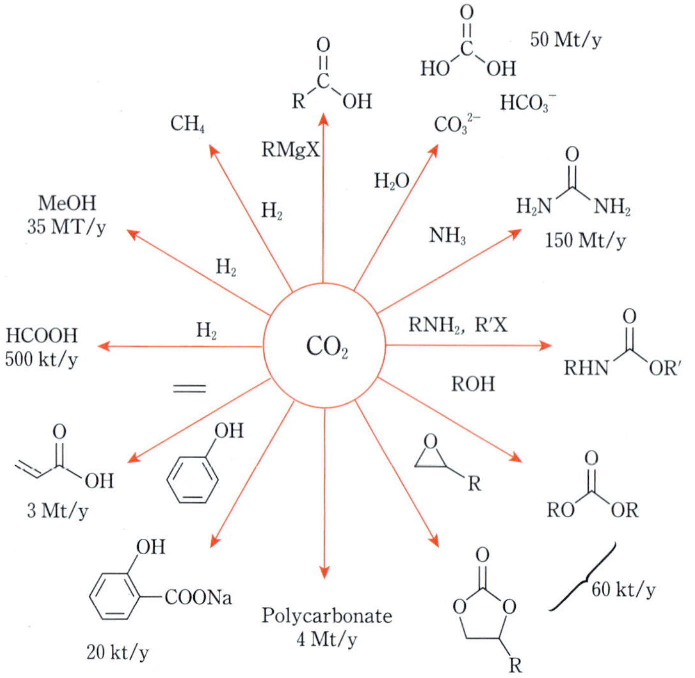

그림 6.9
이산화 탄소로부터 제조되는 다양한 화합물과 연간 시장 규모

사인 염색 공업의 용매로 사용함으로써 오히려 환경을 보호하는 효과를 내고 있다.

잘 알다시피 이산화 탄소는 콜라, 사이다 등 각종 탄산음료에 사용된다. 요즘은 우리나라에서도 시판되지만 예전에 외국에서 경험한 이산화 탄소가 첨가된 일반 생수 맛에 당황했던 기억이 있다. 또한 아이스크림을 사면 포장 용기에 드라이아이스를 넣어주는 곳이 있는데 아이스크림뿐만 아니라 식품의 저온 저장에도 유용하다. 한편 상수도의 정화 시 불순물을 침전시키기 위해 알루미늄염을 사용하는데, 독성이 우려되므로 철염과 CO_2의 사용을 검토하고 있다.

앞서 산성비를 언급할 때 이산화 탄소의 물에 대한 용해도를 언급하였는데, 이번에는 평형 상수를 통해 이를 살펴본다. 탄산수 속에서 이산화 탄소는 다음 반응식과 같이 평형을 이루고 있다.

$$CO_2 + H_2O \rightleftarrows H_2CO_3$$

이산화 탄소의 수화(hydration) 평형 상수는 $[H_2CO_3]/[CO_2(aq)] = 1.70 \times 10^{-3}$ (25°C)으로 분모가 훨씬 큰 값인데, 이것은 이산화 탄소가 H_2CO_3가 아니라 대부분 CO_2 상태로 녹아 있다는 뜻이다. 그리고 H_2CO_3가 물속에서 HCO_3^-와 CO_3^{2-}가 되는 1차 및 2차 이온화 상수가 각각 $Ka_1 = 2.5 \times 10^{-4}$ mol/L, $Ka_2 = 4.7 \times 10^{-11}$ mol/L인 것

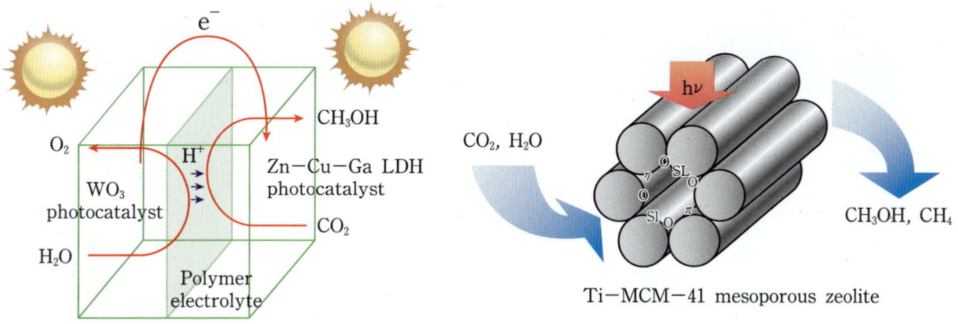

그림 6.10
빛을 이용하여 이산화 탄소로부터 메탄올을 생산하는 광연료 셀(photofuel cell)과 제올라이트 촉매 시스템. 이들 반응 체계처럼 이산화 탄소의 반응 때에 빛에너지를 이용하는 것은 이산화 탄소의 배출이 동반되어 생산된 에너지(전기, 열)를 이용하지 않는다는 점에서 의미가 있다.

을 보면 생성된 H_2CO_3도 대부분 이온화되지 않은 채 존재하는 것을 알 수 있다.

화학적으로 이산화 탄소를 변형시켜 다른 원료로 사용하고자 하는 연구도 활발하다. 화학적 변형을 위해서는 촉매와 함께 반응 에너지의 공급이 필요한데 이를 위해 화석연료가 아닌 빛에너지와 같은 대체 에너지원이 필요하다. CO_2는 열역학적으로 이미 안정한 상태이므로 다른 화합물로의 변환이 쉽지 않을 뿐 아니라 이를 위해서 이산화 탄소의 발생을 동반한 또 다른 에너지를 사용해서는 곤란하기 때문이다. 현재도 부분적으로는 플라스틱(폴리카보네이트, 요소 수지)과 진통제(아스피린) 등의 제조 때에 이산화 탄소를 이용한다. 언젠가는 CO_2가 메테인이나 메탄올, 휘발유 등의 연료를 만드는 원료로 사용될 수도 있을 것이다. 그림 6.9는 이산화 탄소로부터의 다양한 화합물 제조와 연간 시장 규모를, 그림 6.10은 구체적인 예로써 텅스텐 등 금속을 사용하거나 제올라이트를 사용하는 촉매 시스템을 통하여 이산화 탄소와 물로부터 메탄올과 메테인을 생산하는 반응을 보여 주고 있다.

이산화 탄소의 포집 저장(CCS)

우선 CCS는 carbon capture and storage 또는 carbon capture and sequestration의 약자이다. 여기서 carbon은 carbon dioxide를 줄여서 말한 것이다. 이산화 탄소를 어떻게 포집할 것인가? 발생원에 따라, 또 규모에 따라 효율적인 포집 방식은 달라질 것이다. 포집한 이산화 탄소는 어떻게 운반할 것인가? 기체, 액체, 고체 어떤 상태로 이동하는 것이 좋을 것인가? 저장을 하든지 활용을 하든지 해당 장소로 이동시켜야 하기 때문에 효율적이 운반법이 요구된다. 저장이란 어떻게 버리느냐의 문제

그림 6.11

공장의 이산화 탄소 포집 장치와 비커에 담긴 바닷속의 이산화 탄소 액체. 미국 스탠퍼드 대학과 몬터레이만 수족관 연구소(Monterey Bay Aquarium Research Institute) 팀이 심해 3,650미터에서 비커로부터 액체 이산화 탄소가 흘러나오는 장면을 촬영하는데 성공하였다. 일부의 이산화 탄소는 물과 반응하여 거의 투명한 고체 수화물이 된 채 아래에 가라앉아 있는 것이 보인다.(출처: carbon Engineering)

이다. 땅 속인지 바닷속인지 아니면 인공 건조물 안인지에 따라 저장법도 달라질 것이다. 이와 관련한 연구와 정책의 수행 분야가 CCS이다.

석탄이나 석유를 연료로 하는 화력발전소의 굴뚝에서 나오는 배기가스에는 이산화 탄소가 10~15% 포함되어 있다. 한국에너지기술연구소 분리공정 연구팀이 개발한 이산화 탄소의 회수 방법은 다음과 같다. 흡착분리공정 1단계에서는 이 배기가스에 들어 있는 먼지와 수분을 제거한 다음, 이산화 탄소만을 선택적으로 뽑아내는 합성 제올라이트를 사용하여 배기가스 내의 이산화 탄소 농도를 30~50%로 높인다. 2단계 농축공정에서는 진공흡착기술을 이용하여 이산화 탄소의 순도를 95~99% 수준까지 크게 높인다. 2단계 공정을 거치면 배출가스에 들어 있는 이산화 탄소의 90% 이상이 제거된다. 95% 이상의 순도를 지닌 이산화 탄소는 이산화 탄소를 원료로 하는 요소비료, 나일론, 맥주 등을 비롯하여 탄산포타슘과 탄산바륨 등 이산화 탄소가 들어가는 각종 화합물 제조에 쓸 수 있다.

이산화 탄소의 포집 및 재활용, 화학적 변환에 의한 다른 화합물로의 전환 등이 이루어져도, 향후 이산화 탄소의 절대량 증가는 불가피하다. 따라서 미국, 일본을 비롯한 선진국에서는 이산화 탄소의 매립 방법을 개발하고 있다. 그 중의 대표적인 방법이 이산화 탄소를 바닷속에 묻어두자는 것이다. 일본 정부가 발표한 신(新)지구 재생계획에는 대기 중의 이산화 탄소 농도를 낮추기 위해 발전소와 공장의 배출가스에서 회수한 이산화 탄소를 전용관으로 바다로 수송, 깊이 1천 미터 전후의 바닷속에 방출시켜 액체 상태로 가라앉혀 두는 내용이 포함되어 있다. 2장에서 상평형 그림을 통하여 살펴본 바와 같이 이산화 탄소는 37 atm 이상, 2°C 이하의 조건(심해

표 6-5 지각의 금속 산화물 구성비

지각 금속 산화물	지각 %	탄산염	엔탈피 변화(kJ/mol)
SiO_2	59.71		
Al_2O_3	15.41		
CaO	4.90	$CaCO_3$	−179
MgO	4.36	$MgCO_3$	−117
Na_2O	3.55	Na_2CO_3	
FeO	3.52	$FeCO_3$	
K_2O	2.80	K_2CO_3	
Fe_2O_3	2.63	$FeCO_3$	
카보네이트 형성 가능	21.76		

400 m 이상)에서 액체로 존재할 수 있다. 또한 석유를 채취하는 과정에서 이산화 탄소를 불어넣어 남아 있던 석유가 밀려 올라오게 하고 이산화 탄소는 가두어두거나, 이미 석유를 채취한 지하 폐광에 이산화 탄소를 매장하는 방법 등이 활발하게 연구되고 있다.

지각에 풍부하게 존재하는 금속 산화물을 이산화 탄소 포집에 활용하는 방안도 제시되었다. 금속 산화물(MgO, CaO)은 이산화 탄소와 쉽게 반응하여 안정한 금속 탄산염을 생성하기 때문이다. 이 반응은 발열 반응이며 자발적으로 진행된다. 즉 표 6-5의 엔탈피 변화(Enthalpy change)가 음(−)의 값이다.

$$CaO + CO_2 \rightarrow CaCO_3$$

$$MgO + CO_2 \rightarrow MgCO_3$$

자연계에서는 칼슘과 마그네슘이 주로 실리케이트 형태로 존재하는데, 이 경우의 반응식은 아래와 같다.

감람석 $Mg_2SiO_4 + 2CO_2 \rightarrow 2MgCO_3 + SiO_2$

사문석 $Mg_3Si_2O_5(OH)_4 + 3CO_2 \rightarrow 3MgCO_3 + 2SiO_2 + 2H_2O$

표 6-5는 지각을 구성하는 주요 금속 산화물을 보여 주는데, 탄산염 형태로 존재할 수 있는 금속 산화물이 이론적으로는 지각 중량의 21.76%에 해당한다.

그 외에 공기 중의 이산화 탄소 농도를 줄이기 위한 다양한 방안이 강구되고 있는데, 일부를 표 6-6에 나타냈다. 하지만 이 중에는 그대로 적용하기에는 현실적으로 논란의 여지가 많은 방법도 포함되어 있다.

표 6-6 그 외에 이산화 탄소를 줄일 수 있는 방안

방안	내용
이탄(泥炭) 늪지 형성	이탄 형태로 탄소를 늪지에 가두어 두는 방안이다.
여지(餘地)에 숲 가꾸기	나무를 심을 수 있는 곳이면 넓지 않더라도 남아도는 땅에 숲을 가꾼 다음 이를 태우거나 썩히지 말고 숯(biochar) 형태로 흙과 섞어서 폐기하는 것이다.
습지 회복	습지는 주요한 탄소 저장 토양이다. 전 세계 토양 탄소의 14.5%가 습지에서 발견된다.
농업 기술의 전환	적절한 양의 비료 사용, 이산화 탄소의 배출을 줄일 수 있는 효율적인 농기구 사용, 잡초 제거를 위한 연소 대신 제초제 사용, 수확 후 버리는 식물 줄기 등의 토양 매립 등이다.
식물플랑크톤 활용	적절한 양의 철분 또는 요소가 함유된 폐기물을 해저에 버리면 향유고래와 같은 심해어류가 바다 표면으로 올라오면서 바다 표면에 철분 및 질소가 풍부한 조건을 만들어 주게 되고, 따라서 식물 플랑크톤의 성장이 증가하여 공기 중의 이산화 탄소가 소모된다.
해수층의 혼합	바닷 속에 파이프를 심어서 아래층의 영양이 풍부한 바닷물을 위로 퍼 올려주면 식물성 플랑크톤의 성장을 도울 수 있다.

6.4 생활 속의 대기 관련 이야기

지구 속의 작은 지구: 바이오스피어 2

바이오스피어 2(Biosphere 2)는 1991년 완공되었다. 진짜 지구가 바이오스피어 1(Biosphere 1)이고, 인공의 작은 두 번째 지구를 바이오스피어 2라고 이름을 지은 것이다. 환경 문제를 연구하는 데 있어서 가장 큰 어려움은 지구 전체가 실험실이라는 점이다. 지구가 너무나 넓고 복잡 다양한 실험실이다 보니, 슈퍼컴퓨터가 돌아가는 세상이라고 해도 효과적이고 정확한 연구 진행이 어려운 것이다. 따라서 지구 환경 문제를 효율적으로 연구할 수 있도록 지구 속에 작은 지구를 만들었으며, 텍사스의 석유 부호 에드워드 배스(Edward Bass)가 2억 달러라는 자금을 쏟아 부었다. 그림 6.12는 바이오스피어 2가 어떻게 생태계를 구성하고 있는지를 보여 준다.

지금까지는 8명의 소지구(Biosphere 2) 인류가 2년 동안 외부와 차단된 채(산소의 공급도 차단된 밀폐 공간) 자급자족하며 생활한 것이 가장 길었던 소지구의 역사이다. 물론 바이오스피어 2가 완벽한 소지구가 될 수는 없는 일이기 때문이다. 문제는 대기 중 이산화 탄소 농도의 빠른 증가를 바이오스피어 2 내 환경으로는 자체적으로 조절할 수 없었던 점이다. 어쨌든 이러한 연구 과정들을 통하여 얻어진 결과들은 귀중한 환경 관련 자료로 활용되고 있다.

이후에 바이오스피어 2는 진짜 지구만큼이나 파란만장한 길을 걸었다. 한동안 인

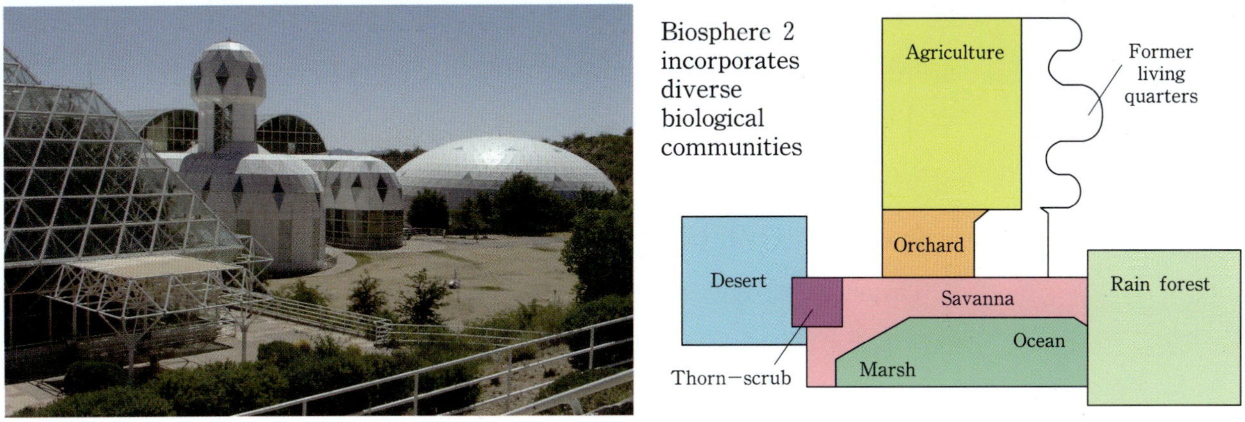

그림 6.12

미국 애리조나에 세워진 바이오스피어 2 전경. 지구 속의 작은 지구이다. 이 안에는 사막도 있고, 바다도 있고, 밀림도 있고, 각종 동식물도 있다. 이 안에서 자급자족하면서 8명이 2년간 각종 환경 관련 연구를 수행하였다.(출처: 위키피디아)

류가 살지 않던 이 소지구를 1997년부터 2003년까지 컬럼비아 대학이 교육과 연구 시설로 활용하였다. 이곳에서 진행된 프로그램들은 주로 대학원생들을 위한 것들이었는데, 지구학, 우주학, 공학 과정이 진행되었다. 운영비의 부담으로 컬럼비아 대학은 이 소지구를 포기하게 되고, Decisions Investments Corp.라는 회사가 이를 인수하였다. 하지만 2년 뒤인 2005년 이 회사는 소지구를 다시 매물로 내놓았고, 2007년 CDO Ranching & Development 사가 인근에 1,500가구의 주택과 리조트 호텔을 지을 계획으로 5천만 달러에 인수하였다. 이때부터 애리조나 대학에서 바이오스피어 2의 운영을 맡아서 기후 변화를 비롯한 연구 시설로 사용해 왔는데, 2011년 6월에 CDO Ranching & Development 회사는 결국 개발 투자를 포기하고 이를 애리조나 대학에 기부하였다. 아마도 미국의 경기 불황이 원인이었던 것 같다. 한편 애리조나 대학이 이를 연구 시설로서 활용하는 데 들어가는 자금을 Philecology Foundation(에드워드 배스에 의해 세워진 비영리 연구재단)에서 향후 2천만 달러를 제공하는 것으로 하였다. 현재 일부 시설들은 관광객들에게도 개방되고 있다. 어쨌든 부러움과 동시에 두려움을 갖게 하는 미국이다. 다음과 같은 소리가 귀에 들리는 듯하다. 지구를 정복하고자 하는 자 지구를 알지어다.

자연의 향기

우리는 사물을 인식하고 판단할 때 시각을 가장 많이 사용하고 일부 후각에 의존하기도 한다. 필자의 선부른 생각일지는 모르나 시각에 의한 인식이 이성적인 면이 강하다면 후각, 냄새로 인식하고 판단하는 것은 감성적인 면이 강한 것 같다. 계절에 따라 바람타고 코를 자극하는 향기는 그것만으로도 꽃밭에 있는 듯하고 숲속에 들어온 것 같고 바닷가에 와 있는 것 같게 한다. 비릿한 바다의 신선한 냄새, 봄 들판의 풋풋한 풀 냄새, 한여름 깊은 숲 속의 짙은 녹색 잎의 신선한 향기 등 자연의 감동은 바로 코를 통해 온다.

숲 속의 신선한 향기로 삼림욕을 즐기는 도시인들이 부쩍 늘고 있다. 특히 피톤치드(Phytoncide)에 대한 관심이 늘면서 편백나무 숲이 큰 인기를 얻고 있다. 피톤치드는 나무를 괴롭히는 미생물들을 퇴치하기 위해서 나무 스스로 만들어 내는 살균제인데, 테르펜류라는 천연물이 주성분이다.

한편 침엽수들은 추운 겨울에도 잎을 떨어뜨리지 않고 푸름을 유지한다. 어떻게 동상에 걸리지 않고 견딜 수 있는 것일까? 침엽수 나뭇잎은 겨울 찬바람을 견디기 위해 잎의 생체막을 이루고 있는 중성 지방과 인지질을 효소작용으로 분해하여 α-리놀렌산을 만든다. α-리놀렌산은 마치 우산을 펴놓은 모양으로 생체막 공간을 솜처럼 만들어 보온성과 탄성을 갖게 한다. 이 보온 구조가 나뭇잎의 월동을 가능하게 하는 것이다. 봄이 되어 α-리놀렌산이 필요 없게 되면 나뭇잎 속의 여러 효소는 부지런히 α-리놀렌산을 분해하여 없앤다. 이때 분해되어 생기는 물질이 공기 중으로 내뿜어져 나온다. 이 속에 바로 녹색 향기의 비밀 성분이 들어 있다. 이 물질은 알코올과 알데하이드류가 주성분으로 상쾌한 나무향기를 이루는 것이다. 삼림에서 이런 향기 분자가 바람에 흩날리면서 녹색 향기의 교향곡을 연주한다. 이에 덧붙여 향기가 나는 기름 성분인 테르펜류 피톤치드가 나뭇잎 속에서 녹색 향을 더욱 짙게 해주는 것이다.

세제와 화장품에 대한 장에서 좀 더 자세히 언급하겠지만 우리는 향기 성분을 자연으로부터 얻든 합성을 하든 다양하게 활용하며 산다. 예전부터 사람들은 뜨거운 증기를 이용해 식물로부터 기름을 증발시켜 향기가 나는 기름을 얻었다. 이 기름이 바로 향료로 사용된다. 라일락 향기는 페닐아세트알데하이드(알데하이드류), 장미꽃 향기는 2-페닐에탄올(알코올류), 재스민 향기는 살리실산 이소아밀(에스터류), 제라늄향은 제라니올(알코올류)이다. 이들은 아직도 향수 제조에 사용되고 있다. 오늘날 사용되는 향료는 대략 6천 종이나 된다. 이중 대략 4천 종이 식물과 동물에서 얻는 천연 화합물이고 나머지 2천여 종은 인공적으로 합성한 물질이다. 이 6천여 종을 이용한 향의 기술이 아무리 발달한다고 해도 산림 속 녹색 향을 이길 수는 없을 것 같다. 근래에 중국은 너무나 심한 스모그로 인해 캐나다의 맑은 공기를 수입하여 노약자에게 판매한다고 한다. 우리나라의 하늘도 맑은 공기는 아니다. 자연의 싱그러운 냄새를 늘 맡을 수 있는 환경이 되었으면 한다.

7

농업

한여름 밤의 모깃불

일본 영화 '나라야마부시코(楢山節考)'는 고대 일본의 고려장 풍속과 척박한 산골 마을에서의 끈질긴 인간의 삶을 엮은 영화이다. 후카자와[深澤]의 동명 소설이 원작이다. 식량 생산이 제한적인 이 마을에서는 부모가 늙으면 깊은 산으로 보내고, 원하지 않는 아이가 생기면 그 아이를 논에 버리는 충격적인 장면이 나온다. 왜 논에다가? 영화 속의 대화가 이렇다. "논에 거름이 되게 하려고 그랬다."

영화 '나라야마부시코'

OECD가 발표한 우리나라 사람들의 기대 수명은 2018년 기준 82.7세(여자 85.7세, 남자 79.7세)로 나타났다. OECD 국가의 평균보다 2년 길었고, 기대 수명이 가장 긴 일본(84.2년)보다는 1.5년 짧았다. 의약의 발달과 식량 증산은 인간의 수명 연장에 크게 기여하였는데, 건강하게 장수하는 삶의 배후에는 많은 과학자들의 땀과 노력이 숨어 있다. 의약품에 관한 주제는 추후 언급할 것이며, 이번 장에서는 농업화학에 대해 살펴본다. 필자가 초등학교에 다닐 때는 우리나라 인구의 약 70~80%가 농업에 종사한다고 배웠다. 지금은 농업과 어업 인구를 합쳐도 10% 정도에 지나지 않는다. 이렇다 보니 대다수 사람들은 농업이 우리 일상생활과는 거리가 멀다고 느낄 것이다. 그러나 농업이야말로 우리의 삶에 가장 가까이 있다. 농업은 우리가 매일 먹는 식량의 공급을 담당하기 때문이다.

우리가 식량 문제를 바라보는 관점도 많이 바뀌었다. 1960~70년대에는 거리 곳곳에 식량 증산을 독려하는 갖가지 표어가 붙어 있는 풍경을 흔하게 볼 수 있었다. 당시 퇴비증산과 파종법의 개량이 이루어졌고, 종자의 개량을 통하여 '통일벼'가 탄생하였다. 통일벼는 맛은 떨어지지만 수확량이 많은 이점이 있었다. 비료 및 농약 공장도 많이 지어졌다. 소위 새마을 운동의 결과, 쌀만큼은 자급자족의 시대를 열었던 것이다. 1980년대 경제 발전과 더불어 우리나라에서도 환경 문제에 대한 관심이 높아졌다. 시민들은 식량 문제에 있어서도 양보다는 질을 따지게 되었다. 맛없는 통일벼 쌀 대신 일반미를 찾았고, 식량 증산에 기여한 비료와 농약은 환경과 건강을 해치는 주범으로 인식되었다. 이러한 환경과 건강에 대한 관심의 연장선에서 최근에 떠오른 이슈는 유전자 변형 생물체(GMO)이다. GMO는 아직 사람에 대한 영향이 검증되지 않은 상황에서 이미 우리의 식탁에 오르고 있다. 앞으로 이 문제에 대해서 많은 논란이 계속되겠지만 결국 우리의 식탁에서 유전자 조작 식품을 완전히 배제하기는 어려울 것이다.

7.1 비료

비료의 구분과 종류

매년 같은 땅에서 농사를 짓기 위해서는 토양을 계속 비옥하게 유지하는 것이 중요하다. 예로부터 우리는 콩과식물의 윤작, 퇴비, 죽은 물고기, 객토(客土) 등을 통하여 토양의 생산력을 유지해 왔다. 화전민들이 한 곳에서 5년을 지내지 못하고 옮겨 다니는 이유도 이 때문이다.

화학 비료의 사용으로 토양의 생산력은 한 단계 높아졌다. 곡물 생산량이 무려 50% 정도 증가하여 많은 사람을 기아에서 구할 수 있었다. 현재 지나친 비료의 사용이 환경오염과 관련하여 문제시되고 있으나, 그렇다고 다시 옛날의 농사법으로 되돌아갈 수는 없다. 현재 시점에서는 환경 친화적인 비료의 개발 및 사용이 요구되는 것이다. 식물이 필요로 하는 영양소와 이들이 어떤 형태의 비료로 공급되는지 표 7-1

표 7-1 식물의 영양소 공급 비료 화합물*

필요 원소	공급 화합물
C, H, O	비금속 영양소 CO_2(이산화 탄소), H_2O(물)
N P, K	1차 영양소 NH_3(암모니아), NH_4NO_3(질산 암모늄), H_2NCONH_2(요소) $Ca(H_2PO_4)_2$(인산이수소 칼슘), KCl(염화 포타슘)
Ca Mg S	2차 영양소 $Ca(OH)_2$(수산화 칼슘, 소석회), $CaCO_3$(탄산 칼슘, 석회석), $CaSO_4$(황산 칼슘) $MgCO_3$(탄산 마그네슘), $MgSO_4$(황산 마그네슘, 사리염) 황원소, 황산의 금속염
B, Cl Fe, Mo Na, V, Zn	미량 영양소 $Na_2B_4O_7 \cdot 10H_2O$(붕사), KCl(염화 포타슘) $FeSO_4$(황산 제일철), $(NH_4)_2MoO_4$(몰리브덴산 암모늄) NaCl(염화 소듐), V_2O_5, VO_2(산화 바나듐), $ZnSO_4$(황산 아연)

*미량 영양소(Micronutrients): B, Cl, Cu, Fe, Mn, Mo, Ni, Zn

표 7-2 비료의 구분

분야	구분
성분	복합(N, P, K 모두 포함) 단일(1~2성분 포함, e.g., ammonium phosphate)
용해도	수용성(물에 녹아 액체 용액으로 공급) 비수용성(과립형, 서방형 고체로 공급)
원료	유기질(식물, 동물이 원료, 탄소 함유) 무기질(식물, 동물 외의 원료)

표 7-3 보통 비료의 구분 및 종류(비료관리법 규정 2020)

비료 구분	비료의 종류
질소질(17종)	황산 암모늄(유안), 요소, 질산 암모늄, 피복요소, CDU, IBDU, MU, 칠레초석, 질산희토, 광물융합체질소 등
인산질(6종)	과린산석회(과석), 중과린산석회(중과석), 용성인비 등
칼리질(3종)	황산 포타슘, 염화 포타슘, 황산 포타슘고토
복합(12종)	제1~4종 복합, MU 복합, IIBDU 복합, 폼 요소 복합 등
석회질(10종)	소석회, 석회석, 부산석회, 패화석, 부산(副産)석고 등
규산질(6종)	규산질, 규산석, 규인, 규인포타슘 등 6종
고토(苦土, Mg)(6종)	황산고토, 고토붕소, 수산화고토, 질산고토, 부산고토
상토(床土, 배양토)(2종)	상토1호, 상토2호
미량요소(4종)	붕산, 붕사, 황산아연, 미량 요소 복합
기타(11종)	제올라이트, 벤토나이트, 재, 아미노산 발효 부산액, 건계분, 지렁이분 등

표 7-4 부산물 비료의 구분 및 종류(비료관리법 규정 2020)

비료 구분	비료의 종류
부숙(腐熟) 유기질(9종)	가축분퇴비, 퇴비, 부숙겨, 분뇨잔사, 부엽토, 건조축산폐기물, 가축분뇨발효액, 부숙왕겨, 부숙톱밥
유기질(18종)	어박, 골분, 잠용유박, 대두박, 채종유박, 면실유박, 깻묵, 낙화생유박, 아주까리유박, 미강유박, 맥주오니, 혈분 등
미생물(1종)	토양미생물제제

에 나타냈다. 이 중에서 1차 영양소에 대해서만 간단히 논의한다.

질소, 인, 포타슘 비료

질소(N_2)는 공기 중에 얼마든지 있지만 대부분의 생명체는 자신이 필요로 하는 질소 성분(N)을 공기로부터 얻을 수 없다. 공기 중의 질소를 생명체가 이용 가능한 형태로 바꾸는 것을 '질소 고정(窒素固定)'이라고 한다. 질소 고정의 대표적인 화학 공정이 촉매를 써서 질소와 수소를 직접 반응시켜 암모니아를 생산하는 하버 공정이다. 하버는 1장에서 언급한 독일의 화학자이다.

$$N_2 + 3H_2 \rightarrow 2NH_3$$

암모니아 기체를 압축하면 액체가 되는데 이것을 토양에 뿌리거나 물에 암모니아 기체를 녹인 암모니아수를 토양에 뿌리기도 한다. 그런데 이런 방법들은 암모니아가 휘발하여 손실이 클 뿐만 아니라 공기를 오염시키므로 요즘에는 거의 사용하지 않는다. 암모니아 분자는 산소가 풍부한 토양에서 산화되어 질산 이온(NO_3^-)이 되며, 식물은 물에 녹아 있는 질산 이온을 흡수한다. 식물 대사과정에서 질산 이온은 아미노산을 비롯한 다양한 질소 함유 화합물의 질소 공급원이 된다. 암모니아를 질산과 반응시키면 질산 암모늄(NH_4NO_3)이 얻어진다. 질산 암모늄은 32%가 질소 성분이며 고체 상태로 쉽게 취급될 수 있다. 질산 암모늄을 고온에 노출하거나 다량의 환원제와 혼합하면 산화제로 작용하여 폭발하므로 주의해야 한다. 2020년에 있었던 레바논 베이루트의 폭발 사건이 바로 이 물질에 의한 것이었다. 그러나 상온에서 순수한 상태로 취급할 때는 안전하다. 요소는 비료로서는 물론 가축의 먹이로도 널리 사용되기 때문에 가장 중요한 화학 약품 중의 하나이다. 암모니아와 이산화 탄소는 200℃ 정도의 온도와 높은 압력 하에서 반응하여 카바민산 암모늄이 된 다음, 물과 요소로 분해된다.

$$2NH_3 + CO_2 \rightarrow \underset{\text{카바민산 암모늄}}{H_2N\text{-}COO^- \, NH_4^+} \rightarrow \underset{\text{요소}}{H_2N\text{-}CO\text{-}NH_2} + H_2O$$

식물 주위의 지표면에 시비(施肥)된 요소는 비 또는 관개용수를 통해서 토양 속으로 스며들지 않으면 상당한 양의 질소를 잃게 된다. 즉 요소가 가수 분해될 때 암모니아가 형성되는데, 이 암모니아가 습기를 함유하고 있는 토양 입자에 의해 둘러싸이지 않으면 공기 속으로 유실된다. 이러한 질소 유실은 경우에 따라 시비된 질소 양의 절반에 달할 수도 있다.

인산염 암석은 채광한 후 분말로 만들어 직접 토양에 뿌리기도 한다. 이것을 황산으로 처리하면 아래 반응식처럼 과인산염으로 전환되는데, 이것은 물에 더 잘 녹아서 식물의 이용률이 훨씬 높아진다.

$$Ca_3(PO_4)_2 + 2H_2SO_4 \rightarrow Ca(H_2PO_4)_2 + 2CaSO_4$$

포타슘은 K_2CO_3 형태로 전 세계에 걸쳐서 산재되어 있다. 용해될 수 있는 포타슘의 형태는 염화 포타슘(KCl)이다. 이 화합물에는 식물 성장에 유해한 염화 소듐(NaCl)이 섞여 있으므로 두 화합물을 분리하기 위해 재결정 방법으로 광석을 처리하여야 한다. 한편, 복합 비료 포대에는 16-0-8과 같은 숫자 표시가 있는데, 이것은 N, P_2O_5, K_2O로써의 함량 %를 나타낸 것이다.

화학 비료의 필요성과 부작용

인류가 배고픔으로부터 벗어나는 데 화학 비료가 크게 기여하였음은 부인할 수 없는 사실이다. 그렇지만 지구 환경을 오염으로부터 지켜야 한다는 생각이 널리 퍼지면서 화학 비료 사용에 대한 부정적 견해도 확산되고 있다. 그러나 어느 한 쪽으로만 갈 수는 없을 것이다. 인류는 지혜롭게 무절제한 화학 비료의 사용을 억제하면서 식량도 확보하는 길을 택해야 한다. 화학 비료의 필요성과 부작용을 주장하는 목소리는 주로 다음과 같다.

먼저 필요성을 주장하는 쪽의 근거들이다. 인류 증가에 따른 식량의 수요 증가가 계속되고 있다. 이에 따라 곡물을 비롯한 식용유, 설탕, 과일 등의 수확량 증가가 요구되고 있다. 식물 뿌리를 통한 토양으로부터의 균형적 영양 성분 흡수를 위해 화학 비료가 요구되며, 대량의 빠른 영양 성분의 공급은 화학 비료 외에 대안이 없다. 또한 식량 생산이 부족해지는 경우 곡물 가격의 상승으로 굶주리는 인류가 더욱 많아질 것이다.

한편 부작용의 심각성을 부각시키는 주장은 다음과 같다. 토양의 물리화학적 건강을 해침으로써 삼투압, 전도도, 수분 함량 등에서 변화가 일어난다. 이에 따라 토양의 균형이 무너지면서 미생물의 번식 등에 악영향을 미치고, 지하수 오염, 부영양

그림 7.1
창고에 쌓여있는 화학비료

화 등으로 수자원이 오염되며, 결국 인류의 건강, 특히 신장, 간 등에 악영향을 끼치게 된다. 아직도 배고픔에 허덕이는 사람이 존재하는 이유는 식량의 공정한 분배가 이뤄지지 않기 때문이지 절대량이 부족해서가 아니다.

7.2 농약

많은 생명체는 농작물에 대하여 인간과 경쟁적 관계를 갖고 있다. 즉 사람만 곡식이 필요한 것이 아니다. 바이러스, 박테리아, 곰팡이, 조류, 수만 종의 잡초, 수천 종의 선충 및 약 만 종의 곤충들도 곡식을 필요로 한다. 매년 세계 곡물의 과반수가 해충으로 인하여 손실되는데, 사람들은 여러 종류의 해충으로부터 농작물을 지키기 위하여 각종 화합물을 이용하고 있다. 매년 세계에서 생산되는 살충제의 약 3/4이 농업에 사용되고 있으며, 미국 환경청에 등록되어 있는 살충제 성분만도 2,600종 이상

그림 7.2
왼쪽부터 살충 효과가 있는 것으로 알려진 제충국, 라벤다, 페니로얄. 제충국 성분인 피레스린은 모기약으로 쓰이며, 라벤다는 향료 외에도 방충제로서 모기나 파리 등의 퇴치제로 이용하고, 페니로얄(Penny Royal)은 로마시대에 벼룩 퇴치와 집 안의 해충을 쫓아내는데 이용한 것으로 유명하다.
(출처: ©Toni Genes, Lynn Yeh, Varts/Shutterstock)

표 7-5 농약의 분류 기준에 따른 종류(농약관리법 규정 2020)

분류 기준	농약의 종류
대상목적 (Functional class)	살충제 (insecticide), 살균제 (fungicide), 제초제 (herbicide), 살비제(응애, acaricide), 살선충제(nematocide), 살서제(쥐, rodenticide), 식물생장조절제 (plant growth regulator)
화학성분 (Chemical class)	무기농약(무기황제, 비소제 등), 천연유기농약 (담배의 니코틴 등), 유기합성농약 (organophosphorous, organochlorine, phenoxy, carbamate, pyrethroid, triazine 등)
제형 (Formulation)	유제 (emulsifiableconcentrate), 수화제(wettablepowder), 액제(soluble concentrate), 수용제(water soluble powder), 분제 (dustablepowder), 입제(granule), 연무제 (aerosol), 훈연제(smoking generator)
독성 (Toxicity, WHO)	맹독성(Ia), 고독성(Ib), 보통독성(II), 저독성(III), 미독성(U)

에 이른다. 화학 비료와 살충제를 사용하지 않는 농업을 유기영농이라고 하며, 화학 약품을 사용하지 않는다면 평균 곡물 생산량이 지금의 20% 이하로 줄어들 것이라고 한다. 그렇기에 농업에서 농약을 사용하지 않는 일은 현실적으로 어렵다고 할 수 있다. 따라서 환경 친화적 농약의 개발이 필수라고 할 수 있는데, 이를 위해 다음에 설명하는 비지속성 살충제, 생물학적 살충제, 그리고 유전자 변형 생물체(GMO)의 개발이 활발하다. 후자의 경우 살충성 성분을 곡물이 자체적으로 만들어 내도록 유전자를 변형시킴으로써 곤충에 의한 피해를 줄일 수 있는 GMO를 말한다. 표 7-5에 농약의 분류 기준에 따른 각 종류를 나타냈다. 농약은 사용하는 대상에 따라 살충제, 살균제, 제초제, 살비제(응애), 살선충제, 살서제(쥐, 두더지), 식물생장조절제로 나뉜다. 그 외에 화학 성분, 제형, 독성에 따라서도 농약의 종류를 구분한다.

살충제 DDT의 퇴장

제이 차 세계 대전까지만 해도 살충제로는 몇 가지 비소계, 석유, 니코틴, 제충국, 로테논, 황, 사이안화 수소, 빙정석 등이 고작이었다. 염소화 유기살충제의 대명사였던 DDT(Dichlorodiphenyltrichloroethane)가 처음으로 합성된 시기는 1874년 오스트리아의 오트마 자이들러(Othmar Zeidler)에 의해서이며 당시 지도 교수는 아돌프 바이어(Adolf Baeyer)였다. 하지만 제이 차 세계 대전 전까지는 살충제로서의 효능을 모르고 있었다. 1939년 스위스 화학자 폴 뮐러(Paul Müller)에 의하여 DDT가 좋은 살충제라는 사실이 밝혀졌으며, 이후 DDT는 농작물을 해충으로부터 지키는 것뿐만 아니라 발진티푸스, 말라리아, 페스트 같은 전염병으로부터 인류를 지키는데 사용되었다. 이러한 공로로 1948년 뮐러는 노벨상을 받았지만, 결국 DDT는 세상에서 퇴장하였다. 무슨 일이 있었던 것일까?

제이 차 세계 대전 후 DDT를 비롯한 합성 살충제의 사용량이 크게 증가하였다.

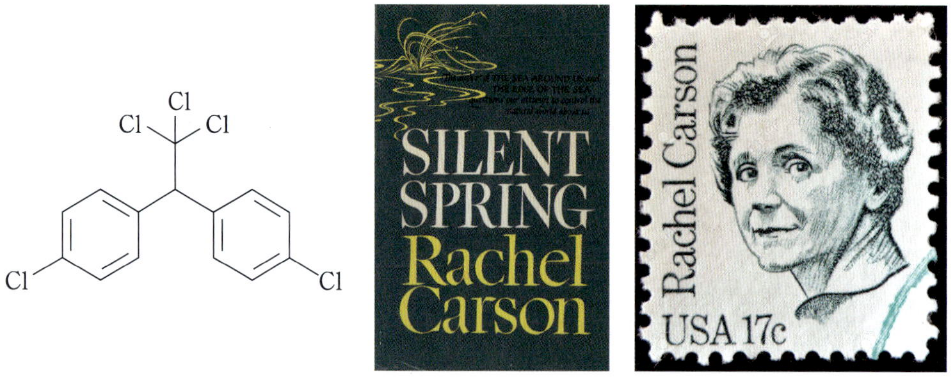

그림 7.3
DDT(Dichlorodiphenyltrichloroethane)의 구조와 1962년 발간된 "침묵의 봄" 표지. 오른쪽은 우표 속의 레이첼 카슨 (출처: ©Olga Popova/Shutterstock)

science/ technology concentrates

Lily fights fungus with organochlorines

The persistence of organochlorine pesticides exacerbates environmental concerns over them. Now, however, Japanese researchers have discovered that a lily plant makes short-lived organochlorine compounds as an antifungal defense [*J. Nat. Prod*, published June 13 ASAP, http://pubs.acs.org/journals/jnprdf/]. The work could potentially point the way to synthetic, environmentally friendly organochlorine pesticides. When the edible lily *Lilium maximowiczii* is attacked by a certain soil fungus, the plant responds by producing antimicrobial compounds that act to restrict the fungal damage, according to researchers at Hokkaido University, Sapporo, led by chemistry professor Mitsuo Takasugi and assistant professor Kenji Monde. They have identified orcinol (top) and seven of its chlorinated metabolites (one shown, bottom) in this antimicrobial mixture. The researchers conclude that the stressed plant produces these unusual "natural organochlorine pesticides" from orcinol via enzymatic chlorination. They note that although many chlorine- and bromine-containing metabolites from marine sources have been investigated previously, "only a few organochlorine or organobromine compounds have been isolated from terrestrial higher plants."◀

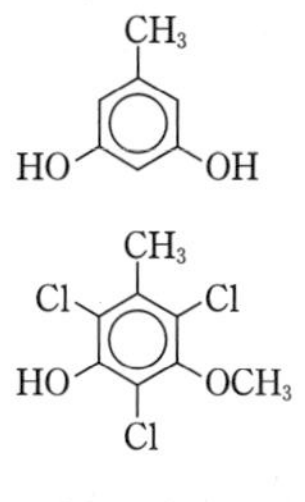

그림 7.4
위의 기사는 백합이 만들어 내는 항균 성분을 분석하였다는 내용이다. 환경 친화적인 비지속성 살균제 개발에 대한 힌트를 자연으로부터 얻을 수 있다는 것을 보여 주는 예이다.

그 결과 DDT와 같은 합성 살충제가 호수와 강으로 유입되었다. 농약이 다량으로 사용되기 전에는 이들이 생태계에 미칠 독성 및 생물학적 부작용에 대한 연구가 거의 이루어지지 않았다. 대표적인 예가 DDT이다. DDT는 대사 과정에서 빠르게 분해되지 않으므로 동물의 지방 조직에 축적된다. DDT의 생물학적 반감기, 즉 동물의 체내에 흡수된 양이 반으로 소화되는 데 걸리는 시간은 약 8년이다. 동물에는 이 합성 화합물을 빠르게 분해할 수 있는 효소가 없기 때문이다. 동물 체내에 DDT 농도가 증가하면 DDT를 배출시키기 위해 정상적인 대사 방식에 변화가 일어난다. 이때 체내의 다른 대사까지 영향을 받게 되는데, 새가 알껍질을 만드는 칼슘 대사가 그 예이다. 결과적으로 새들은 껍질이 없거나 얇은 알을 낳게 되고, 부화가 안되고 깨져서 새끼들이 태어나지 못하게 된다. 실제로 미국 일부 지방에서 다량으로 번식하던 독수리와 백로가 DDT의 영향으로 거의 전멸한 예가 있다. 이러한 내용을 담은 레이첼 카슨(Rachel Carson)의 "침묵의 봄"이 출간되자 여론이 들끓었고 당시 케네디 대통령은 환경문제자문위원회를 설립하였다. 그리고 마침내 1972년 미국 환경보호청은 DDT, BHC 등 9종의 농약 사용을 전면 금지하였다. 2006년 WHO에서 아프리카 말라리아 퇴치를 위한 실내 분무만 허용하였고, 2020년까지는 사용을 완전 금지하기로 하였다.

DDT보다 인간에게 훨씬 독성이 강한 살충제도 많다. 한 예로 파라티온은 매우 많은 곤충에 효과가 있으며 사람에게도 대단히 유독하다. 이 화합물은 콜린에스터라제에 작용하여 신경계 독성을 나타낸다. 다만, 이 화합물은 생물학적 반감기가 짧아서 쉽게 분해되어 독성이 적은 물질로 바뀌는 특징이 있다.

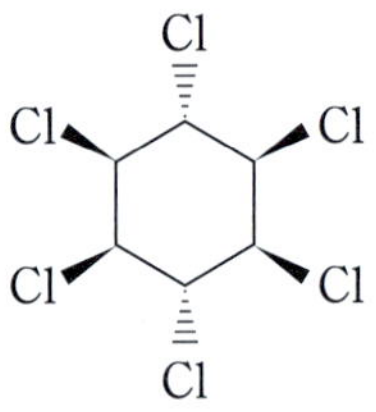

Lindane
(비지속성)

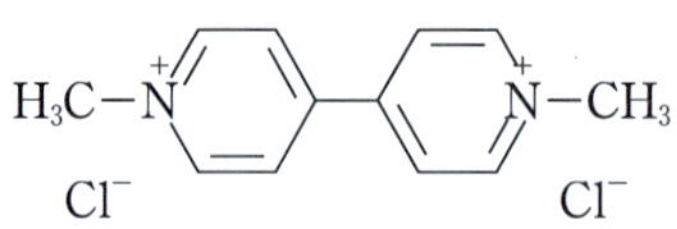

Paraquat
(비지속성)

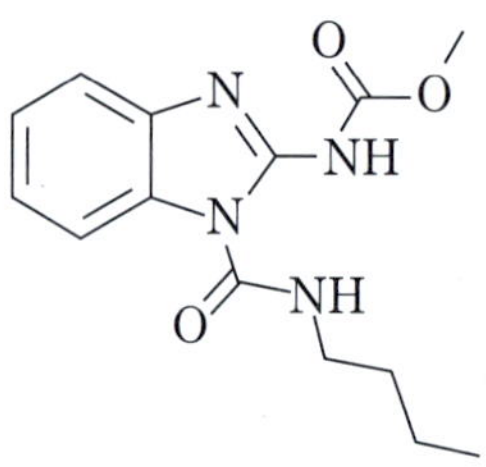

Benomyl(Benlate)
(비지속성)

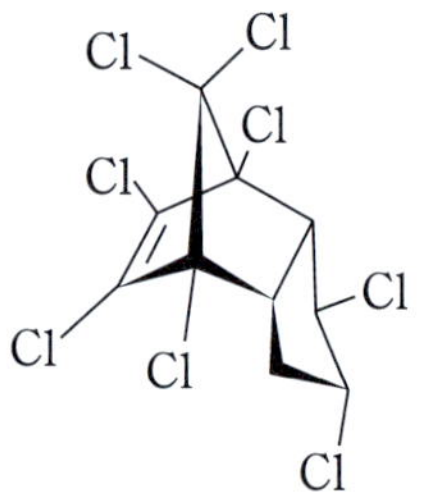

Chlordane
(지속성)

그림 7.5
비지속성 살충제와 지속성 살충제의 예

DDT와 파라티온의 예는 살충제가 어떤 방향으로 개발되어야 하는지 분명하게 알려준다. 인간에게는 독성이 없으면서 해충을 없앤 다음 미생물에 의해 쉽게 분해될 수 있는 환경 친화적 살충제가 그것이다. DDT, 디엘드린, 클로르단과 같은 살충제를 지속성 살충제라고 한다. 반면에 린단은 생분해성(biodegradable)으로서 비지속성 살충제이다. 린단(비지속성)과 클로르단(지속성)의 화학 구조가 유사함에도 불구하고 분해성이 매우 다르다는 사실은 흥미롭다. 한편 근래에는 생물학적 살충 방법이 관심을 받고 있다. 천적을 이용하거나 박테리아나 바이러스를 동원하는 방법이 있으며, 해충의 수컷을 불임이 되도록 하는 방법, 인공 호르몬을 사용하는 방법, 페로몬 성유인 물질을 사용하는 방법들이 개발되고 있다. 호르몬은 한 개체가 체내에서 만들어서 자신의 몸에서만 사용하는 것인 반면, 페로몬은 생물 개체 간에 어떤 행위를 일으키거나 의사를 전달할 목적으로 몸 밖으로 분비하는 화학 물질이다.

생물학적 살충 방법의 예로써 곤충병원성 기생충인 선충을 이용하여 골프장의 잔디를 갉아먹는 등얼룩풍뎅이 등을 죽이는 방법이 있다. 곤충병원성 선충은 짧은 실처럼 생긴 미생물로 나방 등 해충의 애벌레 몸속에 침투한 뒤 하루나 이틀 만에 애벌레를 죽이는데, 다른 곤충이나 사람, 식물 등에는 해를 끼치지 않는 것으로 알려져 있다. 또한 전 세계 30여 가지의 곡물 및 섬유작물에 해를 끼치는 면화씨벌레와 싹벌레를 없애기 위해 배큘로바이러스(baculoviruses)를 이용하기도 한다.

모기약과 곤충 퇴치 스프레이

1960년대 필자는 종종 시골에 계신 할머니 댁에서 시간을 보내곤 하였다. 그럴 때면 저녁 식사를 한 후 마당에 너른 밀짚 방석을 깔고 식구들이 나와 앉아 이야기를 나누곤 하였다. 쏟아질 듯이 무수히 많은 별들로 빛나는 하늘을 바라보며 누운 채 어른들의 이야기를 듣다가 어느새 잠이 드는 날도 많았다. 이런 여름날의 저녁 풍경 속에 꼭 빠지지 않고 등장하는 것이 있었는데, 바로 마당 한 켠에서 연기를 내며 타고 있는 모깃불이었다.

모깃불은 모기가 호흡으로 내뿜는 이산화 탄소를 감지하여 사람에게 달려든다는 점을 거꾸로 이용한 것으로, 모깃불을 통해 다량의 이산화 탄소를 발생시켜 모기를 다른 곳으로 유인하는 효과가 있다. 모기향은 향 속에 살충 성분을 섞은 것인데, 모기향의 살충 성분은 국화과 식물인 제충국(除蟲菊) 꽃에서 추출한 피레스린이라는 물질이다. 요즘에는 피레스린을 인공적으로 대량 합성하는데, 종이 매트, 액체형 훈증식 전자모기향의 살충 성분으로 피레스린은 물론 그 외에도 다양한 화합물들이 사용된다. 분무식(스프레이) 모기약은 살충 성분을 등유에 녹인 뒤 액화석유가스(LPG)를 이용해 에어로졸 상태로 공중에 뿌릴 수 있게 한 것이다. 등유와 액화석유가스의 비율은 어떤 해충을 잡느냐에 따라 달라진다. 예를 들어 모기와 같이 날아다니는 해충을 잡을 땐 모기약이 공중에 더 오래 떠 있어야 하므로 액화석유가스 성분이 더 많이 들어간다. 최근에는 살충제를 사용하지 않는 첨단 모기 퇴치법이 각광을 받고 있다. 사람에게 달려드는 모기는 암컷인데 산란기의 암컷 모기는 수컷 모기를 기피한다. 초음파 모기 퇴치기는 이런 암컷 모기의 특성을 이용한 것으로, 수컷 모기의 소리 대역인 12,000~17,000 Hz의 초음파를 발생시켜 암컷 모기가 접근하지 못하게 한다. 모기를 퇴치하기 위한 근본적인 방법은 말 그대로 씨를 말리는 것이다. 즉 생명공학을 이용하여 모기 유충인 장구벌레가 즐겨 먹는 클로렐라나 부유성 박테리아에 독성 물질이나 소화 억제 호르몬을 집어넣으면, 이를 먹은 장구벌레가 결국 독으로 죽거나 영양 부족으로 죽게 된다. 또한 미꾸라지를 모기유충이 사는 늪지에 방류해도 큰 효과를 볼 수 있다. 또한 미꾸라지는 하루 1,000마리의 모기유충을 먹는 것으로 알려져 있으므로 어떤 살충제보다도 효과적이다.

앞서 살충 및 해충 퇴치 효과가 있는 식물에 대해 소개하였는데, 근래에는 이들 살충성 식물들을 봉지에 담아서 허브 방충제로 판매하는 회사들이 생겨났다. 몇 가지 예를 들면 다음과 같다. 앞서 언급한 제충국은 곤충에 강력한 살충제이며, 라벤더나 유카리는 벌레가 기피하는 식물이고, 탠지는 냄새로 파리를 쫓아내며, 호두나무 잎을 달인 물은 개미 퇴치에 효과가 있다. 벼룩이나 진드기 퇴치에는 페니로열과 레몬유카리, 옷에 좀이 설지 않게 하기 위해서는 라벤더, 로즈마리, 산토리나, 레몬그라스를 말려서 이용한다. 타임, 유카리, 산토리나는 장서의 좀구제, 페퍼민트, 배질, 시트로넬라, 페니로열, 레몬그라스는 모기 퇴치, 타임, 유카리, 에리켐페인은 파리 퇴치용 허브들로 알려져 있다.

요즘엔 야외에 나갈 때 곤충 퇴치용 스프레이를 챙겨 가는 행동이 일반화되었지만, 전에는 그런 것이 있는지도 모르고 살았었다. 벌써 오래전 1993년 여름의 일인데, 필자는 다른 대학의 교수들과 함께 캐나다의 트로아 리비에라(Trois-Riviere: 강줄기 세 개가 만나는 곳이므로, 의미로 보면 한강의 양수리에 해당)라는 조용한 도시에서 열린 국제학술회의에 참석한 적이 있다. 학회가 열리기 전 이른 아침에 산책 겸 인근의 국립공원에 함께 들렀다가 모기떼를 만나 계속 뛰어다녔던 경험이 있다. 당시 일행 중 아무도 곤충 스프레이를 가지고 나온 사람이 없었는데, 필자의 기억에 우리나라에서는 아직 야외용 곤충 스프레이가 보편화되기 전이었던 것 같다.

곤충 살상 스프레이의 성분도 시대에 따라 달라졌다. 초기에는 유기인산계나 카르밤산계가 널리 사용되었으나 냄새, 휘발성, 포유동물에 대한 독성 등이 문제가 되면서 합성 피레스린계 화합물(pyrethroids; tetramethrin이 한 예)로 대체되었다. 물론, 제품 조성물이 이것 한 가지만은 아니고 대상 곤충의 종류(벌, 거미, 개미, 모기, 바퀴벌레 등)에 따라 다른 조성물을 첨가하거나 조성비를 달리하여 만든다. 최근에 연구한 결과에 의하면 가장 효과적인 퇴치용 조성은 20% 이상의 DEET를 함유한 것으로서 5시간 이상의 효과를 나타낸 반면, 대부분의 식물 성분들은 20분 정도, 그리고 손목밴드형으로 나온 것은 별로 효과가 없었다고 한다.

피레스린계는 곤충을 기절시키는데 빠른 효과를 나타내서 좋기는 한데, 조금 지나면 독성에서 풀린 곤충이 다시 공격해 오는 경우가 많아서 이를 해결하기 위한 고민으로 화학자들의 머리카락이 많이 빠졌다. 결국 찾아낸 물질이 피페로닐 뷰톡사이드(piperonyl butoxide)이다. 이 물질은 곤충의 몸속에서 해독작용에 관여하는 효소를 차단해서 곤충이 빠르게 회복되는 것을 막는다.

한 회사는 박하 오일(mint oil)을 사용한 제품을 내놓았는데 이 제품은 특히 물거나 쏘는 곤충의 살상에 효과적이라고 한다. 박하 오일에 노출된 곤충은 호흡관이 막혀서 질식하거나 신경계가 과도로 자극을 받아 죽게 되는 것으로 알려졌다. 이

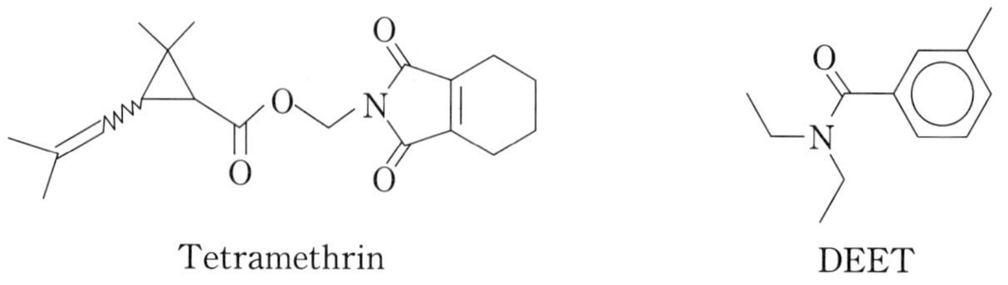

그림 7.6
곤충 살상 및 퇴치용 스프레이의 주성분인 tetramethrin과 DEET (N,N-diethyl-*m*-toluamide)

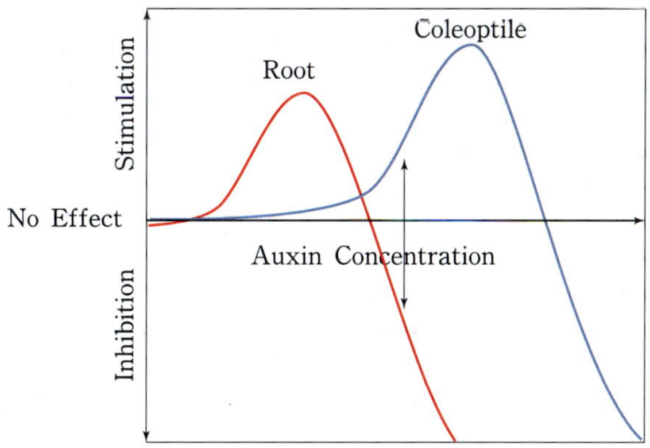

그림 7.7
옥신의 농도가 뿌리와 엽초(coleoptile)에 미치는 영향. 그래프에 나타낸 것처럼 성장 호르몬인 옥신의 농도가 어느 수준 이상이 되면 오히려 생장을 저해한다. 뿌리의 경우 줄기나 엽초에 비해 옥신의 농도가 가장 낮은 수준에서도 생장 저해가 나타난다.

외에도 정향유(clove oil), 참기름(sesame oil), 윈터그린 오일(wintergreen oil) 등의 다양한 천연 오일 성분을 혼합하여 사용하는 제품들이 나왔는데, 이들 성분들은 옥토파민(octopamine) 신경수용체를 막아버려서 곤충이 움직이지 못하고 대사도 중단되게 한다고 한다.

모기 퇴치에 대한 최근의 관심은 유전자 변형 모기(GM 모기)의 이용이다. 2020년에 미국에서 승인한 GM 모기의 실험적 방사가 2021년부터 2022년까지 2년 동안 플로리다주에서 실시될 예정이다. 한편 환경보호단체들은 물론 식품안전센터(CFS)에서도 이 실험에 대해서 우려를 표명하였는데 그 이유는 GM 모기의 오류 가능성 때문이다. 그렇다면 GM 모기는 어떤 모기인가? 'OX5034'로 불리는 이 모기는 이집트숲모기의 유전자를 조작해 만든 수컷 모기인데, 이들 모기가 야생에서 암컷 모기와 번식하게 함으로써 자손이 암컷이면 유충 단계에서 죽게 하고 수컷이면 같은 유전자를 퍼뜨리도록 만든 모기이다. 이 외에도 다양한 형태의 모기가 만들어졌는데, 특정 균을 감염시킨 수컷 모기를 만들어 부화가 안 되는 알을 낳게 하거나, 날지 못하는 모기, 자손을 남기지 못하는 불임 모기, 입모양이 수컷과 같아 피를 빨지 못하는 암컷모기 등 돌연변이 모기들이 그 예이다.

제초제

제초제는 잡초를 없애는 용도로 쓰인다. 이것은 나무나 풀 중에서 특정 식물만 죽이는 선택성을 갖고 있을 수도 있고 식물을 무차별하게 죽일 수도 있다. 어떤 제초제는 곡물을 재배하기 전에 토양에 과립의 형태로 뿌려지기도 하지만 보통은 잡초 발생 전후에 액체 상태로 분사된다. 즉 제초제의 사용은 그렇게 간단한 것이 아니어서 제초제 성분의 종류, 잡초 및 곡물의 종류, 토양의 형태 등을 고려하여 그 사용법이 결정된다.

비선택성 제초제는 광합성을 방해하여 식물을 죽게 만든다. 사용 후 식물은 곧 녹색을 잃게 되고 생명 유지에 필요한 에너지가 고갈됨으로써 말라 죽게 된다. 선택성 제초제는 식물의 특별한 성장 단계에서 호르몬처럼 유기체의 특수한 대사 과정을 선택적으로 제어한다. 실제로 대부분의 선택성 제초제는 성장 호르몬을 사용하는데, 식물의 비정상적인 성장을 유발시킴으로써 오히려 생장을 멈추게 만든다. 즉 잎의 조직 세포가 너무 두꺼워져서 화합물들이 잎 속을 통과하지 못하게 되거나, 뿌리가 너무 두꺼워져서 물과 영양소가 흡수되지 못하게 된다. 각 식물의 생화학적 작용 메커니즘(mechanism; 화학 반응에서 각 단계별로 일어나는 반응 과정)이 보다 많이 알려지게 되면 훨씬 더 선택적인 제초제가 만들어질 수 있을 것으로 생각된다.

표 7-6 제초제의 작용 원리에 따른 분류

Group	Mode of Action	Family	Common Name	Trade Name
1	ACC-ase inhibitor	'fops'	quiazalofop	Assure II
		'dims'	clethodim	Select
2	ALS inhibitors	sulfonylurea	nicosulfuron	Accent
		imidazolinone	imazethapyr	Pursuit
3	Mitosis inhibitors	dinitroalinine	trifluralin	Treflan
4	Synthetic auxins	phenoxy	2,4-D	many
		–	dicamba	Clarity
5	Photosystem II inhibitor	triazine	atrazine	many
6	Photosystem II inhibitor	–	bromoxynil	Buctril
9	EPSPS inhibitor	–	glyphosate	Roundup
10	Glutamine synthase inhibitor	–	glufosinate	Ignite
13	Carotene inhibitor	–	clomozone	Command
14	PPO inhibitors	diphenylether	fomesafen	Reflex
15	Lipid inhibitors	acetamide	metolachlor	Dual
19	Auxin transport inhibitor	–	diflufenzopyr	Status
22	Photosystem I inhibitor	bipyridilliums	paraquat	Gramoxone
27	HPPD inhibitor	triketones	tembotrione	Laudis

* Weed Science Society of America Mechanism of Action. Only groups used in corn and soybean included in the table. ACC-ase: Acetyl-CoA carboxylase, ALS: acetolactate synthase

* Group 5 and 6 herbicides bind at different locations of the same target site. EPSPS: 5-Enolpyruvylshikimate-3-phosphate synthase, PPO: Protoporphyrinogen oxidase, HPPD: 4-Hydaroxyphenylpyruvate dioxygenase

출처: http://pesticidestewardship.org/resistance/Herbicide/ Pages/Spraying-by-the-Numbers--Herbicide.aspx

1900년대에 이르러 몇 가지 비료가 잡초를 죽일 수 있다는 사실이 알려졌다. 예를 들면 질소의 공급원으로 사용되는 칼슘시안아미드가 잡초의 성장을 지연시킨다는 사실이 관찰되었다. 실용화된 대표적인 제품에는 염소산 소듐($NaClO_3$), 메타 붕산염($NaBO_2$), 불활성 충진제가 포함되어 있다. 이들 제초제는 비선택성이므로 원하는 식물을 보호하는 데 상당한 주의가 필요하다.

1935년에 나이트로페놀이 최초의 선택성 유기제초제로 사용되었으며 비슷한 시기에 옥신과 같은 호르몬형 제초제도 사용되기 시작하였다. 오늘날 가장 널리 사용되는 제초제는 2,4-D라는 상품명을 가지고 있는 2,4-다이클로로페녹시아세트산인데 옥신의 구조를 모방한 합성물이다. 고엽제를 언급할 때 2,4-D에 대해서 보다 상세하게 설명을 하였다.

2005년 옥신의 작용 메커니즘이 밝혀졌다. 옥신은 TIR1이라는 단백질과 결합하는데, TIR1은 식물 내에서 저승사자 역할을 하는 복합체 단백질의 일부이다. 즉 이 복합체 단백질은 파괴하고자 하는 단백질에 꼬리표를 붙이는 역할을 한다. TIR1에 옥신이 결합하면 이어서 다른 단백질 가족(Aux/IAAs)을 끌어들이는데, 이들은 식물 생장에 필요한 어떤 유전자의 활성화를 막고 있던 단백질 가족이다. 결국 옥신이 결합된 TIR1은 이 단백질 가족을 파괴시키는 역할을 하고, 결국 식물의 생장이 촉진된다.

2,4-D 구조의 5번 위치에 염소 원자 하나가 더 붙은 2,4,5-트라이클로로 화합물(2,4,5-T)도 매우 효과적인 제초제로 알려져 있다. 월남전 당시 고엽제로 널리 사용되었던 에이전트 오렌지는 이 두 화합물의 혼합물이었다. 현재 2,4,5-T는 사용이 금지되어 있는데, 가장 큰 이유는 이 제품에 부산물로 섞여 있는 다이옥신 때문이다. 다이옥신은 말할 필요도 없는 강력한 독극물이다. 만약 2,4,5-T 제조 시 부산물로 다이옥신이 생성되는 것을 막을 수만 있다면 2,4,5-T는 제초제로 다시 사용될 수 있을 것이다. 이 두 가지 화합물은 앞서 언급한 대로 식물의 생장을 지나치게 증가시킴으로써 오히려 식물을 죽게 만든다.

제초제는 여러 가지 성분의 혼합물로 되어 있다. 예를 들어 아트라진은 옥수수밭에 사용되는 제초제의 주성분인데, 이들 제초제는 아트라진 이외에 8가지 성분이 6가지의 조합 방법으로 만들어진다. 이 중에서 파라콰트 성분은 식물에 직접 접촉되면 빠른 속도로 식물 조직을 파괴하여 식물을 죽게 하며, 계면 활성제는 제초제액의 표면장력을 낮추어 식물 표면에 쉽게 젖어들 수 있도록 한다. 따라서 제초제는 혼합 성분의 종류와 양에 따라 다양한 선택성을 나타내므로 경작 곡물과 주위의 다른 동식물들의 배치를 고려하여 선택해야 한다. 표 7-6에 제초제가 식물에 대해 작용하는 원리에 따라 분류해서 정리하였다. 효소의 작용 차단, 광합성 방해, 세포 분열 저해 등 다양한 방식으로 식물의 생장을 저해하는 것을 알 수 있다.

쥐약(Rodenticides)과 살금제(Avicides)

본 장이 농업과 관련된 내용이다 보니 어릴 적 농촌에서 자란 필자의 경험이 자주 등장하는데, 이번에는 쥐 이야기이다. 1960~70년대에는 쥐와 함께 살았다고 할 수 있을 정도로 쥐가 많았다. 농촌뿐만이 아니었다. 서울로 전학와서 살던 집에서도 천장을 지나는 쥐 소리를 들을 수 있었다. 당시에는 초등학교 국어 교과서에 '서울 쥐와 시골 쥐'라는 우화가 실려 있었는데, 쥐가 잘 보이지 않는 지금은 그 우화도 사라졌을 것 같다. 이렇게 전국 어디에나 너무 많은 쥐로 인해 곡물의 피해가 얼마나 컸던지 쥐 잡는 날이 있어서 전 국민이 같은 날 쥐약을 놓기도 하였다. 집에서 기르던 개가 어디선가 쥐약을 먹고 들어와서는 고통 속에 죽는 모습을 보고 너무나 마음 아팠던 기억도 있다.

쥐약에는 항응고제인 쿠마린 또는 와파린이 들어 있는데, 이것은 혈액응고제인 프로트롬빈의 형성을 저지하고 모세혈관에 손상을 일으켜, 심한 경우 결국 내출혈로 죽게 된다. 두 가지 새로운 항응고제인 탈론과 마키가 1980년대에 개발되었다. 이들은 단 한 번의 소량 섭취로도 죽음에 이르기 때문에 훨씬 효과적이지만 어린이와 애완동물의 주의가 필요하다. 끔찍한 이야기이지만 지금 생각해 보면 쥐약을 먹

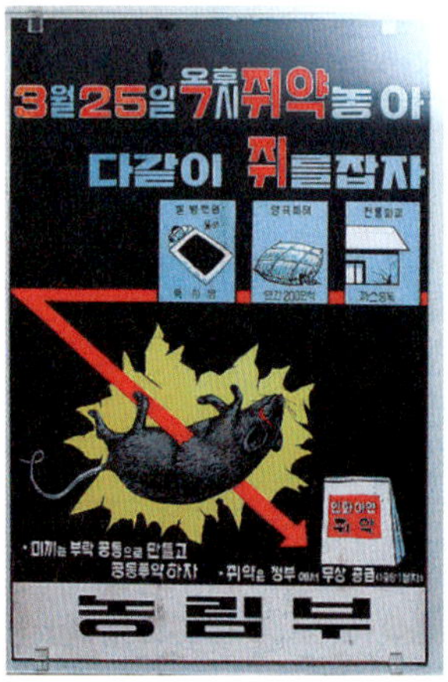

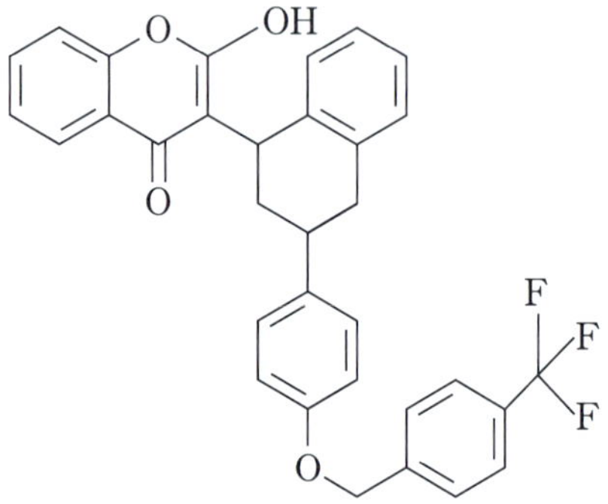

Flocoumafen
(2세계 쿠마린계)

그림 7.8

1960~70년대에는 전국적으로 일시에 쥐약을 놓는 행사가 있었다. 연간 4000만 마리의 쥐를 잡았는데, RH-787로 알려진 인화아연계 쥐약은 사람에게 더 잘 듣는다는 말이 있을 정도로 많은 인명 사고를 낳았다. 오른쪽 화합물은 2세대 쿠마린계 항응고제 쥐약의 구조이다.

표 7-7 쥐약의 작용 방법에 따른 구분과 해당 화합물

구분	화합물
항응고제 (내출혈)	Coumarins, 1,3-indandiones, 1,3-indandiones, antibiotics (vitamin K 형성 억제)
인화금속제 (포스핀 가스 발생)	Aluminum-, calcium-, magnesium phosphides(fumigant only), zinc phosphide (in baits)
고칼슘혈증제 (지용성 비타민 과다)	Calciferols(vitamins D), vitamin D_3 and vitamin D_2

고 죽은 쥐의 입에 왜 피가 묻어 있었는지 그 이유를 알겠다.

잘 들어 보지 못한 말일 수도 있으나 새를 잡기 위한 약을 살금제(殺禽劑)라고 한다. 농촌에서는 추수철이 되면 새들에 의한 피해를 줄이기 위해 갖가지 퇴치 방법이 동원되는 것을 볼 수 있다. 특히 들의 벼이삭은 참새들이 좋아하는 먹이이고 사과나 배들은 까치들의 먹이이다. 요즘은 새들도 약아졌는지 허수아비는 있으나 마나 하다. 때로는 아비톨(4-aminopyridine)과 같은 화학 퇴치제를 사용하기도 한다. 엔드린과 엔드렉스와 같은 살충제를 횃대에 발라서 새의 발을 통해 흡수되도록 하기도 하고, 스트리키닌과 같은 독극물을 직접 쓰기도 한다. 또는 새로운 접근방법으로 불임제를 먹게 함으로써 조류의 번식을 막아 피해를 효과적으로 줄일 수 있다. 오르니톨과 같은 스테로이드 화합물은 일시적으로 비둘기를 불임에 걸리게 하지만 젖먹이동물에게는 거의 피해를 주지 않는다. 세제와 같은 계면 활성제를 새집에 뿌리기도 한다. 세제는 깃털을 보호하는 기름피막을 파괴하여 새의 피부가 외부에 노출되게 만들고 결국 새는 날씨가 추울 때 찬 기온에 죽게 된다. 환경 보호가 강화된 요즘엔 살금제 사용이 불법은 아닌지, 허가가 필요한 것은 아닌지 확인이 필요하다.

식물 생장 조절제

식물의 단계별 생장과 분화에 작용하는 화합물들을 살펴보자. 1932년 에틸렌과 아세틸렌이 파인애플의 개화를 촉진시킨다는 사실이 밝혀졌고, 2년 후 옥신류로 알려진 일련의 화합물들이 어린싹 세포의 신장을 촉진시킨다는 사실이 알려졌다. 옥신류는 사과, 배의 껍질을 얇게 하고 콩, 사탕수수와 감자의 생산량을 증가시키며 뿌리를 보호하고 개화를 촉진시키는 데 사용되고 있다. 가장 주목할 만한 식물 생장 조절제는 지베렐린류로 알려진 일련의 화합물들이다. 지베렐린산 및 그 유도체가 얼마나 다양하게 이용되는지 참고로 열거해 보겠다. 숨을 크게 들이쉬고 읽기

표 7-8 식물에 작용하는 기타 호르몬

기타 호르몬	작용
Brassinosteroids	세포의 성장과 분화 촉진, 뿌리 생장과 낙엽 억제
Salicylic acid	병원균 방어물질 생산 유전자 활성화
Jasmonates	지방산으로부터 만들어지며, 방어 단백질 생산 촉진
Plant peptide hormones	각종 생장 과정의 세포 간 신호 펩타이드
Polyamines	식물 생장에 필수 물질이며 유사분열과 감수분열 영향
Nitric oxide(NO)	호르몬 작용과 방어 반응의 신호 물질
Strigolactones	새로운 가지의 억제 물질
Karrikins	식물의 연소 연기에서 발견. 씨의 발아 촉진

바란다. 포도송이의 신장, 딸기 크기의 증가, 포도송이의 부식 방지, 레몬의 색상 유지 및 황화 지연, 네이블오렌지의 물자국 감소, 바이러스에 의한 체리의 황화 억제, 한냉기에 수확되는 두껍고 큰 줄기의 셀러리 생산, 상치 씨줄기의 신장, 충분한 휴식기간을 거치지 않은 씨감자의 균일한 발아 촉진 및 수확 시기의 지연, 체리의 크기 증가, 장군풀의 생산량 증가, 이탈리아 자두 내부의 갈화 억제, 짧은 동면시간을 지낸 식물의 활동 촉진, 홉의 생산량 증가, 꿀벌에 의해 충분히 수정되지 못한 블루베리의 결실 촉진 및 잔디의 냉해 극복 등에 사용된다. 이외에 시토키닌류는 아데닌 염기의 유도체로, 세포 분화를 유발한다. 이것은 또한 녹색 채소, 꽃 및 버섯류의 저장 기간을 연장시킨다. 벤조산은 저해제로서 효과가 있으며 씨의 발아를 지연시키는 데 사용된다. 표 7-8은 이외에도 식물에 작용하는 호르몬들을 보여 준다.

7.3 생활 속의 농업 관련 이야기

고엽제와 다이옥신

1964년부터 1973년까지 한국군은 월남전에 32만 명이 참전하였고, 5,000여 명의 전사자와 16,000여 명의 전상자, 50,000여 명의 고엽제 피해자가 발생하였다. '월남전'하면 잘 모를 수도 있겠으나, 지금의 베트남에서 있었던 남북 간의 전쟁으로 결국 호치민이 이끄는 북쪽이 미국을 비롯한 한국, 호주, 필리핀 등의 지원을 받은 고딘디엠 정권의 남베트남군에 이겨서 사회주의 공화국이 들어서게 된 전쟁이다. 남베트남의 수도였던 사이공은 호치민시가 되었다. 그런데 이 전쟁에 참전하였고 이

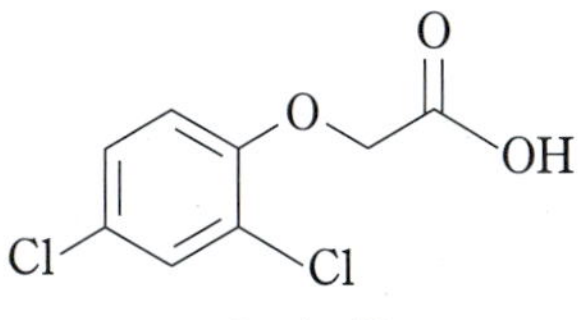

2, 4−D

그림 7.9
헬기로 고엽제를 뿌리는 모습과 고엽제의 한 성분인 2,4-D의 화학 구조

후 고엽제 후유증으로 고생하는 분들이 1992년 9월 26일 파월용사의 명예회복을 요구하며 경부고속도로를 점거하고 농성하다가 186명이 연행되고 일부가 징역형을 받은 일이 있었다. 2003년 7월 18일에도 이들은 파월용사의 국가유공자 예우를 요구하며 고속도로에서 차량시위를 하다가 201명이 연행되어 20명이 기소되었고 5명은 구속되었다.

"월남전과 고엽제, 그리고 파월용사와 경부고속도로가 무슨 관련이 있지?"라고 생각할지 모르겠다. 한국군이 월남전에 참전한 것은 미국의 요청에 의한 것으로 우리 정부는 그 대가로 미국으로부터 많은 경제적 지원을 받았다. 경부고속도로를 건설하는데 이 지원금이 큰 기여를 한 것이다. 당시 경부고속도로는 우리나라의 경제 수준을 끌어올리는 데 동맥 역할을 하였다. 이 때문에 고엽제 후유증으로 고생하는 참전 군인들이 명예회복과 국가유공자 대우를 요구하며 많은 동료 군인들이 목숨을 바쳐 건설한 경부고속도로에서 시위를 한 것이다.

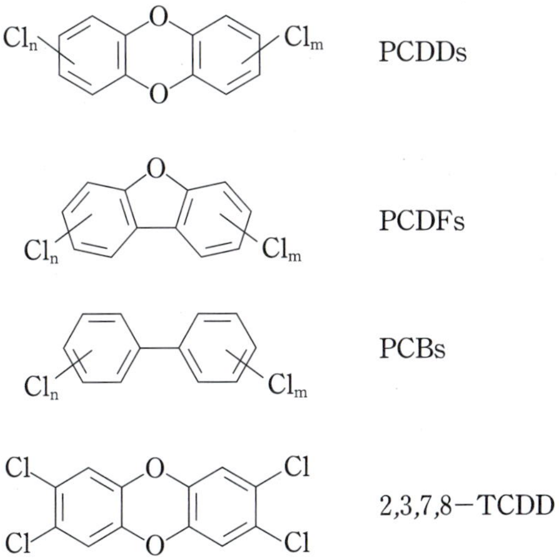

그림 7.10
잔류성 유기 오염물질(POPs)의 구조.
PCDDs(polychlorinated dibenzodioxins),
PCDFs(polychlorinated dibenzofurans),
PCBs(polychlorinated biphenyls).

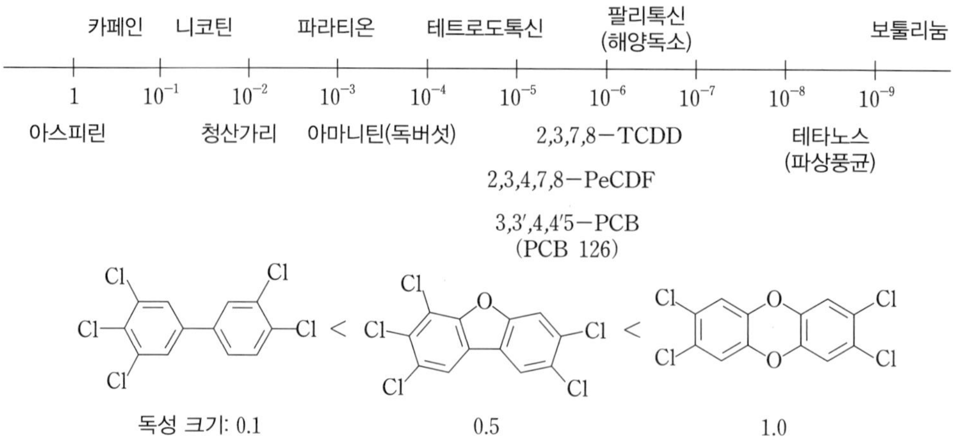

그림 7.11
잔류성 유기 오염 물질의 독성 비교(LD50:g/kg).

1966년 12월 13일, 미군은 월남전에서 북베트남 군이 숨어 있을 것으로 판단되는 밀림을 대상으로 고엽제를 살포하였다. 이때 사용한 고엽제는 에이전트 오렌지인데 2,4-D와 2,4,5-T가 1:1로 혼합된 것이었다. 그런데 사람에게 고엽제 후유증을 남긴 물질은 이 두 물질이 아니었고 앞에서 설명한 것과 같이 불순물로 존재하였던 다이옥신이었다. 특히 2,4,5-T를 합성하는 과정에서 불순물 다이옥신이 많이 생성되기 때문에 결국 2,4,5-T는 1983년 미국 내 사용이 금지되었다. 그러면 다이옥신은 어떤 화합물인가?

다이옥신은 잔류성 유기 오염 물질(POPs, Persistent Organic Pollutants)의 하나인데 POPs는 그림 7.10의 구조식처럼 방향족 화합물의 종류와 Cl 원자의 위치와 개수에 따라 다양하다. POPs는 발암 물질인 벤조피렌처럼 세포의 아릴 하이드로카본(Ah) 수용체와 결합하여 인체에 영향을 주는데 발암성, 면역 독성, 심장기능 장애, 축적성 및 난분해성을 나타낸다. 다이옥신 중에서 가장 독성이 강한 것은 2,3,7,8-TCDD (tetrachlorodibenzo-*p*-dioxin)이다.

다이옥신이란 원래 자연계에 존재하던 물질은 아니다. 그렇다고 사람이 특정한 목적을 갖고 인위적으로 만들어 낸 물질도 아니다. 전혀 의도하지 않은 가운데, 우연히 만들어지는 합성 화학 물질이다. 다이옥신이 맨 처음 발견된 시기는 1957년으로, 앞서 말한 제초제 속에 불순물로서 섞여 있는 것이 확인된 경우는 처음이다.

소각로의 배기가스에서 다이옥신이 검출된 시기는 1976년이다. 플라스틱 쓰레기의 염화 바이닐 성분이 타면서 다이옥신이 생성되는 것으로 추정되고 있다. 우리나라의 경우 1995년 서울 상계 소각장의 다이옥신 배출 농도가 논란의 발단이 되어 전국적으로 실태 조사가 이루어졌다. 결국 1997년 상계 소각장은 가동이 중지되었다. 제지공장에서 염소 표백을 하는 과정에서도 다이옥신이 배출되며, 담배연기나 자동차 배기가스에서도 다이옥신이 배출된다. 또한 염소 표백제에 레몬주스를 타도 만들어진다는 실험 결과가 있을 정도로 다이옥신의 생성 경로는 다양하다.

다이옥신의 독성에 대해서는 논란이 분분하다. 동물의 치사량도 종류에 따라 편차가 크다. 모르모트는 체중 1 kg당 1 μg(1백만분의 1 g)을 투여하면 절반 정도가 사망하였으나, 쥐는 그보다 200배의 농도에서 절반이 사망하였다. 사람에 대해서는 실험이 불가능한 만큼 특히 견해가 팽팽히 맞선다. 그럼에도 불구하고 다이옥신에 대해서는 잔류성유기오염물질 배출허용기준(제7조 관련)을 정하여 특별히 관리하고 있다. 이 허용기준은 산업별로 구분하고 배기가스와 폐수로 나누어 각각 정했는데, 표 7-9에 소각시설의 배기가스로 배출되는 다이옥신의 배출허용기준을 나타냈다. 아울러 표 7-10은 미국의 다이옥신 오염원과 배출량을 나타낸 것이고, 표 7-11은 한미일 세 나라의 식품에 의한 다이옥신 노출 패턴을 보여 준다. 표 7-10에서 주목할

표 7-9 소각시설의 배기가스로 배출되는 다이옥신 배출허용기준(개정 2018. 12. 13.)

구분	신설시설	기존시설
시간당 처리능력이 4톤 이상인 경우	0.1	1
시간당 처리능력이 4톤 미만 2톤 이상인 경우	1	5
시간당 처리능력이 2톤 미만 25킬로그램 이상인 경우	5	10

(단위: ng-TEQ/Sm^3)

표 7-10 미국의 다이옥신 오염원 및 배출량

오염원	대기 배출량(gTEQ/year)	비율(%)
시멘트	350	4
도시 쓰레기 소각	3,000	31
유해 폐기물 소각	35	<1
오염 침전물 소각	23	<1
병원 쓰레기 소각	5,100	53
휘발유	3.2	<2
디젤 연료	85	1
장작 연소	360	4
산림 화재	86	1
구리 제련 및 정제	230	2
합 계	9300	100

표 7-11 한미일 식품에 의한 다이옥신 노출 패턴

식품	한국		미국		일본	
	노출량*	기여도(%)	노출량	기여도(%)	노출량	기여도(%)
곡류 및 두류	0.067	18.2	-	-	0.016	4.8
채소 및 과일류	0.025	6.8	0.023	2.6	0.128	5.3
어패류	0.196	53.3	0.25	27.9	1.506	62.5
우유 및 유제품	0.015	4.1	0.26	29.0	0.188	7.8
육류	0.053	14.4	0.32	35.7	0.417	17.3
난류	0.012	3.3	0.043	4.8		
기타	-	-	-	-	0.051	2.1
1일 다이옥신 노출량	0.368	100	0.896	100	2.406	100

*노출량(pgTEQ/kg/day) 독성등가지수

점은 병원쓰레기 소각장에서 배출되는 다이옥신이 표의 해당 오염원 전체 배출량의 53%에 달한다는 점이다. 이는 병원에서 사용되는 화학 물질에 염소가 많이 포함된 것과 무관하지 않다. 또한 표 7-11로부터는 한미일 세 나라의 식생활 차이를 엿볼 수 있는데, 한국은 어패류와 곡류 및 두류, 미국은 육류와 우유 및 유제품, 일본은 어패류와 육류와 난류 제품으로부터 다이옥신에 크게 노출되는 것으로 나타났다.

유전자 변형 생물체(GMO)

유전자 변형 곡물이 처음 등장한 연도는 1995년이다. 그로부터 지금까지 누구도

그림 7.12

유전자 변형 옥수수 스타링크(StarLink)와 꿀벌. 최근에는 식물 이외에 어류 및 곤충 등에도 생산성 향상 차원에서 유전자 조작이 이뤄지고 있다. 이것은 식품의 안전성을 넘어 생태계 파괴에 대한 우려의 목소리를 낳게 한다. 즉 동물은 외부 환경과의 완전 차단이 더욱 쉽지 않기 때문에 생태계에 새로운 적자생존의 사슬 형성에 따른 야생 동식물의 멸종이 우려되기 때문이다.(출처: ©StockMediaSeller/Shutterstock)

표 7-12 주요 연구 GMO의 변형 특질

특질	곡물
질병에 대한 방어력 강화	밀, 옥수수, 감자
제초제에 대한 내성	밀, 쌀, 사탕무, 캐놀라
단백질/녹말의 함량 증가	시리얼, 감자, 콩, 쌀, 옥수수
아미노산의 함량 증가	옥수수, 콩
지방산/오일의 함량 증가	캐놀라, 해바라기, 땅콩, 콩, 옥수수
가뭄에 대한 내성	시리얼, 쌀, 사탕수수
추위/서리에 대한 내성	시리얼, 옥수수, 사탕수수
고염분에 대한 내성	시리얼, 쌀, 사탕수수
식물 생장/형태 변화	시리얼, 쌀, 옥수수
섬유질의 증가	목화
나무 펄프의 증가	나무

이렇게 짧은 기간에 7,000만 에이커의 밭에 이들 유전자 변형 곡물이 자랄 것이라고는 상상하지 못하였을 것이다. 그리고 앞으로도 유전자 변형 곡물의 재배면적은 늘어날 것이다. 그렇다면 이것을 유전자 농업혁명으로 부를 만하지 않은가?

그러면 유전자 변형 곡물이란 무엇인가? 예를 들어 지금까지는 배추에 벌레가 생기면 이 벌레로부터 배추를 보호하기 위해 살충제를 사용하였다. 배추 입장에서는 수동적 방어 수단이라고 할 수 있다. 이번에는 배추의 유전자를 조작해서 배추로 하여금 벌레가 싫어하는 화학 물질을 만들어 내도록 하자. 벌레가 끼어들지 않을 테니 살충제는 물론 필요 없다. 배추가 적극적인 자기 방어 방식을 택한 셈이다. 해당 유전자는 주로 미생물로부터 얻어지며 이를 유전 공학 방법으로 DNA에 접목하여 GMO를 생산한다. 표 7-12에 이미 상품화되었거나 현재 개발이 진행 중인 유전자 변형 곡물의 특질을 나타냈다. 한마디로 요약하면 식물의 생장 환경이 악조건인데도 병에 걸리지 않고 영양가는 높은 곡물을 만든다는 것이다. 현재 우리나라에서 가장 많이 사용되는 GMO는 콩, 사탕무, 옥수수, 면화, 유채이다.

현재 가장 많이 재배되는 유전자 변형 곡물은 콩이다. 이들 콩은 전 세계에 수출되며 우리나라도 이들 콩을 수입하고 있다. 우리는 유전자 변형 콩인지 일반 콩인지 특별히 의식하지 않고 매일 콩나물, 두부 등을 먹고 있는 것이다. 우리나라에서도 선택은 소비자에게 맡기도록 슈퍼마켓에서 이들을 구분하여 판다. 한편 현재까지 유전자 변형을 통하여 어떤 특질이 가장 많이 부여되었을까? 제초제에 대한 저항력이다. 제초제가 완벽하게 잡초만 없애는 것이 아니기 때문이다. 그 다음이 각종 곤충에 대한 저항력이다. 현재 GMO를 가장 많이 재배하는 나라는 미국인데, 특정의 한 나라가 독점하는 기술은 시장의 논리에서 볼 때 위험할 수 있다. 적어도 우리가 즐겨 먹는 우리 농산물은 우리의 기술로 품질 개량이 이루어져야 한다. 먹거리를 외국에 의존한다는 것은 단순히 경제적 논리만으로 넘어갈 일이 아니다.

식물이 방출하는 제초제 성분

산을 다니다 보면 나무들이 군락을 이루고 있는 모습을 종종 본다. 한참을 소나무 숲을 지나고 나면 참나무와 떡갈나무 숲이 나타난다. 국가 간 경계가 있듯이 나무들의 영토도 구분되어 있는 것 같다. 어느 산은 거의 소나무인데 어떤 산은 활엽수 수종만으로 뒤덮인 곳도 있다. 봄에 꽃이 필 때면 군락을 이룬 나무들이 꽃으로 덮여서 장관을 이루기도 한다.

처음에는 여러 종류의 식물들이 함께 모여 살기 시작하였는데, 오랜 시간이 흐른 후에 왜 어느 종은 남아 있고 어느 종들은 자취를 감춘 것일까? 물론 식물에 따라 살기 좋은 토양의 땅이 있겠지만 그런 상황이 아닌데도 숲은 변천한다. 그렇다면 발이 없는 이들은 어떤 무기를 갖고 싸웠던 것일까? 식물 중 일부는 다른 식물보다 물이나 영양분을 매우 잘 흡수하여 주위의 다른 식물이 자라지 못하게 하며, 어떤 식물은 이웃 식물에 해를 주는 제초제 화합물을 내뿜기도 한다.

한 예로 중앙아프리카 사막에 살고 있는 국화과의 한 식물은 주위 1 m 이내에서 다른 종류의 식물이 자라지 못하게 한다. 물이 귀한 사막에서 수분을 독차지해 버리기 때문이다. 이 식물이 자기 영토를 확장하는 방법은 특이하다. 3-아세틸-6-메톡시벤즈알데하이드라는 비장의 무기를 자기 잎에 모아둔다. 이 잎이 땅에 떨어져 분해되어 땅속으로 스며들면 다른 식물이 자라지 못하게 되는 것이다. 다시 말해 우리 눈에 보이지 않는 식물 간의 화학전이 벌어지는 것이다. 해바라기 주위에 명아주 같은 잡초가 잘 자라지 못하는 까닭도 해바라기에서 잡초 생장을 저해하는 물질이 방출되기 때문이다. 호두나무나 사탕수수도 주위에 일부 식물이 잘 자라지 못하도록 그런 물질을 내뿜는다. 1950년대에 일본에 상륙한 한 외국산 식물이 급속도로 퍼지면서 원래 살고 있던 여러 가지 식물이 사라진 일이 있다. 후에 이 식물은 뿌리로부터 다른 식물의 생장을 막는 4,6,8-데카트리인-시스-2-에틸산메틸이라는 이름을 갖는 화합물을 방출한다는 사실이 밝혀졌다. 이 화합물은 10 ppm이라는 낮은 농도에서도 무, 상추 등 다른 식물이 싹트는 것을 막는다.

식물도 다른 식물에 대항하기 위해 화학무기를 사용한다는 점에 착안하여 제초제를 개발하는 방법은 없을까? 현재 과학자들은 이들 특수 물질을 분리하여 그 구조를 확인하고 활성을 연구하는 일에 몰두하고 있다. 이러한 연구 분야는 천연물 화학의 한 분야인데 화학 중에서도 연구하기가 어려운 영역에 속한다. 이들 식물이 분비하는 화학 제초제의 양이 매우 적고 그 구조도 몹시 복잡하고 다양하기 때문이다. 그렇지만 이들의 효과적인 인공합성법이 개발되면 화학공장에서 대량으로 생산할 수도 있을 것이다. 또한 장래에는 유전공학 기술을 접목하여 해당 식물이 보다 많은 양의 제초제를 생산하게 하는 일도 가능할 것이다.

기능성 쌀 시대

21세기가 시작된 2001년은 유전자 정보 해독의 해로 기억될 것이다. 2001년 1월, 쌀의 유전자를 완전히 해독하였다는 뉴스가 있었고, 2월에는 쌀의 유전자 정보 해독에 참여한 세계적 농업 전문기업인 신젠타(Syngenta)가 발 빠르게 한국법인을 설립하고 본격적으로 국내 영업을 시작하였다. 그리고 며칠 뒤(2001. 2. 11) 2000년에 부분적으로 공개되었던 인간 유전체 지도가 완전히 완성되었다는 놀라운 발표가 있었다. 이제 본격적인 유전자 공학의 시대에 접어든 것이다. 여기서는 앞의 유전자 변형 곡물에 대한 이야기의 연장선에서 소위 기능성 쌀과 관련된 내용을 살펴본다.

황금쌀(golden rice)은 쌀의 유전체(genome)에 특정의 나팔수선화와 박테리아의 라이코펜 사이클레이즈라는 유전자를 삽입하여 탄생한 유전자 변형 곡물이다. 쌀에 비타민 A의 선구체인 β-카로틴이 많이 들어 있는 것이 특징인데 이로 인하여 쌀이 황금빛을 띤다. 이 쌀은 스위스 연방공과대학의 인고 포트리쿠스(Ingo Potrykus)와 독일 프라이부르크(Freiburg) 대학의 연구원인 피터 베이어(Peter Beyer)가 발명하였고, 독일의 그리노베이션(Greenovation)이라는 회사가 특허권을 갖고 있다. 이 회사는 아스트라제네카(AstraZeneca)사, 노바티스(Novartis)사 등과도 연구 개발과 생산을 위하여 협정을 맺었다. 2018년에 호주와 뉴질랜드, 미국과 캐나다에서 처음으

그림 7.13
β-카로틴이 풍부한 황금쌀
(출처: ©zcw/Shutterstock)

로 식품 승인이 되었는데, 이 쌀은 아직도 비타민 A의 결핍으로 매년 야맹증에 걸리는 50만 명의 개발도상국 사람들에게 도움이 될 것이다. 한편 금호문화재단이 생명과학 분야의 노벨상을 목표로 제정한 금호국제생명과학상의 제1회 수상자로 인고 포트리쿠스(Ingo Potrykus) 교수가 선정된 바 있다. 이 상은 국제식물분자생물학회가 주관한다.

요즘에는 국내에서도 매우 다양한 쌀이 판매되고 있다. 물론 대부분은 GMO가 아닌 기존의 쌀에 기능성을 부여할 만한 성분을 첨가한 것이다. 기능성 쌀 가운데 대학실험실 바이오벤처기업이 경쟁적으로 내놓고 있는 것이 홍버섯쌀이다. 쌀에 홍버섯이라는 붉은곰팡이(홍국·紅麴)를 배양하여 생산하는 것이다. 홍버섯쌀은 홍미(紅米), 홍국쌀이라고도 한다. 홍버섯쌀은 혈액내 콜레스테롤을 낮추고 혈압을 떨어뜨리는 효과 때문에 주목받고 있다. 홍버섯의 모나콜린(로바스타틴)이라는 물질이 콜레스테롤을 18% 정도 낮추어 준다는 것이 국제 학계의 공인된 보고이다. 홍버섯쌀 외에 표고버섯쌀, 아가리쿠스버섯쌀, 상황버섯쌀, 동충하초쌀, 아미노산쌀, 키토산쌀 등도 나와 있다.

8

고분자

전기가 통하는 플라스틱 시대

"플러버"라는 영화에서는 연구에 몰두하여 자신의 결혼식 시간도 잊어버리는 천재 교수 브레이너드가 등장한다. 그가 만들었다는 회심의 신소재 플러버(*flubber, slime*)는 여러분도 이미 초등학교 시절에 한번쯤 만들어 보았을 것이다. 이것은 폴리바이닐알코올(*PVA*)과 붕사(*borax*)를 물에 녹여서 만드는데, *PVA*의 긴 고분자 사슬들을 붕사로 가교화시켜서 중간 중간 묶어주면 고무와 같은 탄성이 나타난다. 이처럼 새로운 기능성 소재가 탄생하기까지는 영화 "플러버"에 나오는 브레이너드 교수 같은 많은 연구원들의 헌신적인 노력이 숨어 있는 법이다.

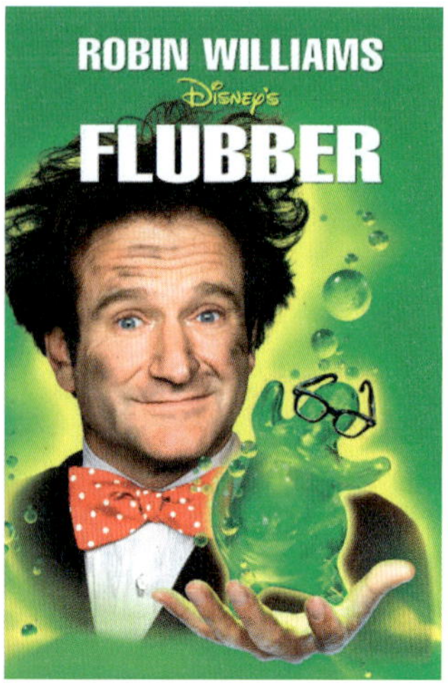

영화 '플러버'

우리들은 생활 곳곳에서 고분자를 쉽게 접할 수 있다. 우리가 사용하는 플라스틱, 섬유, 고무와 같은 형태뿐만 아니라 우리 몸도 상당 부분이 생체 고분자의 형태로 이루어져 있다. 일상 속에서 우리는 일회용이라는 이름으로 고분자로 만든 제품들을 너무 쉽게 쓰레기통으로 보낸다. 물과 공기가 그렇듯이 고분자도 흔하기에 귀한 줄 모르는 것 같다. 당연히 환경오염의 주범이 되어 미움까지 받는 처지가 되었다.

그래서 오히려 고분자의 미래가 보인다. 고분자가 일회용 싸구려 재료가 아니고 당당히 기능성 재료로 대접 받겠다고 치고 나온 것이다. 특히 21세기를 눈앞에 둔 2000년도 노벨 화학상이 전도성 고분자를 발명한 과학자들에게 주어진 것은 의미가 깊다. 이제는 고분자가 수동적 사용 형태를 벗어나 능동적으로 그 기능을 발현하는 시대가 되었다. 환경오염의 주범이라는 오명도 스스로 벗어던지겠다고 벼르고 있다. 광분해성 고분자와 생분해성 고분자들이 이미 개발되었고 의료용 고분자와 같은 고부가가치의 재료들이 선을 보이고 있다.

8.1 고분자의 합성과 물성

고분자 과학의 탄생과 분류

앞서도 언급하였지만 우리 생활 주변을 둘러보면 어디서나 쉽게 고분자 물질을 만날 수 있다. 먼저 우리 자신을 둘러보자. 옷은 섬유 고분자이고, 신발은 고무 고분자로 밑창을 대었고, 신용카드나 주민등록증은 플라스틱 고분자이다. 요즘은 안경 렌즈도 투명하고 가벼운 플라스틱으로 만든다. 집 안에서나 자동차에서나 사무실에서도 고분자 물질을 만날 수 있다. 생명체를 구성하는 효소 및 섬유 단백질, 셀룰로스와 녹말 같은 탄수화물, 유전 정보를 담고 있는 DNA와 RNA도 고분자이다. 가히 우리는 고분자 생명체로서 고분자 세상에 살고 있는 것이다.

그러면 고분자란 무엇인가? 잘 알겠지만 분자량이 1만 이상인 거대한 분자를 일컫는다. 어떤 것은 수백만의 분자량을 갖는 것도 있다. 우리는 이러한 거대 분자(macromolecule 또는 polymer)가 존재할 수 있다는 것을 당연히 받아들이지만, 화학자들도 20세기 초까지는 이렇게 큰 분자가 가능하리라고는 생각조차 못하였다. 1920년대에 헤르만 슈타우딩거(Hermann Staudinger, 1953년 노벨 화학상)가 셀룰로스는 분자량이 작은 물질들이 뭉쳐 있는 것이 아니라 각각 공유 결합으로 연결된 거대한 분자라고 주장하였을 때 그 말을 믿는 사람은 별로 없었다. 이후 고분자의 존재에 관한 많은 논란에 종지부를 찍고 멋지게 합성 고분자를 세상에 선보인 사람은

그림 8.1
왼쪽: 고분자과학의 탄생 주역인 슈타우딩거와 캐러더스에 관한 책. Inventing Polymer Science: Staudinger, Carothers, and the Emergence of Macromolecular Chemistry by Yasu Furukawa, University of Pennsylvania Press(1998). 오른쪽: 나일론 발명자 캐러더스에 관한 책. Enough for One Lifetime: Wallace Carothers, Inventor of Nylon by Matthew E. Hermes, Chemical Heritage Foundation(1996).

다름 아닌 나일론을 발명한 윌리스 캐러더스(Wallace Carothers)이다. 그는 미국의 듀폰(DuPont)사에서 세계 최초의 합성 섬유인 나일론(nylon, 1939)을 합성하여 여성용 스타킹 양말을 만들어 보임으로써 합성 섬유의 첫발을 내딛게 하였던 것이다.

지금도 슈타우딩거 시절에 고분자의 존재를 놓고 벌였던 논란의 흔적을 발견할 수 있다. 필자는 일본고분자학회 회원이어서 이 학회가 발간하는 'Kobunshi(高分子)'라는 잡지를 받아보는데, 이 잡지의 영문 제목이 'High Polymers'인 것이 우연히 눈에 띄었다. 참고로 한국고분자학회는 '폴리머, Polymer(Korea)'라는 이름의 잡지를 발간한다. 일본고분자학회는 'Polymers'라는 용어를 쓰지 않고 왜 'High Polymers'라고 썼을까? 실은 고분자의 존재가 밝혀지기 전에도 'Polymer'라는 용어는 사용되고 있었다. 다만 당시는 의미가 달라서, 저분자량 화합물들이 뭉쳐서 함께 행동하는 집합체를 부르는 이름이었다. 그래서 슈타우딩거는 자신이 주장하는 거대분자를 이와 구별되도록 'High Polymer'라고 이름 붙였던 것이다. 지금에 와서는 어느 누구도 'Polymer'를 옛날처럼 저분자량 화합물의 집합체로 받아들이지 않고, 더 이상 'High Polymer'라는 용어를 사용하지도 않는다. 이런 상황에서 일본고분자학회는 여전히 'High Polymers'라는 제목을 사용하고 있었던 것이다.

과학계에서 고분자화학은 늦둥이 학문이기는 하지만 우리 생활 속에 가장 깊숙이 들어와 있는 분야이다. 심지어 현재의 시대를 플라스틱 시대라고 부르기도 한다. 즉 돈을 어떤 재료로 만들어 사용하였는가를 통해 인류문명의 발달사와 연관을 지어보면 재미있는 분류를 할 수 있다는 것이다. 먼 옛날 물물교환 시절에는 돈이 사용되지 않았지만 석기 시대에는 조개나 돌을 사용하였고, 청동기 시대에는 구리가 들어간 동전을, 철기 시대에는 철전을 사용하였다. 그리고 종이의 제조와 인쇄술이 발달하면서 종이돈이 등장하였다. 물론 지금도 동전이나 종이돈이 사용되지만 플라스틱

표 8-1 천연 고분자의 구분

구분		종류
단백질	구조 단백질	콜라겐, 케라틴, 엘라스틴
	기능 단백질	효소, 호르몬
다당체 탄수화물	구조 탄수화물	셀룰로스, 키틴
	저장 탄수화물	녹말, 글리코겐
핵산		DNA, RNA
천연고무(테르펜 고분자)		라텍스(latex, 시스-폴리아이소프렌), 구타페르카(gutta percha, 트랜스-폴리아이소프렌)

표 8-2 열적 성질에 의한 고분자 구분

구분	종류
열가소성 고분자	폴리에틸렌(PE), 테플론, 폴리스타이렌(PS), 폴리프로필렌(PP), 폴리에스터(PET), 폴리우레탄(PU), 폴리메틸메타크릴레이트(PMMA), 폴리바이닐클로라이드(PVC), 나일론, 실리콘 고분자, 유리 섬유
열경화성 고분자	가황 고무, 페놀수지(bakelite), 케블라 섬유(Kevlar), 에폭시수지

돈이 더 많이 사용된다고 할 수 있는데, 크레디트 카드가 바로 플라스틱으로 만들어졌기 때문이다. 이쯤 되면 우리가 플라스틱 시대에 산다는 것이 실감난다.

고분자는 크게 천연 고분자(생체 고분자)와 합성 고분자로 나누어진다. 앞서 기술한 것처럼 단백질, 다당체 탄수화물, 핵산, 테르펜 고분자 등이 천연 고분자인데 표 8-1과 같이 구분할 수 있다.

합성 고분자는 합성수지(플라스틱), 합성 섬유, 합성 고무로 나누어진다. 합성 고분자를 열적 성질로 구분하면 열가소성(thermoplastic)과 열경화성(thermosetting)으로 나뉘며, 열가소성은 열을 가하면 말랑말랑해지는 반면, 열경화성은 오히려 더 단단해지는 고분자를 말한다. 표 8-2에 열적 성질에 의한 고분자 구분을 나타냈다.

고분자 합성

자연에서는 각종 중합 효소(polymerase)의 도움으로 천연 고분자들이 만들어진다. 이 과정은 마치 작은 동그란 쇠고리를 계속 꿰어나가면 긴 쇠사슬이 되듯이, 작은 분자들을 공유 결합으로 이어나가서 긴 사슬의 분자를 만드는 것이다. 분자와 분자를 이어 주는 다양한 반응들이 고분자 합성에 이용될 수 있는데, 우선 고분자가 만들어지려면 한 화합물이 양쪽으로 다른 두 개의 화합물과 반응할 수 있어야 한다. 한 화합물이 작용기를 두 개 이상 가지고 있거나, 작용기를 하나만 가지고 있더라도 이 작용기가 2번 이어서 반응할 수 있다면 고분자 합성이 가능하다. 즉 표 8-3에 나타낸 고분자 합성 반응에서처럼 고리 열림(開環) 반응이나 사슬 성장 반응에서는 작용기가 하나이지만, 이 결합 부위에서 한 번은 성장 고분자(growing polymer)로부터 공격을 받고 또 한 번은 성장 고분자가 되어 다른 단량체를 공격하는 두 번의 반응이 일어난다. 고분자 반응식에서 n은 중합도(degree of polymerization)를 말하는데, 고분자 구조를 이루는 반복단위(repeat unit)의 수로서 이 숫자가 클수록 결국 분자량도 커진다.

표 8-3 대표적인 고분자 합성 반응

고분자 합성 반응식	합성 반응(고분자명)
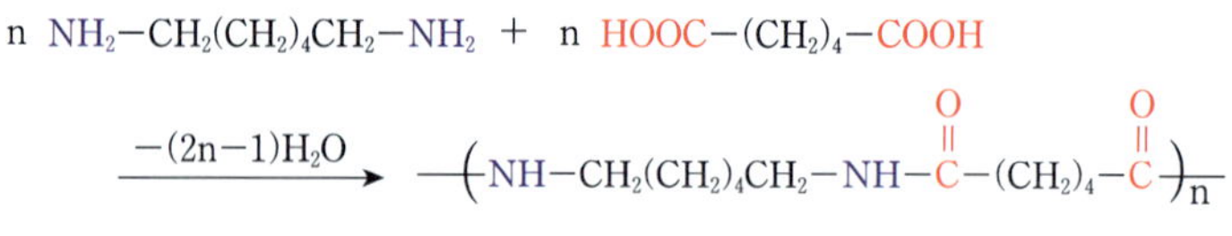	헥사메틸렌디아민/아디프산의 아미드 축합 반응 (나일론 66)*
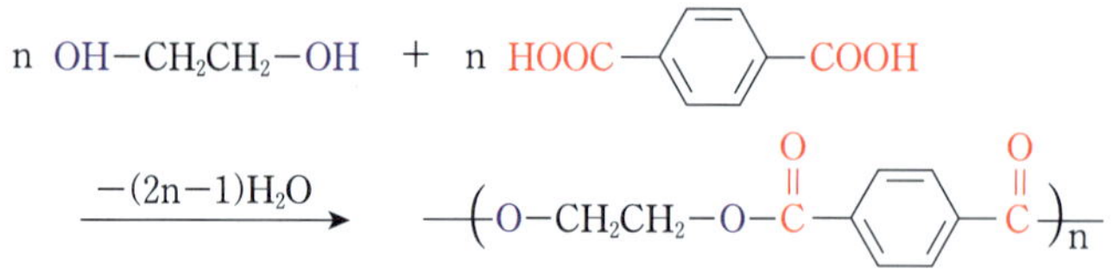	에틸렌글리콜/테레프탈산의 에스터 축합 반응 (PET)
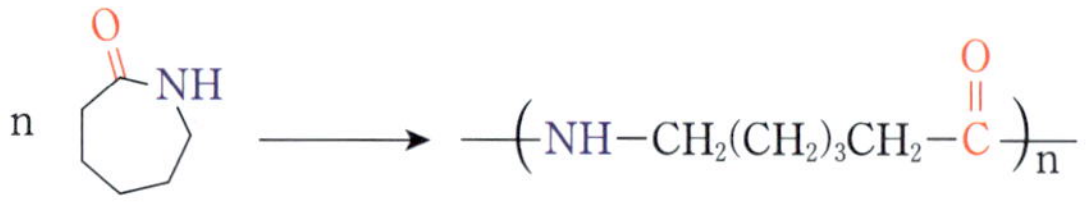	ε-카프로락탐 고리열림 반응 (나일론 6)
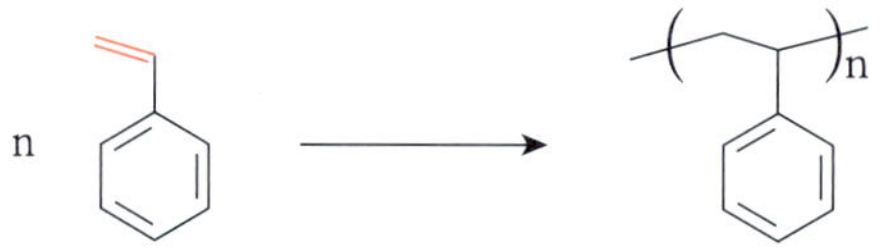	스타이렌 사슬성장 첨가 반응 (PS, 폴리스타이렌)
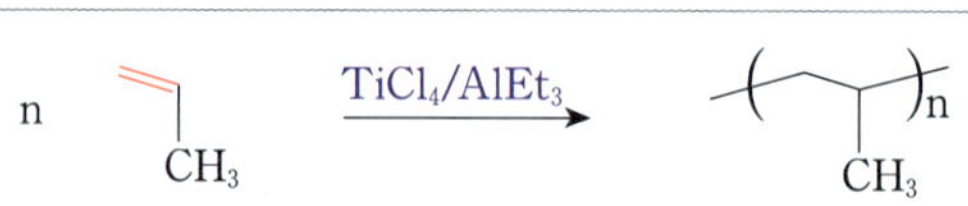	프로필렌 치글러-나타 촉매 반응 (PP, 폴리프로필렌)
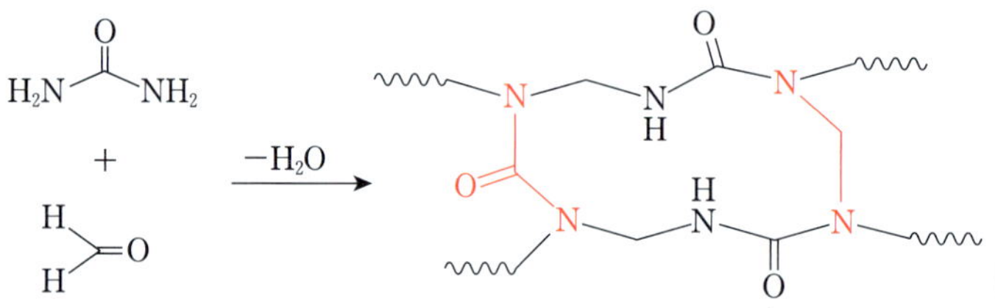	요소/폼알데하이드 3차원 축합 반응 (요소 수지)

*나일론 다음의 숫자 66은 각각 단량체의 탄소 개수를 의미한다. 즉 헥사메틸렌디아민이 탄소 6개, 아디프산이 탄소 6개이므로 66이다. 나일론 6은 ε-카프로락탐이 탄소수 6개인 한 종류 단량체이므로 6인 것이다.

표 8-3에서 알 수 있듯이 작은 분자를 이어나가는 방법은 다양하다. 두 분자가 결합하면서 잃게 되는 물 분자만큼 길이가 축소되면서 성장하는 축합 반응(나일론 66, PET), 고리 분자가 열리면서 긴 사슬로 이어지는 고리열림 반응(나일론 6), 탄소 간 이중 결합 중 하나가 끊어지면서 다른 분자와 새로운 결합을 만드는 사슬성장 첨가 반응(PE, PS, PP), 한 분자가 세 개 이상의 다른 분자와 결합해서 3차원 네트워크를 형성하는 3차원 축합 반응(페놀 수지, 요소 수지) 등이 있다. 물론 이 외에도 두 분자를 잇게 하는 화학 반응이라면 얼마든지 고분자 합성에 응용할 수 있다.

고분자 합성에 관한 일화는 무궁무진하지만 여기서는 폴리에틸렌(PE)에 관한 내용만 소개한다. PE는 플라스틱 중에서도 소비량이 가장 많은 고분자이다. PE의 주사슬에 서로 다른 구조의 곁사슬을 적당히 도입하면 물성이 각각 달라지기 때문에 그 응용범위도 매우 넓다. 포장용 필름, 쇼핑백, 쓰레기봉투, 전깃줄, 파이프, 기타 다양한 가정용품 제조에 사용될 뿐만 아니라 농업용 비닐하우스도 PE이다. 환경오염 문제로 PE 제품 사용에 대한 경계가 높아지는데도 PE의 우수한 성질과 싼 가격 때문에 그 소비량은 늘고 있다.

PE가 처음으로 만들어진 것은 1898년으로 거슬러 올라간다. 독일의 한스 페크만(Hans Pechmann)은 다이아조메테인(CH_2N_2)을 연구하던 중에 조그만 왁스 덩어리가 생긴 것을 발견하고 분석한 결과 $-CH_2-$의 긴 연결 구조인 것을 확인하였다. 하지만 다이아조메테인은 불안정해서 다루기도 까다롭거니와 이때만 해도 고분자에 대한 개념이 불분명하던 시절이어서 큰 관심을 받지 못하였다.

상업적으로 성공적인 PE는 1933년 영국의 ICI(Imperial Chemical Industries)사에서 우연히 발견하였다. 이 회사의 연구원인 에릭 포셋(Eric Fawcett)과 레지널드 깁슨(Reginald Gibson)은 고압 장치를 사용하여 압력이 높은 상태에서 에틸렌과 벤즈알데하이드의 혼합 가스가 나타내는 성질을 연구하고 있었다. 그들은 때때로 장치 내부에 흰색의 왁스 같은 것이 생기는 것을 발견하였는데, 이것이 바로 에틸렌 가스의 중합 반응으로 생긴 PE였던 것이다. 하지만 이 중합 반응을 다시 시도했을 때에는 잘되지 않았다. 이에 연구진은 원래의 연구 목표에서 벗어나 왜 어떤 때는 PE가 생기고, 어떤 때는 PE가 생기지 않는지를 밝히고자 하였다. 이들은 많은 노력 끝에 불량 고압용기 속에 들어 있던 산소가 중합을 일으킨 장본인임을 알아내었고, 마침내 1935년에 수백 기압의 에틸렌과 소량의 산소를 사용하는 PE 제조법을 완성하였다. 이것이 1939년부터 대량 생산하기 시작한 PE 제조법의 기초가 되었다.

PE 제조법의 큰 진보는 1953년에 카를 치글러(Karl Ziegler)에 의하여 이루어졌다. 앞서 ICI사가 개발한 PE 합성법으로는 고온고압의 에틸렌을 사용하면서도 분자량이나 물성이 다소 떨어지는 저밀도 PE(LDPE)가 얻어졌는데, 치글러는 그가 개발한 촉매를 사용하여 저온저압에서 분자량도 높고 기계적 물성이 훨씬 우수한 고밀도 PE(HDPE)를 합성하였던 것이다. 물론 LDPE나 HDPE나 각각의 물성에 맞는 용도가 있어서 투명하고 유연한 LDPE는 비닐하우스용으로 적합하고, 불투명하지만 견고한 HDPE는 쇼핑백용으로 제격이다. 치글러는 1963년 이탈리아 화학자인 줄리오 나타(Giulio Natta)와 함께 노벨 화학상을 받았는데, 나타는 이 촉매를 발전시켜 치글러가 성공하지 못한 프로필렌의 입체 규칙적인 중합에 성공한 것이다. 타이타늄과 알루미늄 화합물을 사용하는 이들 촉매를 치글러–나타 촉매라고 한다.

고분자 물성

• 유리화 온도

일반적으로 순수한 작은 분자의 경우, 그 분자 고유의 녹는점(melting temperature, Tm)을 갖는다. 예를 들면 얼음은 0℃에서 녹고, 아스피린은 132℃에서 녹는다. 분자의 크기가 작을 때는 이와 같이 고체 결정이 허물어져서 액체 상태가 되는 온도가 하나의 값이지만 고분자가 되면 사정이 다르다. 고분자는 긴 사슬을 갖고 있다 보니 이 사슬들이 고체 상태에서 취하고 있는 형태가 다양하다. 즉 한 분자 내에서도 다음 그림처럼 결정성 부분(crystalline region)이 있는가 하면 특정의 형태를 갖지 않는 무정형 부분(amorphous region)도 존재한다. 이때 이 고분자에 열을 가하면 아무래도 무정형 부분의 사슬이 먼저 회전 운동을 하면서 유동성을 갖게 되고 결정성 부분은 열이 좀 더 가해져야 비로소 녹을 것이다. 즉 결정성 부분까지 완전히 녹아서 물 같은 액체가 되기 전, 마치 유리가 고온의 열을 받으면 유동성을 갖게 되는 것처럼 고분자가 유연해지는 온도가 존재한다. 이 온도가 유리화 온도(glass transition temperature, Tg)이다. 고분자들은 보통 Tg와 Tm이 다 나타나지만, 결정성이 적을수록 Tm이 분명하지 않다.

우리는 일상생활에서 유리화 온도를 아주 유용하게 이용한다. 껌을 생각해 보자. 껌은 입 안에서는 유연하고 부드럽지만 추운 날 밖에서는 부러질 정도로 딱딱해진다. 그리고 더운 여름에는 입에 넣기도 전에 포장지에 눌어붙을 정도로 유연해져 있다. 바로 껌은 폴리(바이닐 아세테이트)(PVAc)라는 고분자를 주성분으로 하여 만들어지는데 이 고분자의 Tg가 32℃이다. 즉 입 안에서 체온에 의하여 적당히 유연해질

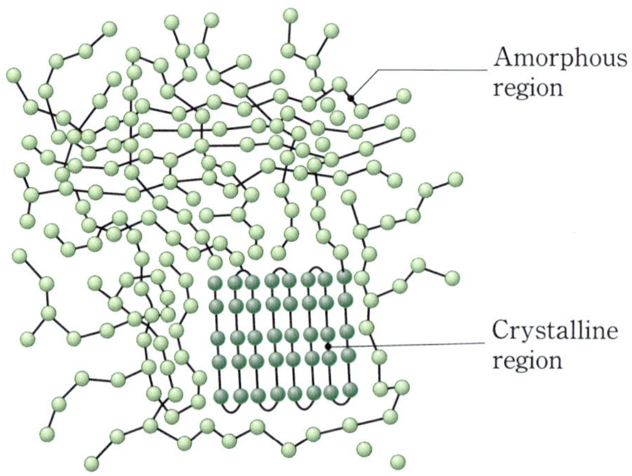

그림 8.2
고분자의 결정성 부분과 무정형 부분

수 있는 온도인 것이다. 껌을 제거할 때도 Tg를 이용할 수 있는데, 얼음 조각으로 껌의 온도를 낮추면 유리같이 딱딱해져서 쉽게 떨어져 나온다.

추운 겨울날 플라스틱 제품이 쉽게 깨지는 것도 이 플라스틱 고분자가 Tg 이하의 온도에서 딱딱해져서 유리처럼 쉽게 깨지기 때문이다. 심지어 고무도 Tg 이하의 극저온이 되면 부러진다. 옷의 다림질이나 세탁 방법도 해당 섬유 고분자의 Tg와 관련이 있다. 면은 셀룰로스 고분자인데 Tg가 225℃이다. 따라서 삶아도 변형이 일어나지 않는다. 다만 고분자의 모양을 바꿔주는데 높은 온도가 필요하다 보니 다림질하기가 쉽지 않다. 그래서 물을 뿌려서 고분자 사이에 물 분자가 끼어들면서 셀룰로스 분자의 Tg를 낮추어 유동성을 좋게 해주는 것인데, 앞에서 이 현상을 물의 가소제 역할로 설명하였다. 반면에 나일론은 50℃, 폴리에스터는 69℃ 정도의 낮은 Tg를 가지므로 물을 뿌릴 필요도 없고 다리미 온도도 낮게 하여 사용해야 한다. 100℃ 이상의 스팀다리미를 사용하면 아예 옷이 녹아버릴 수도 있기 때문이다. 모직 제품의 경우 스팀을 사용하는데 이때는 파마의 원리(11장 세제와 화장품 참고)처럼 고분자 사슬 사이의 디술피드(disulfide) 결합을 깬 다음, 형태를 바꾸어 새로 형성하는 과정을 거치기 때문이다. 비단은 모(毛)처럼 섬유 단백질이지만 디술피드 결합을 갖지 않으므로 스팀을 사용하지 않아도 된다. 오히려 냉장고에 넣어 두었다가 다리면 수분이 천천히 잘 스며들어 쉽게 다려진다.

• 점탄성

점탄성은 Tg와 더불어 고분자의 중요한 물성이다. 점탄성이 점성(viscosity) + 탄성(elasticity)으로 만들어진 단어임을 알면 그 뜻을 좀 더 이해하기 쉬울 것이다. 분자량이 작은 단량체는 보통 기체이거나 액체인데, 액체여도 끈적이지 않는다. 즉 점성이 매우 약한 상태이다. 이들 분자가 서로 결합하면서 분자량이 커지기 시작하면 점성이 커지면서 걸쭉한 상태가 된다. 고분자 사슬이 길어지다 보니 서로 엉켜서 행동이 굼뜨게 되는 것이다. 그래서 고분자의 분자량을 측정하는 한 방법으로 고체 고분자를 용매에 녹인 다음 점성을 측정해서 추정하기도 한다. 그런데 고체인데 점성이 있는 물체는 힘을 가하면 시간에 따라 서서히 모양이 변형되고 힘을 제거해도 원상태로 돌아오지 않는다. 엿이나 에너지바를 먹을 때 바로 이 점성을 경험한다. 한편 탄성은 잘 알다시피 힘이 가해지면 바로 변형되지만 힘이 제거되는 순간 원래의 형태로 되돌아가는 성질이다. 용수철에서 이런 성질을 경험해 보았을 것이다. 그렇다면 고분자가 갖는 점탄성이란 무엇인가? 바로 이 두 가지 성질을 다 가지고 있는 것이

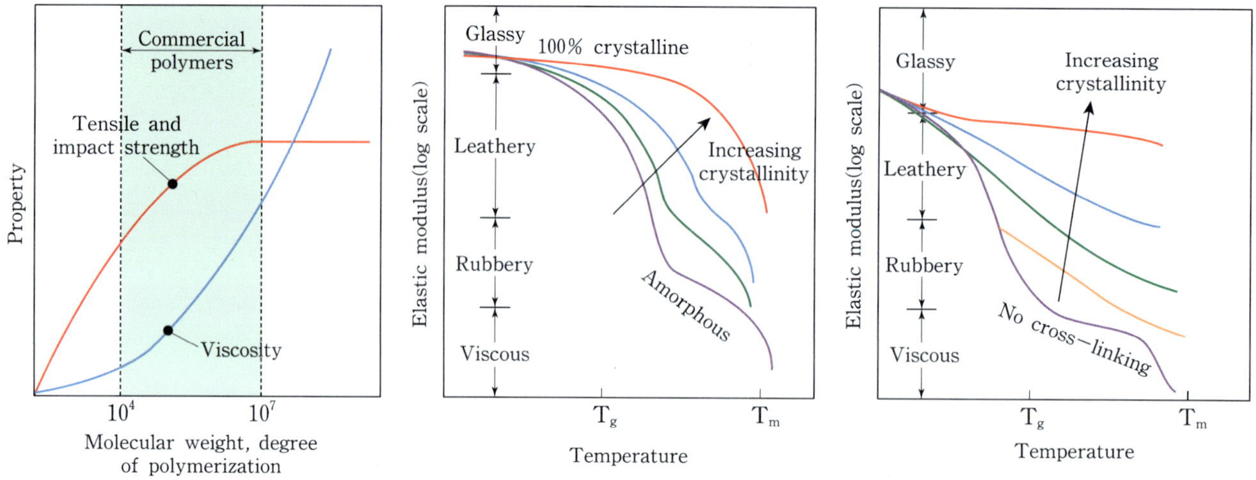

그림 8.3
왼쪽은 고분자 분자량에 따른 점성(viscosity), 인장강도(tensile strength)와 충격강도(impact strength)의 증가를 보여 주는 그래프이고, 가운데와 오른쪽은 고분자 내의 결정성 부분 또는 가교화의 증가가 탄성률에 미치는 영향이다.

다. 즉 적당한 힘이 가해지면 서서히 변형이 일어나지만 탄성도 있어서 힘이 제거되면 원래의 상태로 되돌아올 수 있는 것이다. 고분자가 갖는 점탄성은 마치 Tg가 그렇듯이 고분자의 종류에 따라 다르다. 따라서 사용하는 용도에 따라 적절한 고분자를 선택하는 것이 중요하다.

그림 8.3은 분자량, 결정성 정도, 그리고 가교화 정도에 따라 점성, 인장강도, 충격강도, 그리고 탄성에 미치는 영향을 그래프로 나타낸 것이다. 그래프가 보여 주는 것처럼 분자량이 커질수록 점성의 증가는 물론, 잡아 늘이거나 망치 등으로 부수는 데 드는 힘도 증가한다. 가운데 그래프는 고분자가 Tg 이하의 낮은 온도에서는 유리(glassy)처럼 단단해서 탄성률(elastic modulus)이 높지만 온도를 높이면 가죽(leathery) → 고무(rubbery) → 점성 액체(viscous)의 상태로 바뀌면서 탄성률이 낮아지는데, 고분자 내의 결정성(crystalline) 비중을 높여 주면 온도가 올라가더라도 위의 변화가 쉽게 일어나지 않음을 보여 준다. 예를 들면 폴리에틸렌의 경우 탄성률이 높은 쇼핑백용 HDPE는 결정성 비중이 높고, 작은 힘에도 잘 늘어나는 비닐하우스용 LDPE는 결정성 비중이 낮다. 오른쪽 그래프는 결정성 비중의 차이에서와 마찬가지로 가교화(cross-linking) 정도를 달리하여도 비슷한 경향의 물성 변화가 나타나는 것을 보여 준다. 예를 들면 고무는 가교화가 많이 될수록 단단하고 탄성률이 높다. 반면에 고무의 마찰력은 가교화가 많아지면 떨어지기 때문에 경주용 자동차 타이어의 경우는 가교화 정도를 낮추어 마찰력을 높이게 된다.

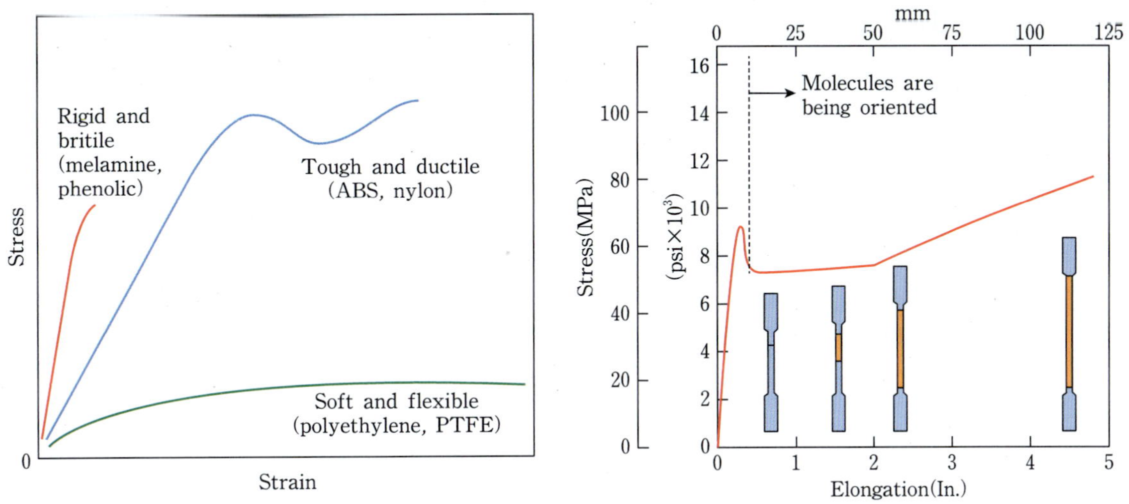

그림 8.4
왼쪽은 잡아당기는 힘에 의한 고분자의 변형을 나타내는 응력 변형 곡선이고, 오른쪽은 폴리카보네이트(PC)의 예이다.

• 응력 변형 곡선

응력 변형 곡선(stress-strain curve)이란 고분자가 나타내는 기계적인 물성을 측정한 곡선인데, 일반 명사처럼 쓰이는 인스트론이라는 테스팅 기계(Instron testing machine)를 이용하여 측정한다. 이것은 복잡한 테스팅 기계는 아니다. 시료 고분자를 일정 모양의 네모진 시편(그림 8.4 오른쪽 그림)으로 만든 다음 한쪽은 고정된 집게로 잡고 다른 한쪽은 움직이는 집게로 잡아서 힘을 가해 늘이면 어느 정도 늘어나다가 끊어지게 된다. 이 과정에서 늘어나는 길이와 그때 들어가는 힘을 기록한 것이 바로 응력 변형 곡선이다. 즉 응력(stress)은 잡아당기는 힘(force)이고 변형(strain)은 늘어난 길이(elongation)이다.

LDPE나 테플론 테이프처럼 유연한 고분자는 작은 힘에도 잘 늘어나지만 페놀 수지나 멜라민 수지처럼 딱딱한 고분자는 강한 힘으로 잡아당겨도 그다지 늘어나지 않는데, 그림 8.4의 응력 변형 곡선이 이를 보여 준다. 나일론이나 ABS(아크릴로나이트릴, 뷰타다이엔, 스타이렌의 세 종류의 단량체로 만든 고분자)는 상당히 견고하면서도 연성을 갖는데, 이런 경우는 어느 정도 늘어나다가 힘이 빠지면서 쉽게 늘어나는 현상이 나타난다. 그림 8.4의 오른쪽은 폴리카보네이트(PC)의 응력 변형 곡선인데 이 경우도 그런 예이다. 이런 현상은 생활 속에서 쉽게 관찰할 수 있다. 어느 종류든지 투명한 포장 필름을 잡아늘여보면 투명했던 필름이 약간 뿌옇게 되었다가 더 힘을 가하면 끊어지는 것을 보게 된다. 약간 뿌옇게 되는 것은 무정형으로 헝클어져 있던 고분자 사슬이 잡아당기는 방향으로 배열하면서 결정성 부분이 많아지면 빛이 투과되지 못하고 산란이 일어나기 때문이다.

8.2 고분자의 종류

우리는 어딜 가든 고분자로 만들어진 세상을 만난다. 영화관에 들어가 보자. 고분자로 꾸며진 영화관에 앉아 다양한 고분자를 사용하여 제작한 영화를 본다. 영화관 내부를 둘러보면 카펫(나일론), 의자 커버(아크릴, 폴리에스터), 의자 등과 손받침(폴리에틸렌), 방음 커튼(나일론, 폴리에스터), 스크린(TiO_2 or mica coated PVC), 필름(폴리에스터, 셀룰로오스 아세테이트), 음료수 컵(폴리에틸렌 코팅 종이, 폴리스티렌), 핫도그(단백질), 팝콘 (녹말), 그리고 리놀륨 바닥(PVC) 등이 보인다. 또한 SF 영화의 경우 각종 첨단 소재가 등장하는데 그 중에는 고분자 소재가 제법 많다. 스타 트렉(Star Trek), 스타워즈(Star Wars), 배트맨(Batman) 등은 우리나라에서도 상영되었는데, SF 영화 속에 등장한 몇 가지 고분자를 살펴보면 다음과 같다. 로봇, 우주선(고강도 플라스틱, 에폭시 수지, 폴리스타이렌, 유리 섬유), 가짜 바위(폴리우레탄 폼), 백악관(나무, 셀룰로스, 접착제, 페인트), 정원 숲(폴리에틸렌, 폴리프로필렌), 워프(Worf)의 머리(폼 고무), 트로이(Troi)의 유니폼(폴리에스터), 론도(Londo)의 머리카락(폴리에스터), 헤어 스프레이(폴리바이닐피롤리돈, 실리콘 고무), 가죽옷(콜라겐), 요다(Yoda)와 이웍(Ewok)(폼 고무, 폴리에스터, 아크릴 섬유) 등이다.

물성에 따른 고분자 분류

앞서 고분자가 갖는 물성으로 Tg, 점탄성, 응력 변형 등을 살펴보았는데, 고분자는 종류에 따라 이들 외에도 마찰력, 전기적 성질, 화학적 성질, 투명성 등이 서로 다르다. 따라서 고분자를 사용해 어떤 제품을 만들고자 할 때는 제품이 요구하는 물성을 파악해서 가장 적합한 고분자를 고르는 것이 중요하다. 표 8-4는 제품이 요구하는 물성에 따라 고분자를 분류한 것이다. 표를 통해서도 알 수 있듯이 어떤 고분자는 여러 가지 요구 물성을 충족시키기도 하는데, 이런 고분자를 범용성 고분자라고 하며, 반면에 특수한 목적으로만 사용하는 고분자를 기능성 고분자라고 한다.

표 8-4 고분자의 물성에 따른 응용 분야와 고분자 종류

요구되는 물성	응용 분야	고분자 종류
기계적 강도	기어, 롤러, 밸브, 피스톤, 선풍기 날개	아세탈, 나일론, 페놀수지, 폴리이미드, 에폭시, PP, 폴리에스터
내마모성	기어, 베어링, 롤러스케이트 바퀴	아세탈, 나일론, 폴리이미드, 폴리우레탄, 초고분자량 PE
고 마찰력	타이어, 신발, 미끄럼 방지 바닥	탄성체, 고무
저 마찰력	인공 관절, 미끄럼틀	테플론, 폴리에스터, PE, 폴리이미드
기기 덮개, 속이 빈 형태	전동공구, 헬멧, 전화기 케이스, 기기 덮개	ABS, 셀룰로스, 페놀수지, 폴리카보네이트, PE, PP, PS
전기 저항성	전기관련 모든 부품, 장치, 용품	PMMA, ABS, 테플론, 나일론, PP, 요소수지, 페놀수지, 실리콘, 고무
화학 저항성	화합물 저장고, 실험실 용품, 식음료 보관함	아세탈, ABS, 에폭시, PMMA, 테플론, 나일론, PP, 요소수지, 실리콘
열안정성	생필품, 주방용품, 전기용품	테플론, 폴리이미드, 실리콘, 아세탈, 폴리술폰, 페놀수지, 에폭시
기능성 및 장식성	핸들, 손잡이, 카메라/배터리 케이스	ABS, 아크릴, 셀룰로스, 페놀수지, PE, PP, PS, PVC
기능성 및 투명성	렌즈, 고글, 안전표시, 식품가공 장치	아크릴, 폴리카보네이트, PS, 폴리술폰

플라스틱 고분자

• 공기를 품고 있는 스타이로폼

공기를 품고 있는 발포체(foam) 고분자는 주로 폴리스타이렌(polystyrene)이나 폴리우레탄(polyurethane), 그리고 고무수지로부터 만들어 용도에 따라 사용되고 있다. 고무는 유리화 온도가 아주 낮아서 상온에서 부드럽고 유연한 발포체가 되고, 폴리스타이렌은 유리화 온도가 높아서 항상 단단한 발포체(스타이로폼, styrofoam)가 만들어진다. 반면에 폴리우레탄은 두 가지 발포체 형태가 다 만들어질 수 있다. 잘 알다시피 스타이로폼은 충격을 완화시킬 목적으로 전자제품 등을 포장할 때 박스 안에 넣기도 하고, 집을 지을 때는 단열재로 사용하기도 한다. 폴리우레탄 폼의 경우에는 발포체가 만들어지면서 동시에 경화(curing, 사슬 간의 가교화 결합)시킬 수 있기 때문에 신발의 바닥재처럼 쿠션이 좋고 마모에 강한 재질이 필요한 곳에 적합하다.

고분자 발포체는 어떻게 만들까? 고분자에 따라 제법에 특징이 있는데, 고무수지의 경우에는 수지를 아주 빠른 속도로 저어주면 공기가 흡입되어 발포체가 된다.

PVC의 경우에는 약품을 섞는데 이 약품이 온도를 높여 주면 분해되면서 기체를 발생시켜 발포체를 형성한다. 스타이로폼은 폴리스타이렌을 펜테인(pentane)에 녹인 후 약간 가열하면 고분자 용액 속의 용매가 36°C에서 증발하면서 생성된다. 폴리우레탄의 경우에는 단량체가 물과 반응하면 불안정한 산이 만들어지는데, 이 산이 분해되면서 이산화 탄소가 발생하여 발포체를 형성한다.

• 부드러우면서 강한 테플론 고분자

1960년경부터 테플론이 프라이팬이나 주걱에 코팅되면서 요리하기가 훨씬 수월해졌다. 테플론은 마찰력이 작고 오염 물질이 잘 들러붙지 않아서 가정용품뿐만 아니라 의료용이나 산업용으로도 많이 사용된다. 전깃줄이나 케이블의 절연 피복제, 특수차량의 연료탱크, 인조대동맥 심장박동장치, 인공턱이나 코뼈, 기계 부품 제조 등이 그 예이다. 이 고분자의 탄생도 앞서 말했던 폴리에틸렌의 경우처럼 우연히 이루어졌다. 1938년에 미국 듀폰(DuPont)사의 새내기 연구원인 로이 플랑켓(Roy Plunkett) 박사는 새로운 무독성 냉매를 만드는 연구를 하고 있었다. 당시 프레온 가스를 비롯한 냉매가 그렇듯이 이 물질도 플루오린(F)을 함유한 테트라플루오로에틸렌(TFE)이라는 기체 물질이었는데, 어느 날 이 기체가 담긴 고압 탱크의 밸브를 열었으나 기체가 나오지 않았다. 이상히 여긴 플랑켓 박사가 고압탱크의 무게를 달아보니 분명히 기체가 가득 들어 있는 무게였다. 고압탱크 안에서 무슨 일이 일어난 건지 궁금한 나머지 탱크를 톱질하여 속을 들여다보니 그 속에 미끈거리는 흰 가루가 들어 있었다. PE의 경우처럼 공기가 섞여 들어가서 산소가 중합 반응을 일으킨 것이었다.

이 물질은 제이 차 세계 대전 중 미국이 원자탄을 만드는 데도 공헌하였다. 2장에서 우라늄의 농축 과정에 대해 설명하였는데, 그 중에 우라늄을 기체 분자로 만들어서 대부분이 우라늄-238인 혼합물로부터 약간 가벼운 우라늄-235를 농축하는 방법이 있었다. 즉 질량에 따른 기체 분자의 확산 속도 차이를 이용하는 방법이었는데, 이때 만들어진 기체 분자가 육플루오린화우라늄(UF_6)이었다. 문제는 이 기체를 담아둘 탱크였는데 웬만한 금속 탱크를 모두 녹슬게 했기 때문이다. 따라서 이 가스에 견디는 새 재료를 찾아내는 것이 급선무였다. 마침 책임자였던 레슬리 그로브스(Leslie Groves) 장군은 듀폰에서 발명한 미끄러운 플라스틱이 있는데 이 플라스틱은 강산, 강염기, 유기 용매에 잘 견딜 뿐 아니라 고온에서도 잘 견딘다는 소식을 접하였다. 그는 곧 듀폰과 접촉하였고, 마침내 듀폰은 이 새로운 테플론 플라스틱을 제공함으로써 원자탄 제조에 기여하였다.

• 강화 플라스틱

강화 플라스틱(Reinforced Plastics)은 플라스틱이 갖는 기계적 물성의 한계를 극복하기 위해 주로 무기물 충전제(filler)를 넣어서 만든 플라스틱을 말한다. 불포화 폴리에스터에 유리섬유를 넣어서 만든 FRP(fiber glass reinforced plastics)가 대표적인 예이다. 유리섬유를 넣는 것은 흙벽돌이나 흙벽을 만들 때 견고하게 만들기 위하여 흙에 지푸라기를 잘라서 넣는 이치와 같다. FRP는 욕조나 옥상 수조용으로 가정에서도 사용된다. 유리섬유 외에도 탄소섬유(graphite), 보론 나이트라이드(BN, boron nitride), 아라미드 섬유(Kevlar), 철사, 나일론, 산화알루미늄 등이 충전제로 사용된다.

섬유 고분자

• 최초의 합성 섬유: 나일론

그림 8.5에 나타난 사진의 기념패에는 이렇게 쓰여 있다. "1928년 이 자리에서 월러스 캐러더스(Wallace Carothers, 1896~1937)는 고분자화학의 선구적인 연구를 시작하였다. 그는 1920년에 독일 화학자 헤르만 슈타우딩거(Hermann Staudinger)가 처음으로 제창한 '고분자량의 분자는 작은 분자(단량체)가 반복해서 화합 결합으로 이어져 긴 사슬의 분자(고분자)를 이룬 것'이라는 주장을 실험적으로 증명하였다. 캐러더스는 새로운 고분자를 창조하는데 탁월하여 듀폰사가 미국 최초의 합성고무인 네오프렌(neoprene, 1932)과 세계 최초의 합성 섬유인 나일론(nylon, 1939)을 성공적으

그림 8.5
캐러더스에 의한 나일론 66의 탄생을 기리는 기념패가 ACS에 의해 듀폰 연구소에 세워졌다. 오른쪽은 고분자 샘플을 직접 당겨 보이는 캐러더스의 모습이다. ACS는 위대한 화학적 업적을 탄생시킨 역사적인 장소에 기념패를 설치하는 역사적인 화학 건물(Historic Chemical Landmarks) 프로그램을 1992년부터 시행하고 있다.
(출처: C&EN by ACS)

로 생산할 수 있도록 하였다.”

1998년 미국 보스턴에서 개최된 미국화학회(ACS) 추계 학술회의에서 ACS의 대표 주간지인 Chemistry & Engineering News(C & EN)가 마련한 축제가 열렸다. C & EN은 이 잡지의 75번째 생일을 맞은 해를 기념하여 독자들의 투표로 지난 75년 동안 가장 훌륭한 업적을 낸 75명의 화학자를 선정한 다음, 이들 중 생존한 화학자 30명을 이 축제에 초대하였다. 이들 중 22명이 참석하였고, 오늘날의 화학과 미래의 초석을 세운 이들이 이룩한 선구자적인 업적을 돌아보는 뜻깊은 축제의 자리였다.

독자 투표를 통해 선정된 75명 중 선두에 라이너스 폴링(Linus Pauling), 로버트 우드워드(Robert Woodward), 글렌 시보그(Glenn Seaborg), 그리고 네 번째로 월러스 캐러더스(Wallace Carothers)가 있었다. 앞의 세 사람과 캐러더스는 다른 경력을 갖고 있다. 세 사람은 모두 수십 년간 학자의 길을 걸으면서 현대 화학의 틀을 잡는 역할을 하여 모두 노벨상을 수상한 반면에, 캐러더스는 듀폰사에서 10년도 채 안 되는 기간 동안 고분자 과학의 기초와 응용 분야에서 놀라운 업적을 쌓고 한창 나이에 요절하였다. 이러한 경력으로 인하여 캐러더스는 산업계에서의 기초연구가 얼마나 중요한지를 대표적으로 보여 주는 사례가 되고 있다. 미국화학회에서는 오래전부터 캐러더스 상(Carothers Award)을 제정하여 고분자화학 분야에서 탁월한 업적을 나타낸 과학자에게 이 상을 수여하고 있다.

• 아라미드 섬유

2005년에 무착륙, 무급유 세계일주의 쾌거를 이룬 글로벌 플레이어호 비행기가 있었다. 미국의 모험가 스티브 포셋(Steve Fossett)이 이 비행기로 67시간 2분만에 지구

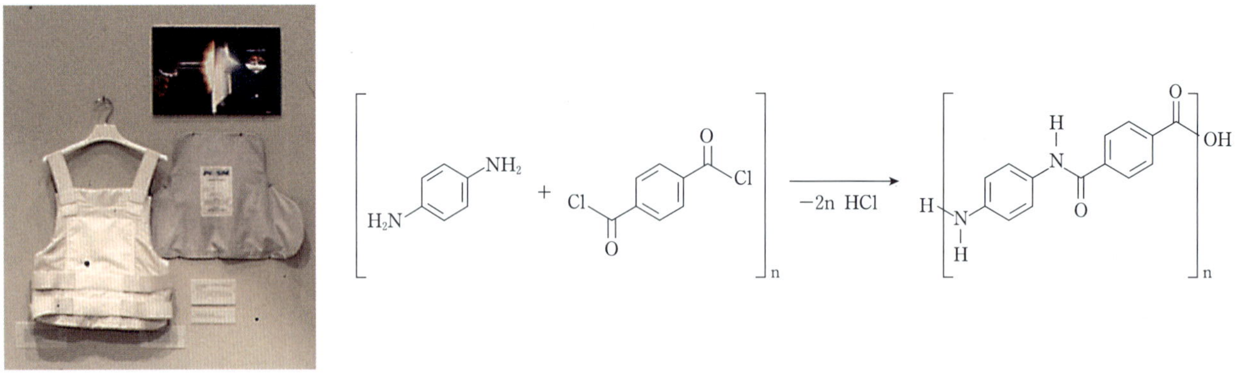

그림 8.6

케블라 나일론(Kevlar nylon)으로 만든 방탄조끼와 케블라 합성 반응식. 이 조끼 덕분에 수천 명의 경찰들이 목숨을 건졌다. 이 조끼의 성능을 실험하는 권총 발사에서 총알이 납작해졌다고 한다.

를 한 바퀴 돌았다. 비행기 제작은 첨단 과학 기술의 집합체라고 할 수 있는데, 가벼우면서도 고강도의 재료 사용이 기본이다. 따라서 적은 연료로 멀리 갈 수 있는 비행기, 결국 글로벌 플레이어 호의 성공은 고분자 신소재의 쾌거였던 것이다. 아직 실감이 나지 않는다면 군인들이 방탄모로 사용하는 플라스틱을 생각해 보자. 예전에는 말 그대로 철모였지 않은가! 이 플라스틱 모자가 탄환으로부터 머리를 보호하고, 이 고분자로 섬유를 만들어 옷을 만들면 방탄복이 된다. 철사보다 더 강한 이 섬유는 무엇인가?

이들 신소재는 미국 듀폰사가 개발한 방향족 폴리아미드(Aromatic amide, Aramid)로서 노멕스(Nomex), 케블라(Kevlar)라는 상품명을 갖는다. 나일론의 반복 단위에 방향족 고리 구조를 도입하여 우수한 내열성과 강도를 나타내게 하였다. 특히 노멕스는 필름 형성이 가능하고 높은 강도를 갖는 벌집 구조를 만들기 때문에, 이것을 얇은 판의 샌드위치 상태로 만들어 비행기 동체와 날개를 만드는 데 사용한다. 그 외에도 이들 고분자는 산업용으로 많이 사용되는데, 노멕스는 고온 집진필터, 내연성 및 난연성 재료, 전기절연재, 벌집 구조재, 각종 방호의류 등에 사용되고 있으며, 케블라는 타이어 코드, 각종 고무벨트 보강재, 각종 수지 강화재, 광케이블 보강재, 콘크리트 강화재, 방탄구, 각종 방호구 등에 사용된다.

• 탄소 섬유

탄소 섬유(carbon fiber)의 주원료는 화학 구조에서 나타낸 것과 같이 폴리아크릴로나이트릴(PAN) 섬유인데, 이 원료 섬유에 고온 산화 처리와 탄소화 처리를 하여 탄소 섬유를 만든다. 하지만 탄소 섬유는 단일 화학 구조의 섬유는 아니며, 원료로 레이온(Rayon)과 피치가 사용되기도 한다. 이 섬유의 내열성이 어느 정도인지는 탄

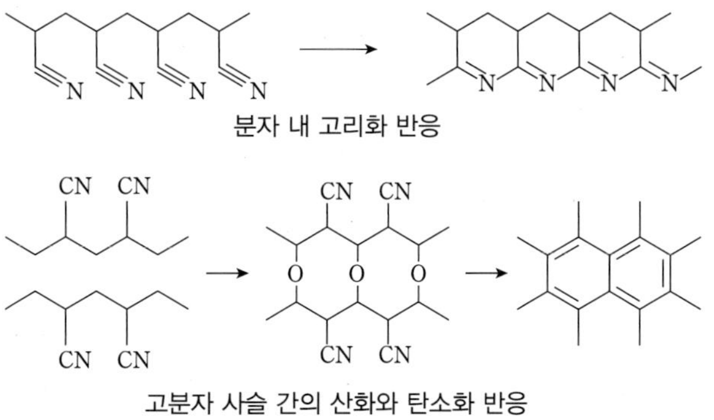

그림 8.7
폴리아크릴로나이트릴(PAN)을 원료로 하여 만드는 탄소 섬유의 형성 반응

소화 과정에서 1000℃가 넘는 온도를 사용하는 것으로부터도 미루어 짐작할 수 있다. 이 섬유는 에폭시 수지와 같은 열경화성 수지의 강화제로 들어가기도 하고, 비행기 몸체를 가볍고 강하게 만들기 위한 복합 재료에 사용되기도 한다. 그 외에 자전거 프레임, 풍차 날개, 낚싯대, 테니스 라켓 등에도 사용되며, 전도성이 있으므로 컴퓨터 등에 정전기 방지와 방진(dustproof) 목적으로도 사용된다.

• 스판덱스 섬유

그림 8.8에 스판덱스 섬유의 화학 구조를 나타냈다. 폴리에스터 또는 폴리에테르폴리올 부분은 부드럽고 유연한 성질을 나타내게 하여 600%에 이르는 신장(elongation)이 가능한 반면, 강직한 부분으로 우레탄 또는 요소 구조를 도입하여 섬유의 강도를 부여하고 변형을 막았다. 듀폰사가 10여 년의 연구 끝에 1959년 이 섬유제품을 선보이면서 라이크라(Lycra)라는 감미로운 이름을 붙여서 여성들의 호감을 샀다. 기존의 고무실과는 비교가 되지 않는 물성을 나타내서 바디오일, 땀, 로션, 세제 등에도 영향을 받지 않았다. 앞으로도 이 고분자의 사용 범위는 넓어질 것으로 생각된다. 의류용 섬유로서뿐만 아니라 실내 가구, 자동차, 신발 등에도 사용될 전망이다. 우리나라에서도 태광 산업이 듀폰의 기술로 이 섬유를 생산하며, 효성은 독자 개발로 크레오라(Creora)를 생산하고 있다.

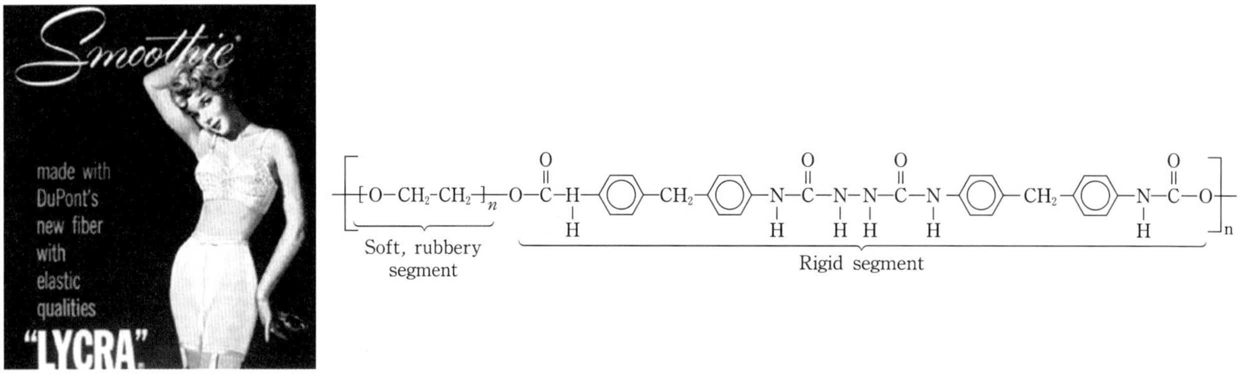

그림 8.8
1959년 당시 듀폰사의 라이크라(Lycra) 광고와 섬유의 화학 구조. 스판덱스(spandex) 섬유는 의류 패션을 바꾼 합성 고분자이다. 탄성을 가진 이 합성섬유의 탄생은 고분자 구조의 설계부터 기존의 탄성체 개념을 뛰어넘었다. 즉 탄성을 도입하기 위해 유연성 구조의 고무 고분자 사슬을 가교화하는 방법이 아니라, 고분자 사슬 자체에 유연성 부분과 강직성 부분을 함께 도입함으로써 가교화 없이도 탄성을 실현한 것이다.

• 플라스틱 광섬유

유리 자체의 뛰어난 광학 특성, 환경 안정성, 내열성 때문에 석영을 기초로 하는

그림 8.9
기존의 전선이 전자(electron)의 이동 통로인 반면 광섬유는 빛(light)의 이동 통로이다. POF는 유리 광섬유(GOF)와 함께 광통신 시대를 열었다. (출처: ©leungchopan, Thanaphat Kingkaew/Shutterstock)

고순도 유리로 만든 광섬유(Glass Optical Fiber, GOF)가 광통신용 기본 재료로 많이 사용되어 왔다. 그러나 유리 섬유가 갖는 단점도 있는데, 깨지기 쉽고, 형상 가공이 어려우며, 일정 굵기 이상의 섬유는 만들기 어렵다는 점이다. 또한 유리 광섬유는 너무 가늘기 때문에 광섬유를 서로 연결하는 데 필요한 광접속(optical interconnection) 소자를 저가로 만들기가 어렵다. 따라서 특히 단거리를 연결하는 광섬유는 GOF보다 투명 고분자 재료를 사용한 플라스틱 광섬유(Plastic Optical Fiber, POF)가 널리 보급되고 있다.

POF는 GOF보다 전송 손실이 크고, 내열성이 뒤떨어지는 단점이 있는 반면, 정보망 구축에 필요한 부품의 가격이 저렴하고 설치가 용이하다는 장점이 있다. 게다가 POF는 기존의 GOF로 만들어진 LAN에서 문제점으로 거론되어 왔던 대역폭(bandwidth)을 해결할 수 있으므로(GOF LAN의 광대역폭은 622 Mbps인데 상용화된 GI-POF는 3 Gbps의 대역폭을 갖는다) GOF로는 불가능한 주문형 비디오 시스템(video-on-demand), 광섬유 채널, 화상 회의, 양방향 서비스(interactive service) 등 멀티미디어 시대에 부응하는 서비스가 가능하다. 데이터 통신 이외에 응용될 수 있는 분야로는 무선 LAN, 자동차, 군사통신용, 액정 화상의 백라이트, 장식, 이미지 가이드, 센서, 의료용 내시경, 홍보용 매체 등 다양하다.

POF 섬유로서 갖춰야 할 성질은 우선 투명해서 빛이 통과할 수 있어야 하고, 해당 영역의 빛을 흡수하지 않아서 빛의 손실 없이 멀리 보낼 수 있어야 한다. 대표적인 POF 구조는 중심부(core) 고분자로 굴절률이 큰 PMMA, 바깥(cladding) 고분자로 굴절률이 작은 폴리카보네이트(PC)를 사용한 것이다. PMMA는 오래전부터 투명한 성질을 이용하여 유리 대용 플라스틱으로 사용하고 있으며, 아쿠아리움의 투명한 패널도 이 고분자이다. 한때는 콘택트렌즈용으로도 사용하였는데 근래에는 친수성이 좋아진 poly[HEMA (hydroxyethyl methacrylate)] 고분자가 사용된다. 한편 바깥 고분자로 사용되는 PC는 투명하면서도 내충격성이 좋아서 빛의 전반사를 돕는 역할 외에도 충격으로부터 중심 고분자를 보호한다. 최근에는 PC의 원료인 비스페놀 A(BPA)가 환경호르몬으로 의심을 받으면서 다른 소재인 폴리에틸렌설폰(PES), 폴리프로필렌(PP), 폴리페닐렌설폰(PPS) 등으로 바뀌었지만 한때는 가장 많이 사용된 소재였다.

고무 고분자

• 천연 고무 고분자

공천연 고무 고분자가 우유같이 하얗게 물에 분산된 상태가 라텍스(latex)로, 이것은 30~35%의 천연 고무와 60~65%의 물, 나머지는 단백질들로 구성되어 있다. 천연 고무는 기온 변화에도 쉽게 끈적거리거나 뻣뻣해지므로 별로 쓸모가 없었으나, 1839년 찰스 굿이어(Charles Goodyear)가 우연히 황을 넣고 가열하여 고무가 탄성체로 경화되는 것을 발견한 후, 오늘날과 같은 고무 사용의 다양한 길을 열었다. 이러한 가황 공정(vulcanization)의 영문 이름은 '불의 신' 불카노스의 이름에서 유래한 것이다.

천연 고무의 구조를 보면 아이소프렌(isoprene) 단량체가 시스-구조(이중 결합에 결합된 주 사슬 탄소가 같은 쪽을 향해 있는 구조)의 고분자로 중합된 것을 보여 준다. 물론 천연에서는 아이소프렌 자체를 사용하지 않고 다이포스페이트기가 붙어 있는 형태가 사용되는데, 천연 고무와 같은 구조의 합성 고무를 만들 때는 아이소프렌을 그대로 사용한다. 물론 이때 중합 촉매가 필요한데 치글러-나타 촉매가 이 반응에서도 사용된다. 천연 고무라고 할 때는 의례히 시스-구조를 일컫지만 트랜스-구조가 없는 것은 아니다. 구타페르카(Gutta Percha)는 *Palaquium* 속의 나무를 일컫

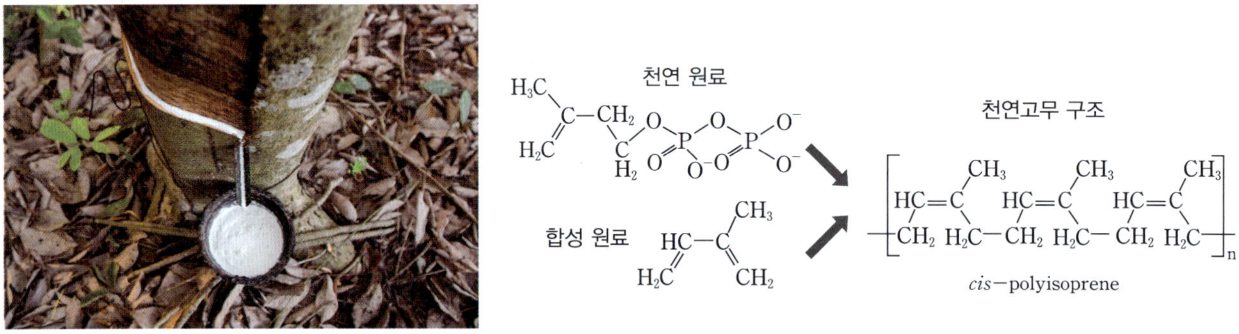

그림 8.10
고무나무(*Hevea brasiliensis*)로부터 라텍스를 수집하는 모습과 천연고무의 원료와 화학 구조(출처: ©Sukpaiboonwat/Shutterstock)

는 말로, 이 나무 수액으로부터는 트랜스-폴리아이소프렌(*trans*-polyisoprene) 라텍스를 얻을 수 있다. 대표적인 나무로는 *Palaquium gutta*가 있다. 이 고무는 열가소성(thermoplastic)이 있으며 예전에는 구티(guttie)라는 골프공의 재료로 사용되었다. 산업용으로는 수중 전화선의 절연체로 사용되기도 하였고, 병원에서는 치과용 재료로도 사용하였다.

고무는 잡아당겼다가 놓으면 원래의 형태로 되돌아가는 탄성을 나타낸다. 이때 고무 내부의 고분자들 사이에 어떠한 일이 벌어지는 것일까? 고무 속의 고분자들은 마치 실들이 헝클어진 채 얽혀 있는 모습과 같다. 고무를 잡아당기면 실들이 길게 풀어지듯이 배열을 하지만 헝클어진 상태에서 실들의 사이사이를 가교 결합으로 붙잡아 놓기 때문에 가한 힘을 제거하면 원래의 상태로 되돌아가는 것이다.

그런데 이 과정에 흥미로운 열역학 원리가 숨겨져 있다. 고무 밴드를 순간적으로 잡아당긴 후 입술에 대어보면 따뜻함이 느껴진다. 반대로 잡아 늘였던 고무 밴드를 식힌 다음 원래 크기로 돌려보내면 차가움이 느껴진다. 이 과정에서 고분자 사슬들의 움직임은 흥미롭게도 엔트로피(entropy, ΔS) 개념으로도 설명된다. 전에는 엔트로피를 '무질서도'라고 번역하였으나 '무질서도'로는 함축된 의미를 다 살리지 못하기 때문에 요즘에는 그냥 '엔트로피'라고 한다. '자연은 자발적으로는 엔트로피가 증가하는 방향으로 움직이려고 한다'라는 것이 열역학적 개념이다. 근래에 인문사회학에서도 이 개념을 여러 현상에 적용하는 것을 볼 수 있다. 어쨌든 고무 밴드를 잡아당겨서 고분자 사슬들이 정렬하게 되는 것은 엔트로피가 감소하는 것이다. 이때 상응하는 에너지가 열로 방출되므로 앞의 실험에서 따뜻함을 느낀 것이다. 반면에 다시 원래의 복잡한 헝클어진 고분자 사슬로 돌아가는 것은 엔트로피가 증가하는 것으로, 이에 필요한 에너지를 주위에서 빼앗는 바람에 밴드를 입에 대어보면 차가움이 느껴지는 것이다.

이 현상을 확인하는 다른 한 가지 실험 방법으로, 고무줄 끝에 추를 달아 늘어뜨린 다음 헤어드라이로 가열해 보자. "물질에 열을 가하였으니 더 늘어뜨려지겠지"라고 생각하였다면 의외의 현상에 놀랄 것이다. 오히려 수축이 일어나면서 위로 당겨지는 현상을 보게 될 것이기 때문이다. 이것도 바로 수축에 의해 엔트로피가 증가하는데 필요한 에너지를 외부(헤어드라이)에서 공급하여 주자 고분자 사슬들이 헝클어진 상태로 돌아가려고 했던 것이다.

• 실리콘 고무

실리콘 고무(silicone rubber)의 고분자 분자식은 $-\!\!\!\left(OSi(CH_3)_2\right)\!\!\!-_n$이다. 분자량이 작은 것은 실리콘 오일로, 분자량이 수십만 정도되면 실리콘 고무가 되는데, 비중 0.98, 굴절률 1.40이다. 메틸기 $-CH_3$의 일부가 바이닐기 $-CH=CH_2$로 치환되어 있는 것은 디큐밀퍼옥시드 등의 과산화물을 사용하여 가교화시킨다. 실리콘 고무는 우리의 몸 안에서 거부 반응을 거의 일으키지 않을 정도로 생체 적합성이 좋다. 이 때문에 실리콘 고무는 미용을 위한 성형 수술에 이용되기도 한다. 접착제로도 매우 널리 사용되는데 특히 유리창을 고정하는 데 많이 사용되며, 항공기의 창문을 봉하는 데도 사용한다. 또한 발수성(撥水性: 물을 튀기는 성질)을 필요로 하는 곳, 또는 발열하는 곳에 특수재료로도 사용되며, 고무롤러의 속 부분, 패킹 재료, 전기 절연재료 등으로도 널리 쓰인다. 실리콘 고분자를 의미하는 영어는 'silicone'이며, 실리콘 원소 또는 실리콘 칩에서는 'silicon'이다.

전도성 고분자

지난 2000년 노벨 화학상은 전도성 고분자를 발견하고 이를 발전시킨 세 과학자에게 주어졌다. 미국의 앨런 맥더미드(Alan MacDiarmid), 앨런 히거(Alan Heeger) 교수와 일본의 시라카와 히데키(Hideki Shirakawa) 교수이다. 그들은 일반적으로 플라스틱은 전기를 통하지 않는다는 통념을 깨뜨리고 전기가 통하는 고분자를 만들어 내었다. 따라서 그동안 전자의 이동과 관련된 분야에서 사용해 온 금속 재료들을 대체 또는 보완할 수 있는 새로운 재료로 플라스틱이 등장한 것이다. 전기가 통하는 전선으로는 물론, 배터리, 고분자 전기발광(PLED), 정전기 방지 재료, 커패시터, 유기 반도체, 유기 태양 전지, 센서, 구부러지는 투명 디스플레이, 레이더 흡수 코팅, 작동기(actuator) 등의 분야에서 새로운 개념의 연구가 한창이며 일부는 실용화되었다.

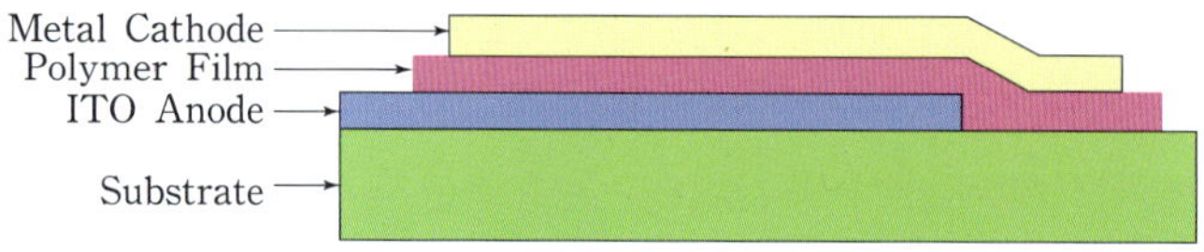

그림 8.11
전도성 고분자 필름의 위와 아래에 전극을 붙여서 만든 전기발광소자(electroluminescence device)의 구성도와 초기에 7개의 소자로부터 8자 모양의 표시를 실현한 사진

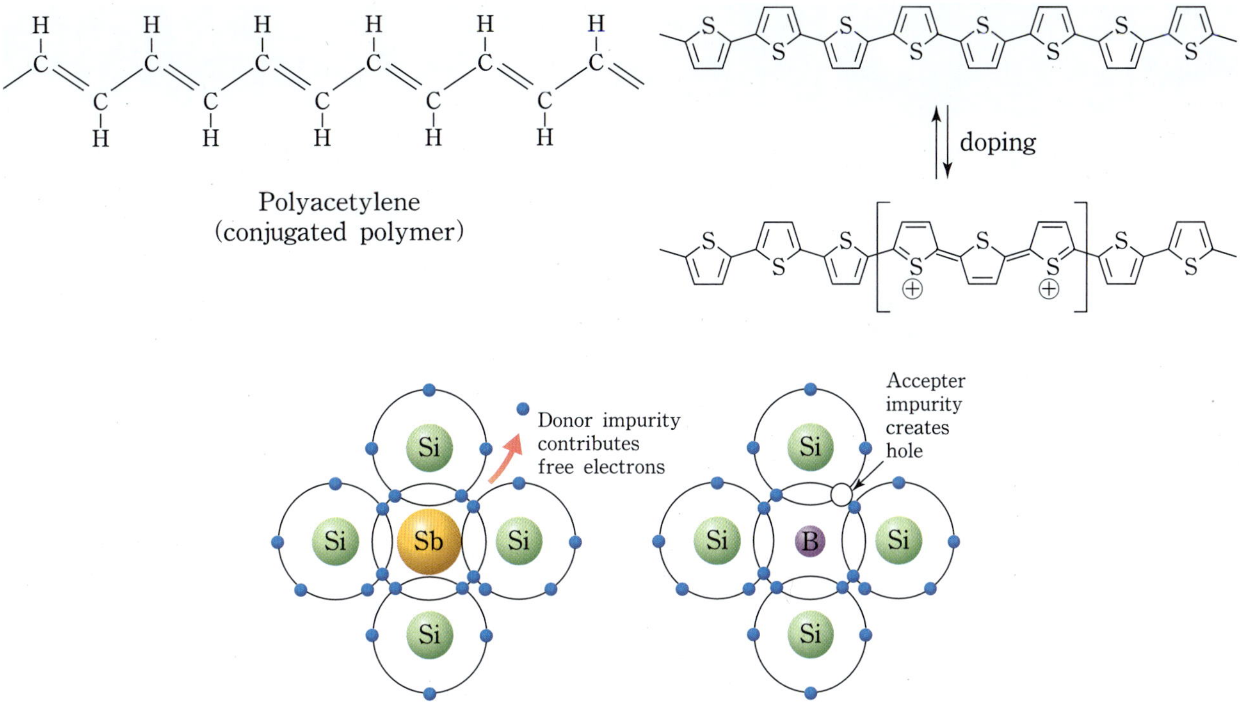

그림 8.12
플라스틱이 전기를 통하기 위해서는 적어도 두 가지 조건이 만족되어야 한다. 하나는 탄소 간 결합이 이중 결합과 단일 결합이 교대로 나타나는 짝지음 구조를 갖는 것이고, 다른 하나는 이 구조에서 전자를 떼어내거나(산화) 첨가하여(환원) 전자의 이동이 가능한 상태로 만드는 것이다. 아래는 실리콘 반도체의 도핑 예이다.

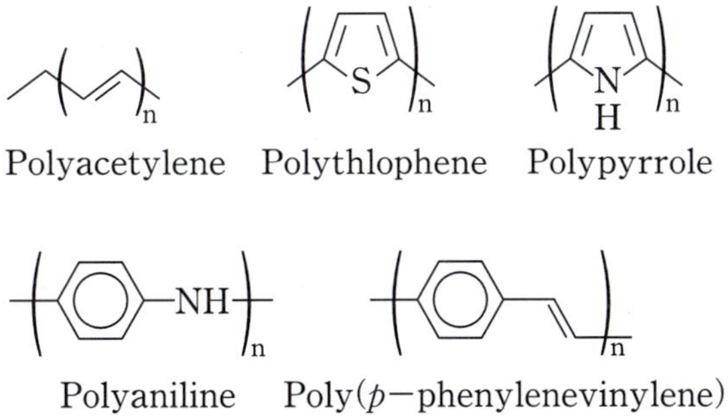

그림 8.13
전도성을 나타내는 주요 짝지은 고분자의 구조. 폴리아세틸렌보다 안정적이고 가공이 용이하며 전도성이 좋은 다양한 고분자의 개발이 여전히 활발하다.

1977년 이들이 공동으로 플라스틱이 전기를 통할 수 있다는 것을 발견하기 전에는 이런 생각은 터무니없는 일이라고 받아들여졌었다. 대부분의 유기 고분자는 절연체였기 때문이다. 그러나 탄소의 이중 결합과 단일 결합이 번갈아 연결된 짝지은(conjugated) 폴리아세틸렌 고분자에 약간의 산화제 또는 환원제를 섞는 도핑(doping)을 함으로써 너무도 간단하게 전기를 통하게 할 수 있었다.

그림 8.14
2004년 6월, 필자는 호주에서 열린 합성금속 국제학술대회(ICSM)에 대학원생들과 함께 참가하였다. 만찬회장에서 노벨상 수상자 3인이 한국인 학생들을 위해 포즈를 취해 주었다. 왼쪽이 시라카와, 가운데가 히거, 오른쪽이 맥더미드 교수와 함께 찍은 사진이다.

전도성 고분자의 합성도 우연한 발견(serendipity)의 하나로 일컬어진다. 과학기술의 진보 과정에서 가끔 의도치 않거나 생각하지 못한 상황에서 새로운 발견이 이루어졌다. 이 고분자의 합성은 1970년대 초, 당시 동경 공대의 시라카와 교수 연구실에서 한 연구원이 실수로 유기 반응 용액에 정상적인 촉매의 사용량보다 1,000배나 많은 양을 첨가함으로써 이루어졌다. 이때 예상하지 못했던 알루미늄 포일처럼 광택이 나는 트랜스-폴리아세틸렌(*trans*-polyacetylene)이 얻어졌던 것이다. 이 연구원은 한국의 한 연구소에서 파견한 방문연구원이었다. 지금 되돌아보면 이 연구원이 귀국 후 계속해서 이 문제를 파고들 수 있는 여건이 조성되지 못한 것이 아쉽다.

1976년 동경에서 열렸던 학회에서 맥더미드 교수가 시라카와 교수로부터 위의 이야기를 듣고, 이에 대한 공동연구를 제안하면서 시라카와 교수를 자신이 일하는 펜실베이니아 대학(University of Pennsylvania)으로 초청하였다. 그리고 당시 같은 대학에 있던 히거 교수와 함께 이 금속 같은 고분자에 대해서 연구하게 된다. 1977년 이들은 폴리아세틸렌을 아이오딘으로 도핑하는 실험을 시도하였는데 이 은빛 나는 고분자가 금빛으로 변하면서 전기 전도도가 10억 배나 증가하여 10^5 S/m(siemens per meter)까지 올라가는 것을 관찰하였다. 비교를 위하여 소개하자면 절연체 테플론이 10^{-16} S/m의 전도도를 나타내며, 전도체 은과 금이 10^8 S/m 정도의 전도도를 갖는다. 당시에 이 연구를 직접 수행한 박사과정 학생도 한국인이었는데, 그 사람이 지금은 은퇴하신 서울대학교 물리학과의 박영우 교수이다.

아이오딘으로 도핑하면 폴리아세틸렌이 산화된다. 즉 고분자 사슬이 전자 하나를 잃고 구멍(hole) 양 전하(+)를 갖게 되며, 떨어져 나온 전자는 짝이온인 에 존재

표 8-5 대표적인 재활용 플라스틱

재활용 기호	고분자 구조	고분자 성질	생활주변의 용도
1 PETE PET	폴리(에틸렌 테레프탈레이트) 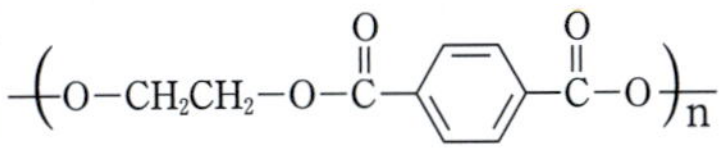	투명, 강한 내충격성, 산이나 기체는 통과 못함, 여섯 가지 중 가장 비싼 고분자	페트(PET)병, 폴리에스터 섬유, 비디오 필름
2 HDPE	고밀도 폴리에틸렌 $-\!\!(CH_2-CH_2)\!\!-_n$	LDPE와 유사하나 더욱 불투명하고 고밀도, 강한 기계적 성질, 결정성이 높음.	비닐쇼핑백, 액상 세제통, 장난감, 물통
3 V PVC	폴리(바이닐 클로라이드) $-\!\!(CH_2-CH(Cl))\!\!-_n$	연소 시 염소 화합물 발생 우려, 가소제, 열안정제 등 함유, 단단하고 투명하며 강한 내충격성	샴푸통, 건축용 파이프, 식품 포장
4 LDPE	저밀도 폴리에틸렌 $-\!\!(CH_2-CH_2)\!\!-_n$	HDPE 및 PP, PVC와 더불어 가장 많이 사용, 무색투명하고 내한성이 양호하며 절기절연성, 내약품성 등이 양호	빵 포장 비닐, 동결음식 백, 비닐 백
5 PP	폴리프로필렌 $-\!\!(CH_2-CH(CH_3))\!\!-_n$	투명, 높은 녹는점 (160~170℃), 가장 밀도가 낮은 플라스틱, 액체나 기체가 투과 못함, 매끄럽고 반짝이는 표면, 충격에 약한 단점도 있음.	케찹 통, 요구르트 통, 양탄자, 담뱃갑 포장필름
6 PS	폴리프로필렌 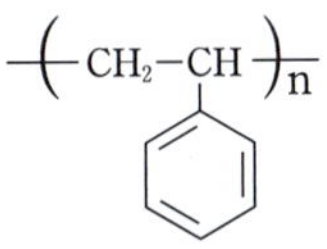	유리같이 선명, 단단하나 깨지기 쉬움, 유기용매에 녹음.	스티로폼, 비디오카세트, 카페테리아 쟁반

한다. 그러면 이 구멍을 채우기 위해서 이웃의 전자가 이동해 들어오며 새로운 구멍이 생긴다. 이러한 과정이 연속적으로 일어나면서 양 전하가 짝지은 사슬을 따라 이동하는 것이다. 처음에 만들어진 도핑 폴리아세틸렌은 다루기가 어려웠다. 공기 중에서 안정하지 않았고 습기에도 민감하였다. 이후 다양한 짝지은 고분자가 합성되면서 안정하며 가공이 쉽고 응용성이 큰 전도성 고분자들이 합성되었다. 전도성 고분자의 합성이 플라스틱 일렉트로닉스의 시대를 연 것이다.

8.3 환경과 고분자

플라스틱의 재활용

플라스틱이 재활용되기 위해서는 우선 같은 종류끼리 분리수거가 되어야 한다. 분리수거가 제대로 되지 않으면 재활용 공장에서 분리 작업을 해야 하기 때문에 재활용 제품의 가격이 비싸지게 된다. 그렇다면 일반 시민들이 쉽게 각각의 플라스틱 재질을 구분할 수 있도록 표기하는 것이 필요하다. 따라서 우리나라에서도 이미 오래전부터 각종 플라스틱 용기에 아래와 같은 화살표 삼각형 안에 숫자를 넣은 표시를 하거나 직접 재질명을 표시하고 있다. 하지만 안타깝게도 현재는 PET 이외에는 수거자도 구분해서 가져가지 않고 있고, 재활용품을 버리는 곳에도 각 플라스틱 종류별로 나누어 버릴 수 있도록 쓰레기통이 구비되어 있지 않다. 아직은 플라스틱이 너무 저렴하기 때문이다.

환경 호르몬과 플라스틱

요즘은 환경 호르몬이란 말이 낯설지 않다. 전 세계적인 관심 속에서 그동안 언론에서 많이 다루었고, 의심 물질에 대한 규제 입법화가 이루어졌으며, 학교 교육을 통해서도 배우게 되었기 때문이다. 환경 호르몬이 주목을 받기 시작할 무렵 우리나라의 남해 전역에서도 선박용 페인트에 들어 있는 TBT(트리뷰틸주석)라는 유해화학물질로 인하여 소라 종류인 고둥의 임포섹스 현상이 광범위하게 나타나는 것이 조사되었다. 임포섹스란 암컷의 몸체에 수컷의 성기가 생기면서 암컷이 수컷화되는 현상으로, 암컷의 퇴화로 인하여 급격한 개체 감소를 일으키게 된다. 이와 같이 TBT처럼 동물이나 사람의 체내에 들어가서 내분비계의 정상적인 기능을 방해하거나 교란시키는 화학물질을 환경 호르몬이라고 한다. 선박의 페인트에 TBT를 섞어서 사용한 이유는 선박에 끊임없이 달라붙는 어패류와 해조류를 제거하기 위해서

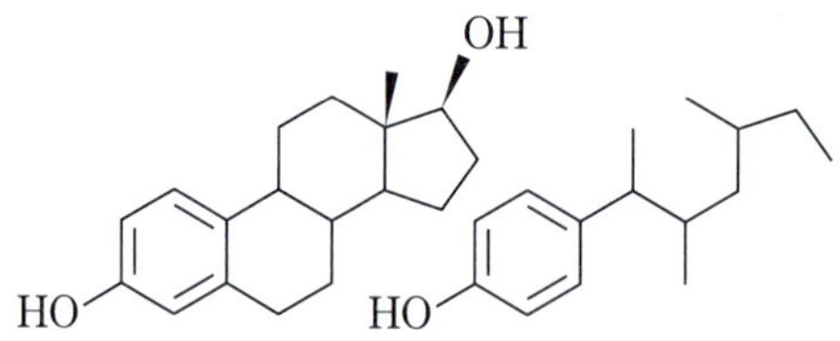

그림 8.15

진짜 호르몬과 환경 호르몬의 구조 유사성: 천연 호르몬인 에스트라디올(estradiol, 왼쪽)과 환경 호르몬인 노닐페놀(nonylphenol)의 구조 비교

표 8-6 환경 호르몬의 정의와 종류

구분	내용
정의	체내의 항상성 유지와 발생 과정을 조절하는 생체 내 호르몬의 생산, 분비, 이동, 대사, 결합 작용 및 배설을 간섭하는 외인성 물질(내분비계 교란물질, endocrine disruptor, 미국 환경청 US EPA)
종류	고분자 등의 원료 물질, 농약류, 유기중금속류, 다이옥신류, 식물성 에스트로젠(phytoestrogen) 등의 호르몬 유사 물질, DES(diethylstilbestrol) 등의 의약품용 합성 에스트로젠류, 기타 식품 및 식품 첨가물
작용 메커니즘	호르몬 수용체에 결합하는 과정에서 호르몬 유사, 호르몬 봉쇄, 촉발 작용을 일으킴.
인체 영향	생식기, 신경계, 면역계 장애

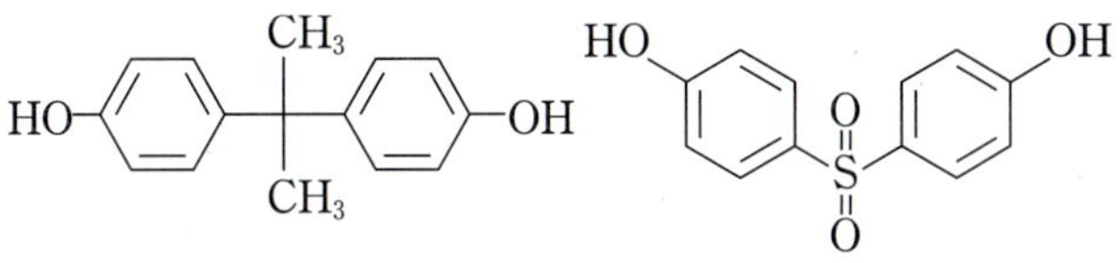

그림 8.16

비스페놀 A(BPA): 폴리카보네이트 플라스틱의 원료 물질로 플라스틱 병, 식품저장고, 치과 재료, 금속캔 피복, 감열지 영수증의 코팅제 원료로 사용된다. 비스페놀 S(BPS): BPA 대신 감열지 영수증에 사용해 온 물질인데 이 물질도 환경 호르몬으로 작용할 가능성이 있는 것으로 밝혀졌다.

였다. 신기하게도 TBT가 들어간 페인트에는 생물체들이 달라붙지 않고 깨끗한 모습을 보여 주었다. 하지만 TBT가 바닷물에 녹아 나오면서 어패류의 내분비계를 교란시켰던 것이다.

환경 호르몬이 관심 대상으로 떠오른 데는 두 번의 계기가 있었다. 하나는 1996년 미국에서 데오 콜본(Theo Colborn) 등이 쓴 "도둑 맞은 미래(Our Stolen Future)"라는 책이 발간되면서 환경 문제에 대해 전 세계적 반향을 일으킨 것이다. 다른 하나는 내분비계 교란물질(endocrine disruptors)이란 이름으로만 알려졌던 이 물질을 1997년 5월에 일본의 학자들이 NHK 방송에 출연하여 처음으로 환경호르몬(environmental hormone)이라는 용어로 설명한 것이다. 환경 호르몬이라는 용어가 갖는 힘은 정말 대단하였다. 누구나 알기 쉽게 이를 이해하게 되면서 시민들 사이에 환경 문제에 대한 관심이 높아졌고, 세계인이 이 용어로 환경 문제를 논의하게 되었다. 환경 호르몬은 오존층 파괴, 지구온난화 문제와 함께 세계 3대 환경 문제로 등장하였다.

특히 최근에 관심이 많은 물질은 비스페놀 A, 스타이렌 이량체와 삼량체, 그리고 DOP이다. 아이들이 사용하는 플라스틱 제품에서 이들이 종종 검출되기 때문에 더욱 관심이 커졌다. 플라스틱의 주성분인 고분자 자체는 아무런 문제가 없다. 다만,

고분자 원료 물질이 미량 남아 있다가 유출될 가능성, 또는 일부 고분자에 들어가는 가소제가 누출되는 경우가 문제이다. 이들 중에는 앞서 언급하였듯이 이전에 아기들 젖병으로도 사용된 폴리카보네이트로부터 비스페놀 A가, 컵라면 용기의 원료로 쓰이는 스타이로폼으로부터 스타이렌 이량체와 삼량체(스타이렌 원료 두 개 또는 세 개가 결합하여 고리를 이루고 있는 구조)가, PVC로부터는 가소제로 사용되는 DOP(또는 DEHP) 등이 관심의 대상이다.

분해성 플라스틱

요즘에는 우편물 등의 비닐 봉투에 광분해성 비닐이라는 표시가 많이 눈에 띈다. 그동안 합성 플라스틱의 자연 분해 기간이 너무 길어서 폐기물의 처리가 문제였다. 소각도 한 방법이긴 하지만 여기에는 이산화 탄소의 배출과 소각로 다이옥신 등이 대두된다. 따라서 근본적으로 천연 고분자처럼 쉽게 분해되는 고분자 제조에 관심을 갖게 된 것이다.

분해성 고분자는 수분 및 미생물에 의하여 분해되는 생분해성과 빛에 의하여 분해되는 광분해성으로 크게 나뉜다. 광분해성의 경우 라디칼 형성을 통하여 분해가 진행되는데 광여기제와 금속 촉매를 넣어서 라디칼 형성을 돕는다. 또한 생분해성 플라스틱은 고분자 모체가 분해되는 것으로 매트릭스(matrix) 분해형으로도 불리며,

표 8-7 분해성 고분자의 종류와 용도

종류	고분자	용도
생분해성 플라스틱	PHB, 다당류(미생물고분자), PCL, PLA, PG (합성고분자), 천연 다당류, 키틴(천연고분자)	식품 및 화학제품 첨가물, 분해성 포장재, 봉합사, 방출조절 의약품, 의료용
생붕괴성 플라스틱	PE + 전분, PE + PCL	일회용 기저귀 안감, 쓰레기 봉투, 쇼핑백, 제초 필름
광분해성 플라스틱	PE + 광여기제, 금속 촉매(광분해제 첨가형)	제초 필름, 쇼핑백, 식품 포장재
	PP + 비닐-케톤계 공중합체, PE + 에틸렌-CO계 공중합체(공중합체형)	종이 코팅, 쟁반, 잡화 백, 컵, 제초 필름

표 8-8 호기성 생분해와 혐기성 생분해의 생성물

생분해	생성물
호기성	$C_{polymer} + O_2 \rightarrow C_{residue} + C_{biomass} + CO_2 + H_2O$
혐기성	$C_{polymer} \rightarrow C_{residue} + C_{biomass} + CO_2 + CH_4 + H_2$

생붕괴성 플라스틱은 일반 플라스틱에 첨가된 전분이나 금속 화합물이 먼저 분해되거나 분해를 촉진하는 것으로 첨가형으로도 구분한다. 전분 첨가형이나 금속화합물 첨가형은 가격이 싸고 현재의 가공 기술을 직접 응용하는 장점이 있으나 모체 고분자의 분해 속도가 느린 단점이 있다. 매트릭스 분해형 고분자는 가격이 비싸서 일반 용도로 쓰기에는 경제적 부담이 너무 크다. 앞으로 환경 규제의 정도에 따라 사용 분야 및 개발 속도가 결정될 것으로 생각된다.

표 8-8에 나타낸 것처럼 생분해에서 미생물에 의하여 분해될 때는 호기성인지 혐기성인지에 따라 분해 생성물이 달라진다. 특히 혐기성인 경우 메테인 가스가 방출되는데 주로 매립지에서 공기가 차단되어 발생한다.

9

식품

나의 몸은
내가 먹은 것의 결정체

동서양이 다를 것 없이 스태미나 음식에 관심이 많은데, 오래전 007 영화에서 봤던 재미있는 장면이 생각난다. 007 시리즈 제5탄 "007 두 번 산다"는 일본을 배경으로 만들어졌는데, 숀 코네리(*Sean Connery*)와 일본인 첩자로 나오는 아키코 와카바야시(*Akiko Wakabayashi*)가 주인공이다. 이 영화에서 일본인 어부로 가장한 코네리가 아키코의 신랑인 것처럼 꾸며 섬에 잠입한다. 섬마을의 아주머니들이 신랑의 첫날밤을 배려하여 '마늘'이 들어간 소위 스태미나식을 내놓자 정중히 거절하는 장면이 나온다. 마늘을 등장시킨 아이디어에 오락영화로서의 치밀함을 느끼게 했던 부분이었다.

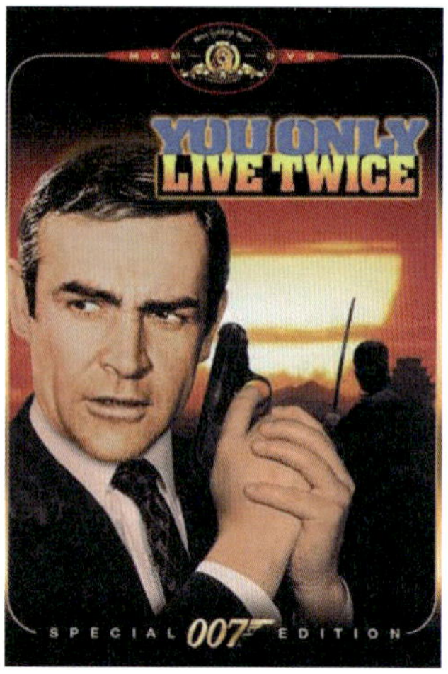

영화 '007 두 번 산다'

"We are what we eat."

오래전에 필자가 몸담고 있는 대학에서 당시 인하대학교 차영남 교수를 모시고 초청 세미나를 개최한 적이 있다. 차영남 교수가 일산화 질소(NO)의 생리화학적 활성에 관한 발표를 마치면서 위와 같은 서양의 격언을 말씀하셨다. 히포크라테스가 처음으로 표현한 것으로 알려진 말인데, 결국 우리는 우리의 몸을 구성하는 화학물질의 소산이니 우리가 무엇을 먹고사느냐 하는 것이 그만큼 중요하다는 뜻일 것이다.

9.1 식품과 첨가물

식품 속 영양 성분과 물

북한을 포함하여 전 세계적으로는 아직도 굶주린 사람들이 많은 반면, 선진국에서는 영양학의 관점이 영양 결핍 문제로부터 영양 과다 섭취에 의한 비만과 질병 문제로 바뀌었다. 이 점에서는 우리나라도 선진국의 대열에 들어선 것 같다. 집으로 날라는 상품 광고 내용 중 상당수가 다이어트와 관련된 것이다. 간혹 날씬해지고 싶은 사람들의 바람을 악용하여 엉터리 상품으로 사람들을 울리는 경우도 있다. 젊은 여성들 중에는 지나친 다이어트로 영양 결핍을 걱정해야 하는 상태라는 뉴스도 있었고, 심지어는 거식증을 주제로 한 영화가 등장하기도 하였다.

영양 결핍도 영양 과다도 건강한 삶을 위해서는 바람직하지 않다. 건강한 삶을 위해서는 무엇보다 균형 있는 영양분의 섭취가 중요하다. 단백질, 지방, 탄수화물, 무기질, 비타민 등의 영양분에 대해서는 이미 많은 사람들이 잘 알고 있다. 따라서 본 장에서는 각 영양분에 대한 설명은 표 9-1로 정리하고 주로 식품 첨가물들에 대해서 어떠한 화학 물질들이 어떤 목적으로 사용되고 있는지 살펴본다.

한편 식품 속에서 가장 많이 차지하는 성분은 물이며, 우리 몸이 가장 많이 필요로 하는 것도 물이다. 상추나 토마토는 95%가 물이고 육류도 물이 50%를 차지한다. 박테리아와 같은 미생물이 성장하기 좋은 조건은 수분활동도(a_w: water activity)로 알 수 있는데, a_w = 재료 속 물의 분압(p)/표준 상태(순수) 물의 분압(p_o)이다. 즉 재료 속의 물의 비율이 높을수록 a_w도 높아지는데 박테리아($a_w > 0.91$)와 곰팡이($a_w > 0.7$)가 자라기 위한 조건은 다르다. 또한 수분은 높은 a_w로부터 낮은 a_w로 이동하는데 습한 공기(a_w >~0.7)에 꿀(a_w >~0.6)이 놓여 있으면 꿀에 수분이 들어가게 된다. 식품의 보존 기간을 결정하는 실험식으로 MFSL(mold-free shelf life)이 있는데, $MFSL = 10^{7.91-8.1a_w}$(일 수, 21℃)이다. 우리는 이미 경험을 통하여 잘 알고 있듯이 물과 관련하여 식품을 보존하는 방법으로 탈수, 냉장, 냉동법을 활용한다.

표 9-1 식품 속의 주요 영양 성분

구분	내용
탄수화물 (Carbohydrates)	인간의 식품 섭취의 80% 차지. $C_nH_{2n}O_n$의 일반식. 수크로스, 펙틴, 덱스트란, 크산탄(xanthan), 한천 등
지방 (Lipids)	보통 생물에서 얻은 물에 녹지 않는 분자의 통칭. 왁스, 지방산, 인지질, 레티놀류, 스테로이드류 등
식품 단백질 (Food proteins)	건조한 세포의 50% 이상 차지. 아미노산의 고분자로서 세포의 구조와 기능을 담당. C, H, O, N, S 외에 Fe, Cu, P, Zn 등으로 구성
효소 (Enzymes)	생체 내 촉매로서 화학 반응의 에너지와 시간을 절약하며, 치즈, 맥주, 빵의 생산에 작용
비타민 (Vitamins)	필수 대사 과정에 필요한 소량 영양소. 수용성과 지용성으로 부족하면 각기병, 괴혈병 등이 과다하면 메스꺼움, 구토, 사망에 이름.
미네랄 (Minerals)	200 mg/day 이상 필요한 것은 Ca, Mg, K, 소량은 Cu, Fe, Zn 등

건강기능식품

건강기능식품에 대한 정의는 나라마다 조금씩 다르지만, 의미하는 바는 매한가지이다. 바로 기존의 영양 성분보다 인체의 기능 향상에 유익한 원료나 성분으로 제조·가공한 식품을 의미한다. 표 9-2에 나타낸 것과 같이 일본 후생성은 식품의 기능을 1차~3차 기능(영양기능, 기호기능, 생체조절기능)으로 나누어 설명하면서 건강기능식품을 3차 기능인 생체조절기능을 강조한 식품으로 정의하였다. 우리나라는 식품의 형태까지 건강기능식품의 정의에 포함한 점이 특이한데, 기능성 원료나 성분을 사용하여 정제, 캅셀, 분말, 과립, 액상, 환 등의 형태로 제조·가공한 식품으로 정의하고 있다. 주의할 점은 기능성 원료나 성분을 개인이나 법인이 주관적으로 판단하여 만든 식품을 건강기능식품으로 판매하면 안 된다는 것이다. 건강기능식품을 제조·가공하고 싶다면 식약처에 등록된 원료와 성분만 사용해야 하며, 새로이 개발되거나 발견된 원료나 성분이 있다면 절차에 따라 이를 등록하고 사용하여야만 한다.

표 9-2 국가별 건강기능식품의 정의

국가	정의
일본 (1980년대, 후생성)	식품의 1차 기능(영양기능), 식품의 2차 기능(기호기능) 및 식품의 3차 기능(생체조절기능) 가운데 3차 기능을 강조한 식품에 물리적·생화학적·생물공학적 수법 등을 이용하여 해당 식품의 기능을 특정 목적에 작용 및 발현하도록 부가가치를 부여한 식품
미국 (1999, 영양학회)	기존 영양소보다 건강에 이득을 줄 가능성이 있는 건강식품 또는 식품 성분으로서 자연 그대로이거나 일부 성분이 보강된 것
캐나다 (1998, 보건성)	일반적인 식품과 외관이 유사하고 보통 식사의 한 부분으로서 섭취되는 식품으로 영양적인 역할 외에 생리학적으로 유익하고 만성질환의 위해를 감소시키는 효과가 입증된 식품
한국 (2002, 식약처)	인체에 유용한 기능성을 가진 원료나 성분을 사용하여 정제·캡슐·분말·과립·액상·환 등의 형태로 제조·가공한 식품

식품 첨가물

영양가가 거의 없거나 아예 없는 많은 화학 물질들이 다양한 목적으로 음식물에 첨가된다. 이들 화학 물질들은 음식물 속의 금속이 촉매 작용을 하여 음식이 쉽게 상하는 것을 막아 주기도 하고, 미생물이나 공기 중의 산소에 의해 음식이 쉽게 상하는 것을 방지하기도 한다. 또한 첨가물은 음식물의 맛과 향기를 내고, 색깔을 내

표 9-3 몇 가지 일반적으로 안전하다고 인정되는 식품 첨가물(GRAS)

국가	정의
굳음 방지제	규산 칼슘, 시트르산 철 암모늄, 이산화 규소, 황색소다
산, 알칼리 완충제	아세트산 염, 락트산 칼슘, 시트르산 염, 타타르산 포타슘
표면활성제(유화제)	지방산 글리세리드, 폴리옥시에틸렌, 소르비탄
다가알콜(폴리올)	글리세롤, 소르비톨, 마니톨, 프로필렌글리콜
보존제(방부제)	벤조산 소듐, 프로피온산 소듐, 소르브산 칼슘
산화방지제	아스코르브산 칼슘, 뷰틸화 하이드록시아니솔(BHA), 부틸화 하이드록시톨루엔(BHT), 레시틴, 프로필 갈레이트
향미증진제	글루탐산 일소듐(MSG), 말톨
감미제	아스파탐, 마니톨, 사카린, 소르비톨
격리제	시트르산 이소프로필 에스터, EDTA 칼슘 및 소듐 염, 타타르산염
안정제와 농후제	한천, 알긴염, 바닷말 다당류, 고무질 아카시아
향기성 물질	보르닐 아세테이트(소나무), 카르본(박하), 신남알데하이드(계피), 시트랄(레몬), 에틸 바닐린(바닐라), 게라니올(장미), 메틸 안트라닐레이트(포도)
산	식초, 시트르산, 타타르산, 젖산
고결방지제	인산칼슘(마그네슘 스테아레이트, 중조(NaHCO3), 칼슘 실리케이트
거품방지제	실리콘(silicones), 스테아레이트, 글리콜 고분자, 실리카
부피 증가제	녹말
밀가루 처리제	산화제(표백), 환원제(시스테인, 단백질 가교화 분해), 효소
광택제	스테아르산, 왁스, 라놀린

고, pH를 조절하고, 굳어지는 것을 막아주고, 안정화시키고, 진하게 하고, 유화시키고, 달콤하게 하고, 발효시키고, 연하게 하기 위해 사용된다.

식품의약품협회(FDA)에서 인정하는 일반적으로 안전하다고 인정되는(GRAS, generally regarded as safe) 식품 첨가물에는 31개 용도별로 약 600가지 화학 물질이 등록되어 있다. 표 9-3에 일부분을 나타내었다. GRAS에 등록된 첨가물은 특정 음식에 대해 제한된 양만 사용할 때 안전하다는 것을 강조하고 있다. 안전하다고 판단되는 새로운 첨가물이 개발되면 GRAS에 새로 등록되기도 한다. 반대로 등록된 물질이라고 해도 사용 중에 문제가 발견되면 사용이 금지되기도 한다. 예를 들면 시클라메이트(cyclamate), 흑연, 사프롤(safrole), 붉은 염료 2번(Red Dye No. 2)은 제외되었다. 비록 GRAS에 수록되지는 않았지만 FDA가 금지하지 않는 첨가물을 포함하면 현재 2,500가지 이상의 식품 첨가물이 사용되는 것으로 알려졌다.

• 식용 착색료

어렸을 적에 부활절이 되면 교회에서 알록달록 물감을 들인 색 달걀을 받고 좋아하였던 기억이 있다. 식용 착색료는 다음과 같이 여러 가지 이유로 사용된다. 빛, 공기, 온도, 습도, 저장에 의한 색의 손실을 보전하기 위해서, 식품 재료의 자연색의 차이를 통일시키려고, 자연색을 더욱 선명하게 보이게 하려고, 색이 없는 식품에 물들여서 더욱 맛있게 보이게 하려고, 색을 통해 구분이 쉽게 하기 위해서 등이다. 음식의 색깔을 내는데 약 30여 가지의 화학 물질이 사용되고 있는데, 식용 착색료의 절반은 합성한 것이고 절반은 자연에서 추출한 것이다. 대부분의 식용 착색료는 몇 개의 이중 결합과 방향족 고리를 가진 큰 유기 분자이다. 식용 착색료뿐만 아니라 염료든 안료든 색을 띠는 화합물들은 특정 파장의 빛을 흡수하고 나머지는 통과시키거나 반사시킨다. 이때 우리 눈에는 통과한 또는 반사한 파장의 빛들이 보이는 것이다. 여러 식물 중 당근의 붉은 오렌지색인 β-카로틴은 비타민 A의 선구물질(프로비타민)인데, 식용 착색료로도 사용된다. 색소에 따라 특정인에게 알레르기 반응을 일으키는 것이 있으므로 사용자들이 확인할 수 있도록 상품에 표시하도록 하고 있다.

19세기에는 치즈나 사탕에 주홍색의 적납(Pb_3O_4), 황화 수은(HgS)을 쓰거나, 차잎에 황록색의 아비산동($CuHAsO_3$)을 쓰는 바람에 사람이 죽기도 하였다. 따라서 합성 색소의 경우는 엄격한 검사를 통해서 허가한다. 합성 색소의 장점도 있는데, 색이 강하고 균일하며 값이 싸고 다양한 색상이 가능하며 음식 맛에 영향을 주지 않는다는 점이다. 우리나라에서 허용된 식용 착색료로는 합성 착색료 26품목, 천연

그림 9.1

천연 식용 착색료의 원료가 되는 연지벌레(*Dactylopius coccus*). 중남미가 원산지인 둥근깍지 진딧과의 곤충인데, 암컷은 말려서 가루로 만들어 식품(딸기 우유)이나 화장품의 염색에 사용한다. 사람에 따라 알레르기를 일으키기도 하므로 주의가 필요하다. 이것에서 정제한 붉은 색소가 카민(carmine)인데 물감, 분석 시약, 세포의 핵이나 염색체의 염색 따위에 사용한다.(출처: ©R. Maximiliane, Liam Gutierrez Huamani/Shutterstock)

착색료 45품목으로 현재 71품목이 지정·고시되어 있다. 천연 착색료는 동·식물 등으로부터 얻어지는 것으로 자연스러운 색을 내는 반면에 비싸고 음식 맛에 영향을 줄 수 있는 단점도 있다. 황적색 안나토(annatto), 사탕무 추출물, 카라멜, 강황, 포도껍질 추출물, 카로틴, 홍국 색소 등이 있다. 다만, 국제조화를 위해 식품첨가물의 분류체계를 개편하여 2018년 1월 1일부터 합성착색료와 천연 착색료를 구분하지 않고 있다.

• 감미료

많은 화합물이 단맛을 낸다. 하지만 아세트산 납($Pb(CH_3COO)_2$)처럼 향긋하지만 독성이 있어서 사용이 금지된 것도 있으므로 달다고 함부로 입에 대서는 안 된다. 많은 인공감미료가 음식에 허용되고 있으며, 특히 이것들은 당뇨병 등에 식이요법으로 사용된다. 인공감미료 중에는 인체 내에서의 대사 작용이 아직 잘 알려지지 않은 것이 많다. 설탕, 사카린, 아스파탐에 대해서 간단히 언급하였고, 표 9-4에 몇 가지 인공감미료의 당도를 비교하였다.

- **설탕**: 설탕의 주성분인 수쿠로스(sucrose)의 화학 구조는 포도당(glucose)과 과당(fructose)이 결합된 구조이다. 설탕에 대해서 건강을 이유로 지나치게 거부 반응을 일으키는 사람들이 있는데, 설탕은 여전히 중요한 음식이다. 생설탕은 미네랄과 몇몇 단백질, 그리고 탄수화물이 풍부한 원료로서 값이 싸고 보관이 용

표 9-4 몇 가지 인공감미료의 상대적 단맛

감미료	상대적 단맛[a]
Sucrose(cane sugar)	1.0
Lead acetate(sugar of lead, toxic)	1.0
Glycerol(glycerin)	0.6
Ethylene glycol(anti-freeze, toxic)	1.3
D-tryptophan	35
Cyclamate	30~80
Acesulfam-K	150
Aspartame	100~200
Dulcin(sucrol, toxic)	250
Saccharin	300~500
Sucralose	650
Hernandulcin	1000
Thaumatin	~3000

[a]설탕(sucrose) 4% 수용액의 맛과 인공감미료 수용액의 맛을 비교하여 상대적 단맛을 정하였다. 즉 같은 단맛을 내기 위해 어떤 인공감미료가 무게비로 설탕의 1/100만 사용되었다면 상대 단맛은 100이 된다. 물론 맛을 본 사람에 따른 편차는 있다. Degrees Brix (symbol °Bx): 설탕의 농도 단위. 1°Bx는 100 g 용액 중 1 g의 설탕 농도

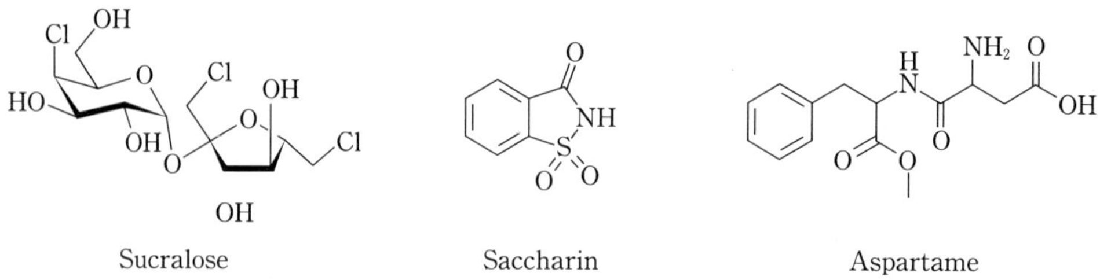

그림 9.2
수크랄로스, 사카린, 아스파탐의 구조

이하다. 어린이가 설사를 하는 경우 설탕과 소금을 8:1의 비율로 섞은 물을 먹이면 효과가 있다. 충치를 유발하는 박테리아가 설탕을 좋아한다는 것은 잘 알려져 있다.

- **사카린**: 사카린은 가장 일반적인 인공 감미료로, 보통 설탕보다 약 300배 단맛을 낸다. 사카린은 칼로리가 없고 체내에 축적되지 않고 배설되므로 비만·당뇨 환자들이 설탕 대신 사용한다. 사카린에는 단맛 끝에 쓴맛이 느껴지는 것을 보완하기 위하여 향긋한 맛을 내는 아미노산인 글라이신이 종종 첨가된다. 사카린은 1977년 캐나다에서 발암물질 논란이 촉발되면서 어둠의 물질이 되었다. 하지만 학계의 새로운 연구 결과가 속속 쏟아지면서 반전이 일어났다. 1993년 세계보건기구(WHO)는 사카린은 인체에 안전한 감미료라고 선언하였고, 국제암연구소(IARC)와 미국독성학프로그램(NTP)은 각각 1999년과 2000년에 사카린을 발암물질 목록에서 제외시켰다. 2001년 미국식품의약국(FDA)도 사카린 사용금지 법안을 철회하였다. 우리나라에서는 사카린 규제 완화가 더딘 편이다. 소비자단체의 반발에 대한 우려와 기존 설탕 업체들의 견제도 만만치 않기 때문이다. 1990년대에 대부분의 음식에 사카린 사용이 금지되었다가, 11개 품목에 대해서만 사카린을 제한하여 허용해 왔고 2012년에는 커피믹스, 소주, 막걸리, 소스, 추잉껌, 잼, 양조간장, 토마토케첩 등에도 사용이 허용되었다. 최근에는 그동안 허용되지 않았던 빵, 과자, 아이스크림에도 허용 기준에 따라 사용할 수 있게 되었다.
- **아스파탐**: 감미료 시장에 새로 등장한 아스파탐은 화학적으로 L-α-아스파틸-L-페닐알라닌 메틸 에스터의 이름을 가진 다이펩타이드(아미노산이 두 개 결합된 구조) 에스터 화합물이고, 뉴트라스윗(Nutra Sweet), 이쿠얼(Equal), 트라이스윗(Tri-Sweet), 그린스윗(Green Sweet) 등의 상품명으로 시판되고 있다. 아

스파탐은 각설탕보다 180배 더 단맛을 낸다. 아스파탐의 열량가는 단백질과 비슷하다. 매우 적은 양으로 똑같은 단맛을 내기 때문에 소비자의 칼로리 섭취는 줄어들게 된다. 아스파탐은 다른 인공 감미료와는 달리 단맛 끝에 쓴맛이 나지 않는다. 2007년 미국에서 두 감미료 회사 간에 법정 싸움이 벌어졌다. Equal(Aspartame) 제조사가 Splenda(Sucralose) 제조사를 상대로 소송을 제기하였는데 내용인 즉, Splenda 측에서 '설탕으로 만든(made from sugar)'이라는 문구를 사용함으로써 소비자가 혼동을 일으킬 광고를 한다는 것이었다. Equal 측이 주장한 소비자의 혼동이란 Splenda는 sucrose 분자의 −OH 세 군데를 −Cl로 치환한 엄연한 인공감미료인데 앞의 문구로 인해 소비자가 마치 천연 감미료인 것처럼 착각할 수 있다는 것이다. 이 소송은 결국 미공개 합의로 종결되었다.

- **올리고당**: 최근에는 올리고당이 감미료로서의 기능뿐만 아니라 정장(整腸) 작용, 면역 증강 작용, 항비만 작용 등의 기능성 소재로서 각광을 받고 있다. 장내 비피더스균을 선택적으로 증식시키고, 구강 내 충치성 균의 증식을 억제하며, 면역 기능을 활성화시키기 때문이다. 올리고당은 다당류보다는 분자량이 작고, 단당류보다는 분자량이 크며 흔히 단당류 2~6개가 결합하고 있는 당류를 총칭하는 이름이다. 프락토올리고당(FOS, Fructooligosaccharides), 이소말토올리고당(Isomaltooligosaccharides) 등이 대표적인 올리고당인데, 시럽의 단맛은 30~40%의 설탕 농도 정도이다. 자당(sucrose)에 프락토실트란스퍼라제(fructosyltransferase)를 작용시키거나, 이눌린(inulin)에 이눌리나아제(inulinase)를 작용시키면 FOSβ(2-1)가 생성된다. 프락토올리고당과 이소말토올리고당 이외에도 갈락토올리고당, 말토올리고당, 락토실수크로스, 대두올리고당 등이 알려졌다.

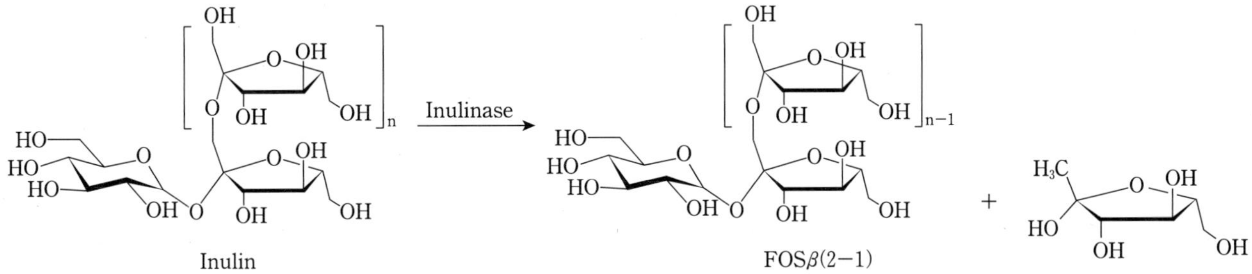

그림 9.3
이눌린으로부터 올리고당 FOSβ(2-1)가 생성되는 반응식

• 안정제와 농후제

물과 기름이 섞여 있는 샐러드드레싱, 아이스크림, 냉동과자, 생크림 등은 어떻게 극성인 물과 비극성인 기름이 유화 상태(emulsion)를 유지하고 있을까? 유화 상태란 기름이 나노미터(nm, 10^{-9}m) 크기의 작은 방울로 물속에 분산되어 있는 상태이다. 물과 기름이 층으로 분리되지 않고 안정적으로 섞여 있도록 하므로 안정제이고, 걸쭉하게 만들어주므로 농후제이다. 이런 역할을 하는 분자의 구조는 특이하다. 즉 기름을 좋아하는 구조를 갖고 있으면서 동시에 물을 좋아하는 구조도 갖고 있다. 샐러드드레싱에 사용하는 카라기난(carrageenan, 식용해초에 있는 고분자)은 탄수화물 고분자인데, 기름이 좋아하는 탄화수소 구조와 물이 좋아하는 하이드록시기(−OH), 술폰산기(−SO_3H)를 함께 가지고 있어서, 물과 기름을 한 곳에서 같이 붙들고 있는 것이다. 아이스크림에서는 젤라틴이라는 단백질이 이와 같은 작용을 한다. 이와 같이 물과 기름에 대해 모두 친화성이 있는 분자를 화학적으로 양친매성 분자라고 한다. 양친매성 분자는 이름이 여러 개 있다. 용도에 따라 표면활성제, 계면활성제, 유화제 등으로도 불린다. 표면활성제는 안정제와 농후제 외에 세척제로도 사용된다.

• 다가 알코올(폴리올)

다가 알코올은 −OH기를 여러 개 가지고 있는 구조이며, 음식의 향조절제, 식이요법제, 연화제로서 사용되고 있다. 이들의 기능은 물과 수소 결합을 하는 데서 기인한다. 음식의 수분이 마르지 않도록 하여 부드러운 질감을 갖게 하는데, 담배에도 적정 수분을 유지하기 위해 글리세롤과 같은 다가 알코올이 첨가된다. 다가 알코올의 특징은 향긋함이다. 마니톨과 소비톨도 대표적인 다가 알코올인데 글루코스와 유사한 구조이며 감미로운 맛을 낸다.

• pH 조절 완충제

어떤 산과 염기를 함께 첨가하여 주면 음식의 pH(수소 이온 농도)를 시간이 지나도 변하지 않게 유지시켜 준다. 이 산과 염기 혼합물을 완충제라고 한다. 완충의 의미는 누구나 잘 알고 있다. 자동차의 예를 들면, 범퍼가 외부 충격을 받더라도 차 안의 사람들이 직접 그 충격을 받지 않도록 충격을 완화시킨다. 화학에서의 완충은 pH에 대한 완충을 의미한다. 음식의 pH를 일정하게 유지시켜야 맛과 영양을 보존할 수 있는 경우, 완충제를 넣어두면 음식 내에 H^+나 OH^-이 다소 생기더라도 pH는 낮아지거나 높아지지 않고 처음의 pH를 유지할 수 있다. 이처럼 완충제가 들어 있는 용액을 완충 용액이라고 하는데, 우리 몸도 완충 용액으로 이루어졌다. 몸의 부위에 따라 약간의 차이는 있지만, 사람이 생명을 유지하기 위해서는 몸의 pH가 중성에 가까운 약 알칼리성(혈액 pH = 7.3)이어야 한다. 그런데 오렌지 주스는 pH가 3 정도로 산성이 강하다. 하지만 몇 잔의 오렌지 주스를 마셔도 우리 몸의 pH는 변하지 않는다. 급격한 pH 변화가 일어나지 않도록 몸속에서 완충 작용이 일어나기 때문이다.

음식의 pH를 산성으로 만들기 위하여 일부러 산미료(acidulant)를 첨가하기도 한다. 약산성 유기산은 치즈나 청량음료에 첨가되어 순한 신맛을 내며, 뒷맛이 개운치 못함을 없애 주기도 한다. 과일주스에 산미료를 첨가하기도 하는데, 시트르산은 좋은 향기를 낸다. 또한 인산, 타타르산, 말레산은 식품이 썩거나 갈색으로 변색되는 것을 막아준다.

• 응결 방지제

응결 방지제는 습기가 있는 날씨에 식품이 엉켜 붙지 않도록 1% 또는 그 이하 미량 첨가된다. 특히 소금(염화 소듐)은 응결 방지제가 없으면 응결되기 쉽다. 소금에 첨가하는 마그네슘 실리케이트는 소금 결정에 물이 흡착되었을 때 자신이 물 분자와 결합하여 염화 소듐을 젖지 않게 한다. 종종 음식점에서 소금 통에 볶은 쌀이 함께 들어 있는 것을 볼 수 있는데, 이 쌀이 다공성 구조를 통하여 수분을 흡수함으로써 바로 응결 방지제로 작용하는 것이다.

식품의 보존

곡식은 수확 후 보관해야 한다. 곡식을 효과적으로 보존하는 것은 유해 미생물의 성장을 막고 산화를 방지하는 과정이다. 가장 오래된 방법은 곡식이나 과일, 물고기, 고기 등을 말리는 것이다. 물은 미생물의 성장이나 물질대사에 필요하고 산화 과정에도 종종 관여한다. 화학 약품이 식품 보존 물질로도 종종 첨가된다. 소금으로 절인 고기, 진한 설탕 용액에 보관한 과일은 미생물로부터 보호를 받는다. 미생물이 불어나는 곳에 수크로스나 염화 소듐이 많으면 미생물 체내에서 주위 환경 쪽으로 삼투 현상에 의해 물이 빠져나오게 된다. 즉 염과 설탕은 미생물을 말리는 것과 똑같은 효과를 나타내 미생물이 번식하지 못하게 된다. 삼투 현상의 원리는 물 분자 입장에서 자신의 농도가 보다 옅은 쪽으로 막을 통해 이동하려는 성질 때문이다. 자연의 법칙 중의 하나가 무질서 하게 되고 싶은 것이다. 이것을 달리 표현하면 엔트로피가 증가하는 경향이 있다고 한다. 즉 막을 사이에 두고 한쪽은 물 100%,

다른 쪽은 물 90%와 소금 10%의 용액으로 나누어 놓았다면 100% 쪽 물들은 막을 통과하여 90% 쪽으로 가서 서로 섞여 양쪽의 농도가 같아지고자 한다. 삼투 현상의 좋은 예로 배추 절이는 것을 들 수 있다. 배추를 소금물에 담가 두면 배추 속의 수분이 밖의 소금물 쪽으로 흘러나와 배추 부피가 줄어든다. 김치를 담글 때 이 과정이 매우 중요하다. 김치를 오래 보관할 수 있게 할 뿐만 아니라 적당한 염도를 갖게 함으로써 부패균보다는 발효균이 성장하는 데 좋은 환경을 만들어 주기 때문이다.

1810년에는 식품을 보존하기 위하여 통조림으로 만드는 방법이 개발되었으며, 모든 박테리아를 죽이기 위하여 먼저 식품을 가열한 후 산소나 미생물이 들어오는 것을 막고자 밀폐시킨다. 어떤 고기 통조림은 100년 이상 계속 보존된 것도 있다. 현재 음식물을 보존하는 방법으로 진공냉동, 저온살균, 냉동저장, 광조사, 화학물질 첨가 등 새로운 기술이 개발되어 있다.

• 항균성 보존제(방부제)

식품의 유효기간 동안 세균의 증식을 막는 것은 매우 중요하다. 미생물이 배출하는 독소 물질 때문에 음식물이 오염되기 때문이다. 열이나 빛으로 살균하거나 냉동에 의해 세균을 비활성화시키는 것은 음식의 질을 해치는 단점이 있다. 화학 약품으로 살균 조건을 찾는 것은 매우 어렵지만 상당히 오랜 기간 동안 보존할 수 있다. 항균성 보존제(방부제)는 여러 가지가 있으며 다양한 식품에 널리 사용되고 있다. 예를 들면 벤조산 소듐은 비알코올성 음료와 과일주스, 마가린, 오이절임, 조미료, 기름, 샐러드, 잼, 과일 통조림 등에 첨가된다. 프로피온산 소듐은 빵, 초콜릿, 치즈 등에 첨가된다. 음식에 허용된 보존제의 양은 벤조산 소듐일 경우 최대 0.1%까지이고 프로피온산 소듐인 경우 0.3%까지이다.

식품 보존제의 작용 과정은 대개 3가지 방법으로 알려졌다. 1) 박테리아가 힘을 잃어 음식물의 세포막을 뚫고 들어가지 못해서 굶어 죽게 한다. 2) 박테리아 유전 계통을 방해해서 복제를 못하게 한다. 3) 박테리아 세포 내 효소 활동을 방해하여 크렙 회로와 같은 물질대사 과정을 중지시킨다.

• 대기 중 산화 방지(산화 방지제)

방부제는 세균의 작용을 막는 데 쓰이는 반면, 산화 방지제는 공기 중의 산소의 작용을 막는 데 쓰인다. 대기 중 산소에 의한 산화는 음식의 단백질과 지방을 변형시킨다. 산소는 탄화수소와 반응하여 과산화물을 형성한다(R-OOH). 과산화물은

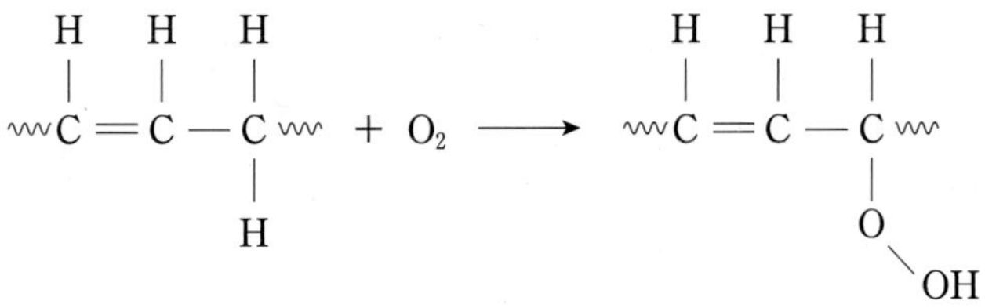

그림 9.4
불포화 탄화수소 분자의 이중 결합 옆의 탄소가 산소에 의해 쉽게 산화되어 과산화물 구조가 된다.

탄소 이중 결합과 반응하여 고약한 맛과 냄새를 일으키는 휘발성 알데하이드, 케톤, 산들을 만든다. 산소에 의한 산화는 음식만의 문제일 뿐만 아니라 유기물(탄소 원자를 갖고 있는 화합물)의 공통적인 고민이므로 산화 작용을 좀 더 설명하고자 한다. 예를 들면 각종 플라스틱, 고무, 화장품, 의약품 등이 모두 유기물에 해당된다.

산소(O_2)는 본질적으로 짝을 짓지 못한 전자(이 상태를 라디칼이라고 함, 아래 화학식에서 •표시)를 갖고 있다. 기초적인 화학 지식을 상기해 보자. 원자나 분자 속의 전자들은 서로 스핀 방향이 다른 두 전자가 짝을 이루어 같은 방(궤도 함수)을 차지한다고 배웠다. 이렇게 되어야 안정한 상태인데, 나 홀로 전자 상태가 되면 불안정하여 빨리 홀 전자를 버리거나(자신이 산화되는 것) 외부에서 홀로된 다른 전자를 빼앗아 오고 싶어 한다(자신이 환원되는 것). 즉 산화-환원 반응을 잘 일으키는 것이다.

$$RH + O_2 \longrightarrow R\bullet + HO_2\bullet$$
$$R\bullet + O_2 \longrightarrow ROO\bullet$$
$$ROO\bullet + RH \longrightarrow ROOH + R\bullet$$

산소(O_2)가 RH와 같은 유기물에서 H를 잡아떼어 내면서 라디칼 반응이 연쇄적으로 진행되어 과산화물이 생성된다.

식품에 첨가된 산화 방지제는 그림 9.4의 화학식에서 보여 주듯이 유기물에 생긴 라디칼(R•)을 자신이 떠맡으면서 과산화물(ROOH)이 생성되는 것을 방지한다.

식품에 가장 널리 사용되는 산화 방지제는 뷰틸하이드록시아니솔(BHA), 뷰틸하이드록시톨루엔(BHT), 프로필갈레이트 등인데, 아래 화학식은 BHT에 의한 산화 방지 작용을 보여 준다. 이들 화합물은 플라스틱이나 화장품 등에도 사용된다.

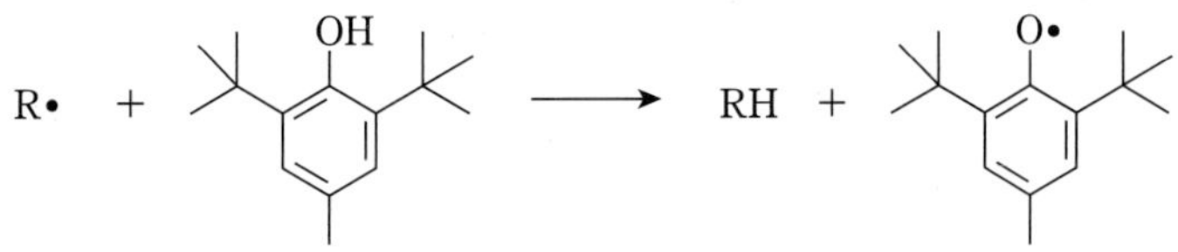

산화 방지제(BHT)의 −OH기가 라디칼과 먼저 반응한다. 생성된 산화 방지제 라디칼은 두 개의 덩치가 큰 *t*-부틸기에 둘러싸여 비교적 안정하고 반응성이 떨어져서 더 이상의 연쇄 반응이 일어나지 않게 된다.

• 격리제(sequestrants)

수확할 때나 식품 제조 과정 중에 기계나 토양으로부터 금속이 음식에 섞일 수 있다. 구리, 철, 니켈 등의 금속들은 지방 산화의 촉매 작용을 한다. 이때 시트르산과 같은 분자가 있다면 금속 이온과 결합해서 금속이 촉매 작용을 못하게 한다. 이와 같이 금속을 잡아두는 역할을 하는 화합물을 격리제라고 한다. 앞에서 언급한 BHA와 BHT 같은 산화 방지제는 금속 이온을 잡아두는 역할도 할 수 있으므로 산소에 의한 산화는 물론 금속 이온에 의한 산화도 방지한다. 가장 대표적인 격리제는 EDTA이다. 이 분자의 칼슘 및 소듐염은 4개의 카복실레이트 이온기($-COO^-$)와 2개의 아미노기($-NR_2$)를 가지고 있어서 금속 이온을 마치 6개의 손과 발로 둘러싸듯이 잡아둘 수 있다. EDTA는 청량음료, 쇠고기, 샐러드, 버터, 수프, 치즈, 식초, 과자류, 마가린 등의 식품들에 첨가된다. 이 첨가 양은 0.0025%에서 0.15% 범위 내이다.

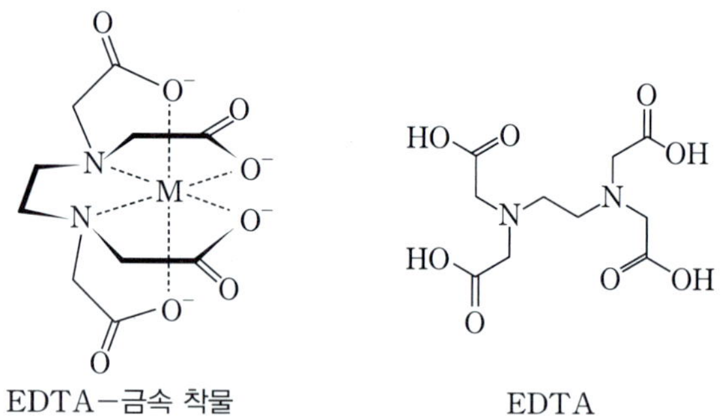

그림 9.5

EDTA가 금속을 잡고 있는 착물 구조와 EDTA의 구조식. 팔면체의 중앙에 금속 이온을 놓고 각 꼭짓점의 산소 또는 질소 원자가 금속을 둘러싸고 있는 모양이다. 실제로는 음이온 주위에 Na^+든 Ca^{2+}가 존재하여 전체적으로 전기적 중성을 유지하고 있다.

향기성 물질과 향미 증진제

인간은 혀를 통하여 5가지 맛(단맛, 쓴맛, 신맛, 짠맛, 감칠맛)을 알 수 있으며 기타 대부분의 맛에 대한 보조 감각은 코를 통한 냄새이다. 우리가 맡는 향기는 대부분 휘발성 화학 물질의 복잡한 혼합물로 되어 있다. 식품에 첨가되는 향기성 물질의 대부분은 식물에서 얻는다. 식물을 분쇄하여 에탄올, 사염화 탄소, 이산화 탄소

표 9-5 몇 가지 과일과 식물의 향기 성분

식물 향기	화합물
바나나	이소아밀 아세테이트
아몬드	벤즈알데하이드
계피	신남알데하이드
포도	메틸 안트라닐레이트
오렌지	리모넨
배	에틸 데카다이에노에이트
파인애플	알릴 헥산노에이트
사탕수수	에틸 말톨
바닐라	에틸 바닐린
윈터그린	메틸 살리실레이트

초임계 유체와 같은 여러 가지 용매로 향기 성분을 추출한다. 페퍼민트, 오렌지, 레몬, 생강기름은 아직도 이런 방법으로 얻는다. 이들 추출물은 단일 물질이나 복합 물질의 형태로 음식에 첨가된다. 일반적으로 기름이나 식물향 구성물의 분석으로 향기 성분을 알 수 있다. 오늘날 천연향과 똑같은 인공향이 합성되어 많이 사용되고 있다. 또한 식품의 향을 단순히 식욕을 돋우고 기분을 좋게 해 주는 역할만으로 이해하기에는 충분하지 않게 되었는데, 그것은 식물의 향기 속에 항노화 성분은 물론 각종 건강을 증진시키는 성분이 포함되어 있는 것이 밝혀졌기 때문이다. 몇 가지 과일과 식물의 향기 성분을 표 9-5에 나타냈다.

• 향미 증진제

향미 증진제는 미량 첨가되어 다른 물질의 향을 증가시켜 상승 효과(synergistic effect)를 낸다. 예를 들면 5′-핵산염(nucleotides)은 맛은 없으나 고기의 향과 소금의 맛을 향상시킨다. 향미 보조제는 채소, 빵, 케이크, 과일, 땅콩, 청량음료 등의 좋지 못한 향을 없애는 데도 사용된다. 대표적인 향미 증진제는 글루탐산 소듐(MSG), 5′-핵산염, 말톨 등이다.

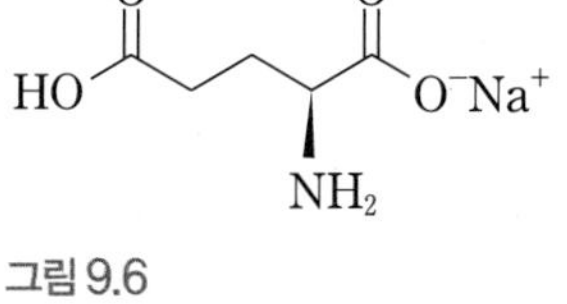

그림 9.6
MSG의 구조

MSG를 10일 된 생쥐의 피부에 높은 함량으로 주입하였더니 두뇌 손상을 일으켰다는 실험 결과가 보고된 후 MSG의 사용에 대한 상당한 논란이 있었다. 국제조사위원회에서는 유아식의 경우 MSG를 제거할 것을 권고하기도 하였었다. 그렇지만 MSG가 규정식에서 사용된 양이 해롭다는 명백한 증거는 없으며, 식약처나 세계보건기구에서도 MSG의 하루 섭취 제한치를 정하지 않고 있다. 오히려 MSG를 일반 소금과 섞어서 평소와 비슷한 양을 사용한다면 저염 효과를 가질 수 있는데, MSG에 함유된 소디움은 일반 소금 중 소디움 양의 약 3분의 1수준이기 때문이다. 그럼에도 불구하고 MSG에 대한 불안감을 갖고 있고 천연식품 재료를 선호하는 소비자들의 마음을 끌기 위해 식품회사들은 자기들의 제품에 MSG를 사용하지 않았다는 것을 광고로 활용하기도 한다.

9.2 주방 화학

식용유

최근에는 남녀를 불문하고 요리에 관심이 많아졌다. 요리를 하다 보면 생각보다 많은 경우에 식용유가 필요하다. 식용유도 기름이다 보니 다이어트와 건강을 생각해서 불포화 지방산의 함량이 높은 것을 선호하는데, 그중에서도 필수 지방산인 오메가-3와 6 지방산이 풍부한 기름에 관심이 높다. 몇 가지 식용유를 살펴보면 우리나라에서 전통적으로 사용되어 온 들기름에 가장 많은 오메가-3와 오메가-6가 고르게 분포되어 있다. 특히 오메가-3는 알레르기 감소와 염증 억제, 혈관 확장 효

표 9-6 식용유의 종류와 성질

종류	포화 지방산 (%)	발연점(℃)	용도
캐놀라	6	204	튀김, 볶음, 샐러드
포도씨	12	204	요리, 샐러드, 마가린
옥수수	13	236	튀김, 샐러드, 마가린
올리브(virgin)	14	215	요리, 샐러드, 마가린
참깨	14	232	요리
콩	15	241	요리, 샐러드, 마가린
해바라기	9	160	요리
들깨*	12	160	무침

*들깨 기름의 약 50~60%가 오메가-3 지방산인 α-리놀렌산(ALA)이다.

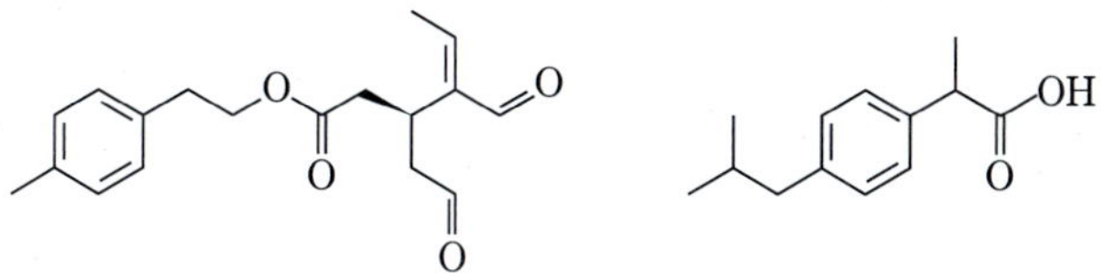

Oleocanthal　　　　Ibuprofen

그림 9.7
올리브 오일의 성분인 올레오칸달(Oleocanthal)이 이부프로펜(Ibuprofen)과 같이 진통 소염 작용을 나타내는 것으로 확인되었다.

능이 있는 것으로 알려졌다. 서양에서 많이 애용하는 올리브유에는 올레인산이 풍부하고, 소화 흡수율과 암 저항력을 향상시킨다고 알려져 있다. 최근에는 소염 진통 작용이 있는 물질(Oleocanthal)이 발견되기도 하였다. 고소한 향과 맛의 대명사인 참기름에는 항산화 물질이 풍부하다. 또한 최근에 많이 찾는 포도씨유에는 항산화 물질과 비타민 E가 풍부하다. 한편 튀김용으로 쓸 때는 발연점이 높은 것이 안전하고, 불포화 지방산의 함량이 낮아야 기름의 산화가 적게 일어난다. 표 9-6에 식용유의 종류와 성질을 간단히 나타냈다.

빵의 숙성과 육류의 연화

요리할 때 음식물이 부풀어 오르는 경우는 대개 이산화 탄소 기체가 방출되기 때문이다. 효모(*Saccharomyces*)는 옛날부터 밀가루 반죽과 빵을 부풀리는 데 사용되었는데, 효모에 의한 대사 과정에서 이산화 탄소가 발생하기 때문이다. 글루코스로부터 생성된 피루브산이 어떤 미생물을 만나느냐에 따라 분해 생성물이 달라진다. 효모는 맥주나 와인의 원료인 보리나 포도 속에서 피루브산을 에탄올과 이산화 탄소로 바꾸지만, 누룩곰팡이(*Aspergillus*)나 유산균(*Lactobacillus*)은 콩이나 우유 속에서 피루브산을 젖산(lactic acid)으로 분해한다.

미생물뿐만 아니라 화합물 팽창제도 이산화 탄소를 발생시킨다. 예를 들면 베이킹소다(탄산수소 소듐, $NaHCO_3$)는 반죽 속에 있는 산 성분과 반응하여 CO_2를 생성한다. 베이킹파우더는 탄산수소 소듐 이외에 중성염, 염기염, 유기산 등이 첨가된 것인데 이산화 탄소가 발생하는 반응의 원리는 유사하다.

$$NaHCO_3 \ + \ H^+ \ \rightarrow \ Na^+ \ + \ H_2O \ + \ CO_2(\text{기체})$$

요리 과정에서 열이나 가수 분해에 의하여 단백질과 탄화수소는 부분적으로 파괴된다. 특히 세포벽이나 고기의 연결 조직은 파괴되어야만 소화가 잘되기 때문에 요리 과정에서 이들 중합체의 부분적인 해중합(depolymerization; 고분자가 작은 단량체 분자로 분해되는 반응)이 필요하다.

육류연화제(meet tenderizers)는 실온에서 단백질의 펩타이드 결합을 끊어 주는 파파인(papain) 효소를 갖고 있다. 이를 사용하면 같은 온도에서 요리를 하더라도 가열 시간을 짧게 할 수 있다. 파파인은 연결 조직, 교원질 등에 상당한 효과를 나타내며, 근육성 섬유단백질(근육질)에도 일부 효과가 있다. 근육질에 효과가 더 좋은 것은 미생물 단백질 분해 효소(박테리아, 진균류)이다. 대표적인 쇠고기용 육류연화제에는 파파인 2%, 진균류의 단백질 분해 효소 5%, 포도당 15%, 글루탐산 소듐 2% 및 약간의 소금이 들어 있다. 음식점에서 고기가 연하다고 해서 원료 고기가 좋은 것만은 아닐 수 있다.

요리법과 식품 성분의 반응

사람들이 갖는 그릇된 인식 중의 하나가 생식이 건강식이라는 믿음이다. 4장 독성 물질에 대한 설명에서도 언급한 바와 같이 자연 속에서 동식물들은 생존과 종족을 지키기 위해 종종 독성 물질을 사용한다. 따라서 요리법이란 음식의 맛을 돋우고 소화를 돕기 위해서만 발달한 것이 아니라 요리 과정에서 사람에게 해로운 독성 물질을 제거하기 위한 방법이란 면에서도 중요하다. 가열하거나, 절이거나, 발효시키거나, 식초를 치거나 하는 방법 등이 재료의 성격에 따라 발달한 것도 저장의 필요와 함께 식품의 안전성 확보란 측면에서도 필요했던 것이다.

이와 함께 생각해야 하는 것이 요리 과정이나 숙성 과정에서 몸에 더 좋은 물질이 생기기도 하지만, 오히려 요리 과정에서 새로운 독성 물질이 생겨날 수도 있다는 점이다. 예전부터 어떤 요리에는 어떤 재료를 넣어서는 안 된다고 알려졌는데, 이는 요리 중에 생길 수 있는 독성 물질을 염두에 둔 지혜이다. 근래에 튀김 요리에서 발견되어 관심을 끌었던 아크릴아미드라는 발암 물질의 발생 경로가 밝혀졌다. 요리 중에 흔히 발생하는 마이야르(Maillard) 반응, 즉 아미노산과 탄수화물이 반응하여 갈색의 화합물을 만드는 반응이 첫 단계로 관여한다. 아미노산 중에서 아스파라긴이 출발 물질임이 밝혀졌다. 튀김 과정에서는 일반적인 요리에서 사용되는 온도보다 높은 온도(185℃)에서 요리가 이루어지므로 여러 단계의 반응이 진행되어 최종적으로 아크릴아미드가 생성된다는 것이다. 그동안 튀김 요리의 유해성이 주로 이때 사용되는 기름에 초점이 맞추어졌었는데, 이 외에도 식품 내의 성분들이 화학 반응을 일으켜 독성 물질이 생성될 수 있음을 보여 준 예이다.

포도주의 색은 포도의 종류는 물론 숙성의 정도에 따라 달라진다. 포도주의 색을 결정하는 주성분은 안토시아닌 색소인데, 주로 5가지의 안토시아닌들이 포도주에 따라 서로 다른 비율로 평형을 이루고 있다. 숙성 과정에서 효모에 의하여 당이 분해되어 피루브산이 생성되면 이 산이 안토시아닌과 결합하여 포도주의 색을 조금씩 변화시킨다. 또한 안토시아닌이 탄닌과 결합하여도 포도주의 색이 변화한다. 한편 그림 9.8에는 커피를 볶는 과정에서 나타나는 화학 반응의 예를 보여준다. 같은

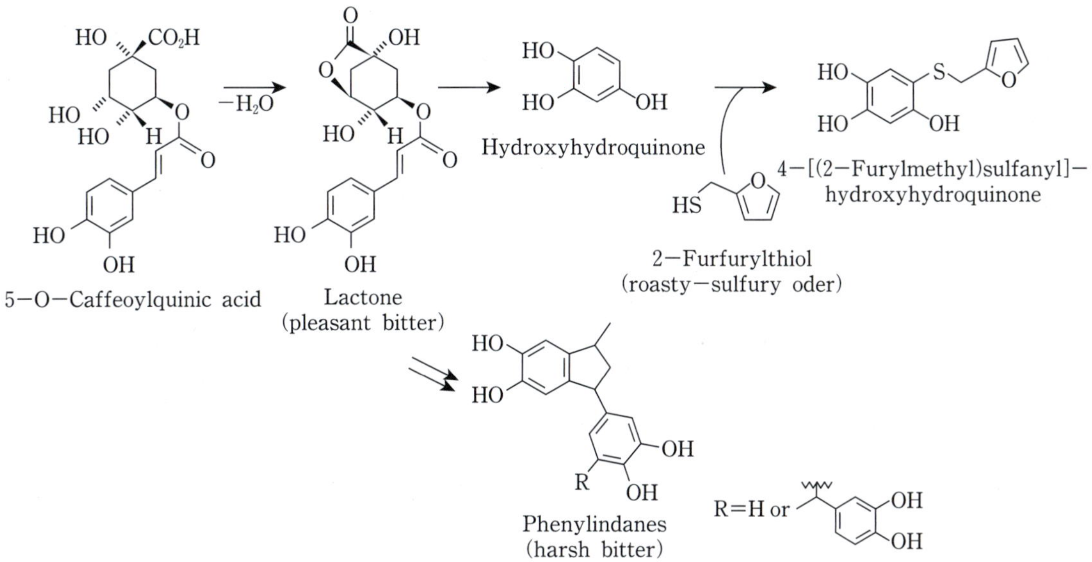

그림 9.8

커피를 볶는 과정에서 나타나는 화학 반응. 같은 원두를 사용해도 제품마다 맛과 향이 다른 것은 어떻게 가공하느냐에 따라 생성되는 물질들이 다르고, 제품마다 사용하는 첨가물이 다르기 때문이다.

원두를 사용하더라도 어느 온도에서 얼마나 오랫동안 볶느냐에 따라 당연히 커피의 맛과 향은 다르다.

9.3 생활 속의 식품 이야기

비만과 유전자

비만의 기초적인 원인은 에너지 불균형 때문이다. 음식물의 에너지는 전부 소비되지 않고 일부분만 소모된 채 나머지는 지방 세포에 저장된다. 그런데 저장 에너지가 충분한데도 왜 사람들은 과식을 하는가? 이에 대한 대답은 '영양 부족'이어서가 아니라 아마도 '개성'이기 때문일 것이다. 과식과 관련된 요인들이 너무나 다양하고 사람마다 특징이 있기 때문이다. 생리적으로 굶주려서, 심리적으로 좋아하다 보니, 소화가 너무 잘 일어나서, 먹는 것이 취미여서, 포만감을 즐기는 타입이다 보니, 아니면 유전적으로 특별한 체질을 타고나서 등등이다.

식욕과 관련된 일련의 생리 화학적 작용이 일부 밝혀지면서 화학적으로 식욕을 조절하는 것이 가능하게 되었다. 즉 어떤 화학 물질이 어떤 단계에서 식욕과 관련되어 있는지 알게 되면서 그 화학 물질을 조절함으로써 비만 치료 효과를 볼 수 있는 것이다. 물론 생체의 대사 과정은 복잡하고 유기적인 관계를 맺고 있으므로 단순하고 섣부른 처방은 위험하다. 식욕과 관련된 뇌의 작용이 하나씩 밝혀지고 있는데, 렙틴(leptin)은 지방 세포로부터 만들어지며, 인슐린(insulin)은 잘 알다시피 췌장에서 만들어져서 근육이나 지방 세포가 글루코스를 흡수하여 대사하도록 작용한다. 지방과 글루코스의 체내 함량에 따라 이들 호르몬의 혈중 농도가 달라지며, 이것을 뇌의 시상하부에 있는 수용체(arcuate nucleus)가 감지하게 된다. 이들 신호는 일련의 과정을 거쳐 후뇌(hindbrain)로 하여금 식사 양을 조절하는 신호를 내게 하는 것이다. 여성의 경우 피하 지방 세포에서 분비되는 렙틴의 영향을 많이 받는 반면, 남성은 복부 지방 세포와 관련이 있는 인슐린의 영향을 더 받는다. 각 세부 단계마다 어떠한 화합물이 관여하는지 아직 정확히 밝혀지지는 않았으나, 식욕을 정확하게 조절하는 것이 가능할 것이라는 것을 기대하게 한다.

비만을 일으키는 것이 유전자와 관련이 있다면, 비만이 개인적 생활 습관에 기인한 것이 아니라 유전적 질병에 의한 것으로 보아야 한다. 살찌지 않는 변형 유전자를 가진 쥐와 관련하여 사이언스지에 발표된 내용이 있었다. 미국 베일러 의과대학

살리 와킬(Salih Wakil) 박사는 아세틸 코아 카복실라아제-2(ACC-2)라는 효소 분비를 막았더니 평소보다 과식해도 체중이 10~15% 줄어든다는 사실을 쥐 실험 결과 확인하였다. 실험 결과 ACC-2가 억제되면 특히 근육과 심장 세포가 지방을 급속히 연소시키는 것으로 밝혀졌다. 특수 쥐는 보통 쥐보다 지방을 20~40% 더 섭취하였는데도 축적된 지방의 양은 보통 쥐의 절반밖에 되지 않았다는 것이다.

또한 식사량이 너무 소량이면 식욕 결핍증(거식증, anorexia nervosa)이 생길 수 있다. 스스로 강요된 소량 식사는 강박관념에 사로잡히게 하며, 심하면 통증과 식욕 결핍이 생긴다. 영양 결핍으로 말미암아 뇌의 말단 부분이 영구적으로 손상되고 만성 허약증으로 사망에 이르게 된다. 육체적 증상으로는 성적 충동의 중지, 월경 불순, 메마르고 누런 피부, 머리카락 손상, 치아 통증, 저혈압, 물질대사 속도의 저하, 빈혈, 불면증이 있다.

우마미와 식품의 분석

• 제5의 맛 우마미(감칠맛)

오래전에 교육을 받은 사람들은 혀가 느끼는 맛의 종류는 4가지라고 배웠을 것이다. 그러나 이제는 하나가 더 늘어서 다섯 가지가 되었다. 바로 MSG와 같은 아미노산의 맛이 추가되었는데 그 맛의 명칭이 우마미(Umami)이다. 우리말로는 감칠맛에 해당한다. 일본 사람들이 음식을 먹어 보고 맛있다는 표현을 할 때 주로 쓰는 말이 '오이시이(おいしい)', '우마이(うまい)'인데, '우마이'라는 형용사에 미(味)를 붙여 우마미(うま味)라는 제5의 맛을 명명한 것이다.

사실 된장이나 간장을 비롯해서 다양한 발효 음식을 즐기는 것으로는 우리나라 사람들이 세계 최고가 아닐까 생각한다. 우리나라 전통 음식의 80~90%가 간장, 된장, 고추장 등의 장류와 김치, 깍두기, 동치미 등 김치류, 그리고 젓갈류, 장아찌류 등이 발효시켜 우러난 맛으로 먹는 발효 음식들이다. 당연히 한국인의 미각은 이러한 발효 음식이 만들어 내는 감칠맛에 맞추어 발달되어 있다. 이번에 새로 추가된 맛인 우마미가 발효를 통하여 우러난 아미노산의 맛이 기본인 점을 생각하면 일본에게 맛의 주권을 빼앗긴 것 같은 생각이 든다.

• 식품의 분석

식품을 분석한다고 하면 주로 영양 성분의 분포가 일차 관심이다. 단백질이 몇 %이고 비타민은 어떤 비타민이 많고 적고, 지방산은 불포화 지방산이 몇 %이고 그중

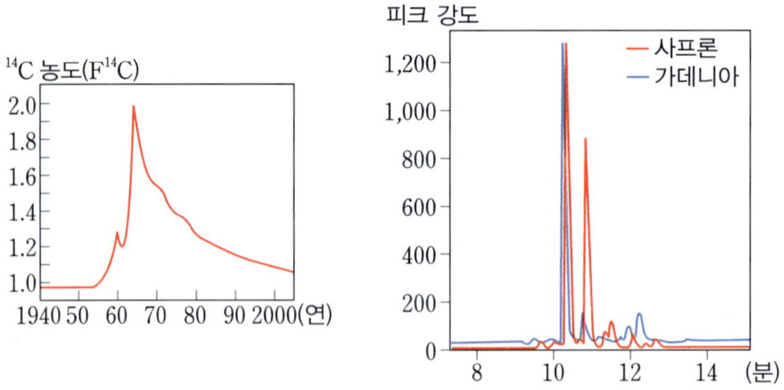

그림 9.9

왼쪽 그래프: 연도별 ^{14}C의 농도 비교. 질량분석기를 이용하면 ^{14}C : ^{12}C 비율을 통하여 식품의 제조 시기, 천연 재료인지 합성 재료인지, 어느 지역에서 제조된 것인지 결정이 가능하다. 오른쪽 그래프: HPLC는 식품 원료의 성분 차이를 알려준다. 진품 사프론 대신에 가데니아를 섞었다면 각 식물의 성분 차이로 색출해 낼 수 있다.

에서 오메가-3 지방산은 몇 % 등이 영양 성분에 대한 분석의 예이다. 요즘 이러한 영양학적 분석은 자동화된 분석 장치에 의하여 수행되기 때문에 그다지 어려운 일이 아니다.

화학적 관심에서의 식품 분석은 CSI 범인 찾기와 비슷하다. 즉 식품의 제조 시기를 속이거나, 원산지를 속이거나, 합성 재료를 천연 재료로 둔갑시키거나, 숙성 기간을 속여서 오래된 듯이 과장하거나 하는 범인을 찾는 분석이 화학자의 역할이다.

지구상에 존재하는 탄소(C)는 동위 원소로 질량이 서로 다른 ^{12}C, ^{13}C, ^{14}C 세 가지가 있다. 이 중에 ^{14}C는 방사성 동위 원소로서 자연적으로 생기는 것이 아니라핵반응을 통하여 생기므로 지구 상의 핵반응 역사를 반영한다. 그림 9.9의 연대별 ^{14}C의 대기 중 농도를 나타낸 그래프를 보면 1950년대 후반부터 1960년대에 걸쳐서 크게 증가한 것을 알 수 있다. 이 시기는 미국과 구소련을 중심으로 강대국의 핵개발 경쟁이 치열하였던 때이다. 대기 중의 ^{14}C의 농도는 그것으로 그치지 않고 그 시대, 그 지역에서 살아가는 모든 생물의 몸속에 반영된다. 따라서 ^{14}C의 농도비를 측정함으로써 식품의 제조 시기와 제조 지역을 알아낼 수 있는 것이다.

고성능 액체 크로마토그래피(HPLC)는 혼합물의 각 성분이 실리카와 같은 고체 표면에 흡착되는 정도가 다른 성질을 이용해서 물질을 분석하는 장치이다. 즉 혼합물을 고체 표면에 흘려보내면 흡착력이 강한 것일수록 멀리 흘러가지 않고 시작점 가까이에 붙어 있다 보니 늦게서야 빠져나오게 된다. 따라서 특정 식물의 추출물을 HPLC로 분석하면 이 식물 고유의 성분 패턴이 지문처럼 얻어진다. 그림 9.9의 오른쪽 그래프는 사프론과 유사한 가데니아의 HPLC 패턴이 서로 다른 것을 보여 준다. 사프론의 암술머리를 일일이 손으로 분리하는 것이 힘들고 비용이 많이 들기

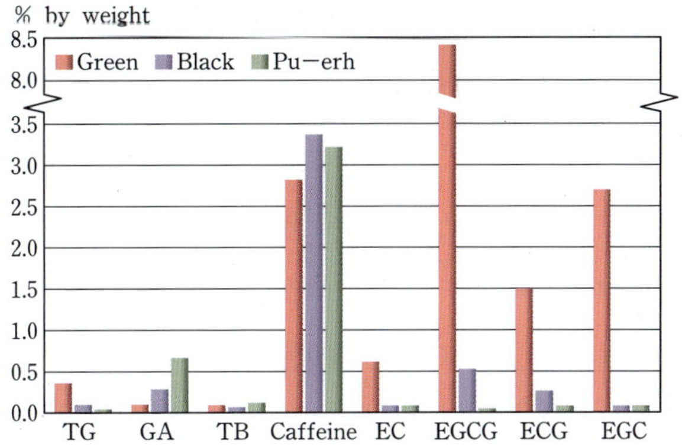

그림 9.10
차에 따른 성분 차이. TG; Theogallin, GA; Gallic acid, TB; Theobromine, EC; Epicatechin, EGCG; Epigallocatechin gallate, ECG; Epicatechin gallate, EGC; Epigallocatechin.

때문에 가짜 사프론인 가데니아를 쓰곤 하는데 HPLC를 속이지는 못하는 것이다. 2015년에 우리나라에서 있었던 백수오 파동에서도 회사가 의도적으로 범죄를 저지른 것이 아니라면 납품받는 원료의 HPLC 분석을 가끔씩 하는 것만으로도 진짜 백수오와 가짜 이엽우피소를 구분하지 못할 이유가 없다.

녹차(Green), 홍차(Black), 보이차(Pu-erh)의 성분을 비교한 것이 그림 9.10의 그래프이다. 여기서도 HPLC가 각 차의 성분 패턴을 결정한다. 최근에는 HPLC와 앞서 언급한 질량분석기를 결합한 LC-MS도 성분 분석에 큰 활약을 한다. 한편 홍차와 보이차도 녹차 잎으로 만들어지는데, 산화 발효 과정을 거치는 정도에 따라 홍차와 보이차가 구분된다. 보이차는 오래 묵을수록 귀한 차이다 보니 가짜도 많다. 여기서도 보이차의 오래된 정도에 따라 나타나는 성분의 차이를 이용하면 최근에 만든 차인지 수십 년 된 차인지 알 수 있다.

생선 요리와 레몬 조각

식당에서 생선회를 시키거나 생선구이를 시키면 레몬 조각이 곁들여 나오곤 한다. 레몬 조각이 요리의 장식만은 아닐 테고, 그렇다면 레몬의 새콤한 맛과 향이 생선 요리에 잘 맞는 궁합이어서 같이 나온 걸까?

우선 냄새에 대해 알아볼 필요가 있다. 뇌는 냄새를 일으키는 분자가 콧속의 후각신경에 접촉할 때 비로소 냄새를 인식한다. 이 말은 어떤 물질이 휘발성을 갖고 있지 않다면 냄새도 없다는 뜻이다. 그렇다고 우리가 휘발성이 있는 모든 물질에 대해 냄새를 느끼지 않는 것은 계속 같은 냄새에 노출되면 뇌가 그것을 무시하기 때문이다.

사람은 다른 동물에 비해 후각이 크게 발달하지는 않았다. 집에서 같이 생활하는 애완견을 보면 우리의 후각이 얼마나 뒤떨어져 있는지 알게 된다. 비록 다른 동물만큼은 아니어도 사람의 후각도 놀랄 만한 감각 센서이다. 공기 중에 떠도는 기체 분자를 직접 인식한다는 것은 최첨단의 분석기기로도 쉽지 않은 일이기 때문이다. 특히 에테인싸이올(ethanethiol) 같이 황이 포함된 화합물에 대해서는 가장 민감하게 반응하는데 이 기체가 공기 중에 5백 억분의 1만 있어도 이를 알아낸다. 그래서 가정에서 사용하는 도시가스에 일부러 황 화합물을 미량 첨가하는 것이다. 마늘과 양파의 냄새가 고약한 것도 바로 황 화합물 때문이다.

황 화합물 다음으로 악취를 내는 것으로 암모니아와 아민 화합물이 있다. 삭힌 홍어회의 톡 쏘는 냄새가 암모니아 때문이고, 생선의 비린내는 트리메틸아민이 원인이다. 이들은 질소를 갖고 있는 분자로서 염기성이다. 따라서 생선 요리에 레몬즙을 뿌리면 시큼한 유기산이 염기성 아민을 중화시켜서 염이 되므로 휘발성이 사라진다. 즉 기체가 되어 코로 들어오지 않으니 비린 냄새가 없는 것이다. 살아가면서 레몬이 항상 준비되어 있는 것은 아니다. 이럴 때는 식초에 가미해서 사용해도 비슷한 효과를 낼 수 있는데, 식초 속의 아세트산도 유기산의 하나이기 때문이다.

생활 속에서 레몬을 활용하는 다른 예로는 깎아 놓은 사과의 갈변 현상을 늦추는 데 사용하는 것이다. 깎은 사과가 누렇게 변하는 것은 먼저 폴리페놀 산화 효소(PPO)에 의해 페놀류 화합물을 퀴논류 화합물로 산화시키면 이어서 퀴논류는 단백질의 아미노기와 마이야르 반응을 일으켜 갈변 현상이 나타난다. 레몬즙을 사과의 깎은 면에 바르면 레몬의 항산화제 효과와 산성에 의하여 PPO의 활성이 저하되어 갈변 현상이 늦춰진다. 익혀도 갈변 현상이 나타나지 않는데 그것은 PPO가 분해되어 활성이 사라지기 때문이다.

고급 단백질

요즘엔 TV만 틀면 먹는 방송, 소위 먹방이 나온다. 맛있는 집 소개, 질병에 좋은 음식, 건강을 유지하는 식품, 미용에 좋은 음식, 내가 만드는 집밥 소개, 누구누구 집밥 요리법, 야식으로 좋은 나만의 식단 소개 등등이다. 물론 이들 프로그램 중에는 전문가의 도움으로 균형 잡힌 식단이 나오기도 하지만 때로는 저렇게 먹으면 우리 몸이 필요로 하는 영양소를 골고루 섭취할 수 있겠나 하는 경우도 보게 된다. 또 하나는 몸에 좋은 식품이 소개되면 너도나도 집중적으로 한 가지 식품만을 과다 섭취하기도 한다. 좋은 식사란 우리 몸이 필요로 하는 영양소를 골고루 섭취하는 것이다. 1) 곡류, 감자, 고구마, 빵, 2) 고기, 생선, 계란, 콩류, 3) 채소류와 과일, 4) 유제품, 5) 견과류, 당류가 골고루 구성된 것이 균형 잡힌 식단이다. 그런데 이 중에서 우리나라 사람들이 몸보신용으로 좋아하는 것은 주로 단백질 공급원인 고기류이다. 단백질에 대해서 조금 더 생각해 보자.

우리 몸은 다양한 종류의 단백질을 필요로 한다. 그렇다고 이들을 모두 찾아서 먹을 필요는 없다. 어느 단백질이나 20여 종의 알파 아미노산으로 만들어지기 때문에 이들만 골고루 섭취하면 된다. 이 아미노산 중 절반은 필요에 따라 우리 몸에서 만들어지지만 나머지 절반은 꼭 음식물을 통해 섭취해야 한다. 이들이 바로 10여 가지의 필수 아미노산이다. 성인 남자의 몸에는 대략 10 kg의 단백질이 있는데, 건강을 유지하려면 매일 40~50 g 정도의 단백질이 필요하다.

고급 단백질이란 비싼 고기에 들어 있는 단백질이 아니라 필수 아미노산이 골고루 들어 있는 단백질이다. 달걀은 가장 흔한 식품이면서도 가장 좋은 고급 단백질 공급원에 속한다. 달걀 속에 들어 있는 필수 아미노산의 비율이 우리 몸이 필요로 하는 필수 아미노산 비율에 매우 가깝기 때문이다. 그렇다면 식물 단백질을 섭취하는 것은 어떨까? 땅콩은 메싸이오닌만을 제외하고는 다른 모든 필수 아미노산을 함유하고 있다. 그러나 인체 비율과는 잘 맞지 않기 때문에 계란처럼 고급 단백질 식품은 아니다. 채소나 과일에는 단백질과 필수 아미노산이 매우 부족하기 때문에 채식가는 여러 가지 단백질 공급원을 잘 섞어 먹어야 한다. 예를 들면 옥수수 단백질에는 필수 아미노산 중 하나인 트립토판이 없는데 대추에는 트립토판이 들어 있다. 또 아침에 주로 먹는 시리얼 속에는 리신이 없는데 우유에는 리신이 듬뿍 들어 있는 것이 좋은 예이다. 요즘엔 이런 점을 고려하여 가공 식품을 만들 때 부족한 영양소를 보충해서 만들기도 한다.

알파 녹말과 베타 녹말

근래에는 많은 사람들이 흰쌀밥보다는 잡곡을 넣고 지은 밥을 선호한다. 흰쌀에 적당량의 현미, 콩, 찹쌀, 귀리와 함께 은행 몇 알을 넣고 밥을 지으면 그 자체로 밥의 향기와 씹는 맛이 그만이다. 그런데 쌀에 물을 붓고 밥을 지으면 쌀이 물을 흡수하여 밥알이 부드러워지는데 쌀에서 어떤 변화가 일어난 것일까?

쌀은 주로 아밀로스와 아밀로펙틴이라는 두 종류의 고분자로 이루어져 있는데,

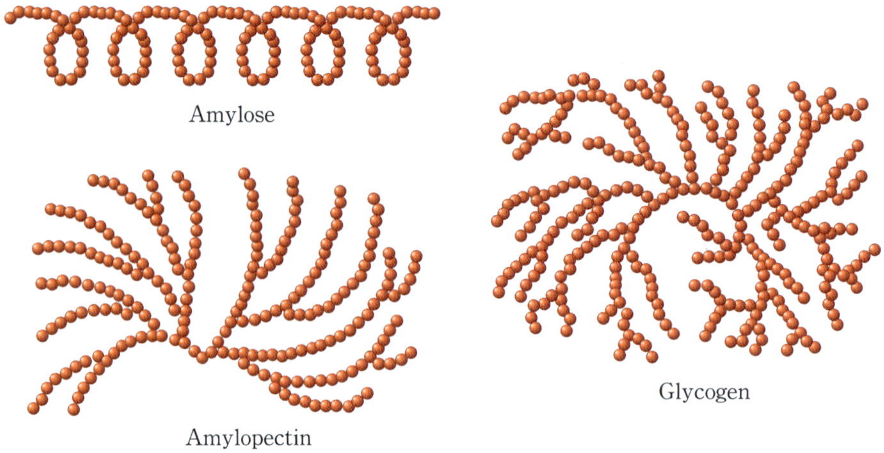

그림 9.11
아밀로스, 아밀로펙틴, 글리코겐의 구조

이들이 녹말(전분)이다. 아밀로스는 글루코스가 200개 이상 선형으로 결합한 것이다. 아밀로펙틱은 글루코스가 1천 개 이상 가지를 친 구조로 연결된 것이고, 저장 형태인 글리코겐은 이보다 더욱 가지를 많이 친 구조이다. 일반쌀에는 아밀로스가 약 20% 들어 있는 반면, 찹쌀에는 아밀로스가 거의 없고 주로 아밀로펙틴만 들어 있다.

밥을 짓기 전의 쌀 속 녹말은 베타 녹말 상태인데 이것은 긴 아밀로스와 아밀로펙틴 사슬이 규칙적으로 밀집해 있는 결정 구조를 가진다. 여기에 물을 붓고 끓이면 물 분자가 녹말 사슬 사이로 파고 들어가 불규칙하고 느슨한 구조가 된다. 이 때문에 밥을 지으면 부피가 대략 2배 늘어나는데, 이 상태가 알파 녹말이다. 알파 녹말은 베타 녹말보다 부드러우며 씹기도 쉽고 우리 혀가 맛있다고 느낄 뿐만 아니라 소화액이 스며들기 쉬워서 소화도 잘된다. 찹쌀의 경우는 녹말이 주로 더 길고 가지 친 분자 구조를 가지고 있어서 밥을 지으면 이 가지 구조가 훨씬 더 엉켜 있어서 찰기를 띠는 것이다.

차갑게 식은 밥을 입에 넣으면 씹히는 맛이 딱딱하고 맛이 떨어진다. 알파 녹말 상태에서 사슬 사이에 파고들어갔던 물 분자가 빠져나오면서 점차로 베타 녹말로 변한 것이다. 이 변화는 섭씨 0도 근처에서 빠르게 나타난다. 아예 처음부터 급속 냉동시키면 물 분자가 미처 빠져나올 시간이 없기 때문에 나중에 데우면 부드러운 맛이 살아난다. 물이 증발하지 않도록 밀폐된 보온밥통 속에서 따뜻하게 보관해도 밥의 맛을 비교적 오랫동안 유지할 수 있다. 요즘엔 데우기만 하면 맛있는 밥이 되는 식품이 많이 나왔는데, 여기서도 물 분자의 증발을 막고 알파 녹말을 유지하는 것이 핵심기술이다.

한국의 전통 민속주

전통주 중에 두견주는 이전의 KBS 역사 드라마 '왕건'에서 소개된 고려의 개국 공신 '복지겸'과 관련된 전설을 갖고 있다. 지금부터 1,000여 년 전에 복지겸이 이상한 병을 앓았는데 백약이 무효라 생사를 가늠할 수 없는 상태에 놓이게 되었다. 복지겸에게는 15세 된 영랑이 있었는데 영랑은 매일 산에 올라 부친의 병을 낫게 해달라고 기도를 올렸다고 한다. 100일 기도의 마지막 날 밤 꿈에 "부친의 병이 나으려면 아미산에 만개한 두견화(진달래꽃)의 꽃잎과 찹쌀로 술을 빚되 반드시 안샘의 물로 빚어 백일이 지난 후 이를 마시고, 두 그루의 은행나무를 심고 정성을 들이면 병이 나을 수 있다."는 계시를 받았다. 영랑이 즉시 이를 실천에 옮겼더니 아버지의 병이 나았다. 이로부터 아미산의 진달래꽃과 안샘에서 솟아오르는 물로 빚은 두견주가 명약으로 칭송되었다. 영랑이 심었다는 2그루의 은행나무는 오늘날에도 현존해 있으며 안샘 또한 그 수맥을 이어오고 있다. 아울러 진달래꽃을 왜 두견화라고도 하는지는 진달래꽃과 두견새가 얽힌 전설을 찾아보면 알 수 있다. 또한 충청남도 당진시 면천면에 위치한 아미산은 필자가 초등학교 시절 소풍을 다녔던 산이어서 눈에 선하다.

'술 조사'라는 말을 아는 젊은이들이 있을까? 농촌에서 자란 필자는 초등학생이었던 시절, 술 조사하러 나온다는 소문에 할머니를 비롯한 온 식구들이 부산을 떨던 기억을 갖고 있다. 술 조사란 세무서인지 면사무소인지는 모르겠으나 관청에서 집에서 담가 먹던 '밀주'를 단속하는 행위였다. 일 년이면 여러 차례 제사를 모시고, 손님이 오시면 대접도 하고, 집안의 어른들이 반주로 즐기기 위해 농촌에서는 수시로 술을 담갔던 것이다. 하지만 밀주에 대한 벌칙이 얼마나 무서웠던지 술 조사에 대비하여 비밀스런 장소에 땅을 파고 술을 숨기고는 했었다.

그림 9.12
두견주

표 9-7 주요 전통 민속주의 특징

지역(술)	재료	특징	비고
서울(문배주)	밀 누룩, 조와 수수를 사용	문배 과실 없이 문배 향이 나서 문배주	본래 평양 인근에서 유래. 국가 중요무형문화재
당진 면천 (두견주)	진달래꽃, 쌀과 누룩	진해 및 신경통 효과	고려 때부터 약용, 국가중요무형문화재
경주 교동(법주)	청주	곡주 특유의 맛과 향	조선시대 사신 접대 특주, 국가 중요무형문화재
전주(이강주)	배, 생강, 계피, 꿀, 찹쌀 누룩	피로 회복에 효능	조선 중엽부터 제조, 5대 명주
용인(옥로주)	누룩, 술밥, 율무	45도이나 순한 맛, 위장병, 피부병에 효험	서산 유씨 가문의 전통 소주
아산(연엽주)	멥쌀, 찹쌀, 연근과 연잎	연잎 향기와 고운 빛깔, 약용주	이틀 밤낮을 햇볕, 서리, 이슬을 맞힌 누룩 사용
한산(소곡주)	찹쌀, 들국화, 메주콩	감칠맛이 일품	백제 무왕 때부터 전래
승주(사삼주)	더덕	달콤하고 쌉싸름한 맛	사삼, 인삼, 현삼, 단삼, 고삼의 5삼 중 하나
안동(안동소주)	소주	여름철 배앓이 약	고려 때 몽고군을 통해 유입
제주(오메기술)	좁쌀	깔끔하고 담백한 맛	오메기떡의 발효주
고창(복분자주)	산딸기	강장제, 특유의 단맛과 떫은 맛	장어구이와 복분자주

필자가 술을 마실 만한 나이가 되고 해외에서의 생활도 경험하면서 우리나라의 술 종류에 대해 늘 궁금한 것이 있었다. 우리나라 사람들처럼 음주가무를 즐기는 민족도 드문데 왜 슈퍼마켓에서나 음식점이나 주점에서도 우리의 전통주는 잘 보이지 않는 것일까? 일본이나 독일을 방문해 보면 술의 종류가 너무 다양해서 현지인의 도움 없이는 고르기도 힘들 정도인데 우리나라는 하나같이 진로 소주 아니면 OB 맥주밖에 없을까 하는 의문이 들었었다. 이것이 1990년대 초까지의 우리나라의 상황이었다.

오랜 의문은 "한국의 전통 민속주(한양대학교출판부, 1996, 이효지 지음)"라는 저서를 접하고서 풀리게 되었다. 그러면 그렇지, 예로부터 가무를 즐기고 풍류를 알았던 우리 민족인데, 술 문화가 그렇게 빈약하였을 리 없다. 절기마다 절기주, 고을마다 토속주, 병에는 약용주로 다스렸던 우리 민족이다. 그런데 1907년 일제 조선총독부가 주세령을 내리고 민간에 전해오던 전통주 제조를 금지시킨 것이다. 이로부터 무려 83년 동안 토속주들이 밀주로서 그 명맥을 간신히 이어오다가 다시 세상에 나온 시점이 1990년이었다. 당시 14종의 토속주들이 국세청의 허가를 받고 각 지방에서 다시 제맛을 내기 시작한 것이다. 일제식민지 시절이나 군사독재정권 시절에는 식품의 안전을 핑계로 주세를 국가가 관리했었다. 세월이 변해서 요즘은 이름도 알 수 없는 다양한 토속주들이 넘쳐나고 있다.

표 9-7에 대표적인 전통주를 일부 소개하였다. 절기주로서 정초에는 후추와 측백나무 잎사귀를 맑은 술에 넣어 우려낸 초백주(椒栢酒)와 명의 화타가 만들었다는 도소주(屠蘇酒)를 '액막이 술'로 마셨고, 단오에는 남녀노소 모두 창포주를 즐겼다. 한가위에는 잘 알려진 '동동주'를 마셨는데, 밥알이 뜨는 모양이 마치 개미나 나방 알과 같다고 하여 동동주를 부의주(浮蟻酒) 또는 부아주(浮蛾酒)라고도 부른다. 또한 봄에는 도화주와 두견주(진달래술), 가을에는 국화주를 마셨고, 제철에 따라 매실주, 머루주, 다래주, 민들래주 등 백화주가 집집마다 향기를 냈던 것이다.

표에 나타낸 전통주 외에도 개성인삼을 사용하여 만든 평양의 '삼백'과 '감로홍주'가 유명하고, 대나무 진액을 사용하는 개성의 '죽력고주'는 기침과 가래에 특효가 있다. (주)국순당이 재현한 '백세주'는 한약재와 생쌀을 사용하는 것이 특징으로 경북 영주의 토속주로 알려졌다. 막걸리는 포천의 '이동막걸리'가 정평이 나 있고 부산에서는 '산성막걸리'가 유명하다. 현재 50여 종의 전통주가 시판되고 있고 계속 새로운 전통주가 개발되고 있는데 유통과 관련해서는 복잡한 속사정들이 있는 모양이다. 쉽게 구할 수 있는 것이 있는가 하면 주류 전문점에서나 볼 수 있는 것도 있다. 술이 그 가치를 더하는 것은 마시는 사람의 인품이 더해지기 때문이다. 취함에 있어서 주도(酒道)를 잊을 정도여서는 안 된다.

10

의약품

거울 속의
같은 듯 다른 나

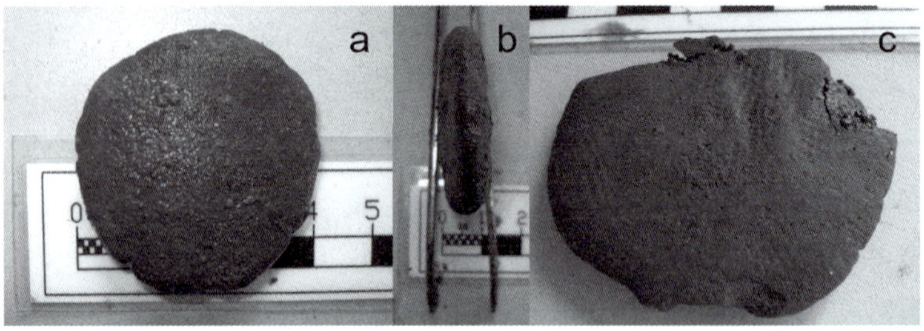

이 사진은 2,000년 전 이탈리아 해안에서 침몰된 로마 상선에서 발견된 환약으로, 아연을 포함한 미네랄이 들어 있었는데 이 성분은 염증을 가라앉히며, 항균, 항바이러스 활성이 있는 것으로 알려졌다. 이외에도 송진, 동식물성 지방, 꽃가루, 밀랍이 들어 있었다.

인류의 역사는 질병과의 싸움의 역사라고도 할 수 있다. 그동안 많은 질병이 정복되었으나, 아직도 인간의 약한 모습을 보일 수밖에 없는 질병들이 남아 있으며, 늘 새로운 질병이 인간에게 도전장을 던지고 있다. 근래 인류를 공포에 몰아넣은 중증급성호흡기증후군(SARS), 신종조류독감(AI), 중동호흡기증후군(MERS), 지카(Zika) 바이러스, 코로나바이러스감염증-19(COVID-19) 등이 그 예이다. 고대부터 인간들은 생존을 위한 투쟁 과정에서 어떤 천연물이 어떤 질병에 대해 치료 효과가 있는지 알게 되었다. 이런 지식들을 모아 기록으로 남겨져 오늘날까지 전해 내려오는 것들이 있다. 예를 들어 이집트 미라에서 발견된 에버스 파피루스(Ebers Papyrus)라는 고문서는 BC 1552년경에 발간된 것으로 700종의 약품과 811가지의 처방이 기록되어 있다. 중국 후한시대에 저술된 "신농본초경"에는 356종의 처방이 기록되어 있다. 우리나라에서도 허준이 지은 "동의보감"은 한의학 역사에서 빛나는 유산이다. 19세기 들어 화학이 급속히 발전하고 새로운 분석법이 개발되면서 천연물의 어떤 성분들이 약효를 나타내는지, 그리고 그 천연물 성분이 몸속에서 어떤 과정으로 약리효과를 내는지를 알아내기 시작하였다. 이러한 축적된 지식을 바탕으로 천연물보다 탁월한 합성 의약품의 개발이 시도되었고, 자연스럽게 의약화학이란 새로운 학문 분야가 열리게 되었다.

어느 집이나 간단한 가정상비약이 준비되어 있을 것이다. 의사의 진단과 처방이 필요한 것이 아니면 우리 스스로의 판단에 의하여 약을 사용한다. 소화제, 진통제, 살균소독제들이 그렇다. 또한 의사의 진단과 처방에 의존해야 하는 전문의약품들 중에도 많은 사람들이 공통적으로 관심을 갖는 것들이 있다. 알레르기와 항히스타민제, 항생제, 심장병 치료제, 항암제, 관절염 치료제 등이 이에 속한다. 본 장에서는 우리의 생활과 밀접하게 관련이 있는 몇 가지 의약품들에 대해 이들이 어떻게 약효를 나타내는 것인지 화학적 관점에서 간단히 살펴본다.

10.1 가정상비약

의약품 구분

의약품은 치료의 목적, 약물의 부작용, 증상의 경중 등에 따라 표 10-1에 나타낸 것처럼 구분하여 판매와 구입 방법을 달리하고 있다. 안전상비의약품(2012.11.15.)은 편의점에서도 구입이 가능한 품목인데 해열진통제, 소화제, 파스, 감기약이며, 이에 해당하는 13종의 의약품은 타이레놀정(500 mg, 160 mg), 어린이용 타이레놀정(80 mg), 어린이 부루펜시럽(80 mL), 베아제정, 닥터베아제정, 훼스탈골드정, 훼스탈플러스정, 제일쿨파스, 신신파스아렉스, 판콜에이 내복액, 판피린티정 등이다.

표 10-1 의약품의 구분

구분	내용
의약외품	약국 외에 슈퍼마켓 등에서도 판매(치약, 염색제 등)
안전상비의약품(OTC)*	일반의약품 중 가벼운 증상에 사용하는 20개 이내의 품목으로 약국 이외의 곳에서도 판매(해열진통제, 감기약, 소화제, 파스)
일반의약품	약사나 한약사가 환자와 상담 후 판매
전문의약품(POM)**	의사의 처방전에 따라 조제하여 판매

* OTC: over the counter. OTC에 대한 구분은 나라마다 다르며, 선진국의 경우 일반의약품까지 확대 추세임.
** POM: prescription only medicine

소화제

우리가 섭취한 음식물이 소화된다는 것은 어떤 과정을 말하는 것일까? 크게 두 가지 과정이 관여한다. 화학적으로는 소화액이 분비되고 효소가 작용하며, 물리적으로는 소화관이 운동하면서 음식물과 소화액(효소)을 잘 섞어 준다. 이 과정을 통하여 탄수화물은 아밀라아제에 의해 단당류로, 지방은 리파아제에 의하여 지방산과 글리세린으로, 단백질은 펩신, 트립신, 키모트립신에 의하여 각종 아미노산의 형태로 분해되어 우리 몸에 흡수된다. 물론 원래 크기가 작은 물질은 소화 과정이 필요 없이 우리 몸에 흡수된다.

소화가 안 된다는 것은 앞서 언급한 화학 작용에 문제가 있거나 물리적 작용이 잘 안 되는 경우이다. 따라서 소화제는 이 두 가지 작용을 원활히 하는 화합물이다. 화학적인 작용을 돕는 소화 효소제는 다른 생물의 소화 효소를 추출하여 농축한 것이다. 소나 돼지의 췌장 소화 효소를 정제한 것이 판크레아틴이고, 맥아당에서 정제한 효소가 디아스타제이다. 대부분의 소화제는 여러 소화 효소를 혼합한 형태이며, 이들을 다양한 방법으로 코팅하여 소화관의 특정 위치에서 작용하도록 유도하기도 한다. 약물의 코팅 분야는 약물전달체계(DDS)에 해당한다. 물리적인 작용을 돕는 소화제는 위 운동 개선제인데 신경 전달 물질 중 도파민과 세로토닌 수용체에 주로 작용한다. 생약 성분의 활명수나 가스명수, 베나치오도 위를 자극해서 움직임을 활발하게 하여 소화력을 높인다. 반면에 맥소롱은 아세틸콜린 수용체에 작용해서 위 운동을 자극하는 것으로써 일반의약품에서 전문의약품으로 재분류되었다.

위염 치료제

위염은 대개 과다한 위산 분비에 의하여 발생한다. 따라서 위염 치료제는 위산 분비를 억제함으로써 위염을 치료하는데, 제산제, H_2 수용체 억제제, PPI 제제의 세 가지 방법으로 위산을 제어한다.

제산제는 과다 분비된 위산을 산-염기 반응으로 직접 중화시켜서 제거하는 것으로서 인체에 해롭지 않은 염기성 물질이다. 겔포스, 개비스콘, 디오겔, 라니타드와 같은 의약품이 있다. 표 10-2에 대표적인 제산제의 작용 원리를 나타냈다. H_2 수용

표 10-2 몇 가지 제산제의 작용 원리*

화합물	위 속에서의 화학 반응
산화 마그네슘	$MgO + 2H^+ \rightarrow Mg^{2+} + H_2O$
탄산 칼슘	$CaCO_3 + 2H^+ \rightarrow Ca^{2+} + H_2O + CO_2$
탄산수소 소듐	$NaHCO_3 + H^+ \rightarrow Na^+ + H_2O + CO_2$
수산화 알루미늄	$Al(OH)_3 + 3H^+ \rightarrow Al3^+ + 3H_2O$

*부작용: 장기간 복용하면 위산이 부족한 줄 알고 더 분비하는 산 반동, 변비(알루미늄), 설사(마그네슘)를 유발한다.

제 억제제는 위벽 세포에서 위산이 합성되는 과정을 차단한다. 즉 H_2 수용체는 위에서 위산을 분비하라는 신호를 받아들이는 부분인데, 이를 차단함으로써 신호가 들어오지 않기 때문에 위산 분비가 억제된다. 잔탁이 대표적인 H_2 수용체 억제제이다. 잔탁은 항히스타민제로도 작용하여 알레르기 염증의 발생을 억제한다. PPI 제제는 위산이 분비되는 최종 단계인 프로톤(H^+) 펌프를 차단하는 화합물이다. 위산은 이 펌프를 통해 위로 들어오는데, PPI 제제가 펌프를 막아 위산의 분비를 억제한다. 오메큐가 대표적인 PPI 제제이다.

2005년 노벨생리의학상을 수상한 배리 마셜(Barry Marshall)과 로빈 워런(Robin Warren)은 박테리아인 헬리코박터 파일로리(helicobacter pylori)에 의해서도 위궤양이 발생한다는 사실을 밝혀냈다. 그전에는 과학자들도 강산 조건인 위 속에서 미생물이 생존할 거라고는 생각하지 못했었다. 헬리코박터 파일로리로 인하여 위산 과다가 발생할 때 대부분 사람들은 초기부터 이를 미생물에 의한 것일 거라고는 생각하지 않는다. 그리고 일반적인 위궤양과는 달리 헬리코박터 파일로리가 궤양을 일으키는 곳은 주로 위의 아래쪽과 십이지장이다. 이 경우 당연히 일반적인 위염 치료제로는 근원 치료를 할 수 없다. 미생물을 없애기 위해서는 항생제가 필요하며, 따라서 반드시 의사의 진단과 처방이 필요하다.

제산제와 관련한 오래전 이야기이다. 필자가 어렸을 때, 외갓집에 가면 하얀 굴 껍데기 가루를 볼 수 있었다. 사실 필자는 그것이 갑오징어 뼛가루였다고 알고 있었는데, 근래에 그것이 굴 껍데기 가루였다고 어머니가 확인해 주셨다. 아무튼 이 신기한 가루를 가끔 드시는 외할아버지가 신비롭게 보였었다. 훨씬 뒤에서야 위산과다로 고생하셨던 외할아버지가 이 가루로 위산을 다스렸다는 것을 알았다. 사람의 위속이 산성인 것은 박테리아의 서식을 막고 음식물을 가수 분해시키기 위해서이다. 음식을 너무 많이 먹으면 위 속의 수소 이온 농도(pH)가 낮아져 불편함을 느낀다. 반대로 지나치게 산이 많으면 위벽이 상하게 되고 통증을 느낀다. 정상적인 사람의 위 속 수소 이온 농도는 pH 0.9~1.5 사이이다. 제산제는 앞서 말한 대로 염기성 물질로서 산을 중화시켜서 물 분자로 만든다. 굴 껍데기의 성분은 탄산 칼슘이 대부분일 테니 외할아버지는 정확하게 제산제를 고르신 셈이다.

굴 껍데기와 더불어 갑오징어 뼈 이야기가 나왔으니 이와 관련한 이야기를 한 가지만 덧붙인다. 예전에는 아이들이 밖에서 놀다가 무릎이 깨지거나 칼에 손이 베이거나 하면 피가 나는 자리에 갑오징어 뼛가루나 조개껍질 가루를 뿌리곤 하였다. 그러면 지혈 효과도 있거니와 새살이 잘 자라서 상처가 빨리 아문다고 하였다.

이것도 요즘은 과학적으로 근거가 있는 이야기로 받아들여진다. 즉 갑오징어 뼈나 게, 새우, 조개 등의 껍질에는 탄산 칼슘뿐만 아니라 키틴이라는 다당류가 들어 있는데 이 물질이 그와 같은 효과를 낸다는 것이다. 키틴을 추출하여 아마이드 결합 부분을 아민 구조로 탈아세틸화한 것이 기능성 원료인 키토산이다.

해열진통제

아마도 사람들이 가장 많이 사용하는 약품 중의 하나가 진통제일 것이다. 두통이 오면 사람들은 주로 아스피린이나 타이레놀을 먹는다. 치과의사가 발치할 때 사용하는 노보카인(novocain)은 진통제가 아니라 국소마취제이다. 아주 심한 고통에는 코데인이나 몰핀 같은 아편제를 사용한다. 이들 두 화합물을 부적당하게 사용하면 습관성이 있어서 위험하다. 몰핀에 대신해서 쓸 수 있는 효과적인 약품은 1931년에 알려진 메페리딘(meperidine 혹은 demerol)이며 습관성이 몰핀보다 적다. 또 오늘날 쓰이고 있는 강력한 진통제로는 펜타조신(pentazocine 혹은 talwin) 및 프로폭시펜(propoxyphene 혹은 darvon)이 있는데, 펜타조신은 습관성이 있으나 프로폭시펜은 습관성이 없다. 그러나 프로폭시펜을 과량 복용하여 사망하였다는 보고가 있으니 주의해야 한다. 이들 화합물의 구조는 몰핀의 구조와 매우 유사하다. 표 10-3은 대표적인 세 종류의 해열진통제에 대해 그 작용 메커니즘과 부작용을 정리한 것이다. 이들은 모두 소염제 기능이 있는 비스테로이드 진통제(nonsteroidal anti-inflammatory drug, NSAID)이다.

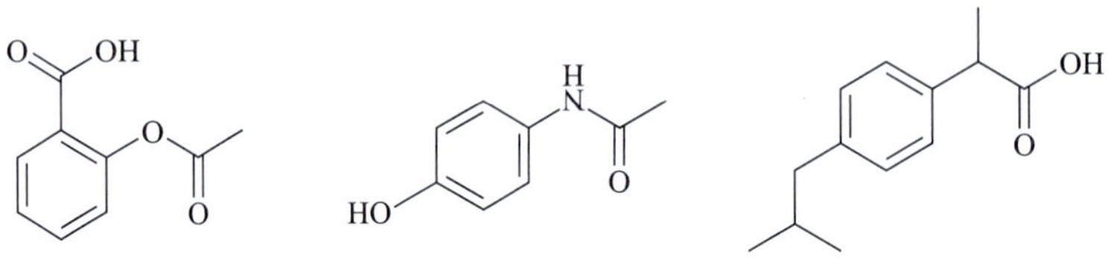

아스피린 타이레놀 브루펜

표 10-3 세 종류의 해열진통제의 작용 메커니즘과 부작용

종류	작용 메커니즘	부작용
아스피린 (acetylsalicylic acid)	프로스타글란딘 생성에 관여하는 COX 효소의 비가역적 불활성화	위궤양
타이레놀 (acetaminophen)	프로스타글란딘 H_2 생성에 관여하는 COX 효소의 저해작용	간 손상
브루펜 (ibuprofen)	프로스타글란딘 H_2 생성에 관여하는 COX 효소의 저해작용	메스꺼움, 심장마비

이들 진통제는 어떻게 통증을 가라앉히는 것일까? 1975년에 존 휴히와 그의 공동 연구자들은 척추동물 스스로가 통증을 없애기 위해 엔케팔린(enkephalin)이라는 물질을 생성한다는 것을 발견하였다. 즉 우리 몸은 통증이 오면 엔케팔린이라는 진통제를 스스로 만들어 사용한다. 뇌나 척수에서 엔케팔린이 작용하는 결합 자리에 몰핀과 같은 아편제가 똑같이 작용하는 것이 알려졌다. 히로인을 계속해서 사용하면 생체 내에서 엔케팔린의 생성이 감소된다는 결과도 이를 뒷받침한다.

국부 진통제나 국부 마취제로 알칼로이드라는 질소 함유 화합물이 많이 사용된다. 코카인은 남아메리카의 코카 잎에서 추출하며, 이는 통증을 전달하는 신경을 봉쇄함으로써 진통제로 작용한다. 통증이 생기면 신경 세포의 아세틸콜린이 작용하여 이 통증의 신호를 뇌에 전달하게 되는데, 진통제를 복용하면 아세틸콜린이 작용하지 못하여 통증이 전달되지 않는 것이다.

아스피린은 또 다른 방식으로 진통 작용을 한다. 아스피린은 다중불포화 지방산(탄소-탄소 이중 결합을 여러 개 가지고 있는 지방산)과 산소가 반응하여 프로스타글란딘(prostaglandin)을 생성하는 반응에서 촉매로 작용하는 시클로옥시게네이즈 효소를 저해하는 물질이다. 다시 말해 열이 나고 염증이 생기면 프로스타글란딘이 많아지는데, 이 프로스타글란딘이 바로 통증을 느끼게 하는 물질이다. 이때 아스피린을 투여하면 프로스타글란딘의 생성이 억제되어 진통 효과가 나타난다. 타이레놀도 아스피린과 유사한 약리작용을 나타내는데, 다량 투여하면 간에 유독하다.

지난 120년 간 꾸준히 사용되면서 충분한 임상실험을 거친 아스피린도 문제점은 있다. 아스피린에 의해 생길 수 있는 대표적인 부작용은 위장장애이다. 아스피린에 의한 위출혈의 경우 혈소판 응집을 저해하는 아스피린 분자가 점막을 통과하여 세포를 손상시키기 때문이라는 주장과 기존의 위궤양을 악화시키기 때문이라는 주장 등이 있다. 또 다른 잠재적 위험성은 인플루엔자, 수두 등의 바이러스 감염을 앓고 난 후에 간이나 뇌에 병변이 생기면서 나타나는 증상으로 라이 증후군(Reye

표 10-4 종합 감기약의 주요 성분

역할	성분
해열진통	아세트아미노펜, 이부프로펜, 이소프로필안티피린 등
기침/기관지 확장	인산디히드로코데인, 인산코데인, dl-메틸에페드린, 노스카핀 등
거담/소염효소	염화라이소자임, 카르시스테인, 염산브롬헥신 등
콧물/항히스타민	클로르페니라민말레산염, 슈도에페드린, 디펜히드라민, 페니라민 등
기타	무수카페인(해열, 진통효과 상승), 비타민 B1(빠른 회복 효과) 등

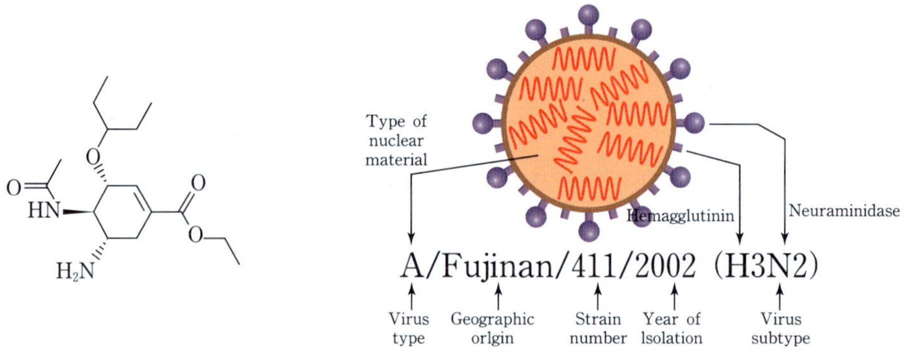

그림 10.1

신형 H1N1 바이러스에 의한 독감 치료제인 타미플루와 푸젠성 독감 인플루엔자 바이러스 H3N2형의 분류 예. 바이러스의 종류는 16개의 헤마글루티닌(hemagglutinins, H1–H16)과 9개의 뉴라미니다아제(neuraminidases, N1–N9) 단백질 중 각각 하나로 결정된다.

syndrome)이 있는데, 여기에 아스피린이 증상을 악화시킨다는 보고가 있었다. 실제로 이러한 뇌와 간질환에 관련이 있는지에 대해서는 여전히 논란이 많고 아직은 단정할 수 없는 상태이다. 이와 같은 아스피린의 문제점 제기에도 불구하고 다른 한쪽에서는 진통제로서뿐만 아니라 에이즈, 임신 부작용, 대장암의 억제 작용, 편두통과 심장마비의 예방 작용 등 다양한 약리 효과가 보고되고 있다. 표 10-4에 종합감기약에 들어가는 주요 성분들을 나타냈다.

살균소독약

일반적으로 방부제와 살균제를 같은 개념으로 사용하지만, 엄밀히 말하면 방부제는 미생물의 성장을 억제하는 화합물이며, 살균제는 미생물을 죽이는 화합물을 말한다. 살균제는 일반적으로 유독하며, 피부나 상처 같은 신체 외부에만 사용하는 것이 적당하다. 표 10-5에 살균소독약의 종류와 특징을 나타냈다.

표 10-5 살균소독약의 종류와 특징

구분	종류	특징
페놀류	페놀, 티몰, 클로록실레놀	빠른 세포 내 흡수로 세포 독성
알코올류	에탄올, 아이소프로판올	세포막 침투, 단백질 변성
알데하이드류	폼알데하이드, 글루탈알데하이드	조직 내 작용기와 강한 반응성
4차 암모늄류	벤즈알코늄 외 4차 암모늄(quats)	세포막에 침투하여 막내 물질 유출
금속함유류	은, 구리합금 표면	단백질 비활성화, DNA 변형
산화제	아이오딘, 염소, 과산화물, 과망가니즈산 포타슘, 오존, 클로라민-T	세포막 조직 및 기능 성분의 산화

표에 제시된 살균제를 살펴보면 직접 사용해 본 것들도 눈에 띌 것이다. 예전에 경험한 것으로 주사 맞기 전에 피부를 닦는 에탄올, 상처 난 부위에 바르면 거품이 피어나는 과산화수소, 빨강약으로 부르던 머큐로크롬, 이런 것들이 생각나는데 머큐로크롬은 수은이 함유되어 있어 지금은 사용하지 않는다. 살균제라는 말보다는 소독약이 더 친숙한데, 이들 소독약은 어떻게 약리작용을 나타내는 것일까? 아이오딘, 하이포아염소산소듐, 과산화수소, 과망가니즈산포타슘 등은 산화력 때문에 효과가 있다. 페놀은 세포에 의해 쉽게 흡수되므로 세포 독성을 나타낸다. 사차암모늄 화합물은 계면활성제의 일종인데 이들은 세포벽을 약하게 하여 세포액이 세포 밖으로 유출되게 함으로써 박테리아들을 죽이는 것으로 알려져 있다. 어린이에게도 사용할 수 있도록 개발된 따갑지 않은 아이오딘 살균제 중 하나가 포비돈이라는 상품명을 가진 아이오드포어(iodophor)이다. 이전에 사용하던 옥도정기(iodine tincture, 아이오딘화포타슘(KI)과 아이오딘(I_2)을 에탄올에 용해시켜 놓은 용액)를 개선한 것으로, 폴리바이닐피롤리돈(PVP)에 아이오딘 분자를 착물화시킨 것이다. 이것은 물에 잘 녹으므로 사용이 편리하며, 에탄올을 사용하지 않으므로 따갑지 않고 효과가 좋다. 또한 PVP가 고분자 피막을 형성하므로 상처 부위를 감염으로부터 보호하는 효과도 있다. 표 10-6에 요즘 곳곳에서 눈에 띄는 손 소독제를 나타냈다.

표 10-6 손 소독제의 종류와 성분

구분	성분
알코올 소독제	아이소프로필 알코올, 에탄올, *n*-프로판올
비알코올 소독제	벤즈알코늄 클로라이드(benzalkonium chloride), 트라이클로산(triclosan), 아이오딘-폴리바이닐피롤리돈(포비돈)
기타 성분 (형태 결정 성분)	폴리아크릴산(젤), 글리세린, 프로필렌 글리콜, 정유(essential oil)

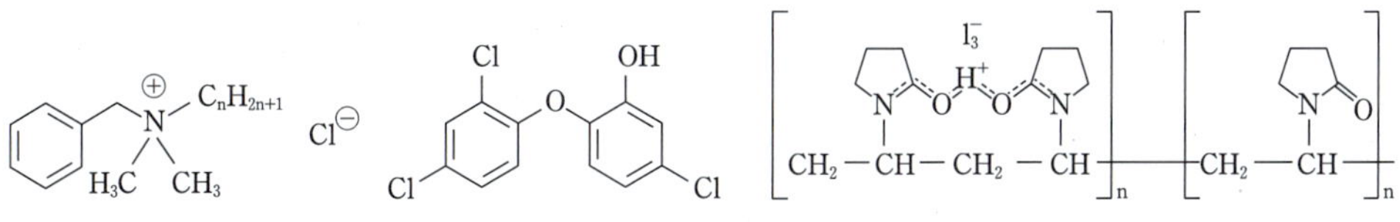

10.2 전문의약품

항생제

우리나라는 2020년 현재 다섯 개의 FDA 승인 신약을 갖고 있는데, 2003년에 승인된 호흡기 질환 항균 치료제(항생제)인 팩티브(Factive)가 처음이었고, 2014년에 내성균 슈퍼박테리아 항생제인 시벡스트로(테디졸리드)가 두 번째이다. 나머지 세 개는 다른 분야의 신약으로서 2016년 앱스틸라(혈우병), 2019년에 솔리암페톨(기면증과 수면무호흡증에 의한 주간 졸림증)과 세노바메이트(뇌전증)가 FDA의 승인을 받았다.

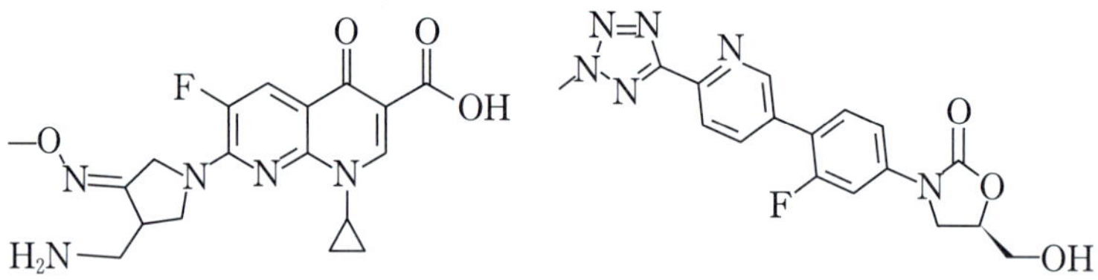

그림 10.2
FDA 승인 항생제. 팩티브(제미플록사신)와 시벡스트로(테디졸리드)

• 설파제

설파제(sulfa drug)는 황(sulfur)을 포함하고 있는 유기 화합물의 일종으로 독일의 게르하르트 도마크(Gerhard Domagk)에 의하여 염료의 일종인 프론토실이 항균 효과가 있음을 발견하면서부터 의약계에 알려졌고, 오늘날까지도 많은 종류의 설파제 약품들이 개발되어 사용되고 있다. 처음에 염료로 개발된 프론토실이 약이 된 데에는 재미있는 일화가 있다. 도마크가 자기 딸의 옷을 프론토실로 염색하여 입혔는데 피부병이 저절로 나았고, 그는 이 사실을 그냥 넘기지 않고 쥐를 통한 약리 실험에 착수하였던 것이다. 지금은 보다 좋은 항생제의 개발로 더 이상 사용되지 않지만, 프론토실은 개발 당시 독성이 적고 사람에게도 유효하다는 것이 임상실험을 통해 증명되었기 때문에 치료제로서 크게 호응을 받았다. 연구 결과 프론토실의 항균효과는 프론토실 그 자체에 의한 것이 아니고 생체 내에서 프론토실이 분해되어 생성된 *p*-아미노벤젠술폰아미드 때문이라는 점이 밝혀졌다. 그 후 수천 개의 술폰아마이드 계열 화합물들이 합성되었다.

설파제는 박테리아의 생장과 번식에 필요한 엽산(folic acid)의 합성을 저지한다. 술폰아미드가 활성을 나타내기 위하여 필요한 구조를 살펴보면 두 개의 치환기가 벤젠

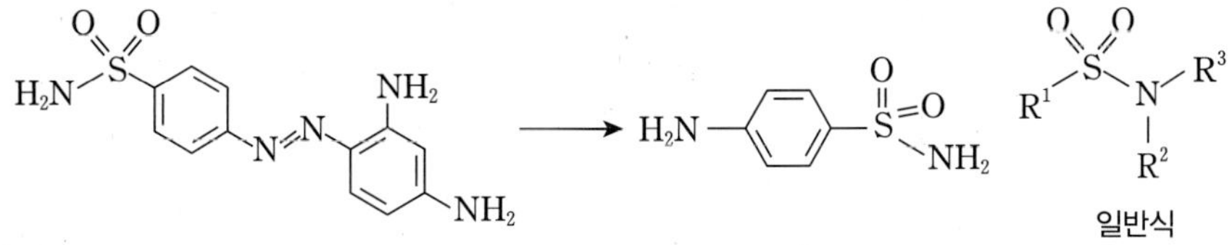

그림 10.3
설파제의 탄생: 1932년 게르하르트 도마크가 염료로 개발한 프론토실(prontosil)과 가수 분해되어 생성된 *p*-아미노벤젠술폰아마이드의 구조. 오른쪽은 항생제 설파제의 일반식이다. 도마크는 1939년 노벨 생리의학상을 받았다.

고리의 1번과 4번에 술폰아마이드기($-SO_2NH-R$)와 아미노기($-NH-R$)로 되어 있어야 한다. 그런데 이 술폰아마이드의 화학 구조는 *p*-아미노벤조산의 구조와 매우 유사하다. 즉 술폰아마이드기($-SO_2NH_2$) 대신에 카복실기($-CO_2H$)를 갖는 것이 *p*-아미노벤조산이다. 박테리아가 엽산을 생성하는 데 필요한 화합물이 바로 *p*-아미노벤조산인데, 술폰아마이드가 이것과 구조적으로 매우 유사하다 보니, 엽산 합성 과정에 관여하는 효소가 *p*-아미노벤조산 대신에 항생제인 술폰아마이드와 반응함으로써 효소가 활성을 잃게 되어 엽산의 생성이 억제되는 것이다.

• 페니실린

잘 아는 바와 같이 페니실린(penicilin)은 1928년 알렉산더 플레밍(Alexander Fleming)에 의하여 푸른곰팡이로부터 발견되었다. 사실 푸른곰팡이는 황색포도상구균의 배양접시를 오염시킨 침입자였다. 그런데 이 침입자가 황색포도상구균의 생장을 억제하는 것을 발견하고, 추가 연구를 통해 푸른곰팡이가 분비하는 항균 물질을 찾아낸 것이다. 플레밍은 침입자 푸른곰팡이에게 *Penicillium notatum*이라는 이름을 붙였고(후에 *Penicillium rubens*로 바로 잡음), 항균 물질을 페니실린으로 명명하였다. 다시 말하면 푸른곰팡이균이 황색포도상구균을 죽이기 위해 만들어 내는 화학 무기가 바로 페니실린이었던 것이다. 이와 같이 페니실린은 동물 세포에는 독성이 없으며, 곰팡이균에 대해서 선택적으로 활성을 나타낸다.

플레밍에 의하여 영국에서 발견된 페니실린은 1941년에 임상시험에 사용되었으나, 그 양이 부족하여 환자는 결국 사망하였다. 이때 참여하였던 하워드 플로리(Howard Florey)와 노먼 히틀리(Norman Heatley)는 미국 록펠러 재단의 지원으로 미국으로 건너가 미국농업자원연구소(Ag Lab) 팀에 합류하여 1942년 대량 생산기술을 확립한다. 곧바로 20여 개의 제약회사들이 생산에 착수하여 1944년 노르망디 전투의 부상자들에게 충분한 양의 페니실린을 공급할 수 있었다. 1945년 플로리는 플레밍, 체인과 함께 노벨 의학상을 수상하였다.

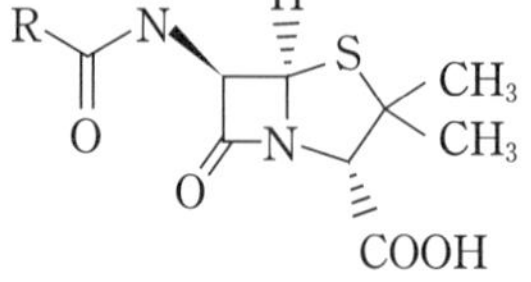

그림 10.4

페니실린의 구조와 알렉산더 플레밍. 1928년 푸른곰팡이로 알려진 *Penicillium rubens*로부터 최초의 항생제 페니실린이 플레밍(1945년 노벨상)에 의하여 발견되었다.

오늘날 사용되고 있는 페니실린 계열의 의약품 숫자는 매우 많다. 페니실린은 특이하게도 세균이 세포벽을 만드는 데 필요한 다리 결합(bridge bond)을 형성하지 못하게 함으로써 박테리아를 죽인다. 페니실린 계열 화합물이 항생제로서 활성을 나타내는 데 필요한 최소한의 화학 구조 조건은 4각형의 β-락탐 고리를 갖고 있어야 한다는 것이다.

앞에서 설파제의 경우 수천 개의 화합물이 합성되었다고 하였는데, 페니실린도 그에 못지않게 종류가 많다. 병원성 박테리아의 종류가 많은 것도 한 가지 이유이지만, 같은 종류의 박테리아에 대해서도 보다 강한 살균력을 갖는 것을 계속 찾아야 하기 때문이다. 즉 박테리아들은 쉽게 변종을 만들어 새로운 항생제에 대응하기 때문이다. 어떤 사람들은 이점을 우려한다. 어떤 항생제에도 죽지 않는 내성균이 전염병을 일으켜 인류가 멸망할지도 모른다는 이야기이다. 이미 우리나라 사람들의 70% 이상이 페니실린에 대한 내성을 나타낸다고 한다. 페니실린 이후에 등장한 항생제인 세팔로스포린계(세파계)에 대해서도 내성을 보이고 있다.

항생제가 세균을 사멸시키는 방법은 다양하다. 항생제가 어떤 종류의 세균에 잘 듣고, 세균의 어느 부분을 공격하는지에 따라 구분한다. 세균의 종류에 상관없이 두루두루 효과가 있는 항생제는 Broad spectrum, 그램 포지티브균에 듣는 것은 Gram +, 그램 네거티브균에 듣는 것은 Gram −으로 나타낸다. 세포 내의 작용 위치는 세포벽 형성을 방해하는 것, 세포막에 작용하는 것, 엽산 대사과정을 방해하는 것, DNA에 직접 손상을 주는 것, DNA 복제에 관여하는 효소를 차단하는 것, 단백질 합성 단계에 관여하는 것 등으로 나뉜다. 팩티브는 DNA 복제에 관여하는 효소에 작용하며, 시벡스트로는 단백질 형성 단계에 관여한다. 한편 항생제를 구분할 때 분자의 모양, 즉 화학 구조로 구분하기도 하는데 대표적인 예를 표 10-7에 나타냈다. 앞서 언급한 β-락탐 구조를 갖는 항생제는 다시 세 종류로 나뉜다. 페니실린, 카바페넴, 세팔로스포린이 그것이다. 그 외에 아미노글리코시드, 글리코펩타이드, 플루오로퀴놀론, 옥사졸리디논, 마크롤리드, 메트로니다졸, 테트라시클린 등의 화학 구조로 분류한다.

표 10-7 화학 구조에 따른 항생제의 분류

구조 계열	대표적인 예
β-Lactam	Penicillins, Carbapenems(Imipenem, Meropenem), Cephalosporins(1st–5th Generation)
Aminoglycosides	Gentamycin
Glycopeptides	Teicoplanin, Vancomycin
Fluoroquinolones	Ciprofloxacin, Levofloxacin, Nalidixic Acid
Oxazolidinones	Linezolid
Macrolides	Lincosamides(Clindamycin), Erythromycin, Clarithromycin, Azithromycin
Miscellaneous	Metronidazole, Tetracyclines

항알레르기제

알레르기를 일으키는 원인은 다양한데, 꽃가루, 식품, 화장품, 페니실린, 아스피린, 자외선, 열 또는 추위 등이 있고, 사람에 따라 콧물, 충혈, 발진, 재채기 등과 같은 신체적 증상이 나타난다. 전 세계적으로 해충이나 벌 등에 쏘여서 사망하거나 페니실린의 오용으로 사망하는 사람들도 상당수이다. 보통 열 명 중 한 명이 알레르기로 시달리는데, 이처럼 알레르기를 유발하는 물질을 알레르겐이라고 한다. 알레르겐은 대부분 분자량이 10,000 이상인 복잡한 구조의 단백질인데, 일부는 다당류도 있다.

알레르기는 주로 IgE(immunoglobulin E) 유형의 항체에 의하여 발생하는데, 사람마다 제각기 다른 IgE 항체를 갖고 있기 때문에 각 사람에 대한 알레르겐도 다르게 나타난다. 또한 IgE는 끊임없이 만들어졌다가 사라지므로 한 사람에 대해서도 계절이나 환경에 따라 알레르겐이 다를 수 있다. IgE는 림프구인 B 세포(B cell)가 만들어 내는데 평상시에는 낮은 농도를 유지하다가 항원을 만나면 나뭇가지처럼 생긴 수

그림 10.5

알레르기에 대한 새로운 관심이 유전자 조작 곡물에 모아지고 있다. 사진은 스타링크(StarLink)라는 옥수수인데, 제초제 글루포시네이트(glufosinate)에 대한 저항성과 살충성 단백질 Cry9C를 생산하도록 유전자를 변형시킨 옥수수이다. Cry9C 유전자는 토양 박테리아 *Bacillus thuringiensis*(Bt)로부터 분리하여 옥수수에 도입한 것이다. 이들 유전자 변형 곡물들이 인체 내에서 새로운 알레르기를 유발할 수 있다는 연구 결과가 있었다. (출처: ©meandar/Shutterstock)

지상 세포(dendritic cell)의 IgE 수용체에 결합함으로써 다른 림프구인 T 세포가 인터루킨(interleukins)을 방출하게 한다. 이 인터루킨이 B 세포로 하여금 다량의 IgE를 만들게 하는데, 이들이 많아지면 항원과 결합한 IgE가 마스트 세포의 수용체에 결합해서 히스타민과 같은 알레르기 유발 물질을 방출하게 한다. 히스타민은 우리 몸 속에 널리 분포되어 있지만 특히 비만 세포와 마스트 세포에 있는 250~300개의 과립체 속에 몰려 있다. 히스타민은 콧물이 나게 하거나 눈이 빨개지는 등의 알레르기

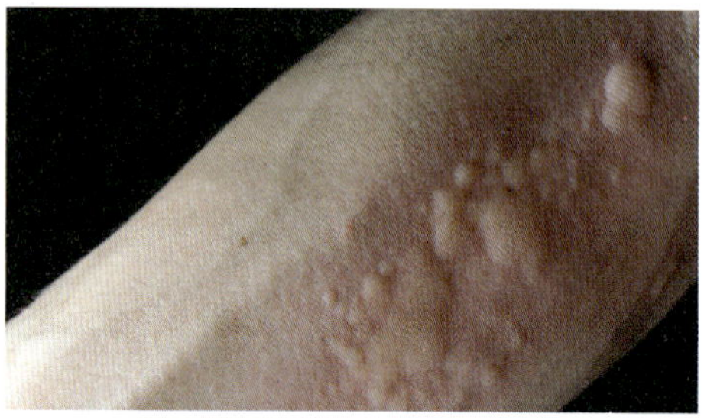

팔에 난 두드러기

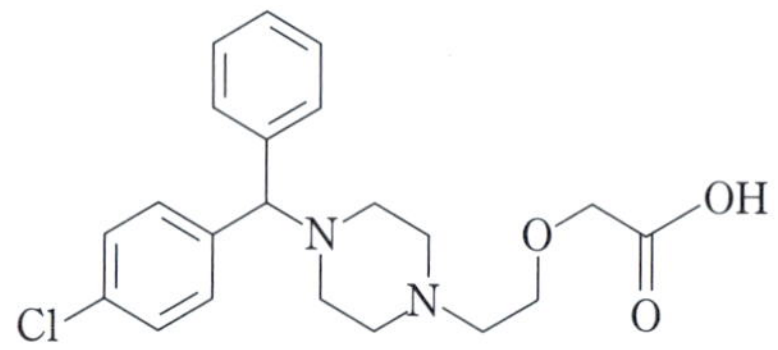

Cetirizine(Zyrtec)
H1 receptor(nose)

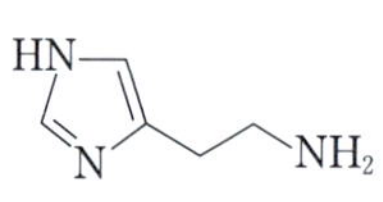

Histamine

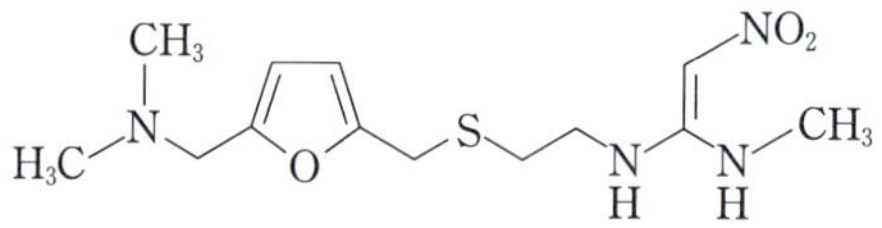

Ranitidine(Zantac)
H2 receptor(gastric ulcer)

그림 10.6

알레르기로 팔에 두드러기가 난 모습, 그리고 히스타민과 항히스타민제의 화학 구조(출처: ©YAKISTUDIO/Shutterstock)

증상을 일으킨다. 히스타민 외에도 염증을 유발하는 물질로 류코트리엔, 프로스타글란딘 등이 알려졌다.

알레르기를 다스리는 데는 주로 세 가지 방법을 들 수 있다. 첫째는 알레르겐을 피하는 것이고, 둘째는 탈감작법(desensitization; 특정의 단백질을 소량씩 주사하여 항체가 서서히 중화되도록 되풀이하면 민감성이 소멸된다)을 수행하는 것이고, 셋째는 약품치료법이다. 세 가지 방법 중 최선의 방법은 알레르겐에 노출되는 것을 피하는 것이지만 피치 못하게 심한 알레르기 반응이 나타난 경우에는 약물치료를 해야 한다. 두 번째 방법인 탈감작법은 최소한 20번 이상의 주사를 맞아야 해서 불편하고 비경제적이다. 알레르기를 다스리는 데 쓰이는 화합물로 에피네프린, 스테로이드, 항히스타민제 등이 있다. 앞의 두 가지는 기관지천식에 특히 효과가 있고, 항히스타민제는 대부분의 광범위한 알레르기에 쓰인다. 대부분의 항히스타민제 구조에는 에틸렌아미노기($-CH_2CH_2N<$)을 갖고 있다. 이들 항히스타민제들은 세포의 히스타민이 작용하는 수용체에 경쟁적으로 반응하여 히스타민의 작용을 억제하기 때문에 치료 효과를 나타낸다. 알레르기 처방전을 보면 항히스타민제 외에도 부푼 혈관을 수축시키는 충혈완화제, 마스트 세포 안정제, 염증 완화를 위한 코르티코스테로이드제, 염증 및 근수축 완화를 위한 류코트리엔 작용 억제제가 들어 있다.

심장병 치료제

젊었을 때는 실감 나지 않지만 나이가 들면 누구나 관심을 갖는 것이 혈관성 질환이다. 즉 우리나라 사람들의 전체 사망 원인 중 순환기 계통(고혈압성, 심장, 뇌혈관) 질환이 차지하는 비율이 2019년 현재 20.4%에 달한다. 이 비율은 미국을 비롯한 서구보다는 적은 것이지만 점차 증가하고 있다. 재미있게도 약 100여 년 전부터 화약의 원료인 나이트로글리세린이 심장질환에 사용되어 왔다. 그러나 오늘날에는 훨씬 효과가 좋은 여러 가지 심장질환 치료제가 개발되어 사용된다.

심장질환의 대부분은 동맥의 내벽에 지방 축적물(plaque)이 쌓여 발생하는 죽상(아테롬성) 동맥경화증이다. 혈중 콜레스테롤의 양이 높아지면 그에 따라 트라이글리세라이드(지방산이 세 개나 결합된 가장 불용성인 지방)의 혈중 농도가 높아지고 이것이 플라크를 만드는 데 기여한다고 알려졌다. 플라크에 의하여 관상동맥(심장을 둘러싸고 있는 관(冠)모양의 혈관)이 막히면 심장에 영양과 산소 공급이 감소하고 그로 인해서 심장마비를 일으키게 된다. 실제로 심장마비의 98%는 죽

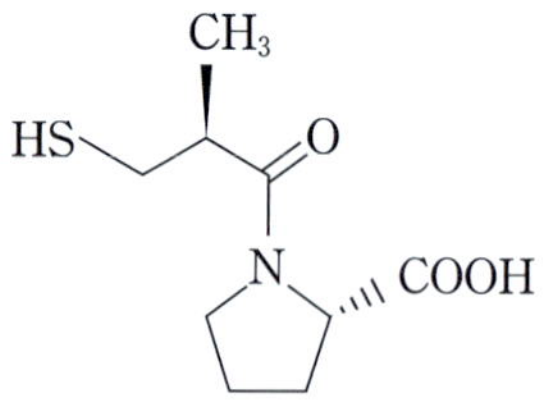

그림 10.7

캅토프릴의 구조. 캅토프릴은 ACE(angiotensin-converting enzyme)의 저해제로 작용하여 혈관을 이완시킨다.

상동맥경화증 때문이다. 이 외의 동맥경화증으로는 묀케베르크 중막석회성경화증(Mönkeberg medial calcific sclerosis)과 세동맥경화증(arteriolosclerosis)이 있다.

동맥경화증으로 심장에 혈액의 공급이 안 되는 경우 어떻게 치료해야 할까? 수술적으로는 경피적 관상동맥중재술과 관상동맥우회수술을 한다. 즉 전자는 막힌 혈관을 뚫어주는 것이고 후자는 막힌 부분을 포기하고 우회적으로 혈관을 연결하는 것이다. 수술이 필요하지 않은 경우에는 약물치료를 한다. 의약품으로 어떻게 심장질환을 치료하는 것일까? 1948년 레이몬드 알퀴스트(Raymond Ahlquist)는 베타 수용체가 심장 근육 속에 있으며, 이 수용체가 에피네프린과 노르에피네프린을 만나면 심장 박동수를 증가시킨다는 사실을 밝혀냈다. 그 후 1967년에 알론조 랜즈(Alonzo Lands)에 의하여 베타 수용체는 베타1과 베타2가 있다고 밝혀졌다. 이러한 베타 수용체에 대한 지식이 알려지면서 화학자들은 베타 수용체 자리에서 에피네프린 및 노르에피네프린과 경쟁적으로 반응할 수 있는 화합물의 개발에 노력을 기울였다. 즉 수용체 자리를 경쟁물질이 가로막으면 에피네프린과 노르에피네프린이 결합을 못하므로 심장박동수가 감소하는 것이다. 그렇게 되면 동맥 속의 플라크 형

표 10-8 죽상(아테롬성) 동맥경화증 치료제 구성

종류	성분
혈전용해제	니콜라, 퀘스트란
혈소판응집 억제제	아스피린, 플라빅스
혈액희석제	헤파린(Heparin) 주사
진통제	모르핀
혈관확장제	나이트로글리세린
심근이완제(beta blocker)	에피네프린 경쟁물질, 심장 박동수 감소, 인데랄, 로프레서, 콜가드
혈관이완제(ACE inhibitors)	혈압강하로 산소요구량 감소, 캅토프릴
칼슘통로 차단제(CCB)	근육수축 감소로 혈압강하, 이소프틴, 프로카디아

성으로 무리한 혈액 공급을 감당 못하던 심장이 마비 상태로부터 서서히 회복하게 된다. 1967년에 인데랄이 소개되었고, 부작용을 줄이려는 노력이 계속되어 1978년에 로프레서, 1979년에 콜가드 등이 속속 개발되었다. 이 외에도 표 10-8에 나타낸 것과 같이 여러 성분이 죽상동맥경화증 치료제를 구성한다.

다른 종류의 심장질환 치료제로 칼슘통로 차단제(CCB: calcium channel blocker)가 있다. 근육을 둘러싸고 있는 인지질 막에 칼슘 통로가 있어서 이를 통해 칼슘 이온이 심장근육으로 이동한다고 알려져 있다. 근육 세포에서 칼슘 이온은 섬유 단백질인 액틴과 미오신에 작용하여 세포를 수축시킨다. 아울러 칼슘 이온의 양전하는 근육 세포의 음전하를 중화시키는데, 이 또한 근육을 수축시키는 효과를 낸다. 칼슘 이온이 세포 밖으로 이동하면 근육 세포의 음전하가 회복되고 근육이 이완된다. 따라서 칼슘 통로 차단제는 칼슘이 심장근육으로 이동하는 것을 막아주므로 심장근육의 수축이 감소하여 심장의 산소 요구량을 감소시킨다. 칼슘 통로 차단제로 사용되는 약품들은 이소프틴, 프로카디아 등이 있다.

동맥 속에서 플라크가 생성되고 제거되는 과정을 연구하던 중에 지질 단백질의 역할에서 또 다른 해답이 얻어졌다. 1954년 존 고프만(John Gofman)은 혈중 콜레스테롤의 65%는 저밀도 지질단백질에 의하여 운반되고, 25%는 고밀도 지질단백질에 의하여 운반된다는 점을 알았다. 또한 1968년 존 글로메스트(John Glomest)는 고밀도 지질단백질이 동맥의 벽에 있는 콜레스테롤을 제거하는 데 효과적이라는 사실을 밝혔다. 이러한 발견은 동맥 속에 이미 생성된 플라크를 제거할 수 있다는 것을 의미하는 것으로 심장질환 치료에서 놀랄 만한 것이었다. 즉 약물을 이용하여 고밀도 지질단백질의 농도를 높이고 저밀도 지질단백질의 농도를 낮추려는 시도를 하였다. 이러한 연구로 개발된 혈중 콜레스테롤 강하제가 니콜라, 퀘스트란 등이다.

항암제

예전에는 암 진단을 받으면 사망 선고로 받아들여졌으나 요즘은 그렇지 않다. 암의 종류에 따라 차이는 있으나 어느 정도 진행된 암이라도 치료가 가능한 시대가 되었다. 암은 수술을 통하여 암 조직을 제거하는 방법, 방사선 조사를 통하여 암세

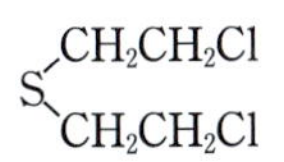

Mustard gas

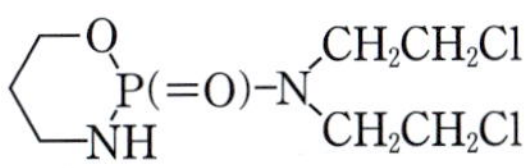

Cyclophosphamide

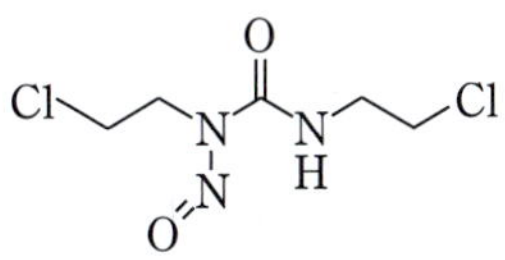

Carmustine

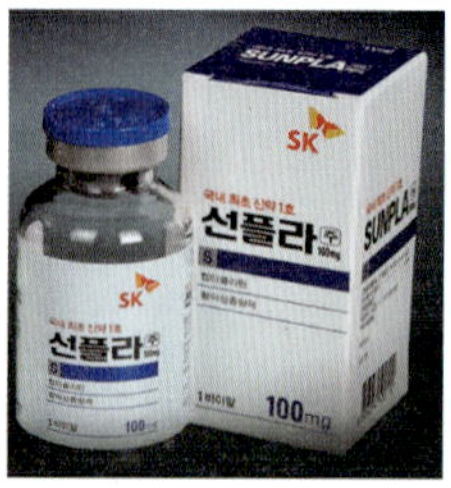

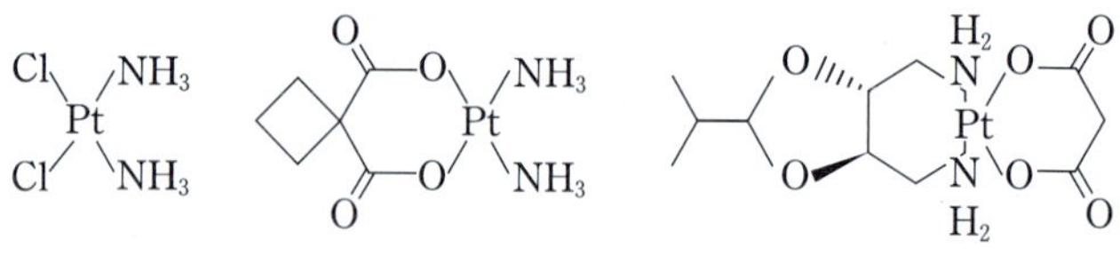

Cisplatin　　Carboplatin　　Heptaplatin

그림 10.8
국내 신약 1호 선플라와 백금 착체 항암제인 시스플라틴(제1세대), 카보플라틴(제2세대), 헵타플라틴(제3세대). 이들은 암세포의 DNA 구조를 변형시켜서 복제를 저해한다.

포를 궤멸시키는 방법, 의약품을 통하여 암세포의 성장을 억제하고 사멸시키는 방법으로 치료한다. 그리고 2018년 노벨생리의학상을 수상한 재임스 앨리슨(James Allison)과 타스쿠 혼조(Tasuku Honjo)가 규명한 면역항암제를 통해 면역세포를 활성화시켜 자신의 면역세포가 암세포를 제거하는 방법으로도 치료할 수 있다. 한편 국내 신약 1호로 기록된 선플라(Heptaplatin)도 항암제이다.

항암제로서 널리 쓰이는 것 중 하나가 시클로포스파미드인데 이것은 제일 차 세계 대전 중 독가스로 쓰던 머스타드 가스에서 착상하여 개발된 것이다. 시클로포스파미드는 암세포 DNA의 구아닌 염기에 N-알킬화(시클로포스파미드의 화학 구조에서 Cl 대신에 구아닌 염기의 질소(N)가 결합되는 것)를 일으켜, 구아닌을 변형시켜서 염기 짝짓기를 방해하므로 DNA의 복제가 불가능하게 한다. 결과적으로 암세포가 성장하지 못하게 된다. 물론 정상 세포도 알킬화되지만 암세포의 분화가 더 빠르므로 효과는 암세포에서 더 크다. 유사한 작용 과정에 의해 DNA 복제를 억제하는 약품으로 시스플라틴과 카아무스틴(Carmustine) 등이 있으며, 카아무스틴은

표 10-9 항암제의 작용 형태와 항암제

종류	작용 형태 및 항암제
DNA 변형 알킬화제 (alkylating agents)	DNA의 염기 부분에 알킬화 반응으로 가교화 결합 생성. 질소 최루가스(HN1), 시클로포스파미드, 시스플라틴
DNA와 RNA 합성 방해제 (antimetabolites)	DNA 구성물질인 데옥시시티딘 대신에 유사 구조물질인 젬사이타빈(Gemcitabine)과 디사이타빈(Decitabine)은 방해제
암세포 분화 방해제 (anti-microtubule agents)	마이크로튜블의 회합과 해산을 방해해서 셀분화 과정인 체세포 분열(mitosis)에 결함 유도. 빈크리스틴, 택솔
DNA 전사 방해제 (Topoisomerase inhibitors)	DNA 사슬을 한 가닥 또는 두 가닥 끊고 이으면서 복제를 돕는 토포이성질화 효소 I, II 저해제. 이리노테칸, 에토포시드
세포독성 항생제 (Cytotoxic antibiotics)	DNA 사슬에 삽입하거나(마이토마이신, 안트라시클린), 자유라디칼 생성(블레오마이신)

뇌에 발생한 암 치료에 주로 사용한다. 1999년에 시판되기 시작한 국내 신약 1호 선플라는 제1세대 백금착체 항암제인 시스플라틴과 같거나 보다 나은 항암 효과를 나타내면서도 복용 때 나타나는 구토, 신경독성, 신장독성, 탈모증 등의 부작용을 크게 줄였고, 제2세대 백금착체 항암제인 카보플라틴보다 부작용이 낮으며 위암에 효과적으로 작용한다.

다른 화학 치료제로 항대사성 물질이 있다. 이런 종류의 약품으로 5-플루오르우라실이 있는데, 이것은 DNA 합성에 필요한 타이민 함유 뉴클레오타이드의 형성을 억제하여 암세포 성장을 방해한다. 그러나 5-플루오르우라실은 독성이 크고 수반되는 부작용이 많아 이를 보완하기 위한 연구가 계속되고 있다. 그 외에 식물성 알칼로이드인 빈크리스틴, 항생제인 액티노마이신 등이 쓰이며, 최근에는 다양한 종류의 뉴클레오시드 유도체로부터 항암제를 개발하려는 노력이 계속되고 있다. 또한 앤지오스태틴과 같은 단백질 항암제에 대한 관심도 매우 큰데, 이것은 쥐에 대한 임상실험에서 거의 완벽한 치료효과를 보였다. 앤지오스태틴의 항암 효과는 암세포가 성장하기 위해서 필요한 혈관의 형성을 억제하기 때문에 나타난다. 앞서 설명한 내용을 정리하여 표 10-9에 항암제의 작용 형태와 대표적인 항암제를 나타냈다.

스테로이드 의약품

천연물 중에는 그림 10.10과 같은 4고리(A부터 D)계 화합물들이 많다. 이런 종류의 화합물을 스테로이드라고 한다. 스테로이드는 모든 동식물이 만든다. 가장 풍부한 동물 스테로이드는 콜레스테롤이다. 콜레스테롤은 체내에서 합성되며 음식을 통해 흡수되기도 하는데, 그 농도가 높은 경우 담석이나 동맥경화증을 유발하기도

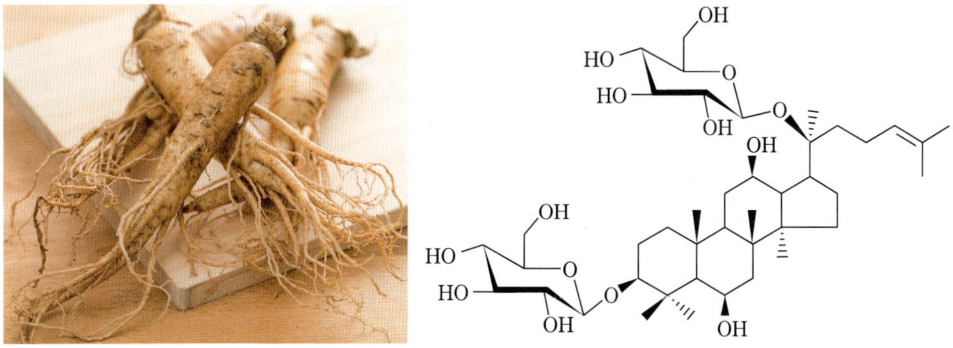

그림 10.9

인삼과 사포닌 중 하나인 Ginsenoside F_2의 구조. 사포닌은 스테로이드 골격에 대개는 한 개 또는 두 개의 탄수화물 고리를 갖고 있는 배당체이다.(출처: ©leungchopan/Shutterstock)

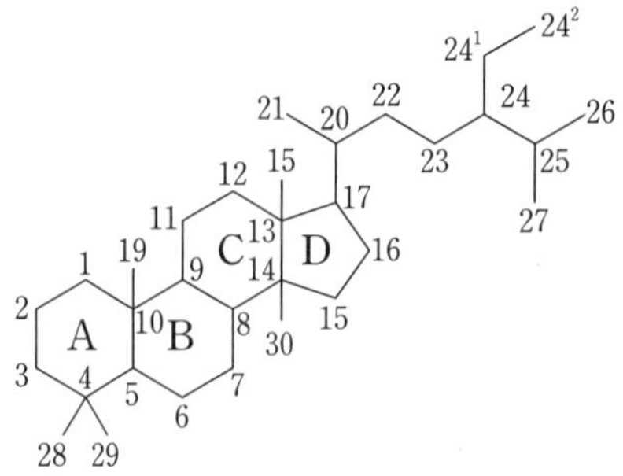

Steroid ring system with branchings.
ABCD−rings of 17−carbons is gonane.

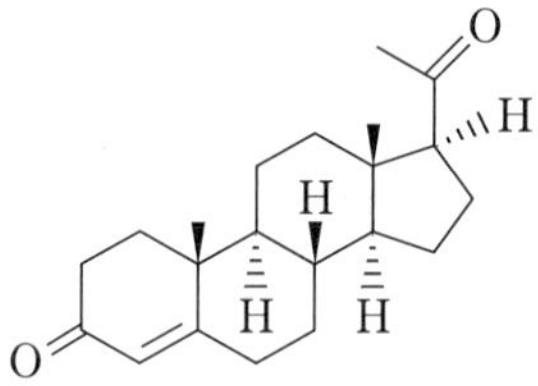

Progesterone, 여성 호르몬, 생리,
임신, 배아 형성

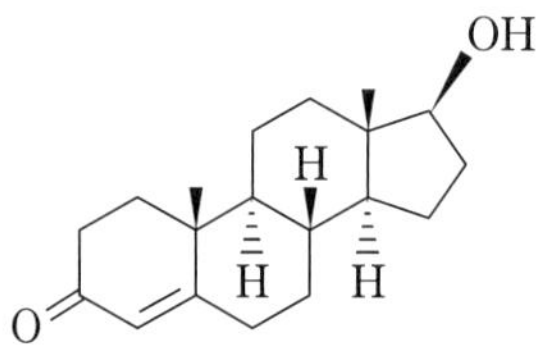

Testosterone, 남성 호르몬,
근육강화제

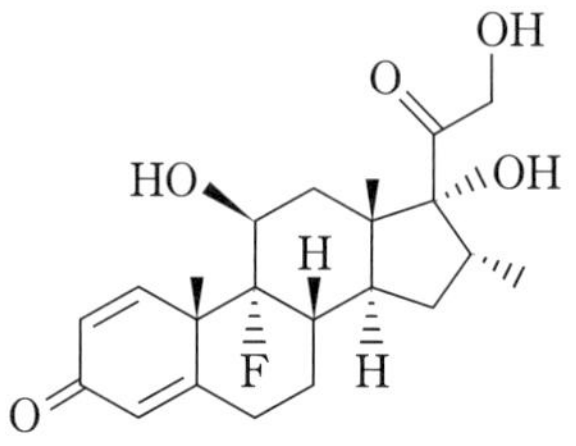

Dexamethasone, 합성 부신 부질
스테로이드 약품, 진통제

그림 10.10
스테로이드 골격 구조와 몇 가지 스테로이드 화합물. 요즘은 많은 합성 스테로이드가 개발되었다.

한다. 많은 사람이 콜레스테롤에 대하여 부정적인 이미지를 갖고 있으나 이것은 우리 몸이 꼭 필요로 하는 화합물이다. 콜레스테롤은 세포막의 주요 성분일 뿐만 아니라 다양한 구조로 변하면서 생화학적으로 중요한 많은 스테로이드를 생성한다. 부신피질 호르몬의 일종인 콜티손은 소염제로 작용하므로 관절염 치료에 많이 사용한다. 그러나 부작용이 많으므로 사용 시 주의해야 한다. 의약 분업이 되기 전에는 무릎이 아픈 농어촌의 할머니, 할아버지들이 이런 약을 장기간 과량 복용하여 심각한 부작용에 시달린다는 뉴스를 가끔 듣곤 하였는데, 반드시 의사의 처방에 따라 정량 복용해야 한다.

성호르몬인 프로게스테론(여성 성호르몬) 및 테스토스테론(남성 성호르몬)도 스테로이드 화합물이다. 그림 10.10의 화학 구조에서 보여 주듯이 D 고리 구조의 치환기가 약간 다를 뿐인데 생리작용은 특이하게도 서로 너무 다르다. 또한 스테로이드 약품은 스포츠 분야에서도 관심이 크다. 남성 호르몬 테스토스테론은 근육 형성에도 영향을 주므로 남성적인 특징을 증진시킨다. 테스토스테론 외에도 다양한 합성 스테로이드 약품들이 여성을 보다 남성적으로 만든다든가 근육의 발달을 도모하는 데 쓰인다. 이러한 근육 증강 효과 때문에 주로 역도 선수, 육상 선수들이 사용하였으나 1968년 약물복용으로 인한 사망자가 발생하고 나서, 1972년 뮌헨 올림픽부터 IOC가 공식적으로 약물검사(도핑 테스트)를 시작하였다.

10.3 생활 속의 의약품 이야기

영화 "로렌조 오일"

영화 "로렌조 오일(1992)"은 실화를 바탕으로 만들어진 투병 영화로서 실제 주인공인 로렌조 오도네(Lorenzo Odone)와 평생 그의 곁을 지킨 아버지 어거스토(Augusto)의 이야기를 담고 있다. 이 영화는 부신백질이영양증(adrenoleukodystrophy, ALD)이라는 질병의 연구에 박차를 가하게 만들었고, 로렌조 오일이란 용어를 일반명사로 만들었다. 필 콜린스(Phil Collins)는 그의 앨범 "Dance Into the Light"에 로렌조와 그의 어머니가 작사한 'Lorenzo'라는 곡을 실었다.

2008년 5월 30일 로렌조가 사망하였다(당시 30세). 하루 16시간을 아들 곁에 있던 어머니 미카엘라(Michaela)는 2000년 6월 10일 폐암으로 먼저 사망(61세)하였고, 당시 로렌조는 거의 식물인간 상태였다. 로렌조 오일 덕분에 이 질병의 원인 물질인 긴사슬 포화지방산의 수치는 낮아졌으나 파괴된 마이엘린(myelin)이 재생되지 않았고 새로운 파괴도 계속되었기 때문이다. 필자도 강의를 하면서 15년 이상 로렌조의 근황을 검색해 왔었는데, 2008년 그의 사망 소식으로 한참 동안 가슴이 아렸다.

여기에서는 이 영화 속의 이야기를 통하여 유전적 결함에 기인한 ALD라는 질병의 발현과 치료 과정에 대하여 살펴본다. 비록 특정 질병에 관한 이야기이지만, 이를 통해 우리의 몸속에서 질병의 발현과 치료 과정 중 발생하는 정교한 화학 드라마를 들여다볼 수 있는 좋은 예이기 때문이다. 우리가 살아가는 것 자체가 몸속에서 수행되는 유기적인 화학 반응의 연속이다.

행복하게 잘 자라던 다섯 살 소년 로렌조는 어느 날 학교에서 집중력이 떨어지고

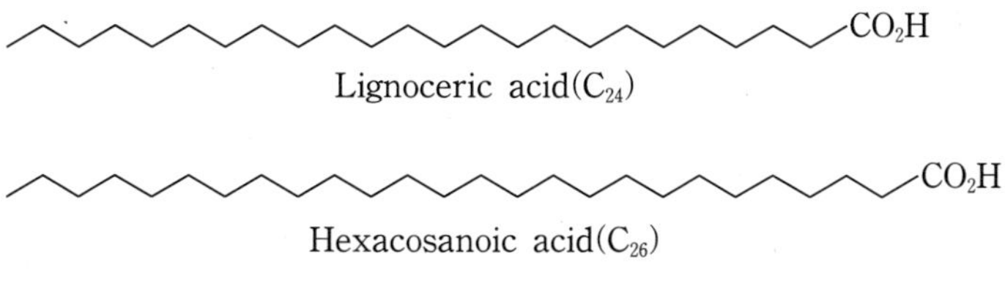

그림 10.11
문제의 매우 긴 사슬 포화 지방산(VLCSFA)

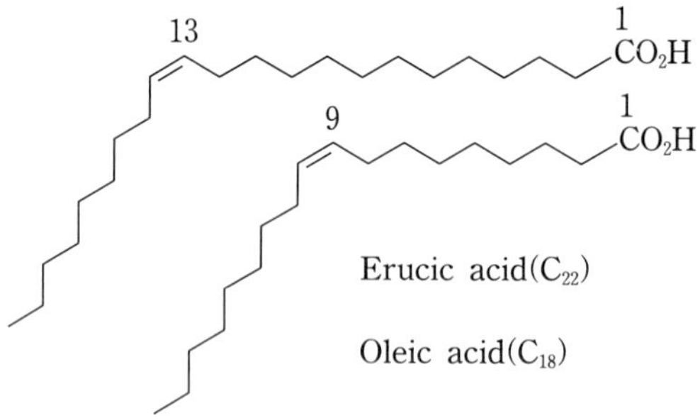

그림 10.12
로렌조 오일의 성분인 불포화 지방산. 위의 예에서 13번과 9번 탄소에서 각각 *cis* 구조를 가지므로 지방산이 꺾인 형태가 된다. *cis* 구조는 그림처럼 이중 결합 양끝의 탄소 결합이 같은 방향이며, *trans* 구조는 서로 다른 방향이다.

감정 조절이 안 되는 상황을 경험한다. 진단 결과는 심각하였다. 병명은 ALD. 흔치 않은 병으로서 신경세포를 감싸고 있는 마이엘린이 파괴되어 장님이 되며, 몸이 마비되고, 말을 알아듣지 못하며, 치매가 되어 수년 내로 사망에 이르는 병이다. 당시 의사로부터 이에 대한 치료법이 없다는 말을 들었으나 로렌조의 부모는 질병과 싸워보지도 않고 아들을 잃을 수는 없었다.

ALD의 발병 유전자는 어머니로부터 아들에게 전달되는 것으로 X 염색체에 포함되어 있다. 이 발병 유전자는 퍼옥시좀(peroxisomes) 내부로 효소를 데려다 주는 운반자 단백질의 형성에 결함을 가져다준다. 그런데 세포 내의 퍼옥시좀이 불필요한 '매우 긴 사슬 포화 지방산(very long chain saturated fatty acids, VLCSFAs)'이 파괴되는 장소인 것이다. 즉 퍼옥시좀으로 VLCSFAs이 들어오면 다른 쪽에 있던 분해 효소가 퍼옥시좀으로 이동하여 VLCSFAs을 파괴하게 된다. 문제는 운반자 단백질의 도움이 있어야 이 분해 효소가 이동할 수 있다는 것이다. 따라서 운반자 단백질의 결함으로 인하여 분해 효소가 이동해서 퍼옥시좀 내에 들어오지 못하므로 VLCSFAs가 분해되지 못해 몸에 쌓이게 되는데, 특히 중추신경계의 백질, 부신, 백혈구(혈액세포) 등에 축적된다.

VLCSFAs가 축적되면 신경 세포의 마이엘린이 파괴된다. 이 과정은 분명하지 않으나 두 가지 메커니즘이 제시되어 있다. 하나는 축적된 포화 지방산이 마이엘린을 파괴하도록 면역 반응을 일으킨다는 것이고, 다른 하나는 VLCSFAs가 많아지면 용매 역할을 하여 마이엘린이 여기에 녹는다는 것이다. 마이엘린은 마치 전선의 피복제 플라스틱처럼 신경세포인 뉴런의 액손을 감싸고 보호할 뿐만 아니라 신경 전달 속도를 높이는 역할도 한다. 따라서 마이엘린이 파괴되면 신경 전달이 매우 느려지거나 멈춰 버린다.

로렌조를 치료하기 위한 첫 번째 시도는 식이요법이었다. 즉 VLCSFAs가 적게 포함된 음식을 섭취하는 것인데 몸 자체가 이 물질을 계속 만들기 때문에 소용이 없었다. 마이엘린이 사라지는 것을 막기 위해서는 VLCSFAs의 체내 합성을 중지시키지 않으면 안 되었다. 오도네 부부는 사슬이 비교적 짧은 불포화 지방산인 올레산(oleic acid)의 농도가 높아지면 VLCSFAs의 수치가 떨어진다는 것을 보고한 논문을 접하게 된다. 어거스토는 이 사실로부터 올레산으로부터 만들어지는 긴 사슬의 불포화 지방산과 VLCSFAs의 생성은 경쟁 관계의 합성 메커니즘일 것이라는 생각을 하게 된다. 즉 한 종류의 효소가 두 가지 지방산을 합성하는 과정에 모두 관여한다는 것이다. 흥미롭게도 마이엘린을 손상시키는 것은 포화 지방산뿐이며 불포화 지방산은 영향을 주지 않는다. 이런 과정을 거쳐 만들어진 로렌조 오일은 올레산(oleic acid)과 유르산(euric acid), 그리고 다른 짧은 사슬의 불포화 지방산으로 구성되었다.

ALD 치료법으로 로렌조 오일이 잘 알려져 있지만 완전한 것은 아니다. 비록 이 방법으로 로렌조의 VLCSFAs 수치가 계속 증가하는 것을 막을 수는 있었으나 일단 시작된 ALD를 멈출 수는 없었다. 이것에 대한 일부 연구자들의 생각은 이렇다. VLCSFAs의 축적에 의해 마이엘린을 파괴하라는 면역 반응이 일단 지시되면, VLCSFAs의 지시가 없어지더라도 면역 반응은 계속된다는 것이다. 또한 로렌조 오일의 한계는 비록 더 이상의 마이엘린 파괴를 막을 수 있다고 하더라도 이미 파괴된 마이엘린을 원래대로 회복시킬 수 없다는 것이다. 휴고 모저(Hugo Moser)의 연구에 의하면 로렌조 오일의 효험은 치료보다는 예방적 차원에서 뛰어나다고 한다. 최근에는 이 병과 관련된 유전자의 위치를 알고 있으므로 유전공학 기술을 통해 ALD 증상이 나타나기 훨씬 전에 미래의 발병 가능자를 가려낼 수 있다.

ALD의 치료를 위해서 노력하면서 오도네 부부는 과학 연구가 각자 경쟁만 하고 협력하지 않으므로 발전 속도가 느리다는 생각을 하였다. 마이엘린 재생에 관한 연구를 촉진시킬 생각으로 오도네 부부는 마이엘린 프로젝트를 추진하였다. 이 프로젝트는 연구를 지원하는 국제기구로서 국제학술회의도 개최하고 과학자들과 환자들 간의 만남의 장도 마련하였다. 연구자들로 하여금 그들의 연구가 얼마나 많은 생명을 구하고 고통을 씻어줄 수 있는 중요한 일인지 다시금 일깨우자는 것이다.

마이엘린 프로젝트 덕분에 마이엘린의 재생에 관한 중요한 진전이 이루어졌다. 액손을 둘러싸고 있는 마이엘린 덮개는 신경 교(膠)세포막들이 여러 겹 액손을 둘러싸서 생긴 것이다. 신경계에 존재하는 교세포들은 여러 종류가 있는데, 슈반(Schwann) 세포는 말초신경계(PNS)의 마이엘린을 만들고, 희돌기교세포(oligodendrocytes)는 중추신경계(CNS)의 마이엘린을 만든다. 고양이와 설치류를 가지고 실험한 바에 의하면 슈반 세포는 PNS에 존재하는 것임에도 불구하고 CNS의 마이엘린을 재생시킬 수 있다는 것이다. 현재 건강한 슈반 세포를 사람들로부터 모아서 ALD 환자에게 이식하려는 연구가 진행 중인데, 이미 원숭이를 대상으로 한 예비 실험에서는 성공적인 결과를 얻었다. 희돌기교세포를 직접 이식하려는 연구도 진행 중인데, 희돌기교세포의 선구물질을 배양하여 이식에 충분한 양을 얻으려고 노력하고 있다.

다른 한편에서는 신경 줄기 세포에 관해 연구하고 있다. 이 줄기 세포는 다양한 신경 세포로 발전하는 자기 재생(self-renewing) 세포이다. 이들 세포는 CNS로부터 신호를 받는데 이 신호는 어디로 가서 무슨 분화를 해야 하는지 말해 준다. 이들은 자가 재생하므로 얼마든지 마이엘린을 만드는 것이 가능하다. 뇌척수액이 마이엘린을 만드는 세포들을 운반하여 CNS의 각 부위로 이동시킬 수 있음을 알았다. 따라서 뇌척수에 신경 줄기 세포를 주사하면 전체 CNS에 마이엘린 재생제를 공급할 수 있는 것이다. 이 분야의 성공적인 연구 결과가 기대된다.

지금까지의 연구 결과를 보면 머지않아 사람 신경계의 마이엘린을 재생하는 것이 가능할 것으로 보인다. ALD 치료의 지평이 열릴 것이다. 마이엘린 프로젝트를 통한 연구원과 자원자들의 협동이 성공적인 마이엘린 재생의 연구에 크게 기여하고 있다. ALD 이야기에는 비극적인 질병과 과학적 협동이 함께 하고 있다. 이 이야기는 과학이 어떻게 나아가야 하는지를 보여 주는 좋은 예이다.

약물전달체계(DDS)

약물을 어떻게 환부에 전달할 것인가? 한 예로 피부를 통한 약물 전달도 다양한 약물전달체계(drug delivery system, DDS) 중의 하나이다. 피부를 통하여 약물을 전달하면 소염진통제를 오랫동안 복용할 경우 대부분의 환자들이 겪는 위장장애를 없애면서 빠르고 정확한 약효를 낼 수 있다. 올림픽 모토는 '더 빨리, 더 높이, 더 강하게'이지만, 약물전달체계 기술의 모토는 정반대로 '더 천천히(방출속도), 더 낮게(가격), 더 약하게(부작용)'이다. 우리가 종종 사용하는 파스의 성분과 효능을 표 10-10에 나타냈다.

대부분의 약은 투여된 후 전신에 퍼져 실제 환부에 전달되는 양은 극히 적다. 약물에 따라 다르지만 우리가 먹는 약의 70% 이상이 약효와 관계없이 과다 복용되고

표 10-10 파스의 성분과 효능

성분	효능
케토프로펜(Ketoprofen)	NSAID 소염 진통 효과, 기타 효능에 따른 성분; 인도메타신(Indomethasin), 플루비프로펜(Flurbiprofen) 등
살리실산 메틸, 살리실산 글리콜	통증 전달 신경에 반대 신호로 통증 완화 작용
멘톨	진통, 살균, 청량감
캄파	청량감
티몰	살균 및 방부 작용
아세트산 토코페롤	말초혈행 개선, 약물 흡수 촉진
캡사이신	열자극감과 진통 작용

있다. 또한 환부뿐만 아니라 전신에 영향을 미치기 때문에 부작용이 심각한 경우도 많다. 이와 같은 문제점을 해결하기 위한 기술이 바로 DDS이다.

우리가 학창시절 경험한 단체 예방주사에서 바늘이 없는 주사기가 등장해서 호기심을 자극한 적이 있다. 이것은 압축기체가 약을 피부로 밀어 넣는 주사기였다. 한편 기관지 천식을 앓아 본 사람은 경험이 있을 텐데, 에어로졸 상태의 약물을 호흡 시 기관지로 분사하여 직접 흡입하는 방식도 DDS의 다른 예이다. 이 외에도 다음과 같은 분야를 포함한 여러 가지 기술이 개발되어 적용되고 있다.

1) 다양한 나노 입자를 이용하는 DDS. 예를 들어 항생제를 물에 안 녹는 고분자로 감싸 수백 나노미터 크기의 미립자로 만들면, 약물이 서서히 방출되기 때

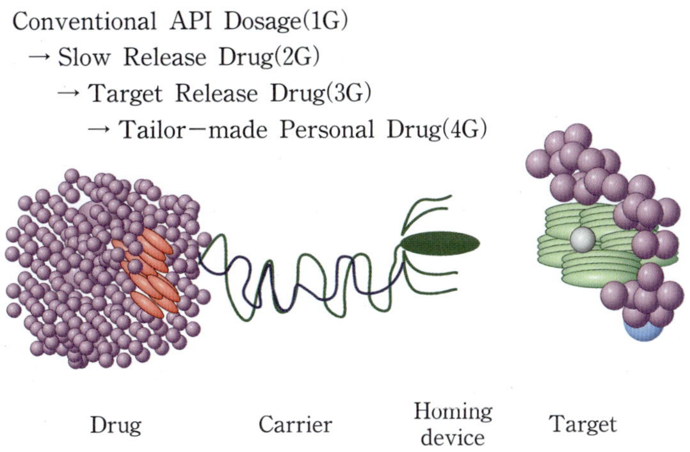

그림 10.13
일반적인 약물 투여 방식을 1세대라고 한다면, 서방형은 2세대, 목표 지향형은 3세대, 개인 맞춤형은 4세대 투여 방식이라고 할 수 있다. 그림은 목표 지향형 3세대 의약품의 개념도이다.

문에 약을 하루에 한 번만 복용해도 된다. 이를 위하여 리포좀(liposomes), 나노캡슐, 마이셀(micelles), 덴드리머(dendrimer) 등을 이용하기도 한다.

2) 주사제를 먹는 약으로 대체하는 기술. 주사제는 약물의 체내 농도를 급격히 높여서 간혹 주사 쇼크를 일으키기도 한다.
3) 온도, 수소 이온 농도(pH) 등 인체 내 환경 조건에 따라 물성이 변화는 특수 고분자를 이용하여 환부에서만 약물이 방출되게 하는 이른바 미사일 투약기술. 그림 10.13에 이에 해당하는 제3세대 기술의 개념도를 보여 준다.
4) 단백질 성분의 약물을 위에서 소화되지 않게 하여 환부에 투여하는 기술. 이 DDS는 대부분이 단백질인 바이오시밀러에 대한 관심이 높아지면서 더욱 중요한 기술로 주목 받게 되었다.
5) 그림 10.13에 나타낸 제3세대 기술에 개인의 특성을 반영한 제4세대 개인 맞춤형 투여 모델에 대한 연구가 앞으로 주목을 받게 될 것이다.

탈리도마이드와 거울상 이성질체

1957년, 당시 서독의 케미 그루넨탈(Chemie Grunenthal) 사는 콘테르간(Contergan)이라는 상품명의 진정제를 개발하였다. 이 진정제의 화학 성분이 바로 탈리도마이드였다. 임신으로 인하여 정신적으로 불안정한 산모들이 이 약을 복용하였다. 아이를 갖게 되면 감기약도 주의해야 하기 때문에 감기에 걸릴까 조심하는 이가 산모이지만 이 진정제의 안전성을 누구도 의심하지 않았었다. 왜냐하면 이 약은 임상시험에서 안전성이 입증되었기 때문에 의사의 처방 없이 편의점에서도 살 수 있었기 때문이다. 하지만 임상시험은 산모를 대상으로는 수행하지는 않는다. 1961년 인류는 역사상 최악의 약화(藥禍) 사건을 경험한다. 임신 초기에 이 약을 복용했던 산

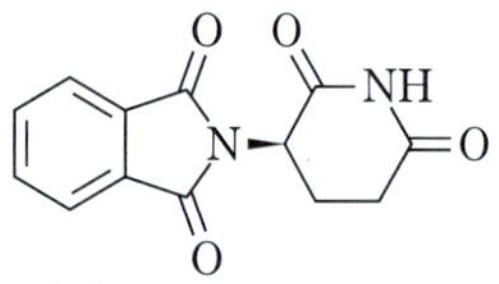

(*R*)−thalidomide

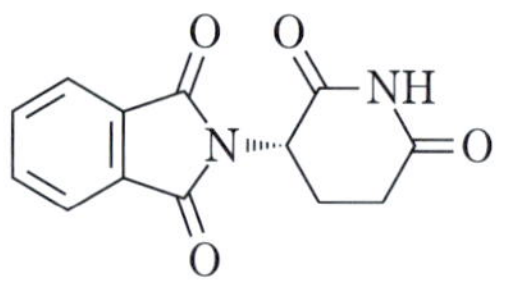

(*S*)−thalidomide

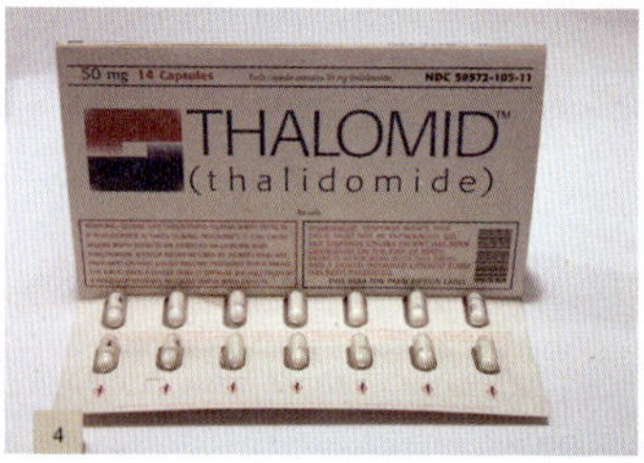

그림 10.14

1957년 출시되어 팔이 없는 아이를 낳게 한 진정제 탈리도마이드의 화학 구조. *R* 형태는 안전한 진정제로 작용하지만 *S* 형태는 비극의 기형아를 낳게 한다. 시판 당시, 서로 거울에 비친 모습인 두 화합물이 분리되지 않은 채 혼합물로 섞여 있었다.

그림 10.15
왼쪽: 탈리도마이드 사건의 피해자인 앨리슨 래퍼(Alison Lapper)의 사진. 래퍼는 구족화가로서 2005년 세계여성상을 수상하였고, 2006년 4월에는 우리나라도 방문하였다. 오른쪽: 2006년에 필자가 학회 참석 차 런던을 방문하였을 때 트라팔가 광장에 앨리슨 래퍼의 조각상이 세워져 있었다.

모가 낳은 아이들은 팔이 없거나 지느러미 정도의 짧은 팔을 달고 있었다. 유럽을 중심으로 수만 명에 달하는 피해 사례가 나타났다. 미국은 이 약의 수입 허가가 지연되고 있어서 피해를 입지 않았다. 이 사건을 다음 몇 가지 각도로 살펴보고자 한다.

화합물의 이성질체에는 그 종류가 여럿 있는데 그중에 거울상 이성질체(enantiomer)라는 것이 있다. 거울상 이성질체란 거울에 비친 모습과 원래 모습이 동일하지 않아서 서로 겹쳐지지 않는 경우이다. 거울에 비친 모습이 원래 모습과 동일하지 않을 수도 있을까 하고 의문을 갖는 사람도 있을 것이다. 오른손을 펴서 거울에 비치면 거울 속의 손은 왼손 모양이다. 오른손과 왼손은 손뼉을 칠 때처럼 마주 볼 때는 모양이 일치하지만 둘 다 손등을 위로 하고 포개보려고 하면 오른손은 엄지가 왼쪽에 있고, 왼손은 엄지가 오른쪽에 있어서 겹쳐지지 않음을 알 수 있다. 즉 오른손과 왼손은 거울상 이성질체이다. 화합물도 마찬가지이다. 그림 10.14의 탈리도마이드 구조식을 보면 하나는 *R*, 다른 하나는 *S*로 표시되어 있다. 특히 점선과 실선의 쐐기 모양 결합 부위를 서로 비교해 보면 한쪽을 거울에 비췄을 때 다른 쪽의 모습이 되는 것임을 알 수 있다. 이 두 화합물은 서로 거울상 이성질체이다. 콘테르간은 탈리도마이드의 *R* 형태와 *S* 형태가 분리되지 않은 채 혼합물로 시판되었다.

보통의 화학 반응에서는 거울상 이성질체가 생성되는 경우 *R* 형태와 *S* 형태가 50:50으로 섞인 채 존재하는데, 이 둘은 분리가 매우 어렵다. 분리되려면 물리적이든 화학적이든 서로 성질이 달라야 그 차이를 이용해서 분리를 하는데, 거울상 이성질체의 경우 동일한 성질을 나타내기 때문이다(2장 참조). 다만 편광(polarized light)

의 진행 방향을 각각 반대로 회전시키는 성질이 다른데(이에 따라 거울상 이성질체를 광학 이성질체라고도 부른다), 이것을 분리에 이용하기는 어려운 일이다. 그렇다면 산모의 몸속에서 탈리도마이드의 *R* 형태와 *S* 형태가 어떻게 각각 다른 작용을 나타냈을까? 일부 알려지기는 하였지만 현재까지도 *R* 형태는 어떤 과정을 거쳐서 진정 작용을 나타내며, *S* 형태는 왜 기형을 유발하였는지 각 단계별로 명확히 규명된 것은 아니다. 다만 우리 몸은 거울상 이성질체를 구분해 내는 능력이 있다는 것이다. 화학 물질의 수용체가 입체적으로 3군데의 부분 구조를 인식할 수 있다면 이것이 가능하다. 효소(enzyme)도 이런 능력이 있는데, 효소들은 마치 열쇠와 열쇠 구멍이 꼭 들어맞아야 문이 열리듯이 *R* 형태와 *S* 형태 기질 중 하나만 선택적으로 골라 촉매 작용을 한다.

탈리도마이드 사건이 던져주는 다른 문제점은 동물 실험을 통한 안전성 검증이다. 동물 실험 결과를 그대로 사람에게 적용할 수가 없다는 점이다. 즉 동물들은 사람과는 다른 생화학적 경로로 대사가 진행되기도 하기 때문이다. 한 예로 사람은 비타민 C가 필요하지만 쥐나 개는 필요하지 않다. 쥐나 개는 스스로 몸속에서 비타민 C를 합성할 수 있기 때문이다. 기니피그는 사람처럼 비타민 C를 밖으로부터 섭취해야 하기 때문에 비타민 C 관련 연구에 기니피그를 이용하지만, 기니피그의 비타민 C 대사 과정은 사람의 그것과는 동일하지 않을 수도 있다. 한편 최근에는 동물실험도 동물학대로 보는 관점이 부각되고 있다. 앞으로 동물실험을 완전히 없애기는 어렵겠지만, 이를 최소화하고 대체 방법을 강구하려는 노력이 필요하다.

2001년도 노벨화학상 – 거울상 이성질체 합성 연구

탈리도마이드 사건에서 보았듯이 화학자들에게 있어서 가장 큰 숙제 중의 하나가 어떻게 하면 거울상(광학) 이성질체 중 하나만을 순수하게 합성할 수 있을까 하는 것이었다. 화학자들이 이 문제를 해결하기 위해 접근한 방법은 크게 두 가지이다. 하나는 일단 거울상 이성질체들이 섞여 있는 채(혼합물)로 합성을 한 후, 이 둘을 각각 분리하는 방법을 개발하는 것이고, 다른 하나는 합성 단계에서부터 어느 한쪽의 이성질체만 생성하는 합성법을 개발하는 것이다. 현재 이 두 방법 모두 큰 발전이 이루어졌고 산업 현장에서도 둘 다 사용된다. 2001년도 노벨 화학상은 바로 광학 이성질체 합성법의 개척자와 이를 발전시킨 연구자들에게 주어졌다. 그 주인공들은 미국의 윌리엄 놀즈(William Knowles), 배리 샤플리스(Barry Sharpless), 일본의 노요

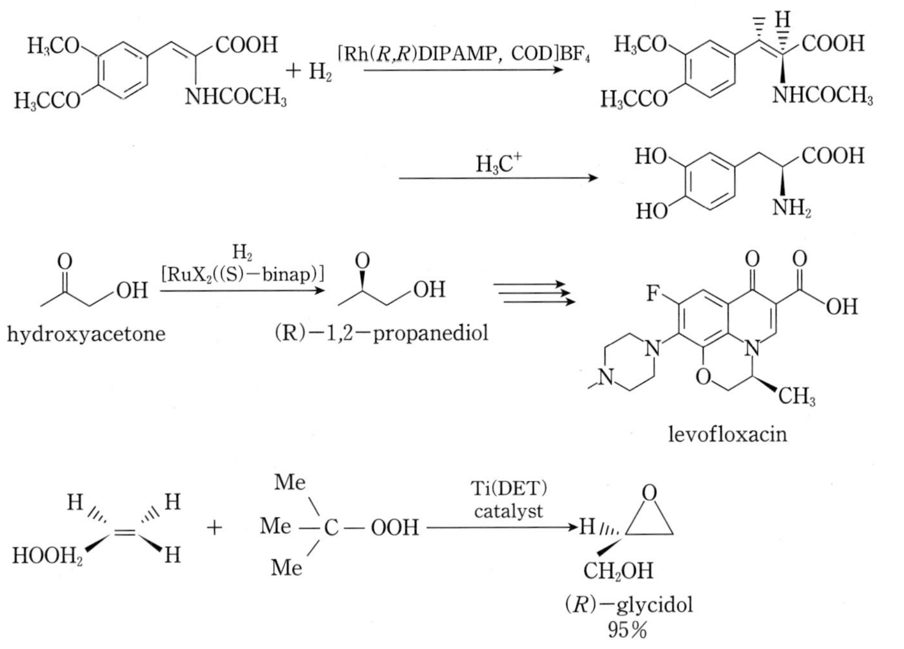

그림 10.16
2001년도 노벨상 수상자들의 광학 활성 촉매에 의한 대표적인 합성 예. 위에서부터 L-도파, 레보플록사신, (*R*)-글라이시돌의 합성 반응이다.

리 료지(Ryoji Noyori) 박사이다. 이들은 화학 반응에서 광학 이성질체 가운데 하나만 생성되게 하는 광학활성 촉매를 개발함으로써 광학 활성 의약품, 소위 카이랄 의약품(chiral drug) 분야를 개척하였다.

놀즈 박사는 몬산토사 연구원 시절인 1968년 전이금속을 이용해 광학 이성질체 중 원하는 한 가지만 만들 수 있는 광학활성 촉매를 개발하여 현재 파킨슨병 치료제로 쓰이는 L-도파(L-Dopa) 합성의 토대를 마련하였다. 일본 나고야대학의 노요리 교수는 1980년 놀즈 박사의 연구를 한층 확대, 발전시켜 광학활성 물질의 산업적 생산에 크게 기여하였다. 특히 노요리 촉매로 알려진 BINAP는 Ru을 비롯한 금속과 착물을 형성하여 항생제인 레보플록사신(levofloxacin)을 합성하는 데 필요한 (*R*)-1,2-프로페인다이올을 합성함으로써 정밀화학과 의약품의 생산에 크게 기여하였다. 샤플리스 박사는 전이금속인 티타늄(Ti)을 이용하여 원하는 광학활성 물질만 만들 수 있는 산화 반응을 개발하여, 현재 고혈압 등 심장질환 치료제에 사용되는 글라이시돌(glycidol)을 합성하였다. 그의 연구는 화학 합성 분야에서 가장 중요한 업적으로 인정받고 있다.

아스피린 이름 이야기

화학을 전공한 사람이거나, 전공하지는 않더라도 유기화학실험 과목을 이수한 사람은 아스피린을 합성하여 보았을 것이다. 아스피린 합성은 간단한 반응이면서도 학생들의 흥미를 끄는 주제이기 때문에 유기화학실험의 단골 메뉴이다. 필자도 대학 2학년 유기화학실험 시간에 아스피린을 합성하여 보았다. 살리실산과 무수아세트산의 간단한 반응인데, 문제는 정제 과정이다. 어떤 화학 반응도 100% 수율의 완벽한 반응은 어렵다. 즉 불순물로서 반응물이 여전히 남아 있던가 아니면 원치 않는 부반응물이 있을 수 있다. 당시 교수님이 아스피린 정제를 독려하시던 기발한 방법이 잊혀지지 않는다. 자신이 만든 아스피린을 남들 앞에서 먹어보라고 하신 것이다.

아스피린의 이름에 관한 이야기이다. 일찍이 고대 서양의학의 선구자인 히포크라테스도 버드나무 껍질의 해열작용을 알았다고 한다. 그 후 공식적으로 버드나무 껍질의 해열작용에 관해 보고된 것은 영국의 에드워드 스톤(Edward Stone)이라는 성직자가 1763년에 런던 왕립학회에서 발표한 것이 처음이다. 그리고 이 약효의 주성분인 살리신을 처음으로 분리한 사람은 이탈리아의 화학자 라파엘레 피리아(Raffaele Piria)인데, 런던 왕립학회의 보고 이후 60여 년 뒤의 일이었다. 그 후로 아스피린의 모체인 살리실산이 합성되었고, 비슷한 시기에 야생 조팝나무꽃에서 향기로운 살리실 알데하이드가 추출되었다. 살리실 알데하이드는 쉽게 살리실산으로 산화된다. 조팝나무의 학명은 *Spiraea prunifolia*인데 스파이리어 속이다. 바이엘 사는 아스피린의 화학명인 아세틸살리실산의 머리글자에서 '아'자를 따고 '스파이리어'와 합쳐 아스피린이라고 이름 지었다.

독일의 바이엘 사는 1899년에 분말형으로 시판하기 시작한 이래 120여 년이 지난 지금도 아스피린은 하루에 1억 알 이상 판매되고 있다. 아스피린의 약효는 그동안 잘 알려진 심장마비, 뇌졸중 예방 외에 알츠하이머 치료, 불임여성 임신 촉진, 에이즈 억제, 결장암 예방 효과까지 있는 것으로 알려졌다. 미국의 의학도서관에는 아스피린 관련 연구보고서가 2만 5천 건이나 있으며, 최근에도 한 해에 아스피린의 효과에 관한 논문이 800건 이상 발표되고 있다. 어떻게 보면 만병통치약인 듯한 생각마저 들 정도이다. 하지만 역시 약은 약이다. 어느 약이라도 부작용이 없는 약은 없다는 사실을 잊어서는 안 되겠다.

11

세제와 화장품

보존제 프리,
동물실험 프리

영화 '향수-어느 살인자의 이야기'는 '좀머씨 이야기'로 유명한 패트릭쥐스킨트(Patrick Süskind)의 처녀작인데, 소설의 도입부에서 중세 파리의 고약한 악취를 장문에 걸쳐 묘사했던 부분이 인상적이다. 영화 제목이 암시하듯이 최고의 향수 성분을 얻기 위해 살인이 자행되는 장면이 나온다.

영화, '향수-어느 살인자의 이야기'

이 장에서는 주요 세제와 함께 기본적인 화장품 종류에 대해 화학적 기본 원리를 간단히 살펴본다. 화장품이 무엇인지 모르는 사람은 없겠지만 굳이 정의를 한다면, 화장품은 화장용 크림, 분, 향수 등을 일컫는 말로 피부를 깨끗이 하고 소독할 때 또는 외모를 아름답게 꾸미거나 향기를 바꿀 때 사용하는 화학제품이다. 화장품은 신체 기능을 변화시키기 위하여 사용하는 의약품과는 개념적으로 다르다. 따라서 발한 억제제(antiperspirants)는 비록 화장품으로 취급하지만 의약품의 일종이다. 또한 비누와 세제는 법규로써 화장품과 구별해 놓고 있다.

화장품의 성분과 이들의 화학적 성질을 이해한다면 우리가 화장품을 선택할 때 도움이 될 것이다. 종류와 주요 성분이 같은 데도 제조사에 따라 가격이 천차만별이기 때문이다. 또한 화학 물질에 대한 알레르기 현상을 이해한다면 어떤 화장품이 나에게 안전한지 또는 위험한지를 개인적으로 평가할 수 있다. 다만, 여기서 화장품의 주요 성분과 기능을 알았다고 해서 직접 간단히 화장품을 만들 수 있다고 생각해서는 안 된다. 순수하지 못한 화학제품을 사용하거나 부적절한 비율의 혼합물을 사용하는 행위는 위험을 초래할 수 있기 때문이다.

11.1 세제

비누

요즘은 다양한 세제가 개발되면서 비누를 사용하는 빈도가 줄었으나 비누는 인류의 역사 속에서 가장 많이 사용된 세제이다. 비누는 오랫동안 인류의 건강과 위생에 크게 기여하였다. 비누는 우리의 몸이나 옷에 묻은 때를 제거해 준다. '때'는 사전적으로 몸이나 옷에 묻은 더러운 것을 일컬으나, 있어야 할 곳이 아닌 엉뚱한 곳에 있는 것을 일컫기도 한다. 마치 맛있는 음식이라도 옷에 묻으면 때에 불과한 것처럼 말이다. 인류는 때를 제거하기 위해 언제부터 세제를 사용하였을까? 우리가 비누화(saponification) 반응으로 알고 있는 지방의 염기성 가수 분해에 대한 기록은 일찍이 서기 2세기 문헌에서 볼 수 있다. 그리스 물리학자 갈렌(Galen)에 의하면 비누는 지방과 잿물과 석회로 만든다고 하였고, 약제로써 사용되었을 뿐만 아니라 신체나 옷의 때를 제거하는 데 사용하여 왔다고 하였다. 요즘엔 고르기 어려울 정도로 다양한 세제들이 나와 있는데 변화된 점은 정제된 세제 성분이 사용되고, 첨가물들에 의해서 세척작용이 향상되었으며, 합성세제를 사용한다는 것이다. 그림 11.1의 반응식은 잘 알다시피 비누화 반응과 식용유 비누의 제조 반응으로, 스테아르산의 경우처럼 동일한 지방산을 포함한다면 둘 다 동일한 비누가 만들어진다.

비누의 세척 작용은 비누의 분자 구조로 설명할 수 있다. 물에 녹는 때는 물로 씻으면 되지만, 기름때는 물에 녹아 나오지 않으므로 기름으로 닦아야 한다. 즉 5장에서 언급한 비슷한 것끼리 녹인다(Like dissolves like.)라는 화학의 기본 원리가 여기에도 적용된다. 분자와 분자 사이의 상호 작용을 이해하는 데 있어서 이 개념은 매우 중요하다. 다시 비누 이야기로 돌아와서, 그렇다면 비누는 어떻게 물과 함께 기름때를 씻어낼까? 앞의 비누화 반응식에서 보여 주듯이 비누(예: 스테아르산 소듐)는 물과 기름을 둘 다 좋아하는 구조를 가지고 있다. 이 비누 분자들이 기름 분자들을 감싸 안아서 물에 녹아들게 하는데, 이때 비누 분자들의 집합 구조를 보면 물을 좋아하는 부분인 카복실산염($-COO^-Na^+$)은 물을 향해 바깥으로 향하고, 물을 싫어하는 탄화수소의 긴 사슬은 물을 피해 안쪽으로 끼리끼리 모인다. 이때의 모양을

비누화 반응

$$\begin{array}{l} CH_3(CH_2)_{16}COO - CH_2 \\ \qquad\qquad\qquad\qquad | \\ CH_3(CH_2)_{16}COO - CH_2 \\ \qquad\qquad\qquad\qquad | \\ CH_3(CH_2)_{16}COO - CH_2 \end{array} + 3\ NaOH \longrightarrow 3\ CH_3(CH_2)_{16}COO^-Na^+ + \begin{array}{l} HO - CH_2 \\ \qquad\quad | \\ HO - CH \\ \qquad\quad | \\ HO - CH_2 \end{array}$$

트리스테아르산 글리세릴(지방) 스테아르산 소듐(비누) 글리세롤

식용유 비누

$$CH_3(CH_2)_{16}COOH + NaOH \longrightarrow CH_3(CH_2)_{16}COO^-Na^+ + H_2O$$

그림 11.1
비누화 반응

그림 11.2
양친매성 비누 분자와 마이셀

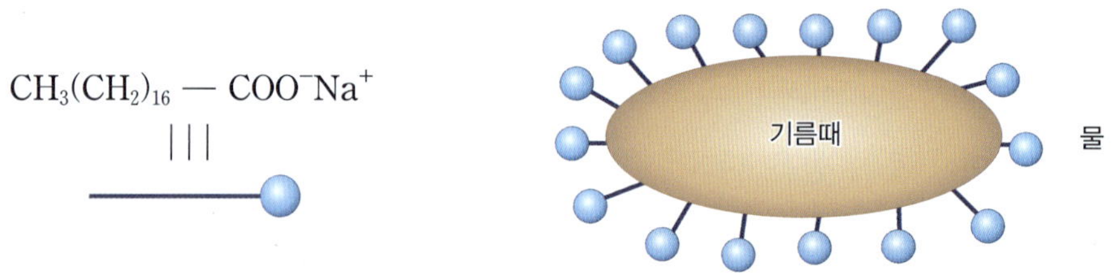

양친매성 비누 분자 마이셀

그림 11.2에 나타내었다. 비누 분자가 물속에서 형성하는 이러한 집합체 구조를 마이셀(micelle)이라고 한다. 마이셀 구조를 비누 분자만 만들 수 있는 것은 아니다. 물을 좋아하는 친수성(hydrophilic)과 기름을 좋아하는 친유성(lipophilic)의 구조를 둘 다 지니고 있는 양친매성(amphiphilic) 분자라면 마이셀을 포함하여 다양한 구조의 물속 집합체, 예를 들어 리포좀 등을 만들 수 있다. 즉 비누 분자가 물속의 기름때를 안정적으로 분산시켜 씻어내는 과정이나 우유 속의 카제인 같은 유화제 단백질이 수용성 및 지용성 영양 성분을 안정적으로 물속에 분산시킨 것이나 원리는 같다. 또한 이 원리는 유탁액 상태의 화장품에서도 마찬가지로 적용된다.

앞서 5장에서 물에 대해 살펴본 것처럼 센물에는 2가 또는 3가의 금속 이온들이 단물에서보다 많이 존재한다. 지방산을 원료로 하여 만들어지는 비누는 친수기가 카복실산염($R-COO^-Na^+$)인데, 이 비누는 센물에 존재하는 Ca^{2+}, Mg^{2+} 또는 Fe^{3+} 양이온과 반응하여 물에 잘 녹지 않는 침전물(예: $(R-COO^-)_2Ca^{2+}$)이 생긴다. 즉 비누가 풀리지 않고 오히려 세탁물에 침전물이 달라붙기 때문에 친수기가 지방산염인 경우는 센물에서 사용할 수 없다. 따라서 다음에 언급한 것처럼 다양한 친수기를 갖는 합성 세제들이 세척의 목적에 맞게 합성되어 사용된다.

합성 세제

화장비누에는 비누 분자 이외에 비누화 반응에서 생성되는 글리세롤이 상당량 들어 있으며, 비누를 고체로 만들기 전에 향료, 염료, 약제 등을 첨가한다. 일반적으로 화장비누에는 산업용 세제에 첨가되는 세척 촉진제(충진제)를 첨가하지 않으며, 경우에 따라 최소량의 염기가 포함된다. 지방산의 사슬 길이가 C_{12}(탄소수 12개)보다 더 짧은 비누는 피부를 자극시키고, 휘발성이 높으며 냄새가 나서 사용하지 않는다. 한편 스테아르산(C_{18})보다도 더 긴 사슬의 비누는 물에 잘 녹지 않는다.

세제를 분류할 때 친수부(물을 좋아하는 부분)의 구조에 따라 구분할 수 있다. 소

표 11-1 합성 세제의 종류와 구조

종류	구조	이름
음이온 세제	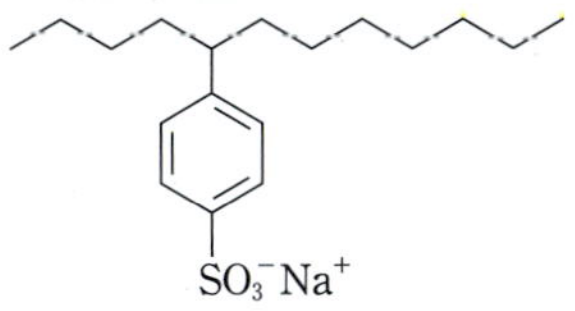	A linear alkylbenzene sulfonate(ABS)
	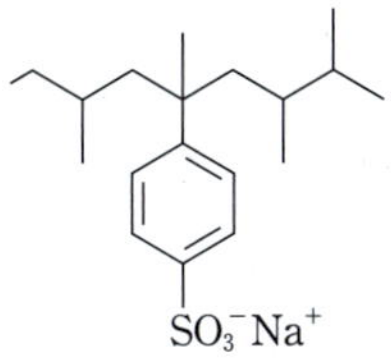	A branched dodecylbenzene sulfonate(phased out)
양이온 세제	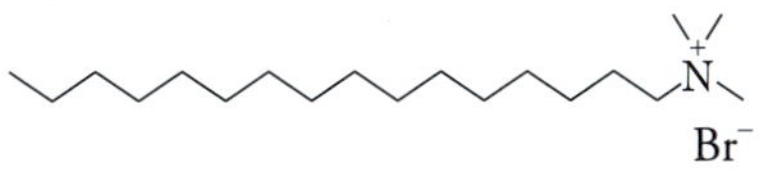	Cetyl trimethylammonium bromide (CTAB)
	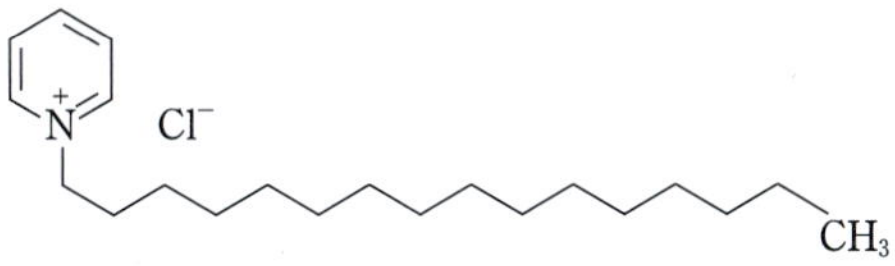	Cetylpyridinium chloride(CPC)
양쪽성 이온 세제	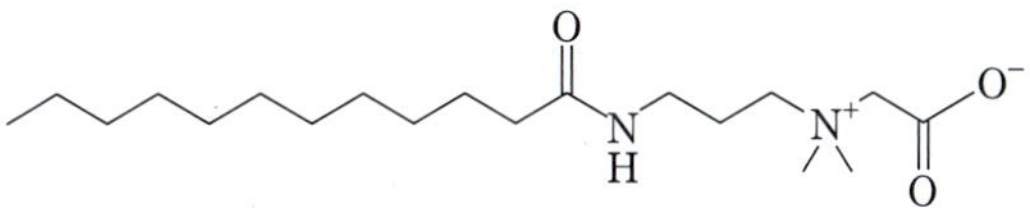	Cocamidopropyl betaine(CAPB)
	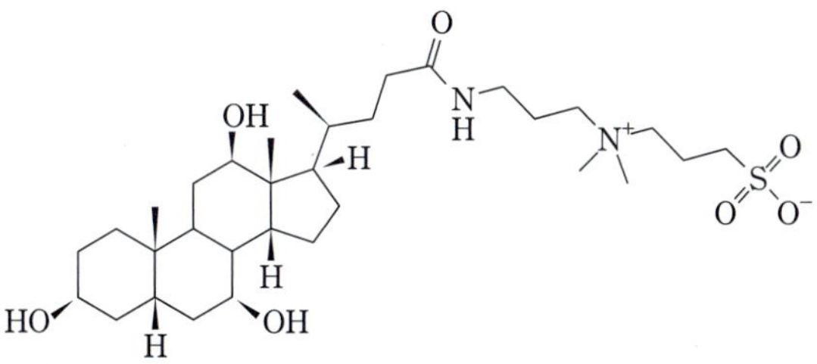	3–[(3–Cholamidopropyl) dimethylammonio]–1–propanesulfonate (CHAPS)
비이온 세제	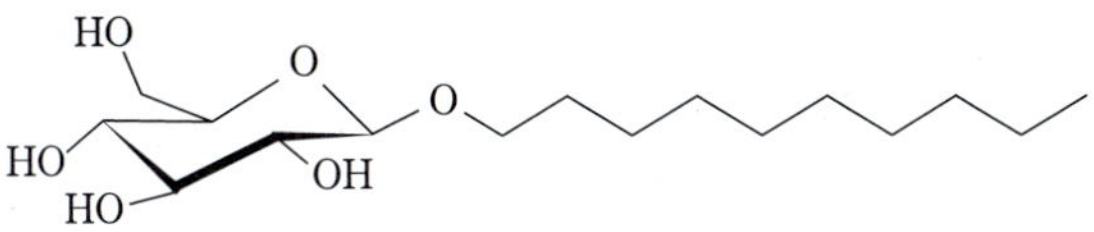	Decyl glucoside
	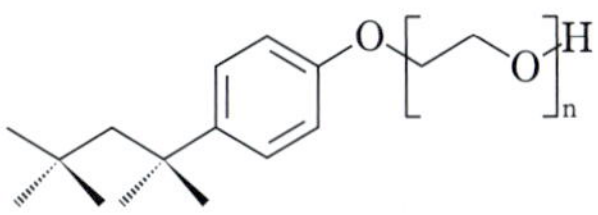	Triton X–100

수부(기름을 좋아하는 부분)의 구조는 거의 변함없이 긴 사슬의 탄화수소인 반면에, 친수부는 표 11-1과 같이 다양한 구조를 갖는다. 가장 널리 사용되는 세제는 음이온 세제이다. 그중에서도 친수부가 설폰산 음이온인 합성 세제가 대부분인데, 소수부 사슬이 가지를 친(branched) 구조인 경우는 미생물에 의한 분해가 어렵기 때문에 환

경보호를 위하여 사용이 제한되기 때문이다. 친수부로 설폰산 음이온 이외에 황산 음이온($-OSO_3^-$), 인산 음이온($-OPO_3^{2-}$), 카복실산 음이온($-CO_2^-$)이 이용된다.

양이온 세제 중 대표적인 CTAB는 세척 이외의 용도로도 많이 사용되기 때문에 세제라는 이름 대신 양이온 계면활성제(surfactant)로도 불린다. 양이온 세제는 대부분 살균력을 가지며, 실험실 완충 용액이나 마이셀 형성에도 이용한다. CPC도 강한 살균력이 있어서 구강 청결제나 치약 등에 사용된다. 이 세제는 음이온 세제와 함께 사용할 수는 없는데, 함께 섞이면 음이온과 양이온이 달라붙으면서 불용성 침전물이 되기 때문이다. 다만, 뒤에 다시 언급하겠지만 샴푸한 후 머리에 남아 있는 음이온을 중화시키기 위해 린스에 소량의 양이온 세제를 넣어 사용하기도 한다.

양쪽성 이온(zwitter ion) 세제는 분자 몸체에 양이온과 음이온을 함께 갖고 있는 구조이다. CAPB는 코코넛 오일 성분인 라우르산(lauric acid)의 유도체로서 눈에 닿을 경우 따갑지 않아 유아용 비누로 사용되지만, 일부 알레르기 사례에 관한 보고가 있다. CHAPS는 실험실에서 막 단백질을 변성 없이 추출 분리하는 데 사용한다.

비이온성 세제는 이름 그대로 분자가 전하를 띠지 않는 구조이다. 도데실 글루코사이드(dodecyl glucoside)는 천연 유래 성분으로 민감성 피부에 적합하여 유아용 샴푸에 사용된다. 아울러 생분해성이기 때문에 친환경적이며 이온성 작용기가 없어서 칼슘이나 마그네슘이 존재해도 염을 형성하지 않아 센물의 영향을 받지 않는다. 같은 이유로 비이온성 세제는 산과 반응하지 않아 강산 용액에서도 사용할 수 있다. 또한 접시를 닦을 때처럼 거품이 없는 세제를 원하는 경우 비이온성 세제가 효과적이다. 이들은 고체 분말로 건조될 수 없는 중액체(heavy liquid)로서 비이온성 세제는 거의 액체 형태로 사용된다. Triton X-100은 주로 실험실에서 사용되는데 독감 백신(Fluzone) 조제에도 사용된다.

표 11-2에 샴푸에 들어가는 구성 성분을 나타냈다. 샴푸는 머리칼의 세척 작용에 필요한 성분 외에도 두피 건강을 위한 첨가물 등 다양한 기능성 물질이 들어 있는 혼합물이다. 앞서 언급한 것처럼 샴푸에는 비이온 세제가 주로 사용되는데, 어떤 샴푸는 음이온 세제를 포함하고 있다. 머리칼에 일부 남아 있는 음이온 세제는 린스에 들어 있는 양이온 세제(약 1% 용액)로 씻으면 음이온이 중화되므로 제거할 수 있다. 이때 양이온 세제는 눈에 해로우므로 씻을 때 주의해야 한다. 또한 샴푸에는 센물에 존재하는 칼슘이나 마그네슘 이온이 침전물을 형성하지 못하도록 이들 이온을 잡아 격리시키는 EDTA(에틸렌디아민 사아세트산)를 넣어두며, 두피가 마르지 않고 비듬이 생기지 않도록 라놀린과 미네랄 오일을 첨가한다.

표 11-2 삼푸의 구성 성분

구성 성분	성분 화합물
세정, 거품 형성제	암모늄라우릴설페이트, 스테아릴알코올, 데실글루코사이드 등
컨디셔닝제	판테놀, 사차암모늄 Polyquaternium-10, 카페인*1
안정제	폴리솔베이트(Polysorbate) 60 (기능성 유기물 용해)
보습제	라놀린, 글리세린
금속 이온 봉쇄제	EDTA, 시트르산
점증제	PEG-150 디스테아레이트, 포타슘 아크릴레이트 공중합체
pH 조절제	시트르산
보존제	소듐벤조에이트, 프로필파라벤, 사차암모늄 Quaternium-15*2
기타	기능성 물질, 향기 물질 등

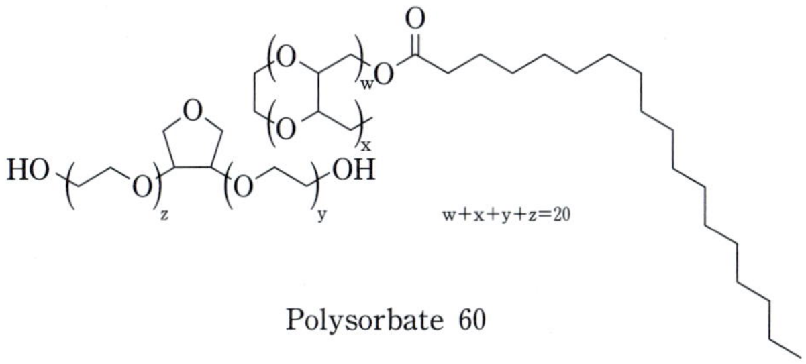

Polysorbate 60

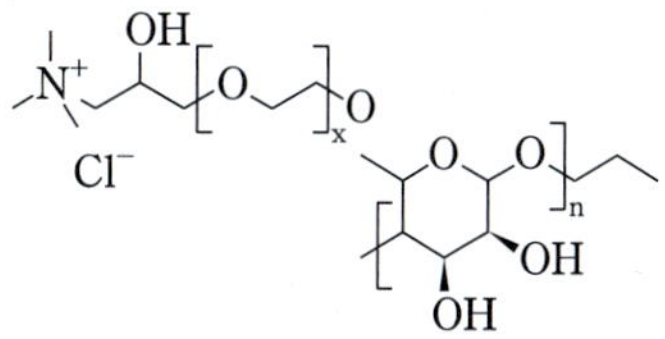
Polyquaternium-10

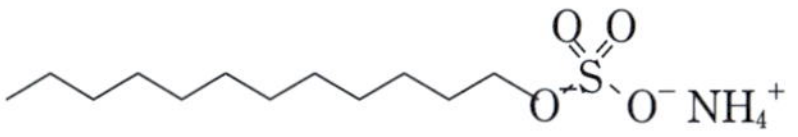
Ammonium lauryl sulfate

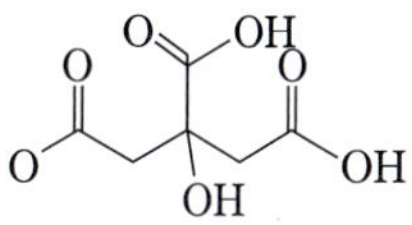
Citric acid

*1탈모 유발 DHT 호르몬 분비 차단 효과 보고

*2유해 물질 논란

시판되는 세제에는 여러 가지 화합물이 섞여 있는데, 왜냐하면 세제가 할 일들이 다양하기 때문이다. 주된 임무인 얼룩이나 때를 빼는 역할은 보통 알킬벤젠설폰산염(ABS), 비이온성 계면활성제와 비누의 혼합물이 맡는다. 세탁에 사용하는 물이 센물일 때에는 단물로 만들기 위해 인산염, 탄산 소듐, 제올라이트 등을 섞는다. 이 중 인산염은 수질오염(부영양화)의 원인이 되기 때문에 그 사용이 점차 제한되고 있다. 또한 여름처럼 습한 날씨에는 가루성분이 쉽게 덩어리지므로 이를 방지하기 위해 황산 소듐을 섞는다. 한편 세탁을 자주 하다 보면 세탁기 내면의 코팅이 벗겨져 녹슬게 되므로 이를 방지할 수 있는 화학 물질도 첨가한다. 이것으로 끝난 게 아니다. 단백질성 얼룩이나 때를 제거하기 위해 단백질 분해 효소를 넣고, 세탁물에

먼지가 붙는 것을 막아주기 위해 카복시메틸셀룰로스(CMC)를 섞는다. 세탁물이 눈부시게 희어지도록 표백제와 광표백제(형광염료)를 첨가하며, 세탁물에서 좋은 냄새가 나도록 향료도 섞는다. 정말로 소비자를 만족시키기는 쉬운 일이 아니다.

표백제와 얼룩제거제

표백제는 직물에 묻어 있는 색깔 오염물을 제거하기 위해 사용되는 화합물이다. 대부분의 표백제는 하이포아염소산 소듐과 같은 염소산계이거나 과산화수소와 같은 산소계인 산화제이다. 산화제 표백제는 색을 내는 물질을 산화시켜서 무색의 물질로 변형시킨다. 광표백제는 형광물질로서 작용원리가 산화제 표백제와는 전혀 다르다. 눈에 보이지 않는 자외선이 광표백제에 쬐어지면 자외선이 흡수된 다음 청색 또는 청녹색 가시광선이 방출됨으로써 세탁물은 더욱 깨끗하고 희게 보이는 것이다. 표 11-3은 표백제의 종류와 성분 화합물을 나타낸 것이다.

일반적인 비누로는 세척이 불가능한 얼룩은 이것을 녹여내는 용제를 사용하거나 얼룩과 화학 반응(주로 산화 환원 반응)을 유발해서 제거가 가능한 형태로 화학 구조를 변환한다. 초콜릿이나 지방질 음식물에 의한 얼룩은 테트라클로로에틸렌($Cl_2C{=}CCl_2$)과 같은 드라이클리닝 용매로 처리하면 제거될 수 있다. 만일 이러한 용매로도 잘 제거되지 않는 얼룩은 얼룩의 종류에 따라 표 11-4에 나타낸 것과 같은

표 11-3 표백제의 종류와 성분 화합물

종류	성분 화합물
산화제	염소계: 차아염소산 소듐($NaClO$), 염소(Cl_2), 이산화 염소(ClO_2) 산소계: 과산화 수소(H_2O_2), 과탄산 소듐($2Na_2CO_3 \cdot 3H_2O_2$)
환원제	소듐다이싸이오나이트($Na_2S_2O_4$), Rongalite ($NaHOCH_2SO_3 + NaHOCH_2SO_2$) 주로 산업용(펄프, 솜, 가죽 등)
형광제	스틸벤류, 벤족사졸티오펜류(아래 구조식) 자외선에 의하여 청색, 청녹색의 형광 방출(형광 증백제)

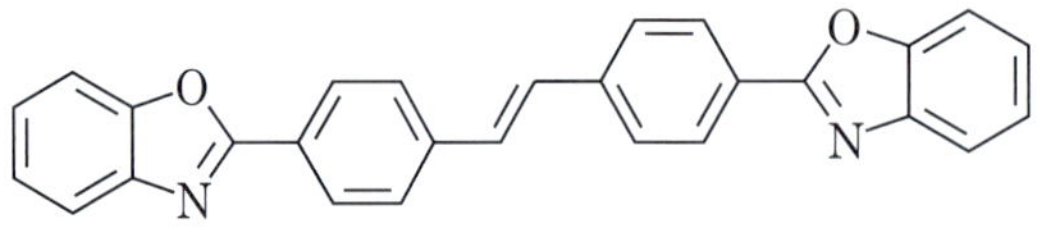

4, 4′-bis(benzoxazolyl) -*trans*-stilbene

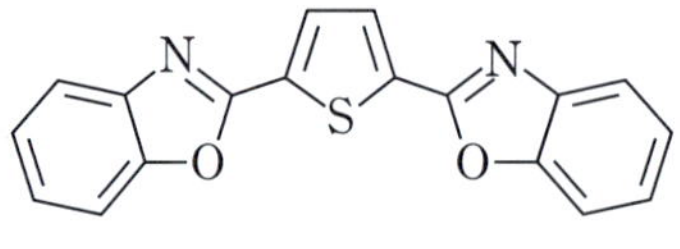

2, 5-bis(benzoxazol-2-yl) thiophene

표 11-4 몇 가지 얼룩과 얼룩제거제

얼룩	얼룩 제거제
커피, 음료수	하이포아염소산 소듐(염소계 표백제)
립스틱	아이소프로필 알코올, 클로로폼
녹, 잉크	옥살산, 에탄올
아스팔트	벤젠, 이황화 탄소
피, 딸기, 과일	과산화수소
풀	에탄올, 하이포아염소산 소듐
손톱 광택제	아세톤

제거제를 사용해야 한다. 예를 들면 녹물(산화철)은 옥살산으로 처리하면 제거할 수 있는데, 이때 옥살산은 철과 반응하여 물에 녹는 배위화합물을 형성한다.

$$Fe_2O_3 + 6H_2C_2O_4 \rightarrow 3H_2O + 2Fe(C_2O_4)_3^{3-} + 6H^+$$

곰팡이 얼룩은 과산화수소 또는 세탁표백제(하이포아염소산 소듐)로 곰팡이균을 산화시켜 제거한다. 면에 묻은 피 얼룩은 하이포아염소산 용액으로 처리하면 제거된다. 표백제는 양모의 펩티드 사슬에 있는 질소 원자와 화학적으로 반응하므로 양모에 사용하여서는 안 된다.

치약과 치아 미백제

치아의 에나멜은 주로 두 가지 칼슘 화합물로 구성되는데, 하나는 탄산칼슘 결정형인 산석(aragonite)으로 존재하고 다른 하나는 주성분이 수산화삼인산오칼슘($Ca_5(OH)(PO_4)_3$)인 인회석(apatite)인데 둘 다 산에 약하다. 음식물이 분해되면 산이 생성되고 박테리아도 덱스트린 침전물을 산으로 변화시키므로 산으로부터 치아를 보호하려면 잘 닦아주어야 한다. 치약의 두 가지 중요한 성분은 세제와 연마제이다. 연마제는 표면 침전물을 물리적으로 제거하는 데 이용되고, 세제는 물기 속의 부유 입자나 오염물을 씻어내는 역할을 한다. 치약에 흔히 사용되는 연마제로는 실리카 수화물(가는 모래, $SiO_2 \cdot nH_2O$), 알루미나 수화물($Al_2O_3 \cdot nH_2O$), 탄산 칼슘 등이 있다. 세제로는 라우릴 황산 소듐이 많이 사용된다. 치약 속의 연마제나 세제는 유쾌한 맛이 아니므로 우리의 감각에 맞는 향기나 단맛, 색깔을 첨가한다. 치약에 플루오르 화합물을 첨가하면 치아의 손상 정도가 낮아지는데, 예를 들면 플루오린화 주석(SnF_2)을 첨가하면 인회석의 OH^- 이온 대신에 F^- 이온으로 치환되어 플루오린화 인회석($Ca_5F(PO_4)_3$)을 형성한다. 플루오린화 이온은 결정 구조 내에 강한 이온 결합을 형성함으로써 플루오린화 인회석은 수산화 인회석보다 더 딱딱하고 산에 강하다. 또한 논란의 여지는 있지만 플루오린화 이온을 같은 목적으로 음료수에 첨가하기도 한다. 치아 질환의 대부분은 잇몸질환 때문에 생기는데, 잇몸질환은 적당한 마사지의 결핍과 잇몸에 침전된 찌꺼기, 퇴적물의 세균감염 등으로 생기게 된다. 최근에는 각종 치아 및 잇몸 질환 예방 치약이 다양하게 출시되어 있다.

치아 미백은 어떻게 이루어질까? 치아의 에나멜 구조 아래는 상아질(dentin)이 있어서 혈관과 신경을 보호하는데, 이의 흰색은 바로 투명한 에나멜 층을 통과한 빛이 흰 상아질에서 반사되어 나타난다. 에나멜 층에 착색된 이물질의 경우는 칫솔질로 닦아낼 수 있으나 상아질에 착색된 경우에는 칫솔질만으로는 닦아낼 수 없다. 이때 사용하는 것이 치아 미백제이다. 상아질이 착색되는 이유는 다양하다. 에나멜 층의 착색 물질이 서서히 상아질까지 침투하기도 하고 노화에 의해 상아질이 황색으로 변하기도 하며, 어린 시절 테트라사이클린(tetracycline) 종류의 항생제를 복용하면 치아 형성과 더불어 이 항생제가 치아 속에 들어 있다가 변색되어 색을 띠기도 한다.

테이프형, 립스틱형 등 다양한 형태의 치아 미백제가 시판되는데, 활성 성분은 동일하다. 바로 과산화수소가 물과 산소로 분해되면서 생성되는 라디칼 중간체(radical inter-mediate)가 착색 물질과 반응하여 이 물질의 이중 결합 구조를 파괴함으로써 색을 없애는 것이다. 액체 상태의 과산화수소를 개량하여 취급이 간편한 고체 형태로 만든 것이 과산화 카바마이드(carbamide peroxide)인데 요소와 과산화수소의 1:1착체이다(그림 11.3).

표 11-5 치약의 구성 성분과 효능

성분	종류	효능	비고
주성분	플루오린화 화합물	충치 예방	충치, 농류, 구취 예방, 미백, 치석 침착 방지 효과
	알란토인, 아미노카프론산	치주질환 예방	
	인산삼칼슘, 질산포타슘, 염화 스트론튬	시린이 완화	
	이산화 규소, 탄산칼슘	연마제	치아 표면 오물 제거, 치아 광택
기타 성분	라우릴 황산 소듐	기포제	거품 형성으로 오물 쉽게 제거
	글리세린, 솔비톨, 프로필렌글리콜	습윤제	습도 유지
	카복시메틸셀룰로스, 아라비아 고무	결합제	균일하고 안정된 치아 유지
	스피아민트유, 페퍼민트유	착향제	상쾌한 기분 유지

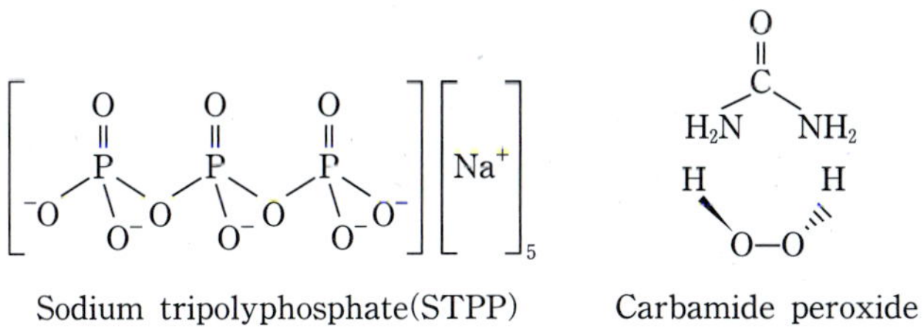

그림 11.3

STPP와 과산화 카바마이드. STPP는 치아 표면 광택제(에나멜)뿐만 아니라, 세제 첨가물, 식품 첨가물(보존, 보습 효과) 등 다양한 용도로 사용된다. 과산화 카바마이드(carbamide peroxide)는 살균소독제, 표백제, 치아 미백제(상아질) 등으로 사용된다.

착색 상태가 심한 경우 의사의 치료를 받게 되는데, 이 경우는 두 가지 치료 방법이 있다. 하나는 고농도의 과산화수소와 더불어 레이저를 사용함으로써 빠른 라디칼의 생성을 유도하는 것으로 잇몸의 따가움 등 부작용이 있을 수 있다. 다른 하나는 치아를 일정 두께로 갉아낸 다음 흰색의 세라믹계 보철(라미네이트)을 하는 것인데 일반인들보다는 연예계 사람들이 주로 이용하는 방법이다. 세라믹계 보철은 강도가 약하여 파손이 잘되는 단점이 있는데, 근래에는 이 점을 보완한 지르코니아(zirconia, ZrO_2)를 사용하기도 한다.

11.2 피부 화장품

피부의 구조

화장품이 작용하는 외부 신체는 어떤 화학 구조로 되어 있을까? 피부와 머리칼, 손톱의 구성 물질에 대해 알아보자. 피부는 바깥과 안쪽이 다른 구조를 가지며, 신체의 보호, 감각, 분비, 체온조절 등의 기능을 수행한다. 피부의 바깥을 각막층이라고 하는데, 이곳이 바로 대부분의 화장품이 작용하는 곳이다. 각막층은 주로 10% 정도의 수분량을 가진 죽은 세포들로 구성되어 있으며, 각막층의 단백질은 약 22개의 서로 다른 아미노산으로 구성되어 있다. 각막층은 불용성 구조이지만 물에 약간 삼투된다. 건피부는 부드러운 느낌을 주지 않는 반면, 너무 젖은 피부는 균류의 좋은 서식지가 된다. 피지선에서 분비되는 끈끈한 분비액은 수분 손실을 막아주는데, 이러한 작용이 없으면 건피부가 된다. 이런 경우 피부가 심하게 건조하여 갑작스럽게 허물이 벗겨질 수 있으므로 습윤제를 발라 주면 좋다. 한편 정상적인 피부는 pH가 4.0으로 약산성이다.

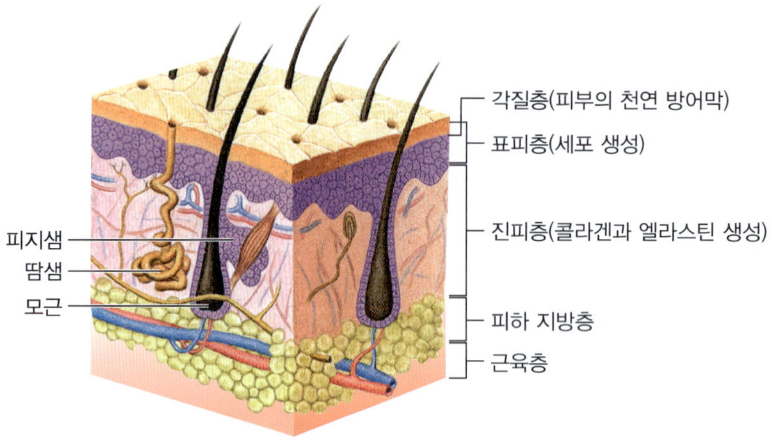

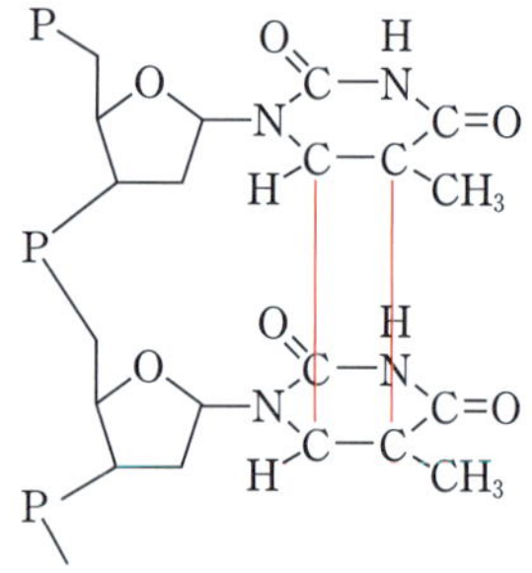

Cyclobutylthymine dimer

그림 11.4

왼쪽은 피부의 단면 구조이며, 오른쪽은 피부가 자외선에 의해 손상되어 DNA의 일부인 피리미딘 염기들이 가교화 결합(탄소 사이의 위-아래를 연결하는 두 줄의 선)으로 변형된 구조이다. 화장품 회사 중에는 바다 플랑크톤으로부터 DNA 회복 효소를 분리하여 화장품 원료로 개발한 곳도 있다.

머리칼은 주로 각질로 구성되어 있는데, 다른 단백질과의 차이점은 아미노산의 일종인 시스틴(황 원소를 갖는 아미노산)의 양이 많다는 것이다. 즉 머리칼의 단백질은 시스틴이 약 16~18%인데 비하여, 피부 각질은 2.3~3.8%뿐이다. 시스틴은 머리칼 구조에서 사슬 간에 가교화 결합을 통해서 사슬을 묶어주는 역할을 한다. 손톱과 발톱은 매우 조밀한 각질 단백질로 구성되어 있으며, 손톱이나 발톱의 안쪽 끝부분에 있는 하얀 초승달 모양의 상피세포(epithelial cells)로부터 생장한다. 손톱 조직도 머리칼과 같이 상피세포 이외는 죽은 세포이다.

화장품 성분의 구성

식품의약품안전처는 화장품 원료에 대한 규격관리를 위해 '화장품 원료규격 가이드라인'을 제시하고 있다. 이 가이드라인으로부터 화장품 원료에 대한 성상과 품질에 관한 기준, 시험방법 등을 확인할 수 있다. 화장품의 주요 성분은 부형제(賦形劑, 화장품의 형태(제형)를 만들어주는 성분으로서, 제형에는 가용화, 유화, 분산 등이 있다.), 활성성분, 첨가제, 착향제 등 네 가지로 나누어지며, 제품에 따라 각 성분의 배합 비율이나 배합 방법, 사용 원료가 달라진다. 기초화장품의 경우 물, 유성원료, 계면활성제, 색소, 효능원료, 착향제, 보존제, 점증제, 보습제 등 9가지의 성분으로 나눌 수 있다. 이것을 기초화장품의 9대 원료라고 부른다.

기능성 화장품의 구분

어떤 화장품이 피부의 기능을 개선하는 효과가 있다고 해서 제조자가 임의로 용기에 기능성 화장품이라는 이름을 표기할 수 없다. 기능성 화장품으로 인증을 받기 위해서는 엄격한 절차를 통과해야 한다. 2017년에 기능성 화장품의 종류가 대폭 증가하였는데, 그 전에는 미백, 주름개선, 자외선차단 등 3종류만이 기능성 화장품으로 인증을 받았었다. 현재는 앞의 3종류 외에도 염모제, 탈염탈색제, 제모제, 탈모방지제, 욕용제 중 여드름성 피부 완화제, 아토피성 피부 완화제, 튼살 붉은선 완화제가 기능성 화장품의 범위에 포함되었다.

크림 화장품, 립스틱, 화장분, 눈 화장품

• 크림 화장품

크림은 일반적으로 물에 오일이 분산되어 있는 형태(oil-in-water, o/w)이거나, 오일에 물이 분산된 형태(water-in-oil, w/o)의 유탁액(emulsion)이다. 우유가 전자의 형태라면 용해된 버터는 후자의 형태이다. 이때 분산되는 오일이나 기름방울의 크기는 나노미터(nm, 10^{-9} m) 수준으로 작다. 물에 오일이 분산된 유탁액은 쉽게 물로 씻어낼 수 있으나, 오일에 물이 분산된 유탁액은 물로 제거가 안 되며 손을 끈끈하게 만들기 때문에 클렌징 크림이 필요하다.

마사지와 클렌징 용도로 사용되는 콜드 크림은 원래 아몬드 기름과 밀납의 혼합물에 장미 향수(rose water)가 분산된 유탁액(w/o)으로, 이 유탁액을 더욱 안정된 상태로 유지하기 위하여 다른 성분들을 첨가한다. 한 제품의 예를 들면, 아몬드 오일 35%, 밀납 12%, 라놀린 15%, 고래 오일 8%, 강한 향기의 장미 향수 30%로 되어 있다. 라놀린은 유탁액을 안정하게 하는 물질이며, 동시에 피부가 항상 습기를 유지할 수 있도록 해주는 습윤제이다.

바니시 크림은 스테아르산이 물에 분산된 유탁액(o/w)으로, 여기에 각 성분이 분리되지 않고 서로 잘 혼합되어 있도록 안정제를 첨가한다. 안정제로는 스테아르산 포타슘이 이용된다. 이들 크림은 실제 소멸되는(vanishing) 것이 아니라 단순히 부드럽게, 그리고 엷게 피부를 덮어 퍼져나갈 뿐이다.

이러한 크림들은 다른 화장품 제조에 기본 물질로써 이용된다. 예를 들면 방취제 크림은 이것에 수화된 염화 알루미늄을 첨가한 것이며 그 외에 각종 영양제(nutrient, nourishing), 습윤제(moisture), 연화제(emollient) 등이 첨가된 다양한 크림들이 사용되고 있다.

• 립스틱

입술의 피부는 지방분이 없고 쉽게 건조되는 얇은 각막으로 이루어져 있어, 입술에 필요한 수분은 입으로부터 공급된다. 립스틱은 아름다움을 도와주고 아울러 입술 조직의 건조화를 막아준다. 대표적인 립스틱 성분은 표 11-6에 나타냈다. 색깔은 보통 다홍색 염료(용매에 녹는 채색 물질)나 안료(녹는 용매가 없는 채색 물질, 고운 가루로 사용)를 사용하는데, 대표적으로 에오신과 같은 유기 염료와 금속 이온(Fe^{3+}, Ni^{2+}, Co^{3+})의 착체인 안료가 있다.

근래에 일본의 한 화장품 회사가 판매하는 립스틱이 일본화학회가 발간하는 잡지에 소개된 적이 있다. 특정 회사의 제품이 학회지에 소개된 이유는 기존의 립스틱 성분과는 달리 실리콘 오일 및 실리콘 수지를 기본 성분으로 하는 제품이었기 때문

표 11-6 빨간 립스틱의 조성 예

성분	기능	조성비(%)
카스타(caster) 오일	염료 용해	65
밀납(beeswax)	고형화	15
카르나우바(carnauba) 왁스	고형화	10
라놀린(lanolin)*	완화제	5
염료, 향료	색상 및 향기	5
기타(캡사이신 capsaicin)	도톰함	소량

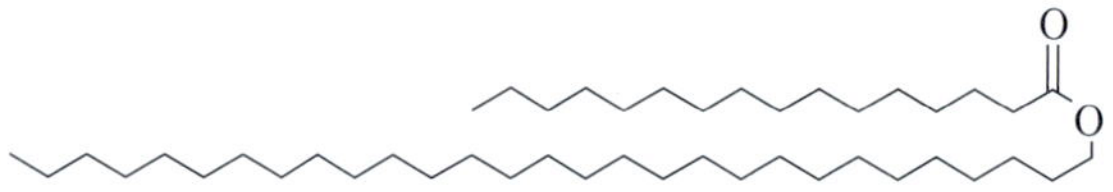

284 밀납 성분 중 하나
Triacontyl palmitate

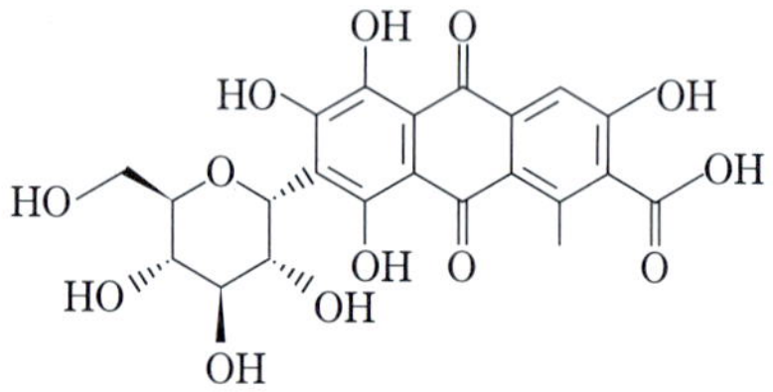

염료 Carmine red

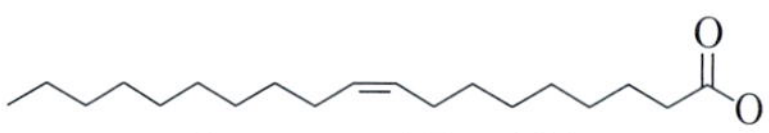

Castor oil의 주요 성분
Ricinoleic acid

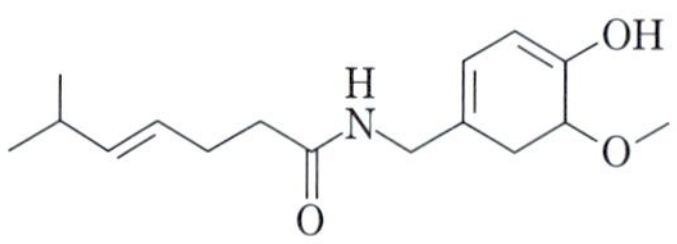

고추의 매운 성분 Capsaicin

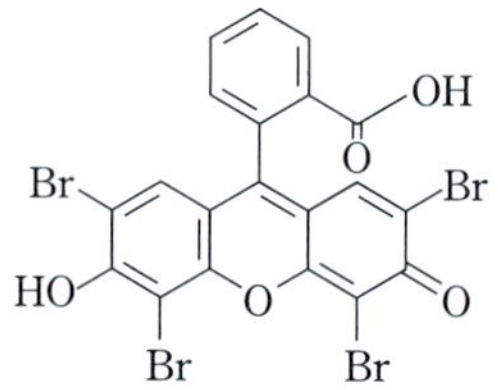

염료 Eosine

*양모의 세척 과정에서 얻어지는 양모 보호제

이다. '색이 약해지지 않고 묻어나지 않는 완벽한 루즈'라는 글의 제목에서 이 제품의 특징을 짐작할 수 있다. 물을 마시거나 식사할 때면 불편을 겪었던 여성들에게 어필한 제품으로서 일본에서 높은 판매율을 기록하였다.

• 화장분(powder)

화장분은 오일 분비물을 덮어 피부가 기름기로 번들거리는 점을 방지하고 부드러운 상태가 되도록 한다. 분가루는 피부에 잘 붙는 고착 성질, 분비물을 흡수하는 성질, 고르게 확산되는 성질을 가져야 한다. 대표적인 화장분 성분은 흡수제로 활석(talc)과 백악(chalk), 수렴제(astringent; 확장된 땀샘, 모공 등을 오므라들게 작용)로 산화아연, 접합제로 스테아르산 아연, 그리고 향료와 염료로 구성된다.

• 눈 화장품

눈을 분장할 때 쓰는 제품으로는 눈썹을 그리는 연필, 속눈썹에 물을 들이는 마스카라, 명암용 도구인 아이섀도가 있다. 눈썹용 연필은 립스틱과 성분이 유사하나 검은 유연(油煙, lampblack)을 염료로 사용한다. 마스카라는 주로 속눈썹을 검게 하는 데 사용되며, 이를 사용함으로써 속눈썹이 보다 긴 모양으로 보인다. 마스카라에는 눈썹용 연필에 사용하는 검은 색깔뿐만 아니라 짙은 녹색(산화 크로뮴과 같은 광물질)과 청색(황화 소듐이 섞인 규산 소듐과 알루미늄) 등의 염료도 사용된다. 대표적인 구성 성분은 40% 왁스(밀납, 카르노바 왁스, 파라핀), 50% 지방산염, 5% 라놀린, 5% 염료 등으로 되어 있다. 아이섀도는 오일, 지방, 왁스를 기본 물질로 하여 만든 혼합물에 염료를 분산시켜 만든다. 성분 조성은 60% 바인더(오일과 젤), 6% 라놀린, 10% 지방과 왁스(코코아 버터, 밀납, 고래기름), 그리고 흰색의 산화아연에 염료를 첨가시킨 물질로 되어 있다.

향수

과거 서양에서는 지금처럼 목욕을 자주 하지 않았다. 향수가 탄생하게 된 이유는 아마도 주로 귀족들 사이에 몸 냄새를 가리려는 시도가 있었기 때문이라고 생각된다. 사실 몸 냄새뿐만이 아니다. 예전에는 하수 시설이나 정화 시설이 정비되어 있지 않아서 우리나라 역시 도시 전체가 퀴퀴한 냄새로 가득 차 있었다. 프랑스 파리 시내의 악취에 관한 내용으로 시작되는 소설을 읽으면서 너무나 구체적이고 섬세한 장문의 묘사에 혀를 내두른 적이 있다. 영화로도 제작되어 많은 사람에게 알려진 '향수-어느 살인자의 이야기'가 그것이다. 이 소설은 '좀머씨 이야기'로 세상에 널리 알려진 파트리크 쥐스킨트(Patrick Süskind)의 처녀작이다. 소설의 첫머리에 주인공이 태어난 18세기 프랑스의 시장 바닥을 짓누르고 있던 악취를 묘사한 대목이 한참 동안 계속된다. 요즘은 청년들도 향수를 사용하는데, 향수는 은은한 것이 좋다. 진한 향수 냄새를 직접 맡아 본 적이 있는 사람은 강한 향기가 얼마나 역겨운지 알 것이다. 일부러 향수를 뿌리지 않아도 젊은 사람에게는 그 자체의 싱그러운 향기가 있다. 심지어 나폴레옹은 조세핀을 만나러 가기 전에 전령을 보내 이렇게 일렀다고 하지 않는가! '내가 갈 테니 목욕을 하지 말고 기다려요.'

그림 11.5는 향수 샤넬 N° 5를 보여주고 있는데, 이 향수는 향수의 역사에서 중요한 이정표를 세웠다. 1921년에 파리의 디자이너 가브리엘 코코 샤넬(Gabrielle 'Coco' Chanel)이 개최한 의상 컬렉션의 주제는 우아함과 단순함이었다. 샤넬 N° 5는 이 의상 컬렉션의 소품으로 등장한 것인데, 향수병의 디자인도 주제에 적합한 이미지를 그녀가 선택한 것이었다. 이 향수를 제조하는 작업은 어네스트 보우(Ernest Beaux)가 맡았는데, 아무도 이때 만들어진 향수가 샤넬의 이름을 불멸의 이름으로 만들 줄은 몰랐다. 샤넬 N° 5는 두 가지 이유로 향수 화학에서 매우 중요하다. 첫째는 향수의 미들 노트(middle note)로 필리핀에서 자라는 나무 일랑일랑의 꽃에서 추출한 오일을 사용한 것이고, 둘째는 탑 노트(top note) 성분으로 합성 향료인 2-메틸운데칸알(2-methylundecanal)을 사용한 점이다. 이 화합물은 알데하이드 종류인데 기분 좋은 냄새를 갖고 있으며, 요즘에는 이 외에도 여러 가지 알데하이드가 탑 노트 성분으로 사용된다. 성분의 세 가지 구분에 대해 조금 더 설명하면,

그림 11.5

향수 샤넬 N°5는 향료 성분으로 인공 합성 향료를 처음으로 도입하여 성공한 제품이다. 전 세계 여성의 사랑을 받아 많은 화제를 낳았는데, 그 중의 하나가 영화 배우 마릴린 먼로와 관련한 것이다. 짓궂은 기자가 물었다. 먼로 양은 잠잘 때 어떤 옷을 입으시나요? 나는 샤넬 N°5만 입어요.(출처: 위키피디아)

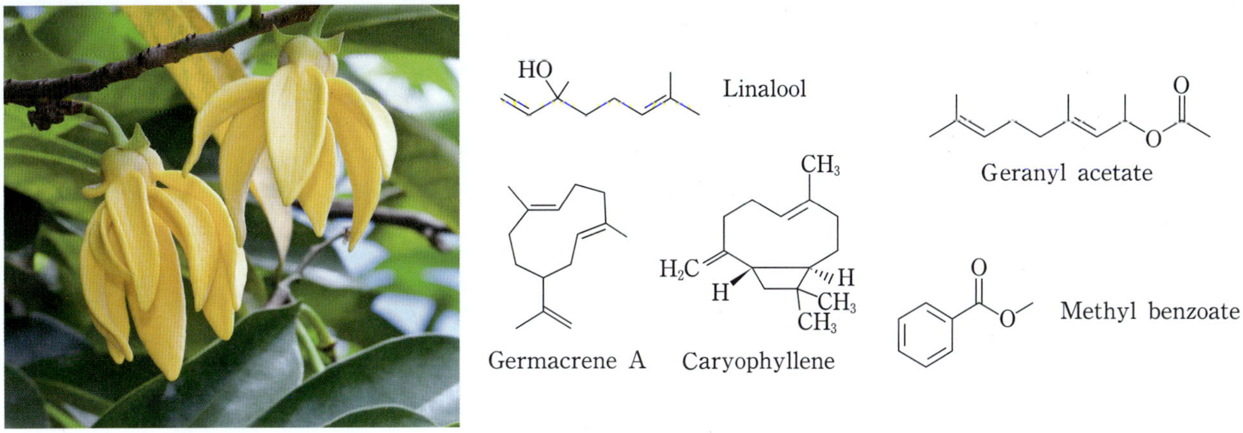

그림 11.6
일랑일랑 꽃의 성분(출처: ©pittaya/Shutterstock)

탑 노트라는 것은 향수의 가장 휘발성이 강한 부분으로, 우리가 가장 먼저 감지하는 향에 해당한다. 미들 노트(middle note)는 감지되기까지 약간 주춤거리는 것으로, 주로 무겁고 압도적인 향을 내는 꽃에서 추출한다. 자스민, 백합, 라일락, 카네이션, 장미, 일랑일랑 등이 그것이다. 베이스 노트(base note)는 향수의 구성 성분 중 가장 휘발성이 낮은 물질로 수지나 왁스 고분자이다. 처음에는 이 향을 눈치채지 못하지만 이것이야말로 가장 감질나고(tantalizing) 에로틱하다. 베이스 노트는 감정을 흔들고 동방의 신비함이나, 한밤의 숲, 성적인 해우를 암시하는 경험을 일으키는 부분으로, 가죽, 이끼, 나무, 눅눅한 습지 냄새 등이 해당된다. 따라서 베이스 노트가 그 향수의 특징 메시지를 가장 밀접하게 전달한다. 또한 이것은 탑 노트와 미들 노트를 구성하는 강한 휘발성 물질을 붙잡아두는 역할을 하며, 향수의 사용 기간 동안 균형적인 향기를 낼 수 있도록 한다.

근래에는 천연물 향수 성분을 합성을 통하여 제조하거나, 천연에는 존재하지 않는 화합물을 합성하여 향수 성분으로 사용하기도 한다. 예를 들면 시베톤(civetone)은 사향고양이(civet cat) 분비물로서 고리 케톤 화합물인데 천연의 것은 매우 고가이다. 근래에는 합성을 통해 8-헥사데칸-1,16-다이카복실산을 고리 구조로 만듦으로써 얻을 수 있는데, 이때 토륨 이온(Th^{4+})을 촉매로 이용한다. 시베톤은 짐승들이 이성을 유혹할 때 분비하는 이성 유인제(sex attractants)이다. 다른 예로써, 제라늄 오일의 주성분인 제라니올과 폼산(formic acid)이 반응하여 생성된 에스터 화합물(폼산 제라니올)은 장미향을 나타낸다. 전형적인 향수는 10~25%의 향료 원액과 75~80%의 알코올로 구성되는데, 너무 빠른 휘발을 막고 처음과 나중의 향이 변함

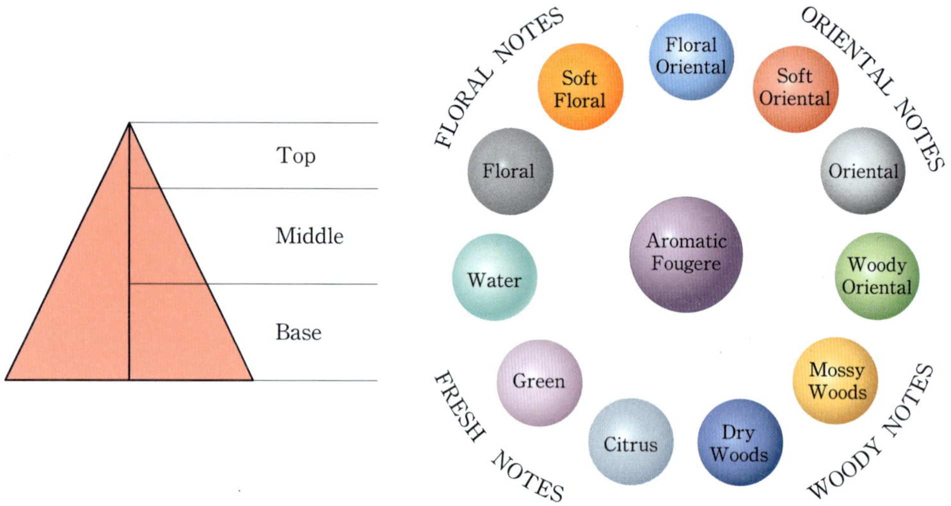

그림 11.7

향수 성분의 구분법. 왼쪽은 휘발성의 차이에 의한 구분으로 가장 휘발성이 강한 탑 노트(top note), 중간의 미들 노트(middle note), 휘발성이 약한 고분자량의 마지막 향인 베이스 노트(base note). 오른쪽은 향기 바퀴(Fragrance wheel): 다섯 개의 대표적인 향기 계열은 플로랄, 오리엔탈, 우디, 푸제르, 프레쉬이다.

없이 유지되도록 교묘한 배합법이 사용된다. 또한 향수에는 알코올이 포함되어 있어서 어느 정도의 살균제와 방부제 역할을 한다.

최근에는 향수의 향기를 의료 목적으로 이용하기도 한다. 향기치료(aromatherapy)라는 이름으로 불리는 이 방법은 꽃잎이나 약초 등에서 추출한 에센셜 오일을 목욕물에 타거나 환부에 발라 그 향을 코나 피부를 통해 흡수하는 것이다. 뇌 속에 전달된 향기 분자는 자극, 진정, 긴장 완화 등을 유발하는 신경 화학 물질의 생성을 촉진하고, 뇌하수체에 영향을 미쳐 호르몬 분비를 조절함으로써 질병 치료 효과가 있다는 것이다. 장미는 생리불순에, 박하는 소화 불량과 근육통 및 관절통에, 노간주나무(juniper)는 생리통과 방광염에, 로즈메리는 면역 결핍에, 라벤더의 꽃은 습진과 피부염, 화상에, 제라늄은 위궤양과 설사에 효과가 좋은 것으로 알려져 있다.

향수와 관련한 광고들을 보면 특히 눈에 띄는 것이 있는데, 바로 페로몬 향수이다. 페로몬이란 동물들이 자신이 만든 화합물을 종족이 같거나 혹은 다른 동물들에게 보내는 화학 신호 물질이다. 대개는 암컷과 수컷 사이에 구애 목적으로 분비하지만, 집합을 알리고 경고할 때도 분비한다. 호르몬이 한 개체 내에서 만들어져서 자기 몸 안의 다른 부위에서 작용하는 것과는 달리, 작용한 개체 밖으로 분비된다는 점에서 페로몬은 호르몬과 구별된다. 포유류 페로몬은 돼지로부터 확인된 안드로스테논(androstenone)이 처음이다. 안드로스테논은 사람의 땀 속에서도 확인되는데 그래서인지 페로몬 냄새를 맡고 돼지가 사람을 따라왔다는 이야기도 있다. 사람

표 11-7 향기 성분의 농도에 따른 향수의 구분

구분	향기 성분(%)	비고
Parfum or extrait (perfume or perfume extract)	15~40	typical 20%
Esprit de Parfum(ESdP)	15~30	a seldom used concentration
Eau de Parfum(EdP), Parfum de Toilette(PdT)	10~20	typical~15%, PdT is a less common term
Eau de Toilette(EdT)	5~15	typical~10%
Eau de Cologne(EdC)	3~8	typical~5%
Perfume mist	3~8	typical non-alcohol solvent
Splash(EdS)	1~3	aftershave

을 대상으로 한 페로몬 연구 결과에서 어떤 남자의 땀 냄새에 대한 여자들의 호불호가 나뉘었다고 한다. 어떤 사람을 유혹하기 위해 향수를 쓸 때는 조심해야 할 것 같다. 어느 만화 영화에서처럼 왕자님을 유혹하기 위해 특별한 마법의 향수를 사용하였는데, 뭔가가 잘못되어서 자신이 가장 싫어하던 남자가 자신을 쫓아다닐 수도 있을 테니 말이다.

향수를 비롯한 향기 상품은 종류가 다양하므로 구입할 때 유의해야 한다. 즉 향수 원액이 얼마나 들어 있느냐에 따라 가격 차이가 크기 때문에 고급 향수를 싼 가격에 준다고 하면 꼼꼼히 내용물을 살펴볼 필요가 있다. 향수는 원액의 농도가 15% 이상인 것을 말하며, 용매는 95% 농도의 알코올이다. 향수 이외의 용도로 사용하는 것들은 원액과 알코올의 농도가 묽어져서, 오데콜론과 애프터쉐이브(스플래쉬)의 경우 원액이 각각 3~8%, 1~3% 정도이며 알코올은 70% 정도이다. 한편 이슬람 국가들은 알코올 사용이 금지되어 있어 향수에서도 다른 용매로 대체하여 시판한다. 표 11-7에 향기 성분의 농도에 따라 다르게 부르는 향수 종류들을 정리하였다.

셀프 선탠제와 자외선 차단제

한때는 피부를 검게 태워야 건강하다는 이론이 지배적이었다. 비타민 D의 생성과 햇볕의 관계가 빠짐없이 거론되었고, 검게 탄 피부는 자신도 바캉스를 다녀왔다는 것을 과시하는 수단이기도 하였다. 필자도 어린 시절에는 강가나 바닷가의 뜨거운 태양 아래에서 물놀이를 즐겼고 여름 방학을 지내는 동안 두 번 정도는 피

부가 벗겨지곤 하였다. 그러나 이제는 피부를 태우는 활동이 피부암을 초래할 수 있다는 사실이 알려지게 되었다. 그렇다 보니 이제는 선크림뿐만 아니라 모이스처라이저, 아이쉐도우, 파운데이션, 립스틱 등 다양한 화장품에도 선크림 성분이 들어 있다. 이렇게 너무 태양으로부터 피부를 가리다 보니 실제로 현대인 중 많은 사람이 비타민 D 결핍 증상을 보인다.

선크림 중에서 피부가 화상을 입지 않고 황갈색으로 변하게 할 목적으로 사용하는 것이 선탠로션이다. 선탠로션은 별도로 구분하지 않고 그냥 선크림으로 부르기도 하는데, 피부 바깥층에 흡수된 후에야 피부를 가장 잘 보호하므로 햇빛에 나가기 30여 분 전에 바르는 것이 좋다. 근래에는 햇빛과는 상관없이 화학적으로 갈색 피부를 연출하기도 한다. 다이하이드록시아세톤이라는 화합물은 피부 단백질의 아미노기와 반응해 갈색의 색소를 만든다. 이를 이용해 햇빛이 없어도 선탠이 가능한 소위 선리스탠(sunless-tan) 또는 셀프 선탠(self-tan)로션이 개발되었는데, 다이하이드록시아세톤 단독으로는 선탠 작용이 우수하지 못해 헤너(잎에서 갈색의 염료를 채취하는 나무)로부터 얻는 로손(Lawsone, 2-하이드록시-1,4-나프토퀴논)과 함께 사용하면 안전하고 효과적인 선리스탠을 할 수 있다.

자외선 차단용 선크림의 활성 성분은 크게 두 가지로 나뉜다. 무기물 성분과 유기물 성분인데, 둘 다 햇빛 화상의 주범인 280~320 nm 범위의 UV-B선은 물론 320~400 nm 범위의 UV-A선에 대해서도 보호 효과를 나타낸다. UV-A선의 빛에너지는 UV-B선보다 약하지만 피부에 더 깊게 침투하기 때문에 장시간 노출 시에는 피부 안쪽까지 화상을 입힌다. 선크림에는 자외선 차단 효과를 나타내는 두 가지 지수가 표시되어 있다. 하나는 SPF(sun protection factor)인데, 이것은 UVB에 대해 2 mg/cm^2의 차단제를 발랐을 때 그렇지 않은 경우보다 피부 홍반 발생이 얼마나 지연되는지 나타낸 지수이다. 즉 SPF 15는 자외선 투과는 1/15로 줄어들고, 홍반은 15배 늦게 발생한다는 의미이다. 다른 하나는 PA(protect A)인데, 이것은 UVA로 인하여 피부에 생기는 흑화 현상을 이용해서 측정한다. PA+~ PA++++의 4단계로 표기하는데, 각각 UVA 차단 지수가 이것을 바르지 않은 것에 비하여 2~4, 4~8, 8~16, 16배 이상의 효과가 있음을 의미한다.

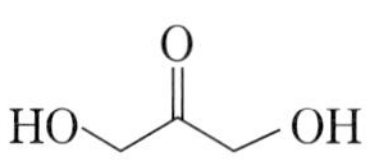

Dihydroxyacetone
(DHA)

그림 11.8
셀프 선탠제 성분인 DHA: 셀프 선탠제는 갈색 피부를 원하지만 따가운 햇볕도 인공 선탠 시설을 이용하는 것도 부담스러운 사람들을 위해 개발된 화장품이다. 이 화장품의 주성분인 DHA는 소위 마이야르(Maillard) 반응으로 피부 단백질의 아미노기($-NH_2$)와 반응하여 황금 갈색의 생성물을 형성한다.

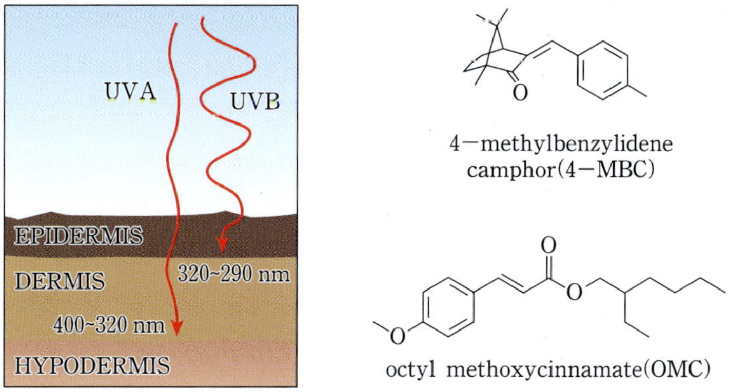

그림 11.9

UVA와 UVB의 구분. 자외선 차단제는 무기물과 유기물이 있는데, 무기물(산화 티타늄, 산화 아연)은 자외선의 반사 및 산란으로 피부를 보호하며, 유기물(4-MBC, OMC (UVB))은 자외선을 흡수하여 열에너지로 발산함으로써 자외선으로부터 피부를 보호한다.

선크림의 무기물 성분으로는 산화 티타늄과 산화 아연이 주로 사용된다. 코에 하얀 가루를 칠한 해군병사나 운동선수의 사진을 본 적이 있을 것이다. 무기물 성분은 자외선을 반사하거나 산란시켜서 피부를 보호한다. 유기물 성분으로는 옥틸 메톡시신나메이트(octyl methoxycinnamate, OMC), 4-메틸벤질리덴 캄포(4-methylbenzylidene camphor, 4-MBC), 아보벤존(avobenzone), 옥시벤존(oxybenzone), 호모살레이트(homosalate) 등이 사용된다. 이들은 자외선을 흡수하여 열에너지로 발산함으로써 피부를 보호한다.

사람만 선크림이 필요한 것은 아니다. 강한 햇빛 속에 가림막도 없이 서 있는 식물은 어떻게 자외선으로부터 자신을 보호할까? 식물도 선스크린제를 사용한다. 안토시아닌이나 카로텐 같은 색소 분자들은 가시광선 영역뿐만 아니라 자외선 영역의 빛도 일부 흡수함으로써 식물을 보호한다. 시금치의 연구에서 새로운 선스크린 분자가 알려졌는데, 여기에는 마치 β-카로텐처럼 생긴 제아잔틴(zeaxanthin)이라는 분자가 있어서 자외선의 위험을 피한다는 것이다. 즉 강한 자외선 때문에 클로로필이 위험해지면 이 분자가 전자를 건네줘서 제아잔틴 양이온 라디칼과 클로로필 음이온 라디칼을 형성한다. 이어서 이 둘 사이에 전하 재결합이 일어나서 클로로필의 들뜸 상태 에너지가 안전하게 열에너지로 발산된다고 한다. 최근에는 펨토(femto, 10^{-15})초 분광학의 발달로 이와 같은 광화학 반응의 중간체를 확인하는 것이 가능해졌다.

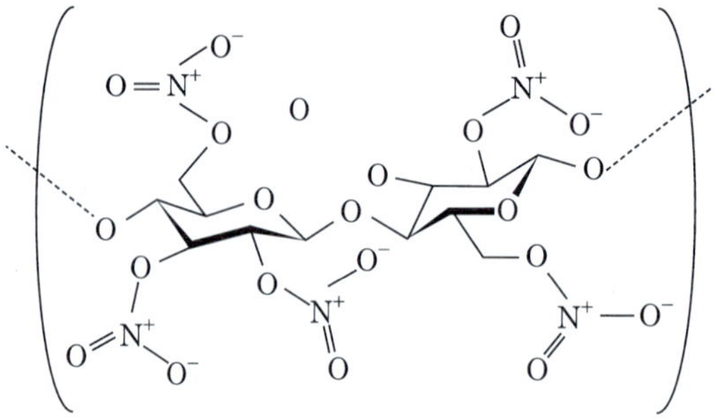

그림 11.10
나이트로 셀룰로스 구조

손톱 광택과 광택 제거제

손톱 광택제는 주로 래커(lacquer) 또는 니스(varnish)인데, 이들은 나이트로셀룰로스, 가소제(plasticizer), 수지, 용매, 염료 등으로 만들어진다. 용매가 증발되면 나이트로셀룰로스, 가소제, 수지, 염료 등이 피막으로 남게 된다. 나이트로셀룰로스는 막이 광택을 내게 하고, 가소제는 막이 잘 부서지지 않게 하기 위해서 첨가된다. 수지로는 나무진(gum) 에스터를 사용하는데, 이것은 송진에 알코올을 넣고 가열하면 얻어진다. 송진 자체는 피부를 자극하고 점막에 독성을 나타낸다.

손톱의 광택 제거제는 손톱 위에 형성된 막을 용해시키는 용매일 뿐이다. 주로 아세톤이나 초산에틸 또는 이들의 혼합물이 사용되는데, 너무 빨리 날아가는 것을 막기 위하여 무거운 용매인 스테아르산 뷰틸과 디에틸렌글리콜 모노메틸 에터를 첨가한다. 어떤 고가의 제품에는 초산아밀, 초산에틸, 벤젠, 올리브유, 라놀린과 알코올이 들어 있는데, 손톱의 피막을 지우기 위해 이런 고가의 제품을 사용할 필요는 없지 않을까 생각된다. 손톱 광택제나 광택 제거제는 가연성이므로 불꽃이나 담뱃불이 있는 곳에서는 절대로 사용하지 않도록 주의해야 한다 .

체취 제거제(방취제)와 면도용 살균제

• 체취 제거제

신체에서 풍기는 냄새는 주로 땀과 함께 몸에서 배출되는 지방의 가수 분해물과 땀샘에서 자라는 박테리아로부터 생긴다. 방취제에는 3가지 종류가 있는데, 땀을 직접 건조시키거나 수렴제(astringents)로서 작용하는 것, 땀의 냄새를 없애기 위해 스

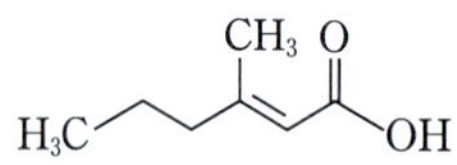

trans-3-Methyl-2-hexenoic acid

그림 11.11
박테리아가 만드는 체취 성분

스스로 향기를 갖고 있는 것, 화학작용으로 냄새나는 화합물을 제거하는 것 등이다. 수렴제로 작용하는 것 중에는 황산 알루미늄 수화물, 염화 알루미늄 육수화물, 이수산화염화 알루미늄, 알코올 등이 있다. 오일과 향료는 냄새를 흡수하거나 없애 준다. 과산화 아연은 아민과 지방산 화합물을 산화시켜 냄새나는 화합물을 제거하는 작용을 하고, 트리클로산 같은 방부제 성분은 냄새의 원인이 되는 박테리아를 없애 준다.

• 면도용 살균제

해로운 세균은 언제나 우리와 함께 존재한다. 다행스럽게도 그들 가운데 대부분은 비병원성 세균들이다. 신체 부위에 따라 다르겠지만 건강한 피부에는 매 cm^2당 백만 개 정도의 미세 유기체가 기생하고 있다. 면도를 함으로써 얼굴 피부에 해로운 박테리아와 해가 없는 박테리아 사이의 균형이 깨지면 나쁜 세균에 의한 감염이 생길 수 있다. 면도용 살균제는 이들 세균을 소멸시키는 작용을 하여 피부 감염을 막는다. 살균제는 알코올류인데, 에탄올은 70% 농도에서 최대의 살균 효과를 나타내는 반면에, 아이소프로필 알코올은 50% 농도에서 최대의 살균 효과를 나타낸다. 이들 알코올은 세균의 세포로부터 탈수작용을 하여 세균을 소멸시킨다. 면도용 살균제의 다른 한 종류는 석탄산수인데, 이것은 페놀 수용액이다. 페놀은 세포의 단백질을 변질시킴으로써 박테리아를 소멸시킨다. 요즘에는 화장비누에도 페놀 유도체가 들어 있는 것이 있다. 멘톨(menthol)을 넣어 주면 손상된 피부의 감각을 둔화시킬 수 있다.

화장품의 감초 라놀린

"같은 호주산 양털을 사용하여 만든 모직이라도 영국제는 뭔가 다르단 말이야." 예전에 신사복을 고를 때 사람들이 이런 말을 하는 것을 들은 적이 있다. 신사복뿐이겠는가! 같은 원료를 사용하더라도 어느 나라 어느 회사에서 만든 제품이냐에 따라 상품의 질이 달라진다. 화장품의 원료인 라놀린(lanolin)에 관한 서두로 신사복 이야기를 한 이유는 라놀린이 바로 양털을 가공하는 과정에서 얻어지기 때문이다.

들판을 돌아다니며 자라던 양의 털에는 갖가지 오물이 묻어 있으므로 당연히 세척 과정을 거쳐서 실을 만들고 이 실로 옷감을 짜게 된다. 세척도 두세 번의 과정을 거치게 되는데 처음에는 오물들을 씻어내고, 다음에는 양들이 자신의 양털을 보호하기 위해 스스로 만들어 낸 유기물 양털 피막까지 적당한 수준으로 벗겨내는 과정(scouring)을 거친다. 이 유기물 피막을 어느 정도, 또 어떤 화학적 방법으로 벗겨내느냐에 따라 모직물의 질감이 달라지는 것이다. 즉 영국제 신사복이 국내산과 다른 질감을 갖는다면 그 원인은 주로 이 유기물 피막의 처리과정에서 차이가 나기 때문이다. 이때 양털의 유기물 피막 성분이 바로 라놀린이다.

건강한 피부를 유지하기 위해서는 피부의 수분 함량이 10% 정도 되어야 한다. 따라서 어느 화장품이든 적당한 보습과 피부 완화 효과는 필수적인데, 이 역할을 담당하는 것이 라놀린이다. 대부분의 화장품에 들어가는 라놀린은 수분이 함유된 양모 지방의 에스터 혼합물이다. 즉 이들은 33개의 서로 다른 긴사슬의 알코올과 37개의 서로 다른 지방산으로부터 만들어진 다양한 에스터들의 혼합물이다. 라놀린의 알코올 성분 중 콜레스테롤은 그 자체의 유리 상태 또는 에스터 형태로서 존재한다. 콜레스테롤은 지방 혼합물이 흡수성을 가질 수 있도록 해줌으로써 라놀린이 우수한 완화제로서 작용하게 된다. 특히 유리 상태의 콜레스테롤이나 하이드록시산 에스터의 –OH기는 이들이 물과 수소 결합을 하여 물 분자를 붙잡아 둠으로써 피부를 촉촉하게 유지시켜 준다.

11.3 모발 화장품

파마(perm)의 원리

요즘은 여학생뿐만 아니라 남학생들도 머리 미용에 관심이 많다. 한때는 젊은이들 사이에서 울긋불긋한 머리색깔이 유행하기도 하였다. 누구나 다양한 색상의 머

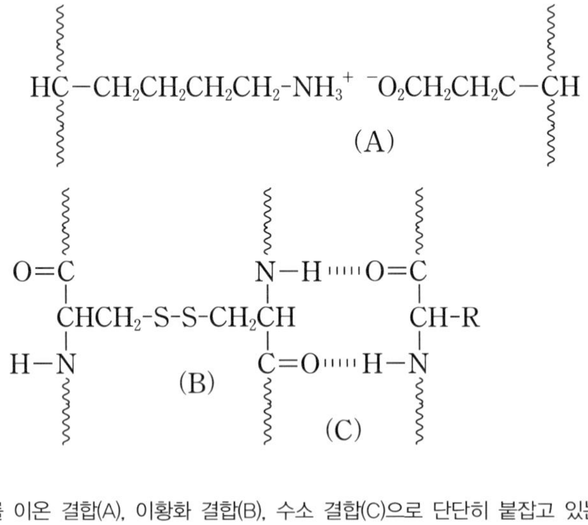

그림 11.12
단백질 사슬 사이를 이온 결합(A), 이황화 결합(B), 수소 결합(C)으로 단단히 붙잡고 있는 구조. 단백질 사슬을 파형 곡선으로 나타냈다.

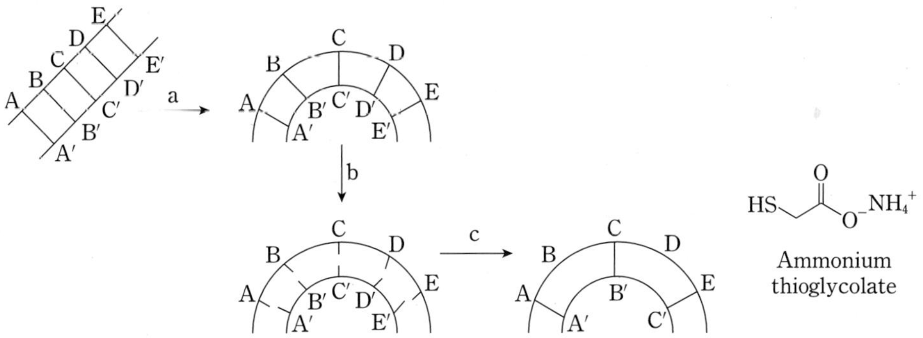

$HSCH_2COO^- + NH_4^+ \rightleftharpoons HSCH_2COOH + NH_3$

단계 b : $RSH + R'SSR' \rightleftharpoons R'SH + RSSR'$

단계 c : $R'SH + R'SH + H_2O_2 \rightleftharpoons R'S-SR' + 2H_2O$

그림 11.13
파마머리가 형성되는 과정을 단순화하여 나타낸 그림이다. a 단계에서 머리를 원하는 모양으로 감아준 다음, b 단계에서 환원제를 써서 –S–S– 다리 결합을 –SH + HS–로 끊는다. 끊어진 사슬이 이동한 다음 c 단계에서 다시 산화제를 써서 –S–S– 결합을 형성시키는데, 이때는 사슬이 이동하였기 때문에 원래의 위치가 아닌 구부러진 위치에서 결합한다.

리칼, 다양한 형태의 머리 모양을 취향에 따라 선택한다. 하지만 예전에는 중고등학생은 물론 대학생도 두발 형태를 자신의 취향대로 선택할 수 없었다. 필자가 대학생이었을 때에는 장발이 유행이었는데, 이것이 단속 대상이었다. 친구들과 함께 남이섬에 놀러 갔다가 경찰의 장발 단속에 걸렸던 기억이 난다. 운이 좋아서 훈방으로 풀려나긴 했지만, 이때는 대학생이라도 종종 머리에 고속도로를 낸 듯이 머리카락이 깎이곤 하였다.

손톱과 머리칼이 둘 다 딱딱한 이유는 다음 그림에서 알 수 있듯이 단백질 분자들 사이를 강하게 붙잡아 두는 이온 결합, 수소 결합, 이황화 결합(–S–S– 다리 결합) 때문이다. 하지만 머리카락이 젖어 있을 때는 물 분자가 단백질 사슬 사이로 들어가서 가소제(plasticizer) 역할을 하며, 또한 물 분자가 이온 결합 사이에 끼어들면서 각질이 팽윤되어 건조해 있을 때보다 길이가 길어진다. 그리고 건조한 머리카락과는 달리 유연하게 원하는 형태로 움직여 준다. 하지만 머리에 물을 묻혀서 만든 머리스타일은 파마머리처럼 오래 유지되지 않는다. 이것은 앞에서 머리카락의 구조를 설명할 때 단백질 사슬 간의 강한 결합이 세 종류 있다고 한 것과 관련이 있다. 즉 물 분자는 수소 결합과 이온 결합은 약하게 하지만 이황화 결합을 끊지는 못하기 때문이다. 따라서 파마머리는 이들 이황화 결합을 일단 끊었다가(환원 반응), 형태를 잡은 상태에서 다시 –S–S– 결합을 이어주는(산화 반응) 과정으로 형성되는 것이다. 이 과정을 그림 11.13에 나타냈다.

가장 흔히 사용되는 환원제로는 싸이오글리콜산 암모늄(ammonium thioglycolate)이 있으며, 산화제로는 과산화 수소, 붕산 소듐, 브롬산 소듐이 있다. 파마 후에 세척할 때는 중성세제로 먼저 씻은 다음 산성 세제로 마무리 린스를 한다. 산성도(pH), 향기, 색깔을 조절하기 위해서 산화 용액과 환원 용액에 여러 가지 첨가물을 넣어서 사용한다.

모발의 표백과 착색

머리카락의 색깔은 멜라닌 색소가 결정한다. 멜라닌 색소는 두 종류가 있는데, 하나는 검은색의 유멜라닌(eumelanin)이며 다른 하나는 노란색의 페오멜라닌(pheomelanin)이다. 이들의 상대적인 양에 따라 머리칼의 색깔이 결정된다. 짙은 검은 머리칼에는 유멜라닌이 지배적이고 밝은 금발색에는 페오멜라닌이 지배적이다. 그리고 색깔의 깊이는 색소 미립자의 크기에 따라 좌우된다.

머리카락의 색깔을 바꾸는 한 가지 방법은 검은색의 유멜라닌 색소를 과산화 수소 용액으로 표백시키는 것이다. 이때 산화 반응에 의해서 유멜라닌 색소가 파괴되어 무색으로 되기 때문에 또 다른 머리칼 색소인 페오멜라닌 색소가 색깔을 지배하게 된다. 하지만 이 방법은 머리카락의 색깔을 변화시킬 뿐만 아니라 머리카락의 구조를 파괴하여 머리카락이 부스러지고 거칠어지게 된다.

머리카락 염색에는 머리카락 표면만 착색시키는 일시적인 착색법과 머리카락 섬유에 침투되는 염료에 의한 반영구적인 착색법이 있다. 일시염료는 착체 구조에 따라 다양한 색깔을 나타내는 유기물 코발트 또는 크로뮴 착체이며, 영구 염료는 머리카락 내에서 기본 물질과 커플링제의 산화 반응으로 생성된다. 기본 물질로는 *p*-페닐렌디아민(1,4-diaminobenzene)이 사용되었지만, 최근에는 2,5-디아미노톨루엔(2,5-diaminotoluene)으로 대체되었다. 산화제(과산화 수소/암모니아)를 사용

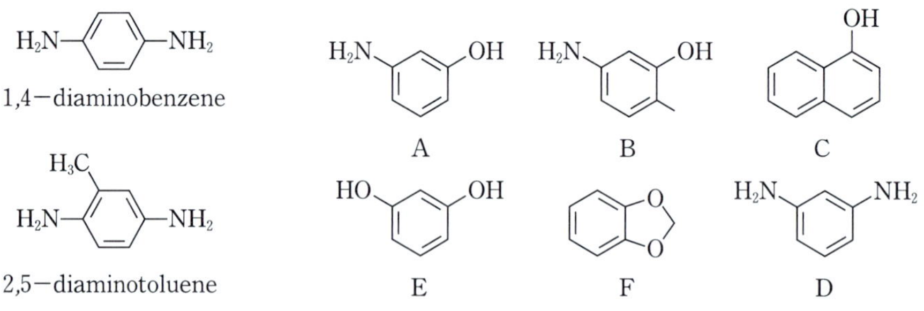

그림 11.14

영구염료 생성에 사용되는 기본 물질과 커플링제(A~F). 기본물질과의 반응으로 A~C는 붉은색, D, E는 연노란색, F는 파란색을 나타낸다.

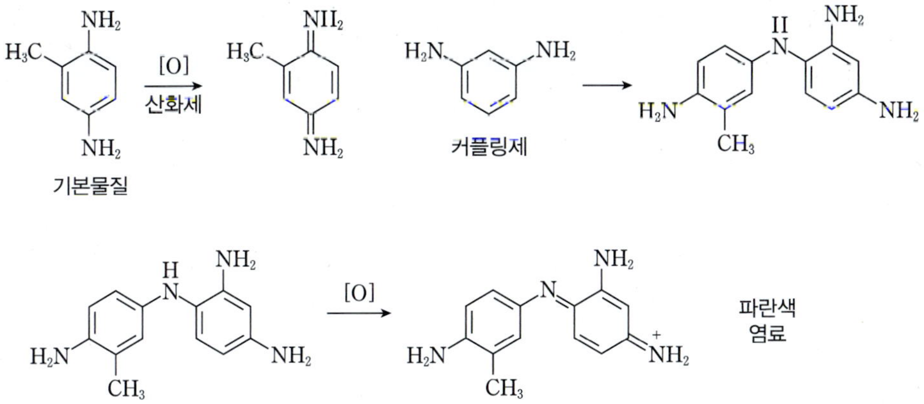

그림 11.15
파란색 염료의 생성 예

하여 이 기본 물질과 어떤 커플링제를 반응시키느냐에 따라 다양한 색깔의 영구 염료가 생성된다. 즉 기본 물질과 그림 11.14의 화합물 중 A, B, C와 반응하면 붉은색, D, E와 반응하면 연노란색, F와 반응하면 파란색이 나타난다. 기본물질로 2,5-디아미노톨루엔을 사용한 파란색 염료의 생성 예를 그림 11.15에 나타냈다.

헤어 스타일링제

헤어스프레이는 주로 고분자 수지(어원은 '송진 같은 나무 기름'이란 뜻이지만, 현재는 합성 고분자를 포함하는 의미로 확대되었다)를 휘발성 용매에 녹인 용액으로, 머리칼에 분무시켰을 때 용매는 증발되고 수지가 머리카락을 고정시키는 막을 만든다. 헤어스프레이에 흔히 사용되는 수지는 바이닐피롤리돈(N-vinylpyrrolidone)의 중합으로 만들어진 폴리바이닐피롤리돈(PVP) 고분자이다. 첨가물로 가소제, 방수제, 용액 분사용 압축가스(propellant) 등이 쓰인다. 가소제는 고분자 막이 더 유연성을 갖도록 해주고, 실리콘 오일은 머리카락이 광택을 내도록 하며, 압축가스로 LPG가 주로 사용된다. PVP는 물에 녹으며, 우리 몸이 거부 반응을 거의 일으키지 않으므로 생체용 고분자로 널리 사용된다. 10장에서 다루었던 소

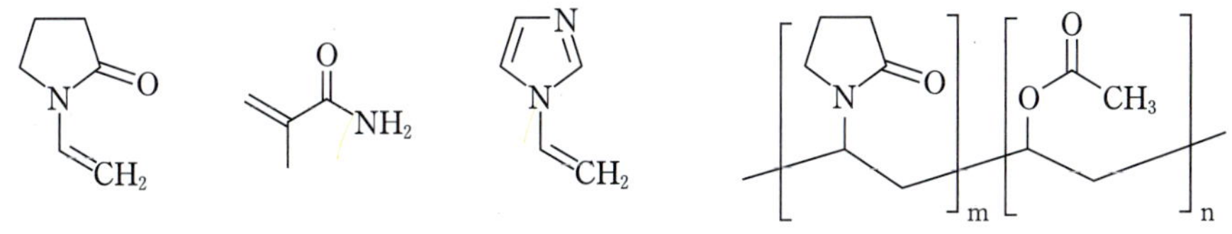

그림 11.16
헤어 스타일링제로 사용되는 몇 가지 화합물. 바이닐피롤리돈, 메타크릴아미드, N-바이닐이미다졸, 바이닐피롤리돈-비닐 아세테이트 공중합체의 구조식

표 11-8 헤어스타일링제의 종류와 특징

종류	특징
헤어왁스	왁스는 젤만큼 견고하지 않음
헤어무스	고분자, 물, 양이온 레진, 유화제(emulsifier)
포마드	석유 젤리(녹는점 37℃ 이하의 탄화수소 혼합물)
헤어젤	수용성 양이온 고분자 젤
헤어스프레이	CFC 대체로 알코올이나 탄화수소 용매 사용
헤어볼류마이저	고분자와 더불어 흡습제 포함

독약 아이오딘포어스(포비돈)는 이 고분자와 아이오딘의 수용성 착물이고, 이 고분자 수용액은 응급 시 인공 혈장으로도 사용된다. 다만, PVP는 습기를 흡수하는 경향을 지녀서 그림 11.16의 구조처럼 바이닐피롤리돈과 바이닐 아세테이트를 60/40의 비율로 공중합하여 흡습성 문제를 해결하기도 한다.

헤어젤은 주성분으로 양이온 고분자를 사용한다. 양전하 사이의 반발력이 고분자를 직선형으로 펼치게 하여 점도를 높여줄 뿐만 아니라 양(+)전하는 머리카락의 케라틴을 구성하는 단백질의 음(−)전하와 강하게 결합하게 한다. 이 고분자가 물에 용해되어 있는 젤을 머리에 발라서 머리카락의 형태를 고정하는데, 유기용매를 사용하지 않기 때문에 헤어스프레이보다 환경친화적이다. PVP, N-바이닐이미다졸, 메타아크릴아미드 등의 공중합체가 사용된다. 그 외의 헤어스타일링제의 종류와 특징을 표 11-8에 간단히 나타냈다.

화장품에 관한 두 가지 논점: 보존제 프리(preservative-free), 동물실험 프리(cruelty-free)

• 화장품 보존제 논란

피부 크림이나 눈 화장품, 샴푸 등에도 장기 보존을 위해 방부제를 넣는다. 방부제의 역할은 화장품의 오염을 차단하여 사용자들을 감염, 발진, 그 외에 다른 미생물에 의한 공격으로부터 보호하는 것이다. 하지만 방부제의 사용에 대한 비판 또한 만만치 않은데, 그것은 방부제가 환경호르몬이어서 내분비계를 교란하거나 암을 유발할 수 있다는 우려 때문이다.

논란의 대상인 대표적인 방부제로는 메틸 파라벤(methyl paraben: 화학명은 methyl *p*-hydroxybenzoate)이 있다. 논란의 시작은 2004년에 '*Journal of Applied*

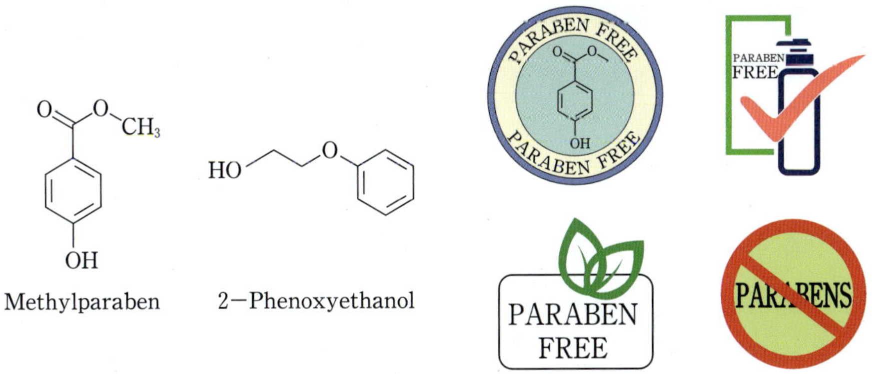

그림 11.17
메틸파라벤과 이의 대체물질로 거론되는 2−페녹시에탄올의 화학 구조. 오른쪽은 파라벤이 사용되지 않음을 나타내는 다양한 심벌(출처: 위키피디아)

Toxicology'에 실린 영국 리딩 대학의 필리파 다버(Philippa Darbre) 박사의 논문이다. 이 논문에서 한 여성의 유방암 조직에서 발견된 메틸 파라벤이 겨드랑이용 화장품의 사용과 관련이 있을 수 있다고 언급되었던 것이다. 이 물질은 화장품뿐만 아니라 식품 보존제로도 사용된다. 자연에서는 메틸파라벤이 곤충의 페로몬으로 작용한다. 다버 박사의 발표 이후에 이 물질이 알레르기를 유발하고, 성호르몬으로 작용하며, 자외선 UVB에 의해 피부 노화와 DNA 손상을 가져올 수 있다는 보고가 이어졌다.

폼알데하이드와 폼알데하이드를 만들어 내는 첨가물도 암을 유발할 수 있다는 우려 때문에 공격을 받는 방부제이다. 2009년에 미국의 시민단체연합이 안전한 화장품 캠페인을 벌이면서 48개의 어린이용 샴푸와 비누 제조업체들을 비난하는 성명을 발표하였다. 이들이 비난한 회사에는 존슨앤존슨(Johnson & Johnson), 로레알(L'Oreal) 등도 포함되었는데, 이들 회사의 제품에서 암을 유발하는 폼알데하이드가 검출되었다는 것이다. 폼알데하이드를 만들어 내는 화학 물질로는 디엠디엠 하이단토인(DMDM hydantoin), 4차 암모늄−15(quaternium−15), 이미다졸리디닐 유레아(imidazolidinyl urea), 디아조리디닐 유레아(diazolidinyl urea) 등이 있다.

한편 허용 범위 내에서의 방부제 사용이 절대적으로 필요하다는 목소리도 높다. 지금까지 방부제 사용 덕분에 균에 의한 감염을 방지할 수 있었는데, 앞으로 화장품 보존제 사용에 소홀함이 생긴다면 사용자의 피해가 우려된다는 것이다. 소비자들의 우려가 커지자 파라벤이나 폼알데하이드를 대체할 방부제로 페녹시에탄올(phenoxyethanol)을 사용하는 곳이 많아졌는데, 그럼에도 불구하고 이러한 논란이 이른 시일 내에 해소될 것 같지는 않다. 이 물질도 알레르기, 뇌기능 저하, 구토 및 설사를 유발할 수 있다는 보고가 있었기 때문이다.

그림 11.18
토끼 그림은 동물실험을 하지 않은 제품임을 인증하는 심벌이다.

• 화장품 동물실험 반대 운동

2013년 어느 날 'EU-동물실험 화장품 판매 금지'라는 제목의 신문 기사가 게재되었다. 앞으로 동물실험을 거친 화장품 성분을 함유하는 화장품은 EU에서 판매할 수 없다는 내용이었다. 2013년 3월 11일, EU 위원회는 마침내 EU 시장에서 동물실험 화장품 철수를 위한 마지막 단계의 조치를 단행하였다. 이미 EU 위원회에서는 2004년에 완제품 화장품의 동물실험을 금지하였고, 2009년에는 화장품 성분의 동물실험도 금지하였다. 하지만 일부 성분에 대해서는 동물실험을 대체할 만한 안전성 테스트 방법이 없다는 업체의 주장 때문에 지금까지 유예 기간을 두었던 것이다. 여전히 일부 성분에 대한 동물실험 대안이 마련되지 않았지만 EU 위원회는 전면 금지령을 내렸다. 당연히 동물실험을 반대해 온 단체들은 환영하였고 이 조치가 미국이나 다른 나라들을 압박하여 확산되기를 바라고 있다. EU 시장에서 화장품을 팔기 위해서는 이 조치를 따르지 않으면 안 되기 때문이다. 물론 화장품 업계는 이렇게 되면 일부 화장품의 안정성을 보장할 수 없다고 반발한다.

동물실험 반대론자들은 다음과 같이 주장하며 대체 방법을 제시한다. 외과 수술 과정에서 받을 수 있는 사람의 피부조직을 실험용으로 사용하면 동물실험보다 빠르고 비용이 적게 정확한 실험을 실시할 수 있다는 것이다. 엄격히 관리된 환경에서 시험관 배양 세포를 사용하는 *in vitro* 실험으로도 안전성 검사를 할 수 있다. 또한 이미 안전하다고 알려진 20,000여 개의 성분을 활용하는 것만으로도 충분한데, 화장품 회사는 이윤을 높이기 위해 계속 새로운 성분을 미량 첨가하는 것으로 가격을 높이고 있다. 선택은 소비자들의 손에 달려 있다.

12

자동차

굿이어(Goodyear)와 브리지스톤(Bridgestone)

자동차 도장 처리의 한 장면(출처: ©UfaBizPhoto/Shutterstock)

자동차의 도장은 보통 4개 층의 코팅으로 구성된다. 가장 먼저 철판 위에 전착도장(electrodeposition) 층을 입힌 다음, 초기 코팅제(primer surfacer)를 입히고 그 위에 컬러 코팅(colored base coat)을 한다. 마지막으로 투명한 보호층(clear coat)을 코팅하여 마무리 한다. 자동차 코팅제와 코팅 기술은 자동차의 성능이나 디자인 못지않게 소비자의 마음을 움직이는 중요한 요소이다.

자신의 자동차를 갖고 싶은 마음은 누구나 마찬가지일 것이다. 필자가 일본에서 연구원으로 있을 때, 같은 연구 그룹에서 일하던 미국인 친구에게 본국에 계신 어머니로부터 생일 선물이 왔다. 차를 갖고 싶어 하는 아들의 마음을 헤아린 것일까? 작은 모형자동차였다. 성인이 된 아들에게 모형자동차를 선물한 것도 내겐 신기한 일이었는데, 조그만 카드에 쓴 글귀는 더욱 재미있었다. '이 자동차를 물에 집어넣으면 실제 크기의 자동차가 된단다.'

예전보다 운송 수단이 얼마나 발달하였는지, 그리고 이들이 현재 우리 생활과 얼마나 밀접한 관계를 맺고 있는지, 새삼 언급할 필요가 없을 듯하다. 물론 발달된 운송 수단과 잘 갖추어진 도로망도 우리가 빠르고 쾌적한 교통 문화를 누릴 수 있게 된 이유이다. 필자는 초등학생이었던 1960년대 말, 할아버지를 따라 처음으로 서울 구경을 하였다. 지금은 서해 대교가 개통되어 서울에서 자동차로 1시간대의 거리가 되었지만 당시 충청도의 한 농촌에서 아침 일찍 출발하면 서울의 큰집에 도착하였을 때는 꽤 늦은 밤이었다. 길이 좋아지고 운송 수단이 빨라졌을 뿐만 아니라 이제는 자동차나 지하철 없이는 하루도 생활하기 불편한 정도로 운송 수단은 우리의 생활과 밀접하게 관련되어 있다.

운송 수단에도 다양한 종류가 있으나, 이 장에서는 우리의 생활과 가장 밀접한 자동차를 중심으로 운송 수단과 관련된 화학적 요소들을 생각해 보고자 한다. 자동차가 생활필수품이 된 현시대에서 자동차는 어떻게 만들어졌으며, 어떻게 움직이고, 어떻게 유지하고 관리하여야 하는지를 숙지하는 일은 분명 생활에 도움이 될 것이다.

12.1 자동차 재료

지난 세기 동안의 과학·기술의 발전이 그대로 운송 수단의 발달로 이어졌다. 새로운 합금기술의 발달로 보다 강한 금속이 만들어졌으며, 석유공업화학의 발달로 다양한 합성수지와 연료가 개발되었다. 실리콘을 비롯한 원소들의 새로운 물성을 발견함으로써 반도체 칩의 출현을 이끌었으며, 이 칩은 교통신호등의 제어장치, 항공교통 통제장치, 자동차 엔진의 연료-공기 혼합비 조정장치 등에 반영되었다. 현재의 자동차는 단순히 이동만을 위한 기계적인 장치가 아니라 최첨단 과학기술이 집합된 지능형 이동 수단인 동시에 생활공간의 일부가 되었다.

최근의 자동차 제조에 사용되는 재료는 크게 금속합금, 고분자, 세라믹·유리, 그리고 이들의 복합재료로 나누어진다. 조금 더 구체적으로 가장 많이 사용되는 다섯 가지 세부 재료는 강철, 플라스틱, 알루미늄, 고무, 유리이다. 하지만 최초로 만들어진 자동차는 사실 나무와 철로 만들어진 마차에 모터를 장착한 것에 불과하였다. 자동차 문화가 확산되고 사람들은 성능, 승차감, 외양과 내구성에 더욱 관심을 지니

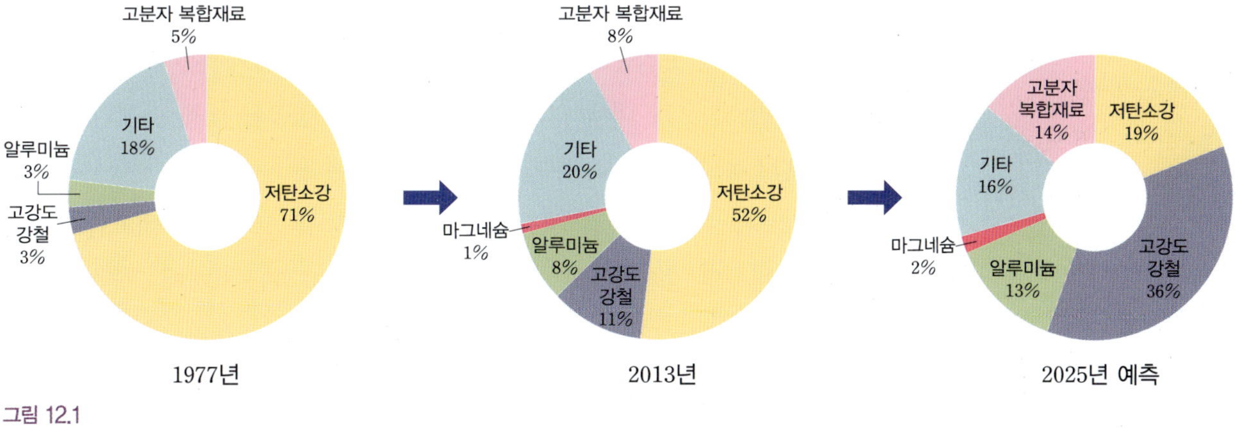

그림 12.1
1977년과 2013년 자동차 재료의 변화와 2025년 예측 비교

게 되었으며, 재래식 소재들이 새로운 신소재들로 대체되기 시작하였다. 1920년대와 1930년대에는 무거운 기계들을 옮기기 위해 강력한 엔진이 자동차에 장착되었다. 리무진이나 오픈카의 무게는 보통 2~4톤 정도였다. 1950년대와 1960년대에는 자동차의 증가와 더불어, 자동차에 에어컨, 동력의자, 동력 창문, 사치스런 카펫을 깔게 되어 차의 무게가 늘어나고, 이에 따라 출력이 더욱 강한 엔진이 필요하게 되어 연료소모는 늘어만 갔다. 저렴하였던 가솔린의 가격도 과소비를 부추겼다. 그러던 세태가 1973년 제1차 오일쇼크를 겪으면서 변하기 시작하였다. 8기통 엔진이 사실상 사라지고 가솔린보다 디젤 자동차가 인기를 끌게 되었으며, 소형차가 자동차 시장의 많은 부분을 점유하게 되었다. 또한 무게를 줄이기 위해 가볍고도 강한 새로운 소재의 사용이 늘어났다.

1977년과 2013년에 각각 사용된 자동차 재료와 2025년의 예측 재료 비율을 그림 12.1에 나타냈다. 가장 많이 사용한 재료는 저탄소강인데 1977년에 71%를 차지하던 것이 2013년에는 52%로 줄었다. 두 연도에서 다른 재료의 사용 비율을 살펴보면 고분자 복합재료가 5%에서 8%로 늘었고, 알루미늄이 3%에서 8%로, 고강도 강철이 3%에서 11%로 크게 늘었다. 새롭게 주목을 받게 된 마그네슘이 등장해서 1%를 차지하였다. 기계적 강도는 향상되면서도 무게는 가벼워지는 신소재들이 등장한 것이다. 이러한 경향이 2025년이 되면 더욱 두드러져서 저탄소강은 19%까지 줄고 고강도 강철은 36%로 늘어날 것으로 예측되며, 고분자 복합재료와 알루미늄, 마그네슘도 그 비중이 꾸준히 증가할 것으로 예측된다.

고분자 복합재료의 경우 2013년 기준 무게비로는 전체 사용 재료의 10%에 미치지 못하지만 부피로 보면 훨씬 비중이 크다. 이전에는 플라스틱으로의 대체를 생각할 수 없었던 부품까지 금속을 대체하고 있다. 나일론 플라스틱으로 만든 실린더 커버와 공기 흡입구 다기관(多岐管, manifold), 페인트 코팅이 필요 없는 플라스틱 미러 하우징은 물론, 독일의 프라운호퍼(Fraunhofer) 프로젝트 그룹에서는 알루미늄 엔진 부품을 강화 플라스틱으로 대체하기도 하였다. 자동차 경량화 대체 소재의 기존소재 대비 중량 감소율과 상대적 비용을 표 12-1에 나타냈다.

표 12-1에서 보여 주는 것처럼 저강도 스틸(저탄소강)을 고강도 스틸(고탄소강)로 대체하는 데는 비용의 증가가 없는 반면에 중량 감소 효과는 10%에 그친다. 저탄소강을 알루미늄 소재로 대체하면 중량 감소율은 40~60%로 높은 반면에 비용은 1.3~2배 증가한다. 그동안 가장 큰 경량화 효과를 나타낸 것은 알루미늄 소재였다. 알루미늄, 마그네슘, 유리강화 플라스틱, 그라파이트 강화 플라스틱, 티타늄으로 갈

표 12-1 경량화 대체 소재의 기존 소재 대비 중량 감소율과 상대적 비용

경량화 대체 소재	기존 소재	중량 감소율(%)	상대적 비용(재료, 생산비 포함)
고강도 스틸	저강도 스틸	10	1
알루미늄	스틸, 주철	40~60	1.3~2
마그네슘	스틸, 주철	60~75	1.5~2.5
마그네슘	알루미늄	25~35	1~1.5
유리강화 플라스틱	스틸	25~35	1~1.5
그라파이트 강화 플라스틱	스틸	50~60	2~10+
티타늄	합금 스틸	40-55	1.5~10+

수록 더 큰 경량화 효과를 볼 수는 있지만 문제는 비용이다. 앞으로 환경오염 문제가 더욱 강화되고 전기자동차가 많이 보급되면서 경량화의 중요성이 더 커지면 고경량화 소재의 비용 문제도 어느 정도 해결될 것으로 생각된다.

자동차에 사용되는 고분자 중에 고무가 차지하는 비중이 적지 않다. 우선 타이어를 생각하게 되는데 타이어도 지면과 닿는 부분, 옆면, 내부에 각각 다른 물성의 고무가 요구된다. 이 외에도 다양한 부품에 다양한 소재의 고무가 필요한데, 예를 들어 창문 밀폐성, 공기 투과성, 마찰력, 내후성, 내약품성, 내충격성 등 부품에 따라 요구되는 물성이 다르기 때문이다. 표 12-2에 자동차에 사용되는 고무 고분자를 나타냈다. ISO 1629 코드는 전 세계적으로 부르는 종류별 고무의 약칭이다.

그림 12.2는 흡음재의 원리를 보여 준다. 외부의 소음을 차단하기 위해 크고 작은 기공을 갖는 구조의 가교화 폴리에스터를 사용한다. 이들 접착포는 폴리우레탄, 유리 섬유, 천 등과 함께 헤드라이닝의 적층 구조에도 사용된다.

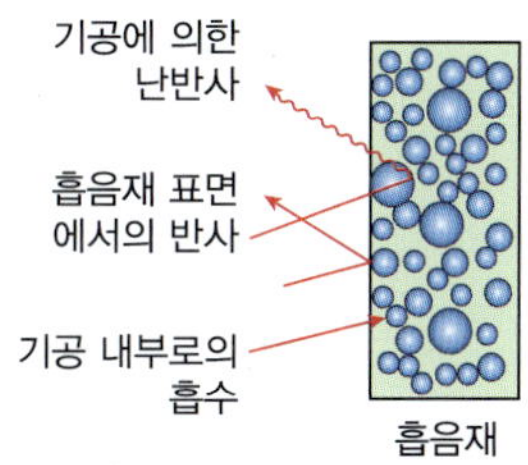

그림 12.2
흡음재의 원리

표 12-2 자동차에 사용되는 고무 고분자

고무 고분자	용도	ISO 1629 Code
시스-폴리아이소프렌	몸체 마운트, 타이어	IR(Isoprene Rubber)
폴리클로로프렌	부즈와 주름통	CR(Chloroprene Rubber)
에틸렌, 프로필렌, 뷰타다이엔 삼중고분자	창문 밀폐, 범퍼	EPDM(Ethylene Propylene Diene Monomer)
에피클로로하이드린 고무	맥퍼슨 버팀 부싱	ECO(Epichlorohydrin)
실리콘 고무	연료 라인, 점화선	SI(Silicone Rubber)
플루오린 고분자	밸브대 밀봉, 연료 라인	FEP(Fluorinated Ethylene-Propylene)
뷰틸 고분자	타이어 내부 고무	IIR(Isobutene Isoprene Butyl)

12.2 자동차 엔진과 연료

엔진의 종류와 연료

자동차는 엔진이 내는 동력으로 움직인다. 엔진은 연료가 있어야 힘을 내는데 어떤 연료를 쓰느냐에 따라 엔진의 종류가 달라진다. 가솔린 엔진은 점화 플러그에 의한 스파크로 연료를 연소시킨다. 디젤 엔진은 공기의 압축에 의한 고온 발생으로 연료를 자연 발화시킨다. 제트 엔진이나 가스터빈은 연속 점화 방식으로 연료가 연소된다. 당연한 일이지만 이처럼 연료와 연소 방식, 엔진의 구조에는 상호 밀접한 관련이 있다. 엔진의 구분 방식으로 피스톤이 왕복 운동하는 피스톤 엔진과 삼각형 모양의 회전체가 회전 운동하는 로터리(또는 방켈) 엔진으로 구분하기도 한다. 피스톤 엔진은 연료의 연소 과정을 한 번 수행하는 동안(1 사이클) 피스톤이 몇 번 이동하는지에 따라 2, 4, 6 행정(行程) 엔진으로 구분하기도 한다. 예를 들어 가솔린 엔진이 연료의 흡입, 압축, 점화, 배기를 거쳐서 연소 과정이 완료된다면 4행정 엔진이다.

자동차의 가장 큰 연료 공급원은 잘 알다시피 석유이다. 그 외에 석탄, 바이오 연료, 수소 발생원 등도 다른 공급원이다. 석유로부터 얻어진 가솔린, 디젤(경유), LPG(액화석유가스), CNG(압축천연가스) 등이 자동차에 쓰인다. 석탄으로부터도 가솔린과 디젤(Fischer-Tropsch process)이 얻어진다. 근래에는 바이오 연료로부터도 가솔린을 대체하는 바이오뷰탄올, 석유 디젤을 대체하는 바이오디젤, 바이오에탄올, 바이오메탄올, 바이오 가스 등이 얻어진다. 수소 연료는 항공 로켓뿐만 아니라 연료전지에 사용되면서 수요가 증가하여 공급원에 대한 관심도 높아졌다. 특히 태양 에너지를 이용하는 물의 전기 분해나 수소를 생산하는 해조류 등에 대한 연구가 활발하다.

가솔린 연료

• 옥탄가

가솔린 엔진은 가솔린과 공기 혼합물을 점화 플러그를 통해 고전압 스파크로 점화하여 태운다. 이때의 폭발 에너지가 피스톤을 움직인다. 점화 타이밍뿐만 아니라, 연료와 공기의 주입 밸브와 연소 기체의 배기 밸브가 각각 열리는 시기도 적절한 성능 발휘에 중요하다. 가솔린 엔진은 디젤 엔진보다 복잡하기 때문에 생산원가와 수

리비가 비싸지만, 추울 때 시동이 잘 걸리고, 순발력이 좋으며, 엔진 연료 조절장치의 감응성이 좋다. 초기의 가솔린 엔진에서는 스파크로 점화되기 전에 조기 점화에 의한 폭발로 노킹(knocking) 현상이 발생하여 많은 소음과 진동이 발생하였다. 이후 사에틸납(tetraethyl lead)을 가솔린에 섞으면 강력한 노킹 방지 효과가 나타난다는 것을 발견하였다. 사에틸납이 연소하면 미세하게 쪼개진 입자 에어로졸 형태의 일산화납(PbO)이 만들어지는데, 이 일산화납 입자가 스파크 타이밍을 벗어난 폭발에 의한 탄화수소의 연쇄 반응을 효과적으로 차단하는 것이다. 더구나 연료의 옥탄가(octane number, 가솔린의 안티노킹 효율성을 나타내는 수치)를 높이는데 단지 소량의 사에틸납으로도 충분하기 때문에 사에틸납은 연료 첨가물로써 매우 인기가 있었다. 그러나 1975년 초에 환경보호연합이 정한 규정에 따라 사에틸납을 포함하여 질소산화물, 연소되지 않은 탄화수소, 일산화 탄소 등의 허용 한도가 결정되어 이를 규제하게 되었다. 사에틸납의 사용은 중금속으로 환경을 오염시킬 뿐만 아니라 자동차 배기 장치에 부착된 촉매 변환기를 납 성분이 오염시키므로 그 성능을 저하시킨다. 요즘에는 연료의 질을 높여서 옥탄가를 개선하였고, 또한 납이 들어 있지 않은 첨가물인 MTBE(methyl *t*-butyl ether)의 개발로 더는 사에틸납을 사용하지 않게 되었다. 최근에 출고되는 가솔린 자동차는 모두 납 성분이 없는 무연(無鉛) 휘발유를 사용한다.

옥탄가는 두 가지 방법으로 측정하는데, 연구옥탄가(RON: Research Octane Number)와 모터옥탄가(MON: Motor Octane Number)이다. 옥탄가의 기준값은 아이소옥테인(isooctane)이 100, *n*-헵테인(*n*-heptane)이 0이다. 연료의 노킹 저항성이 아이소옥테인 80%와 *n*-헵테인 20%의 혼합물의 경우와 같다면 이 연료의 옥탄가는 80이다. MON은 엔진 속도가 900 rpm에서 RON은 600 rpm에서 측정하는데, MON은 높은 엔진 속도 외에도 연료의 예열, 다양한 점화 타이밍 등을 통해 노킹(knocking) 저항성을 테스트한다. 따라서 실제 주행에 가까운 MON이 RON보다 8~12 정도 작은 값을 나타낸다. 몇 가지 연료와 용제의 옥탄가를 살펴보면 RON 값으로 디젤 연료 15-25, 레귤러 91-92, 프리미엄 97, *n*-헥산 25, 에탄올 108, 프로페인 112, 메테인 120, 톨루엔 121 등이다.

• 안티노킹제: 에탄올과 사에틸납

그림 12.3에서 에탄올과 사에틸납을 저울질하는 모습은 안티노킹제로 어떤 것을 선택할까 고민하는 모습을 담고 있다. 결국 사에틸납이 선택되었고 오랜 세월이 흘

러서야 앞서 설명한 대로 납중독의 심각성으로 인해 사용이 중지되었다. 오래전 일이지만 사에틸납의 선택 과정을 살펴보고, 아울러 이러한 잘못된 선택에 의한 부작용을 미연에 방지하기 위해 채택된 예방의 원칙(the precautionary principle)에 대하여 생각해 본다. 요즘에는 건강과 환경을 해치는 제품에 대한 규제가 엄격하다. 따라서 새로운 물질이 개발되어 시장에 나오기 위해서는 향후 이 물질이 건강과 환경에 어떠한 영향을 미칠지에 대한 연구가 선행되지 않으면 빛을 보기 어렵게 만드는 것이 예방의 원칙이다.

1920년대에 예방의 원칙이 적용되었다면 사에틸납이 안티노킹제로 선택될 수 있었을까? 가솔린의 안티노킹제를 선택할 즈음에 자동차 회사들은 후보 물질로 두 가지를 생각하였다고 한다. 1917년에 제너럴 모터스(GM)사의 연구원이었던 찰스 케터링(Charles Kettering)이 에탄올이 적절한 안티노킹제라는 것을 발견하였고, 이어서 1921년에 GM의 연구원인 토마스 미글리(Thomas Midgely Jr.)는 사에틸납 또한 효과적인 안티노킹제라는 것을 발견하였다. 물론 납이 독성 물질이라는 것은 2,000년 전부터 알려진 사실이다. 그리스의 한 의사는 이미 B.C.100년에 납의 독성에 대한 글을 남겼다. 사에틸납은 독일의 화학자에 의하여 1854년에 합성되었다. 하지만 이 화합물은 그간에 독성 때문에 사용되지 않았던 것이다. 몇 년간의 연구 끝에 GM의 연구원들은 에탄올이 첨가물로 선택되어야 한다는 데 의견의 일치를 보았다. 그러나 에탄올은 특허로 독점할 수 없었으며, 에탄올을 팔아봤자 사에틸납을 팔아서 남길 수 있는 이익에 비하면 턱없이 적었다. 결국 GM 주식의 36%를 갖고 있던 듀폰(DuPont)과 GM의 경영진들은 사에틸납을 선택하였다.

1923년에 사에틸납을 생산하기 위한 GM 자회사가 설립되었고, 듀폰도 뉴저지에서 생산에 들어갔다. 1924에 뉴저지의 스탠더드 오일(Standard Oil)도 이 물질을 생산

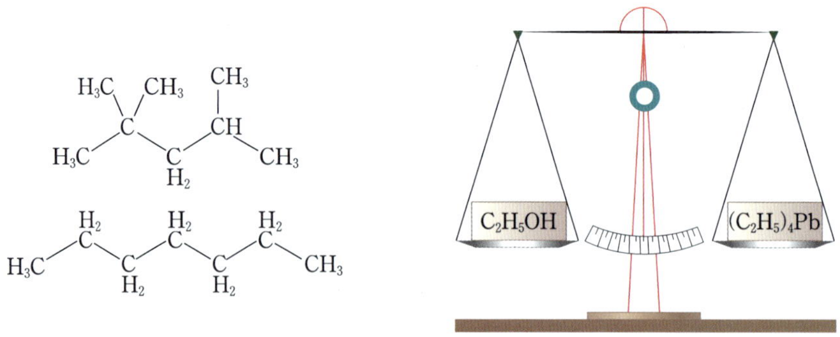

그림 12.3

옥탄가의 기준물질인 아이소옥테인(위)과 *n*-헵테인(아래). 오른쪽은 안티노킹제로 에탄올과 사에틸 납을 놓고 저울질하는 모습

하기 시작하였고, GM과 스탠더드 오일은 물량을 더욱 확충하기 위해 에틸 가솔린이라는 회사(Ethyl Gasoline Corp.)를 설립하였다. 같은 해, GM의 의료위원회에서 사에틸납에 대하여 주의를 요한다는 보고서를 전달하였으나 경영진은 건강에 문제될 것이 없다는 평가를 내린다. 결과적으로 이 첨가물은 1923년부터 1986년 사이에 미국 내에서만 7백만 톤이 가솔린에 첨가되었고, 6,800만 명의 어린이가 이 독성물질로 고통을 받았으며, 지능지수의 저하와 수학 능력의 저하를 가져왔다. 다행히 자동차의 촉매 변환기를 보호하기 위하여 사에틸납의 사용을 줄이기 시작한 1976년 이후부터 미국 내 주민들의 혈중 납의 수준이 75% 수준으로 떨어졌다. 그동안 사에틸납의 사용자들이 그 위험성을 정량적으로 증명하기는 어려웠기 때문에, 제조자들은 그 위험성을 부인하거나 최소화하였다.

자동차 엔진을 위해서도 에탄올이 더 안전하다는 사실이 밝혀졌다. 사에틸납은 엔진에 손상을 입히기 때문에 또 다른 독성 물질인 에틸렌디브로마이드와 함께 사용하여 엔진 손상을 방지해왔다. 따라서 예방의 원칙이 철저히 적용되도록 정부나 시민의 감시가 더욱 강화되어야 한다. 동서양을 막론하고 이익만을 추구하는 기업에게 윤리 경영을 기대하기는 매우 어렵기 때문이다.

- 가솔린 첨가물

앞서 사에틸납이 안티노킹제로서 가솔린에 첨가된 경위를 살펴보았는데, 안티노킹제 외에도 다양한 첨가물이 가솔린에 들어간다. 먼저 엔진 내부에 부착된 입자들이 가열되어 이들에 의해 새로 주입된 연료가 불규칙하게 점화되는 것을 막기 위하여 부착물 조절제(deposit modifiers)가 첨가된다. 트라이크리실인산염(TCP)과 같은 인화합물이나 붕소 화합물이 이러한 목적으로 사용된다. 페닐렌디아민, 아미노페

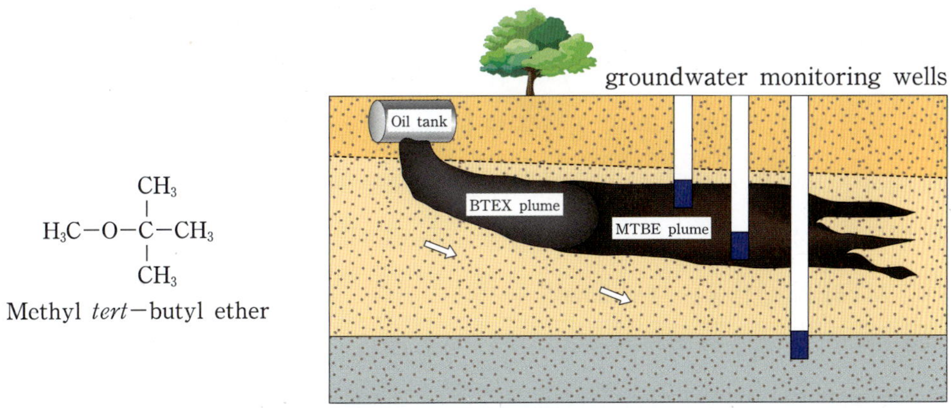

그림 12.4
첨가물 MTBE(Methyl *tert*-butyl ether)의 구조와 지하수 오염의 모니터링

놀, 다이뷰틸-*p*-크레졸, 그리고 오쏘-알킬화 페놀과 같은 산화방지제도 오일이 산화되어 과산화물 퇴적물이 만들어져 노킹의 원인이 되는 사태를 방지하기 위하여 첨가된다. 이들의 산화 방지 작용 과정은 BHA나 BHT가 식품 속에서 산화 방지 첨가물로서 나타내는 작용 과정과 대단히 유사하다. 퇴적물 생성에 있어 촉매 역할을 하는 구리 이온을 비활성으로 만들기 위하여 에틸렌디아민(ethylenediamine)과 같은 금속 이온 스캐빈저(scavenger)를 첨가한다. 에틸렌디아민이 구리와 킬레이트 착체(chelate complex, 게의 집게가 먹이를 양쪽에서 잡듯이 구리 이온을 잡아둠)를 형성함으로써 구리가 촉매 활성을 잃게 된다. 구리는 연료 공급 라인에 쓰이는 구리 튜브나 엔진의 놋쇠 부분으로부터 가솔린에 섞여 들어간다.

엔진의 연료 공급 장치는 물론 연료와 관련된 저장탱크, 파이프라인, 유조선 등이 부식되는 것을 방지하기 위해서 부식방지제를 첨가한다. 주로 트라이메틸인, 술폰산소듐, 술폰산칼슘, 그리고 N,N'-다이-*sec*-뷰틸-*p*-페닐렌디아민이 사용되는데, 이 화합물은 매우 얇은 보호막으로 금속 표면을 덮어서 부식의 원인인 물이 금속과 접촉하는 것을 막아 준다. 이들은 또한 기화기에 점착성 퇴적물이 부착되는 일을 막고, 날씨가 추울 때 기화기에 물이 얼어붙는 사태를 방지하는 효과도 있다. 얼음방지제가 따로 첨가되는데 부식방지제와 마찬가지로 금속 표면을 덮어서 얼음 입자가 표면에 부착되는 일을 막고, 어는점을 내리게 하는데, 알코올과 에틸렌글리콜이 사용된다. 에틸렌글리콜은 엔진 냉각시스템의 부동액 원료이기도 하다.

세제도 첨가된다. 알킬암모늄 다이알킬인과 같은 화합물이 세제 역할을 하는데, 기화기의 벽에 끓는점이 높은 성분이 부착되는 것을 방지한다. 부착물은 기화기 속으로의 공기흐름을 방해하여 엔진의 성능 저하, 잦은 멈춤, 연료 소모의 증가와 같은 문제를 일으킨다. 세제는 금속 표면을 얇은 비극성막으로 코팅하여 분자량이 크고 비극성인 끈적거리는 불순물이 표면에 퇴적층을 형성하는 것을 막아 준다.

메틸 *t*-뷰틸 에터(MTBE)는 2~15% 범위로 가솔린에 첨가되어 연소 효율을 높이므로 특히 도시 지역의 오존 및 일산화 탄소 양을 낮출 수 있다. 또한 옥탄가를 높이기 위하여 넣어온 사에틸납이나 방향족 탄화수소를 대체하는 것이 가능하다. 벤젠을 비롯한 많은 방향족 물질이 발암 물질로 규정되어 있기 때문이다. 따라서 1984년 이후 MTBE의 생산량은 매년 25%씩 증가하고 있다. 그렇다고 MTBE에 문제가 없는 것은 아니다. 가솔린이 땅속으로 유출되는 경우 다른 원유 성분은 생분해가 잘 일어나지만 MTBE는 그렇지 않다. MTBE는 물속에 미량만 존재하여도 강한 냄새와 맛을 낸다. 또한 공기 중에 유출되면 대기 오염을 일으킨다. 따라서 MTBE를 계속 사

표 12-3 가솔린 첨가물의 종류와 주요 성분

구분	주요 성분
산소공급제	알코올: Methanol, Ethanol, Isopropyl alcohol 에터: MTBE, Diisopropyl ether(DIPE)
산화방지제	Butylated hydroxytoluene(BHT), p-Phenylenediamine
안티노킹제	Tetraethyllead*[1], MTBE, Ferrocene, Toluene, Isooctane
납 제거제	Tricresyl phosphate(TCP),1,2-Dibromoethane
연료 염색제	Solvent Red 24, Solvent Yellow 124, Solvent Blue 35
기타 첨가물	Nitrous oxide(oxidizer for racing), Butyl rubber succinimide(detergent), Silicone(anti-foaming for diesel), Tetranitromethane(cetane number*[2] increase for diesel), Ethylenediamine(metal ion scavenger), Sodium sulfonate(corrosion inhibitor), Ethylene glycol(freezing inhibitor)

*[1] 뇌손상, 폭력성 유발 등으로 대부분의 주/국가에서 사용 금지

*[2] 디젤 연료의 점화 지연 정도를 세테인(cetane ($C_{16}H_{34}$))과 아이소세테인(isocetane)의 혼합비로 나타낸 값. 옥탄가와는 달리 점화가 빠를수록 높은 값이다.

용해야 하느냐에 대한 논란이 벌어지고 있다. 식수원 오염 문제로 2004년부터 미국의 캘리포니아와 뉴욕 주를 시작으로 사용 금지가 확대되고 있다. 표 12-3에 대표적인 가솔린 첨가물의 종류와 주요 성분을 정리하였다.

• 첨가물 세녹스에 대한 논란

세녹스는 한국의 (주)프리플라이트가 개발한 유사 휘발유인데, 2000년 1월 휘발유 첨가물로 특허 출원한 후, 시중에 유통하였다. 성분은 메탄올 10%, 톨루엔 10%, 기타 방향족 화합물 20%와 지방족 화합물 50%로 이루어졌는데, 휘발유와 혼합해서 사용할 경우 연비를 10% 높일 수 있다고 광고하였다. 그러나 유사 휘발유 논란으로 결국 법정에서 시비를 가리게 되었고, 2004년 8월 유죄 판결을 받아 판매가 금지되었다. 유죄 판결 이유는 방향족 화합물 비중이 높아 인체에 해로운 점, 적절한 첨가물 미흡으로 자동차 연료장치의 부식 개연성, 전체 휘발유의 40%까지 혼합하면서도 첨가물라고 하여 유류세를 내지 않는 점, 일반 휘발유보다 가격이 싸서 석유시장의 유통질서를 혼란시킨 점이었다. 당시 휘발유가 리터당 1300원대였는데, 세녹스는 990원이었다. 그럼에도 회사에서는 헌법재판소에 위헌 심판 청구를 하였는데, 2009년 6월 헌법재판소에서도 유사석유 제품판매를 금지한 법률조항이 헌법에 위배되지 않는다는 결정을 하였다.

이즈음에서 알코올 연료 또는 알코올이 첨가된 연료에 대한 새로운 시각을 정립

해야 할 필요는 있다고 생각한다. 즉 이미 여러 나라에서 알코올이 가솔린 대용으로 사용되고 있는 등 다양한 연료가 유통되는 상황이므로 자동차용 연료의 다각화에 대하여 열린 마음으로 검토하는 것이 필요하다. 우리나라 정부에서도 에너지 대책을 이야기하면서 구체적인 실천 계획도 없이 에탄올 자동차를 몇 년 이후에 도입하겠다는 식의 허황된 정책을 발표한 적이 있다. 회사로서도 상식적인 첨가물의 범위가 넘는 사용 비율이라면 정당하게 자동차 연료로서 등록하여 가격에 세금이 붙어야 하고, 유죄 판결 사유에서 언급한 안전한 연료로서의 문제점도 보완해야 한다. 하지만 그렇게 되기는 힘들 것 같은데, 왜냐하면 기존의 휘발유보다도 값이 비싸지기 때문이다.

디젤 연료와 기체 연료

디젤 엔진은 개발자인 독일의 루돌프 디젤(Rudolf Diesel)의 이름을 붙인 것으로 가솔린보다 탄소수가 큰 탄화수소 연료를 연소실에서 공기와 함께 압축할 때 스스로 연소하도록 고안된 엔진이다. 즉 연소를 위한 별도의 점화 과정이 없는 엔진이다. 공기를 압축하면 약 500 °C의 고온에 이르므로 이때 연료의 자발적인 연소가 일어나는 것이다. 디젤 엔진은 작동 중 온도가 높아서 공기 중의 질소가 산화되어 가솔린 엔진보다 더 많은 양의 질소산화물을 생성한다. 또 디젤 엔진에서는 매연 입자가 많이 생성되어 대기 중으로 방출된다. 2015년에 독일의 폭스바겐 사는 디젤 차량에서 이들 대기 오염 물질의 방출을 줄이기 위한 장치를 작동시키지 않는 프로그램을 운영하다 적발되어 큰 물의를 일으키기도 하였다.

내연기관 엔진에 기체 연료를 사용하는 자동차가 많이 보급되었다. 가솔린에 비하여 액화석유가스(liquified petroleum gas, LPG)의 가격이 저렴하기 때문에 가솔린 가격이 올라갈수록 더욱 선호되는 것 같다. 택시는 LPG를 사용하지만 버스는 압축천연가스(compressed natural gas, CNG)를 사용한다. 액화천연가스(liquified natural gas, LNG)에 비하여 CNG는 덜 익숙한 용어이지만 요즘엔 버스에 표시되어 있어서 쉽게 볼 수 있다. LPG와 LNG는 상온 상압에서 기체 상태라는 점은 같다. 하지만 가정용 LPG의 주성분이 프로페인($CH_3CH_2CH_3$) 가스이지만 LNG는 메테인(CH_4) 가스이다. 아무래도 메테인 가스가 더 가볍고 끓는점이 더 낮아서 액체로 만들기 위해서는 더 높은 압력과 저온이 필요하다. 따라서 자동차에서는 액체 상태가 아닌 압축기체 상태(compressed natural gas, CNG)로 사용되는 것이다. 어떤 버스에는

표 12-4 가정용과 자동차용 LPG의 구성 성분 비교

성분	가정용(%)	자동차용(%)	
		여름용	겨울용
프로페인	90 이상	10 이하	15~35
뷰테인	–	85 이상	60 이상
뷰타다이엔	0.5 이하		

NGV로 표시되어 있기도 한데, 역시 천연 가스 차량(natural gas vehicle)이라는 뜻이다. 많은 사람들이 고압용기의 사용에 대해서 우려하는데 규정에 따라 사용하고 운반 및 보관한다면 크게 걱정하지 않아도 좋을 만큼 안전하다. 표 12-4는 가정용과 자동차용의 LPG 구성 성분비가 다르다는 것을 보여 준다. 특히 자동차의 경우, 겨울에는 시동이 잘 걸리게 하기 위해 보다 가벼운 프로페인의 비중을 높인다.

배터리와 연료전지

전기자동차가 시장에 처음 나온 지는 제법 오래되었다. 비록 100년이 넘는 역사를 가진 전기자동차이지만 지금까지 내연기관과의 경쟁에서 밀려 있었다. 주행거리가 짧고, 속도가 느리며, 자주 축전지를 재충전해야 하며, 값이 비싸다는 문제들 때문에 전기자동차는 운송의 선두대열에서 탈락하였던 것이다. 하지만 이제부터는 상황이 달라질 것으로 예상된다. 전기자동차의 문제점들이 기술의 발달로 하나씩 해결되고 있고, 환경오염에 대한 규제가 강화되면서 전기자동차의 가치가 재조명되고 있기 때문이다. 요즘은 하이브리드(hybrid) 자동차를 종종 볼 수 있는데 대개 가솔린 엔진과 전기 모터를 함께 사용하는 자동차이다. 출발과 정차, 오르막과 내리막, 평지 주행에서 각각 동력원을 번갈아 사용하며, 여분의 운동에너지를 전기에너지로 바꾸어 저장하여 사용한다. 물론 전기자동차의 핵심 기술은 축전지인데 일반 자동차에서 사용되는 납-황산 축전지를 대체하기 위하여 니켈-아연, 니켈-철, 아연-불화물, 알루미늄-공기 등 다양한 배터리에 대한 연구가 이루어지고 있으며, 특히 관심이 높은 것은 리튬 이온 배터리이다.

한편 전기자동차의 다른 한 축은 연료전지를 전기공급원으로 사용하는 것이다. 연료전지는 외부에서 공급되는 연료가 산화되면서 열이 아니라 전류를 만들어 내는 장치로서, 수소를 연료로 사용하는 연구가 가장 활발하다. 수소 연료전지에서 양극(anode)으로 유입된 수소는 양성자(H^+)와 전자(e^-)로 이온화가 일어난다. H^+는 전

도성 고분자막을 통하여 음극(cathode)으로 이동하고, 전자(e^-)는 일을 하고 난 후 역시 음극으로 이동한다. 음극 쪽으로는 산소가 공급되는데, 이 산소는 앞서 음극으로 이동해 온 양성자, 전자와 만나 물(수증기)이 된다. 즉 수소 연료전지를 사용하는 전기 자동차의 배출 가스는 수증기이다. 굳이 수소를 사용할 필요 없이 가솔린을 원료로 사용해도 전기가 얻어질 수는 있다. 하지만 일반 가솔린 자동차와 마찬가지로 이산화 탄소를 배출하기 때문에 환경을 중시하는 미래형 자동차에 적용하기에는 적합하지 않다.

대기오염과 자동차

LA형 스모그의 주범이 자동차 배기가스라는 사실을 6장에서 언급했었다. 그런데 자동차로부터 방출되는 대기오염 물질이 배기가스만은 아니다. 크랭크 덮개에서의 연료유출(피스톤 링 주위에서 연료가 새어나감), 연료탱크나 기화기에서의 증발도 대기를 오염시키는 원인이다. 자동차에서 배출되는 오염 물질들은 가솔린의 조성과 오염 방지 장치의 성능에 따라 달라지겠지만 일반적으로 일산화 탄소, 이산화 탄소, 질소산화물, 탄화수소들이다. 사에틸납이 가솔린에 섞여 있었다면, PbBrCl, $PbBr_2$, $PbCl_2$가 추가로 생성되는데, 이들은 사에틸납과 함께 첨가되는 1,2-다이브롬화에테인과 1,2-다이염화에테인이 납과 반응하여 생성된 것이다.

오염물질의 배출을 억제하기 위하여 나라마다 규제 법률을 가지고 있고, 자동차 제조업체는 기계적 성능 향상과 더불어 보완 기술의 개발로 이 문제를 해결하고자 노력하고 있다. 예를 들면 PCV(positive crank-case ventilation) 밸브를 설치하면 크

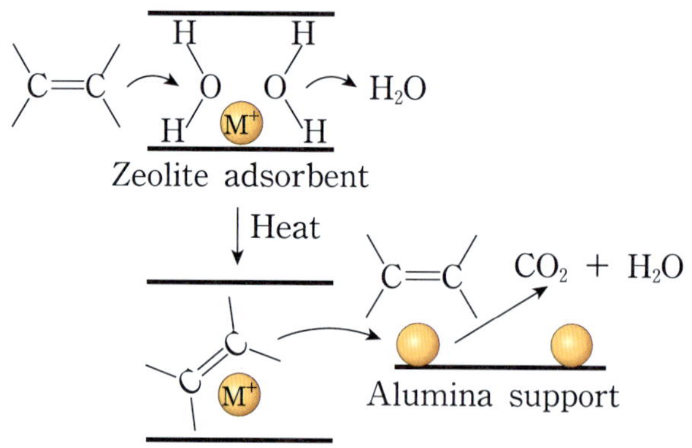

그림 12.5
자동차의 시동을 걸면 아직 배기가스 변환 촉매가 차가워서 활성을 나타내지 못한다. 이때 트랩 역할을 하는 제올라이트를 도입하여 미연소 탄화수소를 잡아두게 하였다가, 온도가 올라가면서 촉매가 활성화되면 이들을 분해하도록 고안된 촉매 시스템이다.

랭크 덮개로부터 유출되는 가솔린은 연소실로 연결된 호스를 통하여 다시 엔진으로 보내져 연소된다. 또한 백금을 사용하는 촉매 변환기를 배기가스 조절 장치에 설치해서 불완전 연소된 탄화수소, CO, NO를 CO_2, H_2O, N_2로 바꿔 준다. 촉매는 납에 의해 활성이 떨어지기 때문에 이러한 자동차에는 납이 없는 무연 가솔린을 사용해야만 한다. 후기연소기(afterburner) 장치는 뜨거운 배기가스가 배기 밸브로 나갈 때 공기를 유입시켜서 배기가스를 완전 연소시킨다. 한편 공기-연료 비율을 최적으로 유지하여 가솔린의 완전 연소를 유도한다. 일반적으로 가솔린의 주성분인 옥테인(C_8H_{18}) 1몰이 완전 연소하는 데 12.5몰의 산소(O_2)가 필요하다.

12.3 자동차 소모품

최근에는 자동차의 성능 향상뿐만 아니라 자동제어 및 자동점검 기능도 매우 좋아졌다. 그러나 항상 쾌적하고 안전한 운행을 위해서는 자동차 소모품의 적절한 교체 및 보충도 필요하다. 대개는 단골 정비소에 의존하기도 하는데, 운전자가 바른 정보를 가지고 있다면 간혹 있을 수도 있는 낭비적 소모품 교체를 피할 수 있다. 그림 12.6은 자동차 소모품의 종류와 위치를 한눈에 볼 수 있게 나타낸 것이다.

그림 12.6
자동차 소모품의 종류와 위치

엔진 오일(윤활유)

자동차에서뿐만 아니라 윤활유는 움직이는 표면을 서로 분리시켜 마찰과 마모를 줄이기 위하여 다양한 기계 장치에서 오랫동안 사용되어 왔다. 심지어 B.C. 1400년 이전부터 동물에서 얻은 지방을 전차바퀴에 칠하여 미끄럽게 잘 회전되도록 하였다고 한다. 현재는 석유 정제 윤활유와 합성 윤활유가 주로 사용된다.

석유 정제 윤활유는 합성 윤활유보다 탄화수소의 복잡한 혼합물로 구성되어 있다. 윤활유는 점도에 따라 다양한 종류가 있는데, 일반적으로 점도가 너무 크면 서로 반대 방향으로 움직이는 금속 부분의 마찰이 매우 커지고, 점도가 너무 작으면 금속 표면 사이에서 오일이 흘러나와 결과적으로 윤활 작용이 원활하지 못하게 된다. 따라서 자동차 윤활유는 여러 가지 점도를 갖는 오일의 혼합물로 되어 있다. 윤활유통에는 자동차기술자협회(Society of Automotive Engineers, SAE)에서 분류한 숫자가 표시되어 있는데, 숫자가 클수록 흐름저항이 크다는 점을 의미한다. 예를 들어 10w-30 오일은 추울 때 출발을 쉽게 하기 위하여 낮은 점도를 갖는 10w급 성분과 고온에 알맞은 30급 성분을 혼합한 것이다.

윤활유에도 여러 가지 첨가물이 들어간다. 예를 들어 자동차의 변속 톱니바퀴는 과부하가 걸린 채 높은 온도에서 접촉하기 때문에 강한 열로 인해 윤활유 막을 무용지물로 만들 수 있다. 따라서 윤활유에는 금속 표면에 녹는점이 높은 무기 윤활제 피막을 형성하도록 황화납이나 황화철과 같은 첨가물이 들어 있다. 마찰이 그렇게 심하지 않은 곳에는 알킬숙신산이나 유기아민과 같은 약한 극성을 갖는 유기물이 마모방지제로써 흔히 쓰인다. 이러한 화합물은 금속 표면에 피막을 형성하여 금속의 전단(剪斷, shear) 변형을 감소시킨다. 좀 더 가혹한 조건하에서는 1% 트라이크리실 인산염이나 아연 이알킬다이싸이올 인산염이 널리 쓰인다. 윤활유의 산화는 슬러지, 니스, 유기산을 형성하고, 유기산은 나아가 아연, 카드뮴, 납을 포함하는 합금을 부식시킨다. 이를 방지하기 위하여 산화방지제로 싸이오인산아연, 싸이오인산바륨, 싸이오인산칼슘이 흔히 쓰인다. 싸이오(thio)라는 접두사는 산소 대신에 황으로 치환된 구조를 나타낸다. 세제는 오일에 녹지 않는 슬러지, 니스, 탄소, 그리고 납 화합물의 퇴적을 막거나 제거하기 위하여 자동차 오일 속에 2%에서 20% 농도까지 들어간다. 세제는 불용성 입자에 흡착되어, 이들이 오일 속에 분산되어 있도록 함으로써 링, 밸브 그리고 실린더 벽에 흡착되는 경우를 막는다. 이 경우는 세제가 기름때를 제거할 때 흡착되는 것과는 반대로 친수성 부분이 입자에 부착되고 소수성 탄화수소 부분은 매질(오일) 속으로 위치한다. 술폰산바륨, 술폰산칼슘,

표 12-5 엔진 오일의 구성 및 각 성분의 작용

구성		화합물 및 작용
기유 (base oil)	광유(mineral oil)	원유의 고비점 증류분의 수소화 처리, 이성질화 반응
	합성유	폴리-α-올레핀, 폴리올 에스터, 왁스크래킹 탄화수소
첨가물	점도지수 조절제	에틸렌-프로필렌 공중합체(예: 10w-30 오일은 겨울철용 10w급과 여름철용 30급의 혼합)
	산화방지제	페놀계 화합물, 싸이오인산아연
	청정분산제	유기술폰산 칼슘염, 페녹시드류(질소산화물 등 분산)
	마모 및 부식 방지제	다이싸이오알킬인산 아연염(분해생성물이 금속 보호막 형성)
	소포제	실리콘 고분자(기포 방지)

페녹시드류가 자동차 엔진오일의 세제로서 널리 사용된다.

윤활유의 점도는 첨가물로 조절할 수 있다. 자동차를 오래 사용하면 오일이 작은 분자로 깨어져서 점도가 기준 이하로 떨어진다. 점도 조절제로 분자량이 5,000에서 20,000 정도의 고분자 물질을 첨가하면 점도를 증가시킬 수 있다. 긴 분자 사슬이 뒤엉키게 함으로써 오일이 쉽게 흐르지 못하도록 하는 것이다. 가장 흔히 사용되는 고분자는 폴리아이소뷰틸렌류, 폴리메타아크릴산염류, 폴리알킬스타이렌류이다. 한편 오일이 공기와 격렬하게 교반되거나 혼합되면 거품이 일어나서 오일이 엔진 밖으로 넘칠 수 있고, 결국 기계를 망가뜨리게 되므로 거품방지제를 첨가한다. 단지 실리콘 고분자를 몇 ppm 정도만 첨가해도 거품을 효과적으로 제거할 수 있다. 실리콘 고분자는 오일에 완전히 녹지 않기 때문에 표면장력이 작은 미세한 알맹이를 만들고 이것이 거품을 깨뜨려 오일 속에 갇힌 공기가 방출되도록 한다. 표 12-5에 엔진 오일의 기유와 각종 첨가물을 나타냈다.

브레이크 오일과 자동 기어변속기 오일

브레이크의 작동은 우리가 발로 가하는 힘이 직접 전달되는 것이 아니다. 우리가 가하는 힘이 브레이크 오일에 전달되면 액체가 갖는 비압축성을 이용하여 유압식(hydraulic) 압력이 브레이크에 전달된다. 표 12-6은 브레이크 오일의 종류에 따른 끓는점과 점도를 비교한 것이다.

자동 기어변속기 오일(automatic transmission fluid, ATF)은 기유(base oil)와 각종 첨가물로 구성된다. ATF는 다른 오일과 구분하기 위해 색깔을 달리하는데 주로 붉

표 12-6 브레이크 오일의 종류와 성질

오일	Dry b.p. (°C)	Wet b.p. (°C)*1	Kin. viscosity limit (mm^2/s)*2
Glycol ether	205	140	1500
Mineral oil	249	249	1200
Silicone	260	180	900

*1: Wet b.p.는 3.7% 물 부피비로 결정

*2: Kinematic Viscosity (cSt) = Dynamic Viscosity(cP) / Fluid Density(kg/m^3), ABS(anti-lock braking system)의 경우 일정한 점도 유지가 중요

은색이나 초록색이다. ATF는 기어의 윤활유 역할은 물론 밸브의 작동, 브레이크 밴드의 마찰, 토크 전환 등에 적합한 물성이 요구된다. 따라서 ATF 물성 테스트에는 다른 오일과 잘 섞이는지, −40 °C에서 100 °C까지의 점도 변화는 어떤지, 거품 방지 효능이 있는지, 마찰 특성은 어떤지, 155 °C에서의 산화 정도는 어떤지, 기어 변속 횟수는 얼마나 되는지 등이 포함된다. 변속기의 종류에 따라 사용하는 오일도 달라지는데, 현대 자동차와 미쓰비시 자동차, 그리고 CVT(continuously variable transmission)와 듀얼 클러치 변속기 차종을 제외한 모든 기아 자동차는 SP-4(변속기용 합성 오일 등급) 오일을 사용한다.

그리스(grease)

그리스는 바르는 연고형 윤활제이다. 일반적으로 석유 그리스는 석유 정제 오일에 리튬, 칼슘, 소듐, 알루미늄, 또는 바륨 지방산염 같은 비누 분자(겔 형성제)를 넣어 진하게 만들어낸 윤활유이다. 겔 형성제는 섬유 그물조직을 만들어 오일 분자를 그물 조직에 붙들어 맨다. 카본블랙, 실리카겔, 점토 등도 석유 그리스를 진하게 하는 데 사용된다. 이러한 겔 형성제는 산화나 부식에 대한 저항력을 증진시키고, 초고압에서 견딜 수 있도록 만들어 준다. 근래에는 사용 시간에 따른 성능 저하를 현저히 줄인 합성 그리스들이 개발되었다. 대표적인 합성 그리스인 실리콘 그리스의 경우 장시간 사용에 적합하나 윤활 효과가 비교적 낮다. 다이(2-에틸헥실)세바스산염과 같은 다이에스터 그리스는 합성 그리스 중에서 광범위하게 사용된다. 실리콘 오일과 다이에스터 오일을 섞은 그리스는 −73 °C 정도의 매우 낮은 온도에서도 저항이 적은 윤활 능력을 가진다.

자동차 부동액

부동액은 물에 첨가되어 어는점을 낮추는 물질이다. 과거에는 여러 가지 물질들이 부동액으로 사용되었지만, 요즘 사용되는 것은 대부분 에틸렌글리콜과 메틸알코올이다. 시장에 나와 있는 부동액의 95% 이상이 에틸렌글리콜이 주성분이다. 여름철이 되면 냉각수로서의 기능만을 고려하여 부동액을 빼고 물을 사용하는 사람들도 있는데, 이는 잘못된 행동이다. 부동액의 기능이 겨울철의 동결 방지와 여름철의 냉각 기능만 있는 것이 아니기 때문이다. 부동액은 사계절 내내 필요하며, 부동액이라는 이름은 의미를 왜곡시킬 수 있어서 부적절한 용어라는 생각이 든다.

잘 알다시피 물은 0 ℃에서 얼고 100 ℃에서 끓는다. 에틸렌글리콜은 −13 ℃에서 얼고 198 ℃에서 끓는다. 그리고 메틸알코올은 −98 ℃에서 얼고 65 ℃에서 끓는다. 이들을 섞으면 혼합 비율에 따라 다르지만 물의 어는점은 더 낮게 되고 끓는점은 더 높게 된다. 메틸알코올은 어는점을 낮추는 데는 더 효과적이지만 휘발성과 인화성이 크기 때문에 잘 쓰이지 않는다. 부동액은 겨울에 동결을 방지할 뿐만 아니라 여름에는 쉽게 끓어 넘치는 현상을 방지한다.

일반적으로 부동액은 95% 이상의 에틸렌글리콜, 부식을 막기 위한 몇 가지 환원제, 냉각장치에서의 조그만 누출을 멈추게 하는 밀봉제, 거품 방지제로 구성된다. 부식방지는 부동액의 두 번째로 중요한 역할이다. 냉각장치에서 부식이 될 수 있는 금속으로는 구리, 강철, 주철, 알루미늄, 땜납(납과 주석), 놋쇠(구리와 아연) 등이 있다. 고온, 고압 그리고 유속이 빠를 때 산소가 존재하면 부식이 일어날 가능성이 증가한다. 부식에 의하여 냉각 장치의 벽이 떨어져 나와 금속 조각이 부동액의 흐름을 막으면 엔진이 과열될 수 있다. 아질산염과 트라이에탄올아민 등이 부식 방지제로 사용된다. 최근에는 부동액에 밀봉제를 첨가하는데, 석면 섬유와 폴리스타이렌 구(球)가 주로 사용된다. 냉각기에 미세한 구멍이 생기면 냉각장치 내부의 압력이 대기압보다 크기 때문에 냉각수가 틈 사이로 스며나간다. 석면 섬유는 커서 이 구멍으로 빠져나가지 못하고 걸려서 냉각기 틈새를 막아주는 역할을 한다. 폴리스타이렌이 들어 있는 경우는 크기가 큰 폴리스타이렌 입자들이 새는 구멍을 막으면 작은 입자들이 이들 뒤에 쌓이게 된다. 높은 압력과 온도 하에서 이 입자들이 서로 녹아 붙어 이 틈새를 단단히 틀어막게 된다. 이것은 폭 0.5 mm까지의 틈새나 구멍을 효과적으로 막아주는데 냉각기 구멍의 약 90%가 이에 해당한다. 거품은 외부에서 공기가 유입되거나, 배기가스가 냉각장치 속으로 스며들거나, 냉각장치 세척 후 세제를 제대로 제거하지 못하였거나, 또는 부동액을 과량으로 사용한 경우 발생한

표 12-7 부동액의 구성 성분과 역할

구분	용도	ISO 1629 Code
주성분*	물, 에틸렌글리콜, 메탄올, 프로필렌글리콜	메탄올: m.p. −97°C, b.p. 64.7°C, 에틸렌글리콜: m.p. −12.9 °C, b.p. 197.3°C
부식방지제	실리케이트, 포스페이트, 아질산염, 트라이에탄올아민	금속 표면 오염물 제거
밀봉제	석면섬유, 폴리스타이렌 구(球)	냉각기에 미세한 구멍 밀봉
거품방지제	실리콘, 폴리글리콜, 고분자 알코올, 유기 인산염, 칼슘 아세트산염	표면 장력을 감소시키고, 기포 방울 터뜨림, 뚜껑 잠금 중요

* 초록색 등 형광 염료가 든 액체로 보통 물과 1:1 혼합(−37°C), 7:3 혼합의 경우 최대 −64°C까지 동결 방지

다. 거품은 냉각장치를 단단히 조이고, 실리콘, 폴리글리콜, 미네랄 오일, 고분자 알코올, 유기 인산염, 칼슘 아세트산염 같은 거품방지제를 사용함으로써 제거할 수 있다. 이러한 물질들은 표면장력을 감소시켜 거품을 없애 준다. 표 12-7에 부동액의 구성 성분과 역할을 나타냈다.

얼음제거액은 일종의 부동액인데 자동차 창문의 얼음이나 서리를 제거하는 데 쓰인다. 역시 많은 첨가물이 들어가는데, 에틸렌글리콜 또는 프로필렌글리콜(다시 김이 서리는 것을 방지하기 위해서), 2-프로판올 같은 한두 가지 저가알코올(점도를 낮추고, 뿌리기에 용이하도록 하기 위해서), 물(물은 증발이 쉽지 않으므로 액체의 증발열에 의한 냉각효과를 감소시켜 내부에 김이 서리는 것을 줄이기 위해서), 아질산염이나 다른 방부제(용기의 부식을 막기 위해서), 에탄올아민 같은 습윤제(표면장력을 줄여서 용액이 쉽게 얼음으로 침투할 수 있게 하기 위해서)가 들어 있다. 간단한 알코올-물 혼합용액으로도 빠르게 서리와 유리 내부의 김을 없앨 수 있지만, 글리콜이 없다면 이 용액은 빠르게 증발하여 다시 김이 서리게 된다. 얼음 제거액을 뿌리기 전에 눈을 제거하고 얼음을 긁어내어 용액이 빠르게 침투할 수 있도록 해줘야 한다.

자동차 배터리와 에어백

여기서 말하는 배터리는 전기 자동차가 아닌 연료 연소 엔진을 장착한 자동차에서 사용하는 SLI 배터리를 말한다. SLI는 시동(starting), 라이트(lighting), 점화(ignition)란 의미이다. 즉 전기 자동차에서 사용하는 배터리는 구동 목적이 포함되

므로 니듐 배터리와 같은 고용량, 고출력의 배터리가 필요하다. 대표적인 SLI 배터리인 납-황산 배터리도 2차 배터리이므로 재충전이 반복되는데, 과충전의 경우에는 물이 전기분해 될 수 있다. 또한 겨울에는 방전으로 인하여 황산 농도가 묽어지면 전해질이 얼 수도 있으므로 관리에 유의해야 한다. 아래 반응식이 보여 주는 것처럼 배터리가 충분히 방전되면 양쪽이 똑같이 황산납 $PbSO_4(s)$ 판이 된다. 충전을 시키면 역반응이 진행되어 다시 음극판은 납 $Pb(s)$로 양극판은 산화납 $PbO_2(s)$로 바뀐다.

- 음극판(negative plate) 반응

  $Pb(s) + HSO_4^-(aq) \rightarrow PbSO_4(s) + H^+(aq) + 2e^-$
- 양극판(positive plate) 반응

  $PbO_2(s) + HSO_4^-(aq) + 3H^+(aq) + 2e^- \rightarrow PbSO_4(s) + 2H_2O(l)$

따라서 전체 반응은 $Pb(s) + PbO_2(s) + 2H_2SO_4(aq) \rightarrow 2PbSO_4(s) + 2H_2O(l)$이다.

최근에는 대부분의 차량에 에어백이 장착되어 있다. 충격에 의한 갑작스런 감속 시 탑승자를 보호하기 위해서는 에어백의 부풀어지는 속도뿐 아니라 사람과 접촉할 시점의 내부 압력, 적당한 양의 발생 가스 등을 고려한 정확한 작동이 요구된다. 따라서 순간적인 충돌의 패턴을 분석하고 빠르게 작동시키기 위한 전자제어장치(micro-processor)의 역할도 중요하다.

가스발생기는 아지드소듐(NaN_3), 질산포타슘(KNO_3), 실리카(SiO_2)의 혼합물을 담고 있다. 전기적으로 점화가 되면 폭연작용으로 미리 계산된 양의 질소가스를 발생하여 에어백을 채우게 된다. 다음과 같은 반응들이 진행된다.

$2NaN_3 \rightarrow 2Na + 3N_2$ (300℃에서)

$10Na + 2KNO_3 \rightarrow K_2O + 5Na_2O + N_2$

$K_2O + Na_2O + SiO_2 \rightarrow$ alkaline silicate

굿이어와 브리지스톤

사람마다 다르겠지만 대부분의 사람들은 자동차를 타면서 안전상 어느 부분에 가장 신경을 많이 쓸까? 엔진일 수도 있고 변속기일 수도 있는데 필자는 타이어에 신경을 많이 쓴다. 자동차의 무게를 감내하면서 우리의 생명을 얹어놓고 지면과 접촉하여 달리는 것이 타이어이다. 따라서 자동차에서 엔진도 중요하고 변속기도 중요하고 기타 성능들도 중요하지만 타이어만큼 중요한 것이 있을까 생각한다. 하지만 많은 사람들이 타이어 관리에는 그다지 주의를 기울이는 것 같지 않다.

타이어는 복잡한 내부 구조를 갖고 있다. 앞에서 자동차 재료를 언급하면서 거론하였지만, 고무만 해도 타이어 안쪽(inner liner)과 지면에 접촉하는 부분(tread), 옆면(side wall)에 각각 다른 종류가 사용된다. 예를 들면 타이어 안쪽은 공기의 투과를 잘 막을 수 있어야 하고, 지면과 접하는 부분은 미끄러지지 않고 접촉성이 좋아야 하며, 옆면은 공기 중에서 산화나 분해가 잘 일어나지 말아야 한다. 이 절에서는 타이어와 관련한 두 사람의 이야기를 살펴본다.

요즘도 상태가 좋지 않은 고무를 보면 여름에는 끈적거리면서 녹으며 겨울이면 쉽게 부스러지거나 탄력을 잃는 모습을 볼 수 있다. 찰스 굿이어(Charles Goodyear)는 천연고무에 황을 넣고 가열하여 탄성과 각종 내성을 갖는 고무를 처음으로 만든 사람이다. 화학적으로는 고무 고분자 사슬 사이에 황으로 다리 결합(가교화)을 만든 것이다. 8장에서 언급한 것처럼 이 공정을 가황가공(vulcanization)으로 부르는데 이 용어는 로마신화에서 불의 신으로 나오는 불카누스(Vulcan)에서 따왔다. 그런데 굿이어가 고무의 가황가공법을 찾아낸 이야기는 마치 폴리에틸렌이나 테플론처럼 과학사에서 우연한 발견(serendipity)의 사례로 종종 거론된다. 굿이어가 고무에 관심을 가지고 연구에 몰두한지 어언 10년이 지난 1839년 어느 날, 겨울 난방비 문제로 아내와 말다툼하다 화가 나서 집어 던진 고무가 황을 녹인 냄비를 엎질러 서로 섞이게 되었는데, 이후 확인해보니 탄력과 내열성을 갖는 물질로 변하였다

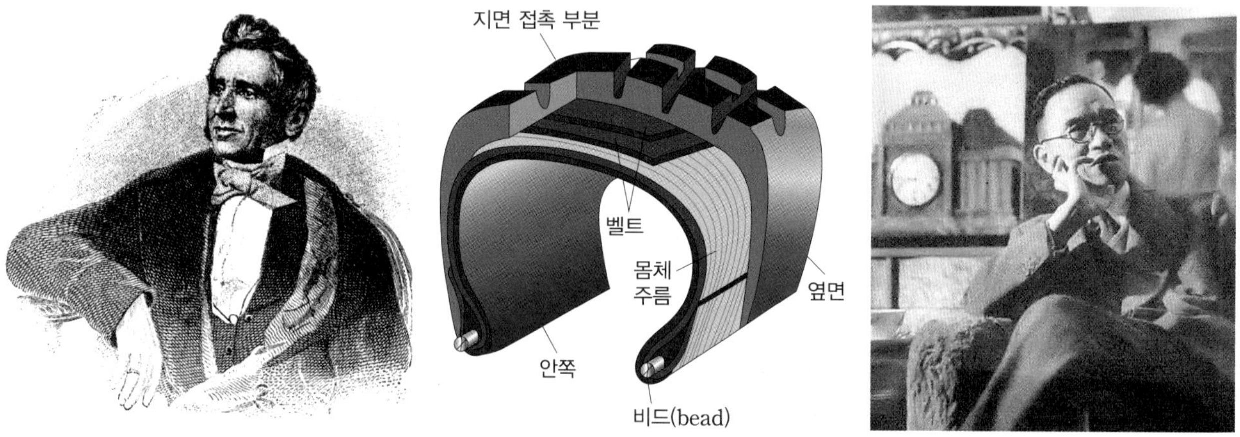

그림 12.7
왼쪽 사진이 찰스 굿이어(Charles Goodyear, 1800~1860), 오른쪽 사진이 이시바시 쇼지로(石橋正二郎, 1889~1976)이다. 가운데 그림은 타이어의 내부를 도식으로 보여 준다.(출처: 위키피디아)

는 것이다. 사실, 놀라운 과학적 발견이 우연히 또는 실수로 얻어진 경우가 없지 않다. 그러나 여기서 간과하지 않으면 안 될 사실이 있다. Serendipity에서 말하는 '우연'은 어떠한 주제에 대해 열심히 연구를 수행하는 자에게 찾아오는 것이지 게으른 자가 만날 수 있는 것이 아니라는 것이다. 또 하나는 영특한 지혜가 있어야 우연을 만났을 때 자신의 것으로 만들 수 있다는 것이다.

굿이어의 생애를 보면, 그는 평생 열정적인 삶을 살았으나 임종하기 직전까지 빚에 쪼들려야만 하는 힘든 현실을 겪어야 하였다. 그리고 많은 사람이 오해하는 것 중의 하나가 현재 세계 제일의 타이어 회사인 굿이어 고무(Goodyear Rubber Co.)가 바로 굿이어가 세운 회사로 알고 있다는 점이다. 실제로 이 회사와 굿이어는 관련이 없으며 그의 이름을 기리는 것뿐이다.

미국의 굿이어, 프랑스의 미셰린(Michelin)과 함께 세계 3대 타이어 회사인 브리지스톤(Bridgestone)은 많은 사람이 미국 회사로 알고 있으나 실제는 일본 회사이다. 이 회사를 간단히 소개하고자 한다. 1925년 이시바시 쇼지로는 일본 큐슈[九州]의 구루메[久留米]시에서 일본식 버선(Tabi)에 처음으로 고무창을 붙여서 큰 성공을 거두었다. 그로부터 5년 뒤, 그는 타이어 공장을 세우고 회사 이름을 브리지스톤 타이어(Bridgestone Tire Co.)로 지었다. 브리지스톤이라는 이름은 자신의 성인 石橋(Ishibashi)의 뜻을 앞뒤 바꿔서 영어로 표현한 것이다. 1960년대에는 구루메뿐만 아니라 요코하마, 도쿄 등지에도 공장을 세워 종합 고무 회사로 성장하였고, 이후 자전거, 오토바이, 자동차까지 생산하는 그룹으로 발전하였다. 하지만 타이어를 비롯한 고무제품 이외에서는 그다지 성공을 거두지 못하였는데, 결국 1970년대 초

그림 12.8
2002년 초 일본 동북(Tohoku) 대학의 초청을 받아 센다이로 가는 도중 10여 년 만에 필자가 살았던 구루메[久留米]시에 들렀다. 당시 이시바시 문화센터 개원 45주년을 맞아 보수 및 기념 개관을 위한 공사가 한창이었다.

고무 관련 사업 이외에는 중단하였다. 이제는 타이어 사업만으로도 전 세계에 공장을 갖고 있는 다국적 기업으로 성장하였다.

이시바시는 자신의 고향이자 처음에 사업을 시작한 구루메시의 문화 복지사업에 많은 노력을 기울였다. 그 중에 1956년에 설립한 이시바시 미술관이 있는데, 이곳은 일본의 대표적인 미술관으로 손꼽힌다. 특히 큐슈 지역 출신의 유명한 화가의 작품이 많다. 한편 동경에도 이시바시 미술관이 있는데 이곳은 유럽의 인상파 화가의 작품이 많이 소장되어 있다. 필자가 이시바시와 구루메시에 대해 자세히 기억하는 이유는 한때 그곳에 살았기 때문이다. 구루메시에 도착하고 얼마 지나지 않아 도심의 중앙 공원에 세워진 이시바시의 동상을 보았는데, 당시에는 그가 자신의 고향에서 그렇게 사랑받는 기업가임을 몰랐었다. 인구가 30만 명 정도인 이 도시를 일본에서는 '고무의 도시(ゴムの町)'라고도 부른다. 우리나라도 한 지역을 연고지로 회사가 크게 성장한 경우가 적지 않은데, 시민들로부터 사랑받는 훌륭한 기업가가 이 땅에서도 많이 배출되기를 기대한다.

13

영상

반딧불이의 화학발광

영화 '뱅뱅클럽'

영화 '매디슨 카운티의 다리'

영화 "뱅뱅클럽"은 실화를 바탕으로 포토저널리스트의 삶을 조명한 영화이다. 포토저널리스트는 셔터를 누르려는 찰나의 순간, 렌즈를 통하여 들어오는 대상으로부터 작가이기 이전에 인간으로서 연민의 정을 느낀다. 즉 이 영화는 사진작가가 작품의 소재로만 대상을 바라보는 것이 아니라 가슴으로 대상을 느끼게 되는 작가 자신의 모습을 그리고 있다. 영화 "매디슨 카운티의 다리"는 다리 사진을 찍기 위하여 매디슨 카운티에 도착한 내셔널 지오그래픽 사진작가와 이 마을 중년 여인과의 짧지만 운명적인 만남을 다루고 있다.

영상기기는 물체가 스스로 빛을 발산하거나 물체로부터 반사된 빛을 포착하여 그 물체의 순간적이거나 연속적인 상을 영구적인 상으로 바꾸어 준다. 기록으로 남겨진 다큐멘터리 영상들은 세월의 간격을 뛰어넘어 때때로 우리를 과거로 돌아가게 한다. 고대부터 많은 역사의 기록들이 그림과 문자 위주로 전해졌는데, 이제는 사진을 넘어 누구나 생생한 동영상으로 역사를 기록하는 시대가 되었다. 그래도 지난 세월의 가장 친근한 영상기록은 사진이다. 잘 알다시피 사진은 사물을 흑백으로 기록한 흑백 사진으로부터 시작되었다. 나이가 지긋한 분들은 학창 시절에 '영원한 우정을 다짐하며'라는 글귀와 함께 친구와 찍은 흑백 사진을 보면서 그 시절로 돌아간 듯한 느낌에 가슴이 설렐 것이다. 흑백 사진에 이어 컬러 사진이 처음 나왔을 때는 색상이 지금처럼 천연 그대로 표현되지는 않았었다. 그뿐만 아니라 시간이 지나면 색이 변색되기 일쑤였다. 하지만 이제는 디지털 시대이다. 특히 스마트폰 카메라가 일반화되면서, 인쇄를 거치지 않고 실시간으로 사진을 주고받을 수 있는 시대가 되었다. 이 장의 주제는 영상 화학이다.

13.1 사진의 화학

감광성 물질

영상 화학은 빛과 물질의 상호 작용에서 비롯된다. 빛이 지나간 흔적을 기록으로 남기기 위해서는 빛에 노출된 물질이 화학적이든 물리적이든 변화를 일으켜야 한다. 빛을 만나면 변화하는 물질을 감광성 물질이라고 한다. 영상기기에 사용되는 감광성 물질의 형태는 광화학 물질, 광전도체, 발광 물질로 구분되며 이들의 예를 표 13-1에 나타냈다.

광화학 물질은 빛(광자)을 받으면 화학적 구조 변화를 일으킨다. 예를 들면 대부분의 사진용 필름에는 흑백 효과를 나타내는 할로젠화 은이 발라져 있는데, 빛을 받은 은 이온(Ag^+)은 검은색을 띠는 은 원자(Ag)로 환원된다. 비타민 D의 선구물질도 광화학 물질이다. 즉 피부 속에서 7-디하이드로콜레스테롤이 자외선을 받으면 고리 구조 하나가 끊어지면서 콜레칼시페롤(비타민 D_3)로 바뀐다. 광전도체는 빛에 노출되었을 때 전류가 흐르는 물질인데, 반도체로 사용되는 실리콘이나 저마늄이 그것이다. 영상기기의 광검출기는 빛 신호를 전기 신호로 바꾸어 주는 광전도체들을 사용하는데, 저장된 전기 신호는 다시 영상으로 전환되어 화면을 통해 볼 수 있

표 13-1 감광성 물질의 종류와 응용 분야

구분	물질	적용
광화학 물질	*cis*-레티날 → *trans*-레티날 은 이온 → 은 원자 포토레지스트(포지티브*, 네거티브) 광변색 물질	눈의 망막 카메라 필름 반도체 인쇄 센서
광전도체	광전도성 고분자(폴리바이닐카바졸) 황화납 실리콘, 저마늄, 안티몬화세슘	복사기 적외선 감지기 광검출기(TV, 의료영상기기, CCD)
발광물질	유로퓸활성바나듐산이트륨(R), 망가니즈 활성 산화규소아연(G), 유로퓸활성 산화규소마그네슘칼슘(B)	PDP TV(R, G, B 형광체)

* 빛을 받은 부분이 현상 과정에서 녹아 나오는 경우가 포지티브이다.

게 된다. 요즘에는 먼 곳까지 정보를 빠르게 전달하기 위해 광케이블을 통해 빛으로 전달한다. 이 과정에서 전기 에너지를 빛에너지로 바꾸거나 다시 빛에너지를 전기 에너지로 바꾸어 주는 에너지 전환 물질들이 사용된다. 발광 물질은 주로 자외선이나 전기 에너지에 의해 전자가 들떴다가 다시 안정화될 때 가시광선을 방출하는 물질이다. 발광에는 형광과 인광이 있는데, 형광에서는 흡수된 빛에너지가 대부분 즉시 더 긴 파장을 내놓으며 재방출된다. 인광에서도 흡수 파장보다 더 긴 파장이 방출되는데 형광과는 달리 에너지의 흡수와 방출 사이에 대부분 시간이 더 오래 걸린다. 이것은 전자가 들뜬 상태에서 바로 바닥 상태로 가지 않고, 중간에 준안정 상태를 거치면서 에너지를 잃기 때문이다.

우리 눈은 가시광선의 빛에만 반응하기 때문에 가시광선에 가장 익숙하지만, 많은 영상기기, 특히 의료용으로 사용되는 기기들은 가시광선 외의 다른 영역의 전자기파도 많이 이용한다. 즉 그림 13.1에 나타낸 전자기파 스펙트럼의 가시광선(visible) 부분만을 사람들이 눈으로 감지할 수 있어서 사진이나 영상 제작에서 이 영역의 빛을 사용할 뿐이며, 갖가지 다른 목적으로 눈에는 보이지 않는 다양한 파장의 영역을 이용하고 있다.

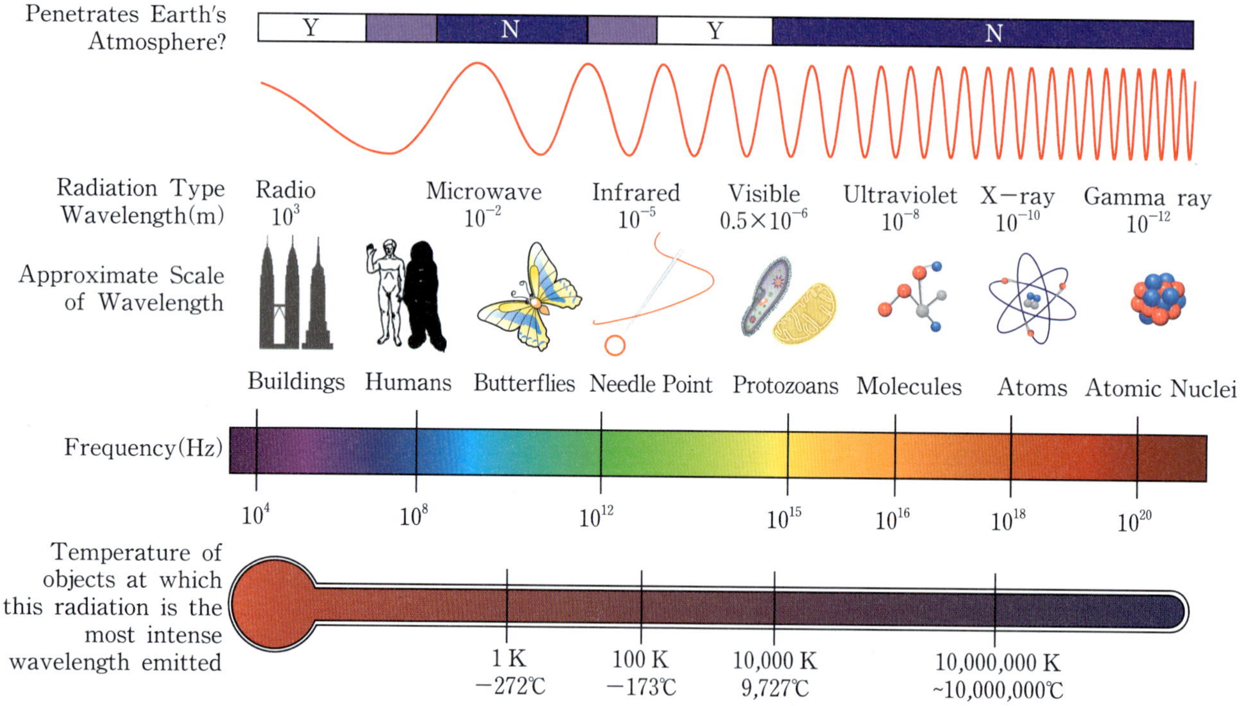

그림 13.1

가시광선의 전자기파 영역. 다양한 파장의 전자기파 중에서 우리 눈으로 감지해 내는 가시광선은 파장이 400~700 nm 정도에 불과하다. 그림의 위에서부터 지구 대기권의 통과 여부, 파장과 이에 해당하는 사물의 크기, 진동수(Hz), 색온도를 나타냈다.

시각의 화학

눈은 뇌와 연결된 복잡한 영상기기이다. 그림 13.2에 눈의 구조를 나타냈다. 눈의 구조와 기능을 살펴보면, 눈의 바깥쪽 각막은 안구를 보호하는 방어막의 역할과 빛을 굴절시켜 망막으로 도달시키는 역할을 하며, 동공은 눈 중앙부에 있는 작고 둥글며 검게 보이는 부위로서 빛의 밝기에 따라 반응하는 홍채에 의해 커지거나 작아진다. 홍채는 각막과 수정체 사이에 위치하며 홍채의 색은 인종별, 개인적으로 차이가 있다. 색소가 많으면 갈색, 적으면 청색으로 보이는 홍채는 빛의 양을 조절하는 조리개 역할을 한다. 수정체는 양면이 볼록한 모양의 무색투명한 렌즈로서 +18 디옵터의 굴절력을 가지고 있으며, 각막에서 굴절된 빛이 수정체에서 다시 굴절되어 망막에 상을 맺게 한다. 망막은 신경 세포로 구성된 조직으로 카메라의 필름에

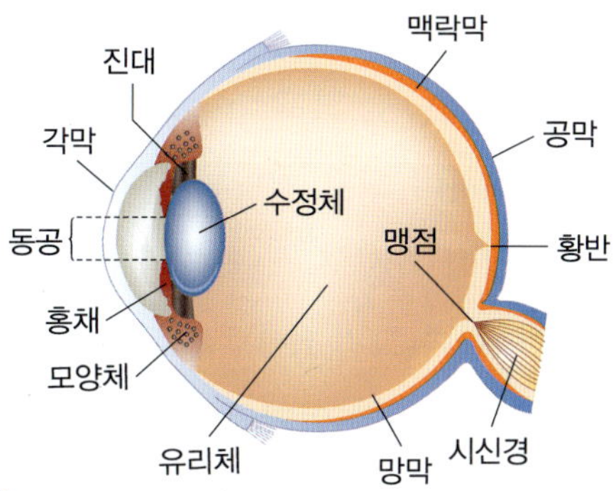

그림 13.2
눈의 구조: 카메라에 대비시켜 보면 홍채는 조리개, 수정체는 렌즈, 망막은 필름에 해당한다.

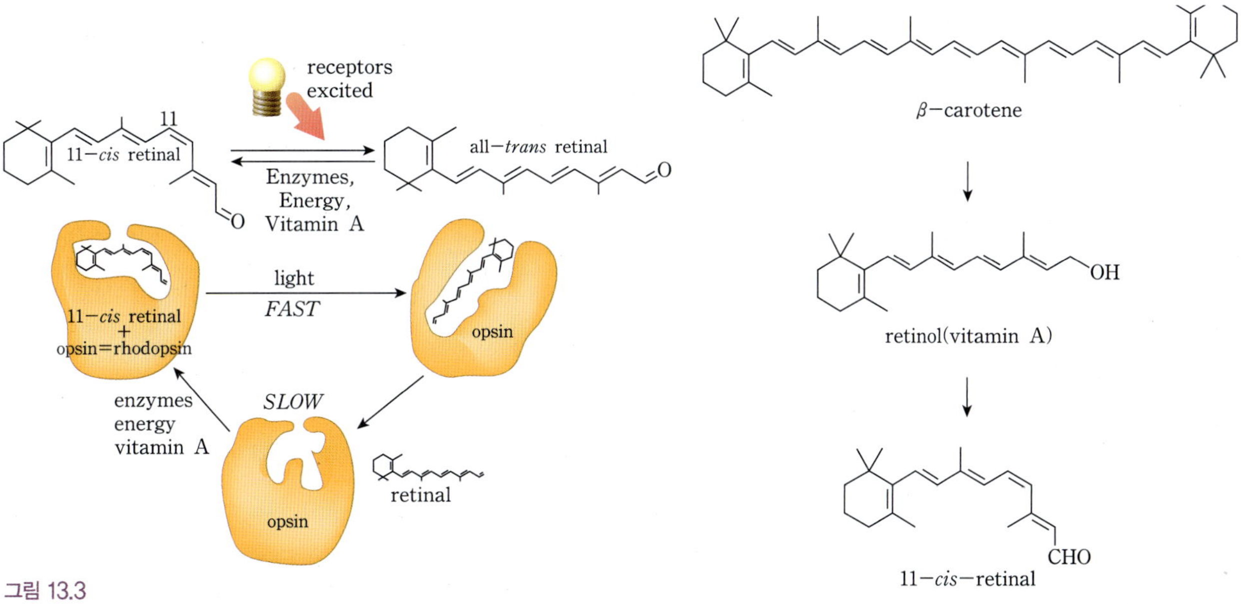

그림 13.3
빛에 의해 반응하는 시각 화학 메커니즘과 β−카로틴이 레티놀을 거쳐 시각 물질인 시스−레티날이 되는 구조의 변화를 보여 준다.

해당하는데 빛은 이곳에서 상을 맺게 되며, 이 신호가 시신경을 통해 뇌의 후두부에 전달되어 물체를 인식하게 된다.

눈의 망막에 존재하는 광수용 세포(photoreceptor cell)는 막대세포와 원뿔세포이다. 인간의 눈은 약 십억 개의 막대세포와 삼백만 개의 원뿔세포를 갖고 있다. 원뿔세포는 밝은 빛에서 작동하고 색에 민감하다. 반면 막대세포는 희미한 빛에서 작동하며 색깔을 구별할 수 없다. 이 때문에 달빛만 있는 밤에도 색깔이 아닌 회색의 명암만으로 물체를 구별할 수 있다. 눈의 민감성과 적응 능력은 놀랄 만하다. 사람의 눈은 5개 정도의 빛의 광자만 있어도 어두운 방에서 느낄 수 있으며, 다시 밝은 빛으로 나오면 수많은 광자에도 1분 이내에 별문제 없이 적응할 수 있다.

광수용 세포 내에 있는 감광성 물질은 로돕신인데 이것은 단백질 옵신과 시스-레티날로 구성되어 있다. 망막에 도달한 광자는 시스-레티날을 트랜스-레티날로 이성질체화시킨다. 이성질체화는 연결된 분자 구조에 변화를 초래하며, 결국에는 로돕신을 옵신과 트랜스-레티날로 분해시키게 된다. 이러한 구조 변화로 발생된 전기적 신호는 시신경에 의하여 뇌로 전달된다. 전기적 신호를 보내고 나면 효소의 작용으로 트랜스-레티날이 다시 시스-레티날로 되돌아가고, 이것은 다시 옵신과 결합해서 로돕신을 생성한다(그림 13.3). 펨토(femto, 1.000조분의 1)초 분광학을 통하여 레티날의 이성질화 과정이 확인되었다. 레티날은 비타민 A로부터 생성되기 때문에 비타민 A의 섭취가 부족하면 야맹증이 생기는 것이다. 당근이 눈에 좋다는 이유는 당근에 풍부한 β-카로틴이 몸속에서 비타민 A로 전환되기 때문이다.

흑백 필름 사진

흑백 사진의 발달 과정을 간단히 살펴보자. 요한 슐츠(Johann Schulze)는 일찍이 1727년에 질산 은과 백묵의 혼합물이 빛에 노출되면 어두워진다는 사실을 관찰하였다. 이로부터 약 100년 뒤인 1824년, 프랑스 물리학자 조셉 니엡스(Joseph Niepce)는 염화 은을 포함한 역청(Bitumen of Judea)을 유리판에 입혀서 상을 얻었다. 1830년대 초기에 화가이며 물리학자인 루이 다게르(Louis Daguerre)는 우연히 은 도금된 구리판에 아이오딘 증기를 쐬고, 이것을 필름으로 사용해서 사진을 찍은 다음, 수은 증기에 노출시켜서 현상할 수 있다는 것을 발견하였다. 이 은판 사진상을 고온의 농축된 소금 용액으로 씻어 주자 영구적 상이 얻어졌다. 1841년에 영국인 윌리엄 탈보트(William Talbot)는 아이오딘화 은을 입힌 감광성 종이를 사용하였고, 현상 과정에서 몰식자산(gallic acid)을 사용하여 네거티브상(음각상)을 얻었다.

그림 13.4
흑백 필름. 요즘은 전문 사진작가들이 주로 사용하지만 흑백 필름은 컬러 필름이 나오기 전까지 자연의 풍광과 인간의 희로애락을 담아왔다. 안타깝게도 지금은 예전의 필름들이 거의 남아 있지 않다고 하는데, 필름 속의 은을 회수하고 폐기하였기 때문이라고 한다. 필름에 나타낸 ISO 100, 400 등의 숫자는 빛에 대한 감도를 나타내며 클수록 더 민감하다.(출처: ©showcake/Shutterstock)

원래의 상과 같은 상이 얻어지면 포지티브상(양각상), 반대의 상, 즉 검은 부분이 희고 흰 부분이 검게 보이면 네거티브상이다.

근대 사진술의 발전은 할로젠화 은을 투명한 물질과 섞어서 투명한 바닥판에 입히는 방법이 알려지면서 비롯되었다고 할 수 있다. 1871년에 아마추어 사진작가이면서 내과의사인 리처드 매독스(Richard Maddox) 박사가 염화 은의 젤라틴 유액을 만들어 그것을 유리판에 바르는 방법을 발견한 것이다. 1887년에 조지 이스트만(George Eastman)은 젤라틴 유액을 플라스틱판(질산 셀룰로스)에 발라서 만든 코닥 필름을 개발하였다.

• 촬영(노광): 염화 은의 광화학

사진 촬영에 관한 화학을 이해하기 위해서는 먼저 염화 은의 광화학을 알아야 한다. 흑백필름은 얇은 투명 플라스틱 위에 염화 은(AgCl) 입자가 브롬화 은(AgBr) 입자와 함께 젤라틴에 분산되어 입혀져 있는 것이다. 가시광선의 빛이 이들 입자를 때리면 먼저 브롬 이온이 빛의 광자를 흡수하여 자유 브롬 원자와 전자가 생성된다. 이어서 투명한 은 이온(Ag^+)이 전자와 결합하여 검은색의 은 원자(Ag)가 되는 것이다.

$$Ag^+ + Br^- \text{ (빛 흡수)} \rightarrow Ag^+ + Br + e^-$$
$$Ag^+ \text{ (투명)} + e^- \rightarrow Ag \text{ (검은색)}$$

한편 빛을 받으면 어두워져서 선글라스로 되었다가 실내로 들어오면 다시 투명해지는 안경도 투명한 은 이온이 빛을 받으면 검은 은 원자로 변하는 원리를 응용한 것이다. 밖에서는 빛을 받아 어두워졌던 렌즈의 색이 실내에 들어오면 사라지는데, 이것은 아래 반응식과 같이 렌즈 속에 함께 들어 있던 구리 이온이 은 원자를 만나서 다시 은 이온으로 산화시키기 때문이다.

$$Cu^{2+} + Ag \rightarrow Cu^{+} + Ag^{+}$$

• 감광 염료

가시광선의 빛을 프리즘으로 쪼개어 보면 빨강부터 보라까지 펼쳐진다. 이와 같이 가시광선은 파장이 서로 다른 빛들이 섞여 있는 것인데, 각각의 파장에 대하여 할로젠화 은이 반응하는 민감도가 서로 다르다. 즉 할로젠화 은은 청색 혹은 자외선 같은 고에너지 빛에는 민감하지만 비교적 장파장인 적색, 황색, 녹색 등의 빛에는 둔감하다. 그렇다 보니 할로젠화 은만으로 만든 필름은 청색 이상의 고에너지 빛만 강하게 기록할 수 있었다. 이 문제를 해결한 것이 감광 염료이다.

감광 염료는 아래 반응식과 같이 장파장의 빛에서도 쉽게 이온화하여 전자를 내놓는다. 브롬화 은의 은 양이온(Ag^{+})은 감광염료가 내놓은 전자를 받아 검은색의 은 원자(Ag)가 된다. 감광 염료가 없으면 약한 장파장 빛으로는 브롬 음이온이 전자를 내놓지 않기 때문에 은 원자가 만들어지지 못한다. 한편 전자를 잃고 양 전하를 띤 염료 분자는 브롬 음이온과 만나서 원래의 감광 염료로 돌아가고 브롬 음이온은 브롬 원자가 된다. 이때 전자를 주는 물질은 산화되는 것이고, 전자를 받는 물질은 환원되는 것이다.

$$\text{감광 염료 (빛 흡수)} \rightarrow \text{감광 염료}^{+} + e^{-}$$

$$Ag^{+} + e^{-} \rightarrow Ag$$

$$\text{감광 염료}^{+} + Br^{-} \rightarrow \text{감광 염료} + Br$$

대표적인 감광 염료로 피나시아놀(pinacyanol, 그림 13.5)이 있다. 이 염료를 첨가함으로써 할로젠화 은 유화제 필름이 전체 가시광선 스펙트럼 영역에 감광성을 나타내게 되었다. 이런 종류의 필름을 전색 필름(panchromatic film) 또는 판(pan) 필름이라고 한다. 사실 사람의 눈도 모든 색의 빛에 대하여 반응하는 민감도가 같은 것은 아니다. 600 nm 정도의 빛을 가장 잘 감지하며 이보다 파장이 길거나 짧아지면 상대적 반응도가 떨어진다.

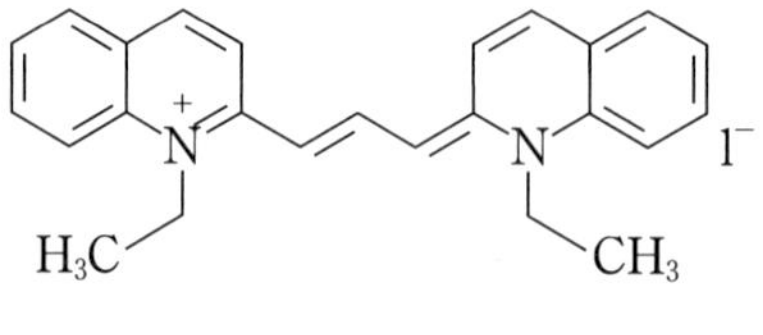

그림 13.5

감광 염료 중 하나인 아이오딘화 피나시아놀(pynacyanol iodide). 가운데 −CH=CH−CH= 구조가 길어지면 더 긴 파장의 빛을 흡수한다. 즉 구조를 달리하면 흡수하는 빛의 파장도 달라진다.

• 현싱

앞에서 보았듯이 할로젠화 은은 감광성이 가장 좋은 물질은 아니다. 그럼에도 할로젠화 은은 이렇게 효과적인 상을 만드는 것일까? 그 해답은 적당한 환원제(현상액)를 사용하여 촬영 때에 생긴 몇 개 안 되는 은 원자핵 주위로 은 원자핵의 크기를 수억 배로 키우기 때문이다. 빛에 노출된 필름이 현상액 속에 담겨질 때 은 원자핵(Ag) 주변의 입자(Ag^+)들은 그렇지 않은 입자들보다 더 빨리 Ag로 환원된다. 이 과정을 포깅(fogging)이라고 하는데 아직 은 이온 상태로 존재하던 것들이 검게 은 원자로 변하는 것이다. 즉 희미한 상이 점점 검게 또렷해지는 것이다. 이때 현상액의 온도, 농도, pH, 시간에 따라 적절한 현상 정도가 결정된다. 너무 오래 놓아두면 전체가 검게 변해서 상을 구분할 수 없게 된다. 현상제로 사용되는 물질로는 o-아미노페놀, 하이드로퀴논, 메톨, 페니돈 등이 있는데, 대부분의 현상액은 하이드로퀴논과 메톨 또는 하이드로퀴논과 페니돈으로 구성되어 있다. 전형적인 현상액은 하나 또는 두 개의 현상제, 공기 중 산화를 막는 보존제, 그리고 시간이 지나면서 pH가 변해서 환원 반응이 지연되는 것을 방지해 주는 알칼리성 완충제로 이루어져 있다.

그림 13.6의 반응식처럼 현상액의 하이드로퀴논이 퀴논으로 산화되면서 은 이온을 은으로 환원시킨다. 한 분자의 하이드로퀴논이 반응하여 두 개의 은 원자와 두 개의 수소 이온이 생성된다. 이 반응은 가역적이기 때문에 수소 이온이나 퀴논의 증가는 현상 과정을 방해하게 된다. 그래서 아황산 음이온이 퀴논과 반응하여 퀴논의 농도를 낮춰 줌으로써 역반응이 일어나는 것을 막아준다. 그리고 수소 이온은 수산화 이온에 의하여 중화된다.

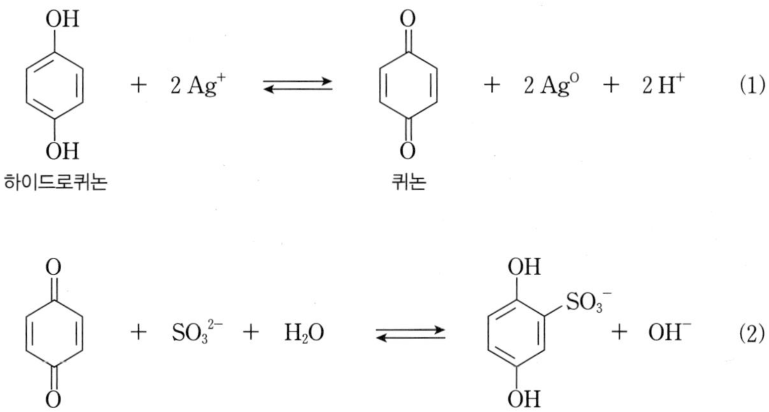

그림 13.6

필름 현상의 화학 반응. (1) 하이드로퀴논이 투명한 은 이온을 환원시켜서 검은 은 원자를 만들고, (2) 아황산 음이온이 퀴논과 반응하여 다시 은 이온으로 돌아가는 역반응을 억제한다.

현상 과정은 정지액에 의하여 종결된다. 정지액은 대개 pH를 낮추는, 즉 H^+의 농도를 높이는 아세트산과 같은 약산이다. 정지액의 기능은 재빨리 수소 이온의 양을 증가시켜서 하이드로퀴논에서 퀴논으로 가는 현상 반응을 정지시킨다.

• 정착

초기의 사진 촬영에서 가장 큰 문제점 중 하나는 상의 영구성 결핍이었다. 즉 현상 과정을 거친 후에도 할로젠화 은이 남아 있어서 다시 빛에 노출되면 은 원자로 환원되어 원래의 상이 검게 훼손되었던 것이다. 따라서 현상 과정을 거친 후 남아 있는 할로젠화 은을 모두 제거하는 과정이 필요하다. 이것이 정착 과정인데 흑백사진에서 가장 널리 사용되는 정착제는 싸이오 황산 이온($S_2O_3^{2-}$)이다. 싸이오 황산 이온은 수용액 속에서 은 이온과 안정하고 물에 잘 씻기는 착물($Ag(S_2O_3)_2^{3+}$)을 형성하여 현상판에 남아 있던 할로젠화 은을 제거한다.

$$AgBr(s) + 2S_2O_3^{2-} \rightarrow Ag(S_2O_3)_2^{3+} + Br^-$$

• 네거티브 필름과 포지티브 인화

정착 과정을 통해서 필름에 남아 있던 할로젠화 은을 모두 제거하고 나면 필름에는 검은색의 은 입자들만 남아 있게 된다. 즉 빛이 닿은 부분은 검게 되고 그렇지 않은 부분은 투명해서 실제의 이미지와는 반대로 얻어진다. 이것이 네거티브 필름이다. 이어서 인화지 위에 네거티브 필름을 얹고 위에서 빛을 쪼이면 필름의 검은 부분은 빛을 차단하고 투명한 부분은 통과시키기 때문에 인화지에는 실제의 상과 같은 이미지가 나타나는 것이다. 즉 네거티브 필름으로 포지티브 인화를 한다.

컬러 필름 사진

• 가원색과 감원색

일찍이 1611년 마르코 안토니오 도미니스(Marco Antonio Dominis)는 가시광선 스펙트럼이 세 가지 기본색의 빛으로부터 모두 만들어질 수 있다는 점을 밝혔다. 적색, 녹색, 청색의 빛을 적절히 합하면 모든 색의 빛을 구현할 수 있다는 이 개념(가원색의 개념)은 컬러비전 이론의 발전과 컬러 사진 촬영에 크게 기여하였다. 예를 들어 1861년 이후 컬러 사진은 구현을 위해서 감광층을 서로 다른 세 개의 층으로 구성하고 각 층은 빛의 삼원색 중 서로 다른 하나에만 감광성을 나타내게 하면 된다

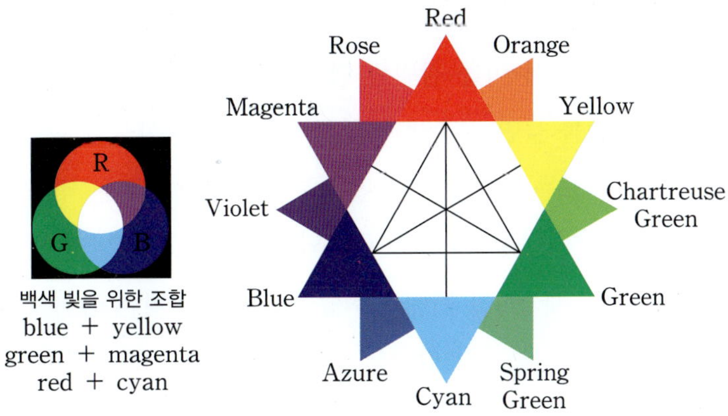

그림 13.7
가원색의 개념: 백색 빛을 내는 보색 관계인 빛의 조합. 오른쪽은 TV에서 구현되는 모든 컬러를 위한 RGB 컬러 모델

는 생각으로 발전하였다. 감광 염료의 개발과 전색성 흑백 필름(눈에 보이는 모든 빛에 감광이 가능한 필름)의 발견 이후 컬러 사진 촬영을 위한 몇 가지 다른 기술도 발전하였다. 하지만 1935년에 코다크롬(Kodachrome)이 시장에 등장하면서 비로소 일반 소비자들이 컬러 사진의 시대를 맞이할 수 있게 되었다.

코다크롬 공정에는 감원색의 개념이 도입되었다. 그동안 가원색의 개념으로 컬러 형상을 만들다 보니 세 가지 가원색 필터를 조합하면 필름이 어두워져서 빛의 투과도 문제가 발생하였던 것이다. 이 문제는 감원색 개념의 도입, 즉 원색 여과기 시스템이 개발되면서 해결되었다. 이것은 색의 구현이 특정 색의 빛만 흡수하여 제거하는 염료에 의하여 이루어진다. 즉 적색빛을 흡수하는 염료는 빛의 스펙트럼 나머지 부분을 통과시키거나 반사시켜서 청록색을 나타낸다. 마찬가지로 백색 빛 중에서 청색

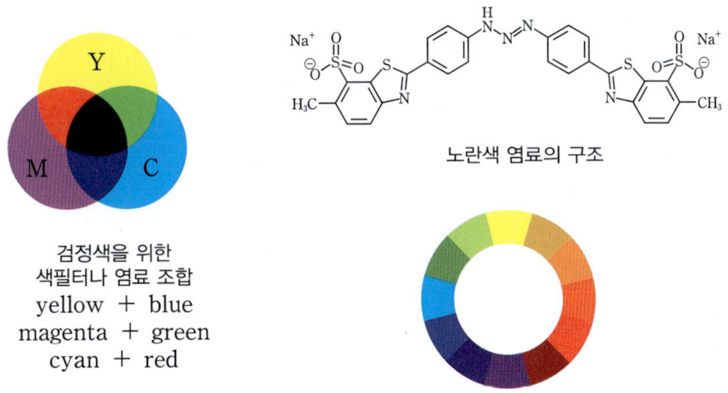

그림 13.8
감원색의 개념: 왼쪽은 검정색을 위한 색 필터나 염료의 조합이며, 잉크젯 컬러 인쇄에서는 검정 잉크 K를 포함하는 CMYK(사이안, 마젠타, 옐로우, 케이) 모델을 사용한다. 오른쪽 위는 노란색 염료의 구조이고 아래는 전통적인 표준 RYB Color Wheel이다.

빛을 흡수하면 황색빛이, 녹색빛을 흡수하면 적색빛(진홍색)이 되는 것이다. 현상 과정 중에 감광 유화제 층에서 이들 감원색 염료를 적절히 혼합하여 원하는 색의 상을 연출하는 것이다. 예를 들면 진홍색과 청록색 염료의 혼합물은 파란색을 나타낸다. 왜냐하면 진홍색 염료는 녹색빛(G)을 흡수하고 청록색 염료는 적색빛(R)을 흡수하여서 백색광의 세 가지 구성 요소 중 통과되는 파란색(B)만 남게 되기 때문이다. 문제는 정확한 실제상을 재생하기 위해서 적당한 위치에 알맞은 감원색 염료를 적당량 취하는 것이다. 백색은 세 가지 감원색 염료가 없으므로 생성되며, 검정색은 이 세 가지의 균일한 조화에 의해 생성된다.

• 네거티브 컬러 필름

일반적으로 컬러 필름은 그림 13.9처럼 지지판과 세 층의 유화제 감광층(유제층), 보호층, 황색 필터층, 중간층, 헐레이션 방지층으로 구성되어 있다. 각 층의 성분과 역할을 표 13-2에 나타냈다. 각 유제층의 두께는 약 6~7 μm로, 전체가 약 25~27 μm가 되며 당연히 흑백 필름보다 두껍다. 감광층은 젤라틴에 할로젠화 은과 발색제가 포함된 것으로 그 필름의 감도와 용도에 따라 할로젠화 은 입자의 크기와 유제층의 두께가 다르다. 각 층의 감광도는 분담한 파장역에서 동등하도록 조정되어 있다. 각 유제층이 가지는 감색성과 발색은 서로 보색 관계로 되어 있어서, 청색 감광 유제층은 황색, 녹색 감광 유제층은 진홍색, 적색 감광 유제층은 청록색으로 발색한다.

대부분의 컬러 필름은 1912년 독일 화학자 피셔(R. Fischer)에 의하여 처음 소개된 염료 생성 과정을 통해서 현상된다. 이 과정의 기초는 은 이온 존재 하에서 현상액의 기본 분자가 발색제라고 불리는 분자와 반응하여 염료를 생성하는 것이다. 발색제 종류에 따라 각각 황색, 진홍색, 청록색 염료가 생성된다. 컬러 현상액의 기본 분자는 보통 아민과 같은 환원제인데, N,N-다이에틸-p-페닐렌디아민이 대표적이다. 알파-나프톨 같은 페놀 화합물이 발색제로 사용되면 현상 과정 동안 은 이온이 산화제가 되어 그림 13.10의 반응을 통하여 청록색 염료가 형성된다. 청록색 염료가 생성

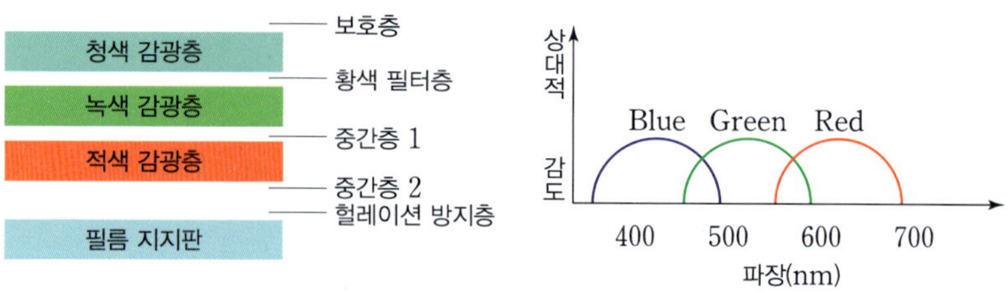

그림 13.9
컬러 필름의 단면 구조와 각 감광층별 감도 분포

표 13-2 컬러 필름을 구성하는 각 층의 역할

구성	역할
보호층	필름의 맨 위층의 엷은 젤라틴 막으로서, 아래층의 유제층을 마찰로 긁어 흠이 생기지 않도록 보호하며, 화상의 퇴색도 방지한다.
청색 감광층	할로젠화 은이 원래 청색에 민감하기 때문에 청색 감광층이 필름의 가장 앞부분에 놓인다. 자외선의 일부와 청색광에 감광되어 발색 현상 후에는 노란색 화상을 발색한다.
황색 필터층	황색의 콜로이드 은을 분산시킨 층으로 청색과 녹색 감광층 사이에서 여분의 청색만을 완전히 흡수하고 아래층에 녹색광과 적색광만 통과시킨다. 황색 필터층은 현상처리 공정에서 탈색된다.
녹색 감광층	할로젠화 은과 녹색광에 반응하는 감광 염료가 첨가된 유제층으로 청색광과 녹색광에 감광성을 가진다. 그러나 실제는 황색 필터층 때문에 청색광은 참여하지 않는다. 발색 현상 후는 빨강 화상을 발색한다.
중간층 1	젤라틴의 엷은 층으로, 두 유제 사이에서 녹색 감광과 적색 감광 유제의 성분이 확산 이동하는 것을 방지한다.
적색 감광층	할로젠화 은과 적색광에 반응하는 감광 염료가 첨가된 유제층으로, 현상 후에는 파란 화상을 발색한다. 이것은 적색광과 청자색광을 느끼는 유제인데, 청자색광은 황색 필터층이 흡수해 버리므로 적색광만 느낀다.
중간층 2	젤라틴의 엷은 층으로, 적색 감광 유제층의 성분이 헐레이션 방지층에 확산 이동하는 것을 방지한다.
헐레이션 방지층	각 유제층에서 흡수하지 못한 빛을 모두 흡수해 버린다. 흑색 또는 회색의 콜로이드 은을 젤라틴 안에 분산시킨 층으로 헐레이션(halation)을 방지한다. 헐레이션이란 빛이 필름의 반대 면에서 반사되어 다시 유제를 감광시켜 사진이 흐릿해지는 현상이다. 이를 방지하기 위해 뒷면은 반사를 없앨 수 있는 물질을 코팅해 둔다.
필름 지지판	유제층, 황색 필터층, 중간층, 헐레이션 방지층의 지지체가 되는 것으로 셀룰로스 트라이아세테이트와 폴리에스터 지지체가 사용된다.

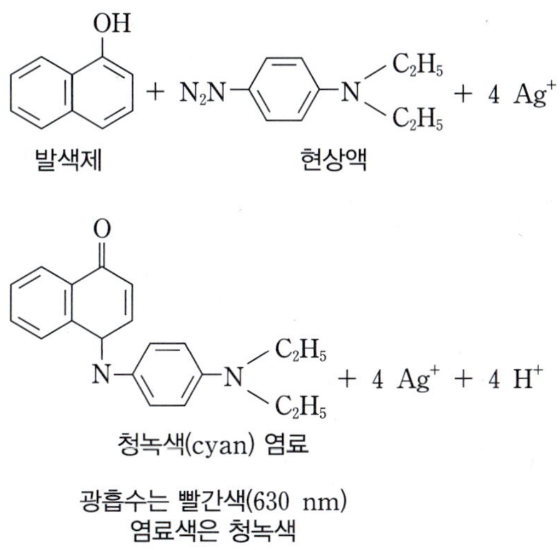

그림 13.10

청녹색 염료 형성의 예

되는 예는 필름의 어느 층에 해당하는 것일까? 바로 적색 감광층에서 일어나는 현상이다.

• 포지티브 컬러 필름

이제는 디지털 시대의 도래로 필름이 역사 속으로 점차 사라져가지만 코다크롬은 오랫동안 천연색 필름의 대명사였다. 코다크롬은 이스트만 코닥(Eastman Kodak) 사에서 1935년부터 판매한 8 mm, 수퍼 8 mm, 16 mm, 35 mm 등의 리버설 천연색 필름(color reversal film)의 상표명이다. 리버설 필름이란 카메라로 촬영한 필름을 네거티브상이 아닌 포지티브상으로 곧장 현상하는 필름을 말한다. 즉 필름을 현상하였을 때 카메라의 노출(촬영)과 색상 분포가 일치하는 상을 내는 필름이다. 앞에서 설명하였듯이 세 개의 청색(B), 녹색(G), 적색(R)층을 감원색 방법으로 구현하기 위해서는 현상 과정을 통하여 청색(B)층에는 황색 염료를, 녹색(G)층에는 진홍색 염료를, 적색(R)층에는 청록색의 염료가 만들어져야 한다. 그리고 현상 과정에서 보았듯이 염료가 만들어지기 위해서는 발색제, 아민 현상액, 은 이온이 필요하다. 코다크롬 제조법의 비밀은 바로 은 이온의 존재를 조절함으로써 결국 염료의 생성을 조절한다는 데 있다. 그럼 어떻게 코다크롬 필름이 적색의 빛을 재생 구현해 내는지 그림 13.11을 통해 살펴보자.

필름이 적색광에 노출되면 감광 염료의 도움으로 필름 지지판과 가까운 적색 감광층의 은 이온만이 은 원자로 환원된다. 이어지는 흑백 현상에서 적색 감광층의 은

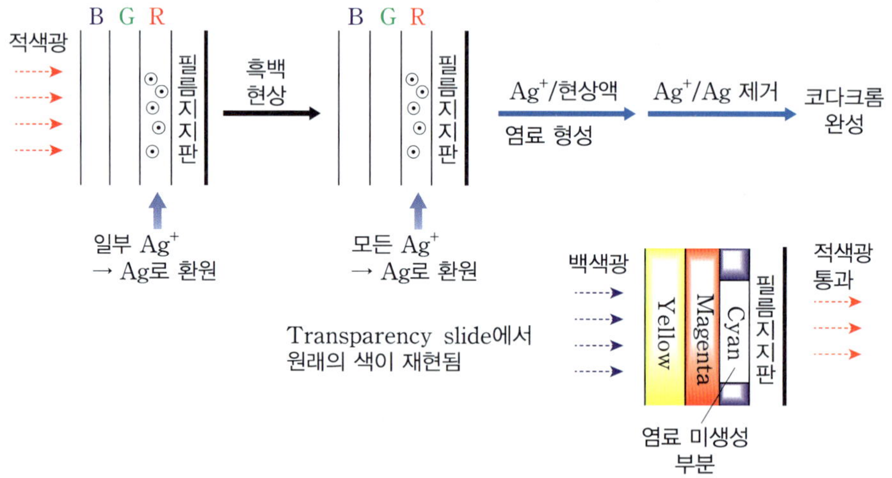

그림 13.11

코다크롬의 제조 과정. 적색광을 받은 필름을 흑백 현상하여 적색 감광층만의 은 입자를 은 원자로 환원시켜 놓으면, 컬러 현상 시 은 이온이 없는 이 부분에는 염료 형성이 안 되어, 나중에 백색광이 들어오는 경우 적색광만을 통과시킨다.

입자들은 모두 사유 은 원자로 확실히 환원된다. 다음으로 컬러 현상이 수행된다. 이때 적색 감광층만은 은 이온이 존재하지 않기 때문에 적색을 낼 수 청록색 염료가 생성되지 못하는 것이다. 다른 청색과 녹색 감광층에는 황색과 진홍색의 염료가 각각 만들어진다. 마지막으로 황색 필터층을 포함하여 모든 층의 은 원자를 산화제 ($Fe(CN)_6^{3-}$)를 써서 산화시켜 씻어낸다. 이렇게 만들어진 슬라이드에 백색광을 쪼여 보자. 황색 염료층을 지나면서는 청색이 흡수되고, 진홍색 염료층을 지나면서는 초록색이 흡수된다. 마지막으로 청록색 염료층을 지날 때는 염료 분자가 만들어지지 않았으므로 적색이 그대로 통과한다. 즉 통과되어 나오는 빛은 애초에 필름이 받았던 적색광인 것이다.

• 폴라로이드 필름

1947년 에드윈 랜드(Edwin Land) 박사는 1분 안에 완성된 사진을 만들 수 있는 방법을 발표한다. 이 폴라로이드 사진은 암실 조작이 필요 없으며, 카메라 내에서 현상·정착이 이루어져 촬영한 장소에서 바로 인화가 되는 즉시성(卽時性)이 특징이다. 촬영 후 흑백 필름은 10초, 컬러 필름은 약 1분 만에 인화가 된다. 1964년에는 세계 최초로 전자 셔터식 카메라인 폴라로이드 오토매틱 100을 내놓았다. 이후로도 사용 목적에 따라 많은 기종이 개발되었는데, 일반 카메라 외에 공업용·의학용·상업용·보도용 등이 있다.

흑백 폴라로이드의 작동 원리를 살펴보면, 폴라로이드 필름은 촬영 후 필름을 빼내는 과정에서 다른 한 장의 저장된 인화지 종이와 접합된다. 동시에 필름마다 첨부된 현상액 주머니가 카메라에 장치된 롤러에 눌려 터져서 필름 위에 고르게 발라진다. 현상제가 필름의 노출된 할로젠화 은을 환원시킬 때(이때의 상이 네거티브상, 즉 음각상이다), 용매는 노출되지 않은 은 이온을 녹여내서 이들 이온이 밀착된 인화지 종이에 확산시킨다. 확산된 은 이온이 종이 속의 현상제에 의해 환원되면 포지티브상(양각상)이 되는 것이다.

폴라로이드 컬러 필름의 구조는 파랑(B)·초록(G)·빨강(R)에 감응하는 각 유화제층(유제층)과 황색(yellow)·진홍색(magenta)·청녹색(cyan)의 3색소 현상제층, 그리고 매 장에 첨부된 처리제와 인화지로 되어 있다. 빛을 받은 할로젠화 은을 현상제로 환원하면 이 자리의 현상제는 산화되기 때문에 이동하지 않고 그곳에 남으며, 미산화된 현상제는 알칼리 용액에 녹으므로 현상조제에 의하여 확산전사가 가능하게 되어 인화지의 수상층에 전사된다. 색소상의 안정성을 위해 알칼리 성분은 포지티브

그림 13.12
왼쪽은 자신이 개발한 폴라로이드 사진을 직접 시연해 보이고 있는 랜드 박사이고 오른쪽은 폴라로이드 카메라와 폴라로이드 필름이다. 1998년에 랜드 박사의 전기 "Insisting on the Impossible: The Life of Edwin Land"(Victor K. McElheny)가 출판되었다. 책 제목이 암시하는 것처럼 그는 열정과 집념을 가진 공상가였다. 미국 발명가의 우상인 랜드는 에디슨 다음으로 많은 535개의 특허를 냈다.(출처: 위키피디아)

인화지에 있는 알칼리 수용층(受容層)에서 중화되어 색화상이 정착된다.

13.2 조명과 디스플레이

LED 조명 시대

2014년 노벨 물리학상은 청색 LED를 개발함으로써 LED 조명 시대를 개척한 세 명의 과학자에게 수여되었다. 이사무 아카사키(Isamu Akasaki), 히로시 아마노(Hiroshi Amano), 슈지 나카무라(Shuji Nakamura)가 그들이다. 이들은 갈륨 나이트라이드(GaN)에 인듐(In)과 알루미늄(Al)을 적절히 섞어서 만든 반도체로 다층 구조의 청색 LED를 실현하였다.

청색 LED의 실현은 LED 조명을 가능하게 하였고, 결국 백열등은 안녕을 고하게 되었다. 백열등은 1860년 영국의 조셉 스완(Joseph Swan)과 1879년 토머스 에디슨(Thomas Edison)이 각각 개발하였고, 우리나라 경복궁에 처음으로 들어온 것이 1887년 3월 6일이었다. 지난 100년이 훨씬 넘는 동안 백열등은 어둠을 밝혀 우리의 삶을 늦은 밤까지 연장하여 주었는데, 2014년부터 생산과 수입이 중단되면서 역사의 뒤안길로 사라지게 되었다.

같은 전력량으로 낼 수 있는 빛의 양을 비교하면 등잔불이 0.1 루멘(lm)/와트

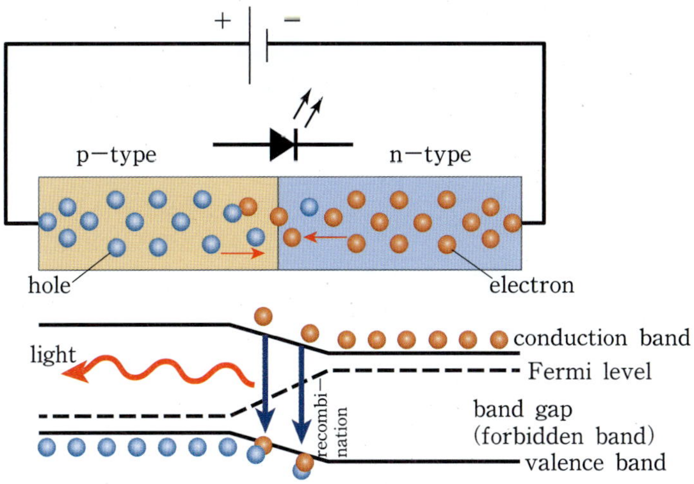

그림 13.13

LED의 원리. n−형 반도체와 p−형 반도체 접합체에 위의 그림처럼 외부에서 배터리를 걸어 주면 (−)극에서는 전자(electron)가 (+)극에서는 정공(hole)이 공급되는데 반도체 내에서 서로 만나면 높은 에너지의 전자가 낮은 에너지의 정공으로 떨어지면서 에너지 차이에 해당하는 빛이 나온다.

(W), 백열등이 16 lm/W, 형광등이 70 lm/W인데, LED 조명은 무려 300 lm/W이다. 전체 전력 소모의 1/4 가량이 조명에 사용되는 것을 감안하면, LED 조명의 등장이 인류 문명의 발달은 물론 지구 자원의 절약에 얼마나 큰 공헌을 하였는지 미루어 짐작할 수 있다. 그러고 보면 2014년도 노벨 물리학상이 청색 LED를 개발한 과학자에게 주어진 것은 마땅한 일이다. 그런데 왜 RGB의 세 가지 LED 중에서 청색(B) LED 개발자에게 노벨상이 주어졌을까? 조명으로 LED가 사용되기 위해서는 RGB 세 가지 빛이 모두 필요한데, 그동안 빨강(R)과 초록(G) LED는 1960년대에 개발된 데 비해 효율적인 청색 LED는 1990년대 초까지 개발되지 못하였었기 때문이다. 요즘은 우리 주변 곳곳에서 LED 조명을 접하게 되었는데, 실내외 LED 조명 시스템은 물론 스마트폰 카메라 플래시와 화면 조명, TV나 노트북의 LCD 백라이트, 자동차 내부와 외부 조명, 살균용 LED 조명 등 빛이 필요한 거의 모든 곳에 LED가 사용되고 있다.

빛의 색을 온도로 표현하는 색온도(color temperature) 개념이 있다. 우리들은 일상생활에서의 체험을 통해 불빛에 따라 온도가 다르다는 것을 알고 있다. 실제 불빛이 아닌 조명에 의한 빛의 색에 대해서도 온도의 개념을 적용한 것이다. 색온도는 흑체(black body)가 가열되어 해당 빛을 낼 때의 절대 온도 K로 정의된다. 몇 가지를 살펴보면 촛불은 1,850 K, 백열등은 2,700~3,300 K, 달빛은 4,100~4,150 K, 형광등은 5,000 K, 제논 램프는 6,200 K, LCD 스크린은 6,500~10,500 K, 푸른 하늘

표 13-3 몇 가지 LED의 파장 범위와 반도체 재료

빛의 색	파장 범위(nm)	반도체 재료
적외선(IR)	> 760	GaAs, AlGaAs
빨강(R)	610~760	AlGaAs, GaAsP, AlGaInP, GaP
초록(G)	500~570	전통적인 초록색: GaP, AlGaInP, AlGaP 순수 초록색: InGaN/GaN
파랑(B)	450~500	ZnSe, InGaN, 기판 SiC
자외선(UV)	< 400	InGaN, Diamond, BN, AlN, AlGaN, AlGaInN

은 15,000~27,000 K 등이다. 백색 조명이라도 종류에 따라 빛의 색이 조금씩 다른 이유는 가시광선을 구성하는 400~700 nm 범위에서 어느 것은 400 nm 부근의 빛이 많이 들어가고 어떤 것은 700 nm 부근의 빛이 많이 들어가는 등 빛의 세기 분포 스펙트럼(SPD; spectral power distribution)이 다르기 때문이다.

디스플레이 삼총사

TV 수상기의 변천 과정을 생각하면 여기서도 기술의 발전이 놀라운 속도로 일어났음을 실감한다. 흑백 브라운관 TV 방송은 1936년 영국에서 처음 등장하였고, 우리나라에는 20년 뒤인 1956년에 도입되었다. 컬러 브라운관 TV 방송은 1954년에 미국에서 먼저 시작되었고, 우리나라는 1980년이 되어서야 시작되었다. 이후 수 십 년간 화질과 화면의 대형화 등에서 발전을 거듭하면서 브라운관 시대를 열었고, 우리나라는 세계 최대의 브라운관 제조 국가를 거쳐 이제는 평판 TV의 최대 수출국이 되었다. 평판 화면의 디지털 TV는 1998년 영국과 미국에서 등장하였고, 2009년부터는 여기에 인터넷이 연결된 네트워크 TV 시대가 열렸다. 이로써 2009년에 아날로그 TV 방송이 먼저 미국에서 종료된 것을 시작으로 일본이 2011년에, 우리나라도 2012년 12월 31일에 종료되었다.

• LCD-TV

액정(liquid crystal)에 대해서는 2장에서 다양한 물질의 상태를 살펴볼 때 언급하였다. 즉 일반적인 물질의 상태인 기체, 액체, 고체 외에 독특한 성질을 갖는 액정, 플라스마, 초임계 유체, 이온 액체에 대해 살펴보았었다. 이들 중에 액정과 플라스마 상태를 TV나 모니터 화면에서 이용한다.

액정은 외관상으로는 액체인데 액체 속의 분자들은 마치 결정 고체에서처럼 질서

구조를 갖는다. 액정의 실시 구조에 영향을 주는 요소로 열, 용매, 금속 이온이 있다. 즉 어떤 물질이 높은 온도에서는 무질서한 분자 상태였다가 온도를 낮출 때 여전히 액체이지만 분자들이 질서 정연하게 배열한다면 열방성(thermotropic) 액정이다. 한편 용매에 따라 용질 분자가 무질서 구조에서 질서 구조로 변화를 나타낸다면 유방성(lyotropic) 액정이다. 또 하나는 용액 중에 금속 이온을 넣어 주었더니 용질 분자들이 질서 구조를 나타낸다면 금속방향성(metallotropic) 액정이다. 그러면 질서 구조는 어떤 종류가 있을까? 분자들이 방향은 서로 나란히 맞추었는데 앞뒤가 들쭉날쭉 멋대로라면 네마틱(nematic) 상이고, 분자들이 열과 행을 모두 맞추어 배열되어 있다면 스멕틱(smectic) 상이다. 카이랄(chiral) 상은 나선형으로 돌아가는 질서 구조인데, 이런 현상이 콜레스테롤 유도체에서 처음 발견되어 콜레스테릭(cholesteric) 상이라고도 한다. 디스코틱(discotic) 상은 디스크처럼 둥근 평면 구조를 나타내며, 보울릭(bowlic) 상은 사발처럼 생긴 구조이다(그림 13.14).

앞서 말한 액정 구조가 어떻게 디스플레이에 적용되는 것일까? 디스플레이는 수많은 RGB 화소를 통하여 나오는 다양한 색의 빛으로 실현되는데, 이때 액정 분자들은 백라이트 빛의 통과 스위치 역할을 수행하는 것이다. 그림 13.15처럼 액정 셀을 지나가는 빛이 셀의 앞뒤에 놓인 서로 수직 방향성인 편광 필터를 통과하려면 액정이 뒤틀리면서 편광의 방향을 바꿔 주어야 가능하다. 보통 네마틱 상이 비틀린 네마틱 상이 되면서 편광의 방향을 바꿔 준다. 액정 셀에 ON 전위차를 주었을 때 비

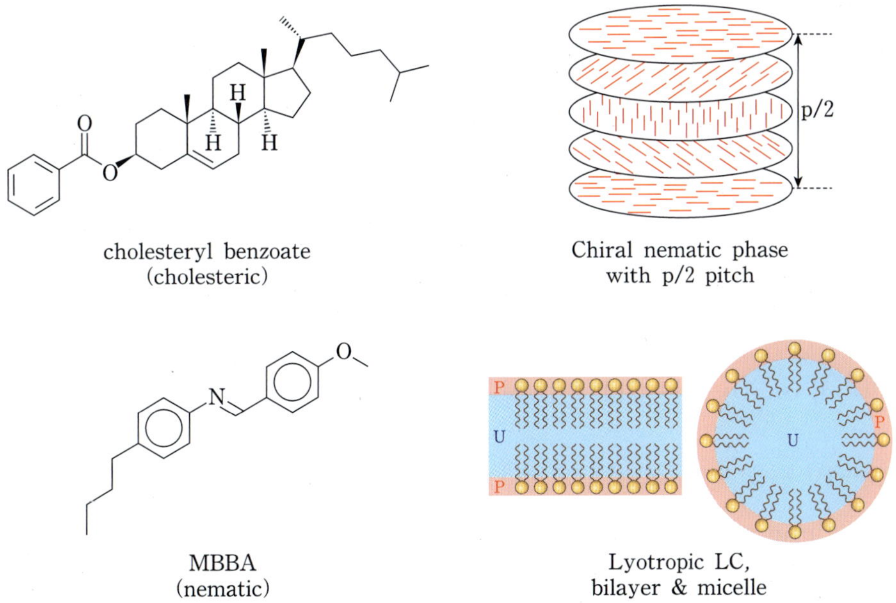

그림 13.14

액정 분자와 액정 구조의 예. 카이랄 네마틱처럼 두 가지 액정상이 조합을 이루기도 한다.

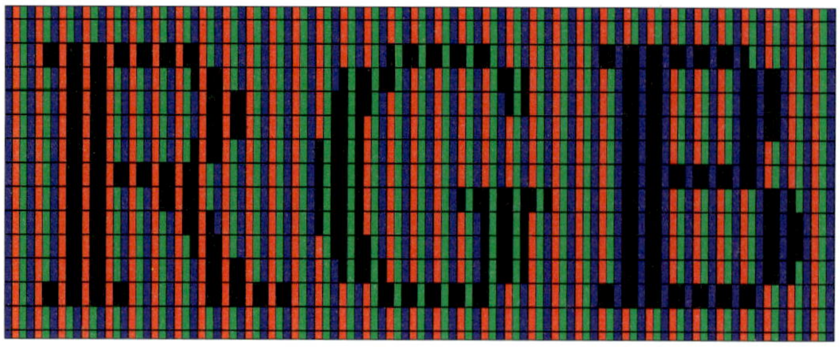

빛의 3원색 필요한 화소에 적당한 전압을 걸어 주면 주어진 빨강, 초록, 파랑의 색깔들이 나타난다.

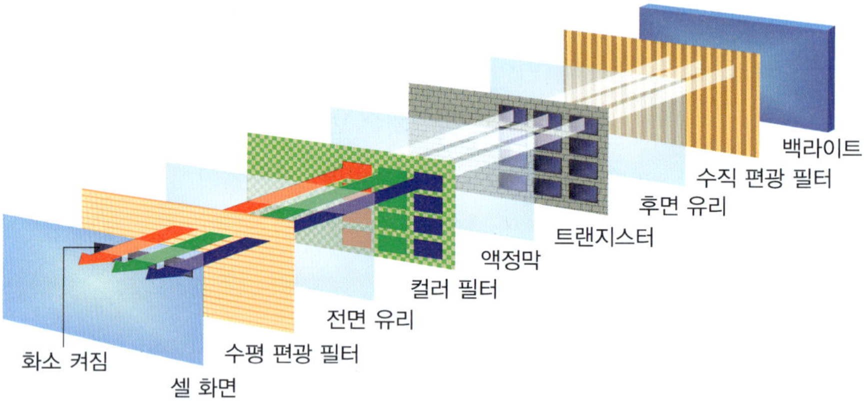

그림 13.15
빛의 3원색과 LCD의 구조

틀린 네마틱 상이 되어 빛이 통과하지만, OFF 전위차일 때는 편광의 방향이 바뀌지 않아서 빛이 통과되어 나오지 못한다. 액정 셀을 통과하여 나온 백색 빛을 각각의 RGB 컬러 필터를 통과시키면 조절된 다양한 컬러가 얻어진다.

• QLED-TV

요즘은 TV 제조 경쟁에서 QLED-TV와 OLED-TV가 쌍두마차이다. 둘 다 LED 라는 표현이 들어가지만 발광 방식은 서로 다르다. 2장에서도 언급하였지만 QLED-TV는 기본적으로 앞서 설명한 LCD-TV인데, 다만 백색 백라이트로 LED 조명을 사용하고 컬러 필터로 양자점(quantum dot) 소재를 사용하는 것이다. 반면에 OLED-TV는 유기물 LED(OLED)가 RGB의 각 화소를 담당하기 때문에 액정층이 필요 없다. 따라서 OLED-TV는 QLED-TV보다 얇게 제조하는 것이 가능하다.

• PDP-TV

요즘에 PDP-TV는 QLED-TV나 OLED-TV에 비해서 시장의 반응이 주춤하기는 하지만 여전히 대화면 TV의 장점을 갖고 있다. PDP-TV의 작동 원리에 대해서도 2장에서 언급하였기 때문에 여기서는 간단히 짚고 넘어간다. PDP-TV에서는 여전히

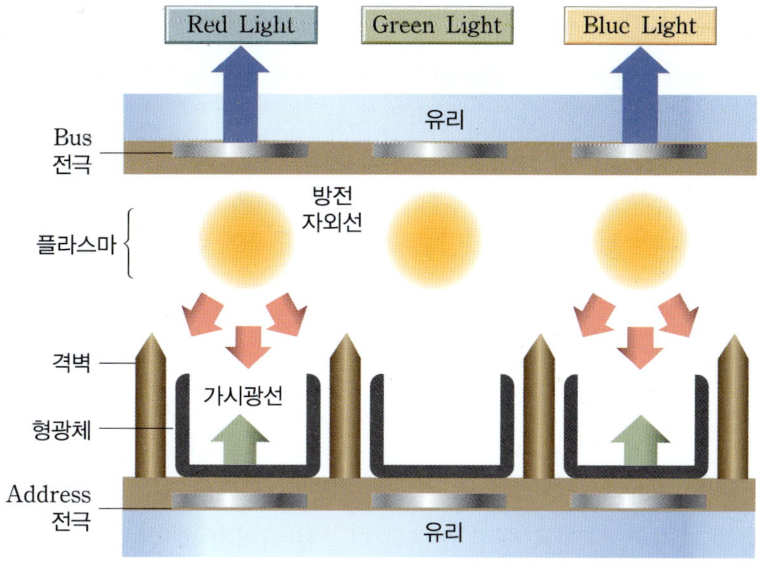

그림 13.16

PDP TV의 작동 원리: TV 화면 속에는 눈으로는 확인이 잘 안되지만 미세한 화소 방들이 있다. 위 그림처럼 세 개의 방이 세트(red, green, blue: RGB)를 이루고 있는데, 이 세 가지 빛의 조합으로 천연색을 만들어 낸다. 발광 단계: 1) Cell 내에 Xe 원자와 몇 개의 전자가 있으며 외부로부터 전압을 가하면 전자는 양극을 향하여 가속됨. 2) 가속된 전자는 Xe과 충돌하여 Xe를 여기시켜 Xe^+과 전자를 다수 생성하며 여기 입자 Xe^*도 생성. 3) 여기 상태의 Xe^*가 기저 상태로 되돌아오면서 발생한 자외선(147 nm)이 형광체를 여기시켜 가시광을 발생시킴. 4) 전자는 양극, 이온은 음극에 축적되어 외부 전압을 상쇄시켜 방전이 정지됨. 5) 외부 전압의 극성이 반전되면 전자와 이온은 각각 역의 전극으로 이동하여 다시 방전이 개시됨.

RGB 형광체를 사용하는데, 이 형광체는 짧은 파장의 진공 자외선(VUV, 147 nm)으로 때려주어야 각각 RGB에 해당하는 가시광선을 내놓는다. 바로 이 VUV를 만드는 과정에서 Xe 기체의 플라스마 상태가 필요한 것이다. PDP 셀의 디스플레이 전극이 표면 방전을 일으키면 셀 안의 Xe 기체가 에너지를 받아서 플라스마와 들뜬 상태가 함께 만들어지는데, 들뜬 상태에서 다시 바닥 상태의 Xe로 돌아오면서 VUV를 내어놓는 것이다. 이 과정에서는 자외선뿐만 아니라 열도 발생하기 때문에 조금 과장하면 PDP-TV는 겨울철 난방기 역할도 한다.

• OLED-TV

OLED(organic light-emitting diode)를 채택한 TV는 가장 늦게 시장에 나왔다. 이 방식은 앞서 설명한 LED 조명의 유기물 버전이다. 무기물 소재에 의한 LED로는 미세한 RGB 화소를 제작하기 어려우므로 LED 디스플레이는 대형 광고판 등에는 사용되지만 TV 화면을 만들 정도는 아니다. 하지만 유기물 LED(OLED)라면 가능하다.

OLED의 작동 원리는 무기물의 경우와 다르지 않다. (−)극과 (+)극 사이에 발광 유기물이 존재하면 각 전극에서 유입된 전자(electron)와 양공(hole)이 유기물 내에서 만나면서 빛이 나온다. 다층 구조로 복잡하게 만드는 것은 전자와 양공의 흐름을 좋게 하고, 이들이 발광층에서 같은 수로 균등하게 만나게 함으로써 높은 효율의 발광이 가능하게 하기 위해서이다. 8장에서 전도성 고분자(conductive polymer)를 소개하면서도 언급하였지만 고분자를 이용한 LED(PLED)도 가능하다. 어떤 색의 빛이 나오는가는 무기물 LED의 경우와 마찬가지로 유기물의 구조에 따른 전자와 양공이 갖는 에너지 차이(band gap)에 기인한다.

디지털 카메라

우리가 보통 디카(digicam)로 부르는 디지털 카메라는 필름 없이 광전자 센서를 이용하여 영상을 감지하고, 이들 영상 정보를 디지털 이미지 파일이나 동영상 파일로 저장하는 사진기이다.

• 디지털 카메라의 작동 원리

렌즈를 통하여 들어온 빛을 필름 대신 CCD(charge-coupled device)나 CMOS (complementary metal-oxide-semiconductor) 센서가 감지하는데, 이 센서의 표면은 광자를 전기 신호(electric charge)로 변환하는 수많은 포토다이오드(photodiode)로 구성되어 있다. 이들은 이미지에 따라 각 포토다이오드가 서로 다른 양의 전기 신호(전하량)를 만들게 된다. 이들의 위치와 각 전하량을 파악하여 디지털 정보로 바꾼 다음 이미지 프로세싱 엔진에 전달하면 이들 정보는 다시 각각의 위치에 디지털 이미지로 재구성된다. 이들을 이미지 파일로 변환하여 저장하면 우리가 원할 때마다 꺼내어 확인할 수 있다. CCD와 CMOS는 포토다이오드의 구조가 다를 뿐 같은 역할을 한다. 차이점은 CCD 센서는 빛을 받아서 생성된 각 포토다이오드의 전하량을 한 곳에서 순차적으로 일일이 측정하는 방식인 반면에, CMOS 센서는 각 포토다이오드가 자체의 전하량을 측정하는 방식이다. 이들은 디카뿐만 아니라 CCTV 등 디지털 영상 처리의 핵심 소자이다. CCD 원리를 개발한 조지 스미스(George Smith)와 윌러드 보일(Willar Boyle)은 2009년 노벨 물리학상을 수상하였다.

• 내부 구조 및 부품

- CCD: 전하 결합소자 또는 고체 촬상소자라고도 불리는 CCD는 렌즈를 통하여 들어온 영상의 빨간색, 녹색, 파란색의 밝기와 컬러 값을 전기적인 신호로 변환한다. CCD는 빛의 강도의 비율에 따라 반응하는 트랜지스터가 일정하게

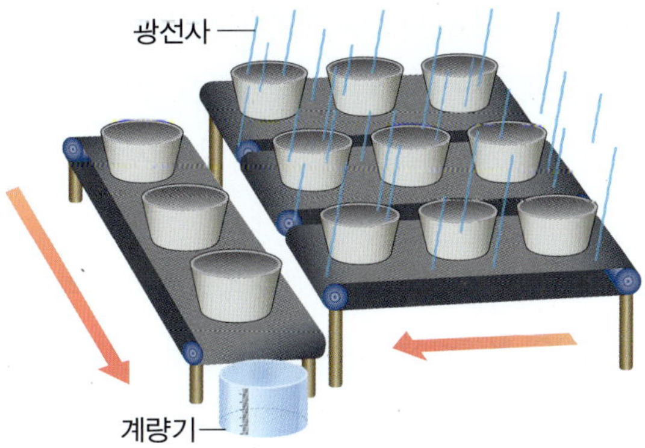

그림 13.17
CCD 센서의 작동 원리. 센서 표면의 각 포토다이오드가 갖는 전하량을 마치 컨베이어 벨트 위의 양동이에 담긴 빗물로 비유하였다. 서로 수직 방향으로 움직이는 켄베이어 벨트의 한쪽 끝에서 계량기가 위치에 따른 각 양동이의 빗물의 양을 측정한다.

배열되어 있는 장치로 각각의 트랜지스터 정보가 한데 모여 전체적인 하나의 이미지를 만든다.

- ADC 칩셋: CCD에서 출력되는 연속적인 전기적인 신호는 ADC(analog digital converter: 아날로그-디지털 변환기) 칩셋에서 0과 1의 디지털 신호로 변환된다.
- JPEG 칩셋: ADC에서 변환된 영상 디지털 데이터는 이곳에서 JPEG 형식으로 압축되어(encoding), 저장이 용이하도록 만든다. 또한 적절한 화상을 만들기 위하여 색 보정, 감마값 보정 등의 작업도 병행하게 된다. 그 외 부수적인 역할로 LCD 뷰어 사용 시 메모리에 저장된 영상을 출력할 수 있도록 압축 해제(decoding)도 담당한다.
- 마이크로 컴퓨터: 줄여서 '마이컴'이라고 부르는 이 칩셋은 디지털 카메라의 전반적인 운영을 맡는다. 가장 주된 역할은 ADC와 JPEG 칩셋의 제어이며, 이 밖에도 시리얼 버스 제어 등 다양한 역할을 한다.
- 플래시 메모리: JPEG 칩셋에서 가공된 이미지는 플래시 메모리에 저장된다. 보통 8 GB 전후의 용량을 사용하며, JPEG 칩셋에서 어느 정도의 용량으로 압축하느냐에 따라 저장 매수가 달라진다.
- 메모리 카드: 내부에 장착된 메모리는 일정한 용량을 가지고 있어서 저장할 수 있는 영상의 수가 제한적이다. 따라서 대부분의 디지털 카메라는 외부 보조 저장 매체로 전용 메모리 카드를 장착, 영상 데이터를 추가로 저장한다. 사용되는 종류로는 PCMCIA 카드, 고체 메모리 카드, 플로피 디스크 등이 있다. 일반적으로 고체 메모리 카드를 사용한다.

- LCD 스크린: LCD 스크린은 디지털 카메라로 사진을 찍을 때 CCD로 들어오는 이미지를 그대로 출력, 뷰파인더와 같은 역할을 한다. 또한 저장된 영상 데이터를 디지털 카메라 상에서 직접 확인할 수 있는 기능을 제공한다. 일반적으로 2인치 정도 크기의 TFT 방식을 사용한다.
- 상태 표시창(status display): 디지털 카메라의 동작 상태와 환경 설정 등을 나타내는 역할을 한다. LCD 스크린상에서 설정하는 경우보다 시간을 절약할 수 있다.
- 충전식 배터리: 한 번 사용한 것을 충전하여 다시 반복해서 사용할 수 있는 건전지이다. 니켈-카드뮴식과 니켈-메탈수소식이 있다. 니켈-카드뮴식은 상대적으로 성능은 떨어지나 값이 저렴하여 널리 쓰인다.

전자 종이

종이는 지난 2,000여 년간 정보를 나타내는 매체로 인류에 기여하여 왔다. 그런데 21세기에 접어들어 일반 종이와 컴퓨터 디스플레이의 장점을 접목한 플라스틱 기술이 떠오르면서 전자 종이(electronic paper)가 주목을 받고 있다. 이것은 전통적인 종이와 마찬가지로 유연하며, 약간 거칠고 가벼우며 어떤 조명에서나 여러 각도에서 볼 수 있다. 하지만 일반 종이와는 달리 전자 종이에 표시된 정보는 약한 전원을 사용하여 쉽게 바꿀 수 있고 심지어는 동영상으로 나타낼 수도 있다. 전자 종이가 우리의 생활을 어떻게 바꿔 놓을지 생각하여 보자. 신문 기사가 무선으로 업데

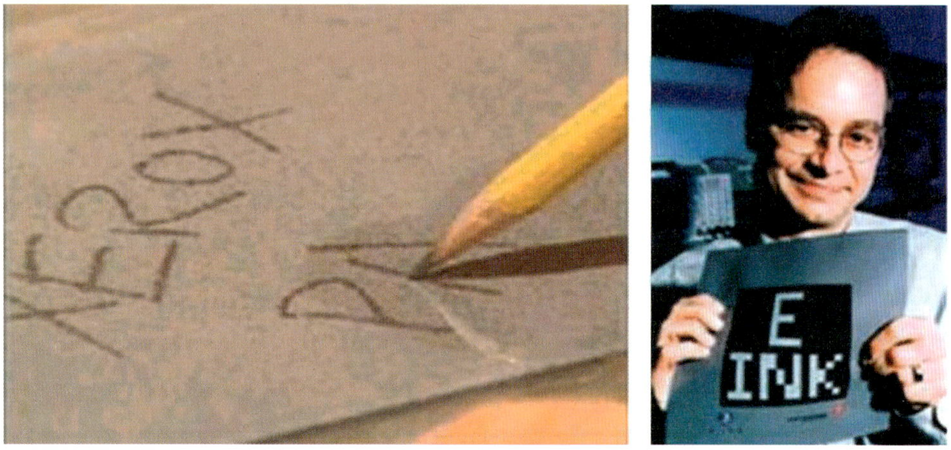

그림 13.18

왼쪽은 제록스(Xerox) 사의 전자 종이에 전하를 띤 연필로 글을 쓰는 모습. 전자 종이가 사용하는 잉크는 폴리에틸렌 입자인데, 입자의 반쪽은 검고 반쪽은 밝다. 따라서 하전된 연필이 입자를 검은 쪽이 앞면으로 회전하도록 유도하면 검게 글씨로 나타난다. 오른쪽은 폴 드래크(Paul Drzaic)가 E INK라는 회사 이름을 전자 종이에 써서 종이를 구부리더라도 글자 형상이 영향을 받지 않음을 보여 주고 있다.

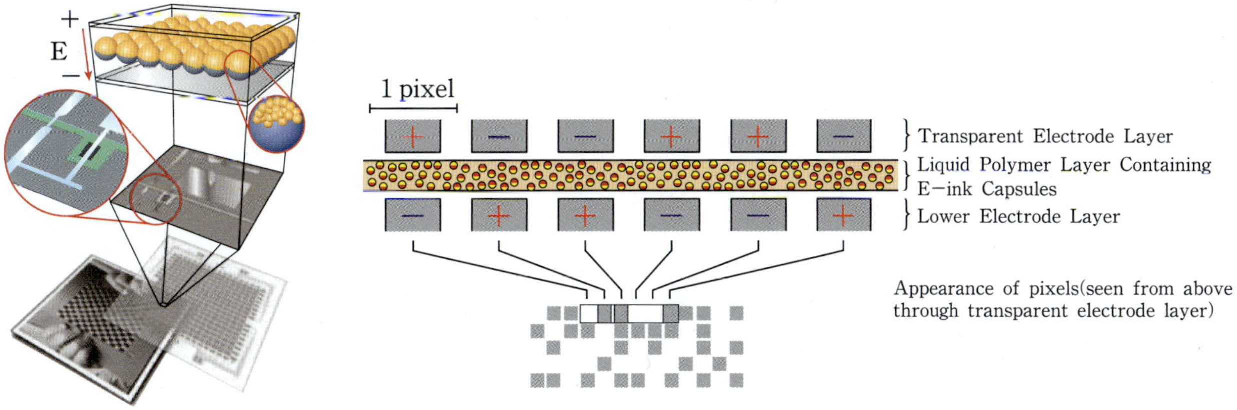

그림 13.19
E 잉크(E Ink) 사와 루슨트(Lucent) 사가 공동 개발한 e-페이퍼(e-paper)의 핵심 성분 구성도

이트되면서 온종일 변화한다. 또한 컴퓨터 디스플레이 화면을 말아서 주머니에 넣고 다니다가 필요하면 펼쳐볼 수 있고, 가정에서는 순간순간 다양한 색과 형태의 벽지로 벽면을 바꿀 수 있다. 직장이 바뀌었다고 명함도 새로 만들 필요가 없다. 내용만 바꾸면 된다.

전자 종이의 작동 원리를 그림 13.19에 나타내었다. 쉽게 말하면 종이의 앞면과 뒷면에 + 와 − 전극을 얇게 입혀서 이들 전극 층 사이에 있는 잉크가 전기장에 따라 검게 또는 희게 나타나게 한 것이다. 이러한 원리는 1998년 미국 MIT의 조셉 제이콥슨(Joseph Jacobson) 교수가 발표한 논문에 기초한 것이다(*Nature*, 394, 253, 1998). 개발의 초기 단계에서는 흑백만이 가능하고 정교한 글씨의 표현도 어려웠으나 현재는 이런 단점이 상당 부분 기술적으로 해결되었다. 그림 13.19에 대하여 좀 더 설명하자면 전하를 띤 흰색의 산화티타늄 입자와 검은색의 탄화수소 유체를 담고 있는 마이크로캡슐 잉크 층이 위아래 두 층의 전극 사이에 위치한다. 위쪽 전극은 투명하고, 아래쪽 전극은 사각형의 픽셀 형태로 불투명한 틀이 짜여 있다. 각 픽셀은 유기 반도체에 의하여 온−오프 스위칭이 된다. 이 반도체에 의하여 전기장을 스위칭하면 흰색의 입자가 위 또는 아래로 이동하므로 위에서 보면 픽셀의 색이 변한다. 즉 입자가 위로 이동하면 흰색으로 보이지만 아래로 이동하면 검은 색의 유체가 위쪽으로 이동하므로 검게 보인다.

한편 영상과 관련하여 나날이 발전하는 제품 중에 스마트폰을 활용한 줌(zoom) 미니 현미경이 있다. 스마트폰이야말로 우리의 생활 패턴을 바꾸어 놓은 제품인데 앞으로도 더욱 진화할 것으로 보인다. 나노기술의 도움으로 콘택트렌즈에 회로와 안테나, 발광 다이오드까지 집어넣은 시제품도 등장하였다. 앞으로는 어떤 세상이 펼쳐질지 상상하기조차 힘들다.

13.3 자연이 빚어내는 영상

꽃의 색소 안토시아닌

우리 개개인은 계절의 변화에 따라 자연이 빚어내는 찬란한 지구라는 영상 영화 속의 주인공이다. 그러나 우리 대부분은 바쁜 도시 생활을 하면서 너무나 아름다운 자연의 영상을 잊고 산다. 꽃과 녹음과 단풍 역시 화학 물질이 연출해낸 영상 드라마이다.

꽃과 과일의 색을 연출하는 대표적인 화합물은 안토시아닌(anthocyanin)이다. 수국(자양화)의 꽃은 색이 일곱 가지로 변한다고 한다. 그때그때 새로운 안토시아닌이 만들어지는 것일까? 아니면 동일한 안토시아닌이 산성도가 다른 환경의 차이로 색이 변하는 것일까? 한편 꽃잎으로부터 색소 성분을 추출, 분리하여 보면 꽃잎으로 보던 색과는 다른 색이다. 특히 안토시아닌이 색소의 주성분일 때에 그렇다. 그렇다면 꽃의 다양한 색은 어떻게 발현되는 것일까? 안토시아닌(또는 안토시안)은 배당체(글루코시드)이다. 즉 그림 13.20에 나타낸 것처럼 안토시아니딘(anthocyanidin)에 당류가 결합된 구조이다. 안토시아니딘도 치환기의 위치와 종류에 따라 여러 가지가 존재하는데 표 13-4에 몇 가지를 나타냈다.

안토시아닌에 의한 색의 연출을 설명하는 몇 가지 설이 오래전부터 제시되었다. 그중에서 몇 가지를 살펴본다. 실제로 꽃의 색은 아래에 나타낸 주장들의 여러 가지 현상들이 꽃에 따라 복합적으로 작용하여 발현된다.

• pH 설

클로로필의 연구로 유명한 리처드 빌스터(Richard Willster, 1915년 노벨 화학상 수

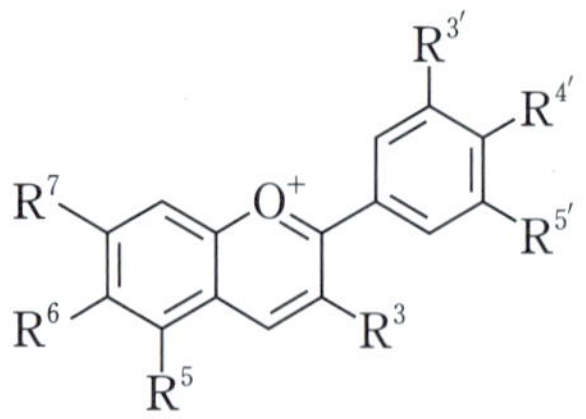

그림 13.20
안토시아니딘의 구조

상)는 1913년경에 안토시아닌의 색이 산성에서 붉은색, 알칼리성에서 파란색으로 변하는 것으로부터 pH설을 주장하였다. 즉 꽃잎이 파란 이유는 꽃잎 속의 액즙이 알칼리성이기 때문이라는 것이다. 이 설은 식물 생리학자들의 거센 비판을 받았다. 꽃잎을 위시하여 식물 속의 액즙은 일반 식물에서는 산성이며, 중성이나 알칼리성인 경우는 없다는 것이다. 더욱이 안토시아닌의 용액을 알칼리성으로 바꿀 때 얻어지는 청색은 별로 선명하지 않으며, 이 청색은 곧 퇴색하여 대부분이 갈색으로 변한다. pH설은 그 후에도 빌스터의 제자들에 의하여 계속 주장되었지만, 꽃잎의 액즙은 꽃의 종류에 관계없이 모두 pH 4~6 정도의 산성인 것이 밝혀짐에 따라 부정되었다.

• 금속 착물설

금속 이온에 안토시안이 배위하여 착물을 형성함으로써 발색한다는 금속 착물설이 제창되었다. 이들의 주장은 안토시안이 금속에 배위함으로써 흡수 띠(band)가 장파장 쪽으로 이동하여 청색을 띤다는 것이다. 순수한 청색 색소를 식물의 꽃에서 추출한 다음, 그 색소를 태운 재를 조사하여 마그네슘과 칼슘을 다량으로 검출함으로써 이 주장을 뒷받침하였다. 또한 안토시안과 마그네슘의 착물염이 청색의 꽃으로부터 직접 추출되기도 하였다. 이런 사실에서 마그네슘과 칼슘 등의 금속 이온이 어떤 형태로든 기여한다는 것이 확인되었으나, 이런 생각이 모든 꽃에 대해 일반화 할 수 있는 것으로 인정된 것은 아니었다.

• 보조 색소설

1930년경 식물의 색소 연구로 유명한 로버트 로빈슨(Robert Robinson, 1947년 노

표 13-4 몇 가지 안토시아니딘의 치환기

안토시아니딘	R3′	R4′	R5′	R3	R5	R6	R6
Aurantinidin	$-H$	$-OH$	$-H$	$-OH$	$-OH$	$-OH$	$-OH$
Cyanidin	$-OH$	$-OH$	$-H$	$-OH$	$-OH$	$-H$	$-OH$
Delphinidin	$-OH$	$-OH$	$-OH$	$-OH$	$-OH$	$-H$	$-OH$
Europinidin	$-OCH_3$	$-OH$	$-OH$	$-OH$	$-OCH_3$	$-H$	$-OH$
Pelargonidin	$-H$	$-OH$	$-H$	$-OH$	$-OH$	$-H$	$-OH$
Malvidin	$-OCH_3$	$-OH$	$-OCH_3$	$-OH$	$-OH$	$-H$	$-OH$
Peonidin	$-OCH_3$	$-OH$	$-H$	$-OH$	$-OH$	$-H$	$-OH$
Petunidin	$-OH$	$-OH$	$-OCH_3$	$-OH$	$-OH$	$-H$	$-OH$
Rosinidin	$-OCH_3$	$-OH$	$-H$	$-OH$	$-OH$	$-H$	$-OCH_3$

벨 화학상 수상)은 청색 색소의 생성에는 안토시안에 대하여 보조 색소(co-pigment)가 필요하고, 이것이 꽃잎의 세포 속에 존재한다고 주장하였다. 구체적으로 이 보조 색소로서 플라본류와 탄닌류를 언급하였다. 즉 안토시안이 보조 색소(단독으로는 무색)와 복합체를 만들면 푸르게 발색한다는 것이다. 이것은 여러 실험적 증거로 상당히 확실한 것으로 생각되었다. 로빈슨은 이 이외에도 안토시안이 콜로이드 입자에 흡착되어 발색한다는 설도 제안하였다.

• 초분자착물설

1950년대 이후에는 분석 기술의 급속한 진전에 의하여 많은 사실을 알게 되었다. 그중에 청색을 내는 원인이 되는 몇 종류의 구조가 밝혀졌는데, 안토시안 부분과 플라보노이드 부분을 포함하는 거대한 초분자 착물 형태로 존재하는 것이 확인되었다.

포도주를 숙성시키면 시간이 지나면서 색이 조금씩 달라지는데 이것은 안토시아닌이 포도주의 성분 물질과 반응하기 때문이다. 포도주의 초기 색은 주로 그림 13.22에 나타낸 5가지의 안토시아닌이 결정한다. 포도의 종류에 따라 이들이 서로 다른 비율로 평형을 이룬다. 발효가 진행되면서 효모에 의하여 피루브산이 만들어지면, 이들이 안토시아닌과 결합하여 고리 구조를 확장시키기 때문에 와인 색이 조금씩 달라진다. 와인이 숙성되면서 안토시아닌이 탄닌과 결합하여 색이 달라지기도 한다.

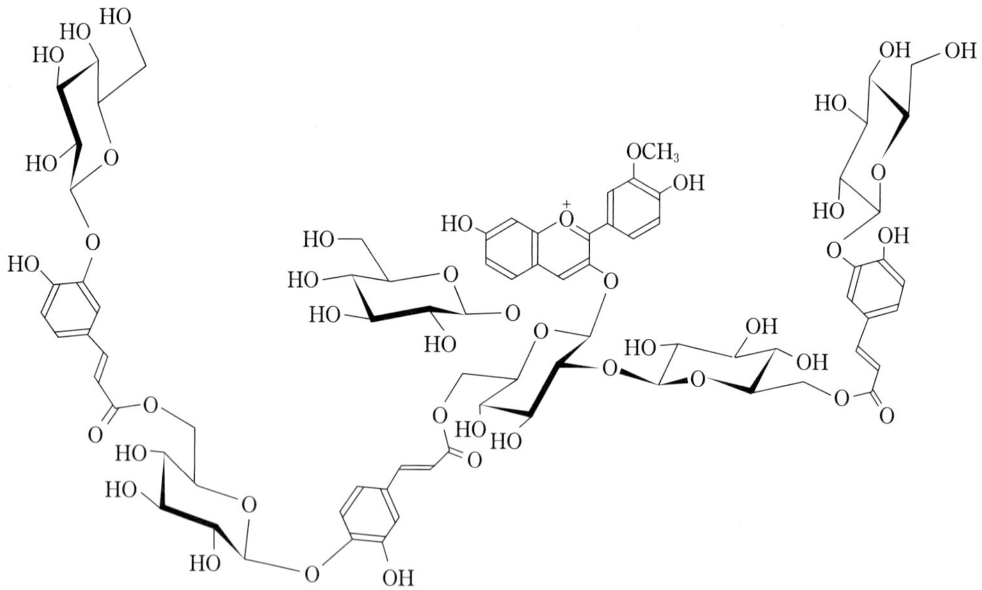

그림 13.21
하늘색 안토시아닌의 경우 가운데 안토시아니딘 구조를 주위의 당들이 감싸줌으로써 다른 분자들의 접근으로부터 보호한다.

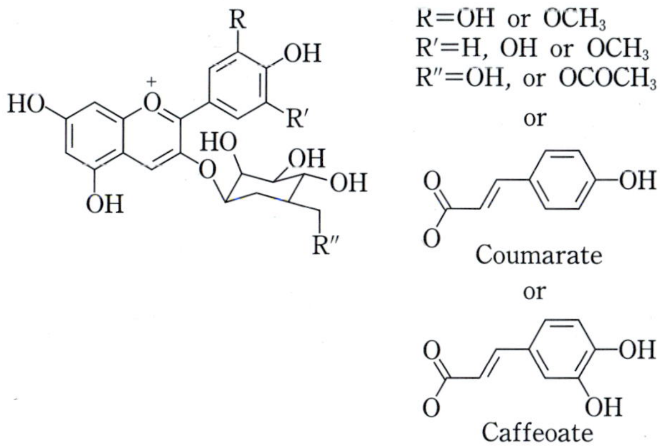

그림 13.22
포도주 초기의 색을 결정하는 안토시아닌 구조

가을에는 식물의 잎이 단풍으로 울긋불긋하게 변한다. 식물의 잎이 녹색인 이유는 클로로필(엽록소) 때문인데 가을이 되면 식물이 광합성을 그만두면서 쓸모가 없어진 엽록소는 분해된다. 엽록소가 사라지면서 그동안 엽록소에 가려져 있던 카로테노이드의 노란색이 드러나게 되는데 은행잎이 대표적이다. 그러면 단풍나무는 어떻게 빨간색 잎으로 변하는 것일까? 그것은 광합성으로 만들어진 당류가 날씨가 추워지면서 잎에서 줄기로 이동하지 못하고 대신 잎 속의 효소 작용에 의하여 빨간 안토시아닌 색소를 만들기 때문이다. 또한 카로텐류의 노란색과 안토시아닌류의 빨간색이 어떠한 비율로 존재하느냐에 따라 주황색이라고 하더라도 다양한 색이 나타난다.

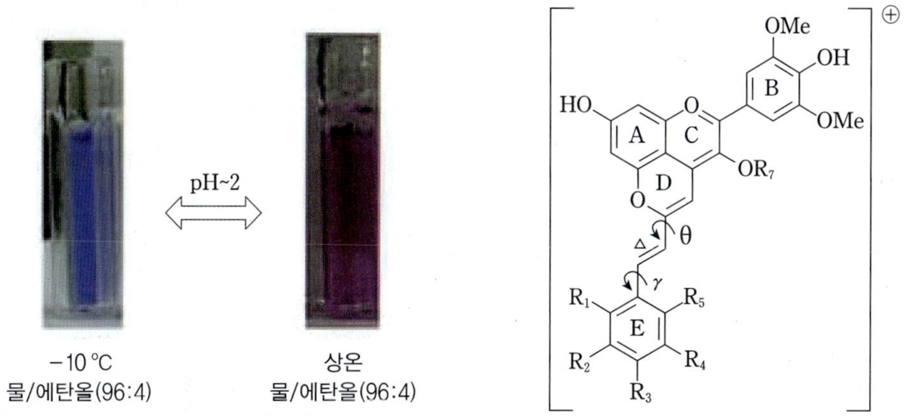

그림 13.23
안토시아닌은 아니지만 오른쪽 유사체는 온도에 따라 색이 달라지는 성질을 나타낸다. 이것은 온도가 높을 때는 분자 가운데 부분의 단일 결합이 회전(θ, r는 이면각)하면서 전체적인 평면 구조가 뒤틀려서 빛의 흡수 파장이 단파장 쪽으로 이동하기 때문이다.(출처: *J. Agric. Food Chem.* **2010**, 58, 4292)

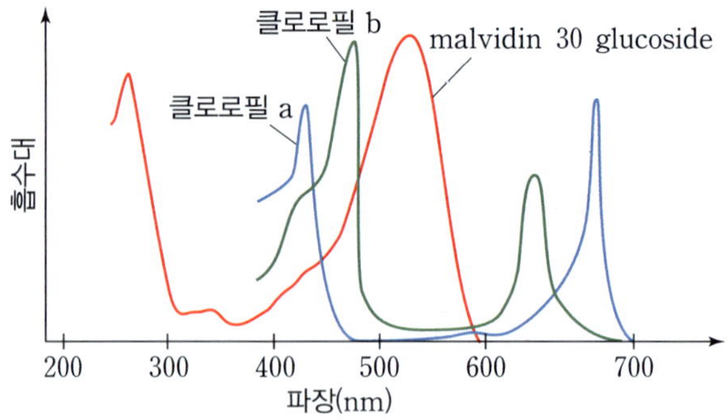

그림 13.24

안토시아닌은 클로로필의 흡수대와는 달리 500~600 nm에서 흡수가 일어나며, 300 nm 이하의 자외선도 흡수한다. 따라서 안토시아닌은 카로텐류와 더불어 자외선으로부터 식물을 보호한다.

반딧불이와 발광 스틱

1960년대 농촌 마을의 한여름 초저녁, 어른들과 어린이가 섞여서 마을 사람들이 읍내 학교 운동장에서 상영하는 영화를 보기 위하여 신작로를 걷고 있다. 어스름이 비치는 어두운 길을 빛을 내며 날아다니는 곤충들이 춤을 추듯 움직인다. 한 소년이 재빠르게 손을 놀려 이놈들을 잡아서는 왼쪽 가슴 주머니에 집어넣는다. 반짝이는 주머니 속 반딧불이와 함께 꿈결 같은 한여름 밤은 흘러간다.

앞의 이야기는 소설 속 한 대목이 아니라 어린 시절 필자가 경험한 추억이다. 우리나라 어디서나 한여름 밤이면 만날 수 있는 것이 반딧불이었다. 이제는 반딧불을 보기 위해서 반딧불이 축제를 벌이는 청정지역을 방문해야 하는 시대가 되었다. 사정이 이렇다 보니 요즘 아이들은 형설지공(螢雪之功)의 의미를 몸으로 깨닫는 것이 아니라 머리로만 이해할 것이란 생각이 든다.

어떠한 물질이 빛을 내는 방법은 다양하다. 우리는 전등을 통하여 특정 물질에 전기에너지를 주면 빛에너지로 바뀌는 사실을 잘 알고 있다. 열에너지를 가하면 빛이 나오는 경우도 쉽게 경험한다. 눈에는 보이지 않는 자외선을 쪼여 주었는데 가시광선의 아름다운 빛을 발하는 경우도 있다. 그렇다면 반딧불이는 어떻게 빛을 만들어 낼까?

바로 이 작은 곤충이 화합물이 갖는 내부에너지를 빛에너지로 바꾸는 화학발광(chemiluminescence)을 자신의 몸속에서 수행한 것이다. 화학발광은 높은 화학에너지를 갖는 분자가 분해되면서 낮은 화학에너지를 갖는 구조로 변해갈 때 여분의 에너지를 빛으로 내놓는 과정이다. 그림 13.25에 실제로 반딧불이가 빛을 만드는 과정을 나타냈다. 루시페린이 옥시루시페린으로 되는 과정에서 빛을 방출하는데, 이때

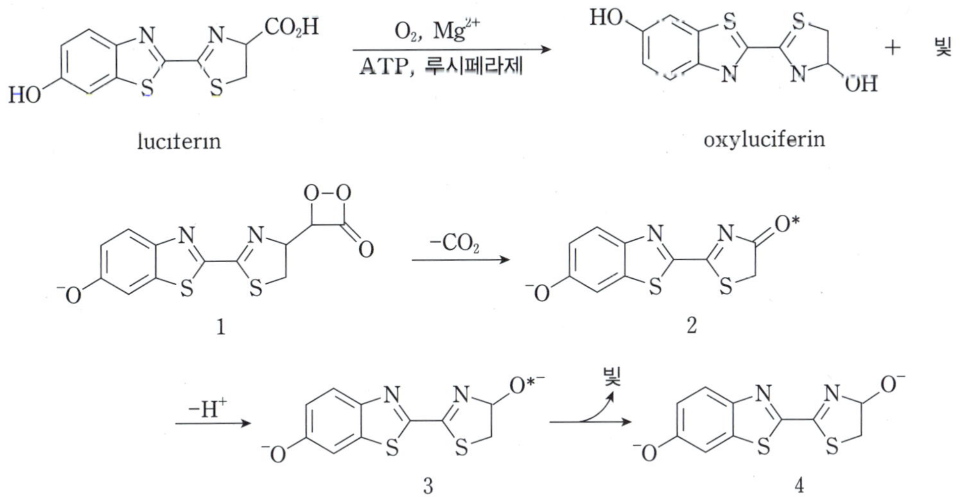

그림 13.25
반딧불이가 빛을 만드는 화학 발광 메커니즘

산소, 마그네슘 이온, ATP, 루시페라제 등을 필요로 한다. 이 반응 메커니즘을 1→4로 나타냈다. 루시페린으로부터 만들어진 다이옥세탄 1에서 과산화(-O-O-) 상태를 포함하는 사각형 구조가 분해되면서 이산화 탄소가 발생하고, 2 → 3의 들뜬 상태를 거치면서 결국 빛(hν)을 내고 안정한 상태의 옥시루시페린 4로 변한다.

아이들이 좋아하는 발광 스틱 장난감은 바로 이와 같은 화학 발광을 응용한 것이다. 반딧불이가 사용하는 복잡한 생체 내 대사과정을 발광 스틱 내에서는 그대로 재현하기가 어렵다. 화학자들이 생각해 낸 방법은 유사한 과정을 거치되 그림 13.26과 같이 보다 단순한 시스템으로 구성하는 것이다. 다이페닐옥살산과 과산화수소를 반응시킬 때 페놀과 과산화(-O-O-) 상태의 불안정한 사각형 구조 화합물(1,2-dioxetane-3,4-dione)이 함께 생성된다. 이 물질이 분해되면서 이산화 탄소가

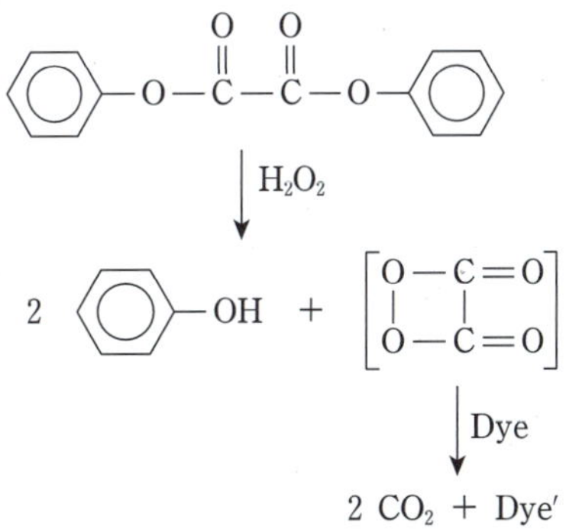

그림 13.26
장난감 발광 스틱과 화학 발광의 원리(출처: ©Hyperific/Shutterstock)

발생하고, 여분의 에너지가 염료 분자에게 전해지면서 들뜬 상태의 염료 분자를 만든다. 이 염류 분자가 안정한 바닥 상태로 돌아오면서 형광 빛을 내는 것이다. 따라서 빛의 종류는 바로 형광 염료 분자의 종류에 따라 결정된다. 예를 들면 녹색은 9,10-비스(페닐에티닐)안트라센으로부터, 파란색은 9,10-다이페닐안트라센으로부터 나온다. 한편 이들 염료 분자들을 적당히 섞어 놓으면 더욱 다양한 빛을 얻을 수 있다.

무지개와 저녁노을

어린이든 어른이든 비 온 뒤의 무지개를 만나면 아름답고 신비로운 자연 현상에 감탄하게 된다. 그렇다면 무지개는 어떻게 만들어지는 것일까? 물방울에 같은 방향으로 입사한 햇빛이 굴절, 반사되면서 물방울로부터 나올 때는 빛의 파장에 따라 부채꼴로 펼쳐져 나온다. 그 이유는 파장에 따라 빛의 굴절률이 다르기 때문이다. 그림 13.27에 나타낸 것처럼 입사광과 반사광의 각도가 40.89°(보라)~42°(빨강)일 때 가시광선에 해당하는 펼쳐진 영역인데, 관측자는 이 중에서 자신의 눈에 도달하는 빛만을 보게 된다. 따라서 그림 13.27의 맨 오른쪽 빨강 빛은 관측되지 않는다. 쌍무지개가 나타난 이유는 빛이 물방울에 들어가는 위치가 서로 다르기 때문이다. 즉 아래쪽 무지개(1차 무지개)는 빛이 물방울의 위쪽으로 입사해서 아래쪽으로 나오는 것이고 위쪽 무지개(2차 무지개)는 빛이 물방울의 아래쪽으로 들어가서 위쪽으로 나오는 경우이다. 2차 무지개에서는 입사각과 반사각이 교차하는 각도가

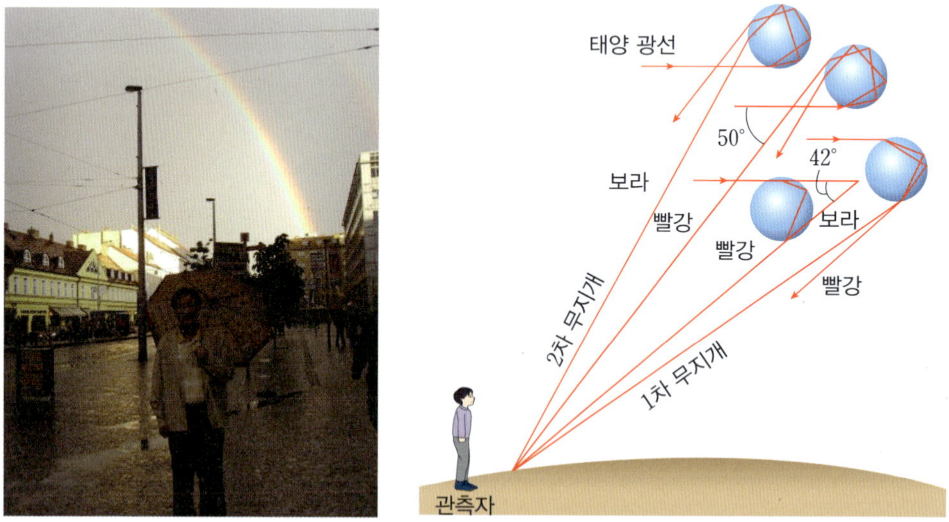

그림 13.27
체코 프라하에서 만난 쌍무지개. 오른쪽은 쌍무지개의 생성 원리

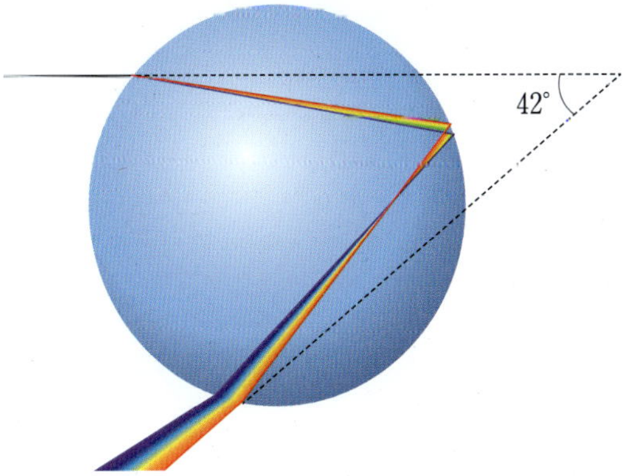

$$I = I_o \frac{8\pi^4\alpha^2}{\lambda^4 R^2}(1+\cos^2\theta)$$

그림 13.28
물방울에 같은 방향으로 입사한 빛이 굴절, 반사되면서 물방울로부터 나올 때는 빛의 파장에 따라 부채꼴로 펼쳐져 나온다. 오른쪽은 푸른 하늘에 쓴 LOVE 글자와 공기 분자에 의한 빛의 산란 정도를 나타내는 레일리(Rayleigh) 산란식이다. 산란의 세기는 파장(λ)의 4제곱에 반비례하므로 가시광선 중에서 파장이 짧은 푸른색이 가장 많이 산란된다.

50°(빨강)~53°(보라)이므로, 두 무지개 사이의 안쪽부터 빨간색이 시작된다.

왜 한낮의 하늘은 푸르고 저녁노을은 붉을까? 이번에는 물방울이 아니라 공기 분자가 산란을 통해 만들어 내는 빛의 색이다. 빛이 공기를 구성하는 질소, 산소 등의 분자를 만나면 여러 방향으로 산란하는데 이때도 파장의 영향을 받는다. 즉 빛의 산란 정도를 나타내는 식이 레일리(Rayleigh) 산란식인데, 이에 따르면 산란의 세기는 파장(λ)의 4제곱에 반비례하므로 가시광선 중에서 파장이 짧은 푸른색이 가장 많이 산란된다. 따라서 우리 눈에는 푸른 하늘로 보이는 것이다. 그러면 붉은 저녁노을은 왜 생기는 것일까? 해가 뜨거나 질 때는 지평선이나 수평선 쪽에서 햇빛이 우리 눈에 들어온다. 이때는 해가 하늘 높이 있을 때보다 빛이 지표면 가까이 붙어서 이동하여 오기 때문에 높은 밀도의 많은 공기 분자들을 지나오게 된다. 즉 공기 분자에 의한 산란의 정도도 더 커지는데, 우리가 태양을 바라보는 방향에 있다 보니 레일리 산란이 많이 된 푸른빛은 다른 방향으로 흩어져서 우리 눈에 들어오지 않고 산란되지 않은 붉은 빛이 직접 눈에 들어오는 것이다.

한편, 잘 알다시피 달빛은 반사광이다. 달 표면이 태양광의 일부를 흡수하고 반사하는 실제 달빛은 약한 갈색이다. 그런데 왜 우리는 어둠 속에서 달빛을 푸르스름하게 느끼는 것일까? 우리 눈은 약한 빛에서는 색채를 감지하는 원뿔세포보다 흑백을 감지하는 막대세포가 주로 활동하는데, 이 막대세포는 붉은빛보다는 푸른빛에 민감하게 반응하기 때문이다. 즉 우리 눈은 푸른빛이 실제 양보다 대단히 많은 줄로 착각하는데, 이것을 푸르키니에 현상(Purkinje effect)이라고 한다.

14

산화와 환원

광합성,
지구에 생명을 불어넣다

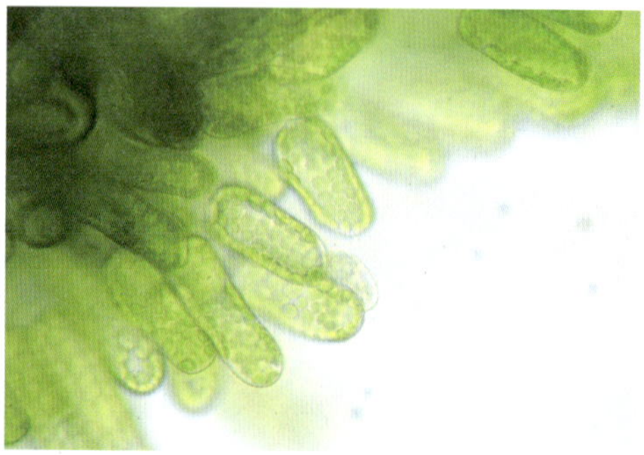

수십억 년 전, 지구에 생명을 불어넣어 준 화학 반응이 바로 산화-환원 반응이다. 우리가 광합성으로 알고 있는 이 반응에서 태양 에너지는 우리 생명체가 살아가는 데 필요한 연료 에너지(탄수화물)로 전환된다. 즉 식물을 비롯한 광합성 생명체는 햇빛에너지를 받아 이산화 탄소와 물로부터 산화-환원 반응을 통하여 탄수화물과 산소를 만드는 것이다.

이미 우리는 산화-환원 반응에 대하여 몇 가지를 배웠다. 파마머리의 생성 원리도 -S-S- 결합을 환원시켜서 2 -SH로 분리하였다가 원하는 머리카락 모양 상태에서 다시 산화시켜 -S-S- 로 만드는 것이었다. 필름 사진의 원리도 할로젠화 은의 Ag^+가 브롬 이온이나 감광 염료의 도움으로 빛에 의하여 Ag 원자로 환원되는 과정에서 시작된다. 물론 가솔린과 경유의 연소도 산화 과정이다. 휴대용 전자 기기의 사용이 늘면서 배터리의 수요도 급증하였는데, 배터리의 원리도 산화-환원 과정이다. 또한 음식물의 부패도 대부분이 산화 또는 환원에 의하여 진행된다. 결국 우리 몸의 성장과 노화도 산화와 환원의 결과로 볼 수 있다.

14.1 산-염기와 산화-환원

산-염기 반응과 산화-환원 반응

$$2Na + Cl_2 \rightarrow 2NaCl \qquad (1)$$

$$H_2O + CO_2 \rightarrow H_2CO_3 \qquad (2)$$

표 14-1 산과 염기의 정의

구분	산	염기	비고
Arrhenius	H^+ donor in water	OH^- donor in water	HCl, NaOH
Brønsted-Lowry	H^+ donor	H^+ acceptor	$CH_3COOH + NH_3 \rightarrow NH_4^+ + CH_3COO^-$
Lewis	Electron pair acceptor	Electron pair donor	$BF_3 + F^- \rightarrow BF_4^-$
Lux-Flood	Oxide ion(O_2^-) acceptor	Oxide ion(O_2^-) donor	MgO(base) + CO_2(acid) → $MgCO_3$
Usanovich*	Negative species acceptor	Negative species donor	2Na(base) + Cl_2(acid) → $2Na^+ + 2Cl^-$ (species exchanged: e^-)

*산화환원(redox)도 특별한 산-염기 반응으로 정의

반응 (1)은 소듐 금속이 염소 기체를 만나 소금이 만들어지는 반응이고, 반응 (2)는 이산화 탄소가 물에 녹아 탄산이 만들어지는 반응이다. 어느 반응이 산(acid)-염기(base) 반응이고, 어느 반응이 산화(oxidation)-환원(reduction) 반응인가? 우선 무엇이 산이고 무엇이 염기인지 여러 가지 정의가 있는데, 표 14-1에 이들을 정리하였다.

표 14-1을 보면 아레니우스(Arrhenius), 브뢴스테드-로우리(Brønsted-Lowry), 루이스(Lewis)로 가면서 산과 염기의 개념이 보완되고 확장되는 것을 알 수 있다. 즉 아레니우스는 화학종이 물속에서 H^+를 내놓는 것은 산이고 OH^-를 내놓는 것은 염기로 정의하였는데, 이 정의로는 산-염기 반응을 설명하는 데 부족함이 있다. 즉 아세트산(CH_3COOH)이 암모니아(NH_3)와 반응해서 아세트산 암모늄염(NH_4^+ CH3COO$^-$)이 생성되는 반응에서는 OH^-가 나타나지 않는다. 아레니우스의 정의로는 설명이 어려웠던 위의 반응을 브뢴스테드-로우리의 정의로 해결하였다. H^+를 내어놓은 아세트산은 산이고 이를 받아들인 암모니아는 염기인 것이다. 또한 루이스는 전자쌍의 이동으로 산-염기를 정의함으로써 브뢴스테드-로우리의 정의로는 설명이 안 되는 반응까지 산-염기 반응을 확장하였다. 한 예로, 트라이플루오린화붕소(BF_3)가 플루오르화 이온(F^-)과 반응하여 데트라플루오린화붕소 음이온(BF_4^-)이 되는 반응에서는 H^+를 주고받는 일이 나타나지 않는다. 루이스는 이 경우를 전자쌍(짝을 이룬 두 개의 전자)을 제공하면 염기이고 받아들이면 산으로 설명하였다. 화학 반응이 일어나는 곳에는 반드시 전자(electron)가 관여한다. 따라서 루이스의 정의는 가장 기본적이면서 보편적인 개념이다. 이때 전자쌍을 준다고는 하지만 상대와 공유하는 것이지 전자가 염기 원자로부터 떨어져 나가는 것은 아

니다. 룩스-플러드(Lux-Flood)의 정의는 주로 지구과학에서 산화 이온(oxide ion)이 관여하는 반응에 사용되는데, 역시 루이스 정의로도 설명이 가능하다. 한편 미하일 우사노비치(Mikhail Usanovich)의 정의는 산화-환원 반응까지도 산-염기 반응의 일부로 포함한 개념이다. 즉 전자처럼 음전하를 띠는 화학종을 받아들이면 산이고, 주는 쪽은 염기라는 개념이다. 루이스 염기는 앞서 말한 대로 전자쌍을 제공하지만 전자가 떨어져 나가서 잃지는 않는다. 우사노비치는 이렇게 전자를 잃는 경우까지 염기로 정의하였지만 이 경우는 산화이다.

이제 산화-환원을 이야기할 순서이다. 전자를 하나씩 잃는 과정은 산화이고, 반대로 전자를 하나씩 얻는 과정은 환원이다. 반응 (1)에서는 어떠한 전자의 움직임이 있었을까? 소듐은 전자를 잃고 Na^+가 된다. 염소는 소듐에게서 나온 전자를 받아들여 Cl^-가 된다. 그리고 이 둘은 정전기적인 힘에 의해 이온 결합을 이룬다. 이와 같이 한 반응의 진행 과정을 단계별로 구분하여 설명한 것을 반응 메커니즘(reaction mechanism)이라고 한다. 이 반응 메커니즘을 보면 소듐은 전자를 잃었고, 염소는 전자를 얻었다. 즉 소듐은 산화되었고, 염소는 환원된 것이다.

$$2Na \rightarrow 2Na^+ + 2e^- \quad \text{산화}$$

$$Cl_2 + 2e^- \rightarrow 2Cl^- \quad \text{환원}$$

$$2Na + Cl_2 \rightarrow 2NaCl \quad (1)$$

반응 (2)에서는 물 분자의 산소가 전자쌍을 가지고 이산화 탄소의 탄소를 공격하여 탄산이 만들어진다. 즉 물 분자는 전자쌍을 이산화 탄소에게 주고 이산화 탄소는 이를 받았으므로 물이 염기이고 이산화 탄소는 산이다. 다음의 반응식에서 곡선 화살 표시는 전자쌍의 이동 방향을 나타낸다. 참고로 홀 전자(짝을 이루지 않은 하나의 전자)의 이동에서는 낚시 바늘 코가 한쪽만 있는 모습으로 나타낸다.

이와 같이 산-염기이든 산화-환원이든 전자의 흐름으로 정의하면 모든 관련 반응을 설명할 수 있다. 하지만 전자의 이동은 원자의 이동에 따른 구조의 변화만큼 쉽게 눈에 들어오지 않는다. 눈에 띄는 원자의 이동으로 산-염기에서는 H^+의 이동이 있었다. 산화-환원에서는 산소 원자의 수가 증가하거나, 수소 원자의 수가 감

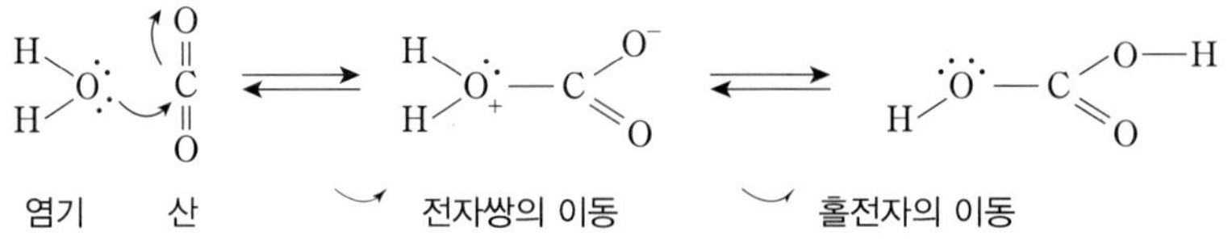

소하면 산화이다. 물론 환원은 그 반대이다. 사실 산화라는 말은 전자가 발견되기 이전부터 사용되었는데, 어떤 물질이 산소와 반응하면 생성물에 산소가 들어가는 것을 알았기 때문이다. 산소는 헬륨, 네온, 아르곤을 제외한 거의 모든 원소와 결합하여 산화물을 만든다. 산소가 다른 원소와 결합할 때 열이 발생하면서 급격히 산화가 진행되면 이것이 바로 연소, 즉 타는 것이다. 또 한 가지 기억할 것은 산화-환원 반응에서 전자를 잃는 쪽이 있으면 얻는 쪽도 있다는 것이다. 즉 누군가가 산화되었다면 다른 누군가는 환원되었다는 말이다. 따라서 산화-환원 반응을 간단히 레독스(redox) 반응이라고 부른다. 우리가 관심 있는 물질이 산화되느냐 또는 환원되느냐에 따라 산화되었다 또는 환원되었다라고 부르는 것뿐이다. 한편 산소나 수소의 증감을 동반하지 않는 산화–환원 반응이 많다. 따라서 화합물을 구성하는 원자의 산화 상태(oxidation state), 즉 산화수(oxidation number) 변화를 계산하는 규칙이 생겼고, 이에 따라 산화수가 증가하였으면 산화이고 감소하였으면 환원으로 구분한다.

산화 상태

산화 상태 또는 산화수에 대한 IUPAC 정의는 다음과 같다. 산화 상태는 합의된 규칙에 따라 전자수를 세었을 때 어떤 원자가 가질 것으로 상상되는 전하로 정의된다. 우선 화합물 내의 어떤 원자가 갖는 자기 몫의 전자수를 계산한다. 동일한 원소끼리는 결합 전자를 반반씩 나누고 다른 원자끼리는 전기 음성도(electronegativity)가 큰 원자가 결합 전자를 모두 가져간다. 그런 다음 원자 자신의 몫 전자수를 세어보고, 본래 최외각 전자수에서 자기 몫에 해당하는 전자수를 뺐을 때 나오는 숫자가 산화 상태이다. 아세트산(acetic acid)을 예로 들어 그림 14.1에 나타냈다.

다음은 산화 상태에 관한 몇 가지 일반화된 규칙이다.

1) 다른 원소와 결합하지 않은 자유 원소의 산화 상태는 0이다.
2) 단원자 이온의 산화 상태는 이온의 전하와 같다.
3) 대부분의 화합물에서 수소(H)는 +1, 산소(O)는 −2의 산화 상태를 갖는다. 단 수소화 금속(예: LiH)의 수소는 −1, 과산화물(예: H_2O_2)의 산소는 −1의 산화 상태를 갖는다.
4) 중성 분자에서 모든 원자의 산화 상태를 더하면 0이 되어야 하고, 이온의 경우는 모든 구성 원자의 상화 상태 합이 이온의 전하와 같아야 한다.

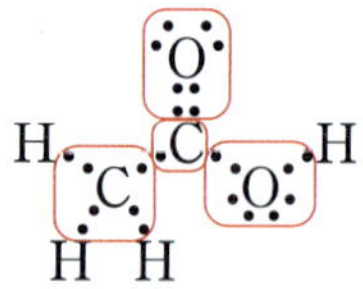

그림 14.1
아세트산의 루이스 구조에 전기 음성도를 고려하여 각 원자의 자기 몫 전자를 표시하였다. 산화 상태는 H: 1–0 = +1, H_3C의 C: 4–7 = –3, 가운데 C: 4–1 = +3, O: 6–8 = –2이다.

다음 반응에서 반응물과 생성물의 원소 위에 표시된 숫자가 산화수이다.

$$\overset{0}{Cl_2} + \overset{0}{H_2} \rightarrow 2\overset{+1}{H}\overset{-1}{Cl}$$

$$\overset{-3}{C_2}\overset{+1}{H_6} + \overset{0}{O_2} \rightarrow \overset{+4}{C}\overset{-2}{O_2} + \overset{+1}{H_2}\overset{-2}{O}$$

$$\overset{0}{Fe} + \overset{0}{O_2} \rightarrow \overset{+3}{Fe_2}\overset{-2}{O_3}$$

위의 반응은 모두 산화–환원 반응이다. 즉 반응에 참여한 원소의 산화수가 증가하거나 감소하였다. 산화수가 증가한 것은 산화된 것이고 감소한 것은 환원된 것이다. 위의 규칙을 참고로 하나하나 적용하여 보면 쉽게 이해할 수 있다. 그렇다면 다음 반응의 경우 각 원소의 산화수는 무엇인가?

$$HCl + NH_3 \rightarrow NH_4^+ + Cl^-$$

$$MgO + CO_2 \rightarrow MgCO_3$$

첫 번째 반응에서 H의 산화수는 모두 +1이고 Cl은 −1, N은 −3이다. 즉 반응물과 생성물에서 원자의 산화수에 변화가 없다. 따라서 이 반응은 산화-환원 반응이 아니고 산-염기 반응이다. 루이스 정의로 설명하면 암모니아의 N이 갖는 전자쌍(:NH_3)을 염화수소(HCl)의 H^+에게 주었다. 따라서 NH_3는 염기이고 HCl은 산이다. 위의 두 번째 반응에서도 각 원자의 산화수는 모두 변하지 않는데, Mg는 +2, O는 −2, C는 +4이다. 이 반응 역시 산-염기 반응이다. 그렇다면 전자 또는 전자쌍의 이동으로 설명한 앞의 반응 (1)과 (2)를 산화수 변화로 판단하면 어떻게 될까?

$$2\overset{0}{Na} + \overset{0}{Cl_2} \rightarrow 2\overset{+1}{Na}\overset{-1}{Cl} \qquad (1)$$

$$\overset{+1}{H_2}\overset{-2}{O} + \overset{+4}{C}\overset{-2}{O_2} \rightarrow \overset{+1}{H_2}\overset{+4}{C}\overset{-2}{O_3} \qquad (2)$$

반응 (1)에서 Na는 산화수가 0이 +1로 산화되었고, Cl은 0이 −1로 환원되었으므로, 이 반응은 산화-환원 반응이다. 반면에 반응 (2)에서는 각 원소의 산화수가 H는 +1, O는 −2, C는 +4로 반응물이나 생성물에서 각각 모두 같다. 따라서 이 반응은 산-염기 반응이다.

14.2 산화제와 환원제

생체 내의 산화-환원 반응

광합성은 누구나 잘 아는 반응이지만, 이번에는 산화-환원의 관점에서 다시 들여다본다. 그림 14.2에 광합성 반응식을 나타냈는데 우선 탄소(C)의 산화수는 CO_2에서는 +4인데 글루오스(sugar)에서는 평균 산화수가 0이다. 즉 탄소는 산화수가 적어졌으므로 환원되었다. 글루코스의 6개 탄소의 산화수는 모두 동일하지 않은데, −1이 C-6 위치에 하나, 0이 네 개, +1이 C-1 위치에 하나이다. α-글루코스 구조에 탄소 위치 번호를 나타냈다.

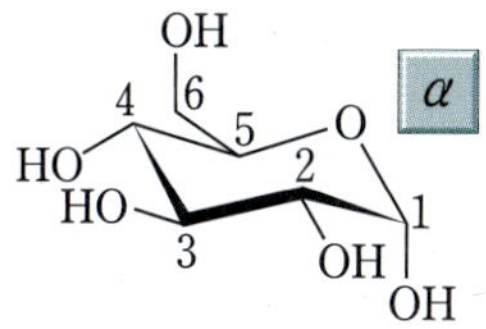

H의 산화 상태는 반응물에서나 생성물에서 변화가 없이 +1이다. O의 경우는 반응물에서는 −2인데, 생성물인 글루코스에서는 변화가 없이 −2이고 산소에서는 0

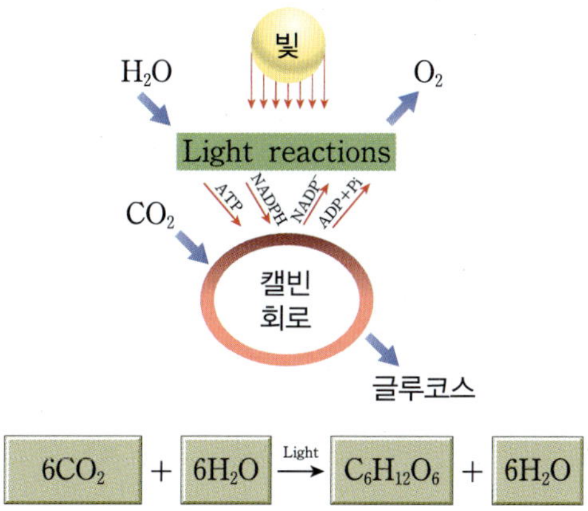

그림 14.2
광합성을 설명한 캘빈 회로와 광합성 반응식. 물과 이산화 탄소로부터 글루코스와 산소를 합성하는 광합성은 대표적인 생체 내 산화-환원 반응이다.

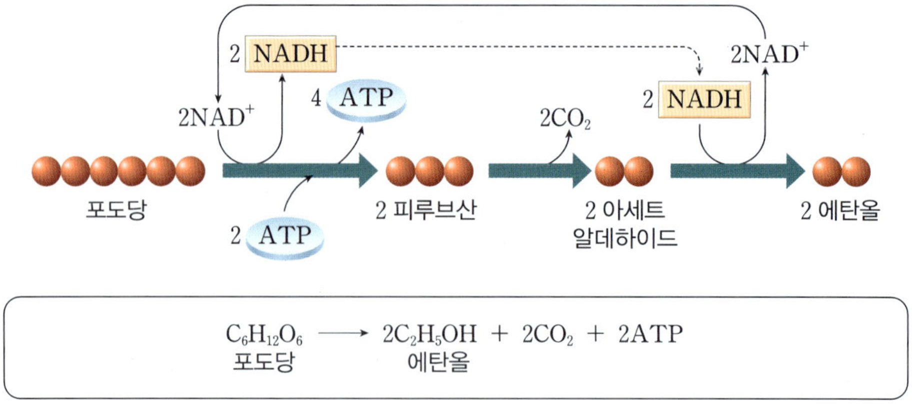

그림 14.3
알코올 발효 과정

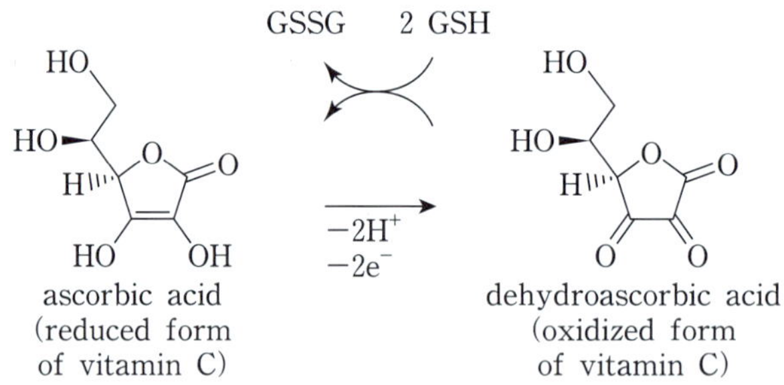

그림 14.4
비타민 C의 산화-환원 반응

이다. 따라서 산소는 반응물의 18개 산소 중 12개가 산화되었다. 반면에 광합성의 역반응인 세포 호흡에서는 탄소는 산화되고 산소는 역시 부분적으로 환원된다.

글루코스가 발효되어 에탄올과 이산화 탄소가 생성되는 것도 생체 내의 산화-환원 반응이다. 그림 14.3과 같이 글루코스가 피루브산과 아세트알데하이드를 거쳐 에탄올과 이산화 탄소가 되는데, 이 과정에서 탄소는 이산화 탄소로 산화되기도 하고 에탄올로 환원되기도 한다.

비타민 C(ascorbic acid)는 글루코스의 5각형 고리 유도체인데 그림 14.4에서와 같이 쉽게 산화되어 디하이드로아스코르브산(dehydroascorbic acid)이 된다. 이때 비타민 C는 다른 물질을 환원시키므로 환원제이다. 산화된 비타민 C는 글루타싸이온(GSH)의 도움으로 다시 환원 형태의 비타민 C가 될 수 있다.

이 절에서는 생체 내의 산화-환원 반응으로 광합성, 알코올 발효, 비타민 C의 대사 과정을 예로 들었지만 이것은 생체 내 산화-환원 반응의 극히 일부이다. 생명체가 건강하게 살아간다는 것은 유기적으로 복잡하게 얽히고설킨 산화-환원 반응이 우리 몸에서 차질 없이 이루어지고 있음을 의미한다.

표 14-2 몇 가지 산화제의 용도

산화제	화학식	용도
다이크로뮴산 포타슘	$K_2Cr_2O_7$	음주 측정(알코올 산화)
질산 포타슘	KNO_3	화약
아염소산 칼슘	$Ca(OCl)_2$	표백, 수영장 소독
이산화 납	PbO_2	납축전지
이산화 망가니즈	MnO_2	건전지
과산화 수소	H_2O_2	소독약, 방부제
과산화이황화 포타슘	$K_2S_2O_8$	틀니 세척

산화제

우리 주변에서 쉽게 관찰되는 산화의 예들을 살펴보자. 자동차 엔진은 수소와 탄소를 갖는 탄화수소 연료를 태워서 산화물인 물, 일산화 탄소, 이산화 탄소를 만든다. 연소실에서 연료가 공기와 혼합되어 점화될 때 공기 중의 질소도 일부 산화되어 산화 질소가 된다. 대부분의 금속은 산소와 쉽게 반응하여 금속 산화물을 만든다. 철은 공기 중 수분의 존재 하에 산화되어 산화 철 수화물이 되는데 이것이 녹이다. 쉽게 산화되지 않는 금과 백금 같은 금속들도 간접적인 방법으로 산화물이 될 수 있다.

이미 산화된 상태의 물질 중에는 자신이 환원되면서 다른 물질을 산화시킬 수 있는 능력을 갖춘 것들이 많다. 이것이 산화제인데, 표 14-2에 몇 가지 산화제를 나타냈다.

환원제

앞서 말했듯이 대부분의 금속 광물들은 금속 산화물로 존재한다. 따라서 순수한 금속을 얻기 위해서는 금속 산화물들을 환원시켜야 한다. 이 과정은 전자를 얻는 과정인데, 전기 에너지 외에도 다양한 화학 물질들이 환원 과정에 필요한 전자들을 제공할 수 있다. 광석으로부터 금속을 환원하는 몇 가지 방법들을 표 14-3에 소개하였다. 예를 들면 철광석은 산화 철인 적철광석($Fe_2O_3 \cdot xH_2O$)이다. 철광석이 용광로 속에 주입될 때 산화 철은 환원되고 금속 철이 생성된다. 이 반응에서 일산화 탄소나 코크스가 환원제 역할을 한다.

표 14-3 금속의 제련 반응(금속 산화물의 환원)

금속	출처	환원 과정	용도
구리	Cu_2S 휘동광	용융된 광석에 공기 주입 $Cu_2S + O_2 \rightarrow 2Cu + SO_2$ $(Cu^+ + e^- \rightarrow Cu)$	전선, 보일러, 관, 청동, 황동, 기타 합금
소듐	NaCl 암염, 바닷물	용융 전기 분해 $2NaCl \rightarrow 2Na + Cl_2$ $(Na^+ + e^- \rightarrow Na)$	원자력 발전소 냉각제, 노란 가로등
마그네슘	Mg^{2+} 바닷물	용융 전기 분해 $MgCl_2 \rightarrow Mg + Cl_2$ $(Mg^{2+} + 2e^- \rightarrow Mg)$	두랄루민 합금 원료
칼슘	$CaCO_3$ 석회석, 대리석	다른 금속에 의한 염화물의 환원 $3CaCl_2 + 2Al \rightarrow 3Ca + 2AlCl_3$ $(Ca^{2+} + 2e^- \rightarrow Ca)$	베어링용 합금
알루미늄	$Al_2O_3 \cdot H_2O$ 보크사이트	용융 빙정석의 전기 분해 $2Al_2O_3 \rightarrow 4Al + 3O_2$ $(Al^{3+} + 3e^- \rightarrow Al)$	비행기와 자동차의 부품 합금, 건축용 창틀
은	Ag_2S 휘은광	다른 금속에 의한 환원 $2Ag(CN)_2^- + Zn \rightarrow Zn(CN)_4^{2-} + 2Ag$ $(Ag^+ + e^- \rightarrow Ag)$ 보석, 그릇, 사진, 도금	보석, 그릇, 사진, 도금
아연	ZnS 섬아연광	공기 중에서 탄소에 의한 환원 $ZnS + 2O_2 + C \rightarrow Zn + SO_2 + CO_2$ $(Zn^{2+} + 2e^- \rightarrow Zn)$	아연 도금
수은	HgS 진사	공기 중 열분해 $HgS + O_2 \rightarrow Hg + SO_2$ $(Hg^{2+} + 2e^- \rightarrow Hg)$	수은등, 형광등, 아말감
철	Fe_2O_3 적철광	일산화 탄소에 의한 환원 $Fe_2O_3 + 3CO \rightarrow 2Fe + 3CO_2$ $(Fe^{3+} + 3e^- \rightarrow Fe)$	특수강 합금, 강철

$$2Fe_2O_3 \cdot xH_2O + 3C \rightarrow 4Fe + 3CO_2 + 2xH_2O$$

일산화 탄소(CO)나 이산화 탄소(CO_2)를 촉매와 수소(H_2) 존재 하에서 환원시키면 메탄올(CH_3OH)이나 메테인(CH_4)이 된다. 13장에서 설명하였듯이 필름 사진 속의 은 이온(Ag^+)은 환원되어서 은 원자(Ag)가 됨으로써 사진 형상을 얻는 실마리를 제공한다. 이 장의 뒤에서 설명하는 도금도 이와 같은 금속 이온의 환원으로 이루어진다.

산화제와 환원제의 상대적 세기

금속에 따라 전자를 잃는 경향이 서로 다르다. 따라서 금속들이 용액에 섞여 있다면 이 경향에 따라 한쪽은 이온화하고 다른 한쪽은 금속으로 석출될 것이다. 이것을 달리 표현하면 금속이 이온화하는 것은 전자를 잃는 것이므로 산화되는 것이고, 이온 상태에서 금속으로 석출되는 것은 전자를 얻어서 일어나므로 환원되는 것이다. 그렇다면 전자를 쉽게 잃는 것일수록 상대방을 환원시키는 힘이 세기 때문에 강한 환원제이고, 전자를 잘 받아들여서 상대방이 전자를 잃게 만드는 힘이 셀수록 강한 산화제이다. 표 14-4에 산화제와 환원제의 상대적 세기를 표준 환원 전위와 함께 나타냈다.

표 14-4에서는 Li가 가장 센 환원제로서 전자를 가장 잘 내어놓지만, F_2는 가장 센 산화제로서 전자를 가장 잘 받아들인다. 그러면 구리 이온을 포함하는 용액에서 철은 부분적으로 녹아 들어가고 구리가 철의 표면에 석출되었다고 하자. 표 14-4를 보면 철의 경우는 Fe^{2+}와 Fe가 구리의 위와 아래에 놓여 있다. 그렇다면 앞의 상황에서 구리 이온 용액에 녹아 들어간 철 이온은 Fe^{2+}인가 Fe^{3+}인가? 구리보다 더 전자를 내어놓고 이온이 되려고 하는 것은 Fe이다. 즉 표에서 위로 갈수록 이온 상태로 있고 싶어 하는 경향이 크다. 이러한 반응성의 순서는 다른 금속뿐만 아니라 비금속까지 확장될 수 있다.

금속 아연 조각을 구리 이온 수용액에 담그면 산화-환원 반응이 일어난다. 이 반응에 대한 증거는 아연의 표면에 구리가 석출된다는 것과 용액의 푸른색이 점점 엷어져 구리 이온이 없어진다는 것이다.

표 14-4 산화제와 환원제의 상대적 세기

산화제	환원 반응	표준 환원 전위(Eo, V)*	환원제
↓	$Li^+ + e^- \rightarrow Li$	−3.04	↑
	$Mg^{2+} + 2e^- \rightarrow Mg$	−2.36	
	$Zn^{2+} + 2e^- \rightarrow Zn$	−0.76	
	$Fe^{2+} + 2e^- \rightarrow Fe$	−0.44	
	$2H^+ + 2e^- \rightarrow H_2$	+0.00	
	$Cu^{2+} + 2e^- \rightarrow Cu$	+0.34	
	$Fe^{3+} + e^- \rightarrow Fe^{2+}$	+0.77	
	$Ag^+ + e^- \rightarrow Ag$	+0.80	
	$O_2 + 4H^+ + 4e^- \rightarrow 2H_2O$	+1.23	
	$F_2 + 2e^- \rightarrow 2F^-$	+2.87	

*표준 수소 전극($H^+(aq) | H_2 | Pt$)과 연결하여 측정한 반전지의 상대적 전위값(전압)

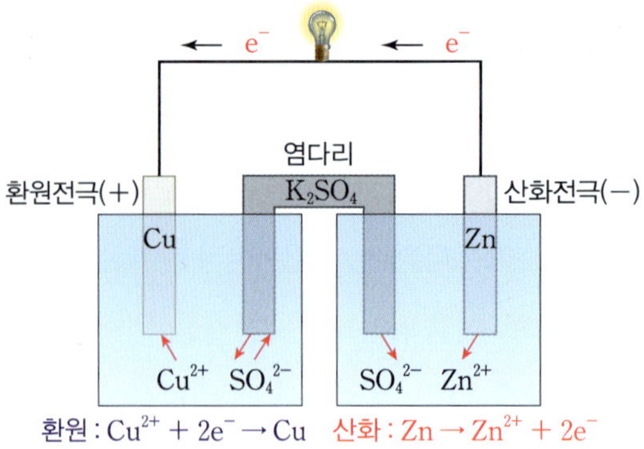

그림 14.5
다니엘 전지: 아연의 산화와 구리 이온의 환원을 이용한 전지. 충전이 가능한 이차 전지이다.

$$Zn + Cu^{2+} \rightarrow Zn^{2+} + Cu$$

구리 이온에 의한 아연의 산화는 아연 이온과 구리 이온이 전자들을 놓고 경쟁하여 구리 이온이 가져가게 된 것으로 생각할 수 있다. 거꾸로 생각하면 아연과 구리 금속 중 아연이 전자를 버리고 이온이 되고자 하는 세기가 크다고 볼 수도 있다. 다른 금속들도 이와 유사하게 전자를 놓고 경쟁할 수 있다. 그렇다면 그림 14.5의 다니엘 전지의 기전력(전압)은 얼마일까? 표 14-4에서 각각의 표준 환원 전위를 통하여 두 금속의 전위차를 구할 수 있다. 즉 $Zn^{2+} + 2e^- \rightarrow Zn$ (E_o −0.76), $Cu^{2+} + 2e^- \rightarrow Cu$ (E_o + 0.34)이므로 기전력은 +1.10 V이다. 근래 리튬 배터리를 많이 개발하는 이유는 무엇일까? 역시 표 14-4에 나타낸 것처럼 리튬은 표준 환원 전위가 −3.04V로 다른 금속에 비하여 큰 (−) 수치를 나타내므로 높은 기전력을 얻을 수 있기 때문이다. 아울러 Li^+는 다른 금속 이온보다 크기가 작아서 전해질 막을 통과하여 이동하는 데도 유리하다. 한편 리튬 배터리를 개발하고 그 성능을 향상시킨 과학자들이 2019년 노벨화학상을 받았다.

14.3 생활 속의 산화-환원 이야기

전기 도금: 전기 분해

전기 분해는 전기에너지에 의하여 일어나는 화학 반응의 한 형태이다. 가장 흔하게 하는 것이 물의 전기 분해 실험이다. 앞에서 보았듯이 많은 금속도 전기 분해를 통하여 순수하게 얻어진다.

그림 14.6에 하나의 전기 분해 장치를 나타냈다. 금속이나 흑연으로 만들어진 전극에서 외부 회로와 용액 사이의 전자 이동이 이루어진다. 전극으로부터 전자가 전기 분해조로 들어가면 환원 전극(−극, cathode)이라고 하고, 이 전극에서는 분해조 속 금속 이온의 환원이 일어난다. 반대로 전극으로부터 전자가 나가는 산화 전극(+극, anode)에서는 전극 구성 원자가 산화되어, 즉 원자가 이온화되어 분해조로 녹아 들어간다. 과거에는 cathode를 음극, anode를 양극으로 불렀으나 지금은 전지 협약에서 정한 규칙에 따라 산화가 일어나는 전극(anode)을 산화 전극, 환원이 일어나는 전극(cathode)을 환원 전극이라고 한다. 하지만 여전히 여러 가지 이름으로 혼용하고 있다.

그림 14.6과 같은 전기 분해 장치를 통하여 구리로 다른 물체 표면을 도금하거나 불순물이 포함된 구리를 정제할 수 있다. 구리는 산화 전극으로부터 구리 이온이 되어 용액 속으로 녹아 들어가고 마침내 환원 전극까지 이동된다. 정제될 불순물 구리가 산화 전극이라면 환원 전극에 도달한 구리 이온은 전자를 받아 환원되어 순수한 구리가 석출된다. 좀 더 자세히 설명하면, 전자(e^-)는 전지의 (−) 단자에 연결된 (−) 전극으로 흘러간다. 이들 전하가 (−) 전극에 축적되면 전극 표면 가까이 있던 구리 양이온들이 끌려오게 되고 전자들과 만나서 환원된다. 유사하게 황산 음이온들은 (+)극으로 이동한다. 그러나 황산 이온보다는 구리가 전자를 더 잃기 쉬우므로 구리 원자마다 두 개의 전자를 잃고 용액 속으로 녹아 들어간다. 그 결과 (+) 전극의 구리가 산화되어 용액 속으로 녹아 들어가며 구리 양이온들은 (−) 전극으로 끌려가게 되고 환원되어 순금속 구리로서 석출된다. 이와 같은 방법으로 대량의

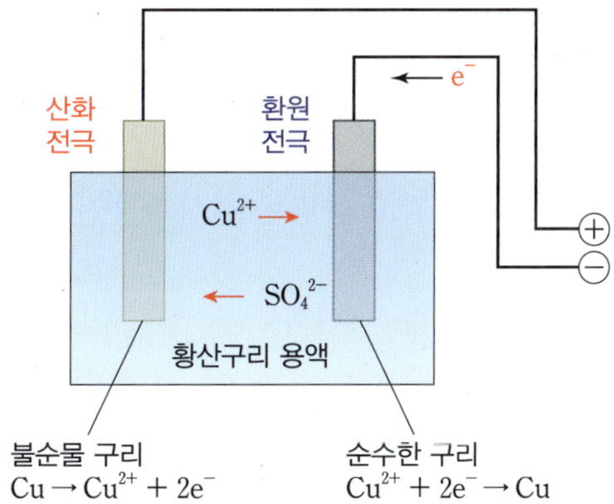

그림 14.6
전기 분해 장치. 산화 전극의 구리는 이온화되고, 환원 전극은 황산구리 용액으로부터 순수한 구리로 도금되는 원리이다.

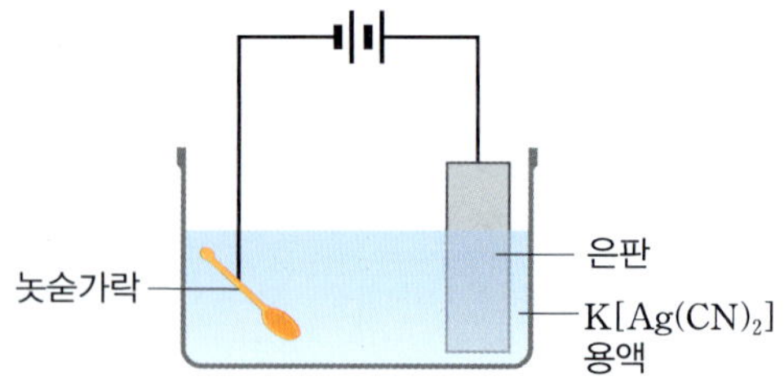

그림 14.7
은 도금

구리, 금과 은 등이 순수하게 정제된다.

은 도금의 경우에는 질산 은($AgNO_3$) 또는 사이안화 은 포타슘($K(Ag(CN)_2)$) 용액의 은 이온(Ag^+)이 음전하를 띠는 전극의 표면에서 환원되어 은 원자(Ag) 상태로 전극 표면을 덮는 것이다. 이러한 방법으로 금속들이 장식과 보호용으로 다양한 물체에 도금된다. 그림 14.7에서 은판(Ag)의 은 원자는 배터리의 (+) 전극 쪽으로 전자를 보내고 Ag^+가 되어 용액 중에 녹아들어 간다. 놋숟가락에서는 용액 중의 Ag^+가 배터리의 (−) 전극 쪽에서 보내온 전자를 만나 금속 Ag 상태가 되어 도금된다.

부식의 산화-환원

금속의 부식 중에 철이 녹스는 일이 가장 큰 문제이다. 철의 산화물인 녹은 한 번 생기면 금속의 표면에 강하게 달라붙지 않고 쉽게 떨어져 나오기 때문에 철의 표면은 거칠고 푸석푸석해진다. 철의 표면에 물이 묻으면 철 원자는 쉽게 Fe^{2+}로 이온화한다. 철은 좋은 도체이기 때문에 한곳에서 생긴 전자는 무엇인가를 환원시킬 수 있는 다른 곳으로 이동할 수 있다. 이들 전자가 이동할 수 없다면 과도한 음 전하의 축적으로 인하여 철의 부식이 정지된다. 이때 전자들이 모여 있는 철 표면에 산소가 녹아 있는 물방울이 있다면 수산화 이온을 형성하면서 산소가 전자를 취한다. 이 산소의 환원은 쉽게 일어나서 Fe^{3+}까지 더 산화시킨다. 결국에는 Fe^{3+} 이온들이 수산화 이온들과 결합하여 녹이라고 불리는 철산화물이 만들어진다.

$$Fe \rightarrow Fe^{2+} + 2e^- \text{ (산화)}$$
$$O_2 + 2H_2O + 4e^- \rightarrow 4OH^- \text{ (환원)}$$
$$4Fe^{2+} + O_2 + 2H_2O \rightarrow 4Fe^{3+} + 4OH^-$$
$$2Fe^{3+} + 6OH^- \rightarrow Fe_2O_3 \cdot 3H_2O \text{ (산화철, 녹)}$$

이러한 부식을 방지하기 위하여 페인트, 기름, 또는 부식이 잘되지 않는 크로뮴

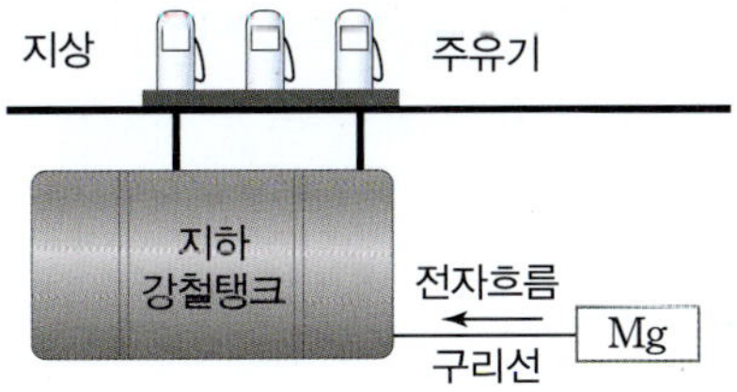

그림 14.8
주유소의 철 탱크에 연결된 마그네슘 덩어리. 마그네슘은 철보다 환원력이 좋아서 산화된 철을 금속 철로 환원시킨다. 반응식: $Fe^{2+} + Mg \rightarrow Fe + Mg^{2+}$

과 같은 금속을 입힌다. 몇몇 금속들은 철보다 반응성은 더 크지만 표면에 단단히 달라붙는 산화물 피막을 형성한다. 이 피막들이 더 이상 부식이 일어나지 않도록 보호한다. 이런 금속 중의 하나가 아연이다. 용융된 아연에 철을 담그거나 전기 분해로 아연을 입힐 수 있다. 아연이 입혀진 물체에서 공기와 물에 노출되어 생긴 산화 아연의 얇은 막은 아연이 더 이상 산화되는 것을 방지한다. 이러한 형태의 도금을 환원적 보호(cathodic protection)라고 한다. 즉 보호해야 하는 금속이 더 반응성이 큰 금속에 접촉 또는 전선으로 연결되어 있다면, 반응성이 더 큰 금속이 철보다 먼저 산화된다. 이 원리는 지하수의 오염을 막기 위하여 기름이나 유독한 액체를 저장하는 지하 저장탱크의 부식 방지에 이용된다. 그림 14.8은 한 예를 보여준다.

지하 저장 탱크의 철이 산화되어 Fe^{2+}로 이온화하더라도 반응성이 더 큰 마그네슘이 산화되면서 생긴 전자가 구리선을 따라 강철 탱크로 공급되어 Fe^{2+}를 다시 Fe로 환원시켜 철의 부식을 막는다. 이들 세 금속의 표준 환원 전위는 $Mg^{2+} + 2e^- \rightarrow Mg$ (E_o −2.36), $Fe^{2+} + 2e^- \rightarrow Fe$ (E_o −0.44), $Cu^{2+} + 2e^- \rightarrow Cu$ (E_o + 0.34)이다. 따라서 금속 스스로 산화되기 쉬운 순서는 Mg > Fe > Cu이므로 환원제로서의 세기도 같은 순서가 된다.

축전지

산화-환원 반응의 응용 중 가장 중요한 하나는 전기에너지의 생산이다. 화학 반응을 통하여 전류를 생성시키는 장치가 전기화학 전지인데 축전지, 전지, 배터리 등으로 부른다.

앞에서 설명한 아연 원자와 구리 이온 사이의 반응을 다시 살펴본다. 구리 이온이 녹아 있는 용액에 아연을 담그면 아연 금속과 구리 이온 사이에 전자 이동이 일어나고 이때 생기는 에너지는 용액과 아연 금속의 온도를 올라가게 할 것이다. 이번에는 그림 14.9처럼 아연이 구리 용액으로부터 분리되어 전류가 흐를 수 있도록 연결시켜 주면 반응이 진행되면서 전자는 연결 전선을 따라 이동할 것이다.

그림 14.9를 보면 염다리라는 것이 있다. 이 염다리는 K_2SO_4 또는 KCl 같은 염의 용액이다. 이것은 환원 전극 쪽의 용액에서는 Cu^{2+}가 계속 줄어들고, 산화 전극 쪽의 용액에서는 Zn^{2+}가 계속 생겨나기 때문에 전하의 균형을 맞추기 위하여 필요하다. 즉 환원 전극 주위에서는 구리의 석출로 인하여 황산 음이온이 많아 용액의 극성을 순간적으로 음으로 만든다. 이때 염다리 속의 포타슘 양이온을 용액 속으로 내어놓거나 용액 중의 황산 음이온을 염다리 속으로 보내서 전하의 균형을 이룬다. 마찬가지로 산화 전극 주위에서는 생성되는 아연 양이온을 중화시키기 위하여 염다리 속의 염소 음이온이 나오거나 용액의 아연 양이온이 염다리 속으로 들어가는 것이다. 아연과 구리 이온 사이의 반응은 어느 한 가지가 소모될 때까지 진행된다.

단순히 저장된 화학 에너지가 소모되는 전지를 일차 축전지라고 한다. 이러한 전지에서는 산화 전극에 생긴 산화 생성물들이 환원 전극에 만들어진 환원 생성물들과 뒤섞인다. 이런 이유 때문에 전지를 한 번 사용하면 충전하여 다시 사용할 수 없다. 몇 가지 일차 전지의 특성을 살펴보면, 수은 전지는 방전하는 동안 전압이 일정하므로 심장 맥박조절기, 보청기, 전자시계 등에 이용된다. 건전지와 알칼리망가니즈 전지는 둘 다 (−) 극은 아연 금속이고 (+) 극에서는 MnO_2가 Mn_2O_3로 환원된다. 전해질은 건전지의 경우 염화 암모늄 반죽이고 알칼리망가니즈 전지는 진한 수산화 소듐 용액이다. 알칼리망가니즈 전지는 건전지보다 높은 전류로 일정한 전압을 내고 용량도 두 배 정도 크지만 수산화 소듐의 누출을 막기 위하여 내부 구조를 정성 들여 만들어야 하기 때문에 값이 세배 정도 비싼 단점이 있다.

휴대전화를 비롯한 모바일 기기의 보급으로 재충전이 가능한 이차 축전지의 수

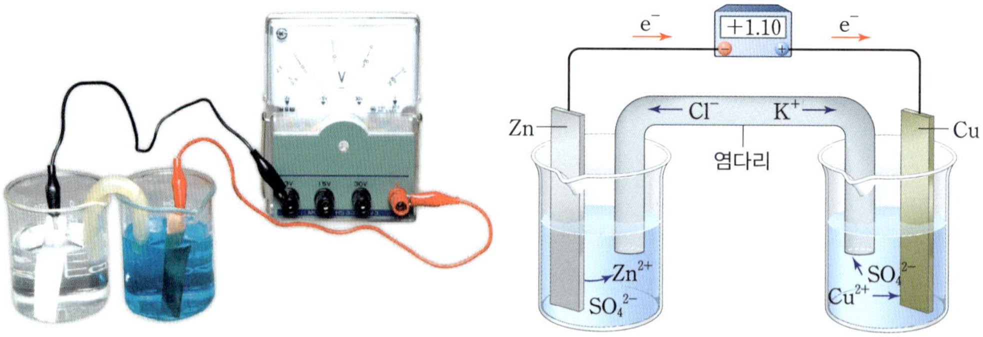

그림 14.9
금속 아연의 산화와 구리 이온의 환원을 이용한 간단한 전지

요가 폭발적으로 늘었다. 이차 축전지에서는 산화 생성물들은 산화 전극에, 환원 생성물들은 환원 전극에 각각 섞이지 않고 분리되어 있다. 따라서 재충전하는 동안 전류가 거꾸로 흘러 각 전극에서는 방전 때의 반대 방향 반응이 진행되어 원래의 축전지 상태로 되돌아가는 것이다. 가장 널리 사용되는 이차 축전지 중의 하나가 자동차 납축전지이다. 이 전지에 대해서는 12장에서 언급하였으므로 여기서는 줄인다. 충전이 가능한 다른 축전지는 니켈-카드뮴 축전지이다. 이것은 충전이 가능한 휴대용 전등, 계산기, 전기면도기, 드릴, 칫솔 등에 이용된다. 종래의 이차 축전지들은 수은이나 카드뮴 같은 중금속을 사용하기 때문에 심각한 환경 문제가 대두되었다. 그동안 니켈-카드뮴이 세계 축전지 시장을 주도하였으나 이제는 니켈수소화물, 리튬 축전지 같은 신제품들이 주로 사용되고 있다. 리튬 축전지와 관련해서는 앞에서도 간단히 언급하였다. 니켈수소화물 축전지는 니켈-카드뮴 축전지에 비하여 비싸지만 최고급 니켈-카드뮴 축전지보다 세 배의 강력한 힘과 절반 정도의 무게밖에 나가지 않는다. 모바일 기기의 보급이 계속 증가할 것이므로 강력하고, 오래가고, 가볍고, 공해가 없는 값싼 축전지의 개발은 앞으로도 계속될 것이다.

음주 측정기와 손난로

• 음주 측정기

운전하는 사람이라면 한 번쯤 음주 운전을 단속하는 경찰이 내민 알코올 측정기를 불어본 적이 있을 것이다. 아울러 호흡을 통하여 어떻게 혈중 알코올 농도를 알아내는지 궁금하였을 것이다. 호흡만으로도 혈중 알코올 농도를 알 수 있는 이유는 다음과 같은 원리이다. 우리가 술을 마시면 위와 장에서 알코올이 흡수되어 간에서 소화된다. 이 과정에서 알코올이 알데하이드로, 이어서 아세트산이 되고, 아세트산은 분해되어 물과 이산화 탄소가 되면서 에너지를 내어놓는다. 과음하였을 때 머리가 아프고 고통스러운 원인은 알데하이드가 미처 아세트산으로 되지 못하고 독성물질로 작용하기 때문이다. 그런데 이런 대사 과정을 거치는 것은 전체 알코올의 90% 정도이고, 10% 정도는 알코올 상태로 땀, 소변, 호흡을 통해 배출된다. 호흡을 통하여 들어온 공기 중의 산소는 폐동맥을 통해서 혈액에 흡수되고 이산화 탄소나 알코올은 날숨을 통하여 몸 밖으로 나간다. 이때 당연히 혈액 중의 알코올 농도가 높으면 날숨 속의 알코올 농도도 증가하므로 이들의 상관관계를 통해서 혈중 알코올 농도를 알 수 있게 된다.

그러면 음주 측정기는 어떻게 알코올을 감지해 내는 것일까? 바로 알코올을 산화시킬 수 있는 적황색의 다이크로뮴산포타슘($K_2Cr_2O_7$)을 사용한다. 황산에 녹인 이 산화제를 실리카젤이나 규조토에 바른 다음 말린 것이다. 이 산화제가 호흡을 통해 나온 알코올 분자를 산화시키면서 자신은 환원되어 녹색의 황산크로뮴($Cr_2(SO_4)_3$)이 된다. 여기서 크로뮴(Cr)의 산화 상태가 어떻게 달라졌는지 살펴보자. 다이크로뮴산포타슘에서는 K는 +1, O는 −2이므로 Cr은 +6이다. 반면에 황산크로뮴에서는 SO_4가 −2이므로 Cr은 +3이다. 크로뮴의 산화 상태는 +6(적황색)에서 +3(녹색)으로 줄어들었으므로 환원된 것이다. 즉 산화제 자신은 환원된다. 날숨 속에 알코올이 많을수록 녹색으로 많이 변할 것이다. 여기에 색깔 변화를 숫자로 나타내는 간단한 분광학적 장치를 부착하면 혈중 알코올 농도를 알 수 있다.

최근에는 음주 측정 장치를 스마트폰에 연결한 상품도 나왔는데, 스마트폰의 활용 범위가 어디까지인지 궁금해진다. 자동차 열쇠가 음주 측정기 역할을 하는 것도 있는데 어느 정도 이상의 알코올 농도에서는 시동이 걸리지 않게 하는 것이다.

• 손난로

겨울철에 요긴하게 사용하는 손난로는 두 종류가 있다. 하나는 철이 공기 중의 수분과 산소를 만나서 산화될 때 내는 열을 이용하는 것이다. 따라서 주성분은 고운 철가루인데, 포장을 개봉하면 비로소 공기와 만나면서 산화가 시작된다. 장시간 서서히 산화되도록 손난로에는 활성탄 가루, 소금, 수분 등이 함유되어 있다. 한 번 사용하면 다시 사용할 수 없는 것이 흠이다. 다른 하나는 액체가 결정화하면서 방출하는 열을 이용하는 것이다. 주로 비닐팩 안에 아세트산소듐과 똑딱이 금속 단추가 들어 있다. 똑딱이 단추의 역할은 산화제가 아니라 과냉각 상태의 액체에 충격을 가해서 액체의 결정화를 유도하는 것이다. 결정화된 손난로는 가열해서 액체로 만든 다음 다시 사용할 수 있는데, 지속 시간이 짧은 점이 단점이다.

난연제와 소방용제

• 연소(combustion)

인류는 불을 다룰 줄 알게 되면서 비약적인 문명의 발달을 이루었다. 하지만 불을 잘못 다루면 화재로 이어져 모든 것을 재로 만든다. 불을 현명하게 다룰 줄 안다는 것은 연소 과정을 잘 이해할 때 가능하다. 화재(연소)가 나는 것은 세 가지 조건이 맞았기 때문인데, 가연물, 산소, 열원이 그것이다.

화석연료처럼 산소와 반응하여 열과 빛을 내는 물질을 가연물이라고 한다. 어떤 물질이 산소와 반응하지 않는다면 불이 붙지 않는다. 그런데 가연물이 불꽃을 내며 연소하려면 기체로 변해야 가능하다. 즉 고분자 물질이 분해되어 가벼운 기체로 되지 않으면 불꽃을 내며 타오르지 않는다. 이 점은 난연재 개발의 주요 원리이기도 하다. 가연물의 종류에 따라 연소의 종류도 다양하다. 분해연소(나무), 확산연소(촛불), 혼합연소(가스레인지), 자기연소(화약, 로켓연료), 표면연소(잿더미 속 숯불), 증발연소(휘발유) 등이 있다. 또한 가연물이라도 두 번째 조건인 산소가 일정량 공급되지 않으면 연소하지 않는다. 연소는 가연물과 산소의 연속적인 산화 반응인데 반응물인 산소가 없으면 가연물도 반응을 멈추는 것이다. 하지만 가연물이 산소와 함께 있어도 세 번째 조건인 열원이 없으면 불이 나지 않는다. 종이책이 공기 중에서 저절로 연소하지 않는 것도 이 때문이다. 열원은 불꽃이나 발화점 이상의 온도, 자외선 이상의 강한 에너지를 갖는 전자기파 등이다. 즉 열원은 가연물이 산소와의 라디칼 반응을 시작하게 만드는 조건이다. 라디칼 반응을 위해서는 탄소 간 화학 결합을 끊을 수 있는 에너지 공급원이 필요하다.

연소의 세 가지 조건은 결국 불을 끄는 조건을 제시한다. 이들 중 하나만이라도 제거하는 것이 화재 예방과 불을 끄는 방법이 되는 것이다. 주요 진화 방법을 생각해 보면 산불이 나서 주변의 낙엽을 치우는 것은 가연물을 없애는 일이고, 불이 난 곳에 물을 뿌리는 것은 온도를 발화점 이하로 낮추는 일이 된다. 집에서 화재가 발생한 곳을 담요로 덮는 행동은 산소를 차단하는 것이고, 촛불을 입으로 불어서 끄는 행동은 기체 가연물을 날려 보내는 것이 된다. 물론 이것은 주요 진화 조건 하나만을 언급한 것이고 복합적으로 연소 조건을 제거하는 효과가 있을 수 있다.

• 난연제와 소방용제

자연 발화든, 실화든, 방화든 화재는 존재한다. 2003년 2월 18일, 대구 지하철 방화 화재로 수백 명의 사상자가 발생한 사고가 있었다. 이 화재 사고는 원시 시대이거나 현재의 최첨단 기술의 시대이거나 관계없이 화재가 엄청나게 무서운 재난임을 다시 한 번 느끼게 해주었다. 인류 역사의 한 단면은 화재와의 전쟁을 치르며 살아온 기록이라고도 할 수 있다. 하지만 인류가 화재에 일방적으로 당해온 것만은 아니다. 미국의 경우 30년 전에 비해 화재로 인해 소방서에서 출동한 건수가 43% 감소하였으며, 화재 사망자는 38% 감소하였다고 한다. 화재 경보 장치와 소화 장비의 보급, 화재 방지에 대한 시민 의식의 향상 등이 화재 피해를 줄이는 데 크게 기여한 것이다. 그런데 여기, 그동안 우리가 잊고 있었던 화재와의 싸움 현장에서 뛰어난 활약을 보여 준 화합물 영웅들이 있다. 바로 난연재(難燃材)와 소방용제이다. 대구 지하철 화재의 규모가 커진 원인으로 차량 제조 시에 난연재를 사용하지 않은 점도 지적되었다. 난연재를 사용하였다면 그처럼 쉽게 내부가 모두 불타지는 않았을 것이다.

난연재는 크게 두 가지로 구분된다. 일반 재료에 난연제 화합물을 약간 첨가하여 제조한 것과 원재료 자체를 불이 잘 붙지 않는 화학 구조로 제조한 것이 있다. 난연제는 이집트나 로마 시대부터 사용되었는데, 나무에 불이 잘 붙지 않도록 사용한 명반(alum)이 그것이다. 난연제의 사용이 크게 요구된 시기는 20세기 중반 이후인데, 폴리우레탄 폼을 비롯한 플라스틱의 사용이 급격하게 늘면서 전통적으로 사용하여 오던 나무나 금속 등이 유기 고분자들로 대체되었기 때문이다. 유기 고분자들은 값이 싸고, 가벼우며, 형태를 만들기 쉽고, 비교적 오래 가지만, 불에 약하고 연소 시에는 유독 가스가 발생하는 단점이 있다.

일반적으로 유기 고분자는 어느 온도 이상으로 가열되면 분해되면서 작은 분자량의 휘발성 성분들을 방출한다. 이것이 불꽃을 일으키는 원인이므로 화학자들이 찾는 난연재는 유기 고분자라고 하더라도 화재 시에 열에 잘 견디면서도 휘발성 성분을 방출하지 않고, 타더라도 궁극에는 숯처럼 남는 것이다. 즉 난연재의 사용 목적은 비록 컴퓨터나 생활 가구 자체는 화재로 인해 고장이 나고 못쓰게 되더라도 화재로부터 우리의 생명만은 지키기 위해서이다. 실제로 화재 때에 주변으로 불이 옮겨붙고 유독 가스가 방출되는 것을 수 분에서 수십 분만 지연시켜 주어도, 비행기 화재나 집안 화재 시 인명을 구출할 수 있는 시간을 충분히 확보할 수 있다고 한다.

• 수산화 알루미늄과 할로젠화 난연제

난연제는 종류에 따라 작용 메커니즘이 다르다. 어떤 것은 기체 상태(불꽃)에서 작용하고, 어떤 것은 고체 상태(불꽃 아래 열분해 지역)에서 작용하는데, 이들 두 장소에서 함께 작용하거나, 어떻게 작용하는 것인지 잘 모르는 것도 있다.

열을 받으면 흡열 반응을 일으키는 종류들이 있는데, 수산화 알루미늄이 그 예이다. 수산화 알루미늄은 열을 흡수해서 180 ℃ 이상이 되면 수분을 방출한다. 즉 이것은 기체 상태와 고체 상태 모두에서 난연 작용을 한다. 기체 상태에서는 수분에 의하여 가연성 기체를 희석하는 효과가 있으며, 고체 상태에서는 흡열 작용에 의하여 온도를 떨어뜨리기 때문이다. 즉 수산화 알루미늄의 열화학 반응은 다음과 같은 흡열 반응이다.

$$2Al(OH)_3 \rightarrow Al_2O_3 + 3H_2O \ (180 \sim 300\ ^\circ C,\ 반응열\ -1075\ kJ/kg)$$

할로젠화 난연제들은 기체 상태에서 작용하는 것으로 알려져 있는데, 아직도 작용 원리에 대해서는 논란이 많다. 일반적인 연소 이론은 불꽃을 구성하는 활성 물질 중 수소 원자(H·)나 하이드록실 라디칼(HO·)이 증가하면서 라디칼의 연쇄 반응으로 불꽃이 확산된다는 것이다. 따라서 할로젠 원자가 이들 라디칼을 없애거나 활성이 약한 라디칼로 바꿔 주면 불의 확산 속도를 크게 줄일 수 있다. 할로젠화 난연제의 효과 중에는 이들의 열용량이 중요한 역할을 한다는 주장도 있는데, 결국 여러 가지가 복합적으로 난연 효과를 내는 것으로 판단된다. 할로젠화 난연제에 산화 안티몬(Sb_2O_3)을 첨가하면 난연 상승효과를 나타내는데, 이것은 안티몬이 할로젠을 잡아두었다가 고온에서 지속해서 방출하기 때문이라고 생각된다.

한편 근래 기존 난연제의 위험에 대한 보고가 많아졌다. 1998년에 스웨덴의 과학자들이 모유 속에서 발견된 할로젠화 난연제 PBDE(polybrominated diphenyl ethers)의 농도 변화에 대해 보고하였는데, 그 농도가 지난 25년 동안 급격히 증가하였다는 것이었다. 최근에는 더 이상의 농도 증가가 진행되지는 않으나, 발견 범위가 확대되어 어류나 해양 포유류 등에서도 발견되었다는 보고가 있었다. 동물실험 결과 PBDE가 내분비계 및 신경근육 장애를 일으킨다는 보고도 있었다. 다만 동물실험 결과는 스웨덴의 여성에게서 발견된 농도의 100만 배 이상을 사용한 실험이었고, 실제 사람에게서 어떠한 장애가 발견된 적은 없다.

PBDE에 대한 또 다른 문제점 제기는 PBDE에 의한 오존층 파괴의 우려가 있다는 지적이었다. 하지만 모든 PBDE종류들이 같은 물성을 나타내는 것은 아니다. 브롬 원자가 다섯 개 붙은 PBDE는 쉽게 분해되며, 열 개 붙은 PBDE는 휘발성이 거의 없고 물에 녹지도 않는다. 이에 따라 PBDE 사용자나 과학자 중에서는 PBDE에 대한 우려가 과장되었다고 믿는 사람들도 적지 않다. 특히 화학 물질에 대해 민감한 반응을 보이는 유럽 국가의 TV 제조업자 중에서는 비용도 줄일 겸 난연제를 사용하지

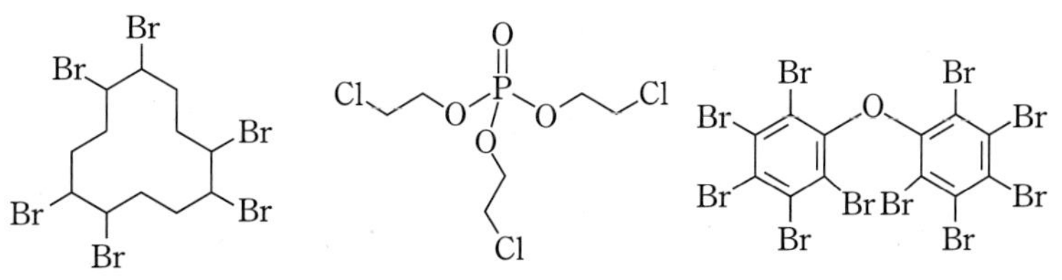

Hexabromocyclododecane　　TCEP　　Decabromodiphenyl ether

않은 TV를 시판하면서 환경친화적인 점을 강조하기도 하였는데, 불행하게도 TV 화재로 인한 인명 피해가 크게 늘었다. 새로운 과학적 발견의 응용에는 혜택과 위험의 균형적인 판단이 필요하다.

2013년 5월 결국 UN의 제네바(Geneva) 회의에서 스톡홀름 협의에 따라 일부 난연제의 사용을 점차 중지하기로 결정하였다. 폴리우레탄 폼에 사용되어 온 대표적인 PBDE인 decaDBE(decabromodiphenyl ether), 스티로폼에 사용되어 온 HBCD(hexabromocyclododecane)가 포함되었다. 캐나다에서는 PVC를 비롯해 플라스틱에 광범위하게 사용되는 포스페이트계 TCEP(tris(2-chloroethyl)phosphate)도 동물실험에서 암을 일으키는 것으로 판명되면서 사용을 중지할 것을 권장하였다.

• 지능형 난연재 고분자

난연재 고분자에 지능형이라는 거창한 용어가 붙었는데, 재료를 논할 때 지능이라는 표현은 어떠한 자극에 대해 반응할 줄 안다는 의미로 쓰인다. 즉 이 경우는 열을 가하면 스스로 비가연성 형태로 구조를 바꾸는 고분자이다. 열에 강한 가교화 구조가 되거나 고리 구조가 됨으로써, 휘발성 성분의 방출을 줄이고 타더라도 숯처럼 된다. 현재 소방관들이 착용하는 유니폼의 섬유 고분자인 방향족 폴리아미드(아라미드)가 한 예이다. 탄소간 결합 반응의 촉매 중 하나인 프리델-크라프트(Friedel-Crafts) 반응 촉매를 난연제로 사용하여 고분자의 가교화를 유도하는 것도 하나의 방안으로 강구되고 있다. 여기서 주의할 것은 가교화 구조가 무조건 그렇지 않은 구조에 비하여 열에 안정한 것만은 아니라는 점이다. 일반적으로 지방족 사슬(aliphatic chain) 구조는 일부 가교화 되더라도 방향족 고리(aromatic ring) 구조보다는 열에 취약하다. 따라서 방향족 가교화 구조를 갖도록 유도할 수 있으면 열안정성을 크게 향상시킬 수 있다. 이러한 방향족 가교화의 궁극적인 형태가 곧 흑연이고 보면, 우리가 앞서 목표로 삼은 타더라도 숯처럼 된다는 것은 결국 흑연 구조화하자는 것으로도 볼 수 있다.

• 나노복합재료 난연재

난연재의 한 종류로서 비교적 새롭게 등장한 것이 나노복합재료(nanocomposites)이다. 이것은 나노 크기의 점토나 흑연 분자들을 고분자에 분산시킨 재료이다. 원뿔열량측정법(cone calorimetry)을 이용해서 연소에 필요한 산소의 양을 측정하는 방법이 있는데, 이것은 열방출 속도로 해석되어 불의 크기를 설명하는 데도 이용된다.

어쨌든 고분자의 종류에 따라 그 효과에 차이는 있지만 3% 정도의 점토로 20~60%의 열방출 속도 감소가 나타난다. 나일론 6나 폴리스타이렌에서는 60%, 폴리에틸렌은 25% 정도의 효과를 낸다. 또한 소량의 점토 첨가는 고분자의 물성을 떨어뜨리지도 않으며 오히려 약간의 강도 증가를 나타낸다.

나노복합재료가 난연 효과를 나타내는 이유는 무엇일까? 하나의 가설은 고분자에 분산된 점토나 흑연 분자들이 점화된 재료 표면에 차단막을 형성한다는 것이다. 즉 나노 입자들은 고분자와는 달리 불이 붙지 않으므로 표면 쪽에 존재하던 나노 입자들은 점화 초기에 고분자가 타고나면 표면에 노출되면서 가연성 고분자 표면을 덮어버린다는 것이다. 이때 안쪽의 고분자로부터 분해가스가 방출되면서 표면의 나노 입자를 날려 버릴 수도 있으므로 접착성이 강한 나노 입자들이 보다 효과적이다. 하지만 나노복합재료라고 해도 나노 입자가 관련된 난연 효과만으로는 충분한 난연 기능을 기대하기 어려우므로 기존의 방식과 혼합하여 사용함으로써 상승효과를 기대할 수 있다.

• 환경친화적인 새로운 난연제의 개발

다우(Dow)에서는 스티로폼에 사용하던 HBCD 대신에 폴리스타이렌-뷰타다이엔 블록공중합체에 직접 고분자 반응으로 브롬을 도입한 고분자 난연제를 개발하였다. 폴리머 난연제 외에도 대체 난연제로서 TBB(2-ethylhexyl-2,3,4,5-tetrabromobenzoate)와 TBPH(bis(2-ethylhexyl)-3,4,5,6-tetrabromophthalate)가 개발되었다. 또한 decaDBE를 대체한 데카브로모디페닐에테인(decabromodiphenyl ethane)은 독성을 나타내지 않는 대체 난연제로 알려졌으며, 테트라브로모비스페놀 A(tetrabromobisphenol A)보다는 이 물질의 다이알릴 에터(diallyl ether) 구조가 더욱 안전한 것으로 알려졌다. 즉 비록 브롬을 여전히 함유하고 있다고 하더라도 환경 및 인체에 유해하지 않은 난연제의 개발이 속속 이루어지고 있다.

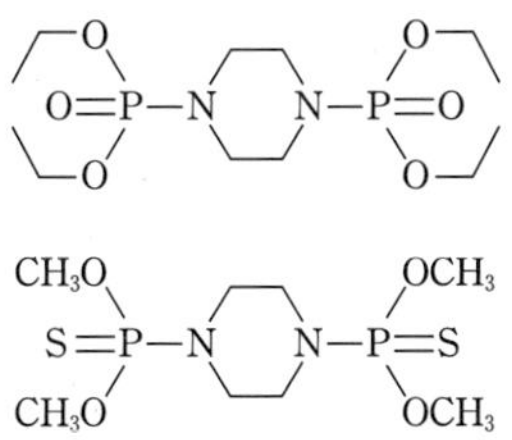

Piperazine-based
flame retardants

– **인(P)계 난연제**: 기체상과 고체상에서 동시에 작용한다. 열분해로 형성된

PO2·라디칼이 불꽃의 수소 원자(H·)나 하이드록실 라디칼(HO·)을 제거하며, 숯(Char)의 형성을 촉진하고 고체 표면에 불연층을 형성한다. 이산화 탄소 초임계유체를 사용하여 면(cotton)에 피페라진계 난연제를 성공적으로 코팅하였다.

• 소방용제 할론 1301의 후계자

화재와의 싸움을 지원하는 화학자 용사들이 난연제 부대에만 있는 것이 아니다. 매우 역사가 깊은 소방용제의 개발 부대에도 있다. 최근의 과제는 그동안 사용하여 온 할론 1301(Halon 1301, CF_3Br)의 대체 물질을 찾는 일이다. 할론이란 용어는 할로겐화 탄화수소(halogenated hydrocarbon)를 일컫는 말로써, 100여 년 전에 처음으로 사염화 탄소가 사용되었다. 당시에는 유리 용기에 담긴 사염화 탄소를 화재가 발생한 곳에 던져서 불을 끄는 소위 소화탄이었다. 나중에 알게 된 일이지만 사염화 탄소는 인체 독성이 있었다. 소방관들이 술을 마시면서 장난삼아 바닥에 소화탄을 던지곤 하였다고 하는데, 알코올과 함께 사염화 탄소가 소방관들의 간을 많이 상하게 하였을 것 같다. 마침내 1940년대에 사염화 탄소를 대체할 물질을 찾게 되었고, 할론 1301이 최적의 대체 물질로 선택되었다. 하지만 할론 1301도 문제가 발견되었다. 환경 문제가 인류의 중요한 관심사로 등장하면서 프레온 가스와 함께 오존층 파괴의 원인 물질로 판명된 것이다. 마침내 1987년 채택된 몬트리올 의정서(Montreal Protocol)에서 선진국은 2000년까지, 개발도상국은 2010년까지 할론 1301을 없애기로 하였고, 미국의 경우 이미 1993년에 국내 판매를 끝냈다.

할론 1301의 대체 물질로 일부는 프레온 기체의 대체 물질을 사용하기도 한다. 즉 NAF S-III는 HCFC Blend A이며, FE-13은 HFC 23(CHF_3)이다. 이 외에도 NAF P(CFC Blend), FM-100(CHF_2Br) 등이 사용된다. 하지만 할론 1301의 대체 물질 찾기는 지금도 계속되고 있다. 지금까지 검토된 어떤 물질도 할론 1301의 성능을 따라오지 못하기 때문이다. 인이 포함된 포스페이트계의 물질에 기대를 걸고 있지만, 이 계통의 물질들은 끓는점이 높아서 순식간에 기화해서 공간을 채우지 못한다는 점이 해결해야 할 숙제로 남아 있다. 특히 대체 물질이 오존층에 대해서 안전해야 하므로 사용 후에는 쉽게 분해되어야 한다. 즉 환경분해적(tropodegradable) 물질이어야 한다. 이와 같이 할론 1301의 대체 물질을 찾는 일이 간단하지 않은 이유는 인체 독성, 오존층 파괴, 소화 기능 등 이외에도 섬유, 나무, 플라스틱 등과 관련된 유체역학이나 열전달 등의 원리들도 살펴야 하기 때문이다.

15

예술품

템페라와
최후의 만찬

체릴 사프렌(Cheryl Safren)의 미술 작품 '스탠스베리 공원(Stansbury Park)'. 캔버스는 구리판인데, 이미지는 물감을 칠해서 그린 것이 아니라 구리와 다양한 시약의 화학 반응에 의한 색상 생성물로 나타낸 것이다.

스탠스베리 공원, 체릴 사프렌

지금까지 생활 속의 화학을 살펴보면서 다시금 우리의 의식주 어디 하나에도 화학이 관련되지 않은 곳이 없다는 것을 느끼게 된다. 사실 1장부터 14장까지 많은 내용을 다룬 것 같지만 그 전체도 우리의 생활 속에서 만나는 화학의 극히 일부에 지나지 않는다. 그렇다고 무한정 지면을 늘릴 수는 없으므로 마지막 장으로 무엇을 선택할까 고민하였는데, 예술품에 관한 화학 이야기로 정하고 보니 필자 스스로도 마음에 든다. 많은 경우 화학 물질이 관여하는 곳에는 화학의 부정적 이미지도 포함되어 있었는데 적어도 이번 장의 내용은 그렇지 않다. 우리의 삶을 정신적으로 더욱 풍요롭고 아름답게 하는 예술품과 문화재들에 관련된 화학 이야기이기 때문이다.

개인적인 생각이지만 화학을 전공하고 나서 별도의 연수 기간을 거친 후 문화재와 예술품을 다루는 분야에서 일하는 것도 보람이 있을 것 같다. 실제로 박물관이나 미술관, 문화재 관련 연구소에서 일하는 화학자들이 있는데, 보통 이들을 보존 과학자라고 한다. 보존 과학자들이 수행하는 일 가운데는 예술품들의 재료를 분석하여 알려진 연대와 작가들을 밝히거나 손상된 예술품을 복원하는 일들이 포함된다.

한 가지 송구스러운 사실은 이 장에서 다루는 내용의 대부분이 서양 예술품에 관한 것이라는 점이다. 미국화학회가 발간하는 C&EN(Chemical & Engineering News)의 기사를 많이 참고하였다. 우리나라는 오랜 역사 속에서 세계적으로 훌륭한 예술품과 문화재를 많이 보유하고 있다. 그중에는 유네스코의 세계문화유산으로 지정된 것도 여럿 있다. 이런 점에 비추어 볼 때 우리나라의 한국문화재 보존과학회가 1991년에 비로소 출범한 것은 한참 늦은 감이 있다. 하지만 본 학회가 그동안 열정적으로 활동한 덕분에 귀중한 문화재에 관한 학술적 연구는 물론 실제적 복원과 보존에 큰 기여를 하였다. 아울러 그동안 문화재 보존과 관련 있는 학과가 여러 대학에 설치되었다. 이 분야에 관심이 있는 사람들이 체계적인 교육을 받고 연구할 수 있는 길이 많이 열린 것이다. 이 장에서 미흡한 국내 문화재의 보존과 복원에 관한 내용은 보존과학회의 홈페이지나 관련 대학 또는 학과의 자료실을 통해서 보충하길 바란다.

15.1 한국문화재보존과학회

1991년 11월 9일, 한국문화재보존과학회가 창립총회를 갖고 출범하였다. 여기에 싣지는 않았지만 당시의 사진을 보면 앞줄 가운데에 초대 회장을 맡은 이태녕 교수(당시 서울대학교 화학교육과)의 모습이 보인다. 우리나라 문화재 보존의 역사에서 매우 의미 있는 사진이다. 필자는 이태녕 교수로부터 당신의 젊은 교수 시절에 미국의 학자들과 함께 공주의 백제 무령왕릉 발굴에 참여하였던 이야기를 들은 적이 있다. 왕릉 내에 물이 지나도록 만든 수로가 있었고, 이에 의한 온도와 습도 조절 역할에 관한 이야기하였더니 당시 미국 학자들이 공감하며 귀담아듣더라는 말씀을 하셨다. 발굴 후에 당신이 미국에 온다면 그들이 당신의 연구 수행을 돕겠다는 말을 하였다고 한다. 아무튼 젊은 시절의 문화재에 대한 인연이 나중에 우리나라 최초로 문화재보존과학회를 창립하고 초대 회장을 맡게 된 것이 아닌가 생각된다.

오래전에 C&EN 잡지에 우리나라의 문화재 보존과 관련한 기사가 실린 적이 있다. 바로 팔만대장경에 대한 것이었다. 당시의 기사는 팔만대장경이 지금까지 이만큼 보존될 수 있었던 비밀에 대해 나름의 과학적으로 분석한 결과를 싣고 있었다. 1990년대 초로 기억하는데 당시의 기사를 지금 갖고 있지 않아서 확실하지는 않지

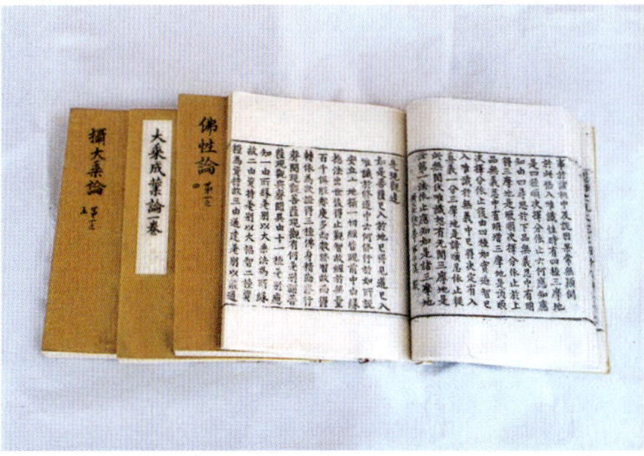

그림 15.1
목판 유물이기 때문에 문화재보존법이 특히 강조되는 팔만대장경판과 경내 모습. 팔만대장경판은 대장경판전과 함께 1995년 12월에 유네스코 세계문화유산으로 지정되었다.(출처: 위키피디아, 문화재청)

만, 경판 표면에 코팅되어 있는 막의 화학적 성분과 이것이 보존의 신비와 어떠한 관련이 있는지 등을 밝힌 내용이었던 것 같다. 기사와 함께 본 연구를 수행한 이태녕(서울대) 교수와 도춘호(순천대) 교수가 팔만대장경을 배경으로 찍은 사진도 실렸었다. 현재도 팔만대장경에 대해서는 앞으로 어떻게 훼손을 방지하고, 이미 훼손된 부분은 어떻게 복원할 것인가에 관심이 높은데, 여기에는 조상들의 지혜를 잘 헤아리는 것도 여전히 중요하다.

한국문화재보존과학회(The Korean Society of Conservation Science for Cultural Properties)는 1년에 2차례의 정기 총회와 학술 발표회를 개최하고 있으며, 학회지로서 보존과학회지를 발행하고 있다. 한편 앞서 우리나라도 대학에서 문화재보존학을 체계적으로 가르치고 연구하는 학과가 생겼다고 하였는데, 1988년 개설된 경주대학교 문화재보존과학과를 시작으로 중앙승가대학교, 서울여자대학교, 경북과학대학교, 용인대학교, 한서대학교, 공주대학교, 한국전통문화대학교, 예원예술대학교, 동양대학교, 명지대학교, 중앙대학교 등에 학부 또는 대학원 과정이 설치되었다.

15.2 예술품의 보존과 복원 재료

명화 속의 물감 이야기

보라색의 여러 이름 중에 로열 퍼플(royal purple)이 있다. 예전에 유럽에서는 귀족들이나 보라색 옷을 입을 수 있었는데 그만큼 얻기 어려운 색이었다. 고대 페니키아인들은 단 1 g의 보라색 염료를 얻기 위해 2만 마리의 달팽이를 희생시켜야 하였다. 그러다가 1856년 영국의 윌리엄 퍼킨(William Perkin)이 말라리아 치료약을 합성하려다 우연히 보라색 염료를 얻게 된다. 합성 당시 18세의 실험실 조수였던 퍼킨은 3년 뒤에 모브(Mauve)라는 이름으로 최초의 합성 보라색 염료를 시장에 내놓았다. 수많은 달팽이의 목숨을 살려낸 이 합성물감은 현재도 수채화용 물감으로 사용되고 있다.

• **유화 물감의 탄생:** 유화 물감은 물에 풀어서 사용하는 수채화 물감과는 달리 안료나 염료를 기름에 풀어서 사용한다. 주로 산화가 잘 일어나는 불포화 지방산이 많이 함유된 기름을 사용하는데 이것은 시간이 지나면서 불포화 결합 부근이 가교화 반

응을 하여 굳어져서 단단한 피막을 형성하기 때문이다. 식용유가 뿌려진 프라이팬을 오래 놔두면 어떻게 될까? 대부분의 사람이 식용유를 사용한 후 곧바로 프라이팬의 기름을 씻어내기 때문에 식용유가 굳는 것을 보지 못하였겠지만, 우리가 사용하는 불포화 지방산이 포함된 식용유도 공기 중에 오래 놔두면 이와 같이 경화가 일어난다. 5세기에서 10세기 사이의 불교 미술에서 유화 물감을 사용한 예가 있으나 본격적인 유화 그림의 등장은 15세기 북유럽 네덜란드 화가들에 의해서이다. 대표적인 사람이 르네상스 미술의 선구자인 네덜란드 화가 얀 에이크(Jan Eyck)인데, 그는 식물성 기름인 아마인유를 사용한 그림을 많이 남겼다. 요즘에는 유화제를 사용해서 물이랑도 섞이게 만든 유화 물감이 등장하였다. 기름 성분을 적게 사용할 수 있으므로 경화 시간을 대폭 줄일 수 있다. 전통적인 유화의 경우 경화시키는데 1~3주가 필요하던 것이 1~3일로 줄었다.

그림 15.2
4월의 사랑(April Love)(1856): 보라색을 즐겨 사용한 영국의 화가 아서 휴즈(Arthur Hughes)의 작품

• **템페라(Tempera) 물감의 탄생**: 요즘은 사용하지 않아서 조금은 생소할 수 있는데, 고대 화가들은 템페라라는 물감을 많이 사용하였다. 유명한 레오나르도 다빈치(Leonardo da Vinci)의 최후의 만찬도 템페라 물감을 사용하여 완성된 작품이다. 이것은 계란이나 아교, 벌꿀, 무화과 나무수액 등에 안료를 섞어서 만든 것으로, 빨리 마르는 성질은 좋으나 균열이 생기기 쉬운 단점이 있다. 그렇다 보니 템페라 물감을 사용한 명화들이 안타깝게도 많이 손상된 점을 볼 수 있다.

그림 15.3
얀 에이크(Jan Eyck)의 남자의 초상화(Portrait of a Man in a Turban, 자화상일 가능성, 1433)와 아르놀피니 부부의 초상화(The Arnolfini Portrait, 1434; National Gallery, London)

그림 15.4
레오나르도 다빈치의 최후의 만찬(The Last Supper, 1498)—이탈리아 밀라노의 산타 마리아 델레 그라치에 교회(Convent of Sta. Maria delle Grazie)

표 15-1 안료의 종류와 화학 조성

안료 이름	화학 이름	화학 조성
Carbon black	carbon	C
Titanium white	titanium dioxide	TiO_2
Antimony white	antimony trioxide	$Sb2O_3$
Zinc white	zinc oxide	ZnO
Cobalt violet	cobalt(II) phosphate	$Co_3(PO_4)_2$
Ultramarine blue	–	$Na_6Al_4Si_6S_4O_{20}$
Prussian blue	ferric hexocyanoferrate	$Fe_7(CN)_{18}$
Cobalt blue	cobalt(II) aluminate	$CoAl_2O_4$
Cerulean blue	cobalt(II) stannate	Co_2SnO_4
Chrome green	chromium(III) oxide	Cr_2O_3
Viridian green	hydrated chromium(III) oxide	$Cr_2O(OH)_4$
Cadmium yellow	cadmium sulfide	CdS
Chrome yellow	lead chromate	$PbCrO_4$
Zinc yellow	zinc chromate	$ZnCrO_4$
Cadmium orange	cadmium sulfoselenide	Cd_2SSe
Cadmium red	cadmium selenide	CdSe
Red ochre	iron (III) oxide	Fe_4O_3

최후의 만찬도 그렇다.

• 안료(pigments)의 색: 가시광선 중에서 안료에 흡수되지 않고 반사되는 빛이 안료의 색이다. 주로 안료를 구성하는 금속의 d 궤도함수에서 가시광선의 흡수가 일어난다. 파란색 안료가 가시광선을 만나면 가시광선 속의 빨간색과 녹색 빛은 흡수하고 파란색 빛만을 반사하는 것이다. 무기물 안료는 유기물 안료와는 달리 오랜 세월이 지나도 산화되거나 분해되지 않고 보존이 가능하다. 물론 안료가 그림에만 사용되는 것은 아니다. 페인트나 도자기, 각종 생활용품에도 들어간다. 표 15-1은 현재 사용되는 안료의 종류와 화학 조성이다.

보존용 합성수지와 물감의 개발

예전의 대부분의 걸작품들과 마찬가지로 고버트 플린크(Govaert Flinck)의 초상화(그림 15.5)도 처음에는 천연수지 바니시로 코팅되었다. 바니시는 보호 목적으로만 사용되는 것이 아니고 그림을 보다 검고 광택이 나게 하며 색의 강도와 채도를 높이기 위해 사용된다. 하지만 불행하게도 세월이 흐르면서 얇은 바니시 층이 변색되고 깨어지며 부옇게 된다. 또한 산화 및 다른 화학 반응에 의해 바니시는 더욱 불용성이 되면서 보존 관리자들이 이를 제거하기도 어렵게 된다. 결국 천연수지가 그림을 개선하고 보호하기보다는 오히려 망쳐놓은 셈이다. 이 문제를 해결하기 위해 보존 관리자들이 택할 수 있는 방안은 보존 과학자들을 불러 모으는 것이다.

보존 과학자들은 관리자들로 하여금 예술가들이 애초에 사용한 재료와 방법은 무엇이었는지, 그리고 이전의 복구 작업에서 첨가된 것은 무엇인지 밝히는 데 도움을 준다. 또한 그들은 종종 화학회사를 통하여 새로운 재료를 개발하고 테스트하여 관리자들이 예술품을 보호하는 데 도움을 준다.

합성수지 바니시가 미술품의 보호막 코팅용으로 어떻게 발전되어 왔는지 살펴보자. 수십 년 전에 한 유망한 화학회사가 다양한 합성 플라스틱을 제조하였고, 이들 중 투명한 합성 고분자들이 코팅용으로 널리 사용되었다. 폴리바이닐아세테이트, 폴리(n-뷰틸 메타크릴레이트) 등의 플라스틱이 천연수지보다 안정하다는 생각에 따라 적극적으로 이들을 사용하였다. 하지만 이들 합성수지가 미술 재료로서 어떠한 기능을 나타낼지에 대해서는 과학적으로 검토하지 않은 채 일단 사용하였기 때문에 나중에서야 이들 합성수지가 자기 산화적인 가교화 반응을 일으켜서 결국에는 제거하기가 더욱 어려워진다는 사실이 밝혀졌다. 또한 1980년대 중반에 롬앤하

그림 15.5
네덜란드 미술가 고버트 플린크(Govaert Flinck)의 남자의 초상(Portrait of a Man) (1641년 작, 유화): 때때로 화학은 자연을 능가한다. 왼쪽의 화상은 부분적으로 보존 코팅된 그림이다. 즉 이 그림의 오른쪽 부분만 천연수지 바니시(varnish)로 코팅되었다. 오른쪽 그림은 전체적으로 코팅된 것인데, 눈으로 구별은 안 되지만 이 그림의 오른쪽 부분은 천연수지 바니시, 왼쪽 부분은 천연수지를 능가하는 합성수지 바니시가 사용되었다.(출처: pubs.acs.org)

스(Rohm and Haas)사가 개발한 아크릴로이드(Acryloid) B-72라는 에틸 아크릴레이트/메틸 메타크릴레이트 공중합체가 보존 재료로 사용되기도 하였는데, 이것은 가교화 반응은 개선되었으나 천연수지 바니시만큼 광학적 효과가 우수하지 못하다는 단점이 있었다. 이렇다 보니 많은 보존 관리자들이 예전대로 천연수지를 다시 사용하기도 하였다.

보존 과학자인 르네 델라리에(Rene de la Rie)가 천연수지와 같은 광학적 특성을 나타내면서도 가교화 반응이 일어나지 않는 코팅 재료를 개발하기 위하여 착안한 것은 점도와 분자량이 낮은 안정한 합성수지를 개발하는 것이었다. 그는 수소화 반응으로 불포화 결합을 없애고 분자량을 낮춘 고리형 탄화수소 올리고머(수소화 탄화수소 수지)와 요소-알데하이드 올리고머(요소 수지)를 찾아냈다. 이들 합성수지는 투명하며 광택이 있고 오래 지나도 변색되거나 깨지지 않았다. 그리고 이것들은 천연수지나 이전의 합성 플라스틱과 달리 오래 지나도 경화되지 않으므로 보존 관리자들이 쉽게 제거할 수 있으며, 특히 독성이 적은 비방향족성 용매를 사용할 수 있는 장점이 있다. 또한 색의 채도 면에서도 보존 관리자들을 만족시켰다. 델라리에의 데이터와 격려에 힘입어 미국 국립미술원(NGA)의 보존 관리자들은 바로 플린크의 초상화를 대상으로 천연수지와 합성수지의 광학 성질을 비교 테스트하였다.

이들은 오래된 천연수지 바니시 아래에 숨겨진 이미지를 재현하기 위해 부옇게 변색된 코팅을 혼합 유기용매로 제거하였다. 그러고는 왼쪽은 남겨둔 채 오른쪽만 천연수지인 드리테르펜류 유향 수지(gum mastic)로 바니시하였다. 그림 15.5의 왼쪽 그림에서 천연수지를 걷어내기만 하고 바니시를 칠하지 않은 왼쪽 부분보다 바니시한 오른쪽 부분이 훨씬 생기 있고 촉촉해 보인다. 바니시한 쪽은 사람의 소매 주름까지 구별할 수 있지만 다른 쪽은 거의 구별할 수 없을 정도이다. 이어서 이들은 왼쪽 부분에다 앞에서 언급한 수소화 탄화수소 합성수지 아르콘(Arkon) P90으로 바니시하였다. 오른쪽 그림이 그것인데 주의 깊게 살펴보면 천연 바니시와 합성 바니시의 경계를 구별할 수 있을 것이다. 하지만 두 쪽이 너무나 똑같아서 여러 보존 관리자들조차도 천연 바니시와 합성 바니시를 구별하지 못할 정도였다. 여기서 사람들은 자연을 앞지를 수 있는 합성 화학의 예를 경험하였다. 합성수지 바니시가 천연수지 바니시의 장점을 모두 가지면서 천연수지의 단점을 극복한 것이다.

• 보존용 그림물감의 개발

그림물감은 무기(또는 유기) 안료와 천연(또는 합성) 수지 바인더로 구성된다. 그런데 예술품의 보존 및 복원을 위한 수정용 물감은 일반 물감과는 다른 특성이 있어야 한다. 즉 안정하고, 닦아 낼 수 있으며, 다양한 예술적 형태나 기법으로도 사용할 수 있고, 복원하고자 하는 예술품의 작가가 예전에 사용하였던 물감과는 그 재료가 달라야 한다. 이 물감을 보존 물감, 복원 물감, 또는 그려 넣는 물감(conservation, restoration, or inpainting paints)이라고 부른다.

보존용 물감의 시장이 크지 않음에도 불구하고 꼬박 7년의 연구개발 끝에 마침내 황당무계한 요구 같았던 주문에 화답하여 준 회사가 있다. 보존 관리자, 보존 과학자, 그리고 미술 재료의 제조 회사가 힘을 합쳐 노력한 결과 수십 년 만에 처음으로 새로운 보존용 그림물감을 만들어 낸 것이다. 바로 갬블랭 사(Gamblin Artists Color Co.)가 그 주인공이다.

갬블랭 사가 2000년도에 보존용 물감을 새롭게 내놓기 전에 사용하여 온 물감은 몇 가지 단점이 있었다. 대부분이 극성 용매나 독성 용매를 필요로 하였고, 과학적인 연구가 뒷받침되지 않았기 때문에 물감 제조 시에 사용된 안료와 수지의 안정도가 알려지지 않은 것이 많았다. 또한 대부분이 광학적 성질이나 취급성이 나빴다.

보존용 합성수지 바니시의 개발에서 미국 국립미술원의 보존 과학자 델라리에가 도입한 아이디어가 이번에는 새로운 보존용 그림물감의 바인더 개발에도 적용되었다. 즉 바인더로서 저점도, 저분자량 합성수지를 개발해야 한다는 것이다. 구체적으로 바인더로서 BASF사가 만든 요소-알데하이드 수지 라로팔(Laropal) A 81를 택하였고, 안료는 일반적으로 사용하여 오던 거친 입자들을 기계적으로 밀링하여 크기가 고르며 분산이 용이한 형태로 만들어서 사용하였다. 이렇게 만들어진 20여 가지의 컬러들을 시판에 앞서 미국 및 유럽의 보존 관리자들에게 보내어 테스트하였고, 현재 세계 각국의 박물관, 예술관 등에서 이들이 사용되고 있다.

합성 재료 예술품의 보존과 복원

• 열경화성 폴리에스터

합성 재료들이 등장한 이후로 많은 예술가들이 이들을 작품의 소재로 사용하여 왔다. 예를 들면 일본계 미국인 예술가인 레오 아미노(Leo Amino)는 나무 조각 소재로부터 폴리에스터 소재로 옮겼으며, 멕시코의 화가이며 사회 운동가로도 유명한 다비드 시케이로스(David Siqueiros)는 20세기 초반 유화로 시작하였으나 선도적으로 파이록실린(pyroxylin; nitrocellulose) 시대를 거쳐 아크릴 예술로 옮겨갔다.

하지만 합성수지를 재료로 사용한 조각이나 그림들이 오래되면서, 보존 관리자들은 이들 합성 재료들을 어떻게 보존하고 어떻게 복원할 것인가 하는 문제에 봉착하였다. 미국화학회에서는 1994년부터 2년마다 정기 학술회의에서 고분자화학분과의 주최로 박물관의 고분자를 주제로 특별 회의를 개최하고 있다. 합성 고분자 재료의 역사는 100년이 채 안 되었다. 따라서 나무나 돌, 또는 금속으로 만들어진 예술품처럼 수백 년 또는 수천 년의 역사 속에서 이들을 어떻게 보존하고 복원해야 하는지에 대한 기술이 축적되어 있지 않은 것이다. 현대의 합성 고분자 재료를 사용한 예술품들의 건강한 미래는 지금부터 연구한 결과에 달려 있다고 할 수 있다.

박물관의 관리자에게는 예술품이 옮겨지는 도중에 손상을 입는 것만큼 끔찍한 악몽도 없을 것이다. 실제로 아미노의 1952년 조각인 육식 식물(Carnivorous Plant)에게 일어난 일이다. 열경화성 캐스트(cast) 폴리에스터로 만들어진 이 조각은 1993년 럿거스(Rutgers) 대학의 박물관에서 다른 건물로 옮기는 도중 큰 낫처럼 생긴 끝부분이 부러졌다. 이 박물관에는 아미노의 부인이 기증한 50여 점의 아미노 작품이 있었다. 아미노가 애초에 이 작품을 만들 때 낫 모양 부분을 따로 캐스트하여 만든 다음 몸체 부분이 과산화물 개시제에 의해 경화되는 동안에 몸체에 붙였기 때문에 이 계면 부분이 근본적으로 약하였던 것이다.

이 조각품의 복원을 위해서 고분자 화학자들이 모였다. 먼저 조각품의 재질을 비파괴적으로 분석하기 위하여 ATR-FTIR 미세 분광법(attenuated total reflection

Fourier-transform infrared microspectrophotometry)을 사용하기로 하였다. 이것은 셀렌화아연(zinc selenide)으로 만들어진 현미경 대물렌즈를 조각품에 대고 IR 광선을 물체에 보낸 다음 반사되어 나오는 빛을 특정한 각도에서 잡는 방법이다. 부러진 단면의 스펙트럼을 고분자 스펙트럼 라이브러리와 비교해 본 결과, 현재 라이치홀드(Reichhold Chemicals) 사에서 제조하는 공중합체 알키드 레진(alkyd resin)과 잘 일치한다는 것을 알았다. 라이치홀드 레진으로 시험해 봄으로써 접착 성능과 접착제의 용매가 조각품에 끼칠 영향을 미리 알아볼 수 있게 된 것이다. 미경화 상태의 알키드가 접착제로서 조각품의 굴절률과 잘 일치한다는 희소식도 들어오고, 용매로는 벤진 혹은 나프타(석유 증류분 중 bp 100~180℃ 유분)를 쓰는 경우가 용매에 의한 손상 없이 접착제에 의한 강한 결합을 형성할 것이라는 조언도 있었다. 결국 벤진에 녹인 폴리(아이소뷰틸 메타크릴레이트)로 성공적인 수리를 하기는 하였는데, 이 부분이 시간이 지나면서 어떠한 변화를 나타낼지 앞으로 주목할 필요가 있다.

• 나이트로셀룰로스

앞서 말한 과거 멕시코의 대표적인 사회운동가이며 화가인 시케이로스는 1925년부터 1940년 사이에 아마인 기름과 함께 파이록실린(pyroxylin)과 아크릴 레진을 많이 사용하였다. 파이록실린이 특히 문제인데, 이 재료의 기본 구조인 나이트로셀룰로스는 빛과 수분에 의하여 나이트로 그룹의 가수 분해가 유발되고, 셀룰로스의 해중합(고분자가 단량체 저분자로 분해되는 과정)이 진행되기 때문이다. 거기다 캄포(camphor)와 같은 가소제가 시간이 흐르면서 휘발하면 표면이 잘 부스러지고, 또한 가소제로 함께 사용된 아주까리 기름이 표면으로 스며나오면 끈적거림이 생길 수도 있다.

퀸즈(Queens) 대학에서 멕시코의 소우야마 박물관(Soumaya Museum)이 소장하고 있는 다섯 편의 시케이로스의 작품에 대해 그 재료들을 분석하여 보았다. 다섯 편의 작품명은 다음과 같다. 광부들(Mine Drillers)(1926), 죽은 소녀와 살아 있는 소녀의 초상(Portrait of Dead Girl and Live Girl)(1931), 카나네아 소요의 첫 희생자 아버지(The First Victim's Father at the Cananea Strike)(1961), 막일꾼(Peon)(1935년경), 무력함(Feebleness)(1937~39년경). 이들 작품을 선정한 이유는 전시장 카탈로그나 박물관 관리자들이 이들 작품을 파이록실린으로 만들어진 것이라고 소개하였기 때문이었는데, 어떤 관리자들은 이들 작품이 아마인유와 파이록실린을 함께 사용하여 제작된 것이라고 주장하기도 하였다.

FTIR에 의한 성분 분석 결과 이들 다섯 작품 중에서 '막일꾼'과 '무력함'만이 파이록실린으로 그린 것이었다. 그리고 어느 것도 아마인유와 파이록실린을 함께 사용한 것은 없었다. '광부들'과 '초상화'는 건성유를 사용하였고, '첫 희생자의 아버지'는 아마도 폴리(에틸 메타크릴레이트) 공중합체를 사용한 것으로 추정되었다.

아마인유에 대한 언급이 자주 나오는데, 이것은 아마 식물의 씨를 짜서 얻은 트라이글리세라이드가 주성분이다. 이 식물로부터 얻은 섬유가 린넨이다. 지방산 부분의 구성은 주로 올레산, 리놀산, 리놀렌산 등과 같은 불포화 지방산이 대부분이고, 미리스트산, 팔미트산, 스테아르산과 같은 포화 지방산 부분은 15% 정도이다. 아마인유를 가지고 그림을 그리면 시간이 지나면서 수지와 같이 굳게 되는데, 이것은 불포화 지방산 부분이 공기 중에서 산화되면서 가교화가 진행되는 데 기인한다. 이런 종류의 기름을 건성유라고 한다. 문제는 이들 아마인유를 생산하는 기술이 변화하면서 예전에 생산하던 아마인유의 성분을 그대로 갖고 있는 아마인유가 현재는 시판되지 않는다는 것이다. 따라서 복원에 임하게 되었을 때 당시의 성분을 철저히 분석하고 이와 같은 아마인유를 재현하여 사용해야 하는 어려움이 있다.

합성 고분자 수지를 사용한 경우 오랜 시간 뒤에 이들의 보존 상태가 중요시되는 또 다른 분야가 사진 필름이다. 요즘은 스틸 필름이든 영화 필름이든 셀룰로스 아세테이트를 사용하지만 초기에는 나이트로셀룰로스를 사용하였었다. 스미소니언 박물관에서 사진 필름을 저온 저장하는 경우의 영향에 대해서 연구하였다. 즉 필름의 경우에는 연구를 위해서든 복사를 위해서든 필름을 꺼냈다 넣었다 하게 되므로 필름의 온도가 오르락내리락 하게 된다. 이 과정이 필름에 미치는 영향을 연구한 결과, 연성을 상실하는 파괴점 이하에서는 필름의 수축 문제가 발생하였으나, 그 이상의 온도라면 5,000번 정도의 냉각과 재가온을 반복해도 필름의 변형은 없었다. 연구자들은 −20°C를 최적 보관 온도로 추천하였는데, 이 온도에서 보관하면 상온에서 보관하는 것보다 약 500배는 더 오래간다는 것이다.

고무

보존 관리자들이 가장 복잡하게 생각하는 연구 대상 물질은 가황 천연고무이다. 옛날이나 지금이나 고무에는 충진재가 많이 들어가는데, 요즘은 카본 블랙이나 실리카를 사용하지만 예전에는 점토와 재를 사용하였다. 탄화수소 레진 부분은 대부분 가교화되어 있는데, 요즘에는 가교화를 위하여 가황 처리를 하지만 예전에는 식

그림 15.6
400여 년 전 멕시코의 왁사카 인디언(Oaxaca Indians)들이 만든 고무공(American Museum of Natural History, New York City)(출처: C&EN by ACS)

물 성분들을 넣고 끓여주는 방식이었다.

열 분석법을 통하여 고무 내의 결정화도를 파악할 수 있다. FTIR은 구조를 확인하는 데 사용되는데, 플라스틱의 경우와는 달리 고무의 경우에는 ATR-FTIR보다는 포토어쿠스틱(photoaccoustic) FTIR이 효과적이다.

스미소니언 박물관의 베이커(Baker) 박사는 뉴욕에 있는 자연사 박물관의 소장품 중 16세기 멕시코의 왁사카(Oaxaca) 부족이 만든 두 개의 고무공에 관해서 연구하였다. 당시에는 고무의 원료를 지금의 미국 남서부와 멕시코 북부에서 생산되는 구아율(guayule) 나무와 멕시코와 남아메리카 북부의 카스틸로아(Castilloa) 나무, 그리고 현재 천연고무의 원료로 사용하는 파라 고무나무(*Hevea brasiliensis*)로부터 얻었다. 왁사카는 이들 나무의 탄화수소 원료를 점토와 섞어서 만들어진다.

베이커 박사는 고무의 결정화도를 알아내고, 고대 고무의 결정성 부분의 용융열을 측정해서 이 고무가 갖는 충진재의 양을 결정하였다. 고무는 −20 ℃에서 빠르게 결정화한다. 베이커 박사는 새로 고무를 준비해서 그 일부를 가속 노화시켰다. 이번에는 가속 노화시키지 않은 것과 노화시킨 것을 −20 ℃에서 결정화하였다. 이러한 과정을 통해서 고대 충진 고무의 충진재의 양을 결정한 결과 오차 범위가 넓었지만 하나는 50~90%로 나타났고 다른 것은 20~60%로 나타났다. 이러한 연구 결과로부터 새로운 고무 작품이건 예전에 만들어진 것이건 간에 어떻게 다루어야 하고, 어떻게 보관하여야 하며, 어떻게 전시해야 하는지에 대한 정보를 얻게 된다.

15.3 예술품의 성분 분석

예술품의 성분 분석과 복원

가톨릭의 예배 의식은 신자가 아니더라도 경건함과 신비감을 느끼게 한다. 이러한 예배 의식에서 빠질 수 없는 예배 도구가 성수를 보관하는 성감이다. 14세기에 만들어진 스페인제 성감의 부식 패턴에 관한 분석 과정을 통하여 화학자가 어떻게 이들 문화재의 보존과 복원에 관여하는지 살펴보자. 성감은 금빛 나는 구리와 바탕에 새겨 넣은 에나멜로 만들어진다. 이 잔의 두 가지 에나멜 색깔, 즉 밝은 청록색과 번갈아 나타나는 흐릿한 회녹색이 뚜껑과 발판 부분에 나타났다. 회녹색 에나멜 부분은 불투명하고 주위 금속의 부식이 발견되었다.

미국 국립미술원(NGA)의 보존 과학자인 바바라 베리(Barbara Berrie) 박사가 X선 분광법(X-ray fluorescence spectroscopy, XRF)을 이용하여 분석한 결과, 부식이 심한 회녹색 부분은 포타슘의 농도가 높고 납은 적은 것으로 나타났다. 반면에 청녹색 부분은 높은 납 성분이 부식을 방지한 것으로 판단되었다(그림 15.7).

베리 박사의 판단에 의하면 포타슘이 많은 잔은 매우 불안정해서 상대 습도가 어떠한 기준을 초과하거나 떨어질 때, 수화 또는 탈수화가 일어난다는 것이다. NGA가 소장하고 있는 성감의 경우 건조한 상태에 있었는데, 이러한 상태에서 수분이

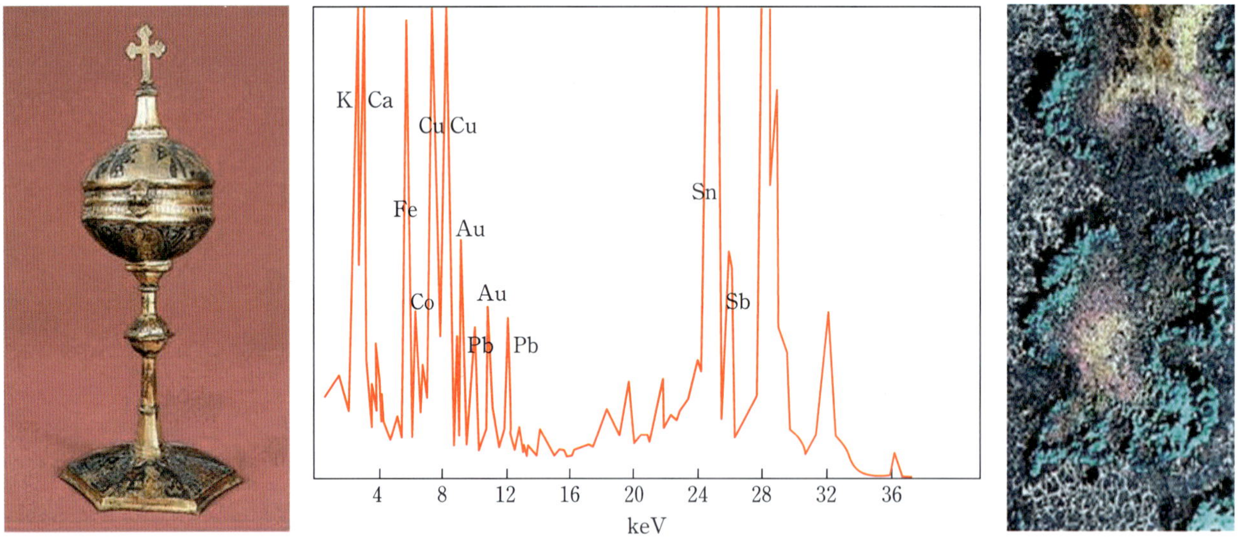

그림 15.7

성감(聖龕)의 부식 분석: 에나멜 칠을 한 성감(제단의 닫집으로 성수를 보관한다)의 발판 패널 부분에 회녹색의 부식이 번갈아 보인다. 오른쪽은 부식 부분의 확대 사진, 가운데 그림은 부식이 심한 부분의 X선 형광 스펙트럼인데 포타슘 성분이 높고 납 성분이 낮은 농도 분포를 보여 준다. 반면에 부식이 덜한 패널의 검푸른 부분은 납 성분이 높게 나타났다.(출처: pubs.acs.org)

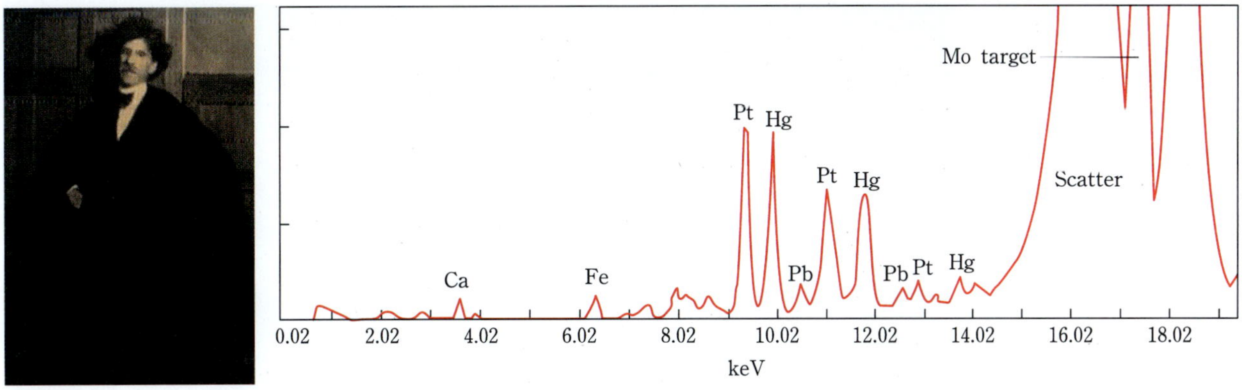

그림 15.8
헨리치 쿤(Heinrich Kuehn)이 그린 알프레드 스티글리츠(Alfred Stieglitz)의 초상화(NGA 소장). X선 형광 분광법은 쿤이 1907년 스티글리츠의 초상화를 그릴 때 수은으로 현상시킨 백금 프린트 법을 사용하였음을 말해 준다. 노란 오렌지색의 강조 부분은 셸락 코팅에 의한 것이다. 셸락(shellac): 동물성 수지의 하나. 흰색의 물질로 인도, 미얀마 등지에 분포하는 랙벌레가 분비하는 옅은 누런색 진을 정제, 표백하여 만든다. 바니시 제조, 레코드, 절연 재료 따위로 쓴다.(출처: pubs.acs.org)

밖으로 방출되면 포타슘이 수산화 포타슘이 되고 이것은 공기 중의 이산화 탄소와 반응하여 탄산 포타슘이 된다. 따라서 주변의 금속이 알칼리화하면서 탄산구리 부식이 일어난다.

보존 관리사들이 부식을 제거한 다음 베리 박사가 추천한 보존 방법은 일정하게 습도 유지가 잘되고 절대로 40% 이하로 내려가지 않도록 관리하라는 것이었다. 너무나 간단한 화학이 최선의 해법이었다.

다음의 경우도 X선 형광 분광법(XRF)이 훌륭하게 사용된 예이다. 즉 헨리치 쿤(Heinrich Kuehn)이 1907년 알프레드 스티글리츠(Alfred Stieglitz)의 초상화를 그릴 때 팔라듐 물감을 사용하였는지 아니면 백금 물감을 사용하였는지가 관심이었는데, 그림 15.8의 XRF 스펙트럼의 설명에서와 같이 백금이 사용되었다는 것을 분명히 밝혀준 것이다.

안료의 비밀을 밝히는 분석 기술

LIBS(laser-induced breakdown spectroscopy)는 원자 발광 분광법의 하나인데 나노초(10^{-9}초) 레이저 펄스가 표면으로부터 미량의 재료를 제거하면서 측정하는 기술이다. 이 방법은 예술품으로부터 샘플을 떼어내지 않고 분석하지만 레이저 펄스가 표면으로부터 미량의 재료를 떼어내므로 비파괴 분석법은 아니다. 하지만 여기서 미량은 레이저 펄스당 50 ng도 안 되며, 이것은 용매로 닦아낼 때 녹아 나오는

그림 15.9

화가들의 지문: 오른쪽 원소 점지도로부터 왼쪽의 성 세실리아와 천사를 그린 아르테미시아 젠틸레스키(Artemisia Gentileschi)는 머리와 블라우스의 장식을 그릴 때 납-주석 성분의 노란 안료를 사용한 반면, 후에 지오반니 랑프란코(Giovanni Lanfranco)가 애초의 그림 위에 붉은 치마를 그릴 때는 납-주석-안티몬 노란 안료를 사용하였음을 알아냈다.(출처: C&EN by ACS)

양보다도 훨씬 작다.

그리스의 국립 아테네 미술관에 소장되어 있는 성 니콜라스 성화는 나무 위에 얇은 은박층을 입힌 다음 그림을 그리고, 그 위에 보호 바니시층을 입혔다. 보존 과학자들은 어렵지 않게 애초에 사용된 물감과 복원할 때 덧칠해진 물감을 구별할 수 있었다. LIBS와 라만 스펙트라로부터 애초에 사용된 흰색 안료는 백납($2PbCO_3/Pb(OH)_2$)이었고, 복원 작업 때에는 백아연(ZnO)이 사용되었음을 알았다.

LIBS의 장점은 각 레이저 펄스가 예술품의 표면에서부터 아래쪽의 새로운 층을 드러내므로 단층 분석이 가능하다는 것이다. 이 성화의 경우 복원층은 얇은 반면에 애초의 그림층은 두꺼웠음을 보여 주었다. 한편 이 방법은 원소분석 데이터를 제공함은 물론 예술품의 바니시를 벗겨내는 등 때를 제거하는 데도 사용될 수 있다.

미국 국립미술원에서는 그곳에서 소장하고 있는 1617년경 그려진 유화 '성 세실리아와 천사(St. Cecilia & an Angel)'의 재료를 조사하였는데, 목적은 이 그림이 순전히 아르테미시아 젠틸레스키(Artemisia Gentileschi)의 작품인지 아니면 나중에 당대의 동료 화가였던 지오반니 랑프란코(Giovanni Lanfranco)가 부분적으로 다시 그린 것인지를 밝히는 것이었다. 그림을 가로지르는 여러 부분의 샘플에 대하여 주사전자 현미경/에너지 분산형 분광기(scanning electron microscope/energy dispersive spectrometer, SEM/EDS)를 이용하여 원소 점지도(elemental dot map)를 얻었다. 분석 결과 젠틸레스키가 그린 것으로 알려져 온 성자의 머리와 흰 블라우스의 장식

표 15-2 예술품을 분석하는 데 사용되는 표준 분석 방법

분석 기술	적용 분야
가스 크로마토그래피(GC)	오일, 왁스, 저분자량 레진을 포함하는 페인트 바인더
열분해 GC	오일, 고분자
고성능 액체 크로마토그래피(HPLC)	유기 염료
GC/질량분석법(MS)	유기물 구조 분석, 단백질 바인더의 아미노산 분석
HPLC/MS	합성 유기안료, 천연 및 합성 저분자량 레진
UV-Vis. 분광법	재료의 변색, 유기 염료 및 안료
현미경 FTIR	비파괴 유기물 바인더 분석
X선 형광 분광법	비파괴 원소 분석
간돌피(Gandolfi) 카메라 X선 분말 회절법	무기 안료, 소량 부식 샘플 분석
편광 현미경	안료 분석, 단면 분석
에너지 분산형 주사 전자 현미경(SEM)	안료 분석, 단면 분석
제논 아크 내후도시험기(weatherometer)	노화 현상

부분은 납-주석 성분의 안료가 사용되었음을 알았다. 반면에 붉은 치마 부분에서는 납-주석-안티몬이 들어간 안료가 발견되었는데 당시 랑프란코가 사용한 것이었다. 이러한 결과로부터 이 작품에 대하여 내린 결론은 랑프란코가 젠틀레스키의 그림을 수정하였다는 것이었고, 현재 이 그림은 이들 두 이탈리아 화가의 공동 작품으로 인정되고 있다.

다양한 분석 기술과 적용 분야

앞에서 몇 가지의 분석 기술이 적용된 예를 살펴보았다. 이들 분석법 이외에도 표 15-2에서 나타낸 것과 같은 다양한 분석 기술이 각 분야에서 사용되고 있다. 새로운 분석 기술의 개발은 지금까지 미스터리로 남아 있던 물질의 비밀을 밝혀내는 요술 방망이로 작용한다.

15.4 복원을 통한 원작의 감동

유화의 복원

다음은 미국 국립미술원에 소장되어 있는 유화 "성 세바스찬(St. Sebastian)"의 안료를 분석하고 원작의 모습을 찾아낸 이야기이다. 이 유화는 1620년대에 미술가 탄

지오 바랄로(Tanzio Varallo)가 그린 것으로 알려져 있었으나, 갈색 물감 부분을 긁어내어 주사 전자 현미경으로 관찰한 결과, 이 안료는 카드뮴 오렌지로서 현대의 안료였던 것이다. 보존 관리자가 갈색 물감을 조심스럽게 걷어내자 성자의 허벅지를 가로지르는 주름 부분에 녹색 물감층이 나타났다. 이어지는 의문–녹색 물감층도 제거되어야 하는가?

이때 과학적인 근거에 의해 판단하는 것이 필요하다. 주름 부분의 샘플 단면을 현미경으로 관찰한 결과 녹색 물감층과 아래쪽 노란 물감층 사이에 바니시층이 나타났다. 편광 현미경을 통하여 녹색 물감은 아세트산 구리와 탄산 칼슘의 혼합물임을 확인하였다. 바니시층이 끼어 있다는 것은 녹색 물감은 이전에 그림을 복원하면서 칠해졌다는 것을 의미하는 것이므로 이를 벗겨 보았다. 녹색 물감을 벗겨내자 가슴을 뛰게 하는 노란색뿐만 아니라 관능적인 주름 부분이 바랄로가 그렸던 당시의 감동으로 살아났다. X선 분말 회절법으로 노란색 안료가 납 주석 산화물임을 알게 되었다.

프레스코화의 복원

우리나라의 석조 문화재는 석가탑과 다보탑이 그렇듯이 주로 화강암이 주재료로 쓰였다. 반면에 이탈리아는 대리석과 석회석 예술품의 진수를 보여 준다. 우리가 잘 아는 비너스 상을 비롯하여 너무나 매끈하고 실감나게 만들어진 인물상들을 기억할 것이다. 한편 그것은 그 나라에서 쉽게 구할 수 있는 암석의 종류를 말해 주는

그림 15.10
페로니–디니법(Ferroni-Dini method)으로 복원하기 전과 후의 프레스코화 "참된 십자가의 전설(La Leggenda della Vera Croce)"의 부분. 왼쪽 그림에서는 황산칼슘의 가루가 표면에 덕지덕지 코팅되어 있는 것을 보여 준다. 이것을 탄산 칼슘으로 전환시킨 다음 고정시켜서 오른쪽과 같이 복원하였다.(출처: C&EN by ACS)

것이기도 하다. 실제로 필자가 오래전에 이탈리아 동해안의 안코나(Ancona)라는 곳에서 학회가 있어서 참석하였을 때, 해변의 모래 속에 널려 있는 다양한 색상의 조그맣고 동글동글한 대리석 자갈들을 보고 너무나 예뻐서 감탄하였던 기억이 있다. 이 절의 주제는 우리나라에서는 익숙하지 않지만 플로렌스(Florence)에서는 자연스럽게 자연환경과 조화를 이루는 프레스코화의 복원 이야기이다.

프레스코 기법은 표면에 수산화 칼슘 반죽을 바른 다음, 이 반죽이 마르기 전에 그 위에 그림을 그리는 것이다. 하루 이틀 지나면서 수산화 칼슘은 공기 중의 이산화 탄소와 반응하여 탄산 칼슘으로 되는데, 이것은 원래의 대리석과 석회석의 성분이다. 이 과정에서 그림 안료들은 탄산 칼슘의 결정 구조 안에 갇히게 된다. 프레스코화는 최상의 환경에서도 서서히 파괴되며, 물, 염분, 공해 등이 이 과정을 가속시킨다.

이탈리아 도시의 대부분이 그렇지만 복원이 필요한 예술품이 풍부한 플로렌스는 한편으로 예술품 복원가의 도시이다. 이들은 도시의 문화유산을 보호하고 복원하면서 계속해서 새로운 문제들에 직면하게 되고 이것의 해결 방법을 강구한다. 이곳에서는 대학의 연구진들이 예술품 보존과 복원에 너무나도 자연스럽게 참여한다. 플로렌스 대학은 이탈리아의 여섯 개 대학이 참여하는 컨소시엄을 운영하고 있는데, CSGI(University Consortium for the Study of Large Interface Systems)가 그것이다. 이 컨소시엄의 역할 중에는 예술품의 복원 과제가 포함되어 있다. 이러한 연구의 혜택은 두 방향으로 흐른다. 대학의 연구자들은 이 지역의 예술품들, 특히 프레스코화의 복원 방법을 연구하면서 오랜 세월 동안에 돌과 프레스코화의 표면에서 발생하는 구체적인 화학 변화를 파악할 수 있게 된다. 한편 이러한 발견들은 보존 관리자들이 이미 진행된 손상을 효과적으로 복원하는 방법뿐만 아니라 앞으로 발생할 수 있는 피해의 방지법을 제시하는 것이다.

CSGI의 연구팀은 플로렌스에서 건축물에 많이 사용되는 카라라(Carrara) 대리석과 두 종류의 다공성 사암에서 질산 포타슘 결정이 어떻게 성장하는지를 논문으로 발표하였다. 이 논문에서 질산염의 성장이 돌로 만들어진 예술품의 파괴를 일으키는 한 원인임을 지적하였다. 염의 결정이 성장하면서 다공 벽에 미치는 압력이 돌을 약하게 하고 파괴한다는 것이다. 이는 마치 서리가 형성되면서 땅을 깨뜨리는 것과 같은 방식이다. 최근에는 화학자들이 핵자기 공명 기법을 채택하여 건축물의 돌이나 프레스코화 내에서 다공 구조가 어떠한 변화를 일으키는지 관찰하고 있다. 이것은 병원에서 MRI 기기를 사용하여 우리의 뇌의 구조를 관찰하는 것과 같은 원리이다.

돌의 표면과 프레스코화 내에서 발생하는 변화들을 이해함으로써 파괴를 방지하는 방법을 강구할 수 있다. 화학자들이 찾아낸 방법 중의 하나가 유기인산계의 축적 방지제(antiscaling agent)를 사용하여 질산 칼슘이나 다른 염 결정이 형성되는 것을 방지하는 것이다. 이들 축적 방지제들은 결정 형성에 필요한 핵의 형성을 방지하여 결정화 과정을 크게 지연시킨다. 한편 유기인산계의 축적 방지제는 수도관이 녹에 의해 막히는 것을 방지할 목적으로 사용되는 방청제 역할도 한다.

오랜 시간이 지나면서 그리고 산성비의 영향으로 탄산 칼슘이 황산 칼슘으로 변하고 이것들은 프레스코를 파괴하게 된다. 또한 습기와 질산염 그리고 다른 염들이 분해 속도를 가속화한다. 황산 염은 단위 결정의 크기가 탄산 칼슘의 거의 두 배이기 때문에 황산 칼슘 결정이 표면에서 들고 일어나면서 탄산 칼슘 격자에 잡혀 있던 안료들도 함께 들뜨게 된다. 이 가루들이 바람에 쓸려서 그림과 함께 날아가는 것이다.

약 30년 전까지만 해도 심하게 손상된 프레스코화를 구하는 유일한 방법은 조심스럽게 그것을 벽으로부터 들어내서 고분자 지지체에 다시 붙이는 것이었다. 요즘은 플로렌스 대학의 교수였던 엔조 페로니(Enzo Ferroni)와 복원 관리자 디오 디니(Dino Dini)가 개발한 방법으로 손상된 프레스코를 복원하고 있다. 이것은 두 단계 과정으로 이루어지는데 탄산 암모늄 포화 용액을 프레스코화 표면에 뿌린 다음 수산화 바륨 용액을 이어서 바르는 것이다. 첫 번째 단계에서 탄산 칼슘이 재생되면서 황산 암모늄이 생기는데, 황산 암모늄은 물에 녹으므로 씻겨 나간다. 두 번째 단계에서는 황산 바륨이 만들어지는데 이것은 크기가 작은 탄산 칼슘이 재생되면서 생기는 빈 공간을 채우는 역할을 하며, 동시에 그림을 단단히 굳힌다.

이 방법이 좋은 결과를 낳고는 있으나 황산 바륨이 복원된 프레스코화에 남는다는 점이 아쉽다. 이상적인 복원 방법이 되려면 원래의 외형뿐만 아니라 화학 조성도 회복하는 것이기 때문이다. 이를 위하여 수산화 바륨 대신에 안정한 수산화 칼슘 분산액으로 대체할 수 있으면 이상적인데, 수산화 칼슘은 물에 안정한 형태로 분산시키기가 어렵다. 다행히 1-프로판올과 같은 알코올을 사용하여 이를 분산시키는 방법이 개발되었다. 알코올을 사용하는 경우의 또 다른 이점이라면 알코올은 물보다 표면장력이 작으므로 프레스코화 표면에 분산액이 쉽게 침투될 수 있다는 점이다. 시간이 지나면서 애초에 프레스코가 만들어질 때 그랬듯이 수산화 칼슘은 공기 중의 이산화 탄소와 반응하여 탄산칼슘이 된다.

15.5 예술적 영감과 과학적 창의력

예술가에게 영감을 주는 과학자, 과학자에게 영감을 주는 예술가

Science Inspiring Art Inspiring Science

영국의 소설가이며 비평가인 올더스 헉슬리(Aldous Huxley)의 글 중에 이런 것이 있다. "아름다움, 사랑 등은 양으로 측정될 수 없다는 단순한 이유 때문에, 인생이 살 만한 가치가 있게 해주는 이러한 것들을 과학은 인식하려 하지 않는다." 하지만 일부에서는 과학자들이 과학의 영역을 넘어서서 자신의 창의력을 발휘하는 것을 적지 않게 발견할 수 있다. 우리는 시인, 극작가, 소설가, 음악가로 활약하는 화학자들을 알고 있다. 이전에 개인적으로 "정재승의 과학 콘서트"라는 책과 "물리학자는 영화에서 과학을 본다"라는 책을 보고, 이 책을 쓴 젊은 물리학자의 글 솜씨와 박식함에 놀란 적이 있다. 특정 분야의 전문가로 일하면서도 또 다른 시각으로 세상을 깊게 볼 수 있게 하는 취미나 관심 분야를 가진 것이 이러한 좋은 책을 쓰는 과학자로 만들었다고 생각한다.

때로는 창의적 생각의 흐름이 과학의 형태로 예술에 이르게도 한다. 즉 한 과학자의 업적이 예술가의 창의적 영혼을 일깨우는 것이다. 이와 관련하여 대표적인 과학자와 예술가를 소개한다. 위스콘신 대학의 생화학 교수인 로날드 레인즈(Ronald Raines)의 연구실에 들어서는 순간 이 사실을 확인한다. 한쪽 벽면을 차지하고 있는 '개구리 푸가(Frog Fugue)', 이것은 스콧 레시(Scott Lesh)의 놀랄 만한 혼성 채색화이다. 두 사람의 생각과 작품을 통해서 과학과 예술의 기술적 만남만이 아닌 창조적 혼의 만남을 발견한다.

레인즈는 열성적인 예술품 수집가이다. "예술은 영감이다. 과학과 예술은 창의적 요소를 갖는다는 점에서 연결된다. 훌륭한 예술을 하는 것이나 훌륭한 과학을 하는 것이나 다른 사람의 일을 뛰어넘는 아이디어가 필요하다." 레인즈의 말이다. 그는 예술가 레시에게 자신의 연구 내용을 반영한 작품을 의뢰하였다. 레인즈가 연구하는 분야는 북부 표범 개구리(Rana pipiens)의 독특한 단백질에 관한 것이다. 이 단백질은 온코나아제(onconase)라는 물질인데 리보뉴클레아제(ribonuclease)의 하나로서 아직 FDA로부터 치료제로 승인이 나지는 않았지만, 석면에 노출되면 발생한다는 악성 폐종양(mesothelioma)의 화학 치료제로 관심을 받고 있다. 개구리가 살아가는 데 이 단백질이 어떠한 역할을 하는지 아직 알려져 있지 않으며, 항암 작용의 메커니즘에 대해서도 더욱 연구가 필요하다.

레시의 작품을 보아온 레인즈가 이 프로젝트를 가지고 그를 찾았을 때, 레시 역시 과학자들에 대해서 동지애를 갖고 있었다. "나는 과학자들과 예술가들은 같은 일을 하는 사람들이라고 생각한다. 자연을 탐구하고, 자연을 바라보는 새로운 방식을 발견하며, 자연을 영감으로 이용한다."라는 레시의 말에서도 그것을 알 수 있다. 그는 '개구리 푸가'를 예술과 과학의 만남의 장으로 생각하였다. 천, 유화물감, 말린 개구리들, 구리, 철, 나무, 수채화물감, 흑단(ebony), 상아 등을 소재로 '개구리 푸가'가 만들어졌다. 폭 5피트 8인치, 길이 8피트 5인치의 오크 바탕에 조상(彫像)으로 개구리의 일생을 단계적, 암시적으로 나타냈다. 윗부분의 오크 아치에는 피아노 건반의 안쪽 나무 부분에 부착되는 놋쇠 조각들을 박았다. '개구리 푸가'를 마음으로 들으며 레인즈는 물론 함께 일하는 과학자들이 온코나아제의 작용 메커니즘을 머리에 그리며 일을 한다.

예술과 과학기술의 만남, CT

과학기술과 예술의 영역을 개인적인 취미나 관심의 차원에서 교류하는 것뿐만 아니라, 대학원에서 하나의 전공분야로서 문화기술(culture technology, CT) 융합 전공이 몇몇 대학에서 신설되어 운영 중이다. 융합 전공이란 기존의 서로 다른 학문 영역들이 접목하여 만들어진 별도의 전공을 의미한다. CT는 과학기술, 예술, 인문 · 사회과학의 연계를 통하여 문화기술을 연구하는 미래지향적인 학문 분야이다. 단순화하여 설명하면, 과학기술이 이성에 의존한다면 예술은 감성에 의존하는 부분이 많고, 사람의 경우 이성적 사고는 좌뇌가, 감성적 부분은 우뇌가 담당한다. CT에서는 이성적 측면과 감성적 측면 중 어느 한쪽에 치우치지 않고 양측 모두를 고루 연구하는 것이다.

구체적인 CT의 예를 들면, 게임 분야를 생각해 볼 수 있다. 요즘의 게임들을 보면 누구라도 프로그래머 혼자서는 감당할 수 없을 것이라는 생각을 할 것이다. 실제로 기술적인 부분은 프로그래밍이 필요하지만, 화면 디자인, 음악 등에는 예술적 감수성이 요구된다. 또한 게임의 시나리오 부분은 문학이다. 특히 게임을 한다는 것은 마치 관객이 참여하는 예술 행위처럼 사용자와 게임 간의 상호작용(interaction)이 관여하는데, 이것은 디지털 서사학의 중요한 연구 분야이다. 세계적인 한류 문화의 흐름도 문화와 기술의 접목 없이는 불가능한 분야이다. 이 부분은

SM 엔터테인먼트의 이수만 회장이 하버드 대학에서 강연하였을 때 특히 강조한 내용이기도 하다. 이미 체계적인 교육과 연구를 위한 기관이 등장하였는데, 미국 MIT의 미디어랩, 일본의 IAMAS, 독일의 ZKM 등이 CT 연구를 활발히 하고 있으며, 국내에도 서강대, 이화여대, 서울대, KAIST 등에서 유사한 전공과정을 운영한다.

참고문헌

아래의 도서들은 부분적으로 이 책의 주제에 해당하는 내용을 담고 있다. 1장부터 15장까지 기술하면서 그때그때 큰 도움을 받은 책들이다. 또한 매 장마다 참고한 인터넷 사이트와 문헌을 소주제별로 나타냈다.

1. 프로야구 왜 나무 방망이 쓰나, 진정일 지음, 동아일보사, 1998
2. 진정일 교수의 교실 밖 화학이야기, 진정일 지음, 궁리, 2013
3. 역사를 바꾼 17가지 화학 이야기 1, 2, 페니 르 쿠터, 제이 버레슨 지음, 곽주영 옮김, 사이언스북스, 2007
4. 인간, 환경 그리고 화학 제2판, A. T. Schwartz 외 공저, 오정희 외 공역, 자유아카데미, 1999
5. 생활속의 화학, 조성희 외 공저, 형설출판사, 2001
6. 생활과 화학, 생활과 화학 교재편찬위원회, 자유아카데미, 1994
7. 화학의 세계, P. Kelter 외 공저, 일반화학 교재편찬위원회 공역, 북스힐, 2001
8. 화학으로 이루어진 세상, 크리스틴 메데페셀헤르만 외 공저, 권세훈 옮김, 에코리브르, 2009
9. 생활 속의 화학, Ben Selinger 저, 화학교재편찬위원회 역, 한승, 2000
10. 생활 속의 화학과 고분자, 정진철 지음, 자유아카데미, 2010
11. 화학의 세계 12판, J. W. Hill 외 공저, 강종민 옮김, 라이프사이언스, 2011
12. 노벨상이 만든 세상-화학 I, II, 이종호 지음, 나무의 꿈, 2007
13. 화학의 프로메테우스, 새런 버트시 맥그레인 저, 이충호 옮김, 가람기획, 2002

[1장]

매트릭스 http://movie.naver.com/movie/bi/mi/basic.nhn?code=31464

쥬라기 월드 http://movie.naver.com/movie/bi/mi/basic.nhn?code=67786

STM https://researcher.watson.ibm.com/researcher/files/us-flinte/stm11.jpg

나노 주판 Gimzewski *et al. Appl. Phys. Lett.* 69, 3016 (1996)

분자 기계 https://www.nobelprize.org/uploads/2018/06/popular-chemistryprize2016-1.pdf

후쿠시마 원전 3호기 https://en.wikipedia.org/wiki/Fukushima_Daiichi_nuclear_disaster

고리원자력발전소 https://ko.wikipedia.org/wiki/%EA%B3%A0%EB%A6%AC%EC%9B%90%EC%9E%90%EB%A0%A5%EB%B0%9C%EC%A0%84%EC%86%8C

줄기세포 http://www.dreamstime.com/royalty-free-stock-photos-human-stem-cell-applications-illustration-white-background-image35501468

원전 폐쇄 http://www.ohmynews.com/NWS_Web/View/at_pg.aspx?CNTN_CD=A0002117897, http://ansan.ekfem.or.kr/archives/1124

21세기 과학기술회의 *C&EN*, 77(32), 28 (1999)

STS, COMEST http://www.learnnc.org/lp/media/uploads/2009/07/technology_triangle_.jpg, http://www.unesco.org/new/en/social-and-human-sciences/themes/comest

바이츠만 연구소 https://en.wikipedia.org/wiki/Weizmann_Institute_of_Science#/media/File:PikiWiki_Israel_11659_Yad_Chaim_Weizmann.JPG, http://news.dongascience.com/PHP/NewsView.php?kisaid=20100409200000118220

하버 https://namu.wiki/w/%ED%94%84%EB%A6%AC%EC%B8%A0%20

%ED%95%98%EB%B2%84
이태규와 리승기 http://www.hellodd.com/news/article.html?no=43331, http://blog.daum.net/_blog/BlogTypeView.do?blogid=0PKKE&articleno=1985, 김근배, *한국과학사학회지* 20(1), 3-25 (1998)
시보그 C&EN, 77(10), 29(1999)
미나마타병 http://pubs.acs.org/doi/abs/10.1021/cen-v074n023.p008a
마나마타병 자료관 https://minamata195651.jp/guide_ko.html
2011년 국제화학의 해 기념우표 http://blog.daum.net/allinstamps/1985
이태규 박사 동상 https://www.sciencetimes.co.kr/news/%EC%A3%BD%EB%8A%94-%EB%82%A0%EA%B9%8C%EC%A7%80-%EC%97%B0%EA%B5%AC%EC%8B%A4-%EC%A7%80%ED%82%A8-%EC%9D%B4%ED%83%9C%EA%B7%9C-%EB%B0%95%EC%82%AC/

[2장]

증류장치 http://www.egr.msu.edu/age/aenewsletter/1_nov_dec_02/clauseLgPhoto_02.htm, http://stillmaker.tripod.com/apparatus.html, http://www.moonshine-still.com, http://www.csupomona.edu/~lsstarkey/distillation
불변끓음 혼합물 https://en.wikipedia.org/wiki/Azeotrope
주정 제조 http://www.chem1.com/acad/webtext/solut/solut-images/
우라늄 농축 https://monthly.chosun.com/client/news/viw_contentA.asp?nNewsNumb=201105100027
토탈리콜 http://movie.naver.com/movie/bi/mi/photoView.nhn?code=85702
탄소 동소체 http://www.nobelprize.org/, http://terms.naver.com/entry.nhn?docId=945338&cid=47337&categoryId=47337, http://tomfetter.wikispaces.com/Carbon+Allotropes+-+Steph+Sailer, http://www.amenews.kr/atc/messprint.asp?P_Index=10374, http://cen.acs.org/articles/87/i9/Graphene-Carbon-Thin.html
가임과 노보셀로프 http:// www.nobelprize.org/
김필립 https://www.physics.harvard.edu/people/facpages/pkim
제올라이트 https://www.hellodd.com/?md=news&mt=view&pid=34914, https://commons.wikimedia.org/wiki/File:Struttura_molecolare_di_una_zeolite.png, http://hellodd.tistory.com/710, https://pubs.rsc.org/en/content/articlelanding/2019/cy/c9cy00368a#!divAbstract
그래핀 분리 http://www.graphenesq.co.kr/
그래핀과 탄소나노튜브 물성 http://www.amenews.kr/atc/messprint.asp?P_Index=10374
해리 포터와 마법사의 돌 http://www.amazon.com, http://press.uos.ac.kr/news/articleView.html?idxno=7537
상도표 https://www.doopedia.co.kr/
초임계유체 Supercritical Fluid Science and Technology, Chapter 32, 1989, pp 511-524, https://ko.wikipedia.org/wiki/%EC%B4%88%EC%9E%84%EA%B3%84%EC%9C%A0%EC%B2%B4
이온 액체 *Chem. Eng. News Archive,* 2003, 81(13), p 9, Akio Kamimura Shigehiro Yamamoto, *Org.*

Lett., 9(13), 2533–2535 (2007), Ksenia S. Egorova *et al. ACS Med. Chem. Lett.*, 6(11), 1099–1104 (2015), BASF PHOTO

플라즈마 http://blog.lgdisplay.com

액정 http://www.itooza.com/common/iview.php?no=2010120209082988883, http://blog.daum.net/musmae/27

[3장]

식량/에너지 구성비 2020 에너지통계 핸드북(에너지관리공단), Energy Balances of OECD countries 2019(IEA), 에너지경제연구원, 2019 자주 찾는 에너지 통계, 에너지효율 혁신전략, 경제활력대책회의 19-21-3 (공개), 2019.8.21.

에너지원단위 2012.6 전경련 보고서, World LCD Industry Corporation Committee(2011), 일본제지연합회 및 한국제지공업연합회 분석자료(2011), APP Steel T/F 프로젝트 보고서(2010), World Energy Balance 2018(IEA), Energy Balances of OECD countries 2019(IEA)

신재생 에너지 신재생 에너지 개발 및 이용 보급 촉진법 제2조, https://ko.wikipedia.org/wiki/%EC%9E%AC%EC%83%9D_%EA%B0%80%EB%8A%A5_%EC%97%90%EB%84%88%EC%A7%80, http://www.kier.re.kr/energy/new_energy_view.jsp

에너지 공급량과 소비량 2020 에너지통계 핸드북(에너지관리공단)

DOE Vision 21 C&EN, 80(40), 30-32 (2002) http://pubs.acs.org/isubscribe/journals/cen/80/i40/html/8040sci2image1.html

GTL(gas-to-liquid) 연료 *C&EN*, 86(37), 36-37 (2008)

조력 에너지 https://www.kwater.or.kr/website/tlight/BBSMSTR_000000000028/1215/view.do

바이오매스 에너지 *C&EN*, 93(23), 25 (2015), Nature, 463, 559 (2010), http://www.biznmedia.com/news/articleView.html?idxno=30903

핵융합 에너지 국가핵융합연구소, http://news.dongascience.com/PHP/NewsView.php?kisaid=20110409200002233512&classcode=0105

태양 에너지 http://www.mrsolar.com/, *C&EN*, 94(18), 30-35 (2016)

연료전지 *C&EN*, 87(14), 8 (2009), *C&EN*, 87(13), 39-41 (2009)

저온 핵융합 https://thunderf00tdotorg.wordpress.com/2011/11/21/why-cold-fusion-is-bullshit, http://www.moviemaxx.ch/fr/films/film-cold-fusion-loue-16149, https://en.wikipedia.org/wiki/Cold_fusion, http://pubs.acs.org/cen/topstory/8010/8010notw1.html, http://pubs .acs.org/cen/topstory/8030/8030notw8.html

마이크로파 응용 C&EN, 92(4), 26-28 (2014), *C&EN*, 92(24), 30-31 (2014)

[4장]

장미의 이름 https://en.wikipedia.org/wiki/The_Name_of_the_Rose_(film), http://weknoweknow.blogspot.kr/2012/07/the-libraries-do-not-fool-us.html

전갈의 독 http://web.singnet.com.sg/~chuaeecc/venom/venom2.htm, http://pubs.acs.org/cen/topstory/8104/8104notw5.html, https://en.wikipedia.org/wiki/Deathstalker#/media/

File.Deathstalker_ST_07.JPG, https://www.researchgate.net/figure/fig1_10930848
베토벤 납중독 http://www.anl.gov/OPA/frontiers/c3facil.html
킬레이션 요법 *C&EN*, 83(20), May 16, 2005
신경계 독성 물실 http://www.lookfordiagnosis.com/mesh_info.php?term=Cholinesterase+Inhibitors&lang=1, http://www.life.umd.edu/grad/mlfsc/zctsim/ionchannel.html, http://www.slideshare.net/deepthipramachandran/mechanism-of-drug-action
초파리 유전학 Fly: An Experimental Life, 20세기 유전학의 역사를 바꾼 초파리, 마틴 브룩스 지음, 이충호 옮김, 이마고, 2002, http://biosupply.co.kr/
코데인 *C&EN*, 88(12), 13 (2010)
테트로도톡신 http://www.tlchm.bris.ac.uk/motm/ttx/ttx.htm, JACS, 86, 5030 (1964)
이온 채널 http://www.nobelprize.org/nobel_prizes/chemistry/, 2003 Nobel prize in chemistry, http://www.life.umd.edu/grad/mlfsc/zctsim/ionchannel.html
화살 독 개구리 https://en.wikipedia.org/wiki/Strawberry_poison-dart_frog, https://antweb.org
약으로 쓰는 독 https://ko.wikipedia.org/wiki/%EC%95%84%ED%8A%B8%EB%A1%9C%ED%95%80 http://www.mdpi.com/journal/marinedrugs/special_issues/tetrodotoxin
커피의 독성물질 분류 (WHO IARC) https://www.sciencetimes.co.kr/news/

[5장]

마농의 샘 http://movie.naver.com/movie/bi/mi/basic.nhn?code=10283
물 부족 국가 http://windshoes.khan.kr/796
물 사용량 http://returntooza.tistory.com/m/post/144
캘리포니아 San Joaquin Valley *C&EN*, 89(17), 38-39 (2011)
정수기 장난감 http://global.rakuten.com/ko/store/acomes/item/41448/
물의 구조 *J. Mol. Spectrosc.* 196(1), 120–130 (1999), http://www.physicalgeography.net/fundamentals/8a.html, http://chemistry.tutorvista.com/organic-chemistry/tetrahedral-bond-angles.html, http://indigenouswater.blogspot.kr/2011/01/water-from-air-using-adsorption.html
전무식 교수 한국과학기술한림원, http://www.kast.or.kr/
폴락 교수 http://pubs.acs.org/isubscribe/journals/cen/87/i50/html/8750gov2.html
눈송이 사진 http://www.designboom.com/technology/snowflake-images-under-an-electron-microscope/
이온 교환 수지 http://www.google.co.kr/url?sa=t&rct=j&q=&esrc=s&source https://upload.wikimedia.org/wikipedia/commons/0/08/Ion_exchange_resin_beads.jpg, http://www.mlball.com/Ion_Exchange_Resin.htm
센물과 단물 https://en.wikipedia.org/wiki/Water_softening,
적조 http://www.ibric.org, http://blog.daum.net/_blog/BlogTypeView.do?blogid=0KEw3&articleno=7024872&categoryId=521396&regdt=20080912122140
녹조 https://www.joongdo.co.kr/jsp/article/article_view.jsp?pq=201308081265, http://www.algalweb.net

산 조아킨 밸리 미국지질조사소, Richard Ireland, USGS
청색증 http://www.google.co.kr/url?sa=t&rct=j&q=&esrc=s& source
담수화 http://pacinst.org/wp-content/uploads/sites/21/2015/01/desalination-grain-of-salt.pdf
중공사 http://www.dic-global.com/eu/en/products/membrane/hollow_fiber.html, https://en.wikipedia.org/wiki/Hemodialysis
전기투석 http://www.wikiwand.com/en/Electrodialysis
불소 이온 수돗물 http://cen.acs.org/articles/87/i36/Never-Ending-Controversy.html
물먹는 제품 https://sites.google.com/site/sed695b/projects/discrepant-events/osmosis-magic, http://www.slate.com/articles/double_x/the_kids/2013/06/honest_diapers_are_all_the_rage_these_days_but_are_they_really_any_better.single.html
흡습제 http://www.ashirwadchemicals.net/

[6장]

미스트 https://en.wikipedia.org/wiki/The_Mist_(film)
인공 안개 Chemistry Connections: The Chemical Basis of Everyday Phenomena, https://story.kakao.com/ch/aom1939/FQ28YNRlLW9/photos/9, http://mephisto9.tistory.com/66
대기환경 기준 환경부 2020년 기준 https://www.me.go.kr/mamo/web/index.do?menuId=586
장거리 월경성 대기오염협약 대외경제정책연구원, 문진영 외, 국제사회의 장거리 이동 대기오염 대응사례와 시사점 (2018)
대기권의 구조 http://web.hallym.ac.kr/~physics/course/a2u/earthmoon/atm.htm, http://apod.nasa.gov/apod/ap140803.html
스모그 https://ko.wikipedia.org/wiki/%EC%8A%A4%EB%AA%A8%EA%B7%B8, http://imnews.imbc.com/news/2013/world/article/3356819_11211.html
산성비 http://enieimg.edunet4u.net/IPRDATA/6/school_wellbeing/cnews/1261313682214.jpg, http://2012books.lardbucket.org/books/principles-of-general-chemistry-v1.0/s08-07-the-chemistry-of-acid-rain.html
장거리 월경성 대기오염협약 http://www.kiep.go.kr/sub/view.do?bbsId=search_report&nttId=200812
오존층 http://www.scmp.com/news/world/article/1590001/ozone-layer-showing-first-signs-recovery-says-un-study, *C&EN*, 93(22), 8 (2015), C&EN, 94(27), 7 (2016), www.wikimeda.org, nobelprize.org
VOCs *C&EN*, 83(4), 25-27 (2005)
투모로우 https://en.wikipedia.org/wiki/The_Day_After_Tomorrow
열한번째 시간 https://en.wikipedia.org/wiki/The_11th_Hour_(film)
온실 가스 http://www.forest.go.kr/newkfsweb/html/HtmlPage.do?pg=/policy/policy_02010104.html&mn=KFS, http://cen.acs.org/articles/87/i14/Climate-Change-Bill-Introduced.html
교토 의정서 http://cen.acs.org/articles/90/i51/Symbolic-Extension-Kyoto-Protocol-Clears.html?type=paidArticleContent
열섬 형성 http://cen.acs.org/articles/87/i51/Global-Warming-Climate-Change.html

이산화 탄소와 식물의 성장 https://www.bnl.gov/bnlweb/pubaf/pr/1999/bnlpr051399.html
이산화 탄소의 농도 증가 http://pages.uoregon.edu/jimbrau/BrauImNew/Chap07/FG0723-02u.jpg
이산화 탄소의 용도 https://en.wikipedia.org/wiki/Carbon_dioxide, http://blogs.rsc.org/cy/2014/06/02/photofuel-cells-for-methanol-production-from-carbon-dioxide/, http://pubs.rsc.org/en/content/articlelanding/2010/ee/c004106h#!divAbstract
이산화 탄소의 포집 저장 KISTEP CCS 기술 현황과 정책동향, 이산화 탄소 저감 및 처리기술 개발사업단, http://magazine.hankyung.com/apps/news?popup=0&nid=01&c1=1001&nkey=2012102300882000351&mode=sub_view , http://sequestration.mit.edu/ pdf/carbonates.pdf, carbonengineering.com
바이오스피어 2 https://en.wikipedia.org/wiki/Biosphere_2, http://kcm.kr/dic_view.php?nid=40052, http://pubs.acs.org/isubscribe/journals/cen/81/i05/html/8105scic.html, 인간실험-바이오스피어 2, 2년 20분, 제인 포인터 저, 박범수 역, 알마, 2008
HFC와 HCFC http://cen.acs.org/articles/89/i49/Replacing-Replacements.html, http://cenblog.org/cleantech-chemistry/2010/08/some-carbon-credit-projects-looking-shaky/

[7장]

나라야마부시코 https://en.wikipedia.org/wiki/The_Ballad_of_Narayama_(1983_film), http://blog.daum.net/_blog/BlogTypeView.do?blogid=0CmQp&articleno=18320008
식물영양소 https://en.wikipedia.org/wiki/Plant_nutrition
비료 https://en.wikipedia.org/wiki/Fertilizer, http://www.slideshare.net/fullscreen/hafsahk01/fertilizers-35095799/6
NPK 비료 http://search.daum.net/search?nil_suggest=btn&w=tot&DA=SBC&q=fertilizer+bag
농약의 분류 기준(농약관리법 규정 2020) http://www.law.go.kr/%EB%B2%95%EB%A0%B9/%EB%86%8D%EC%95%BD%EA%B4%80%EB%A6%AC%EB%B2%95%20%EC%8B%9C%ED%96%89%EA%B7%9C%EC%B9%99
식물 살충제 http://www.amnh.org/learn-teach/young-naturalist-awards/winning-essays2/2011-winning-essays/plant-extracts-as-natural-insecticides/, http://blog.daum.net/hi5winner/6
벌레 퇴치제 https://en.wikipedia.org/wiki/Insect_repellent
DDT의 퇴장 http://blog.daum.net/philatelia/1870, http://blog.naver.com/kbs4547/20190850900
침묵의 봄 http://blog.daum.net/philatelia/1870, http://blog.naver.com/kbs4547/20190850900
비지속성 농약 https://en.wikipedia.org/wiki/Insecticide, Journal of Arboriculture, December 1975, 232-233
생물학적 살충법 http://mirian.kisti.re.kr/futuremonitor/view.jsp?record_no=231615&cont_cd=GT
곤충 스프레이 http://pubs.acs.org/isubscribe/journals/cen/80/i31/html/8031bugsprays.html
제초제 http://pesticidestewardship.org/resistance/Herbicide/Pages/Spraying-by-the-Numbers--Herbicide.aspx
몬산토 라운드업 https://en.wikipedia.org/wiki/Glyphosate
2,4-D와 옥신 https://en.wikipedia.org/wiki/2,4-Dichlorophenoxyacetic_acid, http://ppbc.com.ne.kr/myhome/infomation/bio/10/j10.htm

쥐약 https://en.wikipedia.org/wiki/Rodenticide, http://www.hani.co.kr/arti/society/environment/663473.html

살금제 http://www.acridine-raw-material.com/products/alpha-Chloralose/, http://www.examiner.com/article/usda-united-states-department-of-avicide

식물생장 조절제 https://en.wikipedia.org/wiki/Plant_hormone, http://www.vce.bioninja.com.au/aos-2-detecting-and-respond/coordination--regulation/plant-hormones.html, http://agritech.tnau.ac.in/seed_certification/seed%20treatments%20-%20Chemical.html

고엽제 http://www.kaova.or.kr/document/info/info05.php?id=34&cpage=1&sval=&sc_kind=, http://www.mpva.go.kr/open/open130_view.asp?ID=75689, http://www.47news.jp/korean/history_cut/1966/12/058870.html, https://en.wikipedia.org/wiki/Herbicide

잔류성 유기 오염물질(POPs) https://en.wikipedia.org/wiki/2,3,7,8-Tetrachlorodibenzodioxin, http://blog.daum.net/foodtox/8698378 , '다이옥신' 행정간행물 등록번호 38010-67730-37-9906

다이옥신 오염원 www.qia.go.kr/downloadwebQiaCom.do?id=6457, 숫자로 본 다이옥신(김미경 2003)

유전자 변형 생물체(GMO) https://en.wikipedia.org/wiki/Genetically_modified_organism, http://inside.chosun.com/site/data/html_dir/2015/07/02/2015070203038.html

지역협동농업(CSA) https://en.wikipedia.org/wiki/The_Real_Dirt_on_Farmer_John

공정 무역(Fair Trade) https://en.wikipedia.org/wiki/Fair_trade, http://kfta.dothome.co.kr/?page_id=41

[8장]

플러버 http://movie.daum.net/moviedetail/moviedetailMain.do?movieId=2073

스타우딩거와 캐로더스 http://www.upenn.edu/pennpress/book/656.html, http://www.amazon.com/Enough-One-Lifetime-Carothers-Inventor/dp/0841233314

고분자 분류 https://www.google.co.kr/search?q=polymers&newwindow=polymers+products&imgrc=xLFc5zU5E6a_yM%3A, http://cuiet.info/download/chemistry/Classification%20of%20Polymer.pdf

천연 고분자 https://en.wikipedia.org/wiki/Biopolymer

합성 고분자 http://www.chemistryexplained.com/Pl-Pr/Polymers-Synthetic.html

고분자 물성 http://www3.nd.edu/~manufact/MPEM_pdf_files/Ch10.pdf

영화관 고분자 http://pslc.ws/welcome/tour/macroplx/p-movies2.htm

영화 속의 고분자 http://pslc.ws/welcome/tour/macroplx/spfx.htm

나일론 https://en.wikipedia.org/wiki/Nylon_66#/media/File:Nylon_6,6.png

케블라 https://en.wikipedia.org/wiki/Kevlar, https://www.ics-cnrs.unistra.fr/etsp/lecture/mchem_poly/glos.php

탄소 섬유 https://en.wikipedia.org/wiki/Carbon_fibers, https://www.google.co.kr/search?q=carbon+fiber

스판덱스 섬유 http://www.hankookilbo.com/v/9e43465ef26943898d0d1924f2980d7a, https://

en.wikipedia.org/wiki/Spandex
플라스틱 광섬유 http://www.thefoa.org/foanl-01-13.html http://www.cnfortis.com/ps.htm http://ecmweb.com/content/nows-time-plastic-optical-fiber
고무 고분자 https://en.wikipedia.org/wiki/Natural_rubber, https://en.wikipedia.org/wiki/Synthetic_rubber
고무와 엔트로피 http://web.mit.edu/course/3/3.11/www/pset03/Rec9.pdf
강화 플라스틱 http://www3.nd.edu/~manufact/MPEM_pdf_files/Ch10.pdf
전도성 고분자 http://www.nobelprize.org/nobel_prizes/chemistry/, 2000년도 노벨 화학상, https://en.wikipedia.org/wiki/Conductive_polymer#/media/File:ConductivePoly.png, http://quest.arc.nasa.gov/aero/virtual/demo/research/youDecide/ionicNConducPolym.html
재활용 플라스틱 http://www.chemidream.com/292
환경호르몬과 플라스틱 https://en.wikipedia.org/wiki/Endocrine_disruptor, http://health.mw.go.kr/HealthInfoArea/HealthInfo/View.do?idx=1780&subIdx=4
분해성 플라스틱 http://www.ksbm.or.kr/upload/17(3)114-120.pdf, https://en.wikipedia.org/wiki/Biodegradable_polymer, http://www.ecoroko.com/630, http://www.ksbm.or.kr/upload/17(3)114-120.pdf

[9장]

007 두 번 산다 http://movie.naver.com/movie/bi/mi/basic.nhn?code=10159
식품 성분 https://en.wikipedia.org/wiki/Food_chemistry
수분활동도 https://en.wikipedia.org/wiki/Water_activity
식품 첨가물 https://en.wikipedia.org/wiki/Food_additive
식용 착색료 https://en.wikipedia.org/wiki/Food_coloring, https://recipeland.com/howto/food-coloring-chart-for-easter--236
건강기능식품 https://www.khsa.or.kr/user/info/InfoHealthFood.do?_menuNo=225
연지벌레와 카민 https://en.wikipedia.org/wiki/Dactylopius, http://arnoldzwicky.org/2014/09/13/linguistic-diversity-among-the-nopalries/
감미료 https://en.wikipedia.org/wiki/Sugar_substitute, http://www.mdpi.com/biomolecules/biomolecules-03-00812/article_deploy/html/images/biomolecules-03-00812-g003.png, https://commons.wikimedia.org/wiki/File:Sucralose.svg, https://commons.wikimedia.org/wiki/File:Aspartame_structure.png
격리제 EDTA https://en.wikipedia.org/wiki/Ethylenediaminetetraacetic_acid
향기 증진제 MSG http://www.etoday.co.kr/news/section/newsview.php?idxno=799961
과일의 향기 성분 https://en.wikipedia.org/wiki/Flavor
식용유 http://koreantk.com/ktkp2014/thesis/thesis-view.view?ctrlNo=OOSMBK-1996-v39n2-118&tempLang=ko
빵의 숙성 http://www.ib.bioninja.com.au/options/option-f-microbes-and-biote/f4-microbes-and-food-produc.html
육류 연화제 http://www.amazon.com/Spice-Supreme-Tenderizer-Seasoning-Pieces/dp/

B00HVA4V70, https://en.wikipedia.org/wiki/Meat_tenderizer
커피콩 로스팅 https://en.wikipedia.org/wiki/Coffee#/media/File:Coffee_beans_unroasted.jpg
포도주 http://cen.acs.org/content/cen/articles/84/i18/Vintage-Chemistry.html, https://www.pinterest.com/pin/509610514057844053/
비만과 유전자 https://en.wikipedia.org/wiki/Eating_disorder, http://cen.acs.org/articles/91/i32/Untangling-Eating-Disorders.html?type=paidArticleContent
시클로덱스트린 http://www.mdpi.com/1424-8220/8/8/4961
우마미(감칠맛) https://en.wikipedia.org/wiki/Umami
식품 분석 https://www.nacalai.co.jp/global/cosmosil/pdf/Food_Additive_Analysis.pdf, http://people.umass.edu/~mcclemen/581Introduction.html
응결방지제 http://www.universewithme.com/blog/2012/11/02/12081823d358-ecuadorriobamba-guayaquil/,
녹말의 구조 https://en.wikipedia.org/wiki/Starch, http://blog.daum.net/winglish/17880062
갈변현상 http://www.momables.com/how-to-keep-apples-from-browning/
아민-산 중화 반응 http://kcsnet.or.kr/main/k_chemstory/k_c_story_read.htm?qpage=k_c_story_main&uid=84&cat=5
전통 민속주
한국의 전통 민속주, 이효지 지음, 한양대학교 출판부, 1996

[10장]

환약 https://www.pnas.org/content/110/4/1193
의약품 구분 https://ko.wikipedia.org/wiki/%EC%9D%BC%EB%B0%98%EC%9D%98%EC%95%BD%ED%92%88
안전상비의약품 http://spotbilledduck.tistory.com/75
소화제 http://health.chosun.com/site/data/html_dir/2010/06/04/2010060402064.html
헬리코박터 파일로리(위나선균) https://namu.wiki/w/%EC%9C%84%EB%82%98%EC%84%A0%EA%B7%A0?from=%ED%97%AC%EB%A6%AC%EC%BD%94%EB%B0%95%ED%84%B0%20%ED%8C%8C%EC%9D%BC%EB%A1%9C%EB%A6%AC
위염 치료제 http://old.yakup.com/pharminfo/pharminfo2013-05-01.php, https://www.google.co.kr/search?q=%EC%A0%9C%EC%82%B0%EC%A0%9C&newwindow
H2 수용체 억제제와 PPI 제제 https://www.ildong.com/html/themes/m/web/view.jsp?menuId=pro_sma_01&viewMode=view_message&sCat_cl=0&sEff_cl=66&sDe_cl=&sIs_halt=false&sKeyType=name&sKeyword=&curPage=2&pr_no=19
NSAID 해열진통제 https://en.wikipedia.org/wiki/Aspirin, https://en.wikipedia.org/wiki/Paracetamol, https://en.wikipedia.org/wiki/Ibuprofen
종합 감기약 https://ko.wikipedia.org/wiki/%EC%A2%85%ED%95%A9%EA%B0%90%EA%B8%B0%EC%95%BD, http://www.boots.com/en/Boots-Ultra-Cold-Flu-Relief-All-In-One-16-Capsules_1285921/
독감 인플루엔자 바이러스 https://ko.wikipedia.org/wiki/%EC%9D%B8%ED%94%8C%EB%A3%A8%EC%97%94%EC%9E%90%EB%B0%94%EC%9D%B4%EB%9F%AC%EC%8A%A4

8%EC%97%94%EC%9E%90
SARS, MERS, AI 바이러스 https://ko.wikipedia.org/wiki/%EC%A4%91%EB%8F%99%ED%98%B8%ED%9D%A1%EA%B8%B0%EC%A6%9D%ED%9B%84%EA%B5%B0_%EC%BD%94%EB%A1%9C%EB%82%98%EB%B0%94%EC%9D%B4%EB%9F%AC%EC%8A%A4, https://ko.wikipedia.org/wiki/%EC%A1%B0%EB%A5%98_%EC%9D%B8%ED%94%8C%EB%A3%A8%EC%97%94%EC%9E%90

살균소독약 https://en.wikipedia.org/wiki/Disinfectant, http://search.daum.net/search?w=tot&m=&q=%EC%86%8C%EB%8F%85%EC%95%BD&nil_profile=jockeytop&nzq=thehrdir&topq=&DA=NSJ

손 소독제 https://en.wikipedia.org/wiki/Disinfectant#Home_disinfectants

파스 http://blog.daum.net/rlatncks95/9, https://namu.wiki/w/%ED%8C%8C%EC%8A%A4

페니실린과 플레밍 https://en.wikipedia.org/wiki/Antibiotics#

팩티브(FDA 승인 1호) http://www.pharmaceutical-technology.com/projects/iksan/iksan3.html,

시벡스트로(FDA 승인 2호) http://biz.chosun.com/site/data/html_dir/2014/06/22/2014062200859.html

세균 내 항생제의 작용 위치 http://sketchymedicine.com/2011/10/sites-of-antibiotic-actions/

구조에 따른 항생제 분류 http://www.frca.co.uk/article.aspx?articleid=100945

항알레르기제 http://www.globalresearch.ca/genetically-modified-foods-unsafe-evidence-that-links-gm-foods-to-allergic-responses-mounts/7277, http://cen.acs.org/articles/90/i43/Eating-Without-Fear-Treatments-Food.html

히스타민 https://en.wikipedia.org/wiki/Histamine

심장병 치료제 http://www.cmc.or.kr/healthinfo/desease.lst.jsp?CI=54&HiContentID=80198&bbs_page=view&DEPTH=0501000000 , http://www.amc.seoul.kr/asan/healthinfo/disease/diseaseDetail.do?contentId=31753

항암제 http://www.doctorw.co.kr/news/articleView.html?idxno=12301

항암제의 작용 형태 https://en.wikipedia.org/wiki/Chemotherapy

스테로이드 의약품 http://www.4mca.com/Face-the-Facts-Drug-Prevention-Pamphlet-Steroids-25-pack/

로렌조 오일 https://en.wikipedia.org/wiki/Lorenzo%27s_Oil

경쟁적 저해작용 https://en.wikipedia.org/wiki/Competitive_inhibition

약물 전달 체계 http://www.istpace.org/Web_Final_Report/Applications/Appl_potent_future_cells/descr_app_fut_cells/drug_delivery/index.html, http://www.meajo.org/viewimage.asp?img=MiddleEastAfrJOphthalmol_2013_20_1_26_106384_f1.jpg, http://www.pharmaresearchjournal.com/transdermal-drug-delivery-system-tdds/, http://pubs.acs.org/cen/coverstory/7838/7838scit1.html

탈리도마이드 https://en.wikipedia.org/wiki/Thalidomide

앨리슨 래퍼 https://en.wikipedia.org/wiki/Alison_Lapper#Marc_Quinn_sculpture, https://www.geograph.org.uk/photo/440045

거울상 이성질체 합성 http://www.nobel.se/chemistry/laureates/2001/

[11장]

비누화반응 http://www.naturalhealthblogger.net/soap-saponification-charts/

식용유 비누 http://tetrapakkorea.tistory.com/45

합성 세제 https://en.wikipedia.org/wiki/Surfactant

얼룩제거제 http://itempage3.auction.co.kr/Popup/MagnifiedPhotoView.aspx?itemno=B207677752

치약과 치아 미백제 https://en.wikipedia.org/wiki/Toothpaste, https://en.wikipedia.org/wiki/Sodium_triphosphate

샴푸 https://en.wikipedia.org/wiki/Shampoo

표백제 https://en.wikipedia.org/wiki/Optical_brightener

고대 화장품 Journal of Archaeological Science, 36, 1488 (2009)

기능성 화장품 http://easylaw.go.kr/CSP/CnpClsMain.laf?popMenu=ov&csmSeq=1301&ccfNo=3&cciNo=3&cnpClsNo=1

피부의 구조 http://health.mw.go.kr/mobile/content/group_view.jsp?CID=531D0088F2, https://en.wikipedia.org/wiki/Two-photon_excitation_microscopy

크림 http://naturalnigerian.com/2014/08/preservatives-cosmetic-products-necessary/

립스틱 http://www.compoundchem.com/wp-content/uploads/2014/08/Cosmetic-Chemistry-of-Red-Lipstick.png

마릴린 먼로와 샤넬 No.5 https://en.wikipedia.org/wiki/Marilyn_Monroe, http://www.independent.co.uk/news/business/news/iconic-chanel-no-5-perfume-to-reformulate-under-new-eu-regulations-9451331.html

영화 향수 http://blog.naver.com/shtk6/50010694612

향수 https://en.wikipedia.org/wiki/Perfume

일랑일랑 https://en.wikipedia.org/wiki/Cananga_odorata

페로몬 https://en.wikipedia.org/wiki/Androstenone

셀프 선탠제 http://thebeautybean.com/skin-2/diy-faux-glow-3-steps-to-streak-free-all-natural-self-tanner

자외선 차단제 http://www.makemeheal.com/mmh/product/beauty/anthelios/faqs.vm?procid=13&catid=809 , http://myjuliette.tistory.com/

식물의 자외선 차단제 Science, 307, 433 (2005)

화장분 http://www.theplasticdiaries.com/beauty/nars-fall-2012-color-collection-outlaw-blush-review-and-photos

눈 화장품 http://blog.daum.net/_blog/BlogTypeView.do?blogid=0lbtd&articleno=349&categoryId=4&regdt =20140702161924

손톱광택 및 제거제 https://en.wikipedia.org/wiki/Nail_polish, http://www.thedrinksbusiness.com/2014/08/nail-polish-to-detect-drugged-drinks/

방취제 https://en.wikipedia.org/wiki/Deodorant, http://www.dailymail.co.uk/health/article-2402692/The-hidden-dangers-deodorant-sprays-Headaches-Eczema-Asthma-Even-fatal-heart-problems.html

면도용 살균제 https://en.wikipedia.org/wiki/Aftershave, http://nextluxury.com/mens-style-and-fashion/top-10-best-mens-aftershave-for-2013/

영화 가위손과 어느 잔혹한 이발사 http://www.hypehair.com/20900/best-10-hair-movies/, http://jsksoft.tistory.com/9894
모발의 구조 Yang F, Zhang Y, Rheinstäter MC. (2014) The structure of people's hair. PeerJ 2:e619 https://dx.doi.org/10.7717/peerj.619
퍼머의 원리 https://en.wikipedia.org/wiki/Ammonium_thioglycolate
모발의 착색과 표백 https://en.wikipedia.org/wiki/Hair_coloring, https://en.wikipedia.org/wiki/Hair_coloring, http://www.country1043.com/2013/02/22/hair-colouring-the-numbers-are-in/
헤어 스타일링제 https://en.wikipedia.org/wiki/Hairstyling_product, https://en.wikipedia.org/wiki/Hair_mousse, https://en.wikipedia.org/wiki/Hair_gel
화장품 방부제 http://cen.acs.org/articles/88/i20/Preservatives-Under-Fire.html, http://www.besthealthmag.ca/best-looks/beauty/the-truth-about-cosmetic-preservatives/#g3QQzoO72q4dggpE.97
화장품 동물실험 https://en.wikipedia.org/wiki/Cruelty-free

[12장]

자동차 재료 http://203.237.111.103/home/data/file/data/4.pdf, http://auto.howstuffworks.com/under-the-hood/auto-manufacturing/5-materials-used-in-auto-manufacturing.htm#page=2, https://www.slideshare.net/yonkihyungkeunpark/posri-cop-20141216
경량화 재료 http://www.camtic.or.kr/camtic/.../Down.aspx?...21세기자동차용재료.pdf
고분자 재료 http://www.plastics-car.com/Todays-Automobiles/Auto-Interior
탄소섬유 강화 플라스틱 http://ocean.kisti.re.kr/downfile/volume/rubber/HKGMCJ/2012/v47n1/HKGMCJ_2012_v47n1_65.pdf
플라스틱 자동차 부품 http://www.hexapolis.com/2015/04/11/fraunhofers-experimental-car-engine-contains-plastic-parts/
자동차용 고무 https://en.wikipedia.org/wiki/Synthetic_rubber
흡음재 http://m.blog.daum.net/cjhcbj/23
자동차 도장 http://pubs.acs.org/isubscribe/journals/cen/80/i42/html/8042paints.html
엔진의 구분 https://en.wikipedia.org/wiki/Internal_combustion_engine, http://www.evworld.com/press/GM_FCstack_gen2.jpg
옥탄가 https://en.wikipedia.org/wiki/Octane_rating
가솔린 첨가물 https://en.wikipedia.org/wiki/List_of_gasoline_additives
사에틸납과 에탄올 http://pubs.acs.org/doi/abs/10.1021/cen-v078n016.p029
MTBE https://en.wikipedia.org/wiki/Methyl_tert-butyl_ether, http://www.hist-chron.com/welt/wasser-u-grundwasser02-groundwater-pollution-contamination-ENGL.html
세녹스 https://ko.wikipedia.org/wiki/%EC%84%B8%EB%85%B9%EC%8A%A4
LPG와 CNG http://www.surisang.com.ne.kr/jaryo/gyotong/lpgjd.htm
연료전지 자동차 http://pubs.acs.org/isubscribe/journals/cen/81/i03/html/8103sci1.html, https://upload.wikimedia.org/wikipedia/commons/2/22/Fuel_cell_NASA_p48600ac.jpg
리튬 배터리 https://en.wikipedia.org/wiki/Lithium-ion_battery#/media/File:Nissan_ Leaf_012.JPG

제올라이트 촉매 http://pubs.acs.org/isubscribe/journals/cen/77/i04/html/7704scit1.html
자동차 소모품 http://kosoo12.tistory.com/m/post/21
엔진 오일 http://www.chempolicy.or.kr/selectNice.chem?boardId=2216405
브레이크 오일 https://en.wikipedia.org/wiki/Brake_fluid
기어변속기 오일 https://en.wikipedia.org/wiki/Automatic_transmission_fluid, http://www.ebay.com/bhp/atf-134
그리스 http://www.mlproduktservice.com/classic-grease---eng.html, http://www.redrc.net/category/products/oils/grease/page/3/
자동차 부동액 https://en.wikipedia.org/wiki/Antifreeze
자동차 배터리 https://en.wikipedia.org/wiki/Lead%E2%80%93acid_battery
에어백 http://www.extricationmatters.com/tag/air-bag/, https://en.wikipedia.org/wiki/Airbag
굿이어와 브리지스톤 http://m.blog.daum.net/lcs6119/20, http://www.bridgestonenewsroom.eu/stories/7955, http://www.lookandlearn.com/blog/28210/charles-goodyear-discovered-the-vulcanisation-of-rubber/, http://www.kurume-hotomeki.jp.e.ax.hp.transer.com/special/kurume_story01.html

[13장]

뱅뱅클럽 http://www.cine21.com/movie/info/movie_id/29661
메디슨 카운티의 다리 http://www.cine21.com/movie/info/movie_id/3048
감광성 물질 http://www.kps.or.kr/storage/webzine_uploadfiles/848_article.pdf, http://pubs.rsc.org/en/content/articlelanding/2012/ce/c2ce25750e#!divAbstract
가시광선 전자기파 영역 https://en.wikipedia.org/wiki/Electromagnetic_spectrum
눈의 구조 http://healthyeye.tistory.com/entry/%EC%9A%B0%EB%A6%AC%EB%88%88%EC%9D%98-%EA%B5%AC%EC%A1%B0%EC%99%80-%EA%B8%B0%EB%8A%A5-%EC%8B%A0%EA%B8%B0%ED%95%B4%EC%9A%94
시각의 화학 https://theperspectiveinscience.wordpress.com/2015/03/01/photochemistry-of-vision/, http://slideplayer.com/slide/4179561/, http://www.nature.com/nature/journal/v467/n7314/full/nature09346.html?message-global=remove
가원색 https://en.wikipedia.org/wiki/Complementary_colors
감원색 https://en.wikipedia.org/wiki/Subtractive_color
네거티브와 포지티브 https://en.wikipedia.org/wiki/Negative_(photography)
흑백 필름 사진 https://science2be.files.wordpress.com/2011/10/photochemistry1.jpg https://en.wikipedia.org/wiki/Cyanine
네거티브 컬러 필름 http://www.tecnoficio.com/foto/photobasics/photo.php
포지티브 컬러 필름 http://www.photographyreview.com/reviews/kodak-retires-kodachrome-slide-film
폴라로이드 필름 http://www.polaroid.co.kr/ , http://likenoone.egloos.com/2394471, http://www.photoshow.co.kr/korean/90017/
LED의 원리 http://www.nobelprize.org/nobel_prizes/physics/laureates/2014/popular-physicsprize2014.pdf, https://en.wikipedia.org/wiki/Light-emitting_diode

색온도 https://en.wikipedia.org/wiki/Color_temperature

LCD http://blog.daum.net/musmae/27, https://en.wikipedia.org/wiki/Liquid_crystal http://www.itooza.com/common/iview.php?no=2010120209082988883

PDP http://blog.daum.net/musmae/27, https://en.wikipedia.org/wiki/Plasma_display, http://www.itooza.com/common/iview.php?no=2010120209082988883

QLED https://photohistory.tistory.com/18919

OLED http://www.maximumpc.com/white-paper-oled-screens/, http://www.nature.com/nmat/journal/v12/n7/fig_tab/nmat3622_F1.html

디지털 카메라 https://ko.wikipedia.org/wiki/%EB%94%94%EC%A7%80%ED%84%B8_%EC%B9%B4% EB%A9%94%EB%9D%BC

CCD http://micro.magnet.fsu.edu/primer/digitalimaging/concepts/ccdanatomy.html, https://science2be.wordpress.com/2011/10/, http://users.metropolia.fi/~karisv/ccd/technology/ccd_tech.html

CMOS http://www.suggestkeyword.com/Q01PUyB2cyBDQ0Q/

전자 종이 http://www.geeky-gadgets.com/lg-display-announces-19-inch-flexible-e-paper-display-15-01-2010/, https://en.wikipedia.org/wiki/Electronic_paper, http://sitivi.blogspot.kr/2006/11/reusable-paper.html

영상 관련 제품 http://www.aliexpress.com/item-img/Dual-purpose-Mobile-Cell-phone-Case-Protective-Back-Cover-with-60X-Zoom-Mini-Microscope-Magnifier-for/1900930625.html

꽃의 색소 안토시아닌 http://www.flowerphoto.co.kr/, https://en.wikipedia.org/wiki/Anthocyanin, 천연물화학, Toshio Goto 저, 이범종, 서영완 편역, 자유아카데미, 2002.

감열 변색 색소 J. Agric. Food Chem. 58, 4292 (2010)

반딧불이 http://localview.co.kr/store/detail.asp?seq=500289353, http://navercast.naver.com/contents.nhn?rid=44&contents_id=1288

발광 스틱 http://pubs.acs.org/cen/whatstuff/stuff/7703scit4.html

무지개 https://en.wikipedia.org/wiki/Rainbow

푸른 하늘 https://en.wikipedia.org/wiki/Rayleigh_scattering, https://commons.wikimedia.org/wiki/File:Love_in_the_blue_sky.jpg

붉은 저녁노을 https://en.wikipedia.org/wiki/Rayleigh_scattering, http://tomsplans.biz/sky/sky-sunset-background.html

푸르스름한 달빛 https://en.wikipedia.org/wiki/Rayleigh_scattering, http://www.rarewallpapers.com/nature/moonlit-river-1918/

[14장]

광합성 https://en.wikipedia.org/wiki/Photosynthesis, http://www.visions-of-science.co.uk/

산-염기 https://en.wikipedia.org/wiki/Acid%E2%80%93base_reaction

산화-환원 https://en.wikipedia.org/wiki/Redox

산화수 https://en.wikipedia.org/wiki/Oxidation_state

세포 호흡 http://www.aboutthemcat.org/biology/cellular-respiration.php

비타민 C https://en.wikipedia.org/wiki/Vitamin_C
알코올 발효 http://cen.acs.org/articles/85/i49/1907-Chemistry-Nobelist-Discovered-Cell.html?type=paidArticleContent
금속의 제련 https://en.wikipedia.org/wiki/Smelting
산화제 https://en.wikipedia.org/wiki/Oxidizing_agent
다니엘 전지 https://en.wikipedia.org/wiki/Daniell_cell
리튬 이온 전지 https://ko.wikipedia.org/wiki/%EB%A6%AC%ED%8A%AC_%EC%9D%B4%EC%98%A8_%EC%A0%84%EC%A7%80
표준환원전위 https://en.wikipedia.org/wiki/Reduction_potential
연소의 조건 http://nstckorea.tistory.com/529
난연제와 소방용제 http://www.slrclub.com/, http://www.rtpcompany.com/products/flame/
수산화알루미늄 http://www.cheric.org/PDF/PST/PT20/PT20-1-0008.pdf
난연재 http://www.flameretardants-online.com/web/en/106/84575cb4764b9030e1338c8cfd52c9a2. htm
할로겐화 난연제 http://cen.acs.org/articles/89/i1/Supercritical-CO2-Delivers-Retardants.html
전기 도금 http://zzang.daara.co.kr/328, http://gigglehd.com/zbxe/5151436
부식 http://sssart.net/bbs/board.php?bo_table=feeling&wr_id=60&page=2
음주 측정기 http://bizion.mk.co.kr/bbs/board.php?bo_table=product&wr_id=764, http://egloos.zum.com/bikblog/v/900738
손 난로 http://secret0space.tistory.com/archive/20140302, https://namu.wiki/w/%EC%86%90%EB%82%9C%EB%A1%9C

[15장]

스탠스버리 공원 http://cen.acs.org/articles/84/i43/Chemistry-Sake-Art.html
한국문화재보존과학회 http://www.conservation.or.kr/
팔만대장경판 http://bh.kyungpook.ac.kr/~sjpark/tripi.htm
아서 휴즈(Arthur Hughes) https://en.wikipedia.org/wiki/Arthur_Hughes_(artist)
얀 반 에이크(Jan van Eyck) https://en.wikipedia.org/wiki/Jan_van_Eyck, https://en.wikipedia.org/wiki/Arnolfini_Portrait
최후의 만찬 https://en.wikipedia.org/wiki/Leonardo_da_Vinci
NGA의 보존과학기술 C&EN, 79(31), 51–59 (2001)
플라스틱 예술품의 보존 http://pubs.acs.org/doi/abs/10.1021/cen-v089n029.p029
복원 예술품의 감동 http://pubs.acs.org/doi/abs/10.1021/cen-v076n036.p031
예술품 분석 기술 http://pubs.acs.org/doi/abs/10.1021/cen-v078n023.p074
안료의 화학 조성 http://www.compoundchem.com/2014/03/21/inorganic-pigment-compounds-the-chemistry-of-paint/
베르크헤머(Berkhemer) http://cen.acs.org/articles/89/i29/Preserving-Plastic-Art.html
예술적 영감과 화학 http://pubs.acs.org/doi/abs/10.1021/cen-v078n021.p040 (개구리 푸가) http://pubs.acs.org/doi/abs/10.1021/cen-v088n029.p048
예술 속 과학, 과학 속 예술 http://pubs.acs.org/doi/abs/10.1021/cen-v082n024.p064

찾아보기

저자 소개

이범종

1982년에 서울대학교 화학교육과를 졸업하고, KAIST 화학과에서 석사(1984)와 박사 학위(1987)를 받았다. 현재 인제대학교 의생명화학과 교수로 근무하고 있다. 최근의 연구 관심 분야는 새로운 OLED 발광재료의 합성이며, 이전에는 기능성 고분자의 합성과 천연물의 구조 결정 연구를 수행하였다. 산업자원부의 지역혁신센터(RIC)를 9년간 운영하였고, 연구년이 되면 JST 연구원, 큐슈대학과 나고야대학의 방문 교수로서 주로 일본에서 지냈다. 요즘은 산행을 즐기는데 주말이면 한국의 100대 명산을 찾아 오르곤 한다.

생활 속 화학 개정판

저 자 이범종
발 행 인 김지영
발 행 처 자유아카데미
주 소 경기도 파주시 회동길 37-42 파주출판도시
전 화 031-955-1321
팩 스 031-955-1322
홈페이지 www.freeaca.com
전자우편 main@freeaca.com (대표)
editor@freeaca.com (편집)
crm@freeaca.com (영업)
등 록 제406-2003-017호, 1980. 7. 12.
제2판1쇄 2021년 2월 25일 발행
정 가 35,000원

저자와의 협의하에 인지생략

ISBN 979-11-5808-283-3 93430